人民邮电出版社
北京

图书在版编目（CIP）数据

穿越Photoshop CC / 马震春编著. -- 北京 : 人民邮电出版社, 2015.1
ISBN 978-7-115-36524-8

Ⅰ. ①穿… Ⅱ. ①马… Ⅲ. ①图象处理软件 Ⅳ. ①TP391.41

中国版本图书馆CIP数据核字(2014)第282078号

内容提要

本书是一本以Photoshop CC版本为基础，同时也适用于CS6版本的教学用书。本书主要通过深入剖析核心功能来逐步引导读者由浅入深地学习Photoshop。在讲解各个功能的时候，特别重视各种类似功能间的对比，强调实际应用上的细微差别，以及各种工具、命令的组合应用，让学习和应用更加贴近实战。

全书采用了“穿越”式的写法。同样一种效果，会穿越到不同的做法中去类比；同样的工具或命令，会穿越到不同软件中去对比拓展；同样的制作思路，会穿越到不同行业中做阐述。这样的写法，希望能给读者带来全方位的阅读感受，并且把个人的兴趣爱好、特点，以及职业规划等融入到学习中，从而做到主动练习，主动学习。

本书附带一张 DVD 教学光盘，包含书中所有案例的素材、源文件，以及214页超值电子书。此外，还赠送500多个素材资源。本书适合Photoshop软件的初学者，以及平面设计从业人员阅读，也适合院校学生和教师阅读。

◆ 编　　著　马震春
责任编辑　杨　璐
责任印制　程彦红

◆ 人民邮电出版社出版发行　　北京市丰台区成寿寺路 11 号
邮编　100164　　电子邮件　315@ptpress.com.cn
网址　http://www.ptpress.com.cn
北京捷迅佳彩印刷有限公司印刷

◆ 开本：787×1092　1/16
印张：18.5
字数：603 千字　　2015 年 1 月第 1 版
印数：1 – 3 500 册　　2015 年 1 月北京第 1 次印刷

定价：69.00 元（附光盘）

读者服务热线：(010)81055410　印装质量热线：(010)81055316
反盗版热线：(010)81055315
广告经营许可证：京崇工商广字第 0021 号

前言

Photoshop 易学难精。懂个一招半式，会些花拳绣腿的居多；能够将 Photoshop 演练出几个套路，拼杀在职场的少之；能够融会贯通，并能结合自身特长和思想的，驾驭职场的少之又少。是什么让 Photoshop 变得让人难以捉摸呢？还是先从初学者常遇到的问题说起吧。

对于不得要领的初学者，经常会遇到以下两种典型问题。

1. 简单效果，却要“复杂”设置和操作，故而不能坚持下去。

很多业余爱好者（如进行摄影后期处理），往往会觉得 Photoshop 太复杂：一个简单的效果，经常要同时用到图层、混合模式、工具和参数设置等，尤其遇到蒙版、通道和混合模式之类的更容易找不着北，因此很难坚持学习，坚持使用。

2. 实际工作，拿不出简单直接的解决方案。

对于一些在专业领域内的工作者，虽然学了很多知识，但在实际的工作中，却无从下手、无法应用，感觉以前所学知识都是中看不中用的。

如何才能让自己快速上手；如何才能应对各种看似“简单”的要求；如何才能让自己“合格”；如何才能让自己“优秀”；如何才能让自己“与众不同”；如何才能将 Photoshop 与个人特点结合起来，比如自己的手绘能力，设计思维……

针对这些问题，结合多年的教学经验、商业培训经验和多个行业的工作经验，我们策划和创作了这本《穿越 Photoshop CC》。希望能够与读者一起去解决上述问题。

下面介绍本书的写作思路，以便于读者和我们一起去解决上述问题。

1. 从读者角度看，该书的思路是：读者＋ Photoshop ＝个人产品或套路。

从读者（尤其是初学者）的角度和思路，结合 Photoshop 的工具、功能和实际要求，最终让读者通过学习找到个人与 Photoshop 之间的契合点，打造出个人的使用套路，让这种能力变成“产品”，能够在日后不断应用。穿越读者和 Photoshop，让读者看到并“设计”好自己所需要的最终“产品”，可以引导自己静下心来去学习、练习。

2. 从技术角度看，该书的主题思路是：基本功＋核心套路＋一题多解。

（1）基本功，重点着眼于实际操作中的体现。

如各种视图操作、快捷键的使用等，让读者去关注不起眼的地方并打好基础。另外，还会重点去讲解一些具体到某种状态下的快捷和特定操作（如选中蒙版后的多种操作），以及操作后的变化和影响。这些知识主要集中在前三个章节。

（2）核心套路，是突出图层的核心作用，以图层为起点，结合蒙版、通道、工具和命令，来打造个人的使用套路。既要有处理整体画面的能力，又要有控制局部细节的方法，还要有修复、创建的能力。

将 Photoshop 划分出几个关键点：选择＋修复（绘画）＋变形＋调色＋特效。初学者需要在这 5 个关键点上具备相应的能力才能算"合格"：能够快速创建精细选区＋能够精确修复画面瑕疵＋能够根据需要将画面内容进行变形变幻＋能够准确调整画面色调＋熟悉菜单并能制作出特效。除此之外，本书还会涉及 3D 和视频功能的使用。

这些内容主要分布在第四章到第七章。

（3）一题多解，穿越到最终使用，讲解实现该目的有哪几种方法，这些方法的对比和适用情况。作者希望通过讲解，将凌乱多样的功能设置组合到一起，让读者可以快速上手。例如，置入组合文件的方式，有哪几种方法，这些方式的细微差别……同时也会穿越到不同行业，来讲述不同行业背景下如何使用 Photoshop。

这些内容按照"穿越……"主题贯穿在各个章节中。

该书尝试以一种跳跃性的、非线性的方式去写作。因此，读者可以从第 1 章看起，也可以从感兴趣的某个章节入手。时刻穿越到自己的目的和社会需求，考虑最终"产品"再回头去关注 Photoshop 的每个关键点，指引自己反复地去查缺补漏、反复地练习、反复地思考，从而将枯燥的知识转换为个人的能力，最终轻松自如地使用 Photoshop，让 Photoshop 为你服务。

本书适用于初学者（最好有一定计算机相关知识）、学生、教师以及想全面提升能力的从业人员。书中内容涉及平面设计、排版、视频、多媒体等行业，适合于那些想在多个领域全面发展的专业人士。

目录

目录

目录

第1章 了解Photoshop

概述

Photoshop是一款专业且非常流行的图像处理软件。目前，在网络上比Photoshop更为有名的是其简称PS，到处可见“求PS”，“PS图”等网络用语，但是说Photoshop可能就有很多人迷茫了。Photoshop是一款非常专业，非常强大，甚至可以说是处于垄断地位的软件，对于很多人来说，Photoshop就是手中的兵器，是养家糊口也是攀登事业高峰的必不可少的利器。

Photoshop的应用领域很广泛，涉及图像、图形、文字、视频和出版等各行业。从目前的社会现状来看，除去专业领域（如广告、影视和网络等），在一些非专业领域内也需要专业的图像处理人员使用Photoshop去完成工作。例如，在一些企业里，要对其产品做宣传，需要美工人员或市场人员去做拍摄、后期等工作。对于现在的很多在职人员来说，会使用Photoshop已经属于一项基本技能，如同英语基本的听写、驾驶汽车一样。这就跟传统思维有所区别，Photoshop不再是设计、美术和动画等专业人员所独享的，而是很多非专业人士也需要去了解并掌握的软件，只是大家最终的目的和对操作控制能力的要求不同罢了。

因此，很多人尤其在校学生会去学习Photoshop，希望能在未来的职场上多一些立足的本钱。

在学习之前，首先就要去了解Photoshop。Photoshop到底能做什么？Photoshop的定位在哪里？哪些是它所擅长的？知道这些，才能让自己有目的地去学习，并能够坚持下去。

1.1 Adobe大家族

说到Photoshop就必须先提到它的开发商Adobe公司。Adobe公司是1982年在美国创建的。最早是研发PostScript打印机描述语言的，到现在该语言还在影响着我们日常工作。几乎每台打印机都安装有PostScript，可以在打印时让文字或图像保持清晰。以前在印刷出版行业，常常会提到“打印PS文件”、“PS字体”等，这里的PS指的是PostScript，而不是Photoshop。

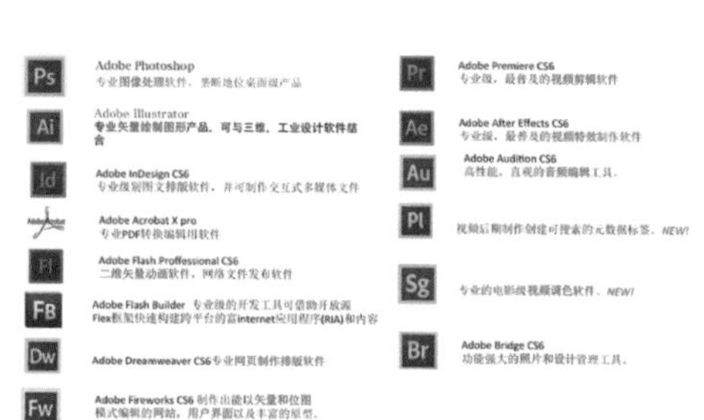

回到Adobe这个话题。Adobe公司自己研发的第一款软件是Illustrator，是基于矢量的图形软件。Photoshop是在1988年收购而来，其后不断开发、升级，成为图像处理业界的首选工具。时至今日，Adobe公司的产品可以说包罗万象，从桌面端的创意设计，到网站发布，后台数字分析；从平面图像修饰到视频剪辑特效，再到流媒体，都有Adobe公司的产品，而且每个都是业内重量级的产品。在桌面端产品上，有Photoshop、Illustrator、After Effects（视频特效）；在服务器端，有FMS流媒体转换软件，几乎每个流媒体网站都在使用FMS来转换生成FlV文件（即通常所说的Flash文件）……

Adobe桌面端产品用一句话来概括，能让读者对于这些产品有所了解，通过了解产品，能够找到使用Photoshop的方向。如用Photoshop修饰处理过的图片，可以放到ID（InDesign）中做排版，如书刊、杂志和报纸等领域就是这样的工作分配。

为什么要了解 Adobe 公司其他产品呢？因为了解其他产品对于工作有很实际的指导作用。作为同一个公司出品的产品，相互间具有无缝结合的特点。如 Illustrator 制作的复杂矢量文件，可粘贴进 Photoshop 中使用；Photoshop 制作的文件，可直接导入到 Flash Pro 中制作网页动画。在 Bridge 中可以浏览所有 Adobe 软件生成的原生文件，如 psd、indd 等文件。

每个软件的界面基本相似，工具快捷键也相似，最关键制作思路也保持一致，对于熟悉、精通了 Photoshop 的用户，完全可以轻松地使用其他 Adobe 软件。因此，静下心来，将 Photoshop 学得精通，有助于学习其他软件，去涉及更多领域。

Photoshop 软件界面

Illustrator 软件界面

1.2 Photoshop 小家庭

目前 Photoshop 有多个版本可供用户选择，同时还有针对 iPad 的 Photoshop Touch 版本。每个版本的价位也不同，甚至会相差几千元人民币。在选择 Photoshop 的时候，要结合自己的实际工作，再根据性价比，来挑选最适合的 Photoshop。软件对于企业来说是笔不小的投入，牵扯到了生产成本的问题，对于企业的管理者来说性价比是主要指标。

这里介绍和对比基于计算机平台（即 Windows 和 Mac OS 系统）的各个 Photoshop 软件的不同之处。

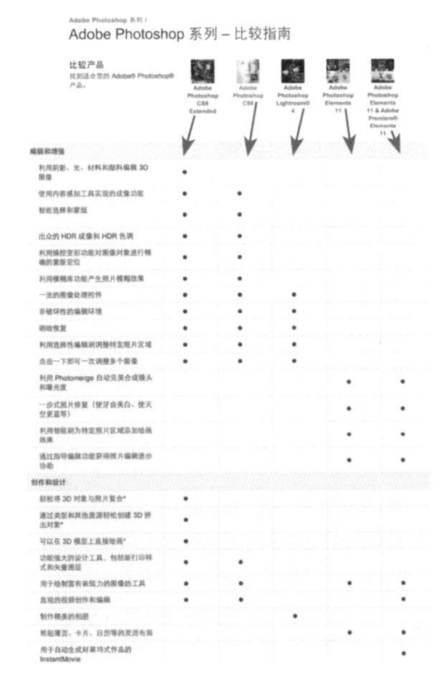

Adobe Photoshop 系列 /

Adobe Photoshop 系列 – 比较指南

比较产品
找到适合您的 Adobe® Photoshop® 产品。

	Adobe Photoshop CS6 Extended	Adobe Photoshop CS6	Adobe Photoshop Lightroom® 4	Adobe Photoshop Elements 11	Adobe Photoshop Elements 11 & Adobe Premiere® Elements 11
编辑和增强					
利用阴影、光、材料和颜料编辑 3D 图像	•				
使用内容感知工具实现的成像功能	•	•			
智能选择和蒙版	•	•			
出众的 HDR 成像和 HDR 色调	•	•			
利用操控变形功能对图像对象进行精确的重新定位	•	•			
利用模糊库功能产生照片模糊效果	•	•			
一流的图像处理控件	•	•	•		
非破坏性的编辑环境	•	•	•		
明暗恢复	•	•	•		
利用选择性编辑刷调整特定照片区域	•	•	•		
点击一下即可一次调整多个图像	•	•	•		
利用 Photomerge 自动完美合成镜头和曝光度				•	•
一步式照片修复（使牙齿美白、使天空更蓝等）				•	•
利用智能刷为特定照片区域添加绘画效果				•	•
通过指导编辑功能获得照片编辑逐步协助				•	•
创作和设计					
轻松将 3D 对象与照片复合*	•				
通过类型和其他资源轻松创建 3D 挤出对象*	•				
可以在 3D 模型上直接绘画*	•				
功能强大的设计工具，包括新打印样式和矢量图层	•	•			
用于绘制富有表现力的图像的工具	•	•		•	•
直观的视频创作和编辑	•	•			•
制作精美的相册			•		
剪贴簿页、卡片、日历等的灵活布局				•	•
用于自动生成好莱坞式作品的 InstantMovie					•

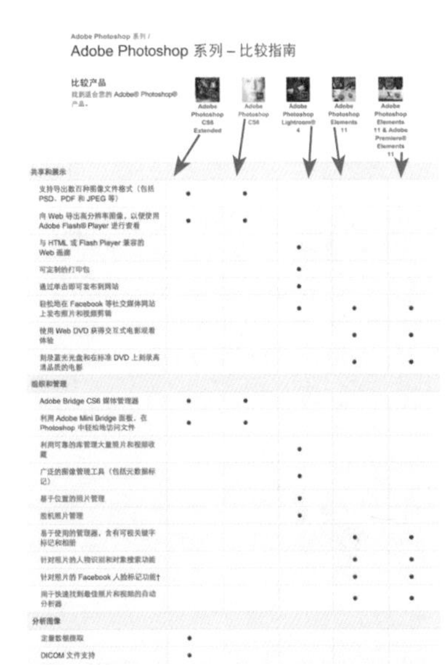

Adobe Photoshop 系列 /

Adobe Photoshop 系列 – 比较指南

比较产品
找到适合您的 Adobe® Photoshop® 产品。

	Adobe Photoshop CS6 Extended	Adobe Photoshop CS6	Adobe Photoshop Lightroom® 4	Adobe Photoshop Elements 11	Adobe Photoshop Elements 11 & Adobe Premiere® Elements 11
共享和展示					
支持导出数百种图像文件格式（包括 PSD、PDF 和 JPEG 等）	•	•			
向 Web 导出高分辨率图像，以便使用 Adobe Flash® Player 进行查看	•	•			
与 HTML 或 Flash Player 兼容的 Web 画廊			•		
可定制的打印包			•		
通过单击即可发布到网站			•		
轻松地在 Facebook 等社交媒体网站上发布照片和视频剪辑			•	•	•
使用 Web DVD 获得交互式电影观看体验				•	•
刻录蓝光光盘和在标准 DVD 上刻录高清品质的电影				•	•
组织和管理					
Adobe Bridge CS6 媒体管理器	•	•			
利用 Adobe Mini Bridge 面板，在 Photoshop 中轻松地访问文件	•	•			
利用可靠的库管理大量照片和视频收藏			•		
广泛的图像管理工具（包括元数据标记）			•		
基于位置的照片管理			•		
脱机照片管理			•		
易于使用的管理器，含有可视关键字标记和相册				•	•
针对照片的人物识别和对象搜索功能				•	•
针对照片的 Facebook 人脸标记功能†				•	•
用于快速找到最佳照片和视频的自动分析器				•	•
分析图像					
定量数据提取	•				
DICOM 文件支持	•				

通过对各个版本功能的比较，可以发现每个版本都有各自的特长。Photoshop Extended 版本可以进行 3D 处理，以及用于医学领域的 DICOM 文件处理；而 Lightroom 则针对摄影师而开发，在图像管理、发布上集成了很多快捷的功能。打个比方，Lightroom 和 Elements 版本更像是模块化集成式的 Photoshop，可以非常快捷地处理相对应的问题。而 Photoshop 和 Photoshop Extended 则是开放式的，可以全面自由地组合各个功能，来完成工作。

每个版本在细微上的差距，就不再深入讨论，有兴趣可以分别使用各个版本。

本书使用的软件版本

本书所使用的 Photoshop 版本为最新的 Photoshop CC（即 Creative Cloud），该版本为目前最新的版本，涵盖了 Photoshop Extended 涉及的功能（如 3D 等）。

Photoshop CC版本为在线安装下载，需要使用Adobe ID。国外的采购方式为租用形式，即每年付给Adobe公司一定费用，然后使用CC版本软件，同时享有更多超值服务。

读者也可以使用Photoshop Extended CS6简体中文版来参照学习。两个版本的差别并不是很大，只有个别新增功能是Photoshop Extended CS6所没有的。

还可以使用Adobe Creative Suite套装产品（简称Adobe CS套装产品），在CS6 Design and Web Premium、CS6 Production Premium、CS6 Master Collection 3个套装软件中含有Photoshop Extended软件。不过要注意的是，CS6 Production Premium和CS6 Master Collection并不提供简体中文版，因此在这两个套装软件中只有Photoshop Extended CS6英文版。

Adobe Creative Suite 6 Design Standard
制作具有感染力的印刷设计和数字出版物。

Adobe Creative Suite 6 Design & Web Premium
提供关于印刷、网络、平板电脑和智能手机的创新理念。

Adobe Creative Suite 6 Production Premium
掌握从计划到回放的整个过程的后期制作艺术。

Adobe Creative Suite 6 Master Collection
跨媒体设计和交付。

关于产品的更多信息，可以登录Adobe官方网站www.Adobe.com/cn去查询。

1.3 安装与卸载

1.3.1 硬件系统要求

每款软件都有一个最基本的硬件系统要求，Photoshop也不例外。现将Photoshop对于硬件的最低要求罗列出来，需要注意的是关于显卡、分辨率、GPU加速方面的要求。

Windows	Mac OS
Intel® Pentium® 4或AMD Athlon® 64处理器	Intel® 多核处理器
Microsoft® Windows® XP（带有Service Pack 3）；Windows Vista® Home Premium、Business、Ultimate或Enterprise（带有Service Pack 1，推荐Service Pack 2）；或Windows 7	Mac OS X 10.5.8或10.6版
1GB内存	1GB内存
1GB可用硬盘空间用于安装；安装过程中需要额外的可用空间（无法安装在可移动闪存设备上）	2GB可用硬盘空间用于安装；安装过程中需要额外的可用空间（无法安装在使用区分大小写的文件系统的卷或可移动闪存设备上）
1024x768屏幕（推荐1280x800），配备符合条件的硬件加速OpenGL图形卡、16位颜色和256MB VRAM	1024x768屏幕（推荐1280x800），配备符合条件的硬件加速OpenGL图形卡、16位颜色和256MB VRAM
某些GPU加速功能需要Shader Model 3.0和OpenGL 2.0图形支持	某些GPU加速功能需要Shader Model 3.0和OpenGL 2.0图形支持
DVD-ROM驱动器	DVD-ROM驱动器
多媒体功能需要QuickTime 7.6.2软件	多媒体功能需要QuickTime 7.6.2软件
在线服务需要宽带Internet连接并不断验证订阅版本（如果适用）	在线服务需要宽带Internet连接并不断验证订阅版本（如果适用）

左面是从Adobe官方网站找到的最低系统配置要求。在实际工作中，需要更好的计算机和系统来运行Photoshop才能确保在处理大文件时的运行速度。需要留意计算机配置的相关参数：显示器的分辨率、显卡存储器、硬盘速度、内存大小等。在配置计算机时，可以去咨询相关硬件专家。

1.3.2 安装与卸载

Photoshop CS6 Extended的安装并不复杂，不论Windows还是Mac OS平台，只需要按照指示一步步去做就行。要注意以下两个问题。

1. 安装介质与软件序列号要匹配

目前Photoshop有两种销售方式：产品包（Box）和产品许可证（License）。这两种的安装介质是不同的，不能互相使用，即不能用产品包的安装盘配合使用许可证的序列号来安装。

产品包（Box）

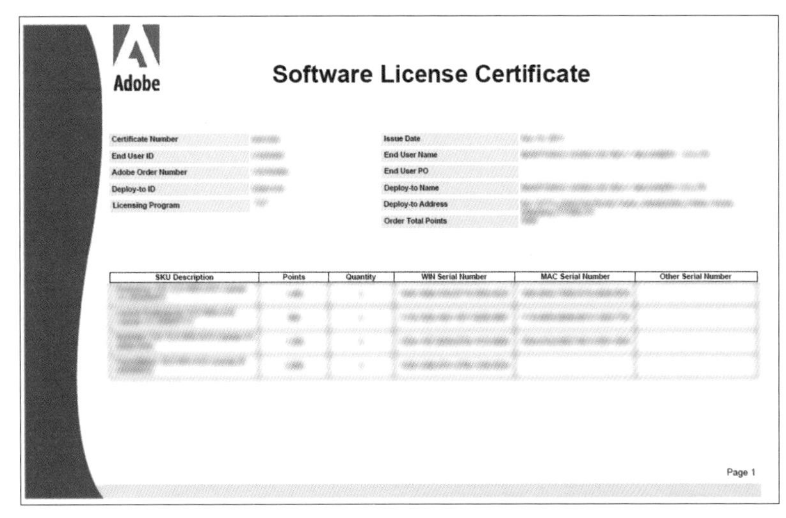

产品许可证（License）

产品包的安装介质通常以光盘形式含在包装内一同销售，License 的安装介质可以到 Adobe 官方网站下载。官方下载地址：http://www.Adobe.com/cfusion/tdrc/index.cfm?product=photoshop&loc=zh_cn。

2. 未能卸载完全导致无法安装

如果机器上装有旧版本的 Photoshop，如 CS3 和 CS4 等，有可能因为卸载不完全导致无法安装。解决方法有以下几种。

重新卸载，将所有的预置文件、临时文件都卸载掉。

查找所有跟 Adobe 有关的文件，直接删除掉。不建议使用此方法，尤其机器上还有其他 Adobe 软件的时候，很容易误删文件。

使用 Adobe Cleaner Tool 工具。到 Adobe 官方网站下载相关的 Clean Tool 工具（Windows 或 Mac 版），然后运行该程序即可。相关网址：http://www.Adobe.com/support/contact/cscleanertool.html。

卸载 Adobe 程序

下载 Adobe Cleaner Tool 工具

在线安装 Photoshop CC

Photoshop CC 版本必须在线下载安装，属于云端安装技术，不能将安装程序下载到本地再安装。所以到官方网站查找 Photoshop CC 的试用版，然后在线下载安装即可。安装完成后，有 30 天的试用期。

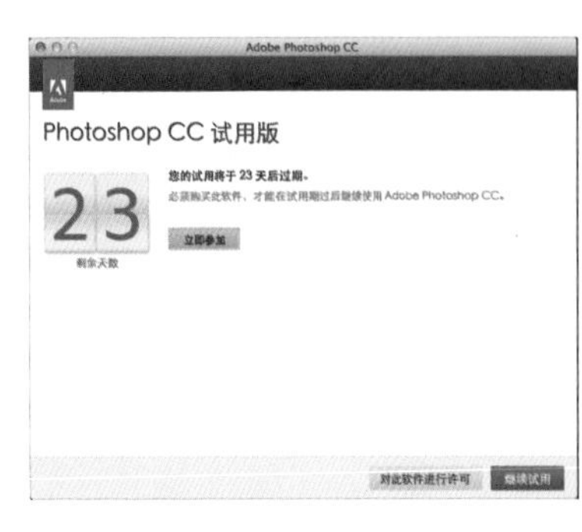

1.3.3 安装插件

Photoshop有很多非常棒的由第三方软件商开发的外挂插件(Plug In),这些插件往往可以帮助我们解决工作中很实际、很具体的一些工作。

插件的安装通常有两种方法。

1. 直接安装到Photoshop指定的目录下。找到Photoshop主程序所在的目录，将插件安装在该目录下的plug ins子目录下。如“C:\Program Files (x86)\Adobe\Adobe Photoshop CS6\Plug ins”。

2. 将安装好的插件，拖曳到Photoshop目录下的Plug ins子目录下。

安装好插件后，再次启动Photoshop，可以在下拉菜单“滤镜”里找到该插件。

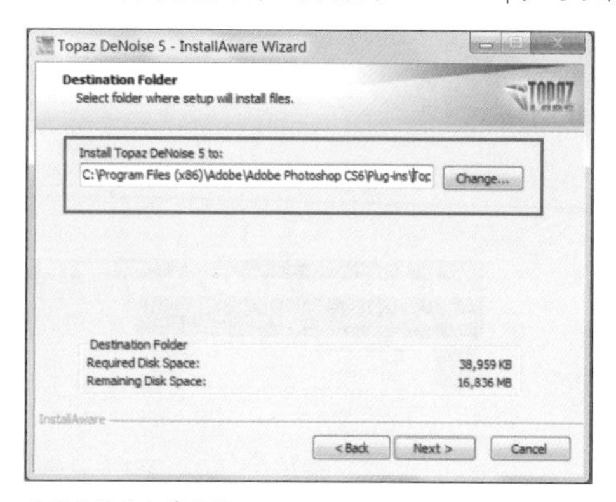

更改插件的安装目录

Photoshop 指定的 plug-ins 目录

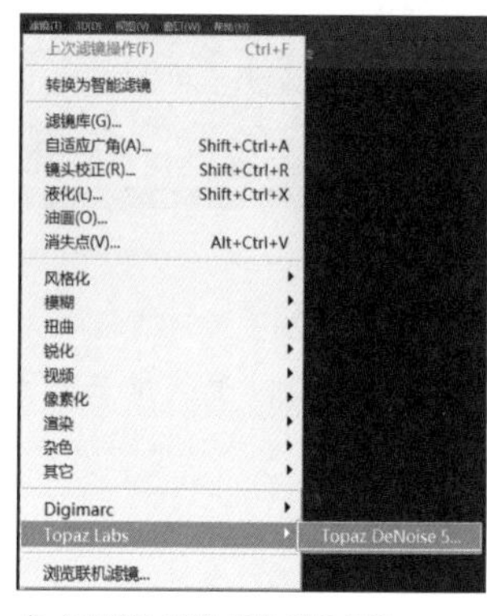

在“滤镜”菜单下找到该插件

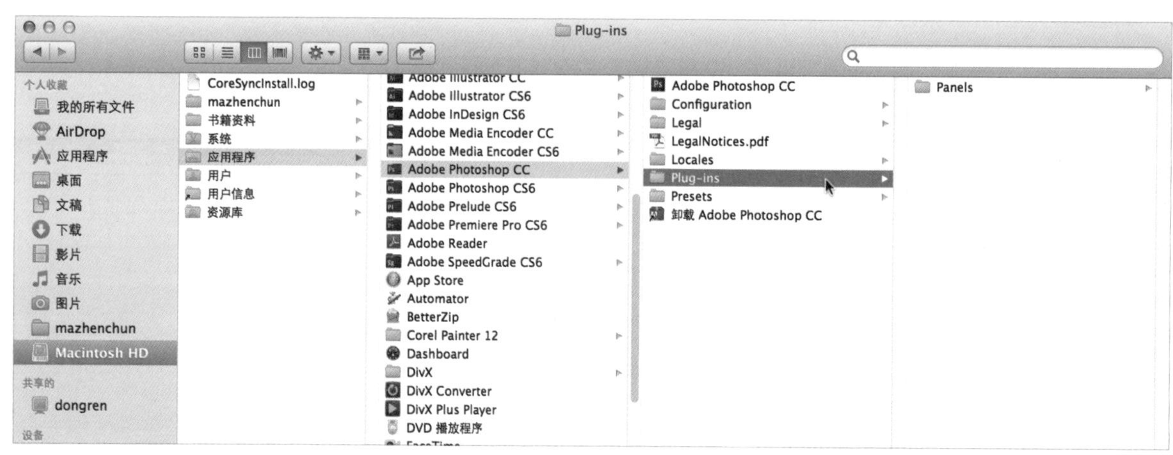

Mac OS 系统在 Macintonsh HD/ 应用程序 /Photoshop/plug ins 目录下。

1.3.4 安装库文件

Photoshop 里有很多预制的库文件，例如，画笔工具的笔刷库、动作库里的库文件、风格样式等。同时，我们可以使用外部自定义的库文件。这些文件不需要安装，只需要在 Photoshop 内调用即可。

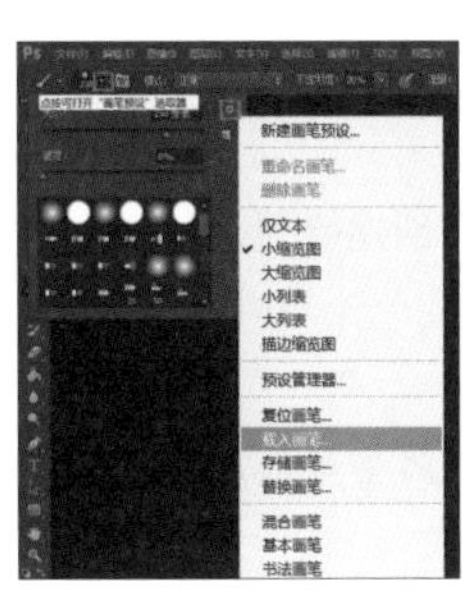

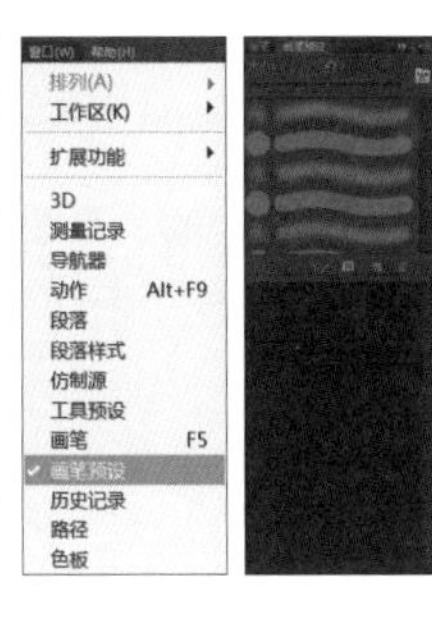

01 复制画笔预设文件到本机。

02 按 <B> 键选择画笔工具，在上方属性栏打开“画笔预设”选取器，单击设置按钮，选择载入画笔命令。或执行菜单：窗口 / 笔刷预设，打开画笔预设面板，单击右侧的小三角，打开菜单，选择载入画笔命令。

03 选择相应画笔预设文件即可。

载入预制的库文件，可以反复调用以前的设置，并快速应用到新的工作项目中。调用的方法是在相对应的面板内使用菜单加载这些外部库文件。

载入动作库文件

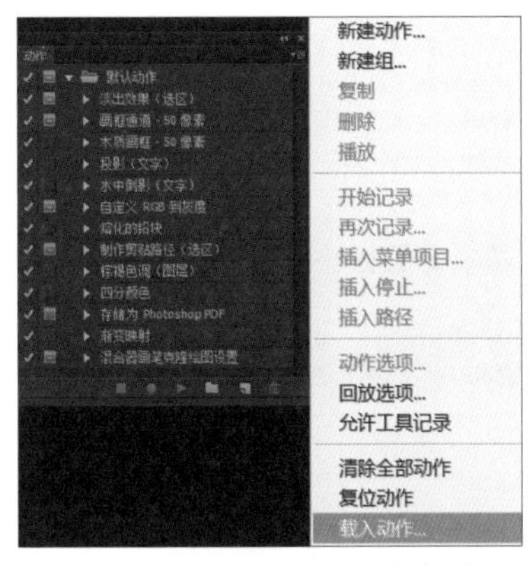

按 <Alt+F9> 打开动作面板（或执行菜单：窗口 / 动作），单击面板右侧的小三角，选择载入动作命令。

载入样式库文件

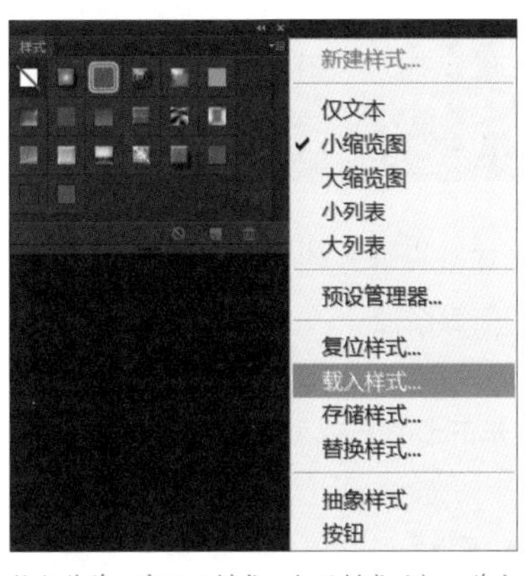

执行菜单：窗口 / 样式，打开样式面板，单击面板右侧的小三角，选择载入样式命令。

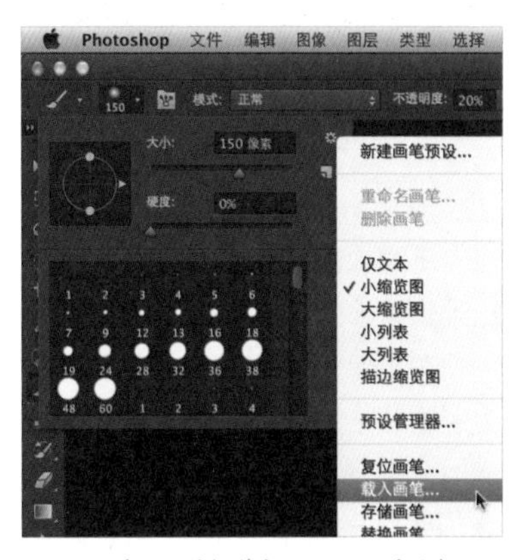

Mac OS 系统下的操作与 Windows 系统相同。

1.4 恢复初始设置

是人都会犯错，是软件都会有 Bug，更多的意外和 Bug 使人猝不及防。这个时候就需要使用恢复初始设置，让 Photoshop 回到初始状态，重新再开始。

按 <Ctrl+Shift+Alt> 组合键（Windows 系统）或 <Cmd+Shift+Opt> 组合键（Mac OS 系统），然后运行 Photoshop，直到出现要求重置 Photoshop 的对话框再松开按键，单击“是”按钮，将 Photoshop 重置为初始设置。

TIPS

每天工作到下午的时候，就会发现机器越来越慢，这个时候重启软件或重启机器，让计算机休息一下，自己也休息一下，是个不错的选择。

1.5 图形与图像

Photoshop 是一款基于像素处理的软件。与之相对的，是图形创建软件，如 Adobe Illustrator，基于矢量来绘制图形、形状。在计算机中，矢量图可以无限放大永不变形。而像素图无论尺寸有多大，放大到一定比例一定会失真，以马赛克式的一个个像素方框来显示。

具体到软件中，Photoshop 可以针对每个像素进行处理，如更改像素的颜色。而 Illustrator 则针对构型形状的每个锚点及控制把柄来修改。

现在 Photoshop 里面也加入了矢量功能，有矢量图层等，但是复杂的图形还是交给 Illustrator 去完成。另外，从输出角度看，输入文字、创建形状等都适合在 Illustrator 或 InDesign 中去完成，这样可以确保输出后的精度。

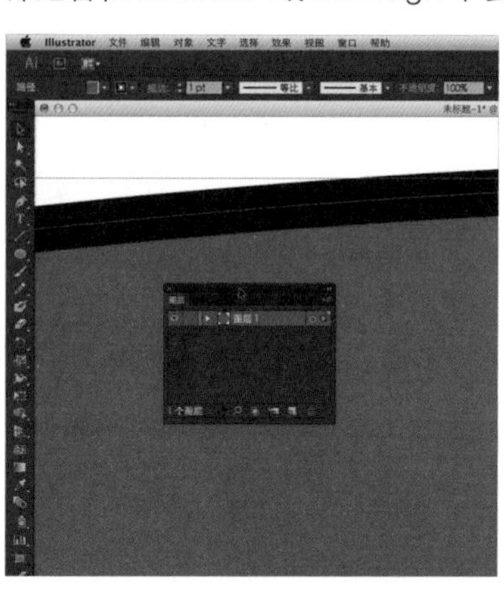

TIPS

尽量让 Photoshop 去做最擅长的事，大量的、复杂的矢量处理最好交给 Illustrator。在 Photoshop 中可以将矢量功能作为辅助功能使用，如编辑 Illustrator 制作的矢量文件，创建不是那么复杂的矢量形状等。

三维软件（3ds Max、Maya 等）、工业设计软件（AutoCAD、ProE 等）基本都是基于矢量来开发的，因此三维软件普遍支持导入 Illustrator 制作的矢量路径。

在实际工作中，针对不同要求，要选择合适的软件作为工具。如要制作企业标示（即 Logo），就一定要使用图形软件（如 Illustrator），这样制作出来的形状可以无限制放大或缩小使用。

1.6 穿越版本使用 Photoshop

在现实的工作环境中，往往会遇到使用较低版本的 Photoshop 的情况。出现这样的局面，有实际的原因。例如，目前版本的 Photoshop 完全可以胜任当下的工作；最新版本的新增功能并不适合现在的工作；从整体行业发展，最终产品稳定性上考虑，如印刷输出行业会以生产稳定为前提；升级到最新版是笔不小的费用，从性价比考虑，公司暂缓升级……种种原因，最后导致需要使用低版本软件去工作。这对我们是一个考验，遇到问题需要及时调整，用另外的方法去解决问题。

Photoshop 创建的绝大多数的匪夷所思的效果，其实都可以用多种方法创建。最新版本常常提供了一种最简洁的方法。还有些工具、功能是高版本所独有的，如果这些功能又恰恰对于工作非常重要，如可以提升工作效率，可以做出低版本所做不到的效果，那这时就需要向公司去申请升级了。

回到本节探讨的主题，如何才能不受版本的约束，自由地使用 Photoshop 呢？在这里有两个建议。

1. 在学习过程中，注重一题多解，多种方法去解决同一问题。

2. 注意使用图层，借助图层的功能来控制最后的效果。在 Photoshop 中，绝大多数修饰、处理和特效都可以通过图层来完成。在平时的制作上，要多使用图层。

以上两点，也是本书重点去讨论的内容。

TIPS

通常来说，会遇到 2 ~ 3 个版本的跨度，如现在最高版本是 CC，而目前社会上较常使用 CS4 ~ CS6 版本。

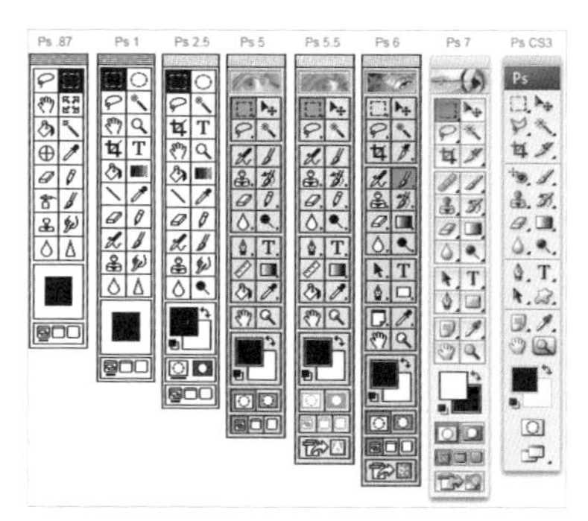

工具箱的演变。

在 CS5 版本以后，可以使用“内容识别”填充快速将足球去除。

在CS5之前的版本，可以使用“仿制图章工具”，并调节不透明度，样本，所有图层，分布去除足球。

在 CS3 之后版本可以使用智能滤镜。

也可以复制原图层，再执行滤镜，通过修改图层的不透明度、混合模式，添加图层蒙版来实现类似效果。

还可以使用“渐隐”命令借助图层，来实现类似效果。

1.7 跨越平台使用 Photoshop

随便翻翻招聘信息，很多会这样写：精通 Photoshop，熟悉 Windows 和 Mac OS 平台……大多数人接触计算机都是从 Windows 操作系统起步，毕竟 Windows 系统更加普及，更加大众化。而在设计、影视等领域，更偏爱 Mac OS 系统和苹果计算机，原因在于苹果计算机在颜色显示等方面做得更加出色。最近几年，随着 iPhone、iPad 的兴起，也有越来越多的年轻潮人选择苹果计算机，如 iMac、MacBook Pro。

接下来就分析、对比 Windows 和 Mac OS 系统下使用 Photoshop 及日常操作上的一些区别。让读者不必受困于操作平台，能够自由跨越不同平台，尽快适应不同平台。

在这里，假设读者熟悉 Windows 平台，重点来介绍 Mac OS 平台。

功能键的差异

在 Windows 系统下，配备的键盘功能键为：<Ctrl>、<Alt>、<Shift>；Mac 计算机下配备的功能键为：<Command>（简写 Cmd 键）、<Option>（简写 Opt 键）、<Shift>、<Control> 键。其中 <Shift> 键所在位置和作用完全一致。在 Windows 中的 <Alt> 键等同于 Mac 计算机下的 <Opt> 键；<Ctrl> 键等同于 <Cmd> 键。

最大的差别在于 <Cmd> 键，<Cmd> 键位于空格键的旁边，与 <Ctrl> 键的位置不同。从 Photoshop 的使用习惯来看，<Cmd> 键的位置更人性化，更便捷。在使用快捷键的时候更加方便，不至于像 <Ctrl> 键那样常常需要完全张开整个左手，去“够”着按键。

Mac 计算机中的 <Control> 键作用类似于辅助键。常常用来实现右键功能。按住 <Control> 键单击鼠标左键等同于单击右键，可以激活选中对象的右键关联菜单。目前的 Mac OS 系统支持左右键的鼠标，因此只要使用带有左右键的鼠标可以直接按右键来激活菜单。

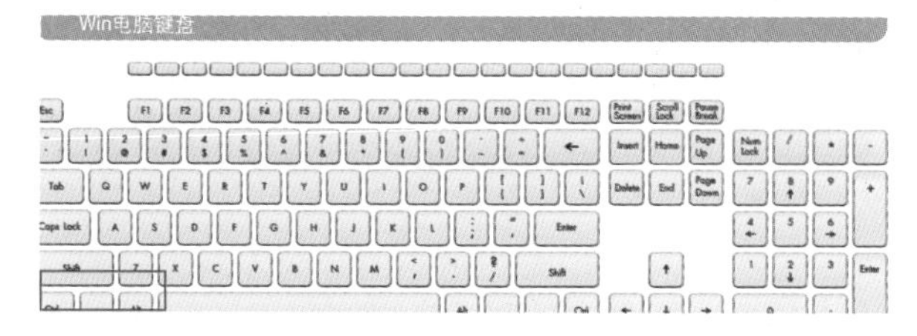

Mac电脑键盘

如执行菜单：图像 / 图像大小，在Windows操作系统中，需要按住 <Ctrl+Alt+I> 组合键；而在Mac OS操作系统中，则要按 <Cmd+Opt+I> 组合键。在菜单中的提示，Mac计算机中的Photoshop会以键盘符号来提示如下。

Cmd键 = ⌘；Opt键 = ⌥；Shift键 = ⇧；Control键 = ^。

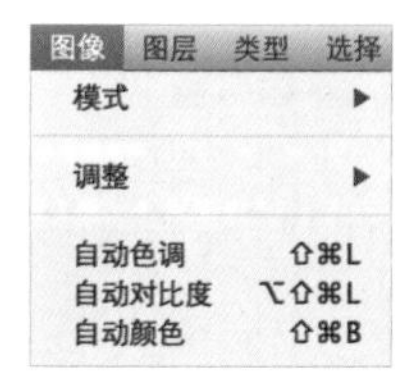

启动Photoshop

在Mac OS系统中启动Photoshop的方式其实跟在Windows相同，找到Photoshop程序，双击即可。默认安装位置是：Mactionsh HD / 应用程序 / Adobe Photoshop CC。

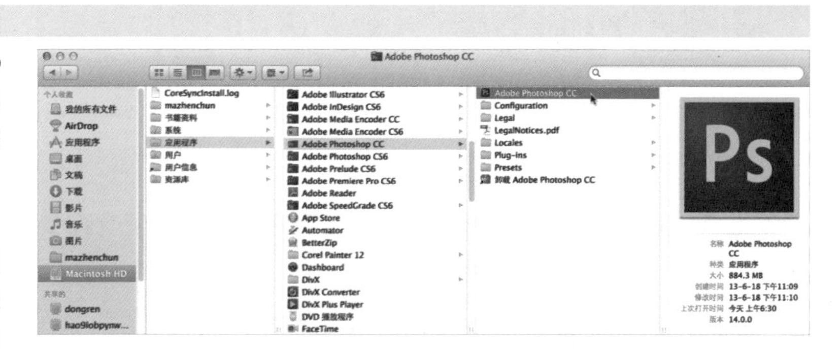

可拖曳"应用程序"文件夹到Dock处，保留在Dock处的显示。在Dock处单击"应用程序"图标，单击Photoshop CC启动软件。

在Mac OS 10.7之后的系统中，可以按 <F4> 或在Dock中单击LaunchPad，单击Photoshop CC启动软件。

Photoshop界面上的差异

界面上略有差异，Mac OS系统多了"Photoshop"下拉菜单，首选项等菜单放置在里面。

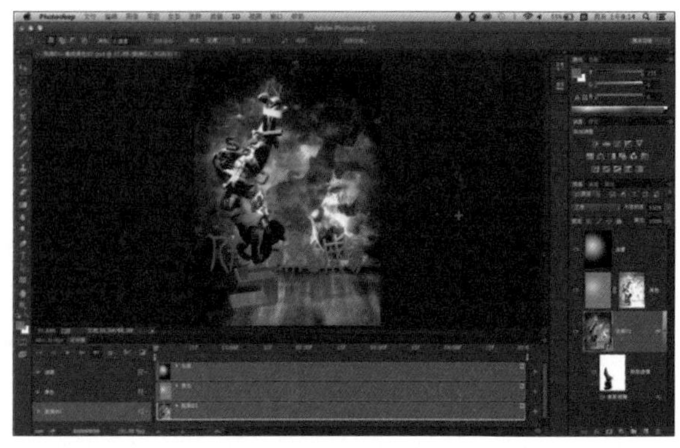

存储面板上略有差异。按 <Cmd+Shift+S> 组合键执行另存文件操作时，存储面板与 Windows 系统略有不同。

01 打开存储对话框中的目录显示。

02 使用“最近访问的位置”找到最近使用的文件夹。

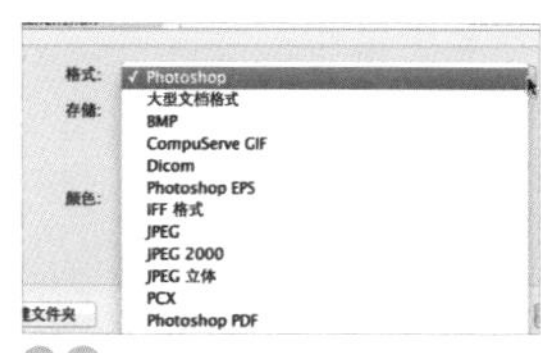

03 选择文件格式，与 Windows 系统不同的是，Mac OS 下无法按格式对应的英文字母来快速找到文件格式。如在 Windows 系统下，可按 J 选中 JPEG 格式。

在关闭文件前，如果文件做了改动，Photoshop 会询问是否存储。在 Mac OS 系统下，对话框询问“存储”或“不存储”对应快捷键 <S> 和 <D>。而 Windows 系统下，则询问“是”或“否”，对应快捷键 <Y> 和 <N>。

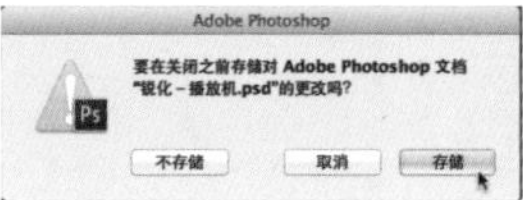

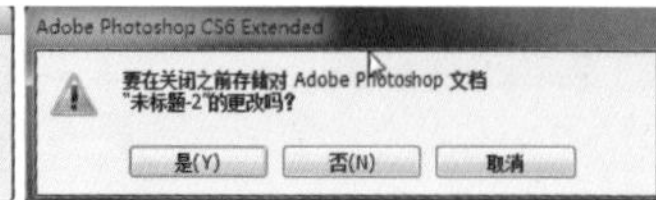

Finder 的使用

在 Mac OS 系统下，Finder 有点类似 Windows 系统下的资源浏览器。在 Dock 中单击 Finder 图标，默认位于 Dock 的最左侧，即可返回到 Finder 下。

在 Finder 下，按 <Cmd+N> 组合键可新建 Finder 窗口，查找浏览文件。

在 Finder 窗口中，可按 <Cmd+1~4> 组合键来切换 Finder 窗口的显示方式。

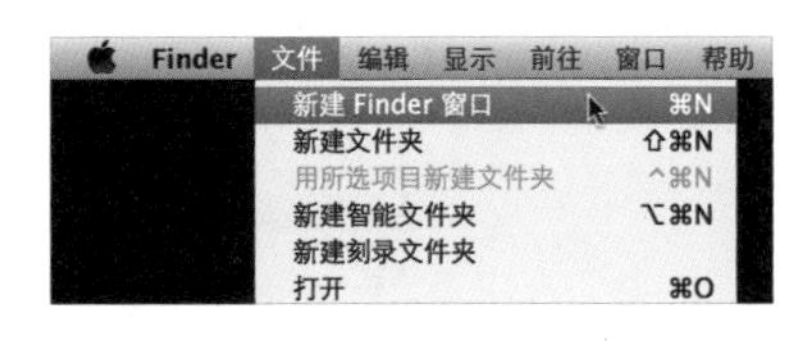

Cmd+1

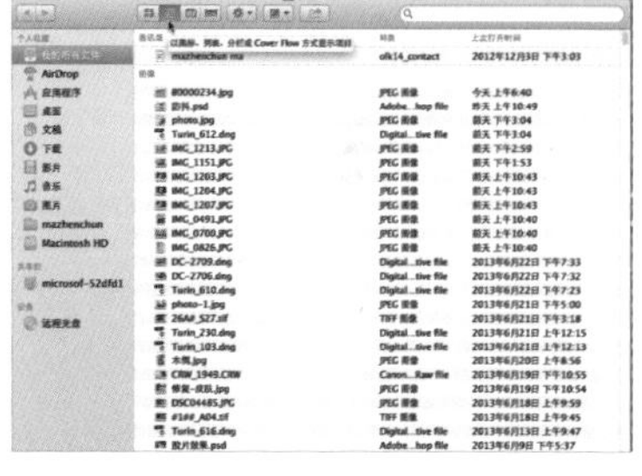

Cmd+2

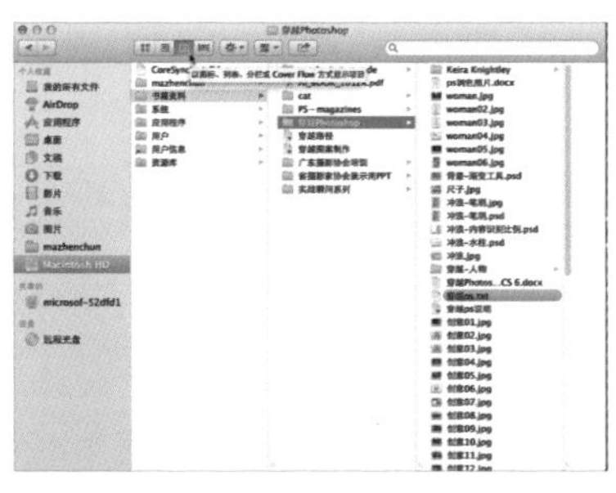

Cmd+3

Cmd+4

常用的操作及快捷键

Cmd+Shift+N：新建文件夹。

返回桌面：在 Dock 处单击 Mission Control 图标或按 <F3> 键，返回桌面。

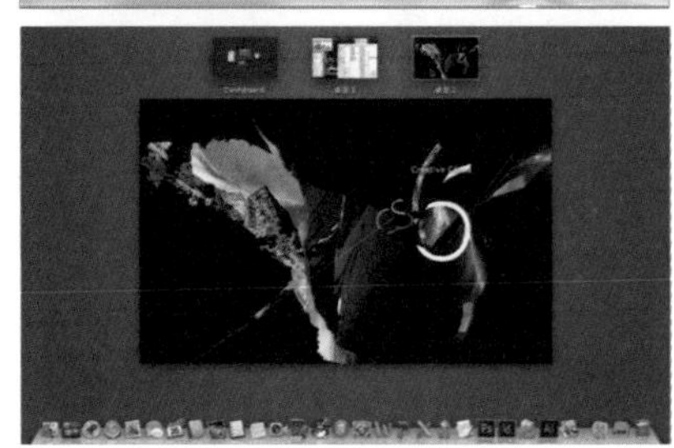

查看属性：选中某个文件或 Mactionsh HD，按 <Cmd+I> 组合键打开简介面板。可修改共享、扩展名等属性。

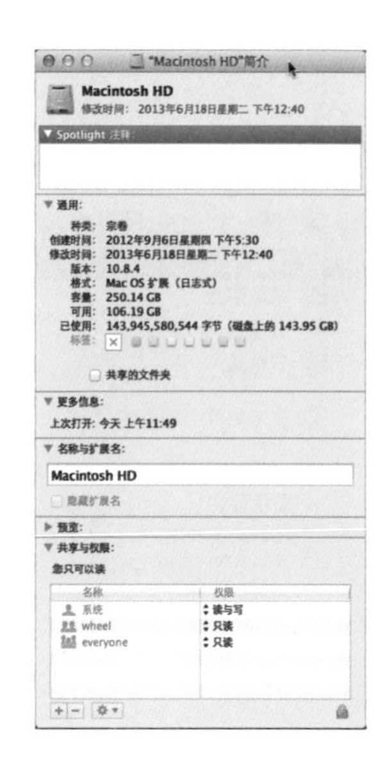

使用 Spotlight 搜索功能：这是一个非常强大的搜索功能，可以非常广泛地查找相关文件。

在系统偏好设置面板上的 Spotlight 设置内，更改快捷键。

系统偏好设置：系统偏好设置类似 Windows 系统下的控制面板，可以对系统进行设置，如设置显示器、字体等。

重启计算机的时候，按住 <Cmd+Opt+P+R> 组合键不放，清除系统参数存储器（PRAM）类似清空缓存。待系统发出 3 次响声后再放开 4 个键。此种方法适合系统出现莫名其妙的问题时使用。

Cmd+ 空格键：切换中英文输入。在 Photoshop 中，使用缩放工具的快捷键也是 Cmd+ 空格键，经常会误切换输入法。Windows 系统也是一样，对应的是 Ctrl+ 空格键。

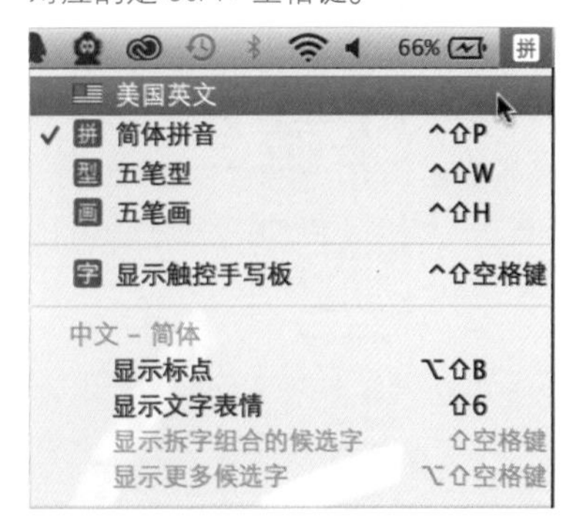

Cmd+Tab：切换程序。

Control+Tab：在 Photoshop 内切换不同文件。

Cmd+Opt+Esc：强制退出应用程序。

在 Finder 文件夹中，按住 <Opt> 键拖曳并复制文件。

<Cmd+Delete> 组合键删除选中文件；<Cmd+Shift+Delete> 组合键清空废纸篓。在废纸篓上单击右键或按住 <Control> 键单击，执行菜单“清倒废纸篓”，可清空废纸篓。打开废纸篓，选中某个文件，单击右键执行“放回原处”，可将删除的文件放回原处。

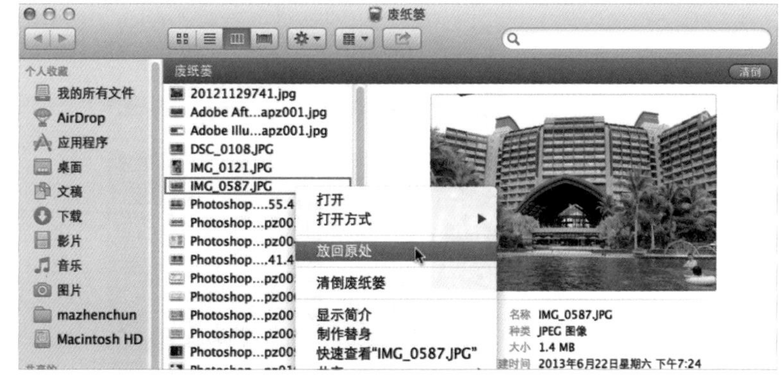

第 2 章 CC 新功能介绍

概述

目前Photoshop最高的版本是CC版，全称Creative Cloud，是基于云端的，不仅提供软件使用，还提供软件服务的产品。

CC 版本针对相机抖动模糊、锐化和 Camera Raw 处理等方面做了改进，极大丰富了图像处理的手段。尤其是 Camera Raw 滤镜，等于将 Camera Raw 处理方式完全引入到 Photoshop 中。

Camera Raw 滤镜

在 Photoshop CC 中，Adobe Camera Raw 也可作为滤镜使用。在 Photoshop CC 中处理图像时，可以在某个图层上应用 Camera Raw 滤镜（执行菜单：滤镜 / Camera Raw 滤镜或按 <Cmd+Shift+A>）。这意味着可以将 Camera Raw 调整对话框应用于更多文件类型，如 PNG、视频剪辑、TIFF 和 JPEG 等。

还可以针对智能对象使用 Camera Raw 滤镜，这样可以随时更改智能滤镜的不透明度、混合选项和各项参数。

2.1 Camera Raw 8.0 对话框

2.1.1 JPEG 和 TIFF 文件处理首选项

Photoshop CC 提供新的首选项来确定如何处理 JPEG 和 TIFF 文件。如果需要每次处理照片时使用 Camera Raw 或选择性地调用 Camera Raw，此设置特别有用。例如，摄影师可能希望先用“Camera Raw”对话框处理每个图像，然后在 Photoshop 中打开该图像。但是，修图师或排版师可能希望仅针对以前使用 Camera Raw 处理过的图像打开“Camera Raw”对话框。

要修改 Photoshop 的首选项，请执行菜单：首选项 / 文件处理 / 文件兼容性 / Camera Raw 首选项 / JPEG 和 TIFF 处理。可以选择在打开 JPEG 或 TIFF 时是否自动调用 Camera Raw 对话框。从 JPEG 下拉列表中选择如下。

禁用 JPEG 支持。当在 Photoshop 中打开 JPEG 文件时，不会打开 Camera Raw 对话框。

自动打开设置的 JPEG。当在 Photoshop 中打开 JPEG 文件时，仅对于之前已使用 Adobe Camera Raw 处理过的 JPEG 文件，Camera Raw 对话框才会打开。

自动打开所有受支持的 JPEG。每次在打开 JPEG 文件时，即会打开 Camera Raw 对话框。

使用 TIFF 下拉列表可为 TIFF 文件做出类似选择。

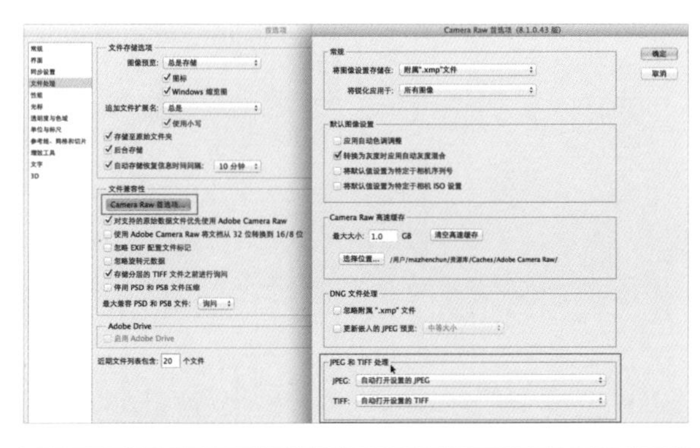

2.1.2 增强的污点去除工具

"污点去除"（B键）工具的新功能与 Photoshop 以前版本中的"修复画笔"类似。使用"污点去除"工具在照片的某个元素上进行涂抹，选择要应用在所选区域上的源区域，该工具会完成剩下的工作。（之前的"污点去除"工具只能绘制圆形区域，使用上不自由）可以按正斜杠（/）键，让 Camera Raw 选择源区域。

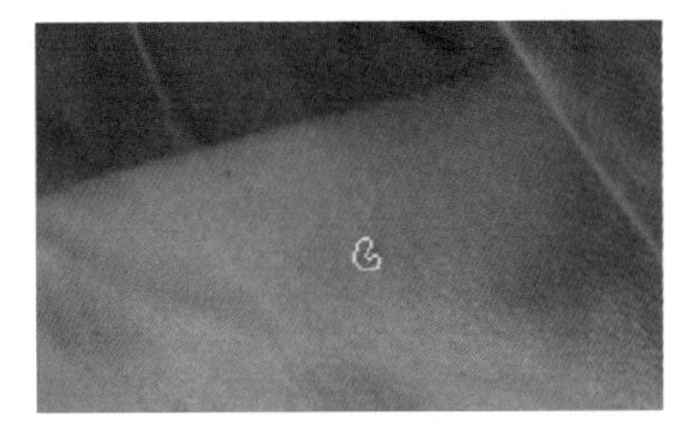

01 拖曳鼠标绘制污点区域。

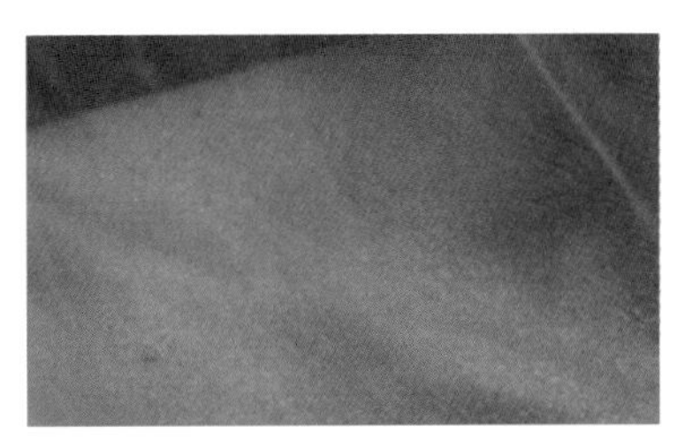

03 移去污点。

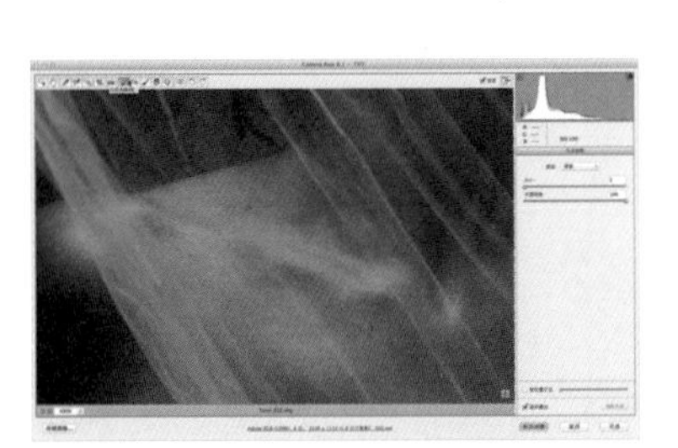

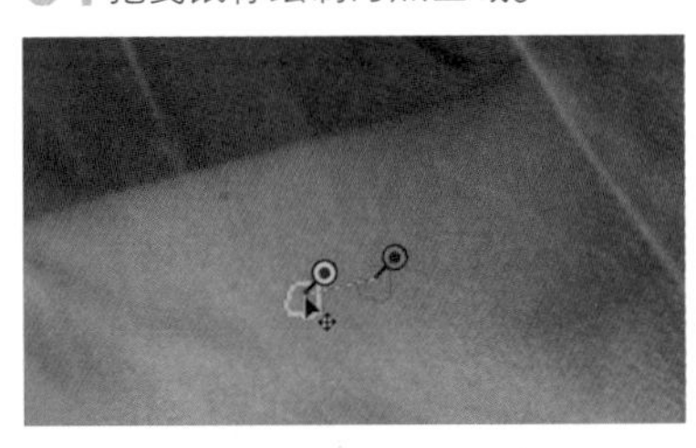

02 绘制完成后，松开鼠标自动匹配源区域，也可以移动绿色或红色区域来调整。

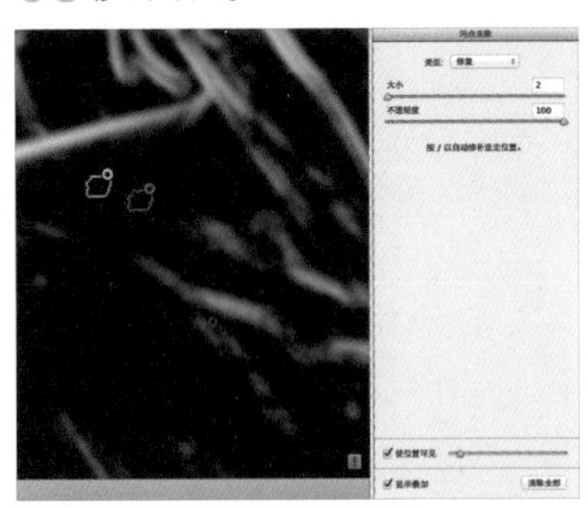

尽管"污点去除"工具能移去缺陷，但照片中的某些缺陷在常规视图中可能无法观察到（如人像上的微尘、污点或瑕疵）。"污点去除"工具中的"使位置可见"选项能看到更小、更不起眼的缺陷。当选择"使位置可见"复选框时，图像会以反相显示。可以改变反转图像的对比度级别，以便更加清楚地查看缺陷。然后，可以在此视图中使用污点去除工具来移去缺陷。

2.1.3 径向滤镜

全新"径向滤镜"工具（在 Camera Raw"对话框中的径向滤镜工具或键盘快捷键 <J>）可自定义椭圆选框，然后将局部校正应用到这些区域。可以在选框区域的内部或外部应用校正。可以在一张图像上放置多个径向滤镜，并为每个径向滤镜应用一套不同的调整。

TIPS

图中所示为在 Photoshop 中使用"Camera Raw 滤镜"的界面，与在 Bridge 中使用 Camera Raw 略有不同。

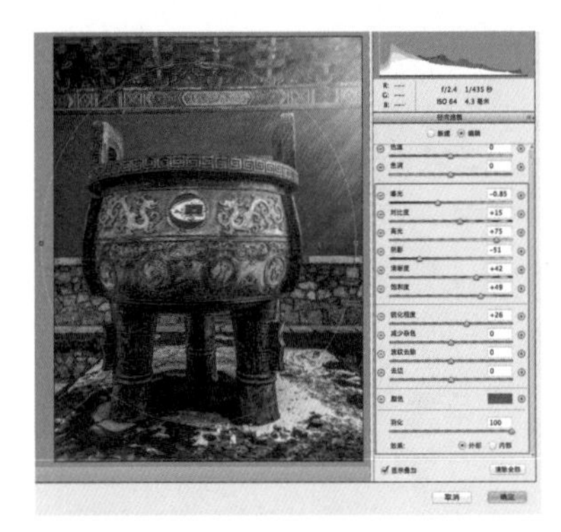

01 使用径向滤镜工具，创建椭圆形滤镜，在右侧面板调整各项参数，整体色调上加重。

02 在右侧面板上选择"新建"，创建第二个径向滤镜，形状覆盖鼎的中间部分。

03 调整右侧面板上的各项参数，提亮中间区域。

“径向滤镜”的调整特点，就是几乎综合了所有调整选项，如曝光、锐利和颜色等，而且还能非常细微地调整，如针对高光、阴影。同时，在 Camera Raw 中，可以叠加各种调整，再配合 CC 新增的“Camera Raw”滤镜，对于图像处理来说，极大丰富了调整手段，可以说是一站式调整。

04 效果对比。

2.1.4 垂直模式

Camera Raw 中的垂直功能（Camera Raw 对话框 / 镜头校正 / “手动”选项卡）能自动拉直图像内容。垂直模式会自动校正照片中元素的透视。

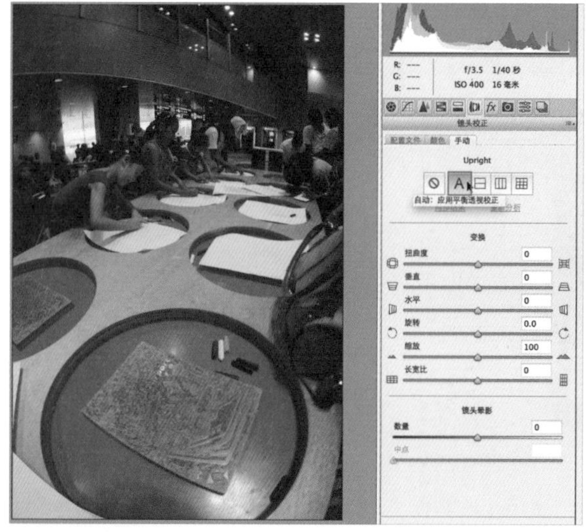

自动：平衡透视校正。

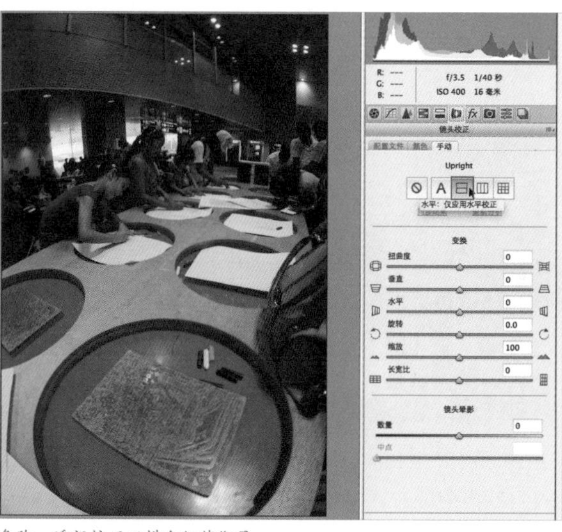

色阶：透视校正以横向细节衡量。

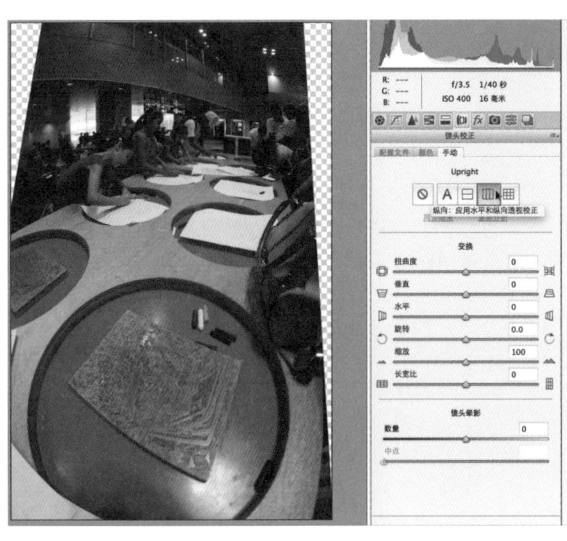

垂直：透视校正以纵向细节衡量。

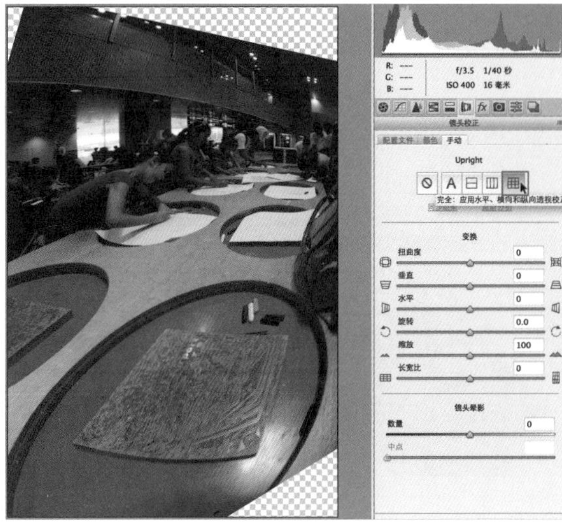

全部：色阶、垂直和自动透视校正的组合。

可以循环使用各个设置，然后选择最适合照片的设置。此外，现有设置中添加了新滑块“长宽”。“长宽”滑块可以水平或竖直修改图像的长宽。将控件滑动到左边会修改照片的水平长宽，滑动到右边会修改垂直长宽。

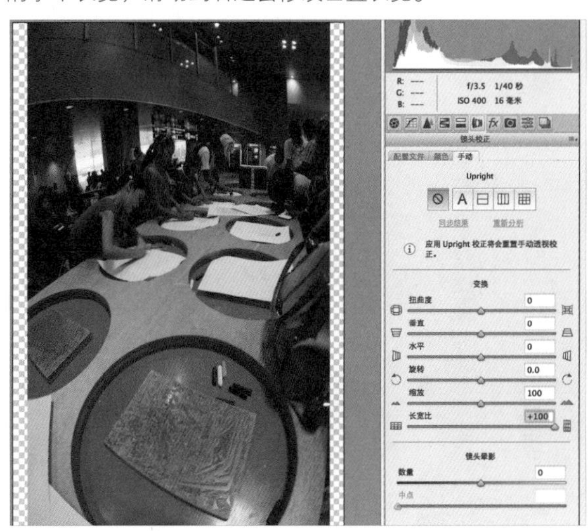

2.2 减少相机抖动模糊

Photoshop 具有一种智能化机制，可自动减少由相机运动产生的图像模糊。在必要时，可以调整高级设置以进一步锐化图像。相机防抖功能可减少由某些相机运动产生的模糊，包括线性运动、弧形运动、旋转运动和 Z 字形运动。执行菜单：滤镜 / 锐化 / 防抖，可打开防抖滤镜对话框。防抖滤镜是 CC 版本的一个亮点，可以处理很多模糊的数码相片，可以挽救一些已经划为“废片”的相片。

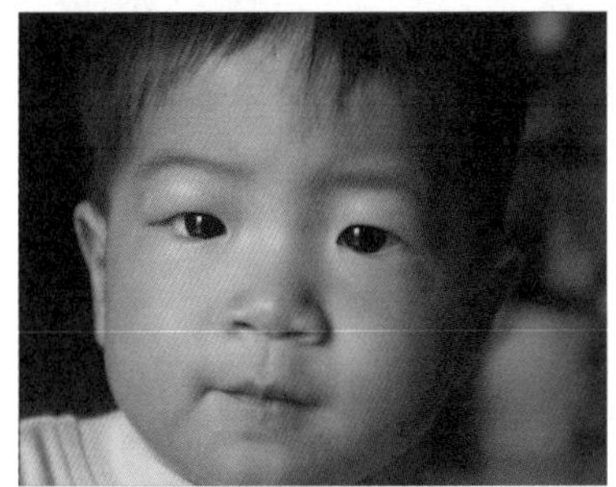

未开闪光灯较慢的快门速度拍摄的照片。

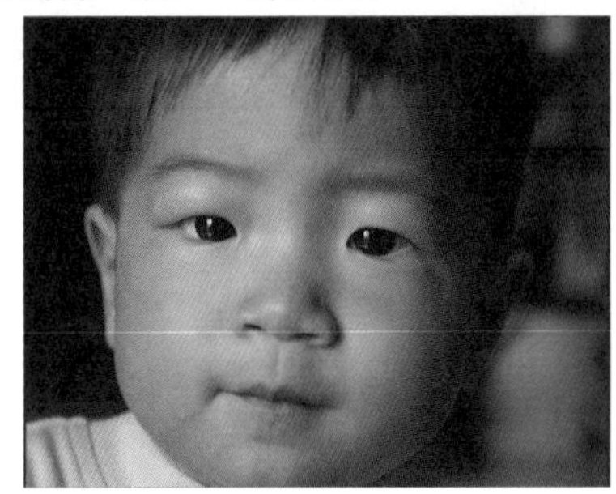

使用“防抖”处理之后的效果。

适合使用相机防抖的图像

相机防抖功能最适合处理曝光适度且杂色较低的静态相机图像。以下类型的静态图像特别适合使用防抖功能。

使用长焦镜头拍摄的室内或室外图像

在不开闪光灯的情况下使用较慢的快门速度拍摄的室内静态场景图像。

此外，防抖功能还有助于锐化图像中因为相机运动而产生的模糊文本。

2.3 调整图像大小改进

“图像大小”命令（<Cmd+Opt+I>）现在包含“保留细节”的方法，可在放大图像时提供更好的锐度。此外，还更新了“图像大小”对话框以便于使用。

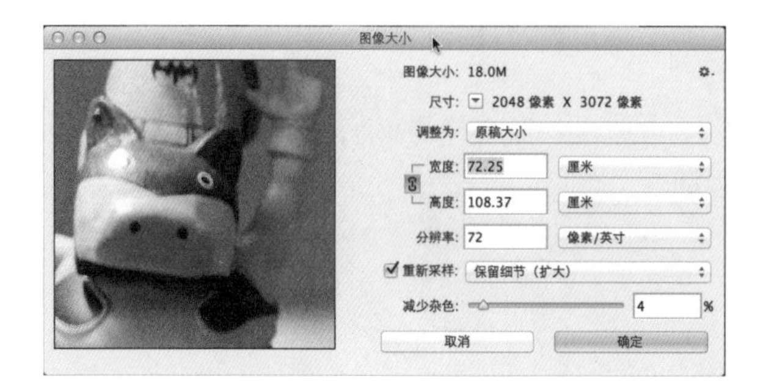

通过一个窗口显示调整参数的预览图像。调整对话框的大小也将调整预览窗口的大小。

可从对话框右上角的齿轮菜单内启用和禁用“缩放样式”选项。

从“尺寸”弹出菜单中，选取其他度量单位显示最终输出的尺寸。

单击“链接”图标可在启用或禁用“约束比例”选项之间进行切换。

“重新取样”菜单选项按使用情况排列，包含新的边缘保留方法。

原始未裁剪的图像。

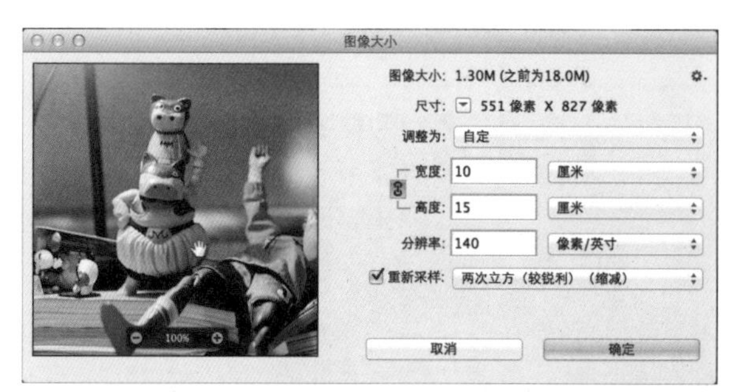

缩小图像大小并锐化，使图像保留细节。

锐化已调整大小的图像并保留细节。

2.4 在 Behance 上共享作品

可以直接从 Photoshop 内部将正在设计中的创意图像作品上传至 Behance。Behance 是行业领先地位的联机平台，可展示和发现具有创造力的作品。使用 Behance，可以创建自己的作品集，并广泛而高效地传播它，以获取反馈，还可以上传全新的图像以及已上传图像的修订版。

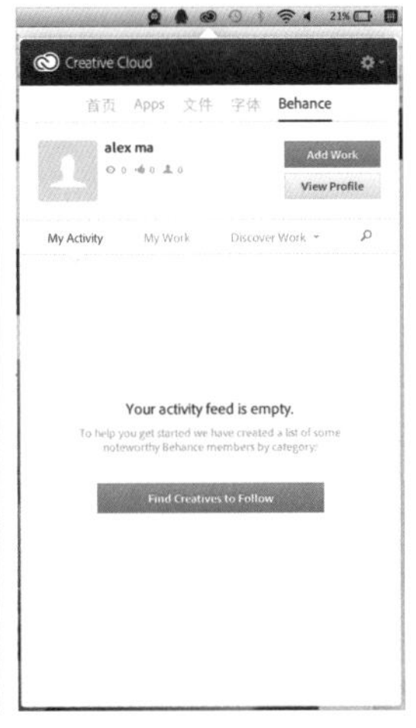
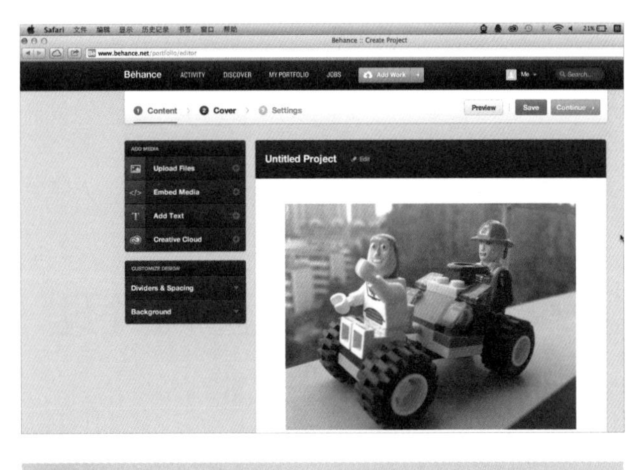

TIPS

Behance 与 Photoshop CC 的集成仅在英语语言环境下可用。可以共享 320 x 320 像素或更高尺寸的图像。必须年满 13 岁才能注册 Behance。

2.5 Creative Cloud 同步

个人的 Adobe Creative Cloud 帐户是与在线存储绑定在一起的，因此无论身在何处，都可以通过任意设备或计算机来访问和使用自己的文件。可以在计算机、平板计算机或手机的 Web 浏览器中直接预览多种具有创造力的文件类型。这些文件类型包括 PSD、JPG、PDF、GIF、PNG 以及 Photoshop Touch 格式。

Creative Cloud 将所有文件保持同步，对其所做的任何添加、修改或删除操作都会反映在任何一台连接的计算机和设备上。例如，如果使用 Creative Cloud 文件页面上传一个 .psd 文件，则它会自动下载到所有连接的计算机上。

这样的理念有点类似于用个人帐户管理自己的 iPhone、iPad 上的程序及数据。

执行以下任一操作都会自动安装 Creative Cloud。

1. 从 Adobe Creative Cloud 下载并安装您的第一个 Creative Cloud 应用程序。

2. 同步来自 Creative Cloud 的文件。

3. 将来自 Typekit 的字体同步到您的桌面。

也可以手动安装 Creative Cloud。

2.6 使用同步设置

当使用多台计算机工作时，在这些计算机之间管理和同步首选项可能很费时，并且容易出错。

全新“同步设置”功能可以让用户通过 Creative Cloud 同步首选项和设置。如果用户使用两台计算机，同步设置功能会使相关设置在两台计算机之间保持同步变得很轻松。同步操作通过个人的 Adobe Creative Cloud 帐户进行。用户设置将被上传到 Creative Cloud 帐户，然后会被下载和应用到其他计算机。

按 <Cmd+K> 或执行苹果菜单下：个人帐户 / 管理同步帐户，在首选项对话框中打开“同步设置”选项卡进行设置。

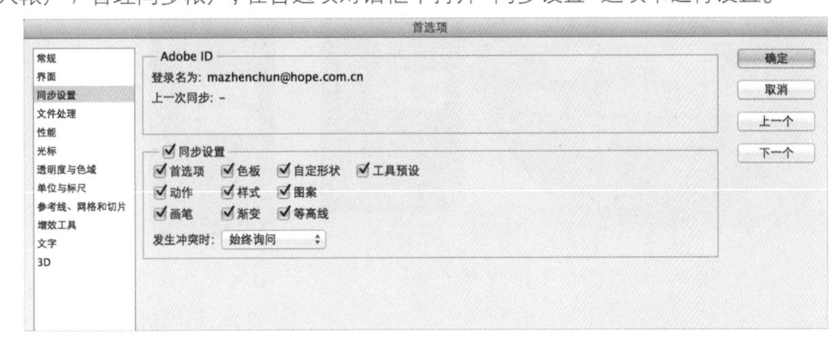

可以更改同步选项，也可以选择在发生冲突的情况下采取何种操作。选择选项来同步首选项和设置，可同步的首选项指的是不依赖于计算机或硬件设置的首选项。

选择要同步的首选项。可同步的首选项包括：色板、自定形状、工具预设、动作、样式、图案、画笔、渐变和等高线。

发生冲突时，即指定在检测到冲突时要采取的操作，如下。

始终询问、保留本地设置、保留远程设置。

TIPS

要成功同步设置，需从应用程序内部更改设置。同步设置功能不会同步任何手动置入文件夹位置的文件。

2.7 增强的 3D 图像处理

2.7.1 增强的 3D 绘画

Photoshop CC 提供了多种增强效果，可在绘制 3D 模型时实现更精确的控制和更高的准确度。在默认的“实时 3D 绘画”模式下绘画时，将看到用户的画笔描边会同时在 3D 模型视图和纹理视图中实时更新。“实时 3D 绘画”模式也可显著提升性能，并可最大限度地减少失真。“投影绘画”（Photoshop CS5 和 CS6 中的默认 3D 绘画方法）在 Photoshop CC 中仍然可用。可以通过执行菜单：3D / 使用投影绘画。切换到此 3D 绘画方法。

除“实时 3D 绘画”外，Photoshop CC 还提供以下 3D 绘画增强功能。

在设定其他目标纹理类型进行绘画时，可以同时在 3D 模型和目标纹理视图中查看绘画目标。

可以选择在无光模式中绘制 3D 对象。该模式会忽略场景中的所有光照并会封装有关用户的 3D 对象相应类型的原始纹理数据。在无光模式中，可在没有阴影的情况下绘画，并可提高颜色准确度。

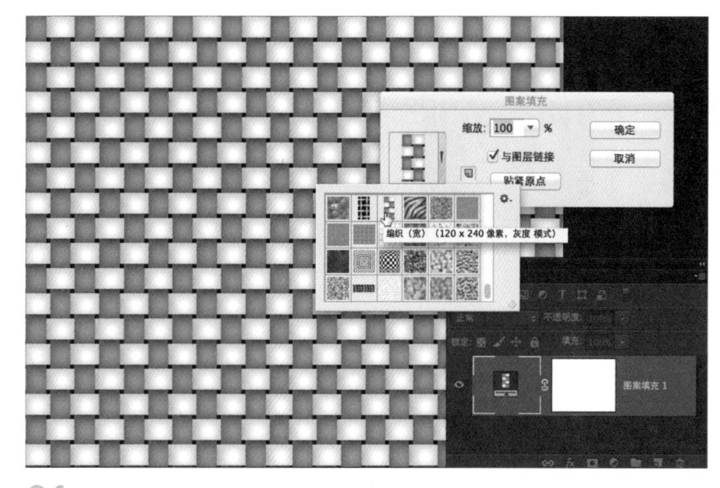

01 使用图案填充图层，创建无缝纹理填充。

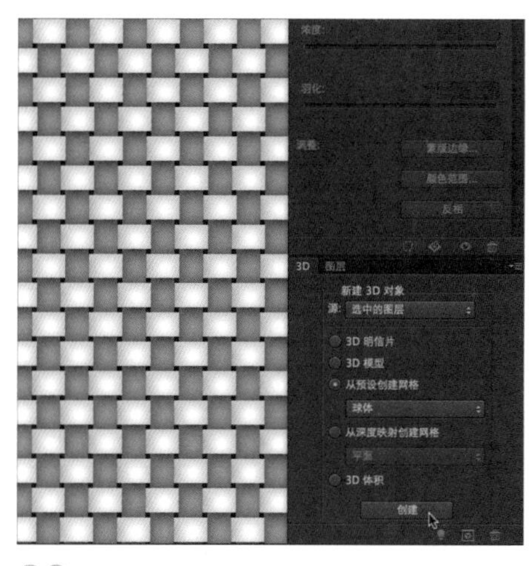

02 选中纹理图层，在 3D 面板选择“从预设创建网格：球体”，创建球体。

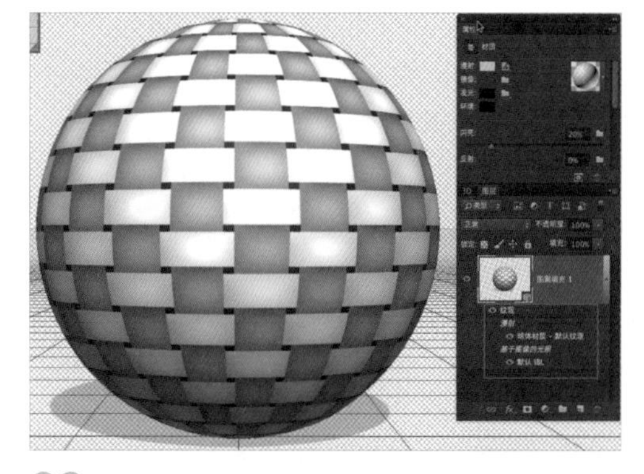

03 在图层面板，查看 3D 图层的纹理贴图。

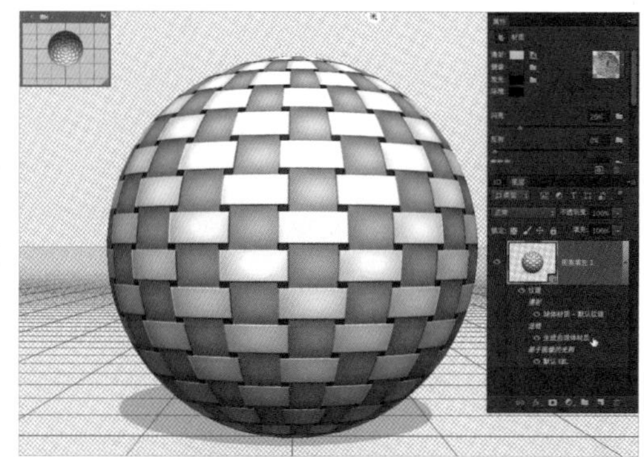

04 在 3D 面板上选中“球体”材质，在属性面板上，点选法线文件夹，执行通过漫射生成法线。创建法线贴图，创建三维纹理贴图效果。

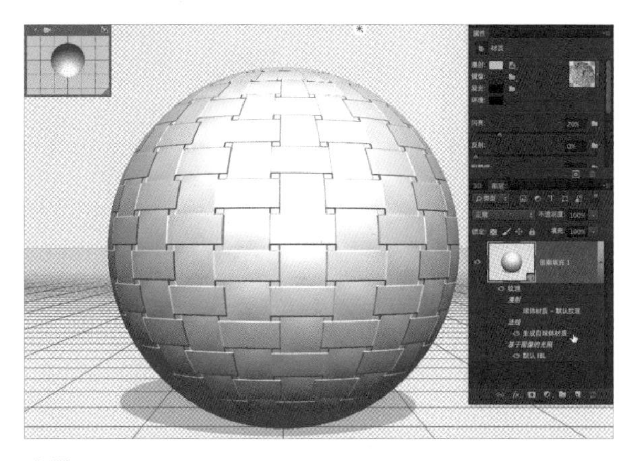

05 在图层面板上可以看到，生成了法线贴图材质。关闭球体材质，看到法线材质是真正的三维贴图。

06 按 <B> 键切换到画笔工具，直接在球体上绘制，弹出对话框，需要“更改纹理目标”。

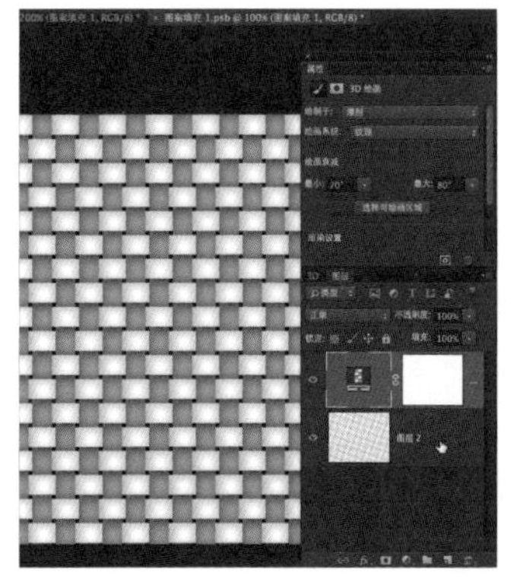

07 单击“更改纹理目标”，自动打开纹理贴图，调整图层位置，选中空白图层，并将其放置在上方。

08 回到球体文件，直接在球体上绘制。

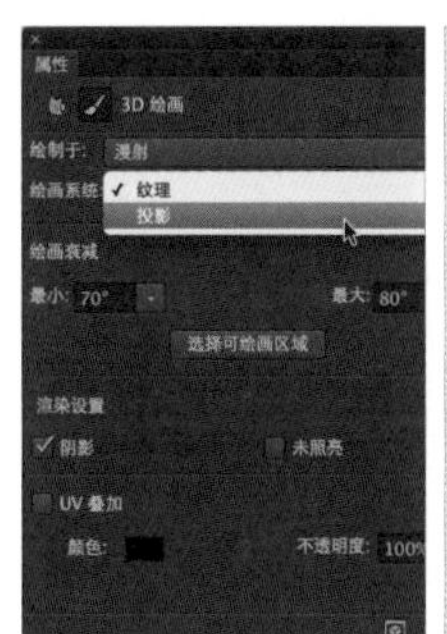

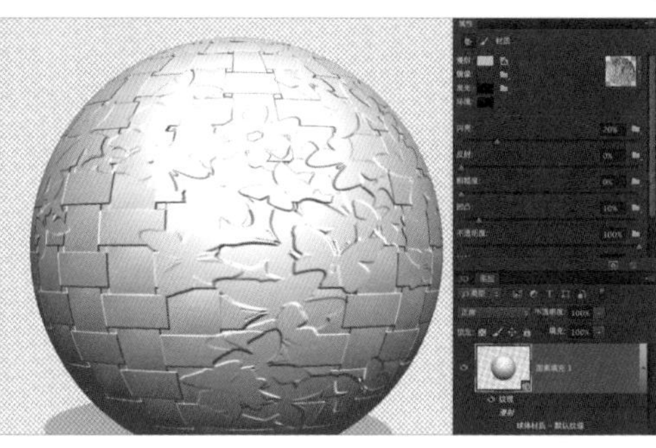

09 可在属性面板中更改绘画系统：纹理或投影。

10 可以将在漫射贴图上绘制的结果映射到法线贴图。

11 绘画结果映射到法线贴图上，得到三维绘制结果。

2.7.2 增强的 3D 面板

Photoshop CC 提供改进的 3D 面板，可让用户更轻松地处理 3D 对象。重新设计的 3D 面板效仿“图层”面板，被构建为具有根对象和子对象的场景图 / 树。

可以通过以下几种方式与场景图中的 3D 对象交互。

删除对象、重新排序对象、反转对象的顺序、插入对象和复制对象。

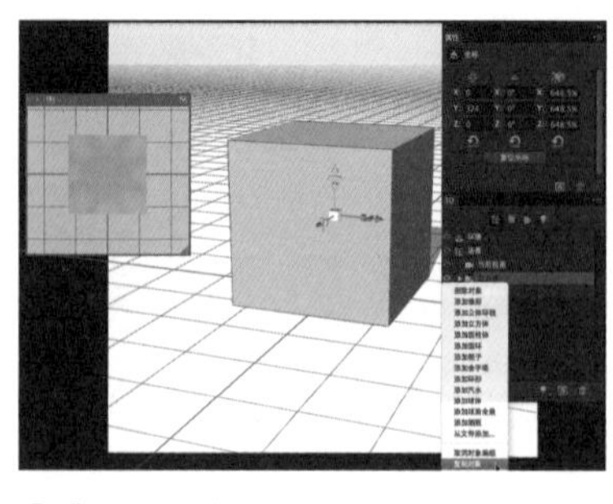

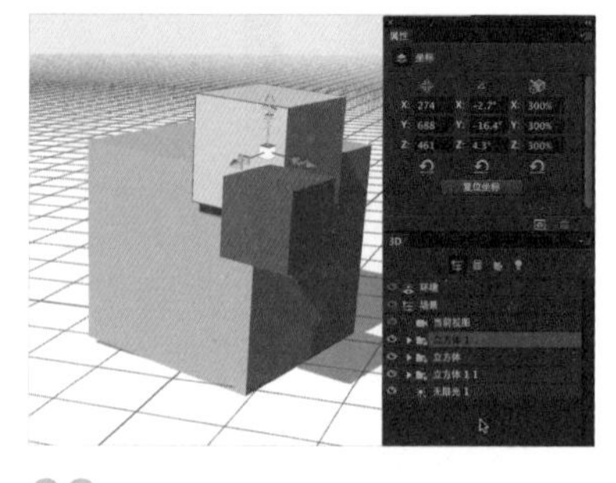

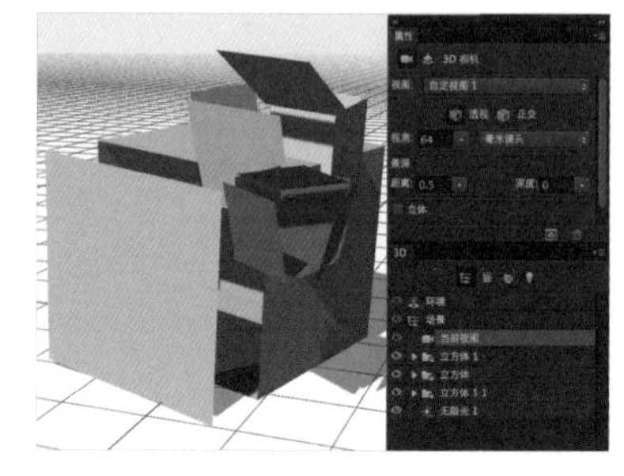

01 增强的 3D 面板，“复制对象”等命令，让三维操作更加便捷，也更加人性化。

02 让组合或单独调整三维物体变得轻松。

2.8 “智能锐化”滤镜增强

增强的“智能锐化”滤镜采用的自适应锐化技术可最大程度降低杂色和光晕效果，从而帮助产生高质量的锐化结果。

执行菜单：滤镜 / 锐化 / 智能锐化，可打开“智能锐化”对话框。滤镜采用简化的 UI 设计，可针对目标锐化提供最佳控制。使用滑块进行快速调整以及高级控制，以便对结果进行微调。

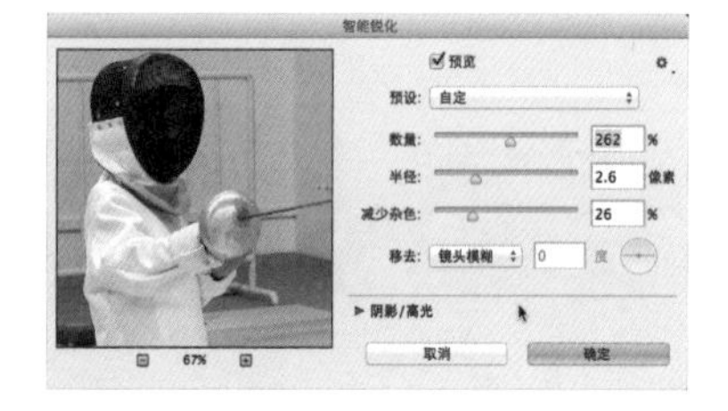

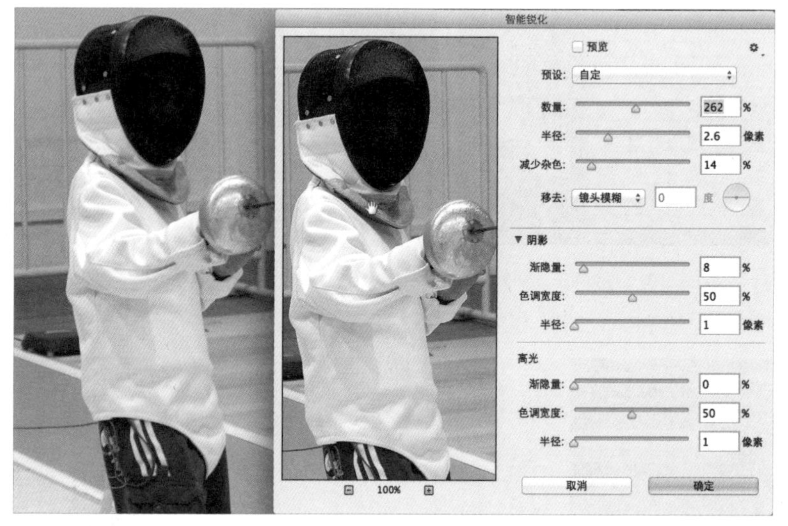

2.9 “最小值”和“最大值”滤镜增强

Photoshop CC 更新了“最大值”和“最小值”滤镜。现在，可以在指定半径值时从“保留”菜单中选取所需的方正度或圆度。现在，半径值可输入小数。

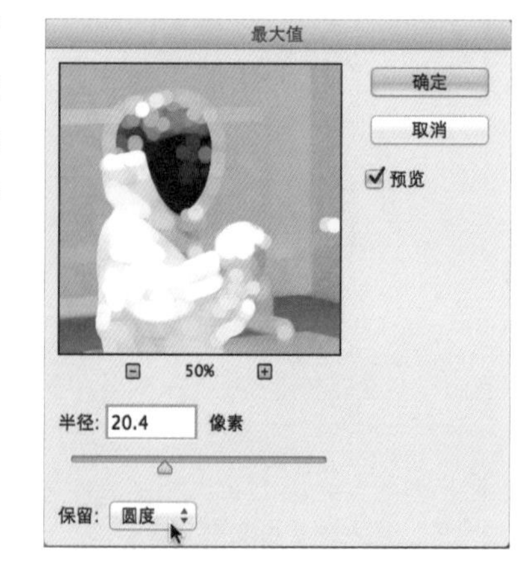

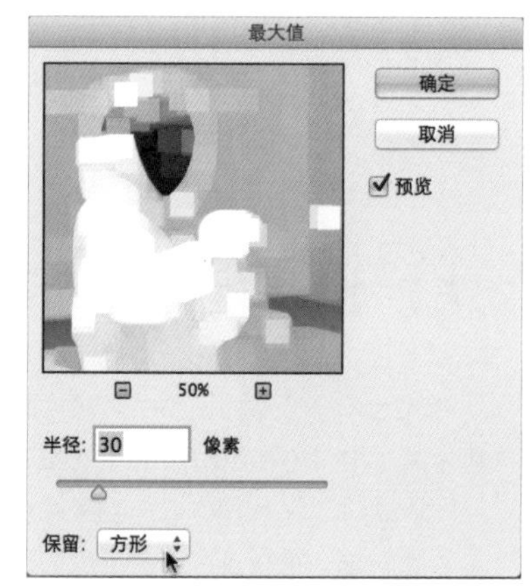

2.10 “液化”智能滤镜

Photoshop CC 版本中可以将“液化”滤镜应用到智能对象上，即以智能滤镜的方式使用。这种细微的更新，让“液化”滤镜的使用更加便捷，更加容易控制。

2.11 CC 中的文字渲染

Photoshop CC 在文本工具属性上，新增文字渲染的选项，用于消除文本锯齿。

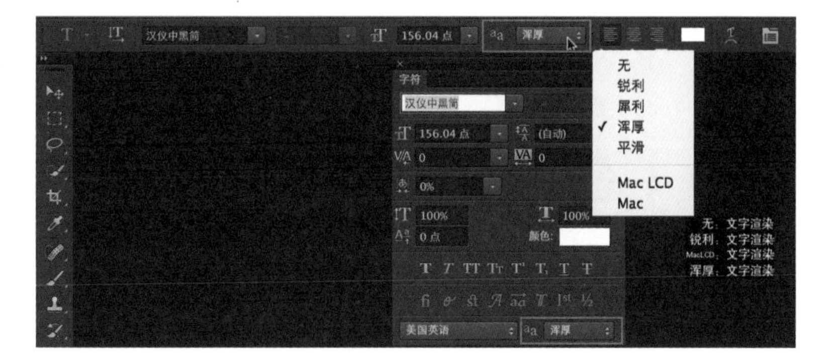

2.12 修改矩形和圆角矩形

使用矩形或圆角矩形工具，创建了矩形或圆角矩形之后，可以在属性面板中调整尺寸、位置和角半径。可单独调整每个圆角，也可以同时对多个图层上的矩形进行调整。

对于 Photoshop CC 之前的版本，必须在创建圆角矩形前，设置好圆角，再创建；不能创建完成后，再修改，也不能单独修改某个角。（只能用编辑路径的方式去编辑修改。）

2.13 选择多个路径

Photoshop CC 中的新增功能允许同时选中并处理多个路径。可以从“路径”面板菜单将命令应用于多路径。现在可以选择多个路径并一次性删除或复制它们。

可以执行以下操作

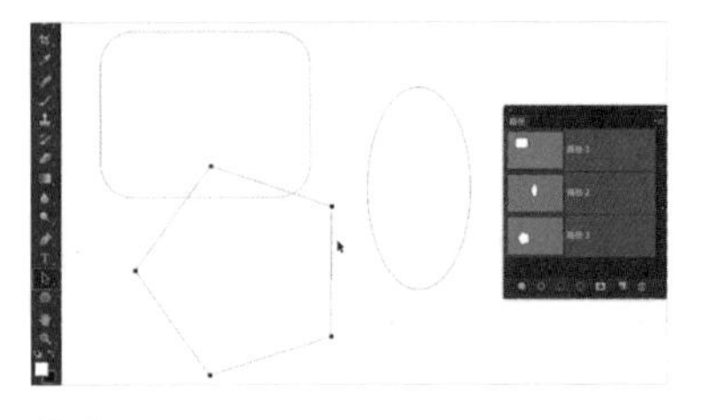

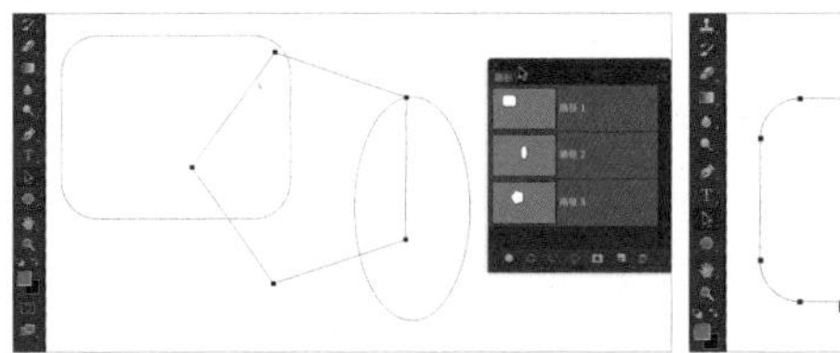

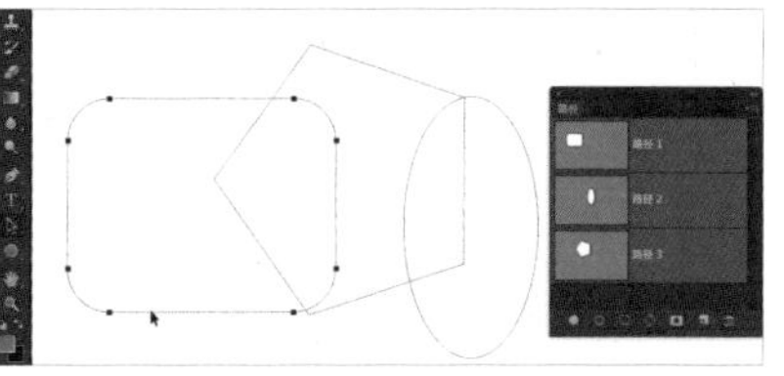

同时选中多个路径时，可使用“路径选择”工具或“直接选择”工具单独移动或编辑某个路径。

01 在路径面板中按住 <Shift> 键并单击以选择多个路径；按住 <Ctrl> 键 (Windows) 或 <Command> 键 (Mac OS) 并单击以选择非连续路径。

02 即使路径位于不同的图层，也可对多个路径使用“路径选择”工具和“直接选择”工具对其进行操控。

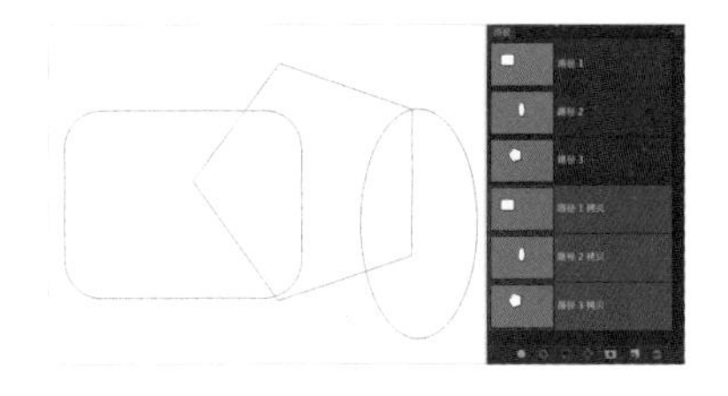

03 在路径面板中按住 <Alt> 键 (Windows) 或 <Option> 键 (Mac OS) 并拖曳路径可复制该路径。

04 通过在“路径”面板中拖曳，可以重新排列路径。只能对非形状、文字或矢量蒙版路径重新排序。

05 同时删除或复制多个选定的路径。

2.14 其他增强功能

1. 显著改善模糊画廊的性能。模糊画廊现在使用 OpenCL 获得预览和最终结果。

2. 对预设迁移功能进行了以下几项增强。

预设现在会从用户库以及应用程序预设文件夹迁移。只会迁移最近一个版本的预设。例如，当迁移点忽略 CS5 预设时，才会迁移 CS6 预设。迁移预设后不需要重新启动系统。

2.15 CC 的新系统要求

1. 支持 Mac OS X 10.7 (Lion) 和 10.8 (Mountain Lion)。

2. 非正式支持 Mac OS X 10.6 (Snow Leopard)。要特别注意的是，无法在 Mac OS X 10.6 下处理视频文件。可以创建一个带静态图像的时间轴，并添加过渡之类的效果。但是，只能使用菜单：文件 / 导出 / 渲染视频 / Photoshop 图像序列选项来导出该作品。

3.BridgeCC 需要单独下载并安装。

第3章 基础操作

3.1 新建文件

新建文件是 Photoshop 所有工作的开始。不论使用任何工具或者命令，都需要在指定的文件内执行，因此文件的尺寸、分辨率等基本设置最好在一开始就设置好。如果制作完成后，再去修改这些基本设置，是非常麻烦和蹩脚的事情。

例如，要制作一个印刷品级别的文件，在新建文件时没有正确地设置分辨率和颜色模式，等到制作完成后，再去修改文件设置，是无法达到印刷要求的，必须重新制作一遍。

启动 Photoshop 后，按 <Cmd(PC 机 Ctrl)+N> 组合键（或执行菜单：文件 / 新建），打开新建对话框。

❶ 为文件命名。需要注意的是，在此为文件命名，并不等同于存储了该文件。在关闭该文件的时候，要注意保存文件。

❷ 文件预设。Photoshop 针对不同行业的需求，内置了各种常用预设，以方便创建文件。尤其是对文件有固定尺寸、分辨率要求的，例如视频、网络 Web 行业，省去手动输入尺寸的麻烦。

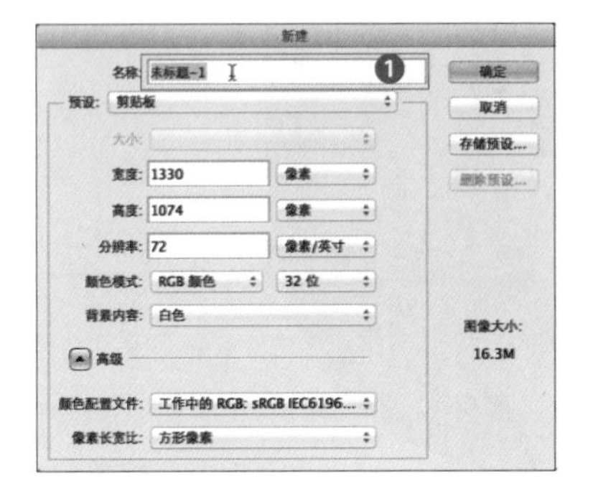

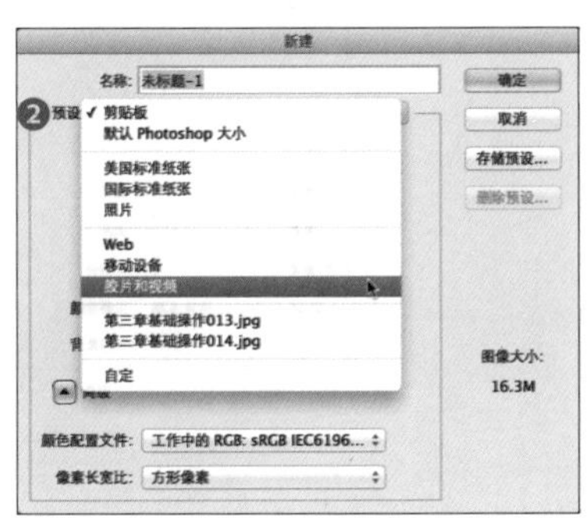

预设为剪贴板时，会按照剪贴板上的文件尺寸来设置新文件，这个功能在实际工作中非常实用。

01 在 Photoshop 中打开一张图片。按 <M> 键切换到矩形选择工具，在图片上拖曳出一个矩形选择区域。按 <Cmd(PC 机 Ctrl)+C> 组合键或执行菜单：编辑 / 拷贝，复制该区域。

02 按 <Cmd(PC 机 Ctrl)+N> 组合键打开新建文件对话框。将对话框中预设默认更改为剪贴板，其他各项设置则采用复制区域的文件信息。按 <Enter> 键或单击“确定”按钮，打开新文件。

03 按 <Cmd(PC 机 Ctrl)+V> 将复制的文件粘贴进来。可以看到尺寸与新建文件完全一致。

TIPS

在 Windows 系统下，按计算机上的 <PrintScreen> 键可以复制屏幕，然后在 Photoshop 中新建文件，此时 Photoshop 会默认新建文件尺寸为拷屏尺寸，按 <Enter> 键确定并打开新创建的文件，按 <Ctrl+V> 将拷屏文件粘贴进来。

❸ 尺寸单位。默认设置为像素，通常我们用厘米。可以通过此处来设置不同计量单位。

❹ 分辨率。屏幕（即计算机、电视包括 Web、视频和手机等移动设备）的分辨率通常设置为 72 像素 / 英寸。要达到印刷要求，分辨率通常需要设置到 300 像素 / 英寸。

❺ 颜色模式及位深。分为位图、灰度、RGB 颜色、CMYK 颜色和 Lab 颜色 5 种。其中位图和灰度为黑白图模式，创建的文件只有黑、白、灰不同梯度的颜色，不具有彩色信息。RGB 为屏幕显示颜色，色域最广，显示颜色最多，但是会有部分颜色不能被打印出来。CMYK 为打印印刷色彩模式。通常做平面设计，用来做印刷品的设计稿，要设置为 CMYK 颜色模式，确保所用的颜色能够被打印和印刷。Lab 是一种与设备无关的颜色模式，它所描述的是颜色的显示方式，由亮度 L 及两种不同的颜色区域 a，b 组成。通常 Lab 被用来作为色标，以 Lab 为桥梁，在不同颜色空间中转换。

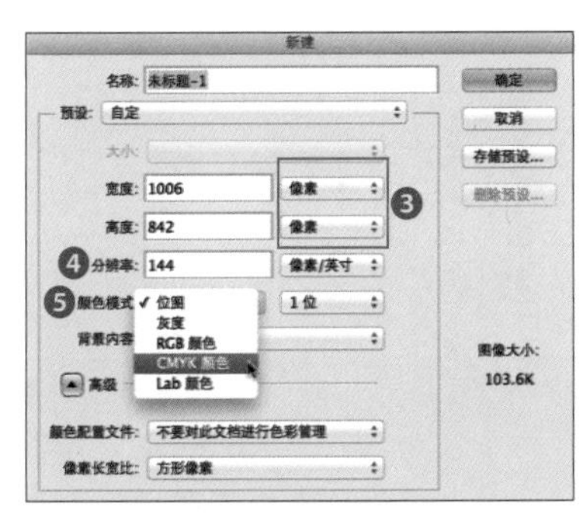

❻ 背景内容。分为白色、背景颜色和透明。指的是新建文件的背景颜色。

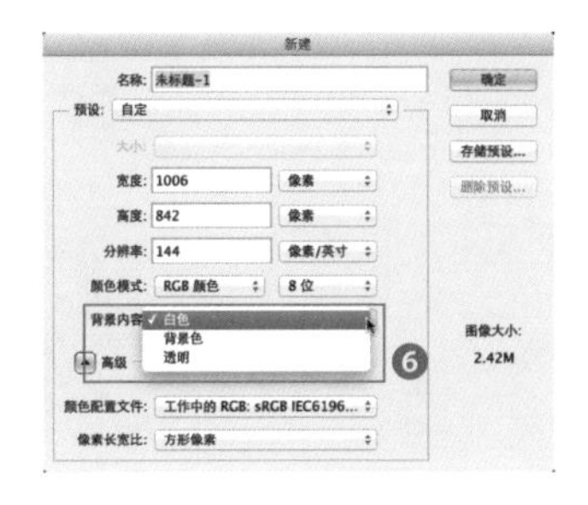

❼ 颜色配置文件。有些设备有属于自己的颜色配置文件，根据特殊需求，需要进行颜色配置文件的匹配。建议初学者不要轻易去更改此设置。

❽ 像素长宽比。通常会设置为方形像素，即长宽比为 1 ： 1。在视频行业会有不同的设置。传统电视与常见的电影画面长宽之比称为长宽比（Aspect Ratio），它用来描述视频画面与画面元素的比例。传统的电视萤幕长宽比为 4 ： 3（1.33 ： 1）。HDTV 的长宽比为 16 ： 9（1.78 ： 1）。而 35mm 胶卷底片的长宽比约为 1.37 ： 1。

在进行视频剪辑的时候，常常使用 Photoshop 对视频文件里的单帧画面进行处理，此时要注意像素长宽比问题。

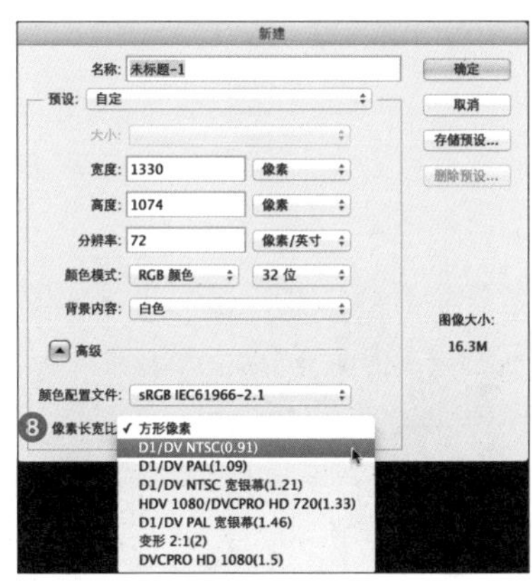

TIPS

单击高级旁边的按钮，可以展开颜色配置及像素比设置。

TIPS

视图显示操作：

Photoshop 常用的功能就是组合图片，因此经常会同时打开多个文件，进行相互比较、拖曳等。尤其在绘画、修复、3D 功能上，更是频繁应用。

这时，为了操作方便，需要经常切换不同的视图显示方式。熟练掌握这些切换方式，有助于提高工作效率。

01 打开视频截屏文件 .tga，该文件是使用 Adobe Premiere 软件，从一段视频中抽出的单帧画面。视频格式是 D1/DV PAL（1.09）。执行菜单：图像 / 复制，使用默认的文件名，按 <Enter> 键，复制该文件。

02 执行菜单：窗口 / 排列 / 双联垂直，切换图像排列方式为双联垂直。

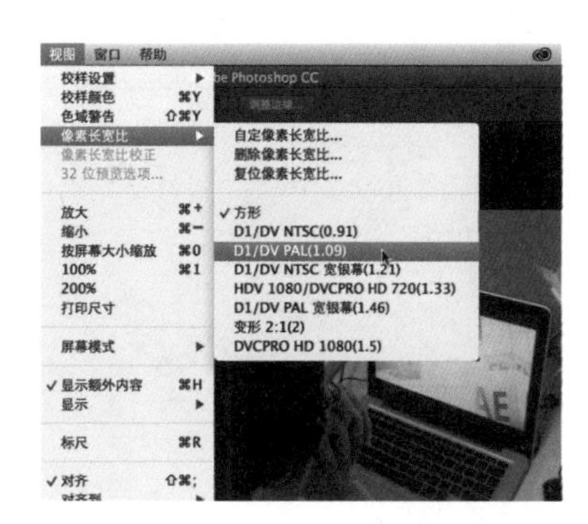

03 执行菜单：视图 / 像素长宽比 /D1/DV PAL（1.09）。像素长宽比的设置，要根据设备以及素材的原始格式来设定。

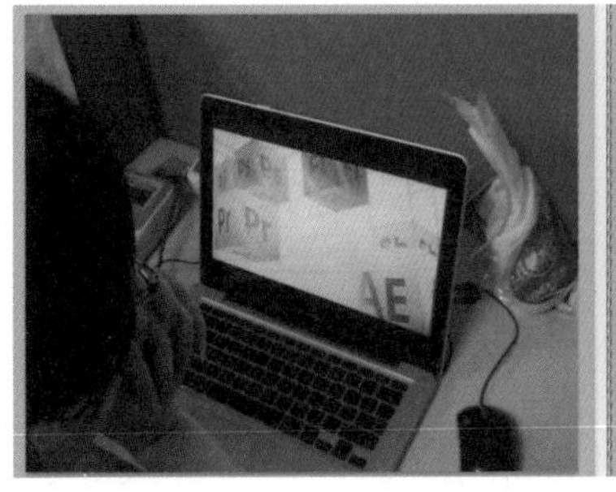

04 左侧为方形像素比（即 1 ： 1）显示下的图片。右侧为 D1/DV PAL（即 1.09 ： 1）比显示下的图片。右侧的图片在水平方向进行了拉伸。这是由于拍摄设备采用的是 PAL 制的格式，而计算机文件都是原始的方形像素比模式。

05 在不同显示模式下，输入完全相同的文字，会产生不同的比例显示。

❾ 存储预设。将所有的设置存储为预设，以方便调用。对于某些行业内，固定而又特殊的文件设置，可以使用存储预设的方式，来提高工作效率。

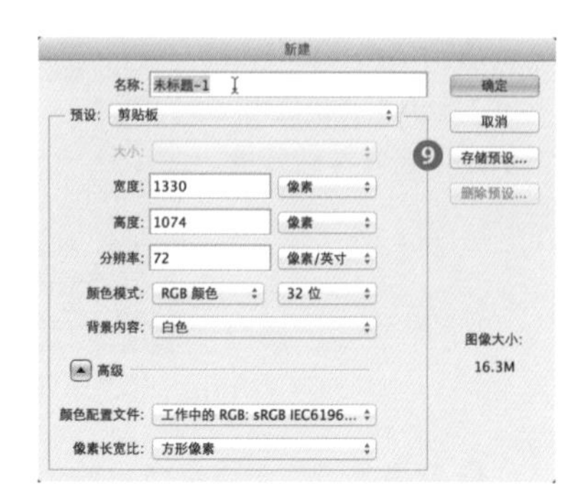

3.2 界面

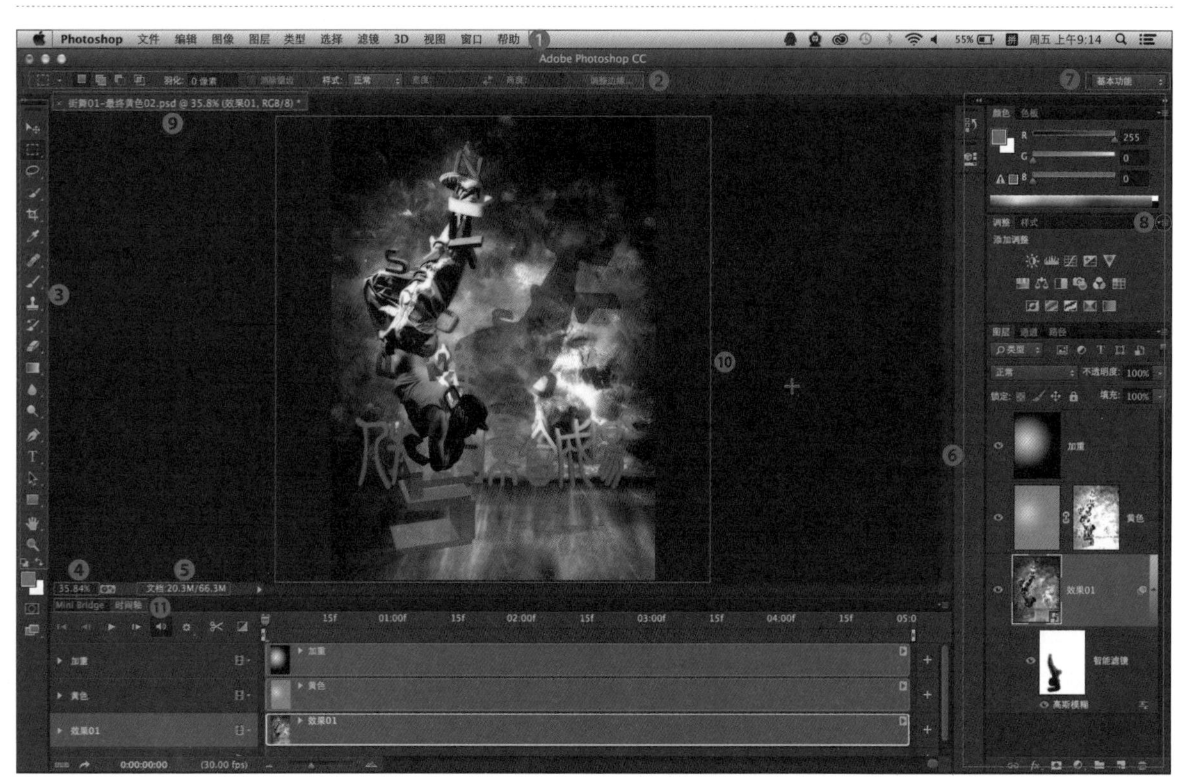

❶ 下拉菜单。
❷ 选项栏。
❸ 工具面板。
❹ 放大比例提示栏。
❺ 文档信息栏。
❻ 垂直停放的面板组。
❼ 工作区切换器。
❽ 弹出式面板菜单。
❾ 选项卡式文档窗口。
❿ 文档工作区域。
⓫ 时间轴和 mini Bridge 控制面板。

工具面板包含用于创建和编辑图像、图稿和页面元素等的工具。相关工具将进行分组。

选项栏显示当前所选工具的选项。选择不同的工具，选项栏会有不同的参数选项。

面板可以帮助您监视和修改您的工作。

屏幕模式

屏幕模式有 3 种，分别为标准屏幕模式、带有菜单栏的全屏模式及全屏模式。按 <F> 键可以快速循环切换屏幕显示模式。

隐藏面板

按 <Tab> 键快速隐藏工具面板、垂直面板组、选项栏；按 <Shift+Tab> 组合键快速隐藏垂直面板组；按 <Cmd(PC 机 Ctrl)+Tab> 组合键快速切换应用程序（PC 上为 <Alt+Tab> 组合键切换应用程序。

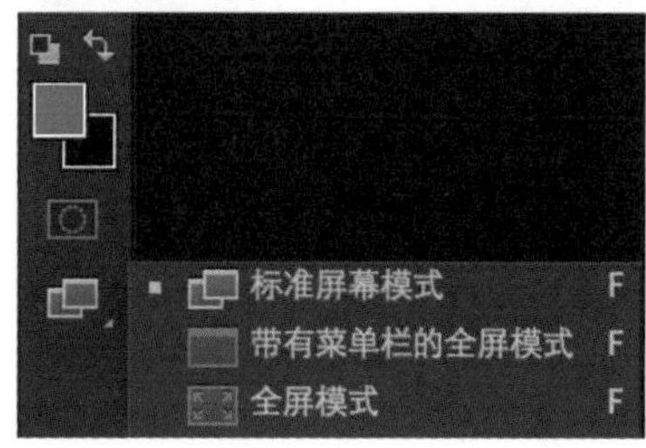

存储和切换工作区

通过将面板的当前大小和位置存储为命名的工作区，即使移动或关闭了面板，也可以恢复该工作区。已存储的工作区的名称出现在应用程序栏上的工作区切换器中。

执行菜单：窗口 / 工作区，可以快速更改工作区面板的显示和排列方式。

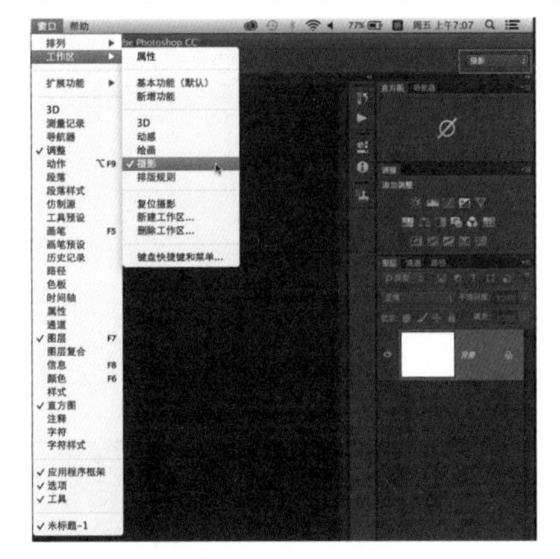

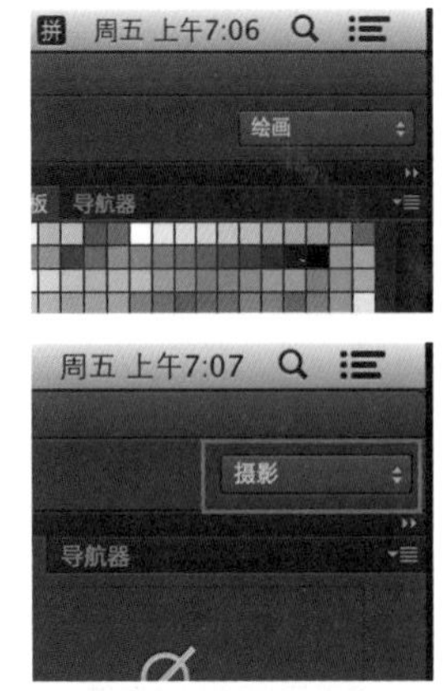

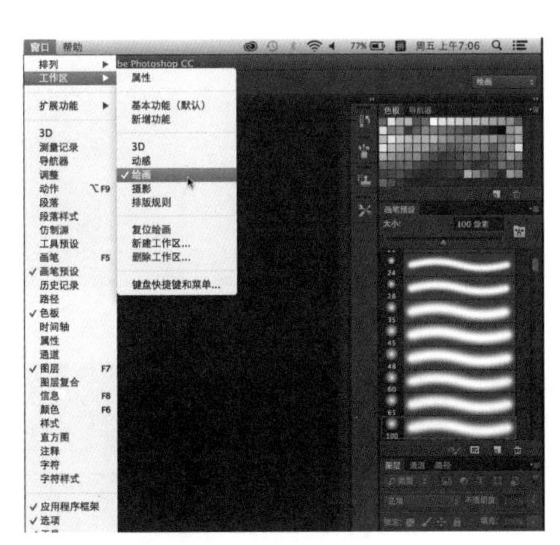

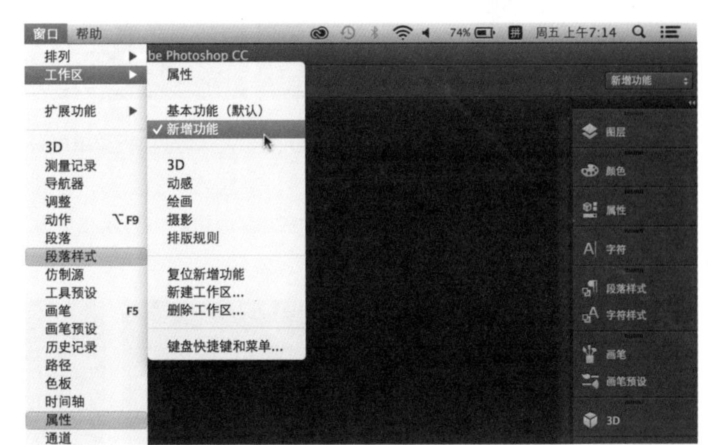

3.2.1 工具箱介绍

Photoshop 提供了一系列工具用来完成工作。默认状态下，所有的工具都放在界面左侧的工具箱内，同一类型的工具会放置在同一个工具组内，如所有的文本工具，都放置在文本工具组内。

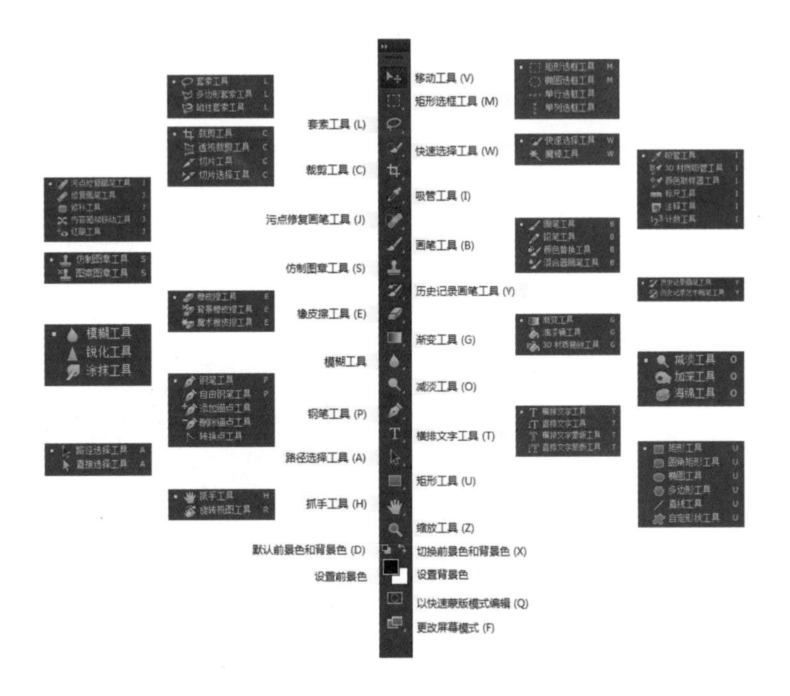

3.2.2 界面操作

任何人的操作都是个性化的操作，有着自己的个人操作习惯和操作方式。每个人对于界面也有各自不同的理解和使用方式。同时，针对不同的要求，也需要使用不同的工具及面板组合来适应工作。因此，界面上的操作是所有操作的起点，虽然它常常不那么起眼，但是却实实在在影响着工作。

01 展开工具组

在工具面板上，如果工具的右下角有小三角符号，则代表该工具下还隐藏类似的工具。移动鼠标至该工具上，按鼠标左键不放，则可以展开选择更多类似工具。

TIPS

一般同一组工具的快捷键是相同的。按 <Shift>+快捷键可以循环切换该工具组下的工具。

02 折叠面板

在工具面板或者其他面板上都有个双三角符号，单击可以展开或者折叠面板。

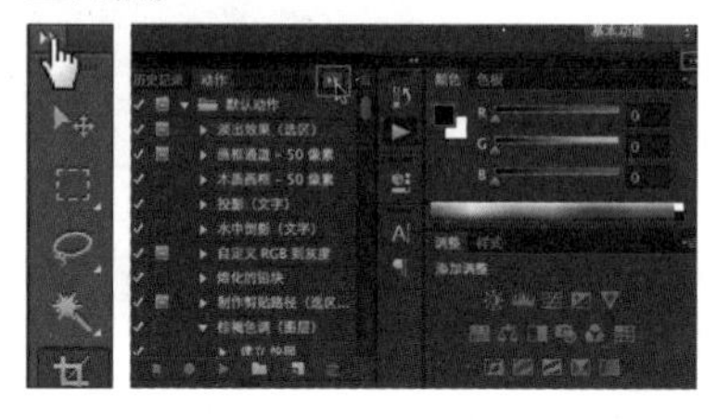

03 通过图标或执行菜单展开面板

单击右侧的图标，可以展开相应的控制面板。也可以在“窗口”下拉菜单下找到相应的控制面板。

可以使用相应快捷键来打开面板。最常用的有按 <F7> 打开图层面板，<F5> 打开画笔设置面板。

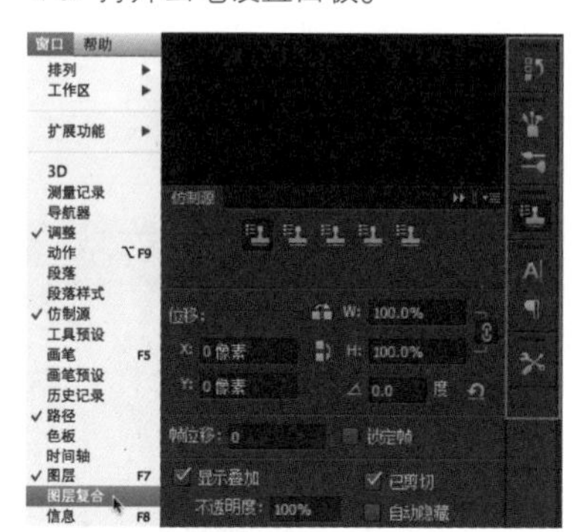

04 重组面板

Photoshop 可以使用拖曳的方式重组各种面板。这也使得不同的使用者可以根据个人工作需要及使用习惯自定义个人界面。这样的拖曳方式同样适用于 Adobe 其他软件，如 Illustrator、InDesign 等。

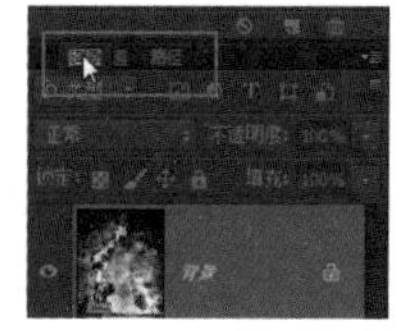

01 移动标签：鼠标移到面板标签处，按住鼠标不放，同时左右拖曳标签，可调整标签在面板内的左右位置。

02 停放面板：拖曳面板标签到界面空白处，可将该面板单独放在界面空白处，且一直保持打开状态。

03 重组面板：拖曳标签到其他面板处，待颜色变蓝，松开鼠标，即可将该标签添加到其他面板中。

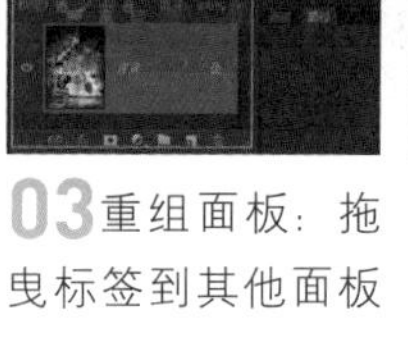

04 折叠面板为图标：拖曳标签到图标处，待出现一道蓝线，松开鼠标即可折叠面板为图标。

05 恢复界面

执行菜单：窗口 / 工作区 / 复位基本功能，可以将工作区界面恢复到原始的基本功能界面状态。

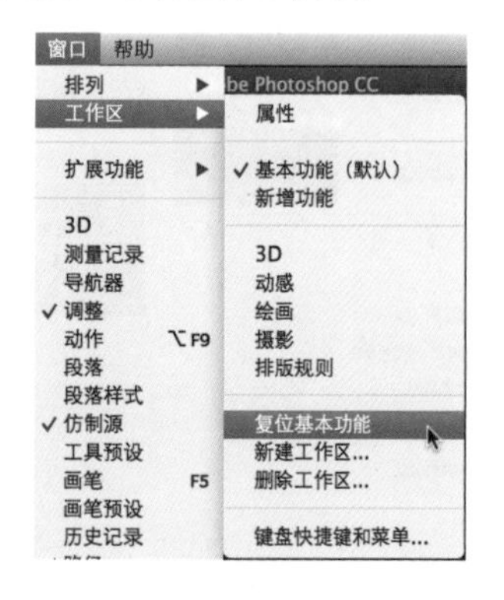

还有种方法可以恢复初始界面：启动 Photoshop 的时候，按 <Cmd(PC 机 Ctrl)+Opt(PC 机 Alt)+Shift> 组合键，恢复所有的设置到初始状态。当然，这样做会恢复 Photoshop 里的所有设置到初始状态。

TIPS

PC 下，启动 Photoshop 时按 Ctrl+Shift+Alt，恢复初始状态。

3.2.3 相互关系

俗话说："牵一发而动全身"。Photoshop 也不例外，每进行一步操作，界面上都会产生相应的变化；每一步操作，又都会有相应的提示。熟悉界面内不同组件相互间关系，可以帮助你快速找到那些相关的参数设置，也可以避免误操作。接下来就界面上不同组件之间相互关系与提示，做相关介绍与分析，以帮助读者深入了解并掌握关于界面的操作。

相互关系与提示

01 工具与选项栏

在工具箱上选择任一工具，在上方的选项栏会发生相对应的变化。针对选中工具的各种常用基本参数，都可以在选项栏中找出。

操作方向——选中工具，检查选项栏设置。

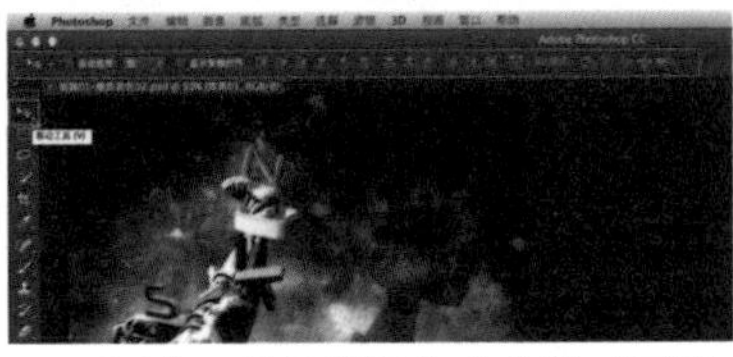

要求：熟练掌握各个参数对于该工具的影响。

举例：使用画笔工具对画面中有"守望者"字样的牌匾上色，调整画笔的不透明度，来体会参数对于工具的影响。

TIPS

养成一种习惯，从界面左面到上面，先从左面工具栏选中某个工具，然后眼睛往上面看，检查并设置当前选项栏的参数。

01 按 <B> 键切换到画笔工具，保持选项栏上的不透明度设置为：100%。单击前景色图标，设置前景色为红色，在画面中使用画笔工具为画面中的牌匾上色。此时红色会直接覆盖在画面上。

02 保持选中画笔工具前景色为红色，按键盘上的数字键"3"将不透明度降低到 30%（或在选项栏上调整不透明度的滑块到 30%），此时在画面中使用画笔工具上色，就如同给画面蒙上红色薄纱一般。

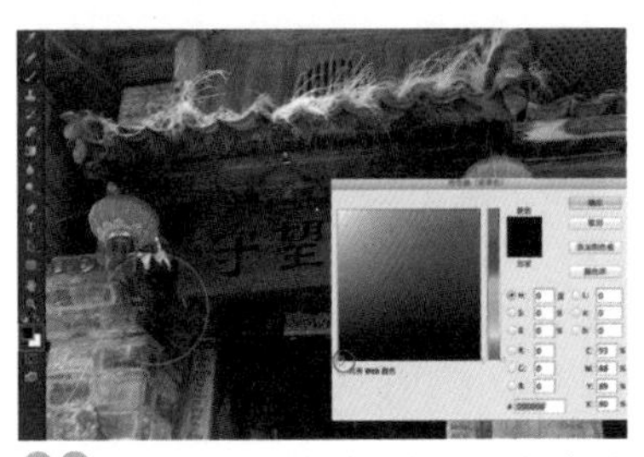

03 按 <D> 键切换前景色为黑色或单击前景色图标，手动设置前景色为黑色。保持选中画笔工具，在上方选项栏中将画笔模式更改为：柔光，不透明度设为 80%。此时在画面中使用画笔工具，就类似加重工具，绘制部分在色调上会更加浓重。

通过上面的案例，可以看到同一个工具采用不同的设置，会得到完全不同的结果。因此，对初学者来说，每个工具及其选项栏上的参数，都需要去了解并掌握。

02 状态提示

Photoshop 是一款界面相对简单，但是工具命令繁多，功能复杂的软件。反映到具体使用工具及参数设置上也是如此，界面上的分布相对简单，但是在操作细节上有很多讲究。要多留意 Photoshop 给出的提示，这样会让操作变得更简单，更有预见性。

信息面板与信息提示

按 <F8> 打开信息面板（或执行菜单：窗口 / 信息），选中某个工具时，该工具最基本或常用的操作方法会在信息面板以文字方式提示使用者。在文档中移动鼠标，相对应的位置变化会在信息面板提示，以坐标轴（X，Y）的具体数值体现，包括角度等。这样便于定位操作。

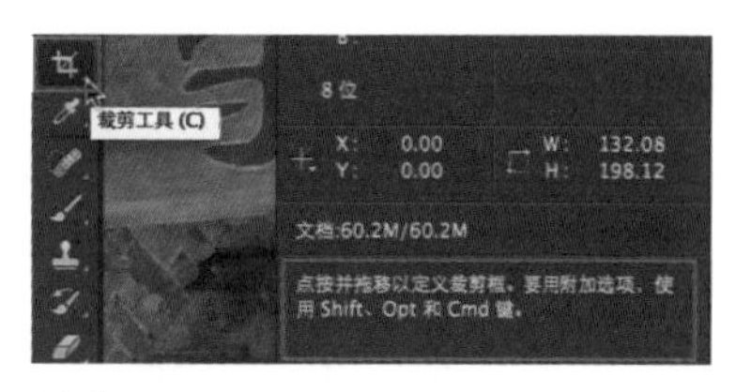

01 选中工具功能提示：选中某个工具（如裁剪工具），会在信息面板的底部有该工具相应的操作提示。

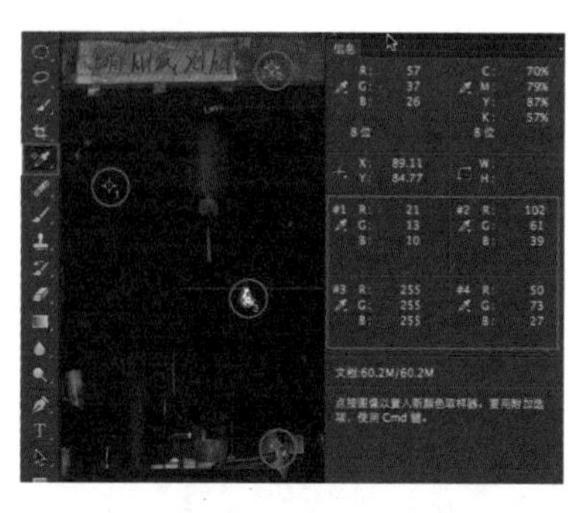

02 使用颜色取样器工具配合信息面板，可以将文档中某处的颜色信息记录下来。

TIPS

反复按 <Shift+I> 组合键直到切换到颜色取样器工具，在画面中单击某处，在信息面板中会纪录该处的颜色信息。

数值信息提示

在 CS6 版本之后，在裁剪工具上提供实时的当前裁剪数值提示，这对于精确定位操作很有帮助。

例如，打开一张图片，默认状态下该图片放置于背景图层内。按 <F7> 键打开图层面板，按住 <Opt(PC 机 Alt)> 键双击背景图层，将其转换为普通图层。分别执行下面的三种操作（裁剪、变换、移动）来体验 CS6 新增的位置提示功能。

01 按 <C> 键切换到裁剪工具，在当前文件四周自动加载裁剪控制框，拖曳某个控制点，Photoshop 会自动提示裁剪后的宽度和高度值。按 <Esc> 键退出裁剪状态，恢复图片原样。

02 选中图片图层，按 <Cmd(PC 机 Ctrl)+T> 或执行菜单：编辑 / 自由变换，对图片进行自由变换操作，拖曳四周的控制把柄，可以看到自动提示此时的缩放数值。按 <Esc> 键退出。

03 按 <M> 键切换到矩形选区工具，拖曳鼠标建立矩形选区。按 <V> 键切换到移动工具，鼠标移到选区内，按住并拖曳鼠标，在移动选区的时候，可以看到右侧的位置提示。

TIPS

背景图层处于锁定状态，只有转换为普通图层才能执行变换等操作。转换方式：在图层面板（F7）上，双击背景图层，命名确定。或按住 <Opt>(PC 机 Alt) 键双击背景图层直接转换。

文档信息栏

在 Photoshop 左下角的文档信息提示栏中，会显示诸如放大比例、文档大小的信息提示。

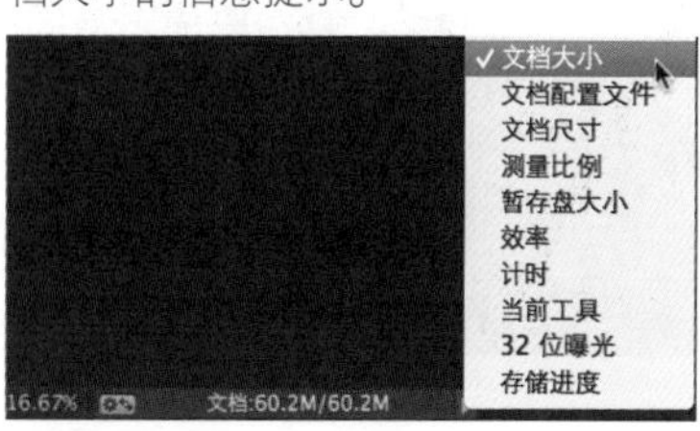

选项卡上的信息提示

很多人会忽略掉选项卡上的相关信息提示。如文件名、放大比例、当前选中图层（或图层蒙版）、颜色模式及位深、是否改动未保存，都会在选项卡上有所提示。

× IMG_8831.JPG @ 16.7% (颜色图层, RGB/8) *

文件名 放大比例 当前图层 当前通道 未保存

TIPS

图层与蒙版的切换，在实际操作中，特别是操作步骤较多的情况下，往往容易被忽略掉，造成误操作。这点不论是初学者还是老手都会遇到，因此要多留意选项卡处的提示。

如图所示，如果选中了某个蒙版，则所有的操作都是在蒙版内执行，且颜色只有灰度级别，没有彩色。在蒙版内的操作都只针对于选区，而不会对图层内容本身产生任何影响。

菜单提示

Photoshop 还提供了功能提示菜单的方式，来提示使用者该工具或功能的主要使用方法及作用。该类型的提示方式主要集中在工具、选项栏、控制面板上。

操作方式：将鼠标在某个工具上、选项栏某个功能按钮上或控制面板上停留片刻，会有相应的提示菜单出现，告诉使用者该工具的名称及快捷键，或该功能的大致介绍。

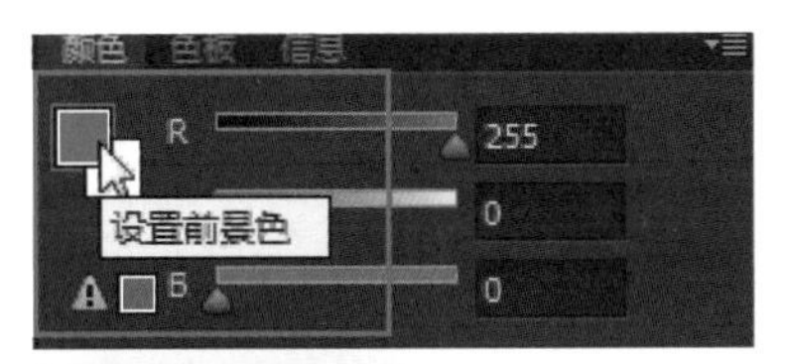

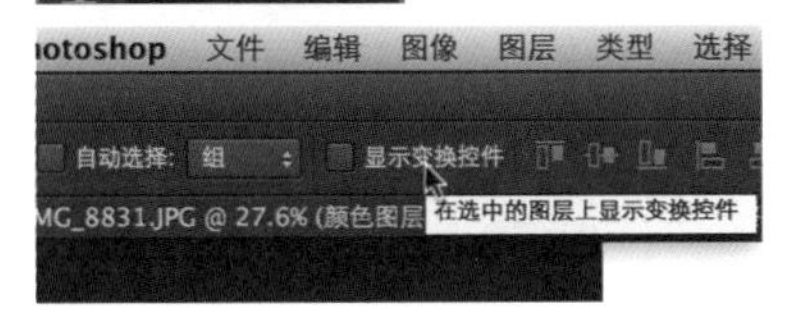

TIPS

每次选择工具或者使用菜单时，顺带记下快捷键，下次使用时，利用快捷键来切换、调用，可以很自然地记住快捷键。

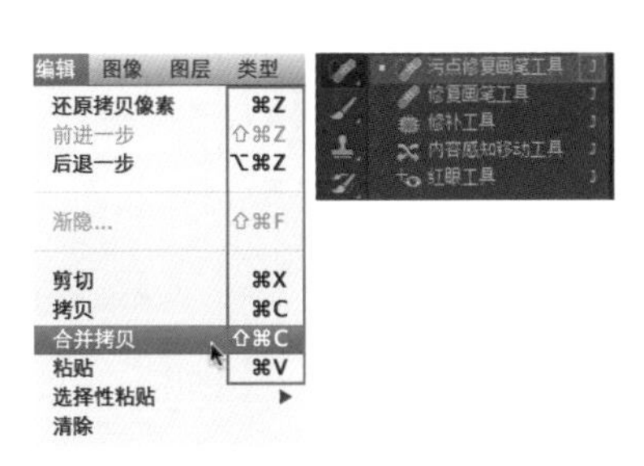

寻找面板，管理视图

有时你总会遇到一些意外的小麻烦，例如图层面板找不到，键盘忽然失灵了，控制面板需要重新排列，视图需要重新调整……这时就去菜单里找答案吧。虽然总是建议少用菜单，因为那会让你的操作变得不连贯，但是却必须得承认菜单可以解决很多棘手的小问题。

“窗口”菜单可以让你找回所有的控制面板。当界面上某个控制面板没有打开的时候，可以在窗口菜单找到并打开它。有些控制面板可以通过选项栏上的按钮直接打开。

“视图”菜单可以让你解决所有跟视图、显示有关的问题。如图像放大缩小，像素长宽比以及标尺、参考线等辅助工具的显示与隐藏。

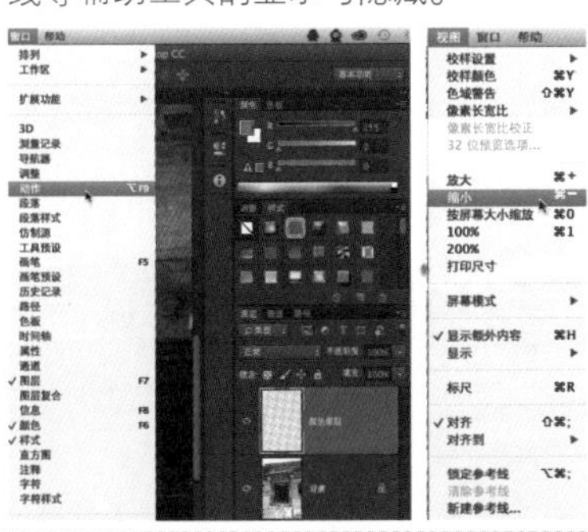

面板弹出菜单，每个控制面板右上侧都有面板下拉菜单，几乎涵盖了该面板所涉及的所有功能和操作。面板菜单与下拉菜单有很多功能和命令是重复的，通常来说，面板菜单更快捷、更直接。

TIPS

实际操作中最常用的是图层面板菜单。常常是选中某个或几个图层后，直接选择图层面板菜单，进行相应的操作。

下拉菜单

下拉菜单是 Photoshop 里所有功能和命令的总汇集地。无论是制作了选区，输入文字还是选中图层等，几乎都可以在下拉菜单中找到相应的菜单命令。但是，下拉菜单却是很影响制作速度的，因为要不断地停下来，到下拉菜单去查找相应的命令，所以大多数高手是不愿去过多访问下拉菜单的。

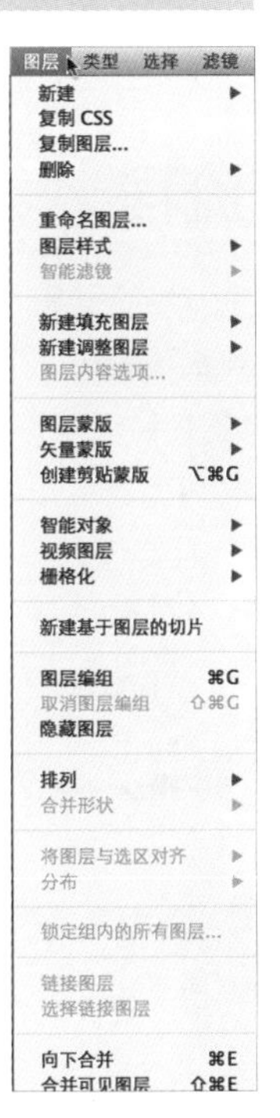

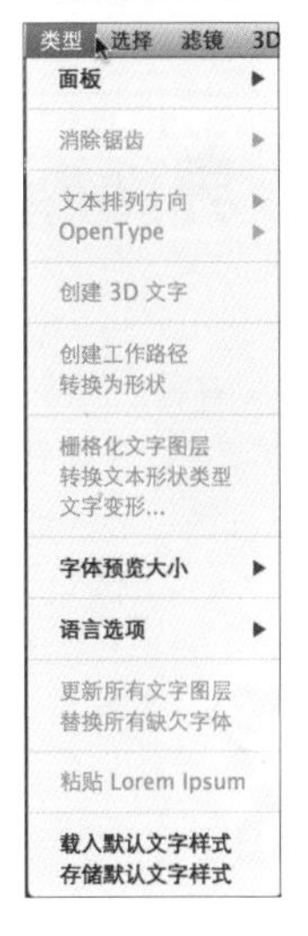

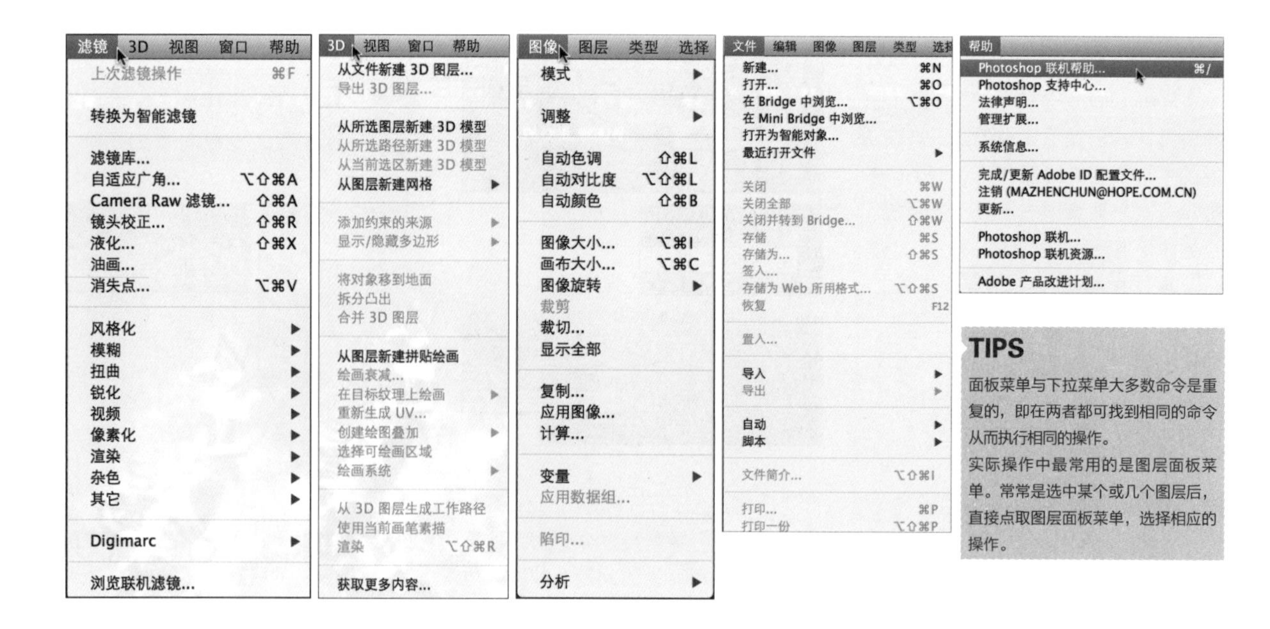

TIPS

面板菜单与下拉菜单大多数命令是重复的，即在两者都可找到相同的命令从而执行相同的操作。

实际操作中最常用的是图层面板菜单。常常是选中某个或几个图层后，直接点取图层面板菜单，选择相应的操作。

子菜单选项

下拉菜单内还有子菜单，如“图像 / 调整 / 色阶”。这也是使用下拉菜单会耗时的原因之一。建议尽量使用快捷键访问下拉菜单。

TIPS

执行菜单是个非常漫长的过程。因此在实际中，建议大家尽可能采用快捷方式。

快捷方式主要有：快捷键、快捷菜单和右键关联菜单。掌握这些快捷方式可以提高工作效率。

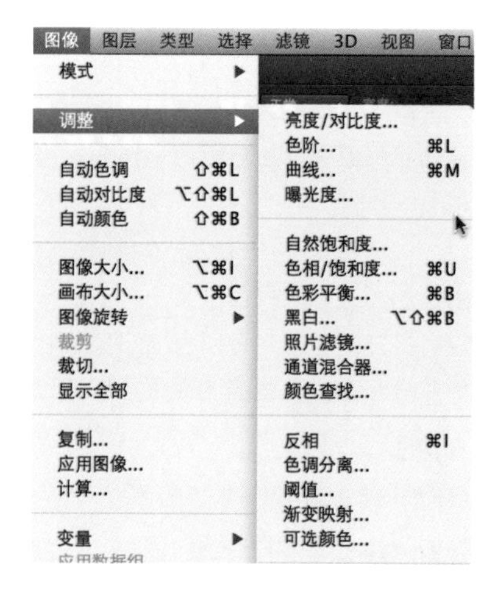

3.2.4 总结：界面操作流程

对于界面的熟悉就是对 Photoshop 的熟悉，知道哪个工具放在哪，哪个命令在哪，能随时找到并使用它们。在这里总结下操作流程，让读者（尤其是初学者）脑海中始终有条主线，当遇到问题的时候，知道如何找解决方法。可以逐渐培养自己去主动掌握 Photoshop 的特点和规律。

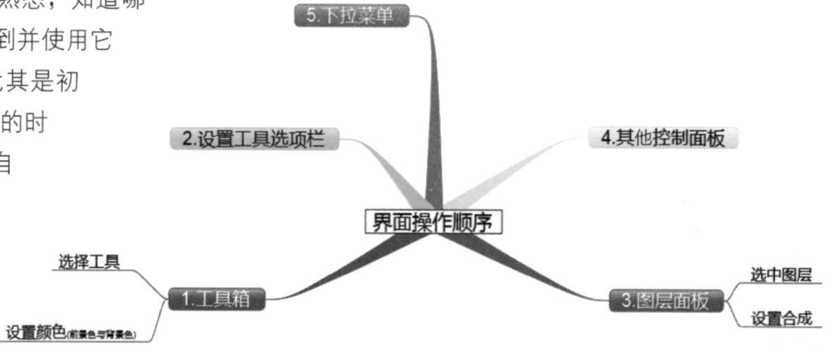

TIPS

所谓的界面操作流程为笔者个人总结，目的是让读者主动寻找 Photoshop 的规律并掌握。

举例：以一个手绘插画作品为例，介绍大致的操作流程和习惯。

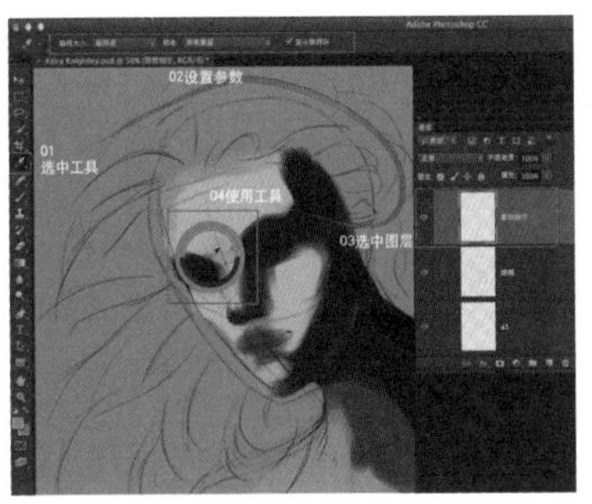

01 选取颜色的流程。　02 绘画的流程　03 执行菜单“滤镜”

无论什么操作，选中某个工具或要执行某个菜单、功能前，都需要观察一下当前的状态。是否选中要执行的图层，当前工具的各项参数等（如画笔工具要检查前景色、画笔大小、不透明度等）。习惯了这种制作思维方式，一切操作都会顺理成章。

3.3 选中状态

Photoshop 在执行某个操作或者命令时，需要选中特定状态。如选中某个区域，在该特定区域内调整颜色；选中某个工具，进行某项处理；选中某个图层，进行合成更改……不同的选中状态下，执行相同命令会得到不同的结果。

对于初学者来说，要时刻关注选中状态，要留意界面上的各种提示。

3.4 设置前景色和背景色

要画画就少不了使用调色板，调色板可以调出画家所要的任何一种颜色。而在 Photoshop 中，设置颜色就等同于调色板。在工具箱中有设置前景色和背景色按钮，通过单击可以打开拾色器，从中设置想要的颜色。

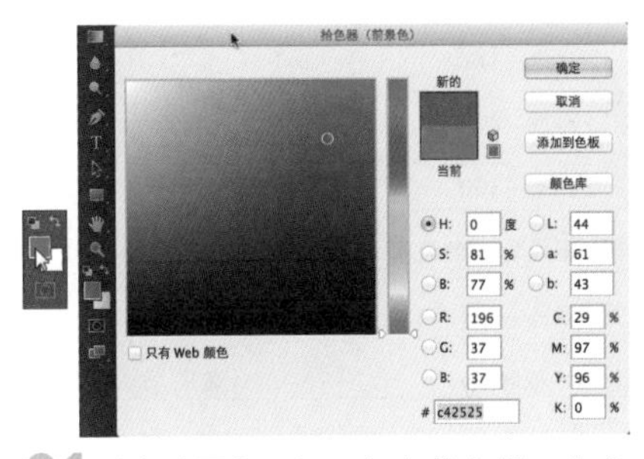

01 单击前景色，打开颜色拾色器。先在色域中选取某个颜色。

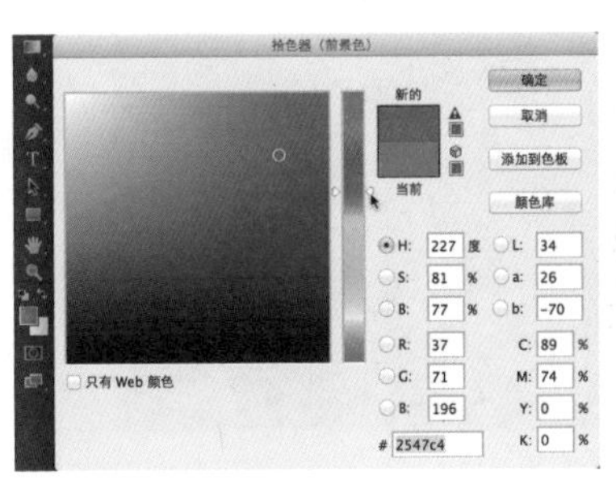

02 调整右侧的颜色滑块，选取色相。

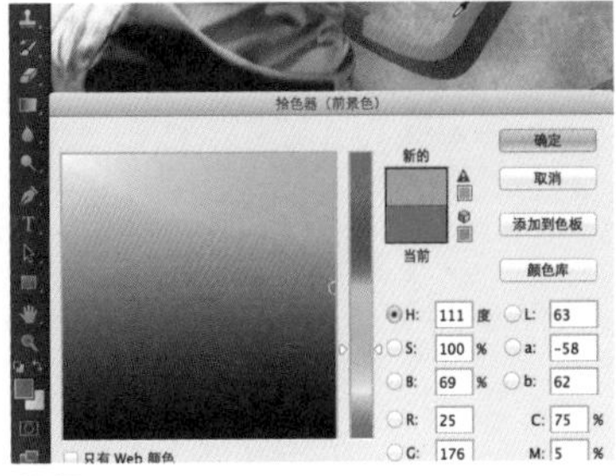

03 在打开的拾色器中，将鼠标移至画面处，自动切换为吸管工具，可吸取颜色。

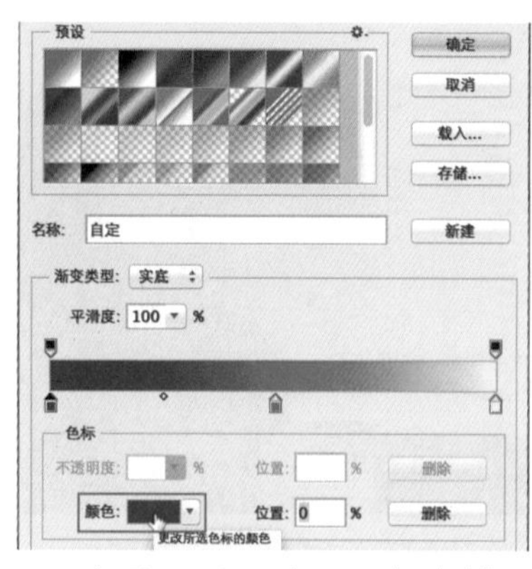

在 Photoshop 中，一般来说，只要有颜色框的地方，都可以通过单击颜色框来打开拾色器，选取想要的颜色。

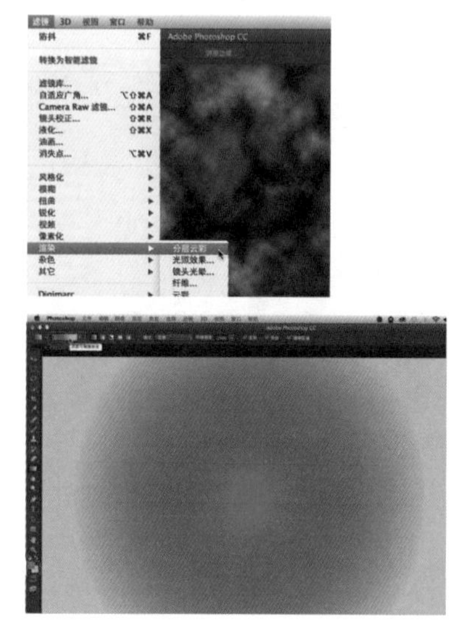

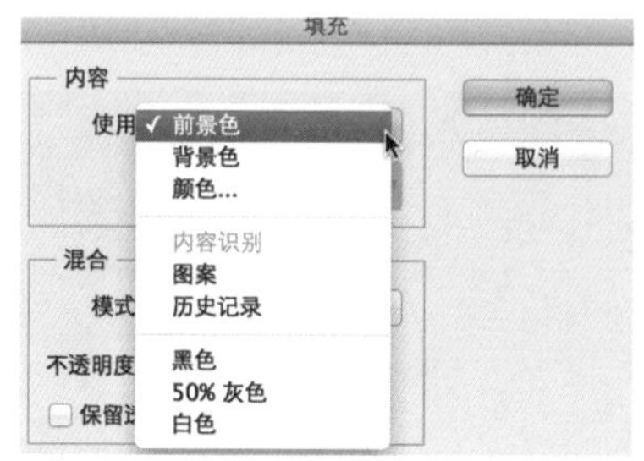

前景色和背景色，会影响到某些工具和命令，如渐变工具、云层效果滤镜等。

按 <D> 键可以快速切换前景色和背景色到默认状态，即前景色为黑色，背景色为白色。按 <X> 键可以切换前景色和背景色的颜色。

TIPS

前（背）景色填充

按 Opt(PC 机 Alt)+Delete(或 Backspace)，前景色快速填充。<Opt(PC 机 Alt)+Shift+Delete> 组合键，使用前景色填充图层上不透明区域。

按 Cmd(PC 机 Ctrl)+Delete(或 Backspace)，背景色快速填充。<Cmd(PC 机 Ctrl)+Shift+Delete> 组合键，使用背景色填充图层上不透明区域。

按 <Shift+F5> 组合键或 <Shift+Backspace> 组合键或执行下拉菜单：编辑 / 填充，可打开填充对话框。

填充与选中哪个图层，哪个区域有关系。同时填充不仅仅可以针对颜色，还可以填充图案、填充内容识别、填充历史纪录等。会在后面重点介绍相关应用。

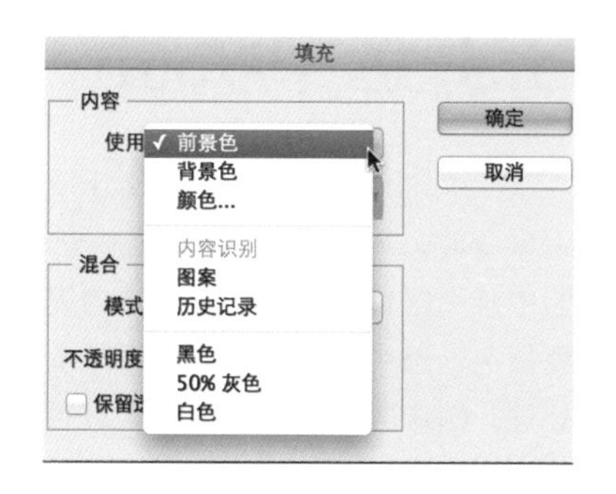

3.5 改变图像大小

改变图像大小，通常用修改图像的长宽尺寸、分辨率及压缩方式来改变图像的大小。

打开一张图片，按 <Cmd(PC 机 Ctrl)+Opt(PC 机 Alt)+I> 组合键或执行菜单：图像 / 图像大小，打开“图像大小”对话框，可以在“图像大小”对话框中查看图像大小和分辨率之间的关系。

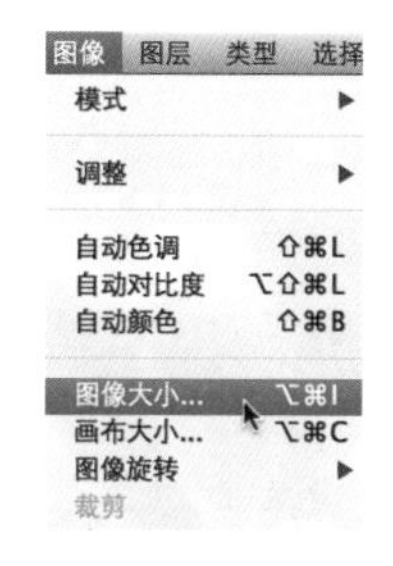

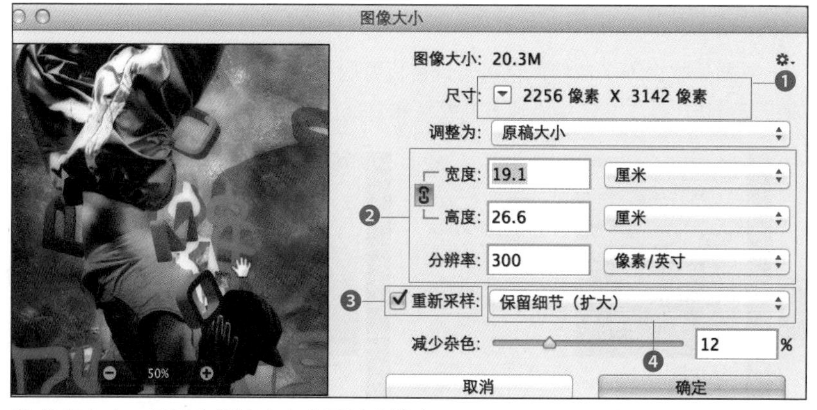

❶ 像素大小：等于文档输出大小乘以分辨率。

❷ 文档大小：包括文档的宽度、高度和分辨率。

❸ 计算方式：使用不同计算方式重新取样图像。

❹ 重新取样：勾选不同选项来对图像进行重新取样，即改变图像大小。

3.5.1 重定图像像素

在介绍重定图像像素之前，要先介绍下尺寸和分辨率。像素尺寸测量了沿图像的宽度和高度的总像素数。分辨率是指位图图像中的细节精细度，测量单位是像素 / 英寸（ppi）。每英寸的像素越多，分辨率越高。一般来说，图像的分辨率越高，得到的印刷图像的质量就越好。也就是说，同样的宽度和高度尺寸下，分辨率越高，图像越清楚。

例如，两幅宽度和高度相同的图像，分辨率分别为 72 ppi 和 300 ppi；图像的清晰度差别很大。

除非对图像进行重新取样（即重定图像像素），否则当您更改打印尺寸或分辨率时，图像的数据量（即通常所说的文件大小多少 M）将保持不变。例如，如果更改文件的分辨率，则会相应地更改文件的宽度和高度以便使图像的数据量保持不变。

勾选或取消勾选“重定图像像素”，取决于你是否想要更改图像的最终数据量。如果取消勾选，一旦更改宽度、高度或分辨率中的某一个值，其他两个值会发生相应地变化，以维持总的数据量不变 。

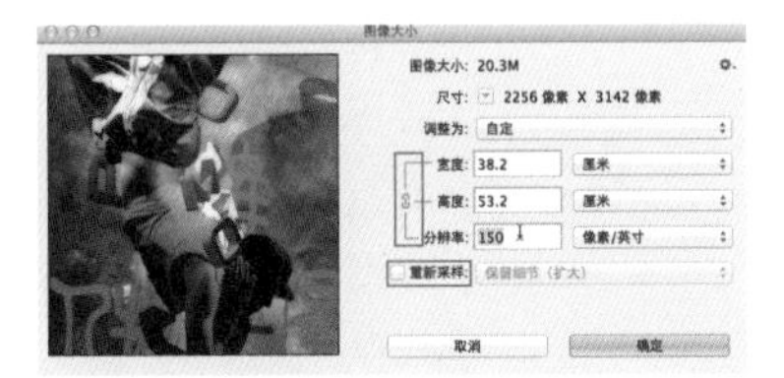

01 取消勾选“重新取样”，将宽度、高度、分辨率同时锁定。修改其中一个数值，另外两个会做相应调整，以保持文档大小即数据量保持不变。如降低分辨率到 150，宽度和高度会相应加大。

02 再勾选“重新取样”，将宽度、高度锁定。可单独修改分辨率，或宽度和高度尺寸，这样的修改会改变文档大小即数据量产生变化。如修改宽度为 15 厘米，高度随之改变。

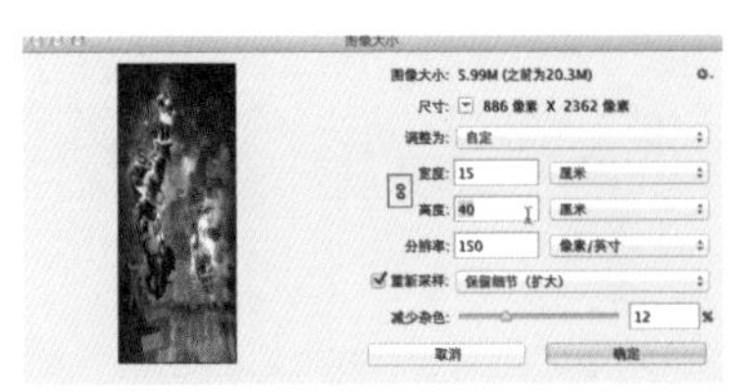

03 勾选“重新取样”，同时取消“约束比例”，可对宽度、高度进行单独调整。

3.5.2 使用不同计算方式压缩图像

使用图像大小命令，还可以同时对图像进行压缩和锐化操作，对于一些类似压缩图片并直接上传的操作（如上传图片到网站、博客等）非常有帮助。下面通过实例来介绍如何使用图像大小命令里的不同计算方式来压缩图像。

01 打开一张街头风景图片。执行菜单：编辑 / 复制，复制出一张相同的图像，用来做对比。

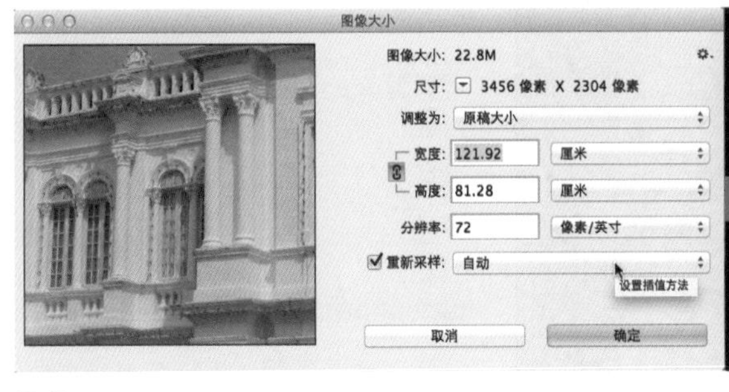

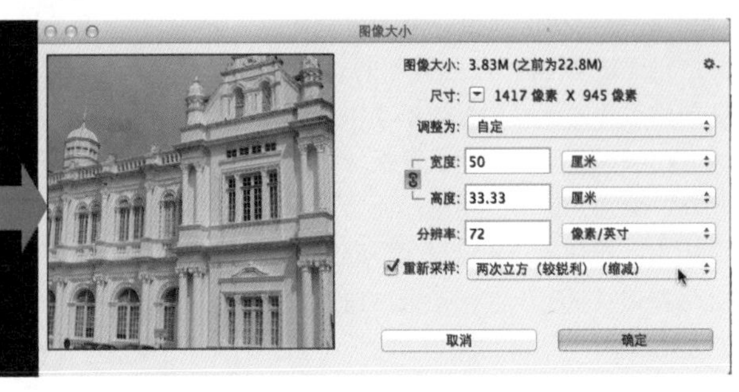

02 单击原始图片选项卡，选中原始图片文件。按 <Cmd(PC 机 Ctrl)+Opt(PC 机 Alt)+I> 组合键或执行菜单：图像 / 图像大小，将长宽尺寸改小，将长度从初始的 121.92 厘米改为 50 厘米，约束长宽比例。计算方式里使用：两次立方较锐利（适用于缩小），然后单击“确定”按钮退出对话框。

03 对另外一张相同的图像，按 <Cmd(PC 机 Ctrl)+Opt(PC 机 Alt)+I> 组合键或执行菜单：图像 / 图像大小，长宽尺寸设置与前面相同，计算方式使用默认的：两次立方 (适用于平滑渐变)，然后单击“确定”按钮退出对话框。

04 执行菜单：窗口 / 排列 / 双联垂直，使用“双联”的显示方式，对比两张图片缩小后的差别，可以看到使用较锐利方式，可以得到更加清晰的边缘效果，类似执行了锐化滤镜。

TIPS

批量压缩并锐化图片：
由于图像大小命令可以同时对图片进行压缩和锐化，因此可以使用图像大小命令结合动作 (Action) 功能，来实现对大量图片的压缩锐化批处理。一次性转换大量图片。下面通过一个实例来介绍下如何批处理压缩锐化大量图片。

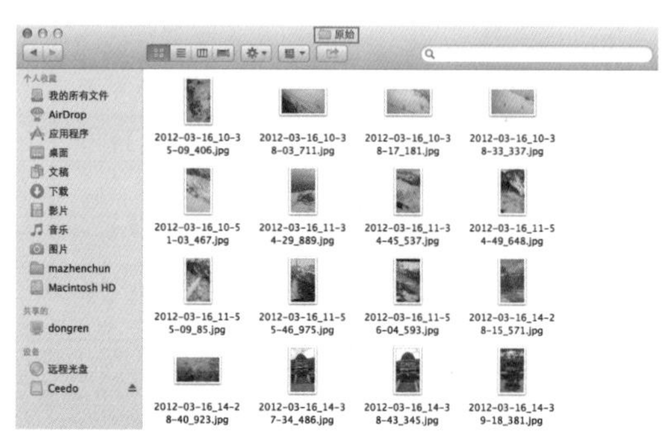

01 首先找到一组图片，该组图片使用同一手机拍摄，因此长宽比例分辨率相同。但是由于尺寸偏大，且部分图片有虚焦情况，因此在上传到网络前，需要压缩并做简单锐化。

02 打开其中任一图片，按 <Opt(PC 机 Alt)+F9> 组合键或执行菜单：窗口 / 动作，打开动作面板。单击面板下方的创建新动作按钮，创建新的动作。在新建动作对话框中，为新动作命名为“压缩锐化”。其他设置保持初始状态，单击“记录”按钮。此时动作面板中，新创建“压缩锐化”动作，且保持记录状态 (红色记录按钮为开启状态)。

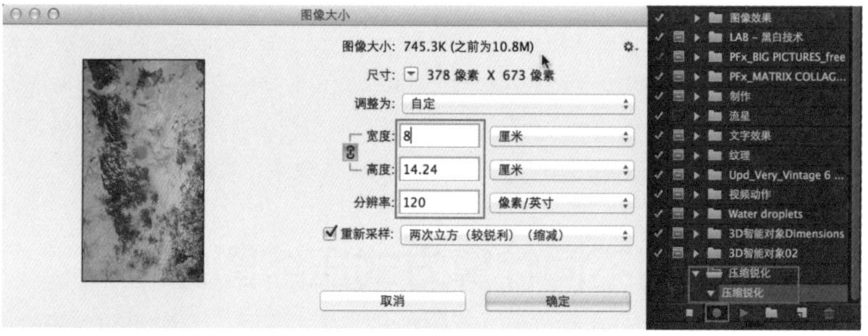

03 按 <Cmd(PC 机 Ctrl)+Opt(PC 机 Alt)+I> 组合键或执行菜单：图像 / 图像大小，打开图像大小对话框，勾选“重定图像像素”，改小文件的宽度、高度并降低分辨率；设置计算方式为：两次立方较锐利 (适用于缩小)，单击“确定”按钮，将图像缩小。

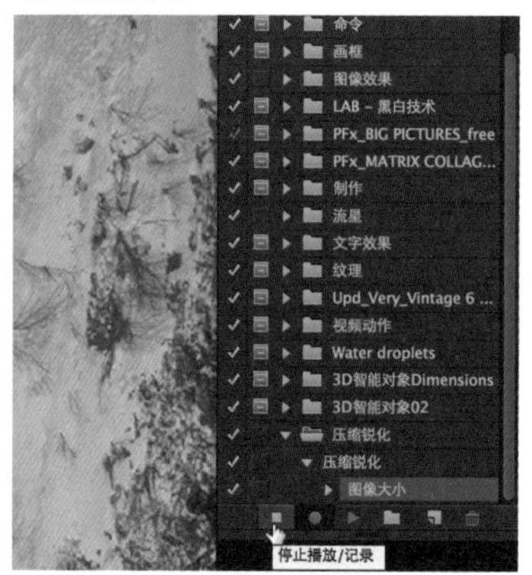

04 在动作面板上，单击“停止播放/记录”按钮，停止录制动作。关闭打开的文件，不用保存修改。

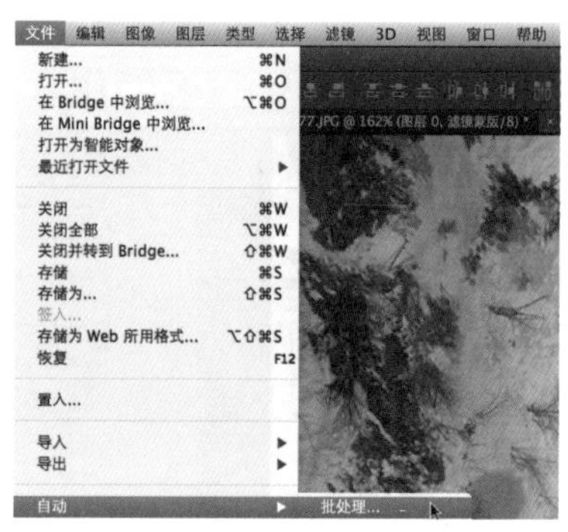

05 设置完成后，执行菜单：文件 / 自动 / 批处理，调用批处理命令来对整个文件夹中的图片同时执行“压缩锐化”动作。

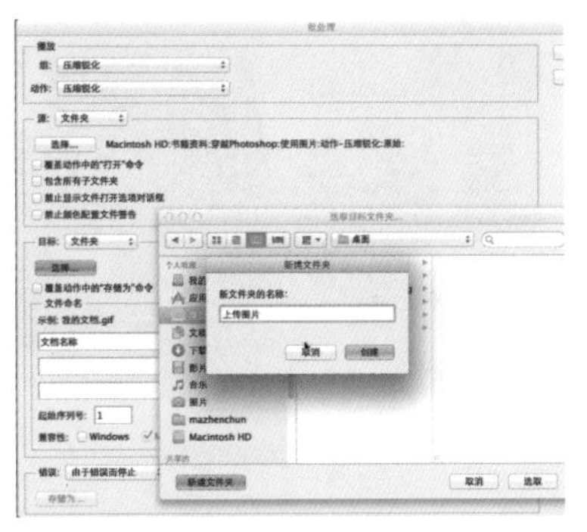

06 在批处理对话框中，设置动作为：压缩锐化。源：文件夹，单击“选择”按钮，选择原始图片所在文件夹。在目标设置中，设置为：文件夹，单击“选择”按钮，选择或新建文件夹，设置完成后，单击“确定”按钮。即对源文件夹内的所有图片执行“压缩锐化”动作，然后将处理过的图片保存到新的文件夹中。

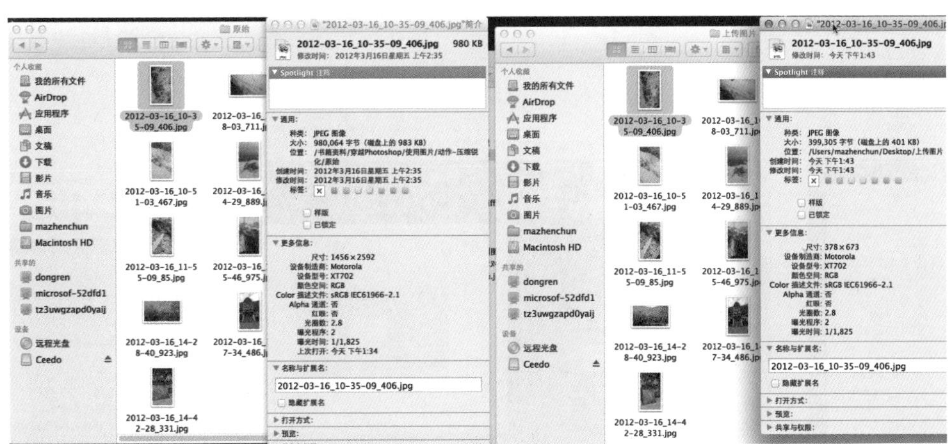

07 待 Photoshop 对所有图片执行完“压缩锐化”动作后，打开新创建的文件夹和原始文件夹做对比，可以看到所有图片已经自动压缩并锐化处理过。

3.6 变换与自由变换命令

作为专业的图像合成软件，Photoshop 中常被使用到的命令就是“变换”与“自由变换”。该命令可以让使用者对所选对象（包括图层、选区和文字等）进行物理属性上的变形，如大小、旋转、倾斜和透视等。

变换命令与自由变换命令在功能上没有任何区别。两者的区别在操作上，变换命令一次只能使用一种变换方式，如缩放，不能去访问几个不同类型的变换命令。而自由变换则可以做到。

下面通过缩放图片来介绍下变换命令的使用。

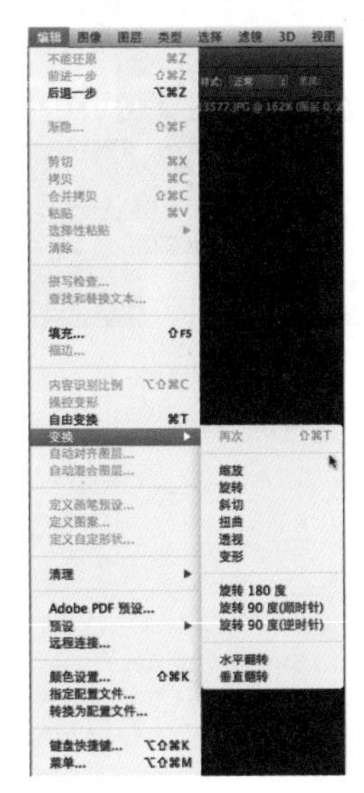

01 选中需要变换的图层（如是背景图层，需要按 <Opt(PC 机 Alt)> 组合键键双击转换为普通图层）。

02 按 <Cmd(PC 机 Ctrl)+T> 组合键（或执行菜单：编辑 / 自由变换），按住 <Opt(PC 机 Alt)+Shift> 组合键选中 4 个角上的某个框，向内拖曳鼠标，缩小图层内容，然后按 <Enter> 键或在框内双击鼠标确认。

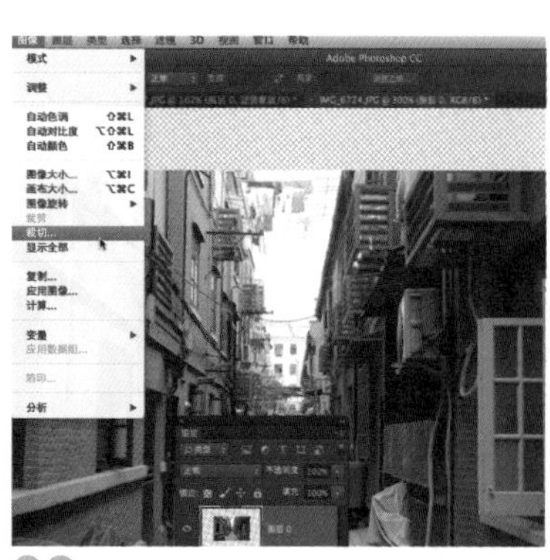

03 按 <C> 键切换到裁切工具，将透明部分裁切掉。这样通过修改图层内容并裁切，来改变图像的大小。

04 这样的方式常用在文档中有多个图层，只修改其中某个图层内容的大小，而不改变整个文件的大小。 选中文件中的某个图层，按 <Cmd(PC 机 Ctrl)+T> 组合键执行自由变换命令。

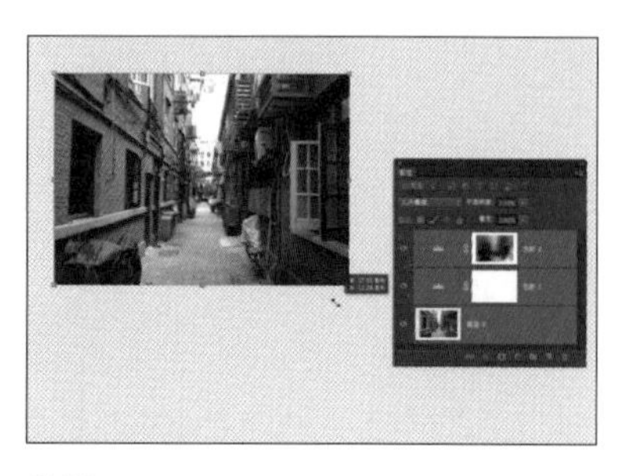

05 若要等比例缩放，按 <Shift> 键拖曳四周的控制把柄，到合适位置按 <Enter> 键确定并退出控制框。

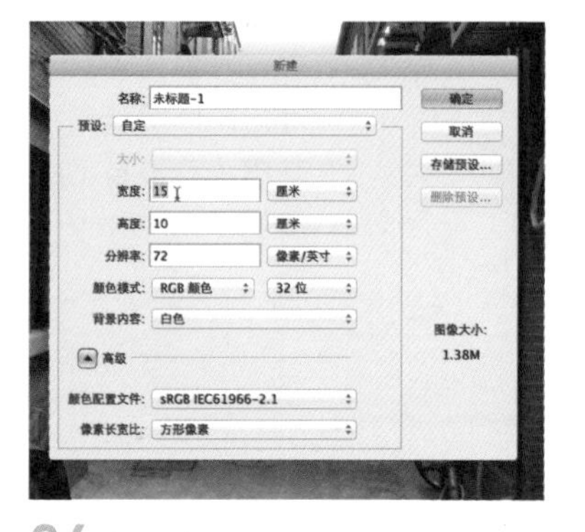

06 也可使用新建文件然后置入图片再变换缩小的方式。按 <Cmd(PC 机 Ctrl)+N> 组合键，新建文件，设置好文件尺寸，创建新文件。

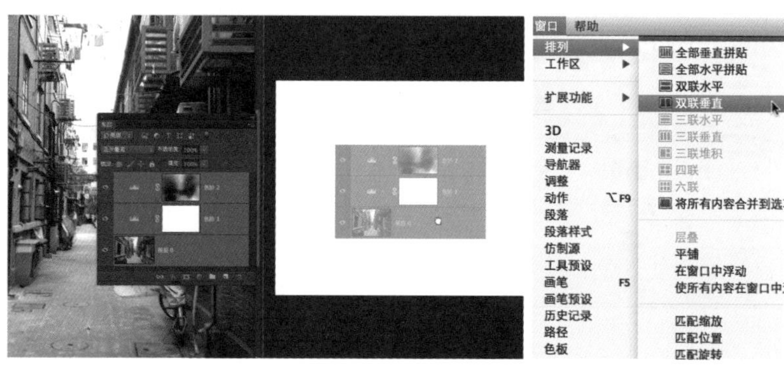

07 执行菜单: 窗口/排列/双联垂直，改变文件的排列方式。选中原始图片文件，按 <F7> 键打开图层面板，拖曳图层到新建的文件中。

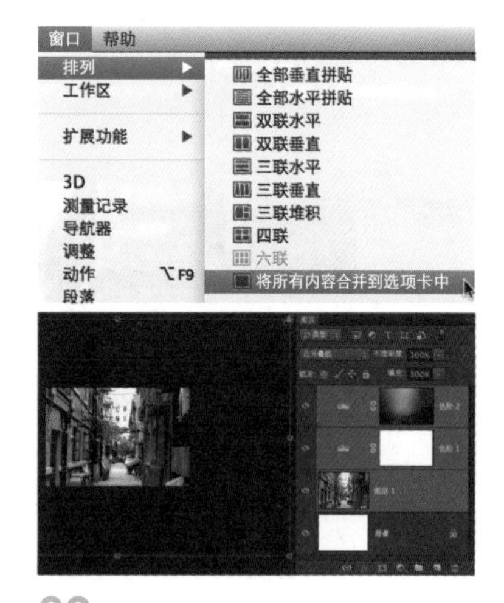

08 按 <Cmd(PC 机 Ctrl)+T> 组合键拖曳四周的控制把柄，按 <Shift> 键调整大小即可。如果图片过大，会无法显示四周的控制把柄，此时按 <Cmd(PC 机 Ctrl)+-> 组合键缩小文档视图直到显示出控制把柄为止。

09 按 <Opt(PC 机 Alt)+Shift> 组合键，向内拖曳四周任一控制把柄，沿中心等比例缩小图片，直到大小与背景图层匹配为止。按 <Enter> 键确认并退出控制框。

TIPS

操作与命令：

在 Photoshop 中，很多操作与命令很简单，但是在实际工作中需要熟练使用并能随时切换到不同操作。如上面的例子，在第 08 步骤中，在当进行自由变换操作时，由于所选图层尺寸过大，导致找不到控制把柄，需要快速缩小视图。此时如果去查找菜单，更换工具，虽然能实现最终结果，但事实上没有任何一个人会这样操作。实际工作中就是：按 <Cmd(PC 机 Ctrl)+T> 组合键，然后按 <Cmd(PC 机 Ctrl)+-> 组合键缩小视图，然后拖曳控制把柄。因此，对于初学者要重视并留意这些简单有些不起眼的基础操作，这些操作会影响到你后面的学习与提高。

变换功能的各项操作介绍

确定变换操作：执行变换菜单或自由变换菜单，调整完成后，按 <Enter> 键或在变换控制框内双击鼠标确认变换操作并退出控制框。

取消变换操作：在执行变换操作过程中，如果不想应用该变换，可以按 <Esc> 键退出变换操作，回到原始状态。

变换与自由变换命令，可针对选区、整个图层、多个图层或图层蒙版应用变换。还可以对路径、矢量形状、矢量蒙版、选区边界或 Alpha 通道应用变换。若在处理像素时进行变换，将影响图像品质。

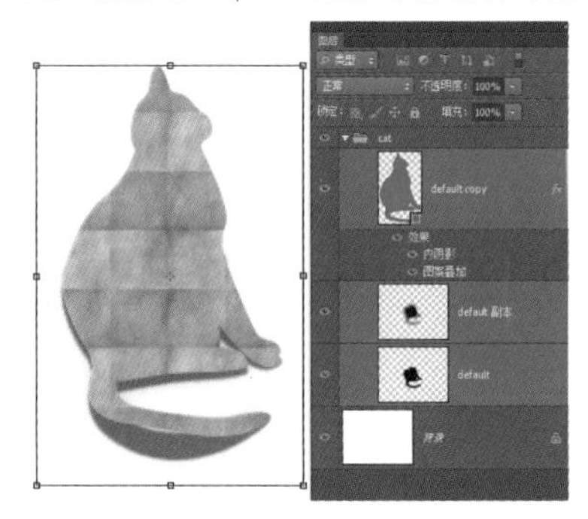

01 按 <F7> 打开图层面板，按住 <Cmd>(PC 机 Ctrl) 键单击不同图层，选中多个图层，按 <Cmd(PC 机 Ctrl)+T> 组合键执行自由变换命令。

02 使用选择工具，选中图片中某个区域，然后按 <Cmd(PC 机 Ctrl)+T> 组合键执行自由变换命令。只对选中区域做变换操作。

TIPS

通道与蒙版在后面章节有详细介绍。

03 打开通道面板，选中某个通道，按 <Cmd(PC 机 Ctrl)+T> 组合键执行自由变换对该通道进行变换。

要对栅格图像应用非破坏性变换，需要使用智能对象。变换矢量形状或路径不会对该图层的内容造成破坏，因为这只会更改路径和矢量形状。

TIPS

如果您要变换某个形状或整个路径，“变换”命令将变为“变换路径”命令。如果您要变换多个路径段（而不是整个路径），“变换”命令将变为“变换点”命令。

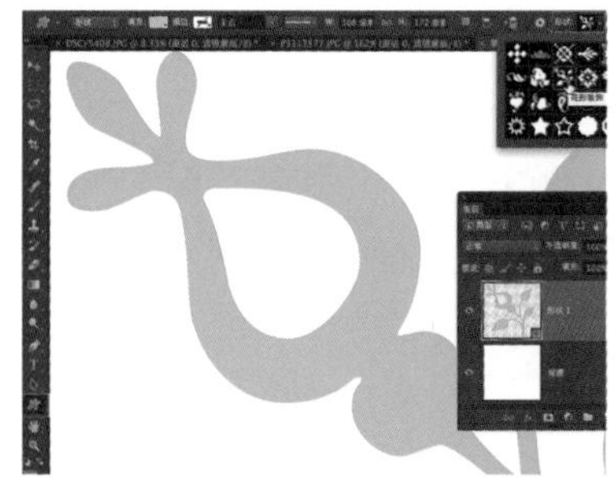

01 在工具箱上选中自定形状工具或按 <U> 组合键切换到形状工具后循环按 <Shift+U> 组合键直到切换到自定形状工具，在上方的工具选项栏找到“形状”选定“花型装饰 1”，在文档中拖曳鼠标创建矢量花型装饰。

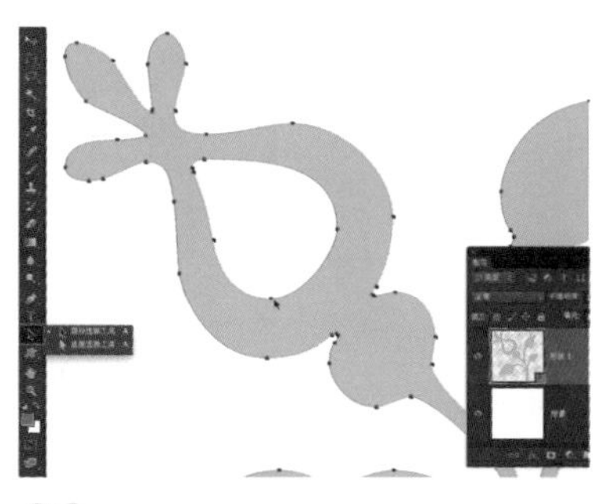

02 在工具箱上选择直接选择工具或按 <A> 键切换到直接选择工具，在文档中拖曳鼠标框选最大花朵的所有节点。选中的节点会变成实心黑色方块，未选中的为空心的方块。

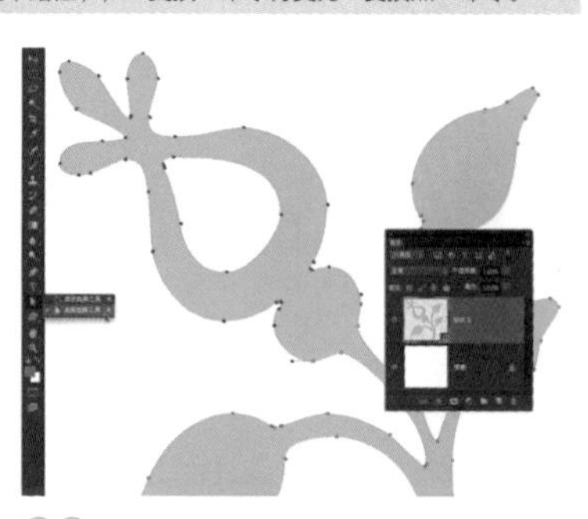

03 在节点选中的状态下，按 <Cmd(PC 机 Ctrl)+T> 组合键或执行菜单：编辑 / 自由变换点，针对选中节点使用自由变化命令。

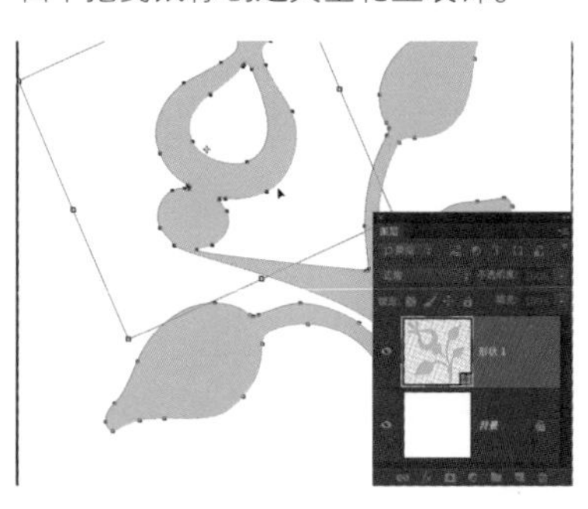

04 配合 Cmd(PC 机 Ctrl)\Shift\Opt(PC 机 Alt) 键做不同的变换，得到满意结果后按 <Enter> 键或双击退出变换框。

变换子菜单命令

缩放：相对于项目的参考点（围绕其执行变换的固定点）增大或缩小项目。您可以水平、垂直或同时沿这两个方向缩放。选取“缩放”，请拖曳外框上的手柄。拖曳角手柄时按住 <Shift> 键可按比例缩放，按住 <Opt(PC 机 Alt)> 键从中心缩放，同时按住 <Opt(PC 机 <Alt)+Shift> 组合键从中心等比例缩放。当放置在手柄上方时，指针将变为双向箭头。

旋转：围绕参考点转动项目。在默认情况下，此点位于对象的中心；但是，您可以将它移动到另一个位置。请将指针移到外框之外（指针变为弯曲的双向箭头），然后拖曳。按 <Shift> 键可将旋转限制为按 15 度增量进行。

斜切：垂直或水平倾斜项目。选取“斜切”命令后，拖曳边手柄可倾斜外框。

扭曲：将项目向各个方向伸展。选取了“扭曲”，则拖曳角手柄可伸展外框。也可直接按住 <Cmd(PC 机 Ctrl)> 键拖曳。

透视：对项目应用单点透视。选取了“透视”，则拖曳角手柄可向外框应用透视。也可按住 <Cmd(PC 机 Ctrl)+Opt(PC 机 Alt)+Shift> 组合键拖曳控制点。

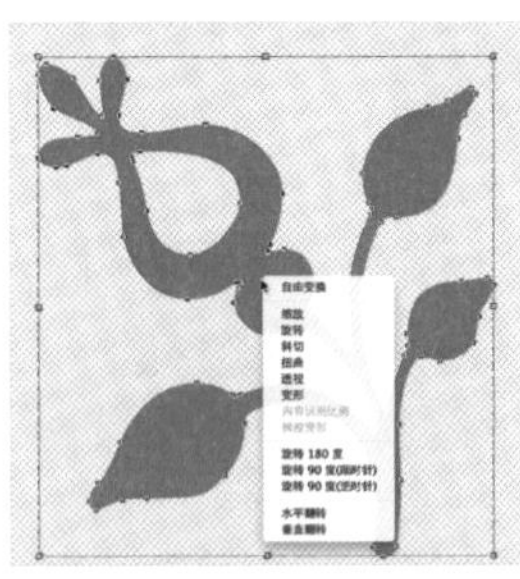

还可以单击右键，选择要执行的变换。可执行：旋转 180 度、顺时针旋转 90 度、逆时针旋转 90 度。通过指定度数，沿顺时针或逆时针方向旋转项目。

翻转：垂直或水平翻转项目。

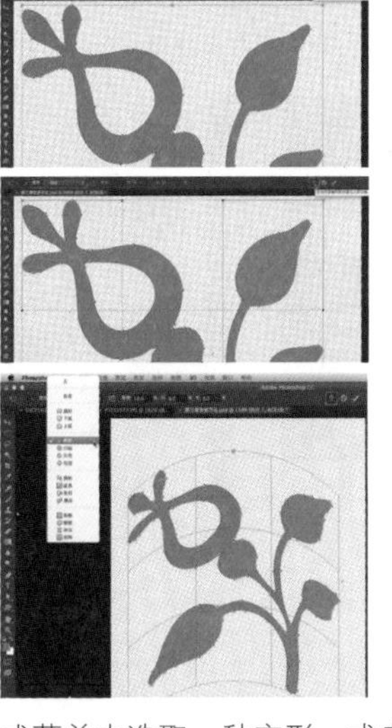

变形：变换项目的形状。在选项栏单击“自由变换和变换模式转换”按钮。选取了“变形”，从选项栏中的“变形样式”弹出式菜单中选取一种变形，或者要执行自定变形，请拖曳网格内的控制点、线条或区域，以更改外框和网格的形状。

设置或移动变换的参考点

所有变换都围绕一个称为参考点的固定点执行。在默认情况下，这个点位于您正在变换的项目的中心。但是，您可以使用选项栏中的参考点定位符更改参考点，或者将中心点移到其他位置。

1. 选取一个变换命令。图像上会出现外框。

2 执行下列操作之一。

1）在选项栏中单击参考点定位符上的方块。每个方块表示外框上的一个点。例如，要将参考点移动到外框的左上角，请单击参考点定位符左上角的方块。

2）在图像中出现的变换外框中，拖曳参考点 。参考点可以位于您想变换的项目之外。

01 在选项栏中单击参考点定位符上的方块。

02 使用鼠标移动变换参考点。

03 参考点可以位于您想变换的项目之外。

选项栏与精确变换

执行任一变换子菜单进行变换操作时，在出现变换控制框后，可通过设置上方的选项栏参数进行精确变换。如输入 W、H 值进行精确缩放。

重复变换

执行过一次变换操作后，可重复前一次的变换。执行菜单：编辑 / 变换 / 再次（或编辑 / 变换路径 / 再次 / ，或者编辑 / 变换点 / 再次），视当前选中的是路径还是图层而定。通常会借助快捷键实现。

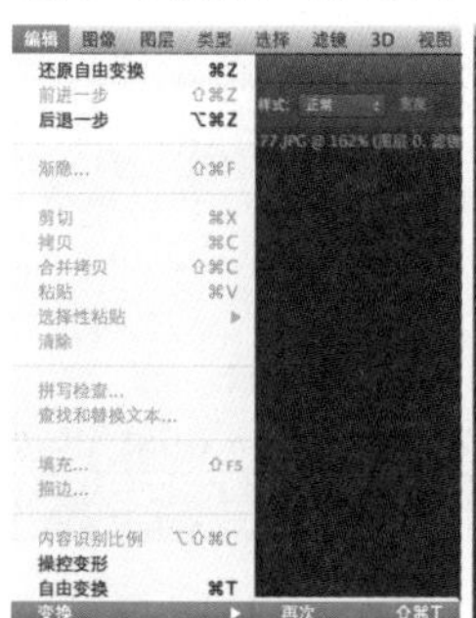

01 选中某个图层，按 <Cmd(PC 机 Ctrl)+T> 组合键执行自由变换命令，将参考点移动到人物底部，在选项栏中设置缩放 90%，旋转 15 度，按 <Enter> 键确定变换。

02 <Cmd(PC 机 Ctrl)+Opt(PC 机 Alt)+Shift+T> 再次执行自由变换并复制命令，按多次可反复执行上次变换命令，得到最终效果。

自由变换与快捷

“自由变换”命令可用于在一个连续的操作中应用变换（旋转、缩放、斜切、扭曲和透视）。也可以应用变形变换。不必选取其他命令，您只需在键盘上按住一个键，即可在变换类型之间进行切换。

<Cmd(PC 机 Ctrl)+T> 组合键自由变换：选择要变换的项目（如图层，矢量形状等），然后按 <Cmd(PC 机 Ctrl)+T> 组合键，进入自由变换状态。

<Cmd(PC 机 Ctrl)+Shift+T> 组合键再次变换：执行过一次变换操作（包括多个操作如缩放、旋转，只要是一次性执行变换操作即可）后，按 <Cmd(PC 机 Ctrl)+Shift+T> 组合键，可再次执行上一次变换操作。

<Cmd(PC 机 Ctrl)+Shift+Opt(PC 机 Alt)+T> 复制并再次变换：执行过一次变换操作（包括多个操作如缩放、旋转，只要是一次性执行变换操作即可）后，按 <Cmd(PC 机 Ctrl)+Shift+Opt(PC 机 Alt)+T>，复制该项目的同时再次执行上一次变换操作。

如果要通过拖曳进行缩放，请拖曳手柄。拖曳角手柄时按住 <Shift> 键可按比例缩放。

按住 <Opt(PC 机 Alt)> 键从中心进行操作。

要通过拖曳进行旋转，请将指针移到控制框之外（指针变为弯曲的双向箭头），然后拖曳。按 <Shift> 键可将旋转限制为按 15 度增量进行。

要相对于外框的中心点扭曲，请按住 <Opt(PC 机 Alt)> 键并拖曳手柄。

要自由扭曲，请按住 <Cmd(PC 机 Ctrl)> 键（Windows）或 <Command> 键（Mac OS）并拖曳手柄。

要斜切，请按住 <Cmd(PC 机 Ctrl)+Shift> 组合键（Windows）或 <Command+Shift> 组合键（Mac OS）并拖曳边手柄。当定位到边手柄上时，指针变为带一个小双向箭头的白色箭头。

要应用透视，请按住 <Cmd(PC 机 Ctrl)+Opt(PC 机 Alt)+Shift> 组合键（Windows）或 <Command+Opt(PC 机 Alt)ion+Shift> 组合键（Mac OS）并拖曳角手柄。当放置在角手柄上方时，指针变为灰色箭头。

单击右键可以找到所有的变换子命令。

还原 Cmd(PC 机 Ctrl)+Z：再执行自由变换时（还没有退出自由变换控制框时），按 <Cmd(PC 机 Ctrl)+Z> 组合键可撤销上一步变换操作。

3.7 使用画布大小

画布大小命令针对文档的长宽尺寸进行调整，不会改变图像或者图层本身内容的大小。就如同将一张照片放在玻璃板上，“画布大小”只改变玻璃板的大小，不会改变照片的大小。

操作方法

执行菜单：图像 / 画布大小或按 <Cmd(PC 机 Ctrl)+Opt(PC 机 Alt)+C> 组合键，打开画布大小对话框。画布大小对话框只修该文件的长宽尺寸，以及方向即向哪个方向放大或者缩小画布。

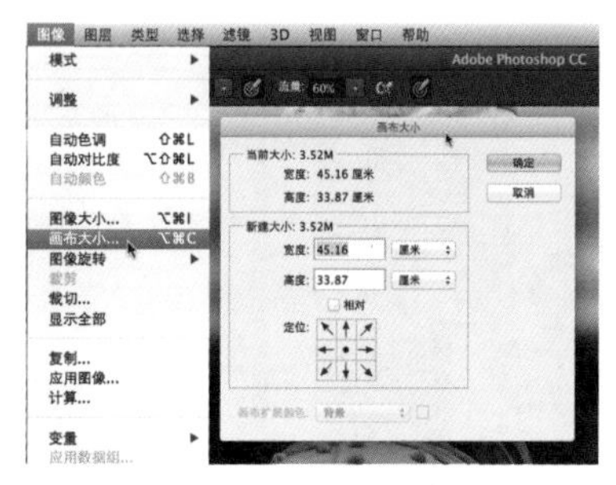

01 打开一张图片，执行菜单：图像 / 画布大小或按 <Cmd(PC 机 Ctrl)+Opt(PC 机 Alt)+C> 组合键，打开画布大小对话框。

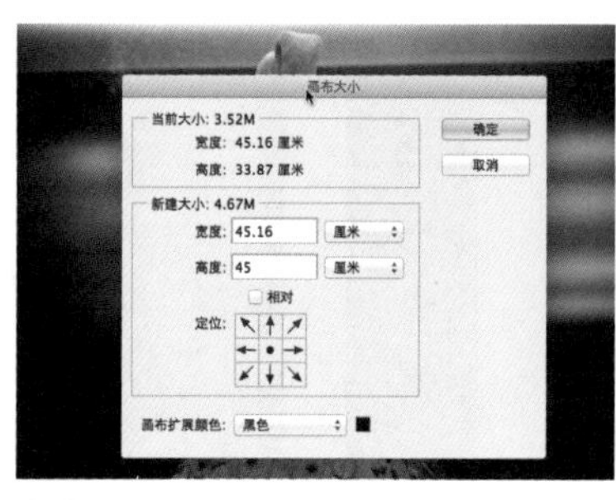

02 在画布大小对话框中，可以重新设置画布的宽度和高度尺寸。进行画布大小的更改并不会直接改变原有图片的大小。

03 维持宽度不变，从中心加大高度尺寸，设置画布扩展颜色为黑色，将画布在高度方向上下扩展。

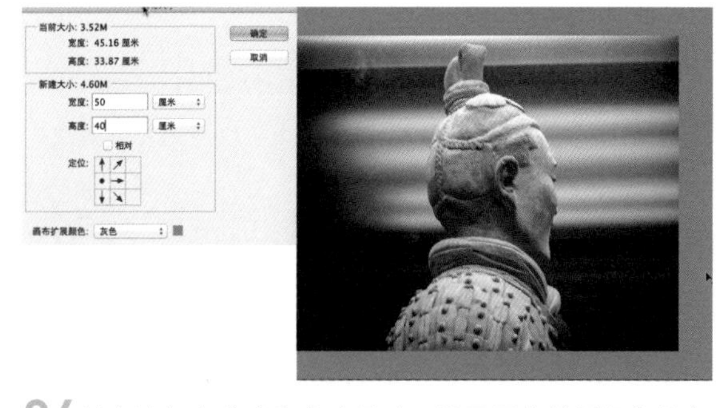

04 从左边加大高度和宽度尺寸，设置画布扩展颜色为灰色，将画布以左边为轴心点，在高度方向上下扩展，在宽度方向向右扩展。

05 还可使用百分比，以倍数的方式放大或缩小画布尺寸。

使用裁剪工具更改画布尺寸

除了使用画布大小命令来修改画布外，还可使用裁剪工具来修改画布大小。按 <C> 键切换到裁剪工具，向外拖曳四个角上的某个控制点，放大画布。

01 打开一张图片，按 <C> 键切换到裁剪工具，按照想要扩展的尺寸方向， 拖曳四周控点。

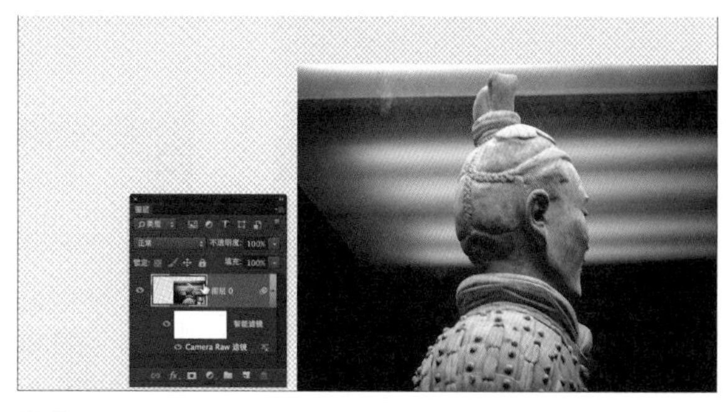

02 双击或按 <Enter> 键确认，即可调整画布大小。

03 使用裁剪工具最大的好处就是便捷，但是不如使用"画布大小"命令精确。

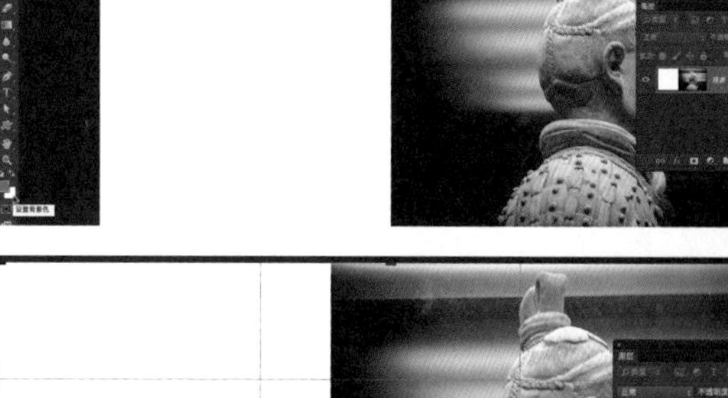

04 如果在背景图层上使用裁剪工具，会以当前背景色来自动填充扩大区域。

3.8 裁切与裁剪命令

除去裁剪工具，Photoshop 还提供裁切、裁剪命令，对画面指定区域进行裁切。如裁切掉透明区域，或配合选区对画面进行裁剪等。

裁切命令

使用裁切命令可以裁切文档中的透明区域或色块区域。

执行菜单 : 图像 / 裁切，裁切命令可以自动裁切透明区域或某一块色块区域，可指定不同的裁切方式。

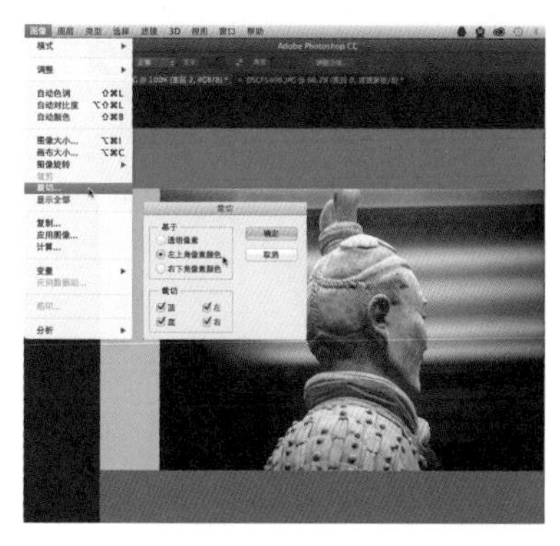

裁切左上角色块。

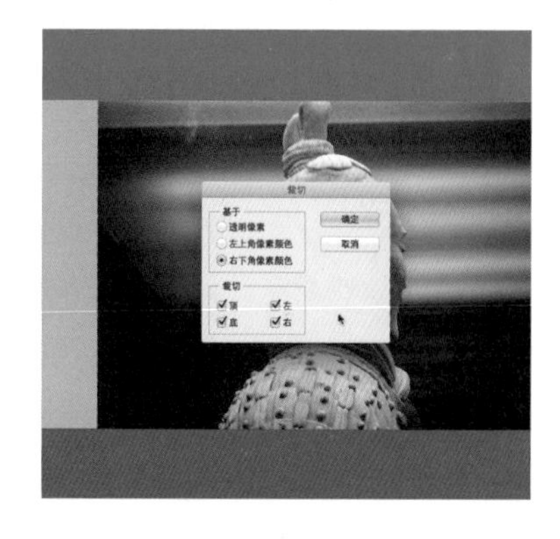

裁切右下角色块。

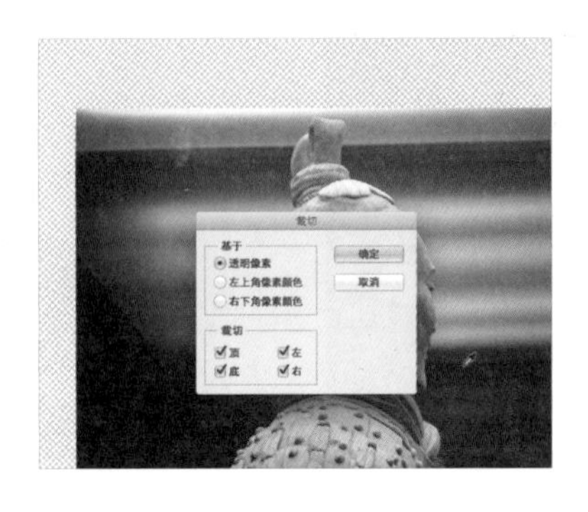

裁切透明像素。

裁剪命令

裁剪命令，根据当前选区来裁剪图像。

按 <L> 键切换到套索工具，根据图像内容拖曳鼠标勾勒出不规则选区。执行菜单：图像 / 裁剪命令，按照不规则选区的最大部分裁剪该图像。

3.9 裁剪工具（CS6 新特性）

裁剪工具对于改变文件的长宽尺寸，具有最大的灵活性及自由性，因此使用裁剪工具是在实际裁剪工作中使用最多的方式。如果要更改文件的分辨率则需要借助菜单：图像 / 图像大小，来修改分辨率。

裁剪工具在 CS6 版之后做了较大的改进，使用上与之前版本有较大不同。初次使用会觉得不顺手，使用几次后会发现确实非常好用，提升了工作效率。通过下面的介绍，可以体会其中的差异。

使用裁剪工具的几种方法

1. 按 <C> 键切换到裁剪工具，当选中裁剪工具时，裁剪的边框会自动加载在整个文档的四周，使用鼠标拖曳四周及中间的控制点可以直接裁剪文档。在 CC 版本中，不会直接显示网格，而是在进行裁剪时再显示网格，这样不会因切换到裁剪工具影响视线。

2. 如果画面中已经存在选区，按 <C> 键切换到裁剪工具，自动将裁剪边框加载在选区周围。选区可以为矩形、椭圆或任意形状，裁剪工具以矩形方式自动加载在最大边缘处。跟前面的裁剪命令是相同的。

3. 选中裁剪工具，直接在文档画面上拖曳出矩形形状，按 <Enter> 键或在裁剪区域内双击确认，画面就会裁剪掉矩形形状以外的部分。

删除裁剪的像素

在上方选项栏处，通过勾选“删除裁剪的像素”来选择是删除裁剪框外面的内容还是保留。默认为不勾选，即保留裁剪框外面的内容，只是隐藏。

01 删除裁剪的像素

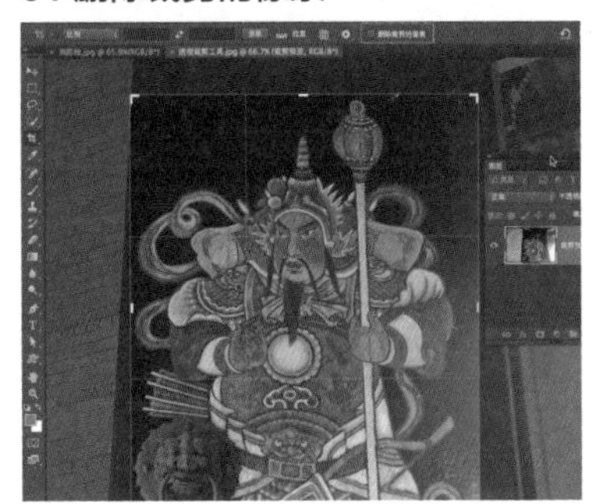

01 按 <C> 键切换到裁剪工具，拖曳出矩形裁剪框，在上方选项栏中勾选：删除裁剪像素，并单击右侧的“提交当前裁剪操作”按钮确认裁剪操作，即“对号”按钮。

02 裁剪后，裁剪框外面的内容被删除掉。在图层面板上，依旧是被锁定的背景图层。

02 不删除裁剪的像素

01 按 <C> 键切换到裁剪工具，拖曳出矩形裁剪框，在上方选项栏中取消勾选：删除裁剪像素，并单击右侧的“提交当前裁剪操作”按钮确认裁剪操作，即“对号”按钮。

02 裁剪之后，按 <V> 键切换到移动工具，可移动画面显示。原先在裁剪框外面的内容只是被隐藏。在图层面板，可以看到原先的背景图层被自动转换为普通图层。

TIPS

背景图层处于锁定状态，不能被移动。转换背景图层的方式，通常按住 <Opt(PC 机 Alt)> 键双击背景图层。也可以双击背景图层，弹出新建图层对话框中进行设置，再转换背景图层到普通图层。

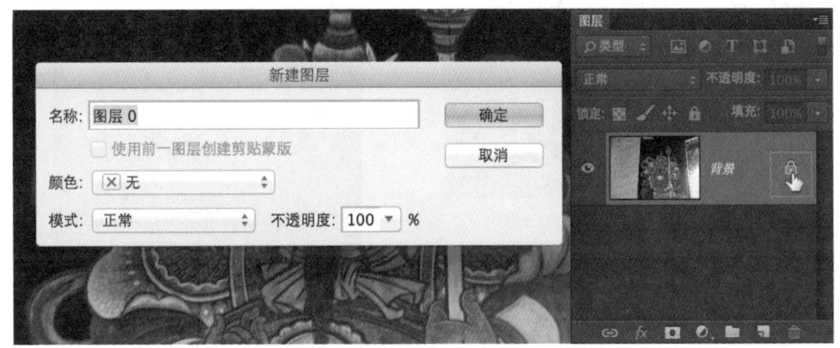

旋转裁剪框

选中裁剪工具后，将鼠标移到裁剪框的外面，光标变成旋转图标，此时按鼠标左键拖曳鼠标可以旋转画面。与以往版本不同的是，CS6 只是旋转内容，裁剪框保持不变，确保文档永远处在充满画面状态。

操作时的快捷键应用（P、H、X）

在进行裁剪操作时，即裁剪框在激活状态下，可以应用快捷键来帮助操作。

01 P 键切换使用经典模式

在应用裁剪工具后，按 <P> 键可切换到裁剪工具的经典模式，即 CS5 之前的使用模式。再次按 <P> 键可取消使用经典模式。

01 使用 CS6 或 CC 版本的裁剪工具，旋转裁剪框。裁剪框不动，画面旋转。

02 随时按 <P> 键可切换到使用经典模式。只旋转裁剪框，画面保持不动。

03 也可单击选项栏上的设置按钮，勾选或取消勾选“使用经典模式”。

02 H 键显示或隐藏裁剪区域

在进行裁剪操作时，按 <H> 键可显示或隐藏裁剪区域。

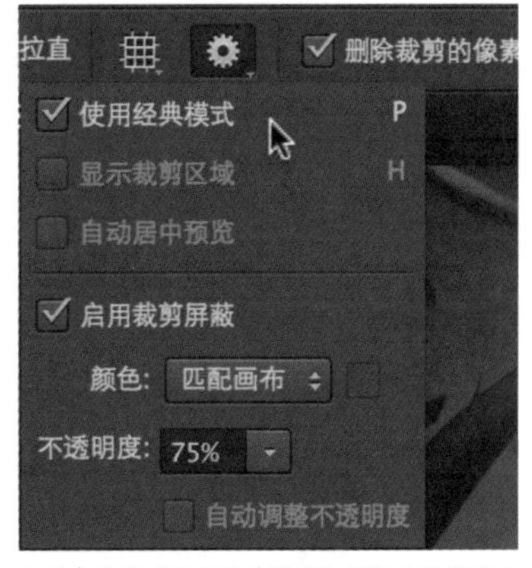

如果勾选了“使用经典模式”则无法使用“显示裁剪区域”功能。

03 X 键旋转裁剪框

在进行裁剪操作时，按 <X> 键可对裁剪框进行 90 度旋转操作。在 CC 版本中找不到“旋转裁剪框”的菜单设置，但保留了快捷键，按 <X> 键可执行旋转操作。

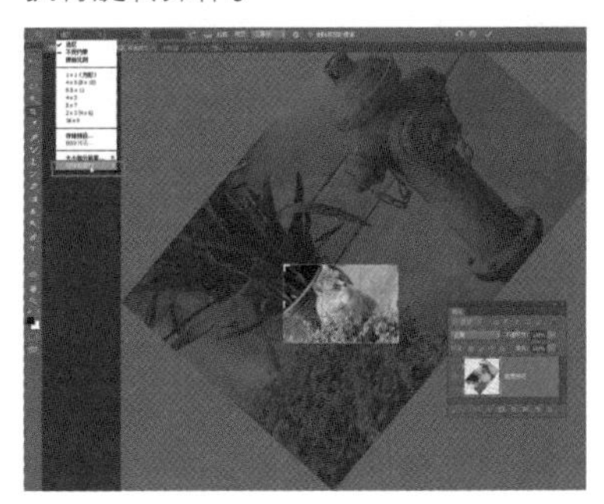

CS6 版本界面。

拉直画面

选中裁剪工具后，在上方的选项栏上选择拉直按钮，将鼠标移到文档画面中，根据画面上内容的倾斜角度拉出一条直线，松开鼠标，画面将所拉出直线定义为水平或者垂直方向，自动旋转调整画面。

01 按 <C> 键选中裁剪工具，按上方选项栏中的“拉直”按钮，在画面中拉出一条直线。

02 根据绘制的直线，裁剪框自动矫正图片。

03 按 <Enter> 键或在裁剪框内双击左键确认并退出裁剪框。

TIPS

在裁剪工具选中状态下，将鼠标移至画面内按 <Cmd(PC 机 Ctrl)> 组合键可自动切换到拉直按钮选中状态下。如果将鼠标移至裁剪框的 4 个顶点及中间的控制点，先按鼠标再按 <Cmd(PC 机 Ctrl)> 键可以对裁剪框进行微调。这点在实际工作中非常有用。

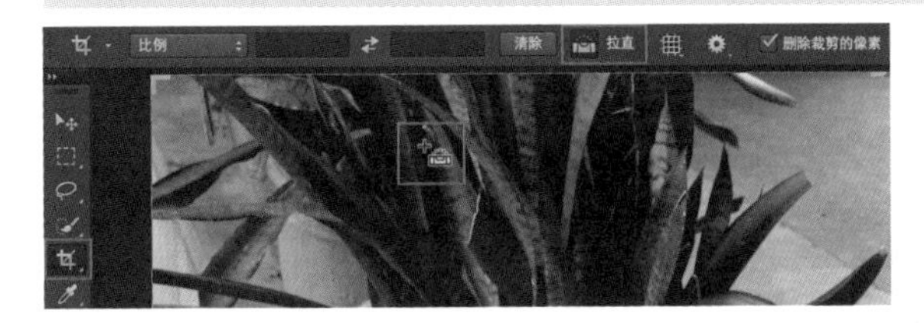

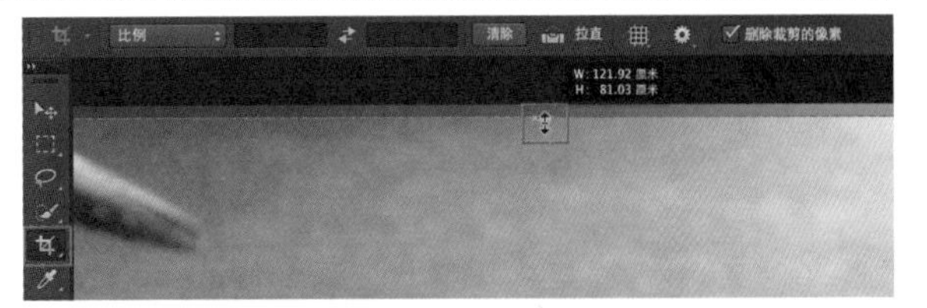

其他选项栏设置

在裁剪工具上方的选项栏设置中，还有一些其他设置，如约束裁剪尺寸的设置、复位操作等选项，可在使用裁剪工具时进行设置。

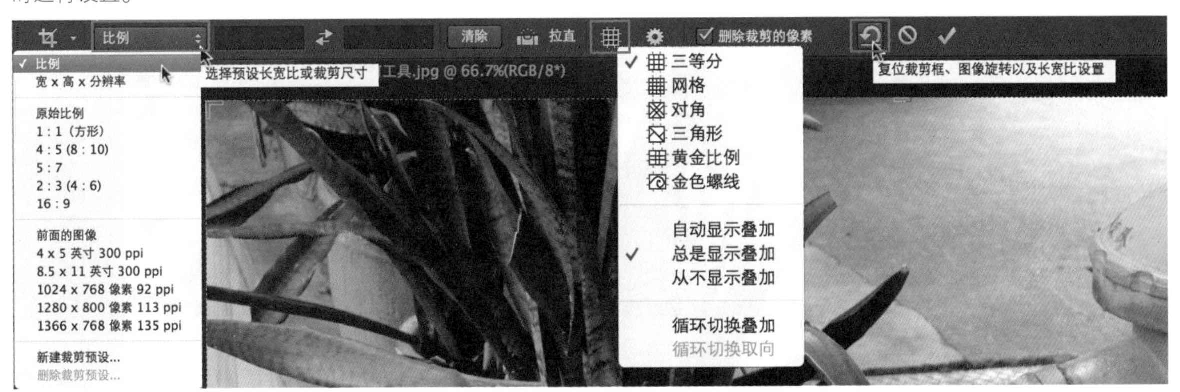

01 显示叠加

在选项栏的视图选项内，是关于裁剪框显示的设置。可设置不同的裁剪框显示，如三等分、网格和对角等。

01 总是显示叠加，为默认状态。

还可设置显示叠加的方式。

02 自动显示叠加，在没有任何操作时，不显示网格；在进行裁剪操作时，显示网格。

03 从不显示叠加。

02 设置重新取样选项

在选项栏上方，可以对当前裁剪框进行重新取样设置。具体如下。

要在裁剪过程中对图像进行重新取样，请在选项栏中输入高度、宽度和分辨率的值。

要裁剪图像而不重新取样（默认），请确保选项栏中的“分辨率”文本框是空白的。可以单击“清除”按钮以快速清除所有文本框。

裁剪预览

CS6 版本以上，只要使用裁剪工具对画面进行裁剪，在图层面板（按 <F7>）中会显示“裁剪预览”临时图层。

01 只有背景图层，进行裁剪时的图层面板。

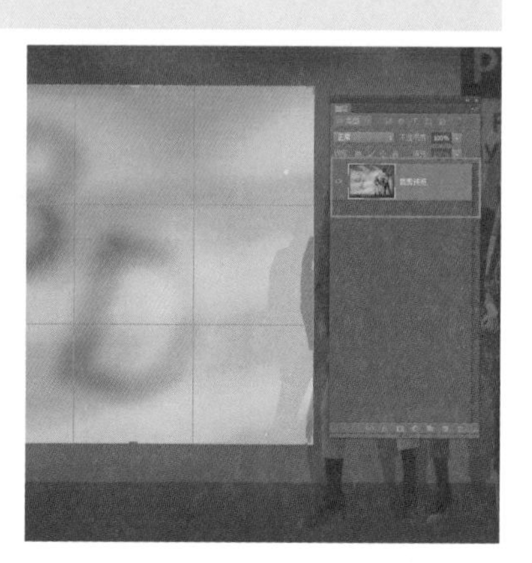

02 有多个图层，进行裁剪时的图层面板。

透视裁剪工具

透视裁剪工具，可以通过绘制多边形裁剪框的方式来矫正画面中的透视。相关的选项栏设置与裁剪工具大致相似。只是在使用上有所不同，下面介绍透视裁剪工具的使用方法。

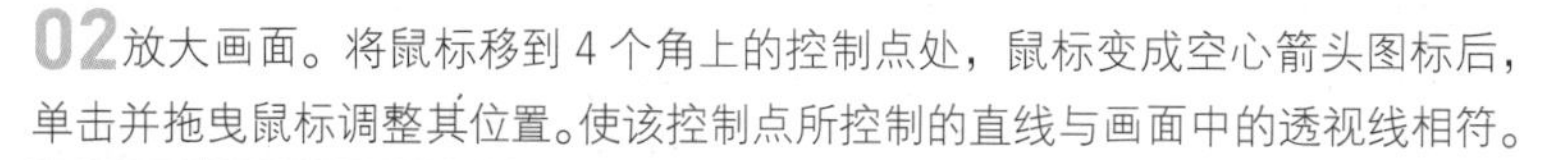

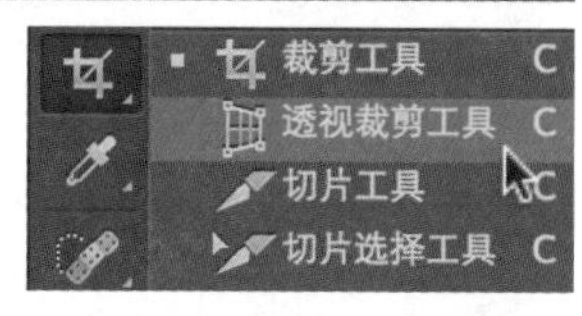

01 循环按 <Shift+C> 组合键切换到透视裁剪工具或按住裁剪工具，然后选中透视裁剪工具，在文档画面中沿着门框单击并拖曳出门框形状。

02 放大画面。将鼠标移到 4 个角上的控制点处，鼠标变成空心箭头图标后，单击并拖曳鼠标调整其位置。使该控制点所控制的直线与画面中的透视线相符。

03 调整好透视线后，双击或者按 <Enter> 键确定。矫正选中内容中的透视，得到没有透视的图像。

TIPS

在使用裁剪工具时，可使用快捷键放大、平移等操作。但是若此时选择手形工具，Photoshop 会提示是否应用裁剪。从效率角度看，还是使用快捷键更合理。

| 练习 | 使用透视裁剪工具创建纹理

下面通过一个实际案例来学习如何通过透视裁剪工具矫正透视，创建纹理并使用。

01 选中透视裁剪工具，在画面上沿着砖缝拖曳鼠标拉出透视网格，按 <Enter> 键或双击鼠标确认。

02 得到平面的没有透视关系的图案。

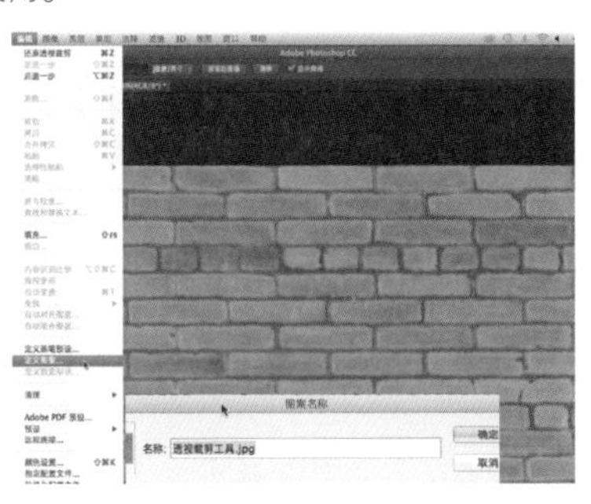

03 执行菜单：编辑 / 定义图案，将矫正后的内容定义为可使用的图案。

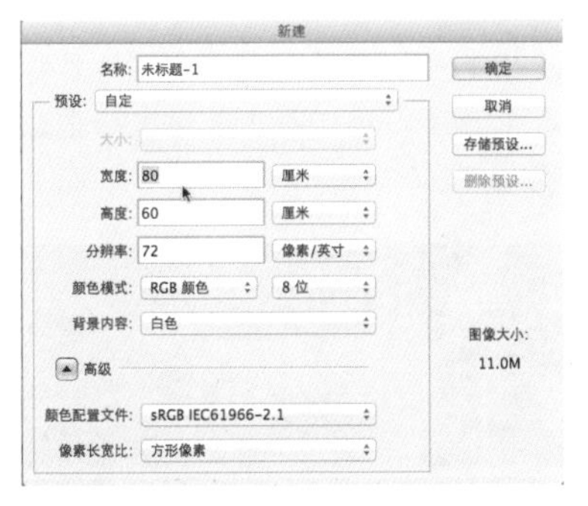

04 按 <Cmd(PC 机 Ctrl)+N> 组合键新建文件，设置长宽尺寸，按“确认”按钮得到空白文件。

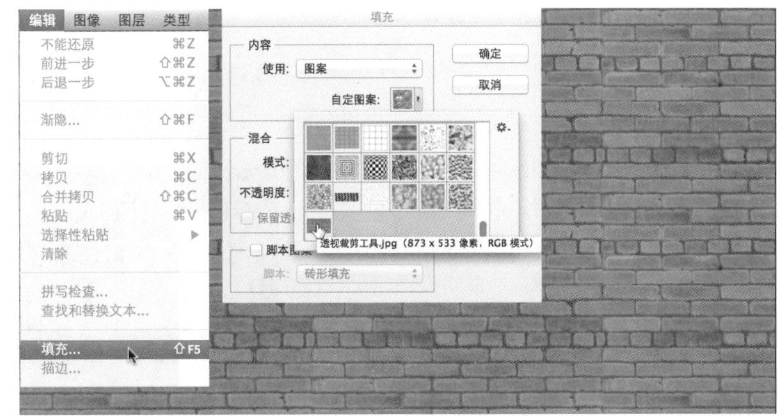

05 执行菜单：编辑 / 填充，或按 <Shift+F5> 组合键，打开填充对话框。在对话框中设置填充类型为：图案，使用前面定义的图案。其他设置不变，按“确定”按钮退出对话框。执行填充命令后得到一个完整的砖面图案。

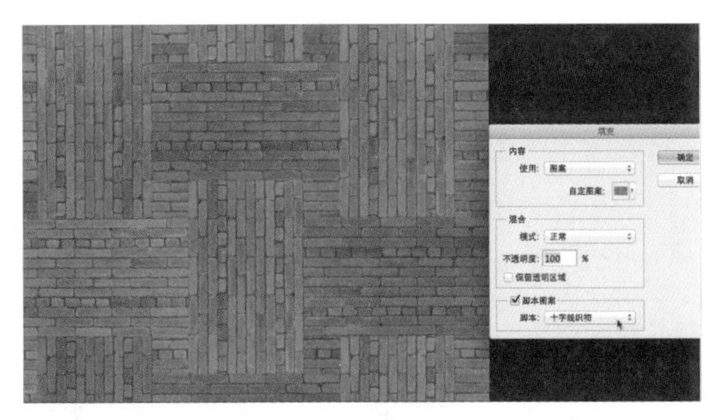

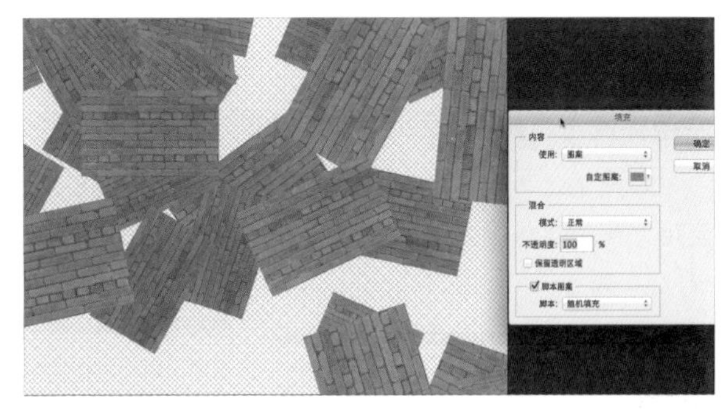

06 在填充对话框中，还可以使用脚本图案进行填充。关于填充的更多设置，会在后面章节中详细介绍。

| 穿越 | 拉直与矫正

在实际工作中，经常遇到画面中的内容倾斜、扭曲或者带有透视，这就需要在使用前对画面内容进行拉直、矫正处理。

拉直，指的是将画面中的某处精确地放置到水平或者垂直方向。这类操作通常用来纠正因前期拍摄所造成画面内容的倾斜。矫正，更多的是对画面中的内容进行扭曲、变形，最终对该处内容进行矫正。在使用 Photoshop 进行后期处理时，有时需要将带有透视的内容矫正为没有透视关系的平面状态，而有时又需要将一张照片扭曲后放置到具有透视的画面物体上，如贴图等。因此，拉直与矫正画面内容，是 Photoshop 后期处理之前的准备工作。

在 Photoshop 中有好多方法可以实现拉直、矫正，具体使用哪种工具或命令要根据实际情况来决定。下面就将 Photoshop 中几种不同的拉直、矫正方法罗列出来，供大家分析、掌握。

使用裁剪工具拉直

前面章节所介绍的裁剪工具可以用来处理拉直图像内容。另外，透视裁剪工具可以将带有透视的图像校正为没有透视的纹理图案。具体操作参见前面章节。

自动裁剪图片并拉直

菜单：文件 / 自动 / 裁剪并修齐照片，该命令是一项自动功能，可一次性将一个文件内多个倾斜的图片同时裁剪并旋转，以拉直倾斜的角度。可以在扫描仪中放入若干照片并一次性扫描它们，这将创建单独一个图像文件。“裁剪并修齐照片”命令可以在拉直每个照片的同时创建单独的图像文件。

01 打开包含要分离的图像的扫描文件，选择包含这些图像的图层。执行菜单：文件 / 自动 / 裁剪并修齐照片。

02 Photoshop 自动将所有图片从背景中分离，并自动拉直到水平垂直状态。

在要处理的图像周围绘制一个选区，再执行裁剪并修齐照片命令，可单独处理选区内的内容。如果不想处理扫描文件中的所有图像，此操作将很有用。

01 按 <M> 键切换到矩形选框工具，在画面中建立矩形选区。

02 执行菜单：文件 / 自动 / 裁剪并修齐照片。

03 Photoshop 自动将选区内的内容单独处理，成为单独一个文件，其他内容则不做任何处理。

使用标尺工具拉直

标尺工具也具有拉直的功能，使用方法与裁剪工具内的拉直按钮相似。

TIPS

标尺工具针对单独的图层进行矫正。而裁剪工具的拉直按钮针对所有图层。

01 按 <Shift+I> 组合键切换到标尺工具，也可按住吸管工具再找到标尺工具。

02 在画面中，拉出一条直线，单击选项栏上的拉直图层按钮。

03 该图层被矫正拉直。按 <Cmd(PC 机 Ctrl)+R> 组合键打开标尺，鼠标移至垂直标尺内，按鼠标拖曳出垂直线，可看到该图层沿着绘制的直线矫正到垂直状态。

使用“变换”命令拉直

使用“变换”命令来拉直，需要首先使用测量工具测量出需要旋转的具体度数，然后再使用“变换”命令输入数值精确旋转从而矫正图片的倾斜角度。

01 使用测量工具（按 <Shift+I> 组合键），沿画面倾斜部分绘制直线，此时上方选项栏内角度处有提示倾斜的度数，如图所示的 -26.3 度。

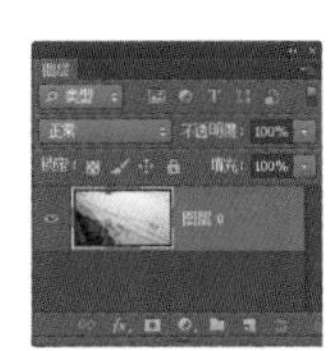

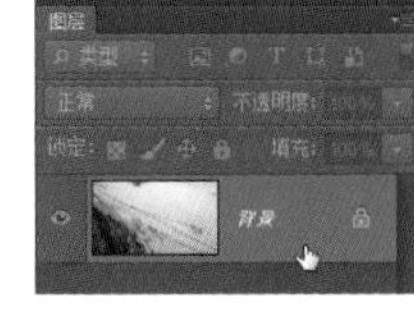

02 按 <F7> 键打开图层面板，按 <Opt(PC 机 Alt)> 双击背景图层，将其转换为普通图层。

03 执行菜单：编辑 / 变换 / 旋转。

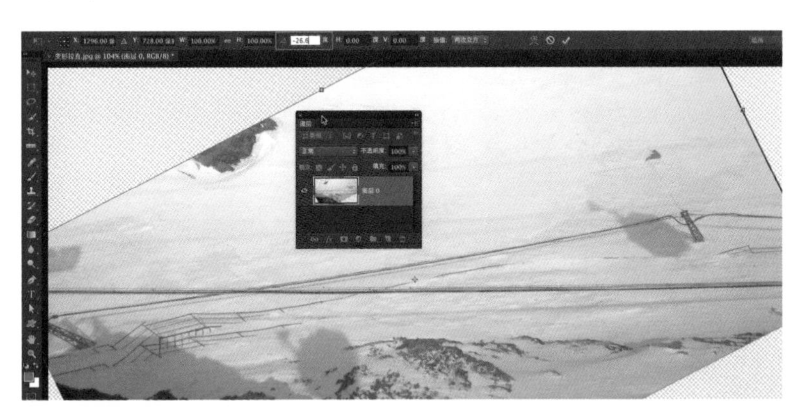

04 在上方选项栏内输入旋转角度的精确数值，如图所示的 -26.3 度，即可将图片矫正到指定的位置。

TIPS

初学者在 Photoshop 实际使用中，常常会被一些细节所击倒。在操作中，如果遇到意外无法执行指令时，需要个人冷静下来，查看一下如图层面板等细节。如上面例子中，将背景图层转换为普通图层，才能应用“变换”命令。这些小的操作需要初学者非常熟悉，才能将 Photoshop 各个功能串联起来，从而熟练应用。

使用镜头校正滤镜拉直

镜头校正滤镜可修复常见的镜头瑕疵，如桶形和枕形失真、晕影和色差。该滤镜在 RGB 或灰度模式下只能用于 8 位通道和 16 位通道的图像。不适用于 CMYK 模式。

还可以使用该滤镜来旋转图像，或修复由于相机垂直或水平倾斜而导致的图像透视现象。相对于使用“变换”命令，此滤镜的图像网格使得这些调整可以更为轻松、精确地进行。

滤镜 3D 视图 窗口 帮助
防抖 ⌘F
转换为智能滤镜
滤镜库...
自适应广角... ⌥⇧⌘A
Camera Raw 滤镜... ⇧⌘A
镜头校正... ⇧⌘R
液化... ⇧⌘X
油画...

01 执行菜单：滤镜 / 镜头校正或按 <Cmd(PC 机 Ctrl)+Shift+R> 组合键，打开镜头校正对话框。

02 在对话框中的左上角工具栏内选中拉直工具，此时上方会提示如何使用该工具。

03 使用拉直工具沿画面中的绳索绘制一条斜线。

04 画面被自动拉直到水平方向。

总结

要实现校正图片的效果，在 Photoshop 中有多种不同方法。具体使用何种方法要根据实际情况来定。要注意每种方法的细节，如使用裁剪工具，就是针对整个文档来校正；而使用标尺工具，则可针对某个指定的图层来校正，不会影响其他图层。

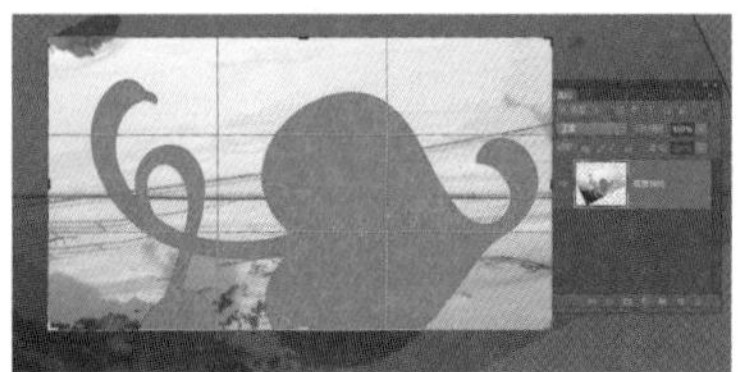

裁剪工具针对整个文件裁剪校正

标尺工具针对某个图层校正

再如使用变换命令，不能针对背景图层，需要将背景图层转换为普通图层。

要留意这些操作上的细节，并做到熟练掌握，这样才能做到自如地操作 Photoshop。

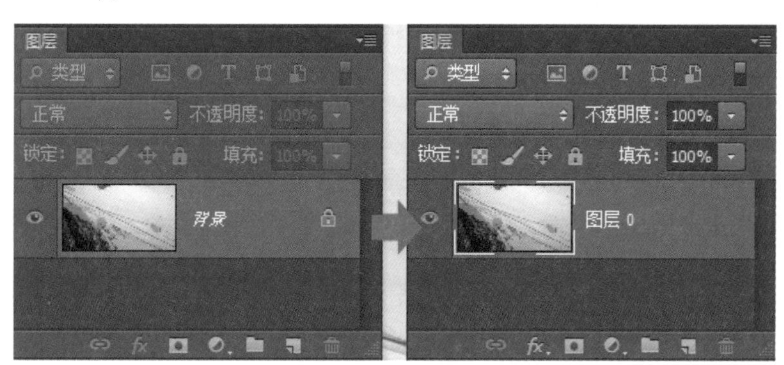

按住 <Opt(PC 机 Alt)> 键双击背景图层，转换为普通图层

3.10 移动工具 + 智能参考线

移动工具可能是 Photoshop 中使用次数最多的工具，也正因此而常常会忽略移动工具的存在和它所起的作用。

在实际工作中，经常按 <V> 键切换到移动工具，这是个非常好的习惯，可以避免一些误操作。这一点也适用于其他 Adobe 软件，如 Illustrator、Premiere 和 AfterEffects 等。

移动选区内容、图层（单个或多个）、参考线

在任一工具被选中的情况下，按住 <Cmd(PC 机 Ctrl)> 键可以切换回移动工具，松开 <Cmd(PC 机 Ctrl)> 键可以重新返回选中的工具。也可以按 <V> 键直接切换到移动工具。

使用移动工具移动时，按 <Shift> 键可以约束移动在水平、垂直或 45 度方向上；按 <Opt(PC 机 Alt)> 键再移动，可以移动并复制。

随时留意光标的变化，如变成双箭头，就代表此时的功能是移动并复制。

如果有选区的时候，移动工具就针对选区内容进行移动操作；如果没有选区，则针对整个图层或多个图层内容进行移动；如果将移动工具放置在参考线上停留片刻，会变成双箭头，此时可移动参考线。

TIPS

按 <Cmd(PC 机 Ctrl)+R> 组合键可打开或关闭标尺显示。

01 按 <V> 键切换到移动工具，选中所要移动内容所在的图层。

02 在画面中按住鼠标左键并拖曳鼠标，此时该图层内容被拖放到新的位置。

03 使用移动工具时按 <Opt (PC 机 Alt)> 键可移动并复制选中的内容，并创建新的图层。

04 移动选中的内容。按 <M> 键切换到矩形选框工具，在图层内容上拖曳出矩形选区。按住 <Cmd (PC 机 Ctrl)> 键切换到移动工具，按鼠标左键并拖曳鼠标，将选区中的内容移动到新的位置。要注意选区内容不能为空白，且当前所选图层不能为智能对象。

05 按 <F7> 键打开图层面板，按住 <Cmd (PC 机 Ctrl)> 键单击图层，同时选中多个图层。保持按住 <Cmd (PC 机 Ctrl) > 键，将鼠标移至画面中，鼠标图标显示为移动工具，拖曳鼠标同时移动多个图层。

06 按 <Cmd(PC 机 Ctrl)+R> 组合键或执行菜单命令：视图 / 标尺，打开标尺显示。

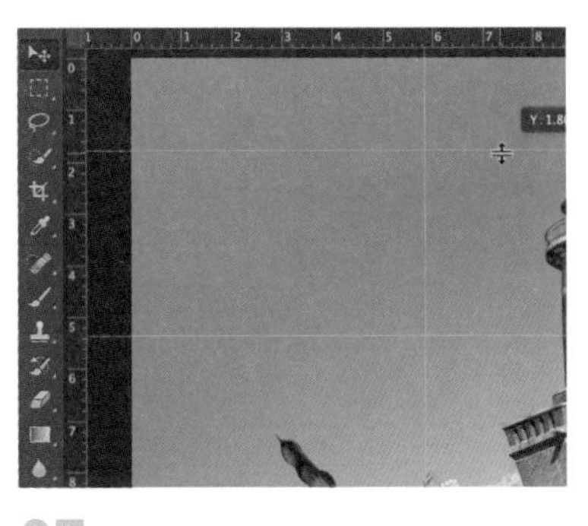

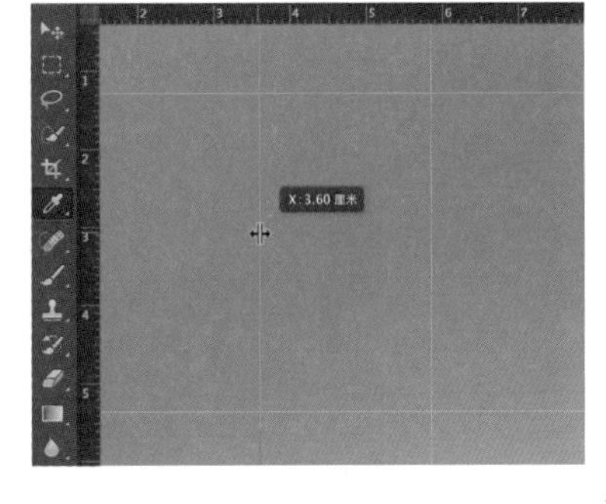

07 使用任一工具，将鼠标放置在标尺 X 轴或 Y 轴处，鼠标变成白色箭头图标，按鼠标左键拖曳，可拖曳出辅助参考线。

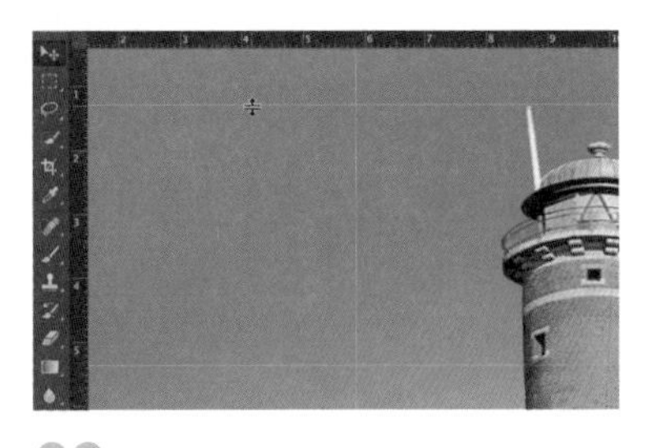

08 按 <V> 键切换到移动工具，将鼠标移至画面辅助标尺处，待鼠标变成双箭头图标，按鼠标左键拖曳可移动辅助参考线。

移动工具选项栏

自动选择功能：勾选此处，移动工具会根据当前鼠标所点位置，自动切换选中图层或图层组。

TIPS

该功能在提供便捷的同时，也有负作用产生。尤其在有大面积背景画面、半透明信息较多的图层，图层重叠较多情况下，容易误选图层。

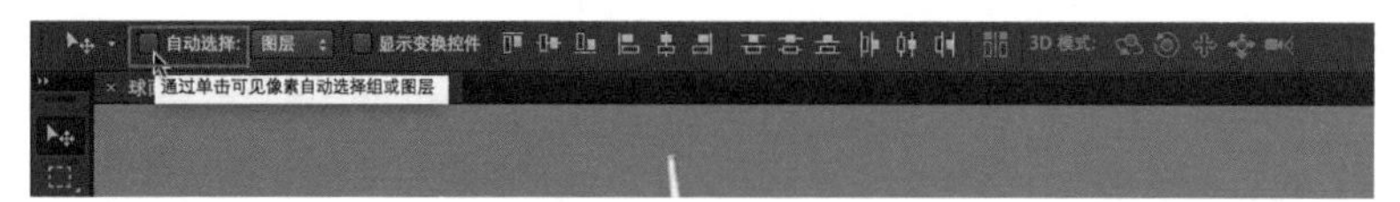

因此个人建议，在一般情况下，不要勾选此选项。可在一些特殊情况下，开启此选项，如建筑效果图后期合成、拼接图片等。

右键关联菜单选择图层：确保选中移动工具，在画面中想要选则的内容上单击右键，在弹出的关联菜单上通过图层名来选择图层。

显示变形控件：勾选此选项，Photoshop 会自动在图层内容的四周显现变形控件，类似变换功能的控制框。操作方式与变换功能相同，拖曳四周的控制柄，调整内容的大小；鼠标放在控制点外待光标变成旋转图标，拖曳鼠标可旋转图层内容。

对比

选中图层，按 <Cmd(PC 机 Ctrl)+T> 组合键或执行菜单：编辑 / 自由变换，也可实现变形控件同样的操作。个人习惯上更愿意使用自由变换（Cmd(PC 机 Ctrl)+T），可以在任何时候选中任何工具的情况下，按 <Cmd(PC 机 Ctrl)+T> 组合键来调用变换功能。

移动工具上的显示变形控件，对于图层较多且要进行大量变形调整时，会减少一步操作（直接选中图层然后通过变形控件来变换），从而提高工作效率。

对齐功能：在移动工具的选项栏上，还有对齐按钮，用来对齐多个图层。

操作方法：按 <F7> 键打开图层面板，按住 <Cmd(PC 机 Ctrl)> 键同时选中两个或者更多个图层，选中移动工具（V 键）在上方选项栏选择不同的对齐方式。

3D 模式：当选中了 3D 图层时，移动工具会自动激活 3D 模式内的各个工具，如旋转 3D 对象工具等。CS6 版本之前，3D 操纵有单独的两个工具。到 CS6 版本之后，将 3D 操控放入到移动工具内。

移动工具 + 智能参考线

Photoshop 提供了智能参考线及对齐功能，可以让使用者自由便捷地将选中内容与其他内容对齐。结合移动工具的自动选择及显示变形控件设置，还可以更加灵活地实现不同要求的对齐。

执行菜单：视图 / 智能参考线，打开智能参考线功能以辅助对齐。同时确保菜单：视图 / 对齐，为勾选状态或按 <Cmd(PC 机 Ctrl)+Shift+; > 组合键来打开捕捉对齐功能。菜单：视图 / 对齐到子菜单下全部为勾选状态。菜单：视图 / 显示额外内容为勾选状态。

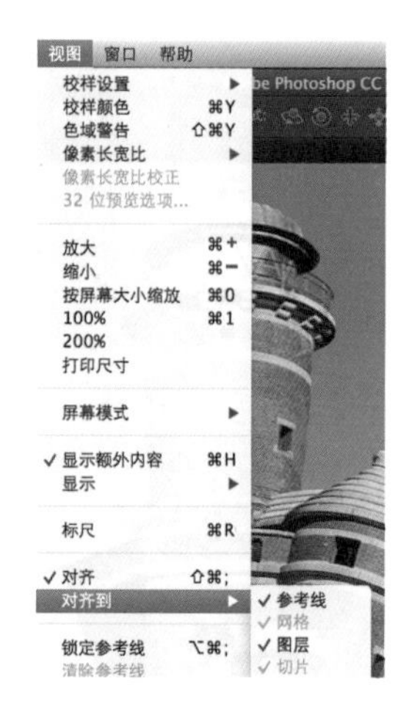

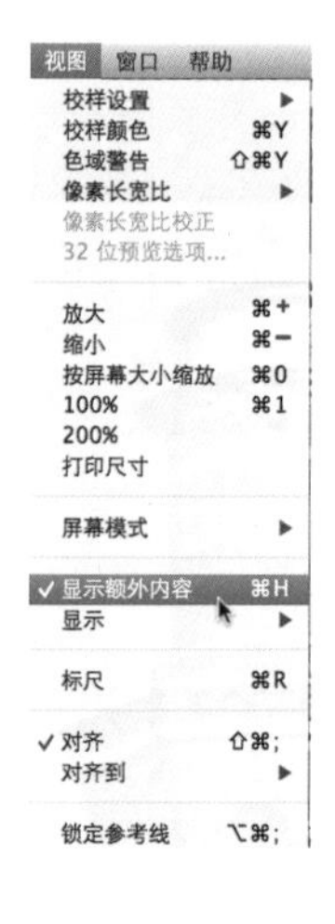

TIPS

所有显示的额外内容，如选区边缘、图层边界、智能参考线等，都是非打印内容，即只在计算机屏幕上显示起辅助工作的作用，不能随文件被打印出来。

按<V>键选中移动工具，勾选“显示变形控件”功能，使用移动工具拖曳图层，在靠近其他图层边缘、中心、顶部底部时，会有紫色线条显示来提示该位置可以对齐。

对比

使用“对齐”按钮功能来对齐，不如“移动工具 + 智能参考线”的方式自由灵活，但是更加快速。实际工作中，“移动工具 + 智能参考线”的方式更适合较复杂的对齐要求，如排版时，常常需要同时对齐两个以上的对象且需要间距相同。而使用对齐按钮的方式适合单一的对齐要求，如左对齐，顶对齐等。

经验：变形控件（变换功能显示框）的显示范围

要想准确地使用“对齐”功能，就必须了解 Photoshop 所定义的变形控件（或变换功能显示框）显示范围。

变形控件的显示范围等于该图层上所有内容的最大范围，是图层上所有信息的整体范围，包括不透明信息、半透明信息以及被屏蔽掉的蒙版部分。文本图层的控件范围，是由文本框的整个范围来决定的。

01 带有蒙版的图层，其变形控件的外框以整个图层内容为准。而不是当前显示内容的范围。

02 删除蒙版后的图层，其变形控件的外框会小于带有蒙版的图层。

03 按<T>键输入文本，创建文本图层。配合<Cmd>键，同时选中文本图层和带蒙版的图层，按<V>键切换到移动工具，在选项栏设置左对齐和上对齐。

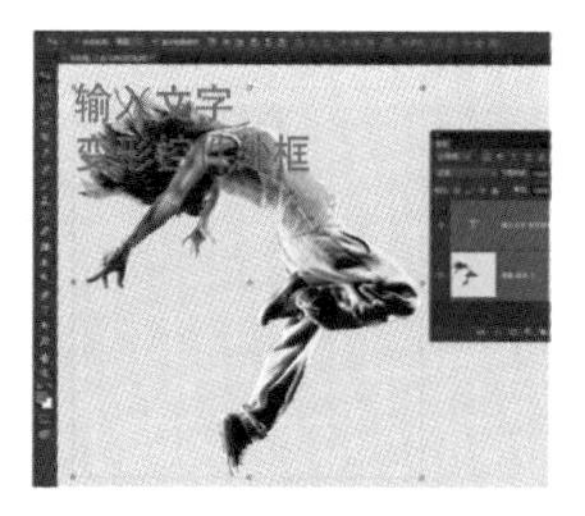

04 同时选中文本图层和没有蒙版的图层，设置左对齐和上对齐。可以发现两者对齐后的结果不同。对齐是按照每个图层上的变形控件范围作为依据的。

01 按<T>键切换到文本工具，选择任一字体，在文档画面中，拖曳出一个矩形范围，然后松开鼠标，输入文字。此时控件范围是以拖曳出的文本框来决定的，而不是由文字内容来决定。换另外一种方式，使用文本工具，在文档画面中单击鼠标左键，输入文字，此时控件范围由文字内容决定。

02 在图层面板上，按<Cmd(PC 机 Ctrl)>键同时选中两个文字图层，选中移动工具，在选项栏内单击底“对齐”按钮。

03 执行底对齐之后，两个文字图层按照各自控件范围的底部进行对齐，并非按照显示内容对齐。

TIPS

在进行对齐操作时，要留意“真实”的变形控件范围，不能单凭显示内容来判断。

3.11 标尺、参考线与定位操作

标尺工具：工具箱中选中标尺工具或按键，使用标尺工具可以自行对画面上的内容进行测量，如位置、角度等。

按 <Cmd(PC 机 Ctrl)+R> 组合键可以打开标尺，通过标尺可自定义画面上的参考线。

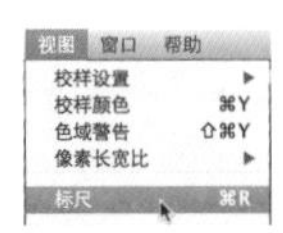

01 坐标原点

默认的坐标原点在文档画面的左上角，即 X=0,Y=0。使用移动工具，从标尺左上角方框处，按鼠标左键不放拖曳出“十”字交叉的参考线，在画面某个位置上单击，自定义该点为坐标原点。

02 标尺单位

默认标尺单位（厘米或英寸等）由首选项设置决定。按 <Cmd(PC 机 Ctrl)+K> 组合键，在首选项对话框中更改默认标尺单位。

在标尺处单击右键，更改标尺单位。

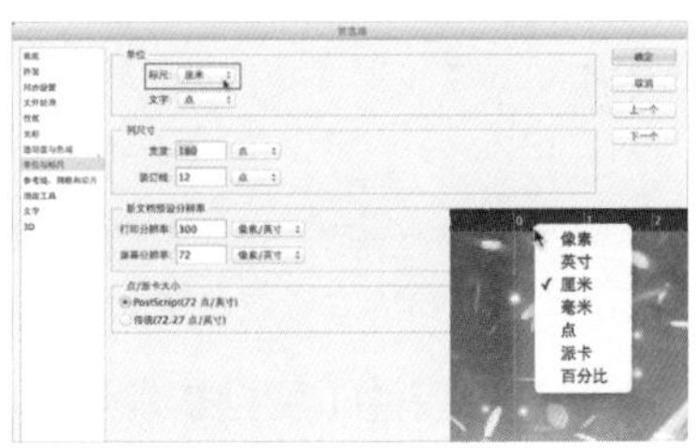

建立参考线

将鼠标放在水平方向的标尺上（注：要放在有刻度的标尺处），按鼠标左键不放，拖曳出一条参考线到指定位置松开鼠标即可建立一条水平方向的参考线。同样，将鼠标移动到垂直方向的标尺处，按鼠标左键不放，拖曳出一条垂直方向的参考线。

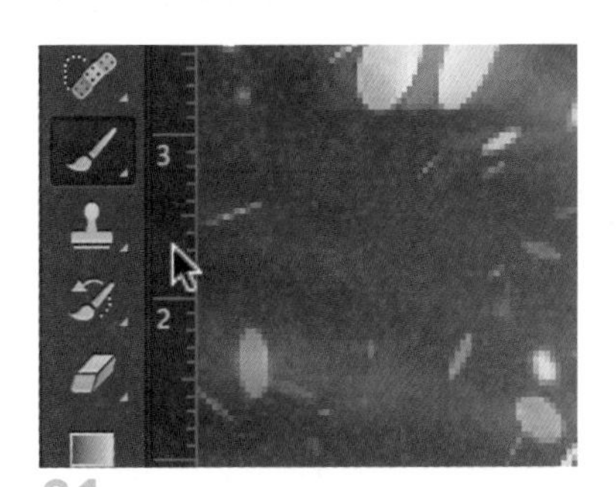

01 按 <Cmd(PC 机 Ctrl)+R> 组合键打开标尺，将鼠标移至标尺内待鼠标变成箭头图标。

02 按鼠标左键不放，拖曳鼠标拉出参考线到指定位置。

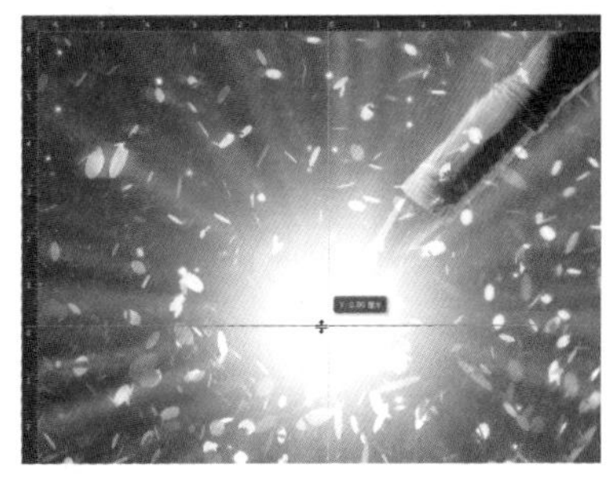

03 用同样方法，拖曳出水平方向的参考线。

新建参考线命令

执行菜单：视图 / 新建参考线，在对话框中，选择“水平”或“垂直”方向，并输入位置，然后单击“确定”按钮，可创建参考线。

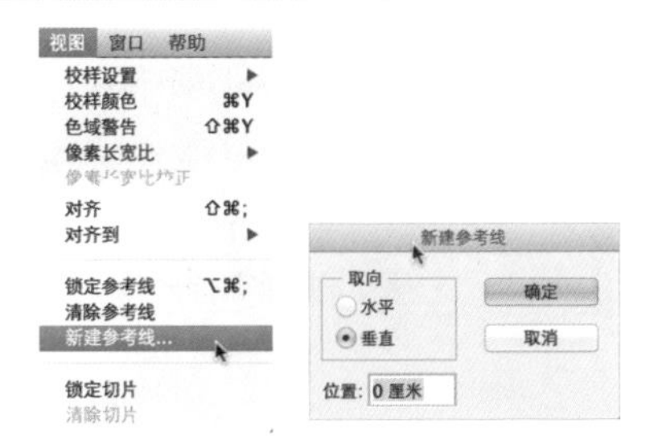

“收回”参考线

使用移动工具，将光标放在画面参考线上，待光标变成移动参考线图标后，按鼠标左键拖曳参考线到新的位置，或者拖曳回标尺即可收回该参考线。

TIPS

拖曳的方式创建参考线，可以使用任一工具。但若想将创建好的参考线移动或者“收回”，则必须使用移动工具。

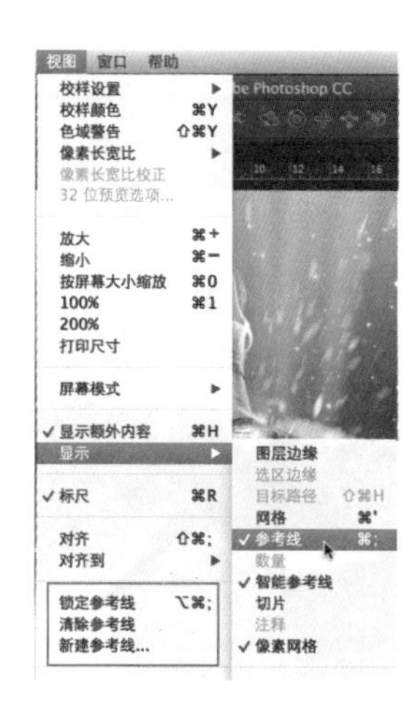

显示 / 关闭参考线:

执行菜单:视图 / 显示 / 参考线,可显示或关闭参考线。

删除参考线:

执行菜单:视图 / 清除参考线,可一次性清除所有参考线。

锁定参考线:

执行菜单:视图 / 锁定参考线,可锁定画面中的参考线,防止被更改。

穿越 定位操作

每次使用 Photoshop,都会有天马行空的灵感闪现,但是每个灵感背后都需要有一丝不苟的制作来支撑。必须要有“多一分太胖,少一分则太瘦”的要求,才能做出满意的效果。

很多艺术科班出身的朋友,常常在学习阶段就忽略了对定位操作这类操作的掌握和运用,因此到了实际工作中总是不能自如地操控 Photoshop。

所以,要重视诸如定位操作这类简单实用的操作组合,以便真正驾驭 Photoshop。

下面通过两个例子来体会如何利用参考线来进行精确的定位操作。

创建出血位

出血位是平面印刷中的专业术语,其作用就是为了保护印刷成品在裁切后,还能保证色彩完全覆盖到四个边界,不留白边。出血位的常用制作方法就是沿边界加大 3mm。因此,我们在创建文件的同时就要预留出血位,以便在后面的制作中,确保画面内容在出血位以内,不至于在印刷成品的裁切过程被裁切掉。

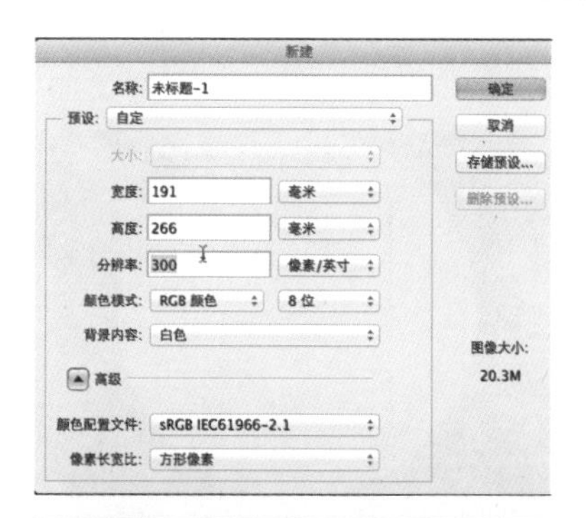

01 按 <Cmd(PC 机 Ctrl)+N> 组合键创建新文件,设置尺寸为:191×266mm,实际画面尺寸为:185×260mm。长宽各增加 6mm,即左、右、上、下各增加 3mm 的出血位。

02 按 <Cmd(PC 机 Ctrl)+ “+” >组合键放大画面,然后按空格键切换到抓手工具,平移画面直到显示出画面的左上角。

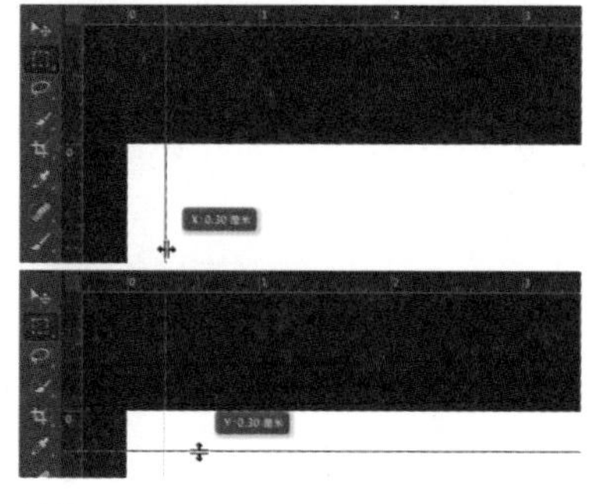

03 按 <Cmd(PC 机 Ctrl)+R> 组合键打开标尺,从垂直的标尺处,按住鼠标左键拖曳出垂直参考线。留意光标旁边的距离提示,到 0.30 厘米处,松开鼠标。用同样方法,在水平方向 3mm 处创建参考线。

04 按空格键平移到画面的右上角、左下角、右下角,在各个顶点向内的 3mm 处创建 4 条参考线。

TIPS

要注意计算准确。如下方的水平参考线，位置需要在 263mm 处。

绘制圆环

接下来，通过参考线来绘制同心圆环。

01 打开“参考线 .psd 文件”，按 <Cmd(PC 机 Ctrl)+R> 组合键打开标尺，在画面人物手的位置处创建十字交叉的水平和垂直参考线各一条。按 <Cmd(PC 机 Ctrl)+Shift+N> 组合键，创建新图层，命名为“同心圆”。

02 反复按 <Shift+M> 组合键或在工具箱中选中椭圆选框工具，上方选项栏中保持默认状态。按住 <Opt(PC 机 Alt）> 组合键将鼠标移至十字参考线的中心，向外拖曳鼠标的同时按住 <Shift> 键（即同时按住 <Opt(PC 机 Alt)+Shift> 组合键向外拖曳鼠标），从中心点向外绘制圆形选区。

03 按 <D> 键切换工具箱上的颜色选取方框到默认状态，前景色为黑色，背景色为白色。按 <X> 键交换前景色和背景色，即前景色为白色，背景色为黑色。按 <Opt(PC 机 Alt)+Delete> 组合键将前景色填充到选区中。

TIPS

<Opt(PC 机 Alt)+Delete> 组合键填充前景色，<Cmd(PC 机 Ctrl)+Delete> 组合键填充背景色。实现上面的操作，将白色填充到选区中，也可采用下面操作：按 <D> 键切换到默认颜色状态，按 <Cmd(PC 机 Ctrl)+Delete> 组合键填充背景色，即白色。

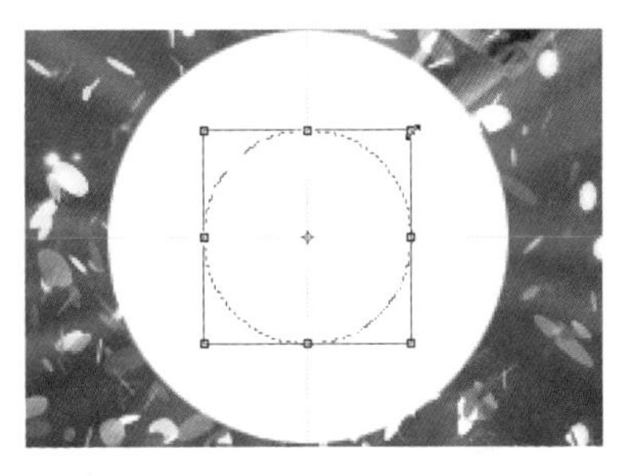

04 保持选区在活动状态，执行菜单：选择 / 变换选区。此时选区加载上变换控制框，按住 <Opt(PC 机 Alt)+Shift> 组合键向内拖曳四周某个控制点，从中心等比例缩小选区。缩小选区后，按 <Enter> 键确认。再按 <Delete> 键删除选中部分。

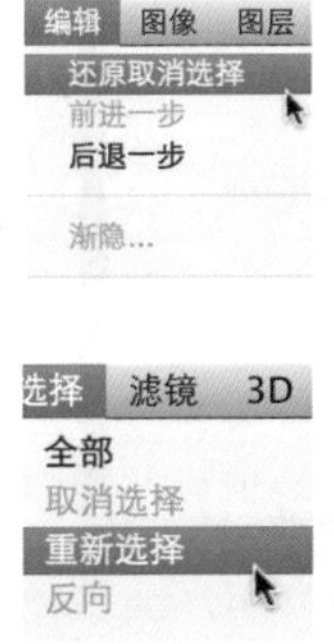

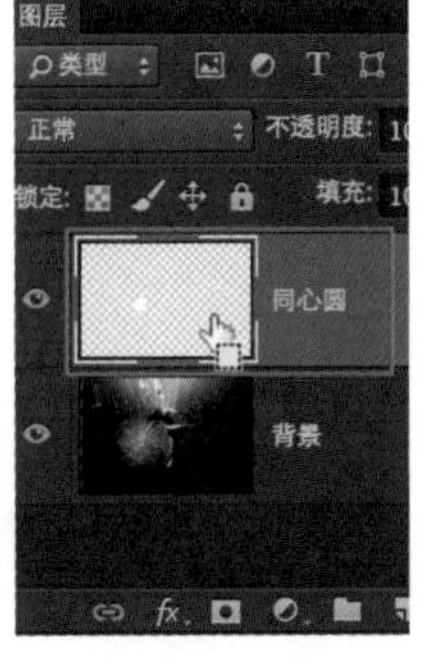

如果不留意，在执行该步骤前将选区取消掉，可以采用以下方式重新加载选区。

1. 按 <Cmd(PC 机 Ctrl)+Z> 组合键或执行菜单：编辑 / 还原取消选择，该方式可撤销前一步的取消操作。如果已经执行多步其他操作，可反复按 <Cmd(PC 机 Ctrl)+Opt(PC 机 Alt)+Z> 组合键或反复执行菜单：编辑 / 后退一步，直到重新加载取消的选区为止。

2. 按 <Cmd+Shfit+D> 组合键恢复最一次的选区。

3. 按 <F7> 键打开图层面板，按 <Cmd>(PC 机 Ctrl) 键单击“同心圆”图层的缩略图部分，可加载选区。

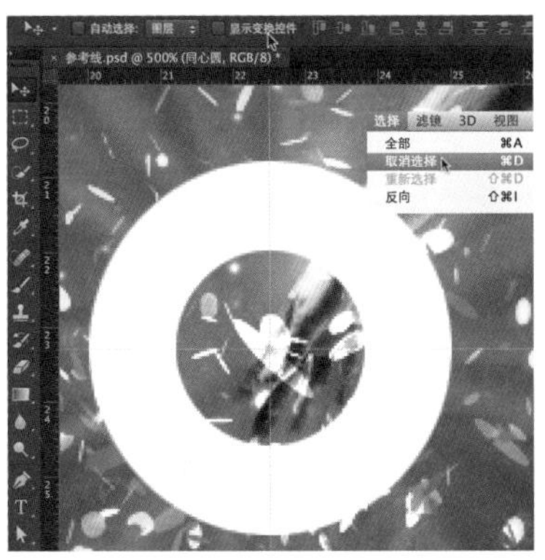

05 按 <Cmd(PC 机 Ctrl)+D> 组合键或执行菜单：选择 / 取消选择。同时取消勾选“显示变形控件”，避免变形框影响视线（视个人情况而定）。

TIPS

在 Photoshop 中，所有的选框工具 / 形状工具，按 <Opt>(PC 机 Alt) 键限制从中心点绘制，按 <Shift> 键绘制正方形、圆形。也可以在选项栏中切换。也可以使用圆形形状工具来创建同心圆。

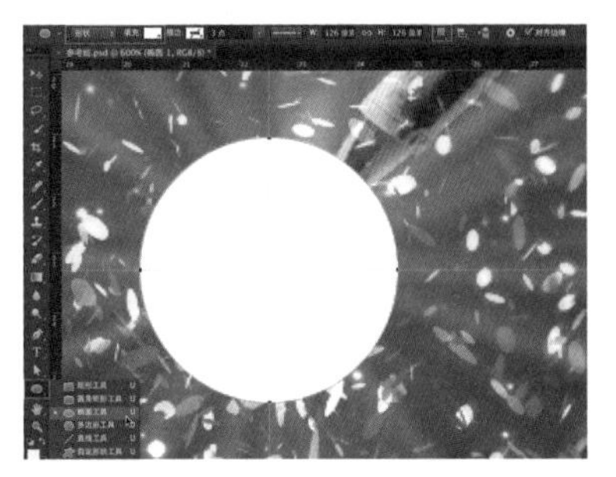

01 按 <Shift+U> 组合键切换到椭圆工具，同时在画面中创建十字交叉的参考线。在选项栏中设置：形状，填充白色，取消描边，新建图层。（不同版本的 Photoshop 形状工具选项会有差别。）

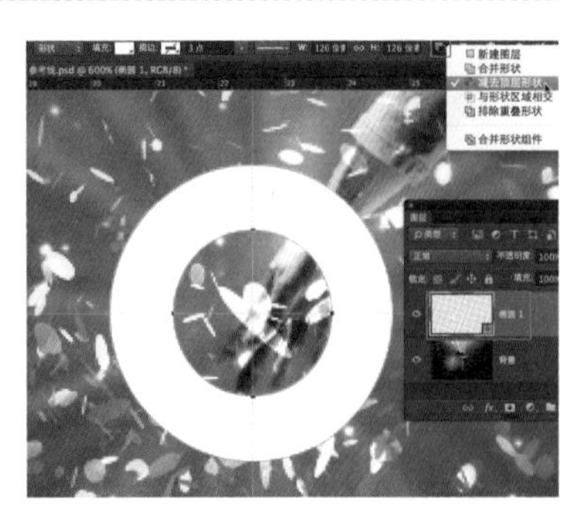

02 在上方选项栏内设置：减去顶层形状。按 <Opt(PC 机 Alt)+Shift> 组合键从参考点中心绘制圆形形状，创建圆环。

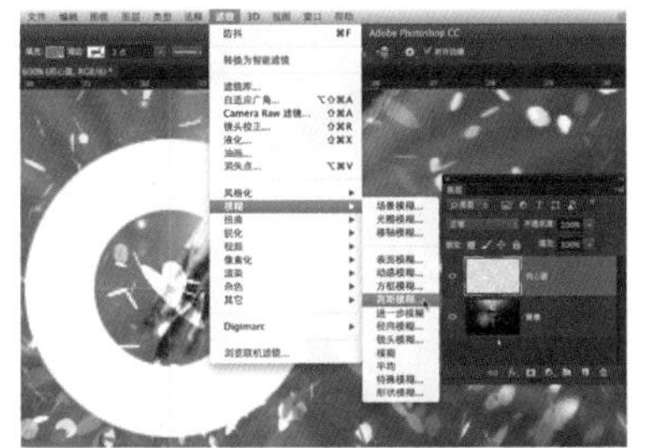
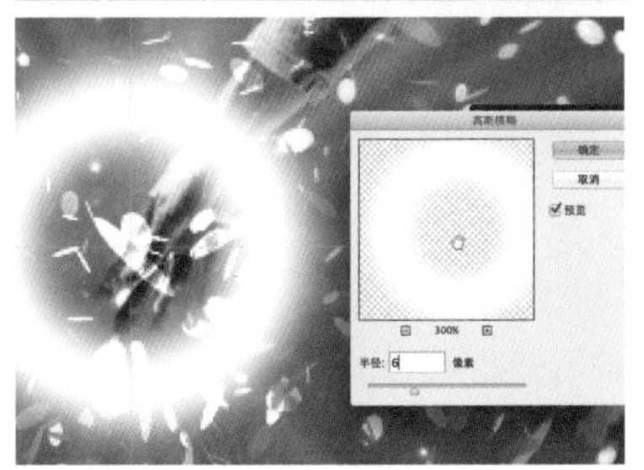

06 执行菜单：滤镜 / 模糊 / 高斯模糊，在高斯模糊对话框中，设置模糊半径数值为 6 左右，对绘制的圆环进行模糊处理，得到类似发光的圆环。

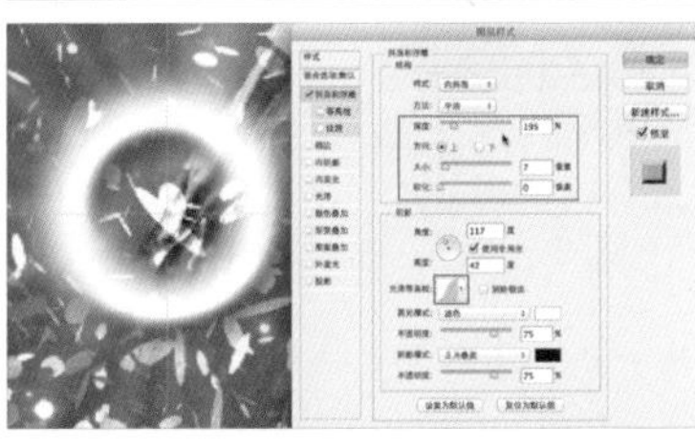

07 按 <F7> 键打开图层面板，单击图层面板下方的“添加图层样式”按钮，在弹出菜单中，选择“斜面与浮雕”。在“斜面与浮雕”对话框中，进行如下设置：深度为 195，大小为 7，软化为 0，设置光泽等高线类型为高斯。为圆环添加立体感效果。

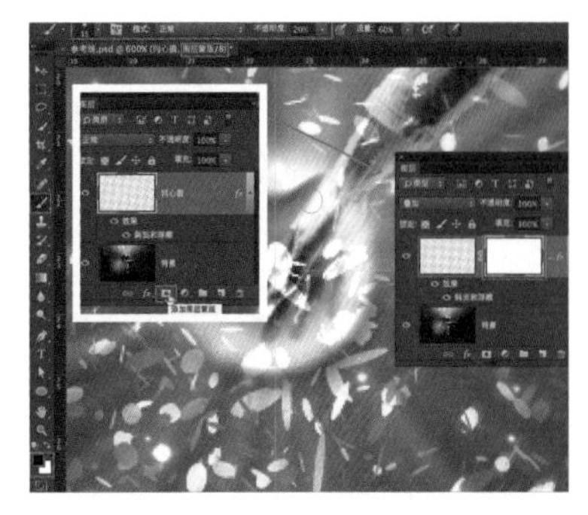

08 保持选中“同心圆”图层，在图层面板底部单击“添加图层蒙版”按钮，为“同心圆”图层添加图层蒙版。保持添加后的图层状态，即选中图层蒙版。按 <B> 键切换到画笔工具，按 <D> 键切换前景色为黑色，按“[”键和“]”键调整笔头大小。在选项栏设置中更改不透明度为：20% 或按数字键 2，使用 20% 不透明度的黑色画笔来绘制蒙版，显示出手腕部分。

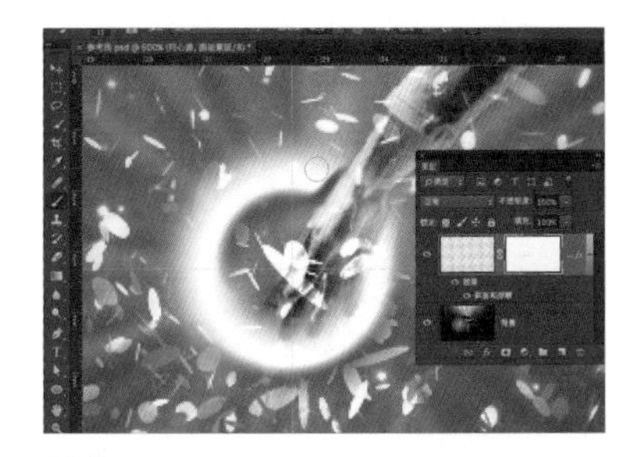

09 将画笔工具移至画面手腕位置处，按“[”键和“]”键调节笔头的大小。按鼠标擦除遮挡手腕上的圆环。如果擦除过多，可按 <X> 键切换到白色，进行恢复。

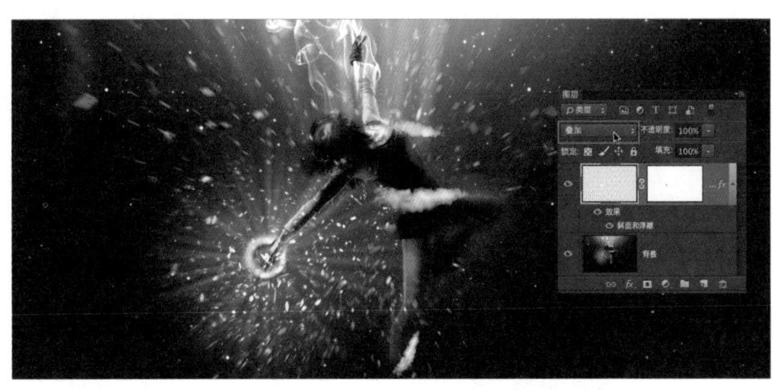

10 更改图层混合模式为：叠加，得到一个带有立体感的圆环。

TIPS

在蒙版内，黑色可以隐藏图层上的对应内容，而白色则可以显示图层上的内容。相关图层蒙版介绍请参考后面相关章节。

总结

一些简单的效果，往往需要多个步骤组合而成。每个步骤都需要使用者快速熟练并准确地完成，这就要求使用者对于各种基本操作不仅要会，而且要精、要熟。

3.12 还原操作与历史面板

还原操作是所有计算机软件的一大优势。与传统手工制作相比，还原操作提供了更多反复操作、反复比较的机会，让制作具有可逆性。这一点也完全符合艺术创作的特点。众所周知，任何一件作品，都是通过反复修改而得到，因此熟练掌握并巧妙应用还原操作，对于计算机艺术创作很重要。

TIPS

Photoshop 不能恢复关闭前的操作步骤。若要随时恢复操作，需要借助更多 Photoshop 功能，如图层、智能对象、调整图层、图层蒙版等。

还原（Undo）与重做（Redo）

执行菜单：编辑 / 还原或按 <Cmd(PC 机 Ctrl)+Z> 组合键，可撤销最后一步操作或修改。

执行菜单：编辑 / 前进一步或按 <Cmd(PC 机 Ctrl)+Shift+Z> 组合键，反复按，可找回执行过的操作，恢复原先的操作。

执行菜单：编辑 / 前进一步或按 <Cmd(PC 机 Ctrl)+Opt(PC 机 Alt)+Z> 组合键，可反复按，即可取消多步还原操作，恢复原先的操作。

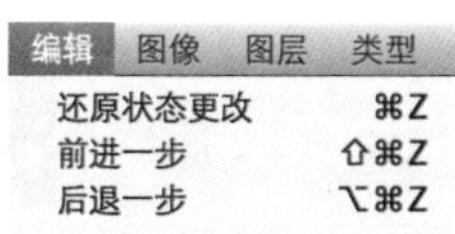

经验

反复按 <Cmd(PC 机 Ctrl)+Z> 组合键可以来回取消和重做最后一步操作。在对该步操作的效果并不很确定的时候，需要反复来查看，操作前和操作后的差别，此时常常按 <F> 键切换到全屏模式，再按 <Tab> 键关掉工具箱、面板及菜单，让视线没有任何遮挡，然后反复按 <Cmd(PC 机 Ctrl)+Z> 组合键来查看操作前后的差别。

历史记录面板

<Cmd(PC 机 Ctrl)+Z> 组合键只能撤销一步操作，如果要撤消多步操作，需要借助历史记录面板。Photoshop 几乎将每一步对于画面产生实质性修改的操作，都记录在“历史面板”内。通过历史面板，可以恢复到指定的某一步；在不做任何修改的前提下，也可以再次回到当前的操作状态。这样给用户更大的空间去对比操作前后的差别。还可以使用快照功能保留不同时期的历史效果；配合历史记录艺术画笔工具可以自定义恢复局部效果，从而创建出意想不到的效果。

历史记录面板介绍

执行菜单：窗口 / 历史记录，可以打开历史记录面板。

经验：默认情况下，历史记录面板与动作面板组合在一起，按 <F9> 键打开动作面板，然后切换到历史记录面板。

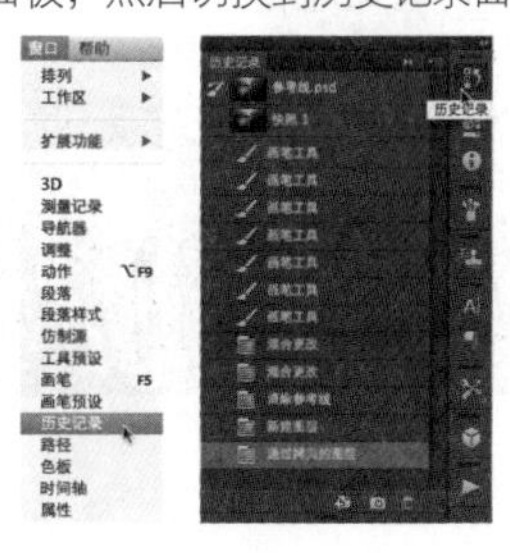

首选项设置

执行菜单：编辑 / 首选项 / 性能或按 <Cmd(PC 机 Ctrl)+K> 组合键找到“性能”，在“历史纪录状态”下，调整历史纪录的保存数量。数量越多，可恢复的步数越多，但同时占用内存就越多，机器运转就会变慢。通常采用默认的 20 步设置，不赞成过多提高历史记录的保存数量。

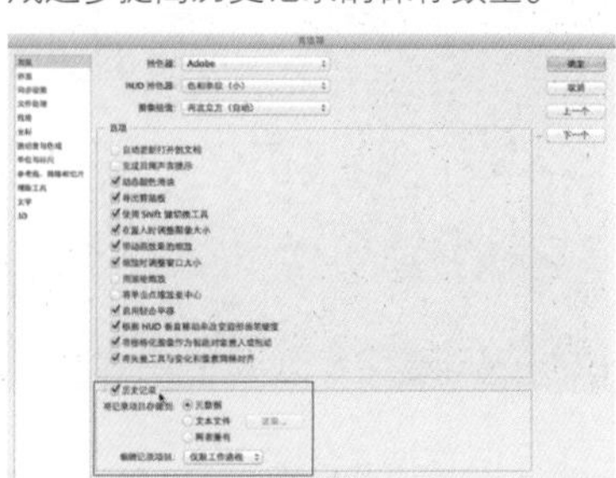

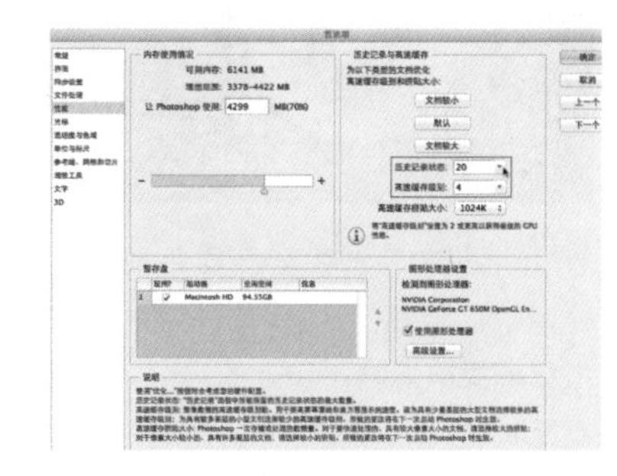

非线性历史记录

单击“历史记录”面板中的某个操作步骤后，该步骤以下的操作全部变灰，此时再进行新的操作，则该步骤下的原操作记录会被新的操作所取代。使用“非线性历史记录”功能，则允许保留后面的步骤。

打开“历史记录”面板上的菜单，执行“历史记录选项”命令，勾选“允许非线性历史记录”即可。

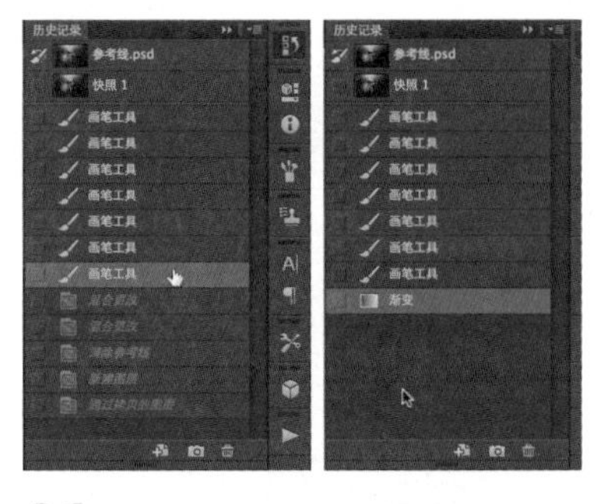

01 取消“允许非线性历史纪录”。当选中某步操作后，其下方的操作变为灰色，此时执行新的操作会将下方灰色操作都移除。

02 使用非线性历史纪录功能。当选中某步操作后，其下方的操作保持正常，此时执行新的操作后，下方的操作继续保留。

快照

历史记录默认只保留 20 步操作，对于实际工作来说这样的还原能力非常有限。借助快照功能，可以对不同阶段的工作进行“关键点”上的整体恢复，有点类似对历史记录面板进行“群组”拍照记录。

经验

在绘制、修复类操作时，使用画笔或者橡皮图章这样的工具每画一笔都会存成单独的操作记录，因此常常借助“快照”功能来恢复。

01 在历史面板单击底部“历史快照”按钮，创建快照。

02 创建快照后，对图像进行处理。任何一步操作，都可以随时创建快照，来记录当前工作状态。

03 单击某个快照，可返回到快照记录的状态。

| 穿越 | 自定义恢复——历史记录 + 历史记录画笔工具

按 <Cmd(PC 机 Ctrl)+Z> 组合键后，只有一种结果，即立刻取消上一步的操作，干脆利落，不留任何痕迹。但有时，我们并不想完全取消该操作，只是觉得这个操作产生的效果有点“过”了，需要淡化一下或者只保留局部的效果，这时可以借助“历史记录面板 + 历史记录画笔”工具来自由地实现自定义恢复。

下面通过两个例子来感受下历史记录画笔工具的使用。

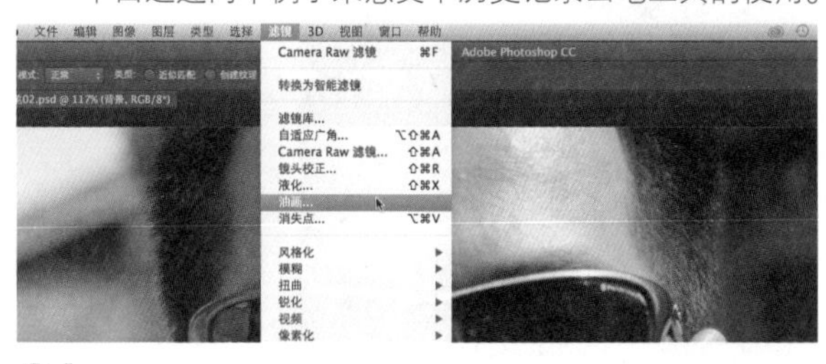

01 打开一张头像照片，执行菜单：滤镜 / 油画。在油画滤镜对话框中，进行设置。具体设置如图所示，最终得到油画效果的头像。

02打开历史记录面板，单击底部的创建新快照按钮，生成快照并命名为：油画。

03单击历史记录面板上的原始图片记录，返回原始状态。此时画面会返回到原始图片效果。

04 按 <Cmd(PC 机 Ctrl)+J> 组合键复制背景图层到新的图层。在历史记录面板上，设置历史记录画笔的源为：油画。

05按 <Y> 键切换到历史记录画笔工具，在上方的选项栏中，设置画笔的不透明度为 50%~80%。按 <Cmd(PC 机 Ctrl)+ “+” > 组合键放大图像，按空格键切换到抓手工具，调整画面到便于绘制和观察的状态下。按照头像上的明暗关系进行绘制。

06根据画面需要，随时调整笔头的大小和不透明度，使最终效果更加有层次。按“[”键和“]”键调整画笔笔头的大小，按键盘上的数字调整画笔的不透明度，如数字 2 即可调整不透明度到 20%。

使用“油画”滤镜的效果。

使用“油画”滤镜 + 历史纪录画笔工具的效果。

07最终效果如图。

历史记录画笔工具不是简单的恢复工具，而是个创意工具，可以自由地去组合各种效果，有效地弥补了 Photoshop “呆板”的一面，尤其对于手绘能力强的读者来说，历史记录画笔工具会成为挖掘个人潜能的利器。

08 也可以借助历史记录画笔的画笔模式来绘制更多效果，如使用“叠加”效果，绘制背景和人物暗部，得到不同效果。

使用历史记录画笔工具的流程

使用历史记录画笔工具还可以对画面进行修复，其使用方法就是借助于绘制模式，自定义笔头大小和画笔不透明度对画面进行调整和修复。下面，就通过一个例子来介绍下如何使用历史记录画笔工具进行修复。

创建快照 — 指定快照 — 使用历史记录画笔工具绘制

01打开一张风景图片，按 <Y> 键切换到历史记录画笔工具，在上方的选项栏“模式”处，选择“正片叠底”的模式。

02按“[”键和“]”键调节笔头的大小，设置画笔不透明度为 50% ~ 80% 之间，涂抹画面中的天空部分，修复天空为蓝色。

03 修改模式为：变亮，并按“[”键将笔头调小，小心地在树枝处涂抹，提亮树枝及树叶的亮度。

04 反复调整，必要时可使用历史记录面板进行恢复。对于满意的部分可使用快照功能，以便恢复。得到最终效果如图。

TIPS

使用任何画笔类工具，都属于创作型操作，即每次绘制都会得到独一无二的结果，因此使用快照功能可记忆不同时期满意的创作结果。

使用历史记录画笔工具中画笔模式的工作原理

为什么使用历史记录画笔工具中的画笔模式即可进行不同色调及明度等方面的修复呢？相信很多初学者都会大惑不解。基于此，先做个简单的实验来说明一下。

打开原始图片，按 <Cmd(PC 机 Ctrl)+J> 组合键复制背景图层到新图层，更改图层混合模式为“正片叠底”。此时画面中天空的显示与前面使用历史记录画笔中的正片叠底所修复出的天空色调相差无几。

再将图层混合模式改为“变亮”，可以看到树枝的亮度与前面使用历史记录画笔中的变亮所修复出的数值在亮度上差不多。

通过上面的实验，可以看出，使用历史记录画笔工具中的画笔模式，就等同于采用图层相同的混合模式所得结果做“源”。

TIPS

在历史记录画笔工具中使用某种画笔模式，也可以指定不同的“源”来进行修复。

总结

历史记录面板（快照功能）+ 历史记录画笔，虽然是一套简单的功能组合，却能充分发挥各自的功能特点，从而实现无限的创意。

结合图层、滤镜等其他 photoshop 功能，可做出更多复杂的效果。

3.13 缩放、平移与视图操作

如果一位客户，坐在设计（或技术）人员的旁边，看着设计人员花了几秒钟才将图片放大，又花了几秒晃着鼠标找工具将图片平移到想要的位置，处理完后又费了好大的劲将图片缩小回去 ...... 看到这样的情况，客户的心理会产生如何的反应呢？

不信任。

客户一定会不信任这位设计人员。视图操作上都磕磕绊绊，技术一定不过关；技术不过关了，就算有再好的创作思路，也无从展示。

因此，熟练地掌握各种视图操作，是正式工作前的必修课，是将来与客户沟通的一种无声的手段。

视图操作

标准屏幕模式

带有菜单栏的全屏模式

全屏模式

视图操作包括如下方面。

1. 切换各种屏幕显示模式（<F> 键）/ 工具箱最下方的屏幕显示按钮。

2. 切换各种工作空间，组合各种控制面板。

按 <Tab> 键，隐藏 / 显示工具箱、选项栏和控制面板；按 <Shift+Tab> 组合键隐藏 / 显示控制面板；按 <Cmd(PC 机 Ctrl)+Tab> 组合键切换不同文件；按 <Opt(PC 机 Alt)+Tab> 组合键切换不同软件程序。

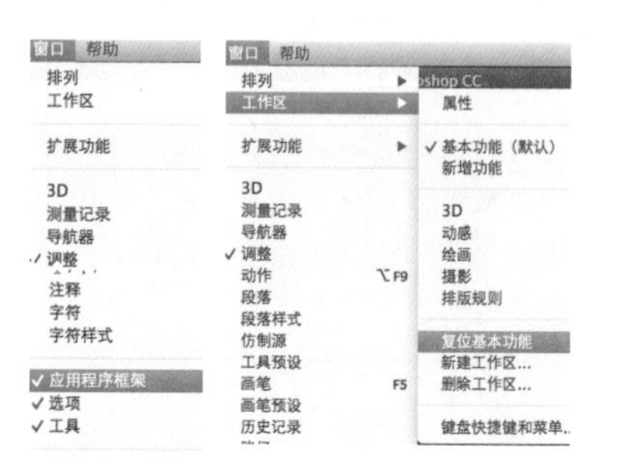

按 <Tab> 键，隐藏 / 显示工具箱、选项栏和控制面板。

执行菜单：窗口 / 工作区，选择不同的工作区；或者在选项栏最右侧的工作区按钮栏内切换不同的预置工作区。

按 <Shift+Tab> 组合键，隐藏 / 显示控制面板。

在 PC 机下按 <Alt+Tab> 组合键，切换不同软件。

在 Mac 机下按 <Cmd+Tab> 组合键，切换不同软件。

如何找到控制面板

下拉菜单“窗口”下可以找到所有的控制面板。

使用快捷键，如 <F7> 键可快速显示 / 关闭图层面板，有些控制面板没有对应的快捷键。

在选项栏打开相关设置的控制面板，如文本工具的选项栏内的字符面板。

缩放与平移

缩放与平移操作就是 Photoshop 世界里的导航定位，不停地反复地放大、缩小平移画面，调整视图到最佳，以便让制作变得更加容易也更加准确。

缩放方式

Cmd+“+”或“-”　滚动中建　Cmd+ 空格　缩放工具（z 键）　导航器面板　输入数值

需首选项中设置　容易启动中文输入法

TIPS

此功能需在首选项内勾选相关的 GPU 设置才可实现。按 <Cmd(PC 机 Ctrl)+K> 组合键调出首选项设置对话框，单击左边的“性能”，勾选使用图形处理器，来实现平滑缩放。

放大：Cmd(PC 机 Ctrl)+ “+” / 缩小：Cmd(PC 机 Ctrl)+ “–”

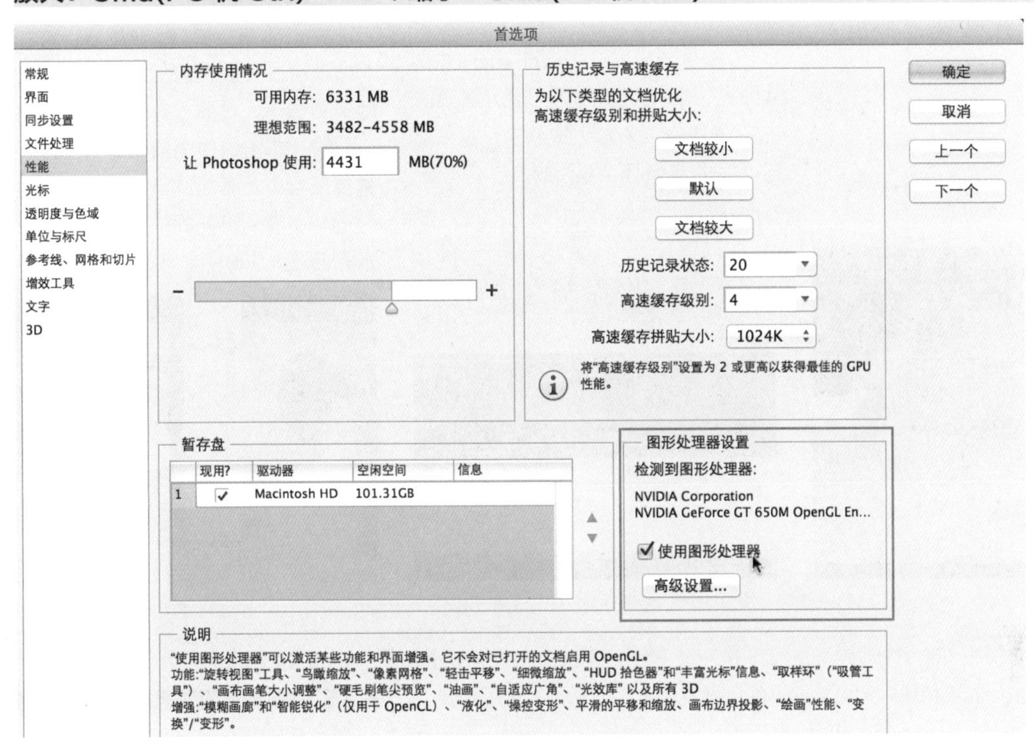

操作方式：按一次 Cmd(PC 机 Ctrl)+ “+” 或 “–”，放大或缩小一倍。

按住 Cmd(PC 机 Ctrl)+ “+” 或 “–” 不放，直到画面缩放到合适比例再松开。

滚动中键缩放画面

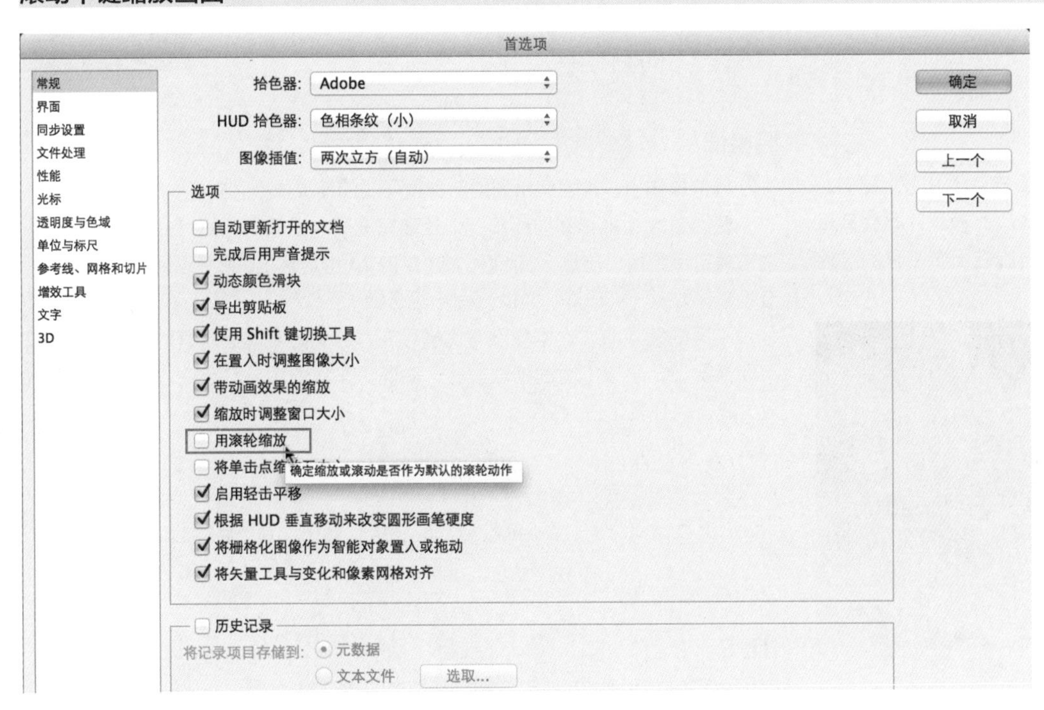

TIPS

此功能需在首选项中设置方可使用。

按 Z 键切换到缩放工具

按住 <Shift> 键或 <Opt>(PC 机 Alt) 键单击画面，放大或缩小。

在画面中左右拖曳鼠标，放大或缩小。

还可使用上方的选项栏，快速进行缩放。

在使用任何工具时，按 <Cmd(PC 机 Ctrl)+ 空格 > 组合键切换到放大工具或按 <Cmd(PC 机 Ctrl)+Opt(PC 机 Alt)+ 空格 > 组合键切换到缩小工具。

单击画面，放大或缩小。在画面中左右拖曳鼠标，放大或缩小。

TIPS

按 <Cmd(PC 机 Ctrl)+ 空格 > 组合键，容易调出中文输入状态，要留意屏幕上的提示。PC 和 Mac 机都会遇到相似问题。

使用导航器面板

执行菜单：窗口 / 导航器，打开导航器面板。拖曳缩略图下方的滑块，放大或缩小。或输入数值，放大或缩小。按住小窗口中的红色方框不放，拖曳鼠标可对画面进行平移。并能通过缩略图看到目前的位置，这点对于放大倍数大的时候非常有用。

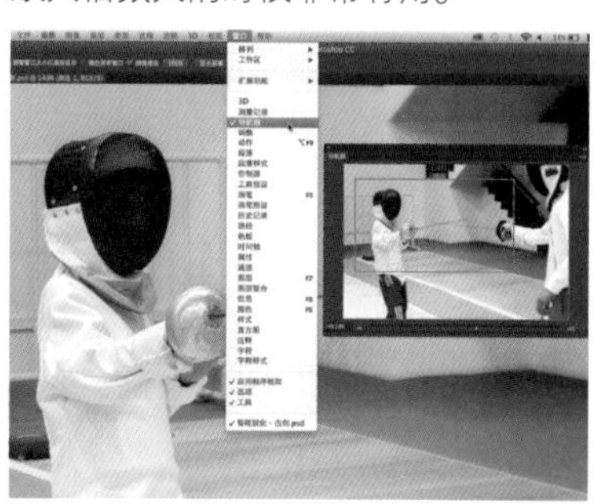

输入数值

在Photoshop的左下角输入放大或缩小的比例数值来调整画面的显示比例。

200% 文档:10.1M/23.6M

平移操作

放大画面后，按住空格键或按 <H> 键切换到平移工具，按住鼠标左键不放，左右移动画面。

在导航器面板中，在缩略图某处单击或者将鼠标放在红色框内，按住鼠标左键左右拖曳红色框移动画面。

适合屏幕大小：<Cmd(PC 机 Ctrl)+0> 组合键或双击抓手工具

实际像素大小：<Cmd(PC 机 Ctrl)+1> 组合键或双击缩放工具

旋转画布

使用旋转画布工具（<R> 键），将画面进行旋转。此操作并不会真正改变画面，双击旋转画布工具即可返回正常状态。

TIPS

旋转画布工具，必须在首选项中，勾选使用图形处理器，即开启了 GPU 加速功能后，才可使用。

经验值

日常操作中，常常使用到的一种循环式的缩放操作，如下。

快速放大、平移到局部细节，处理完成后，返回到原始尺寸，查看实际像素来确定最终输出质量（<Cmd(PC 机 Ctrl)+1> 组合键），或者返回到屏幕大小，查看整体效果（<Cmd(PC 机 Ctrl)+0> 组合键）。

不同的缩放方式，本身没有优劣可言，需要同时掌握所有的缩放方式。在不同情况下，采取不同的缩放方式，以确保工作的顺畅。因此，要熟悉各种缩放方式，以便灵活应用。

缩放方式

- Cmd+“+”或“-”
- 滚动中建（需首选项中设置）
- Cmd+ 空格（容易启动中文输入法）
- 缩放工具（z 键）
- 导航器面板
- 输入数值

TIPS

在打开大多数对话框或使用其他工具时，都可以使用缩放和平移来调整视图。

TIPS

使用 <Cmd(PC 机 Ctrl)+ 空格 > 组合键切换到缩放工具时，常常会激活输入法，要留意屏幕的右下方输入法提示。如果调出输入法，会对以后使用快捷键操作产生影响，因此要记得关闭掉。

穿越 | 校正并修补消火栓

缩放、平移操作存在于很多操作的“瞬间”，如观察细节，进行修复等。在细节上观察不仔细，修复不到位，会直接影响到最终的输出效果。下面通过一个小的练习，结合到前面介绍的裁剪工具、橡皮图章工具、缩放平移等来完成。

主要步骤

原图

01 打开图片，按 <Shift+C> 组合键或在工具箱中选中透视裁剪工具，沿着消防栓的外形拖曳出裁剪框。

裁剪后　　修复后最终结果

02 拖曳裁剪框中间的控制把柄，放大裁剪框区域，使消防栓都包含在内。

03 调整完毕，按 <Enter> 键确定并退出裁剪框。消防栓得到校正，但是因为文件大小关系，此时充满了整个画面，导致消防栓变形，需要再进行变形。

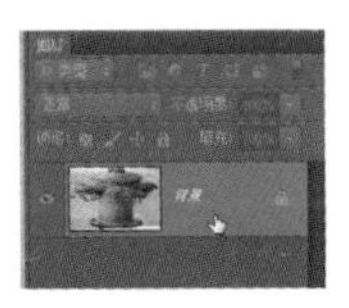

04 按 <F7> 键打开图层面板，按住 <Opt(PC 机 Alt)> 键双击背景图层，将其快速转换为普通图层，默认为“图层 0”。

05 转换图层后，保持选中“图层 0”，按 <Cmd(PC 机 Ctrl)+T> 组合键执行自由变换命令。在宽度上压缩图片，使消防栓比例正常。

06 执行菜单：图像 / 裁切，选择裁切“透明像素”，确定将透明区域裁切掉。

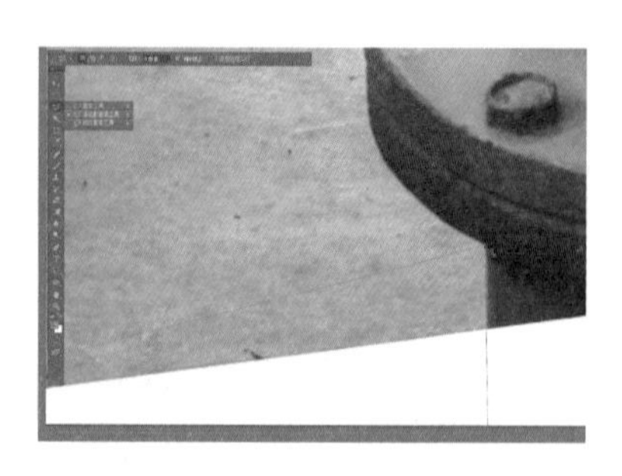

07 放大并平移到画面底部。按 <Shift+L> 组合键切换到多边形套索工具，使用方法：单击某个点，再移动到另外一点单击，绘制出直线，以此方法最终闭合形状，绘制出多边形选区。此处，沿着底部三角形白色区域绘制出多边形选区。

TIPS

放大平移的方法有很多，参照本节前面介绍的方法，尝试使用不同方法快速放大并平移到画面底部。

08 按 <S> 键切换到仿制图章工具，设置不透明度为：100%。在画面中按 <Opt>(PC 机 Alt) 键取样设置仿制源参考点，然后松开 <Opt>(PC 机 Alt) 键，在画面中复制取样处的内容到画面空白处。

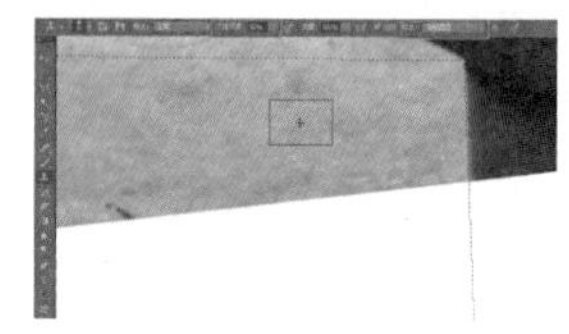

1 按 <Opt>(PC 机 Alt) 键，单击取样。注意选项栏上的设置，样本：当前图层。

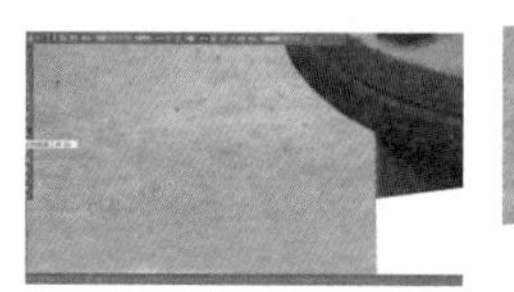

2 取样后，在空白处拖曳鼠标，原先取样处会有“十”字光标显示，当前使用的源，供绘制时参考。

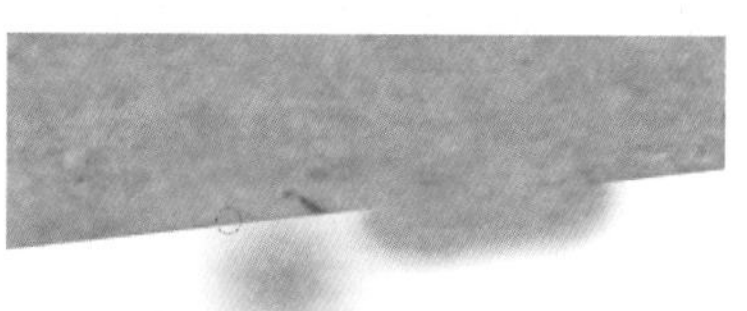

3 仿制图章工具，会提示当前要使用的内容，这样可以让使用者提前判断仿制后的结果是否满意。

09 修补好左面的地面，按 <Cmd(PC 机 Ctrl)+Opt(PC 机 Alt)+I> 组合键反选，将消防栓部分及右面部分选中。使用仿制图章工具进行修复。方法同上一步。

10 使用同样方法，完成最终的修复。

总结：选区 + 仿制图章工具 + 放大平移进行修复

不论现实世界还是虚拟的计算机世界，总有些事儿说起来简单，做起来却不那么容易。例如上面的用仿制图章进行修复，相信很多初学者，很难快速准确地修复。下面就进行个总结，来帮助初学者更好地掌握该项技术。

操作要点 1：创建选区约束修复，从而确保画面内的消防栓的形状。在这里主要考虑消防栓的边界。

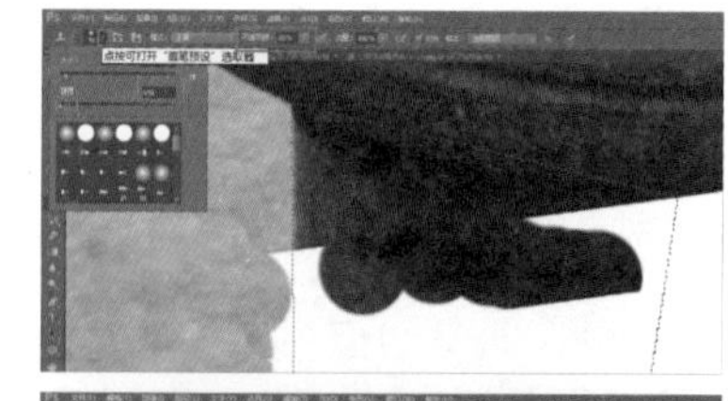

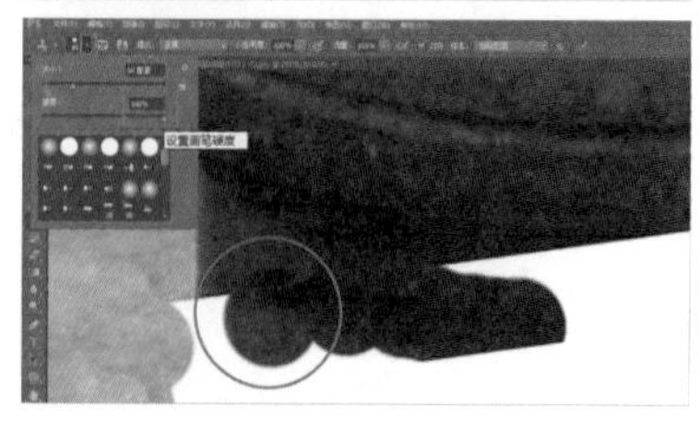

操作要点 2：设置仿制源要慎重，尽量与要修复部分内容的材质、明度等相同，即按住 <Opt(PC 机 Alt)> 键单击设置的地方。注意仿制笔刷内的内容提示，另外注意随时调节笔头的大小（按“[”键和“]”键可放大缩小笔头）和不透明度（按键盘上的数字可快速设置，如 5 即代表 50% 不透明度）。

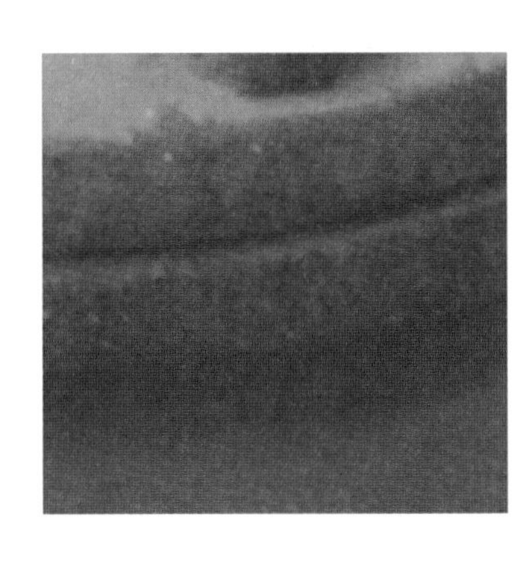

操作要点 3：要放大到很容易观察到细节的程度才可以有效地辅助修复工作。在默认情况下，当放大超过 500% 时，Photoshop 会显示像素网格以辅助使用者。这点对于修复工作很有益处，此时可以将仿制图章工具的不透明度调至 100%，即笔头边缘没有任何柔边，再缩小笔头，根据网格进行精细修复。用此方法可以修复复杂的图像。

初学者需要反复练习，多多体会。并要注意分析原图的内容及最终要修复的结果，反复对比、取样、调节设置、放大视图。如果可以熟练使用该项技术，可修复很多复杂的图像。

TIPS

Photoshop 有时会让人觉得很复杂，工具要不断地设置、调整才能达到使用的要求。在使用任何工具时，要留意上方的选项栏设置。

3.14 组合文档 / 图层 / 选区内容

Photoshop 被很多行业定义为后期处理软件，在广告设计、建筑表现、影视动画等行业，做图片合成、特效等工作。要做合成、特效，首先就要将不同文档放到同一个文档内，然后再进行合成处理。这是一项看似平淡无奇，却非常重要、非常实用的操作，几乎每次工作都会遇到。因此，还是那句老话：熟练掌握、灵活应用。

TIPS

组合图像的过程，常常就是将不同文件内的不同图层组合到一个文件的过程。

组合图像的方法

组合图像方法

- 拖曳方式
  - 从 Finder 或 资源浏览器中拖曳
  - 使用移动工具拖曳
  - 拖曳图层
- 复制粘贴
  - Cmd+C 和 Cmd-V
- “复制图层“命令
  - 复制一个或多个图层
- 使用 bridge
  - 菜单：工具 /Photoshop/ 将多个文件载入 Photoshop

拖曳的方式

不同文件间的移动操作

Photoshop 支持从 Finder（或资源浏览器）中拖曳文件到 Photoshop 中打开或组合不同文件。

TIPS

PC 和 Mac OS 系统会略有不同，不同的操作系统也会略有不同。

Windows7 系统下的操作

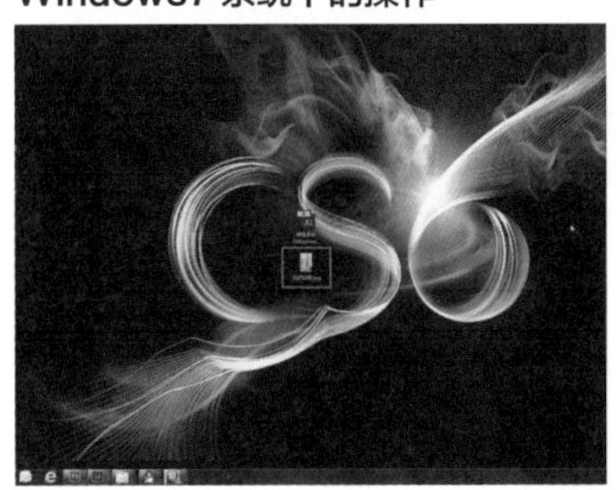

01 在没有启动 Photoshop 时，在桌面上选中一个图像文件，如 JPG 文件。用鼠标拖曳图像文件到任务栏上的 Photoshop 图标处停留数秒，且按住鼠标不放。系统会自动打开 Photoshop，且会在 Photoshop 中打开该文件。

02 如果已启动 Photoshop 且已打开几个文件时，执行第一步时的操作，待打开 Photoshop 后，将鼠标移至工作区域内，区域边界会显示白色线框。松开鼠标后，JPG 文件置入到当前打开的文件中。

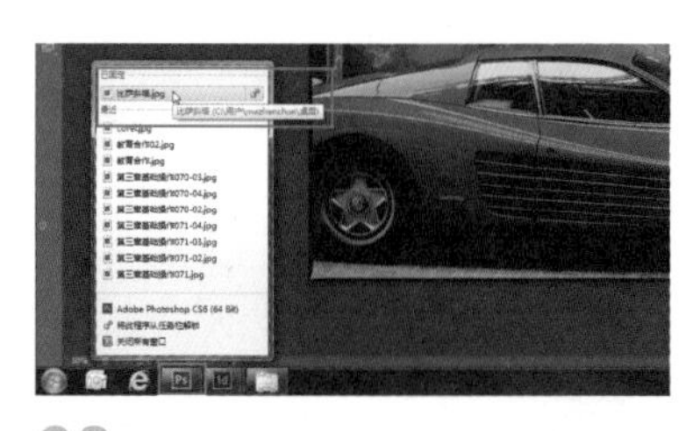

03 返回到第 01 步，可以使用另外一种操作来实现组合文件。将文件拖曳到 Photoshop 图标时，松开鼠标后会弹出菜单，选择曾经打开的某个文件，即可将两个文件组合在一起。

04 返回到第 03 步，将 JPG 文件拖曳到 photoshop 图标上按住鼠标不放，系统自动展开 Photoshop，将鼠标移到文档标签栏空白处，松开。

PC 机下拖曳 AI 文件到 Photoshop 图标上。

Mac 机下选中 AI 文件单击右键或按 Control 键单击选择打开方式：Photoshop。

05 同样方法可以打开其他软件制作的文件，如 AI 矢量文件。

Mac OS 系统下的操作

拖曳到空白选项卡上再松开鼠标，单独打开文件。

01 从 Finder 中拖曳文件到 Photoshop 应用程序或空白界面内，单独打开文件。

02 从 Finder 中拖曳文件到当前打开文件画面上，以智能对象的方式置入到当前文件中。

使用移动工具拖曳组合图像

在 Photoshop 中打开两个或多个文件后，可使用移动工具来将多个文件组合到一起。

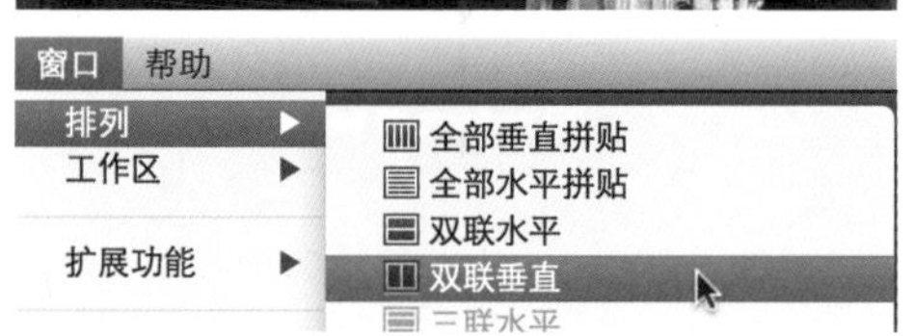

01 打开两个文件，将显示模式切换到双联垂直模式，两个文件同时显示在工作区域中，按 <V> 键切换到移动工具。

02 使用移动工具，将画面上选中的内容拖曳到另外一个文件内。

TIPS

使用移动工具拖曳时按 <Shift> 键，如果两个文件大小完全相同，可拖曳内容到原始位置。如果两个文件大小不同，则放置到文件的中心位置。

按 <v> 键切换到移动工具，将选区内容拖曳到另外一个文件内。

使用快速选择工具选中汽车区域。

选区内容加载到另外一个文件内。

03 也可将选区的内容拖曳到新的文件中。

拖曳选区到新文件中

使用任意选择工具，将鼠标放在选区内，待图标变成空心箭头，按鼠标左键拖曳选区到其他文件中，松开鼠标即可。

使用移动工具可将选区内容拖曳到其他文件中。

使用任一选择工具，将鼠标移动到选区内，待鼠标光标变成空心箭头按住鼠标左键不放。

拖曳鼠标即选区到另外一个文件工作区域内。

松开鼠标即可将空白选区加载到另外一个文件中。

使用图层面板拖曳组合图像

Photoshop 还可以利用图层面板来将某个图层加载到另外一个文件中。打开两个文件，切换视图到双联垂直。按 <F7> 键打开图层面板，选中一个或多个图层，按鼠标左键不放拖曳图层到另外一个文件工作区域中，放开鼠标，即可将一个或多个图层加载到另外一个文件中。

TIPS

<F7> 键为打开 / 关闭图层面板的快捷键。如果图层面板已经在打开状态，按 <F7> 键则会关闭图层面板。

要点回顾：

拖曳的方式支持从桌面、资源浏览器以及其他 Adobe 软件（如 Illustrator）中向 Photoshop 中拖曳文件。

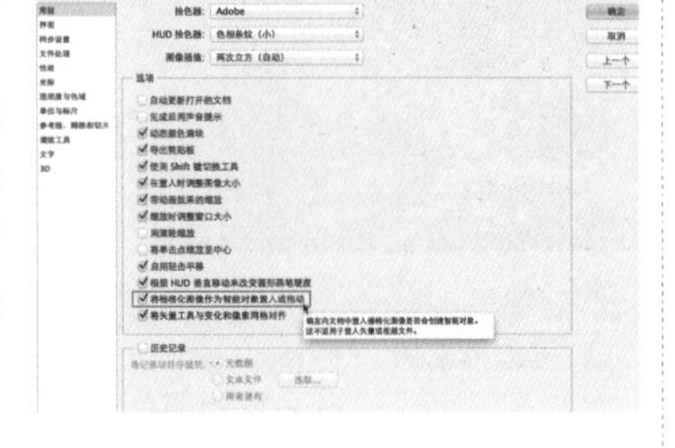

1. 将文件从外部拖曳到 Photoshop 中。按住鼠标不放，将文件拖曳到 Photoshop 图标上，等系统自动打开 Photoshop 时松开鼠标，文件会以置入的方式，以智能物体图层的方式放进当前打开文件中。若要改变置入方式，可按 <Cmd(PC 机 Ctrl)+K> 组合键或执行菜单：编辑 / 首选项 / 常规，取消“将栅格化图像作为智能对象置入或拖曳”的勾选。

2. 展开 Photoshop 时，继续按住鼠标不放，将鼠标移到“文件选项卡”空白处，松开鼠标，Photoshop 会单独打开该文件。

3. 按住 <Shift> 键拖曳，可以在原位放置。也可以在拷贝粘贴时使用 <Cmd(PC 机 Ctrl)+Shift+V> 组合键原位粘贴。

拷贝粘贴的方式

最常用也是最通用的组合方式就是拷贝粘贴。可使用 <Cmd(PC 机 Ctrl)+C> 组合键和 <Cmd(PC 机 Ctrl)+V> 组合键。在 Photoshop 要使用拷贝即复制功能，需指定某个区域，如创建一个选区，再执行拷贝功能。

TIPS

使用拷贝粘贴的方式，要注意两点，首先是需要建立一个选区，其次需要切换不同文件来粘贴。

01 按 <Cmd(PC 机 Ctrl)+A> 组合键全选汽车图片，按 <Cmd(PC 机 Ctrl)+C> 组合键或执行菜单：编辑 / 拷贝，将所有内容复制下来。

02 单击文件选项卡，选中另外一个文件，按 <Cmd(PC 机 Ctrl)+V> 组合键或执行菜单：编辑 / 粘贴，将复制的内容粘贴到新的文件中。在粘贴时，可使用不同的粘贴方式，如原位粘贴等。

使用复制图层命令的方式

执行菜单：图层 / 复制图层或在图层面板上执行面板菜单“复制图层”，可以将当前选中图层（一个或多个）复制到其他文件或新建文件中。通过该命令也可以实现组合的目的。

复制图层命令，在实际工作中，尤其当前文件图层较多且打开文件较多时，在操作上就很有优势，直观快速且准确。可以省掉多步操作，如拖曳、拷贝、粘贴等。

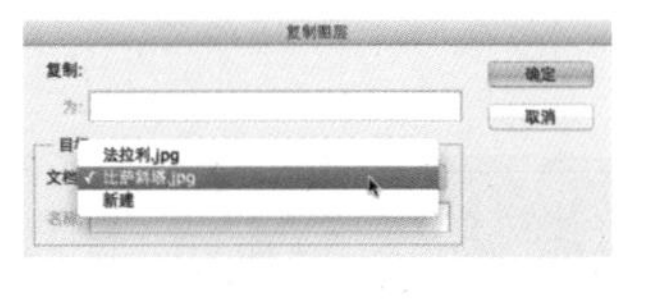

TIPS

可以选多个图层，同时执行“复制图层”命令。在复制图层对话框中选择目标为：新建，可以将图层复制到新建文件中，新建文件的大小为复制图层中图层的最大尺寸。

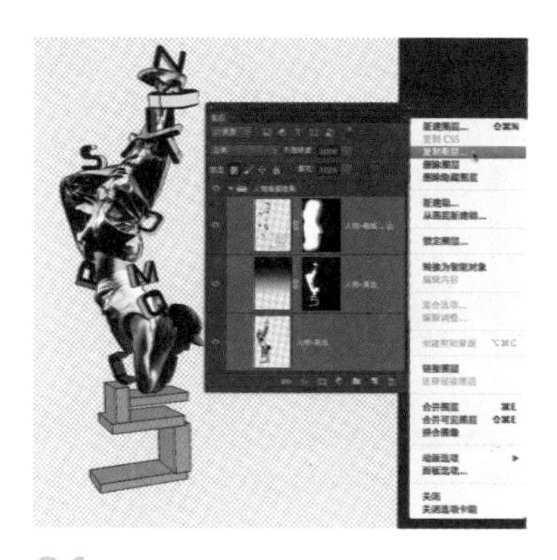

01 按 <Cmd(PC 机 Ctrl)> 组合键选中多个图层，在图层面板执行菜单：复制图层。

02 在复制图层对话框中，设置目标为：新建。

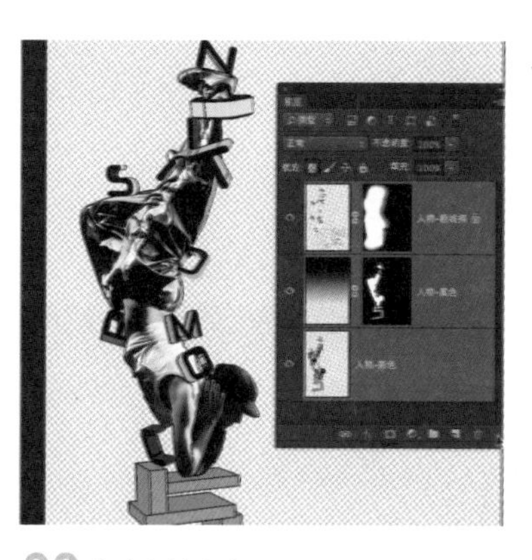

03 将选中的多个图层复制到新文件中。

使用 Bridge 菜单命令

在 Bridge 中浏览图片，选中多个图片，然后执行菜单：工具 / Photoshop / 将多个文件载入 Photoshop。可自动将多个文件以图层的方式在 Photoshop 中载入到同一个文件内。

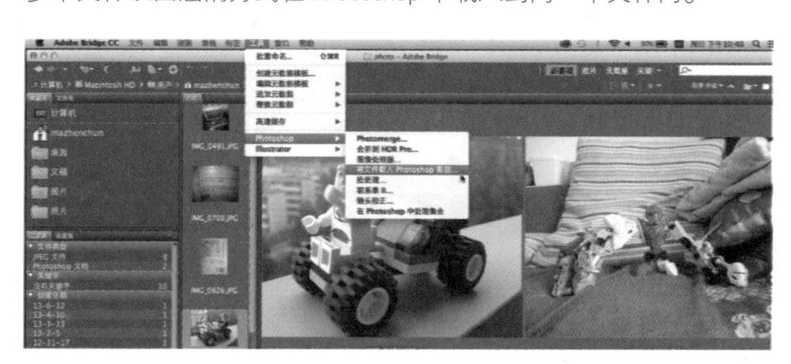

经验：

实际工作中，采用何种方式操作，要根据需求及当时的工作场景决定。

如果同时打开了多个文件，当前又打开了多个控制面板，建议使用“复制图层”命令，该命令可以通过指定文件名的方式来进行操作。

如果要同时将多个图层复制到其他文件中，建议使用拖曳或复制图层命令。

如果要将选区里的内容复制到其他文件中，建议使用拷贝、粘贴命令，更为便捷准确。

3.15 吸管工具

吸管工具采集色样以指定新的前景色或背景色。您可以从现有图像或屏幕上的任何位置采集色样。

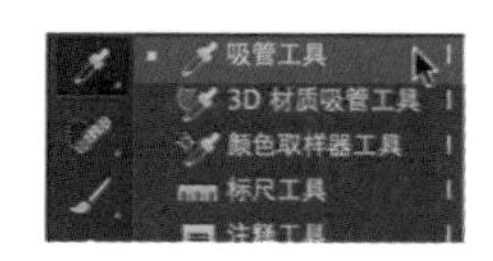

01 在工具箱中选择吸管工具或按 <I> 键切换到吸管工具 。

02 在选项栏中，从“取样大小”菜单中选择一个选项，更改吸管的取样大小。取样点读取所单击像素的精确值。

3x3 平均、5x5 平均、11x11 平均、31x31 平均、51x51 平均、101x101 平均读取单击区域内指定数量的像素的平均值。

1 使用“当前图层”设置，用吸管工具按 <Opt(PC 机 Alt)> 组合键在画面中采集颜色，将当前图层所固有的颜色采集到背景颜色框中。

2 使用“所有图层”设置，用吸管工具在画面中采集颜色，得到当前画面显示的颜色，以当前所有可见图层的最终显示为依据。

3 两者的区别就是采集样本的不同。

03从“样本”菜单选择以下选项之一：所有图层从文档中的所有图层中采集色样。当前图层从当前现用图层中采集色样。

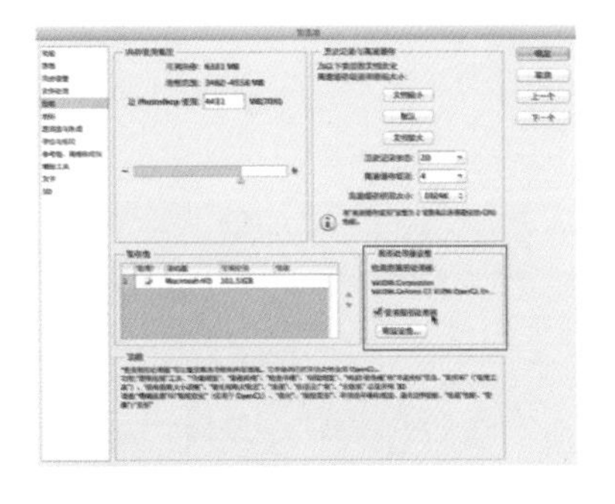

04要使用可在当前前景色上预览取样颜色的圆环来圈住吸管工具，请选择“显示取样环”。

05执行下列操作之一。

要设置前景颜色，将鼠标移至图像内，在想要的颜色上单击设置该颜色为前景色。将鼠标移至图像内，按住鼠标左键不放然后拖曳鼠标，前景色会根据鼠标当前位置进行实时更新。当找到需要的前景色，松开鼠标左键即可设置前景色。

若要设置背景色，请在进行上述操作时，保持同时按 <Opt(PC 机 Alt)> 组合键即可设置背景色。

TIPS

此选项需要 OpenGL。请在首选项中启用 OpenGL 并优化 GPU 设置。

TIPS

要在使用任一绘画工具时暂时使用吸管工具选择前景色，请按住 <Opt(PC 机 Alt) 键 (Windows) > 或 < Opt(PC 机 Alt)ion 键 (Mac OS)>。

在空白处采集颜色样本。

在图层面板上的图层缩略图处采集颜色样本。

在不激活其他文件的前提下，可使用吸管工具采集其他文件内的颜色。

在桌面中采集颜色样本。

06吸管工具还可以在整个工作区域内采集样本颜色。选中吸管工具，按住鼠标左键不放，拖曳鼠标即可采集颜色。

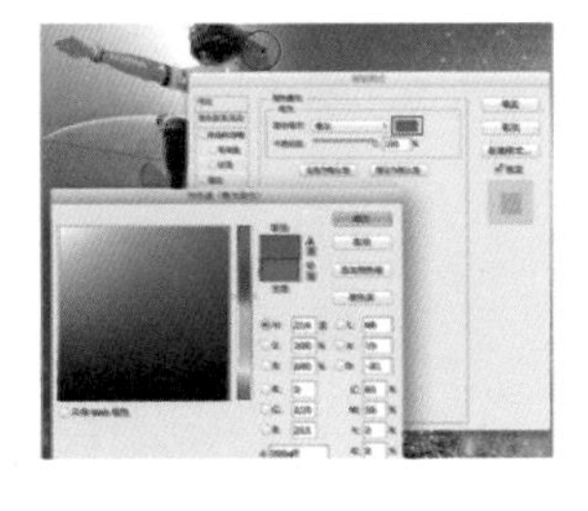

07在 Photoshop 中，只要有颜色拾取框的地方，通过单击打开颜色拾取框，将鼠标移至拾取框外，会自动切换成吸管工具，便于采集颜色。

3.16 存储、预设与载入

将存储、预设与载入 3 个不同类型的功能放在一起，有些无厘头，但是功能背后所体现的是一种制作方法和理念，即如何有效积累个人的制作结果、如何反复使用、最大化利用计算机，这些更值得关注，从一开始学习 Photoshop 就需要重视存储、预设与载入功能的使用。

将制作过的文件、设置过的工具、查找过的信息等保存下来，并反复应用在不同工作中。这些保存下来的文件 / 工具 / 信息，日积月累就变成一笔宝贵财富。这也是 Photoshop 在制作上优于传统手工制作的地方。

3.16.1 存储文件

最基本的存储就是存储文件，即 Photoshop 的原始制作文件、保留下图层等信息。另外，常用的就是另存为其他格式的图像文件，如压缩成 JPG 格式以便于发布、交流。

存储文件的方式

存储文件的方式

<Cmd+S> 存储

存储做过改动的文件

<Cmd+Shift+S> 存储为

将当前文件另存为新文件

<Cmd+Shift+S> 存储为 Web 所用格式

存储为适合网络的压缩图片

批处理转存

使用批处理命令或在 Bridge 中转存，适合同时存储多个文件

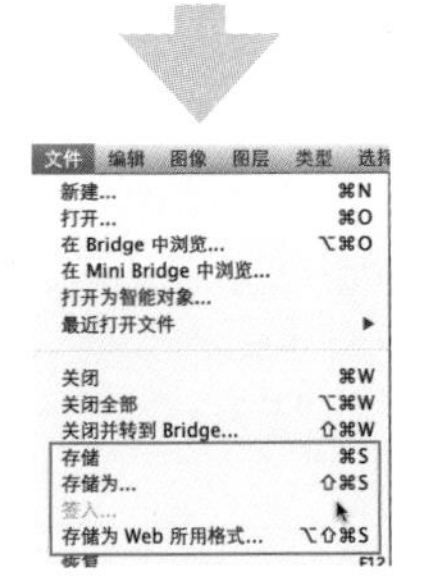

存储为对话框

在对未命名的新建文件进行“存储”操作或对任何文件执行“存储为”命令操作后，Photoshop 会打开“存储为”对话框。对话框中的设置会根据所选文件格式的不同而有所变化。Photoshop 作为一款强大的图像处理软件，可以支持大多图像文件格式。

在 PC 机上，可以选择“文件格式”，使其变蓝，按文件格式的开头字母，如 JPEG 格式就按“J”键，可以快速查找选择文件格式。Mac 机上则没有该功能。

文件选项卡上，如在最后面标记“*”号，是以此来提醒该文件已做更改但并未保存。

类似的操作方式在 Photoshop 很多地方都可以使用，如在 PC 机上有对话框提问：是，否，取消。则可按 Y,N,Esc 键代表取消，来实现操作。Mac 机则对应的是：存储（S 键），不存储（D 键）。

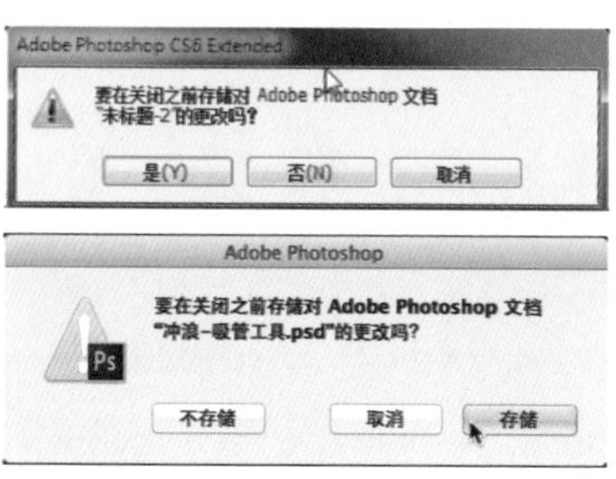

背景保存功能：CS6 新增功能，允许背景保存，即在保存文件的同时，开展新的操作。此功能尤其适合大型文件操作。

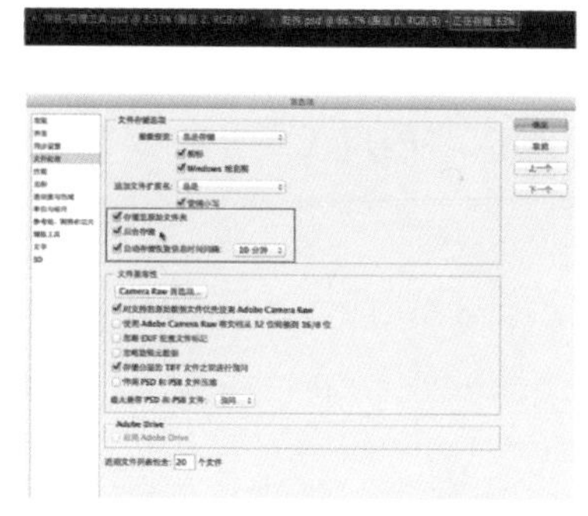

按 <Cmd(PC 机 Ctrl)+k> 组合键打开首选项设置，在“文件处理”上，勾选“后台存储”。

存储为 Web 所用格式

“存储为 Web 所用格式”命令可以将文件压缩并适合网络传输使用，尤其对于网站设计者来说，该命令可直观地去比较最终文件的压缩效果。

执行菜单：文件 / 存储为 Web 所用格式或按 <Cmd(PC 机 Ctrl)+Shift+Opt(PC 机 Alt)+S> 组合键。

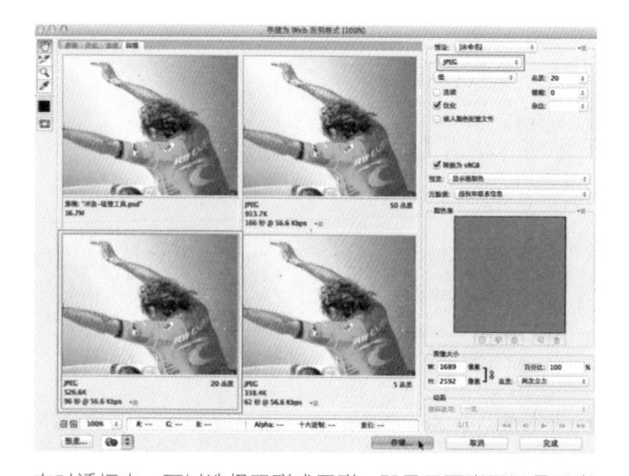

在对话框中，可以选择双联或四联，即显示两张图还是四张图；还可以设置每张图片压缩后的文件格式，如 JPEG 格式；同时会显示该图片压缩后的大小及传输速度。设置完成后要按“存储”按钮进行存储，而不是“完成”按钮。

存储的对话框设置与其他对话框略有不同。

文件格式

保存文件时，必须要考虑最终保存成什么格式的文件。不同格式的文件起着不同的作用。

Photoshop 文件：原生文件格式，通常也会叫分层文件，会纪录下所有 Photoshop 内的可编辑、可利用的信息，如文本、图层样式等，可以供下次再使用。

TIFF 文件：常用来存储高质量的图像文件且广泛地被其他软件所接受，使得图像数据交换变得简单。存储内容多，占用存储空间大，其大小是 GIF 图像的 3 倍，是相应的 JPEG 图像的 10 倍，最早流行于 Macintosh，现在 Windows 主流的图像应用程序都支持此格式。

压缩文件 JPEG：成熟的图像有损压缩文件格式。转存成 JPEG 文件，会有图像信息被压缩丢失，但同时文件大小会相应减小。适合将大文件压缩转存、网络传输等。

压缩文件 GIF：GIF 图像文件的数据是经过压缩的，而且是采用了可变长度的压缩算法。GIF 格式的另一个特点是其在一个 GIF 文件中可以存储多幅彩色图像，如果把存储于一个文件中的多幅图像数据逐幅读出并显示到屏幕上，就可构成一种最简单的动画。

TGA 文件：视频行业常用格式，尤其电视行业，属于带通道的文件格式。

其余文件格式不一一罗列，随着使用的深入，用户技术的提高，会自然而然地接触并掌握各种文件格式。

经验：存储文件的方式

使用何种方式来存储文件，除了根据实际需要（如压缩到网页采用 JPEG）外，还要根据各人的使用习惯和思维方式。

有些人习惯使用“另存为”<Cmd(PC 机 Ctrl)+Shift+S> 组合键的方式，这样每次都会弹出对话框供使用者去命名和设置文件格式。这样一来，让使用者有充足时间去认真考虑是否要改名、是否要替换。

有些人则习惯直接按 <Cmd(PC 机 Ctrl)+W> 组合键关闭文件，此时也会跳出对话框，这时再考虑是否保存等。

每种方式背后都隐藏着个人的一种思维习惯与理解，只要适合自己，不出错又便于工作，就是好方法。

3.16.2 存储选区、路径、通道

选区、路径、通道，是 Photoshop 里用来处理图像，制作特效必不可少的环节，同时也是与其他软件交流时需要携带的文件信息，如带有通道的图像文件，可在后期软件如 AfterEffects 中读取并使用。

选区、路径、通道相互间可以进行转换，如选区可以转成路径，路径也可以生成选区；保存选区后，选区会被存储在新建的通道中。对于初学者，可能这些会比较生硬难以理解，随着使用上的深入，用户会逐渐体会到这些转换的作用。

在这里，只是介绍选区、路径、通道可以被保存下来，供反复使用。至于如何创建、如何使用，请参见后面章节的详细介绍。

存储选区

可以将任何选区存储为新的或现有的 Alpha 通道中的蒙版，然后从该蒙版重新载入选区。存储后，可在任意时候通过载入选区使其处于可用状态，然后添加新的图层蒙版，可将选区用作图层蒙版。

将该文件存储为 PSD 原文件后，可一并保存该通道，再次打开文件后，可调用该通道，随时转换成选区。

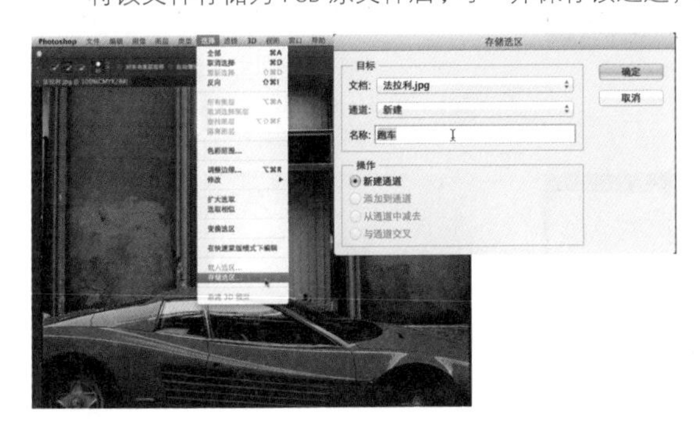

使用选择工具创建选区。执行菜单：选择 / 存储选区，创建新通道。

执行菜单：窗口 / 通道，打开通道面板，可以看到在通道面板中创建新的通道用来存储选区。

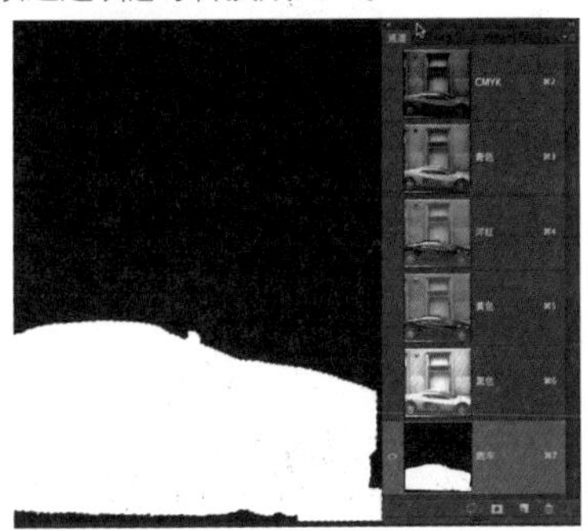
通道中白色代表选中区域，黑色代表未选择区域。

载入选区

存储选区后，可以通过执行菜单：选择 / 载入选区来调用存储的选区。也可以在通道面板，按住 <Cmd(PC 机 Ctrl)> 组合键单击通道缩略图加载选区。

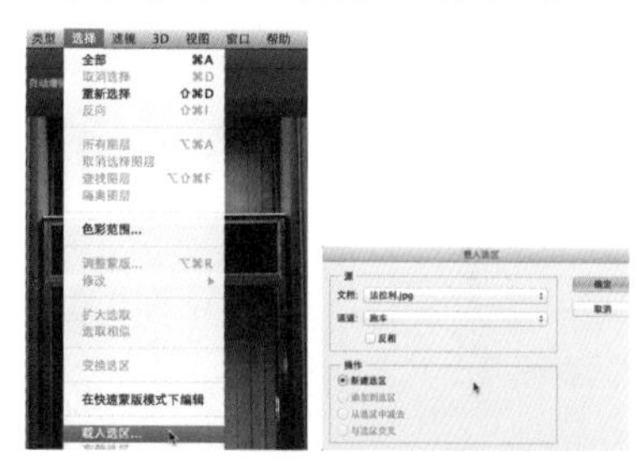

按住 <Cmd(PC 机 Ctrl)> 组合键单击通道缩略图加载选区。

存储路径

使用钢笔工具或矢量工具创建的路径，也可以存储下来，供反复使用。

使用钢笔工具创建路径，打开路径面板（执行菜单：窗口 / 路径），显示为“工作路径”。要注意工作路径为浮动状态，如果再次绘制路径会替换原有路径。另外，可以按底部“将路径作为选区载入”按钮，将路径转为选区或按 <Cmd+Enter> 组合键加载选区。

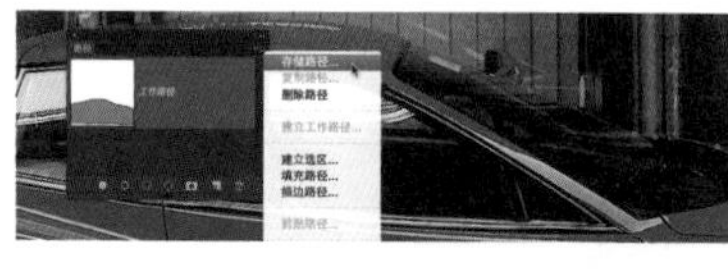

在路径面板上执行面板菜单：存储路径，即可将路径存储下来。保存文件再打开，还可以调出存储过的路径。

存储通道

在存储文件时，如果选择支持带有通道的文件格式如 PSD、TIF 等，就可以将新建的通道保存。

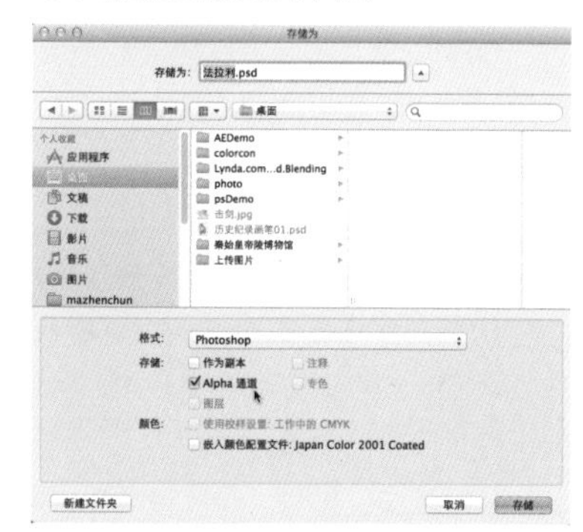

TIPS

每个文件都有各自的颜色模式及对应的颜色通道。这里所说的存储通道是指的新建通道。

存储选区、路径、通道的作用

存储（及载入）选区、路径、通道，对于 Photoshop 使用者主要有 3 点作用：

1. 可反复调用制作的选区、路径，且可以互相转换。如选区转路径，路径转选区。结合图层、蒙版可以给使用者提供更多反复使用的机会，减少不必要的重复工作。

2. 在其他命令、滤镜、工具中使用。

3. 存储到 Photoshop 原文件内，与其他软件交流使用，如 Illustrator、InDesign 等。

选区

路径　　通道

Illustrator InDesign AfterEffects　其他软件　Photoshop 工具、命令、滤镜使用

如可在 InDesign 中调用 Photoshop 中存储的路径，供文本绕图时使用。

原图，制作并存储了选区和通道。

使用镜头模糊滤镜，调用存储的通道即选区来保护画面中汽车部分，其他部分产生镜头模糊效果。

在 InDesign 中，读取 Photoshop 中存储的路径，作为文本绕排的参考路径。

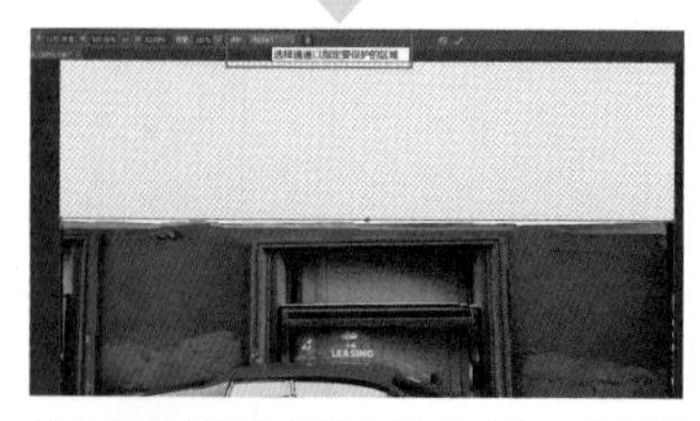

使用内容识别比例进行垂直方向上的变形，读取存储的通道即选区，来保护汽车部分。

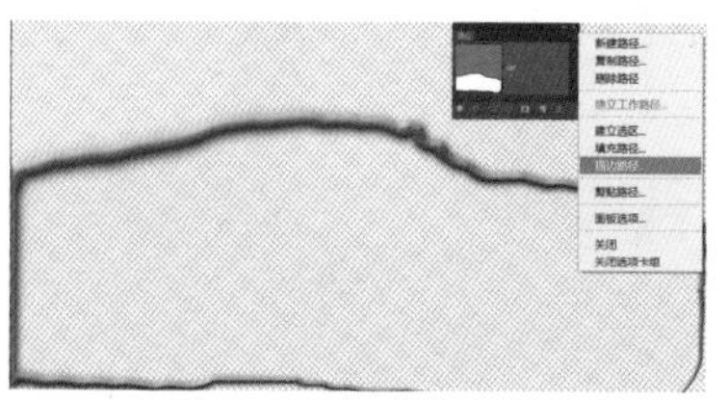

使用画笔工具沿制作的路径进行描边，并借助画笔的压力功能产生粗细不匀的手绘效果。

3.16.3 存储预设

“存储预设”会让自己的 Photoshop 变得更有个性、更有针对性。通过将个人日常工作中常用的参数设置、工具设置、风格样式等保存下来，随时调用、反复使用，从而提高工作效率以及将好的效果延伸到其他工作中。

通过存储预设及载入预设的方式，还可保持效果上的统一。

存储预设的种类

根据笔者的个人经验，将 Photoshop 中的各种存储预设做了分类，以便于读者理解体会，并能在操作 Photoshop 时主动去使用预设功能。

存储预设

对话框内预设

几乎每个对话框都有预设按钮

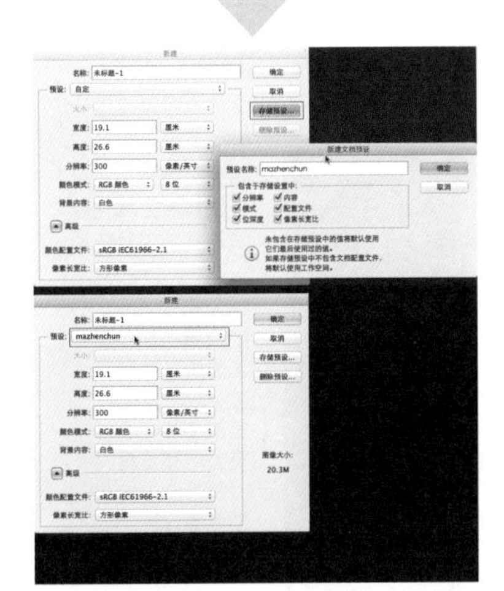

在新建文件对话框中，按“存储预设”按钮可将设置存储成预设，在以后新建文件时调用。可省去重新输入参数的时间。

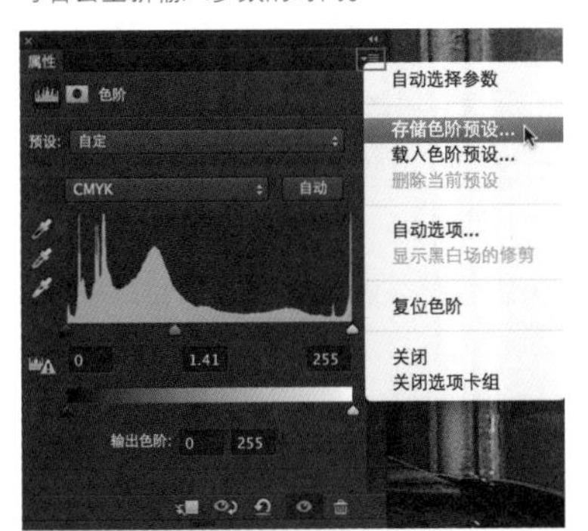

在调整图层如色阶设置对话框中，可将设置好的参数存储为预设，可将调整应用到其他文件中。

在某些滤镜设置对话框中，如液化滤镜，可将设置的参数存成预设，快速应用到其他文件中。

工具预设

每个工具都可将设置存储为预设，便于调用

每一个工具都可以将选项栏上的设置存储为预设，以便随时调用。

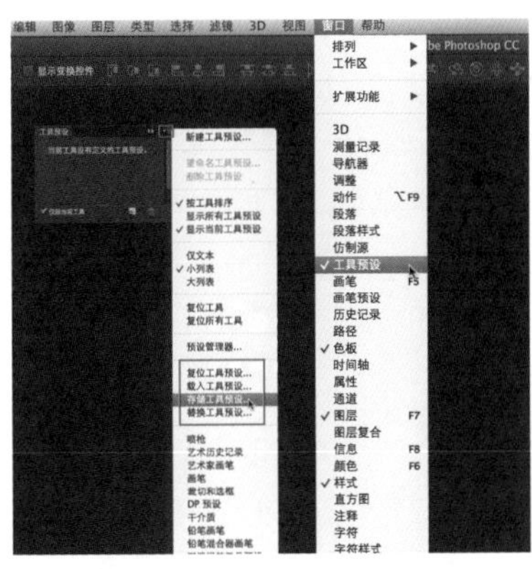

还可打开工具预设面板（执行菜单：视图 / 工具预设），在工具预设面板上进行存储工具预设。

面板预设

控制面板的菜单内几乎都有存储预设命令

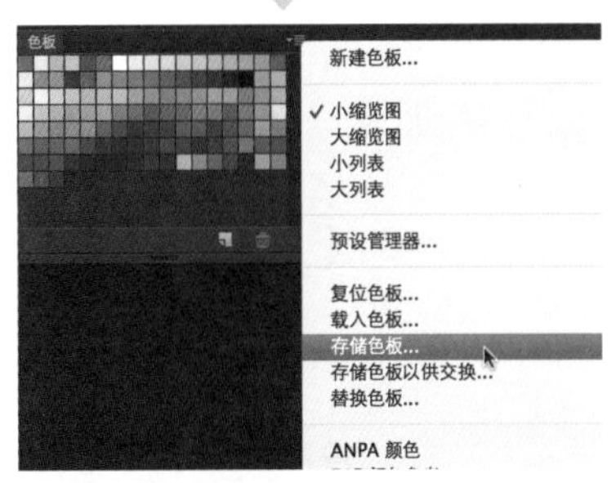

在色板面板上，执行面板菜单：存储色板，将当前色板存储下来。

在样式面板上，执行面板菜单：存储样式，将当前样式存储下来。

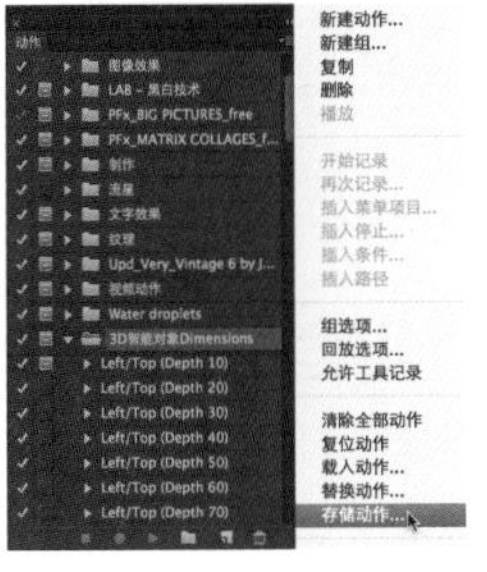

在动作面板上，执行面板菜单：存储动作，将当前动作集存储下来。

TIPS

是存储动作集，而非单一某个动作。

“存储预设”，在实际工作中起到便捷、规范的作用。在真实的工作领域内，如在印刷包装领域内，文件会使用几种标准尺寸，包括分辨率、颜色模式。因此，将这些设置保存为预设，即可方便以后工作使用，同时也能起到规范统一的作用。

当然存储预设后，需要通过载入预设的操作来调用预设。

载入预设

载入预设与存储预设是相对应的，可以这样说，有存储预设的地方就有载入预设的选项。

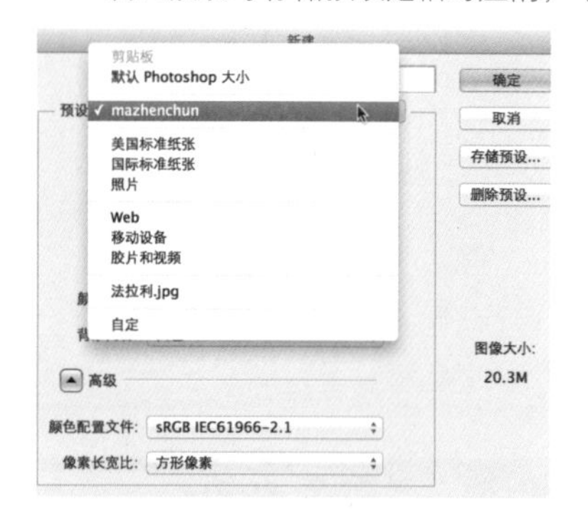

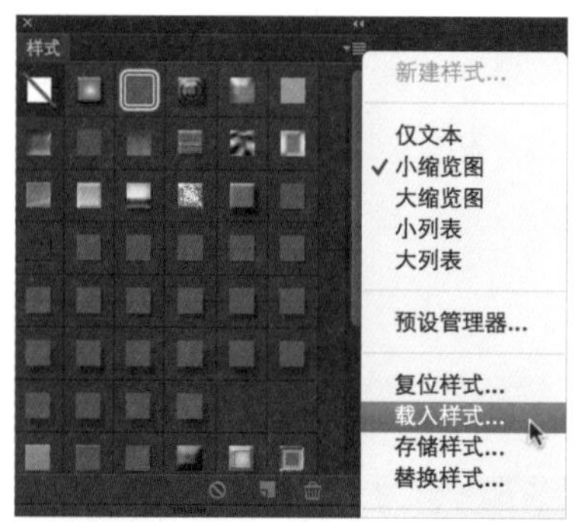

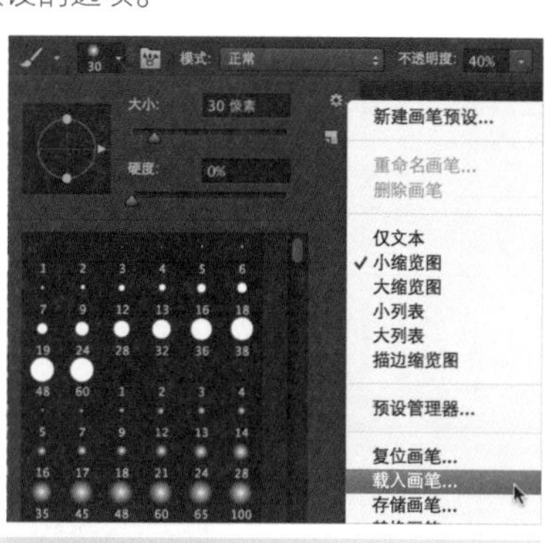

工具预设面板

执行菜单：窗口/工具预设，打开工具预设面板。在面板中，对各种工具的预设进行管理，基本作用与某个工具选项栏上的工具预设相同。

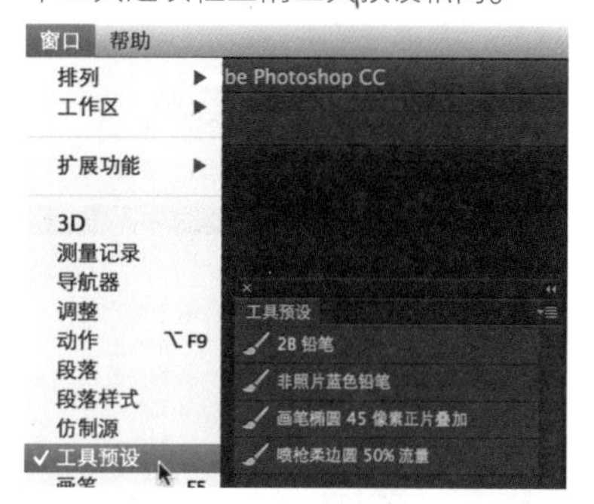

预设管理

重置所有工具：单击工具预设面板上的面板菜单，选择“复位所有工具”，即可将所有工具预设复位到默认状态。

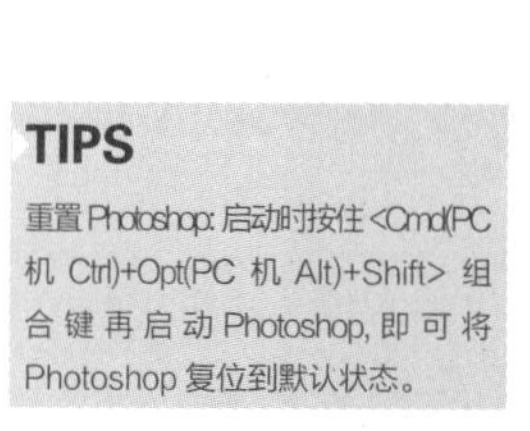

TIPS

重置 Photoshop：启动时按住<Cmd(PC 机 Ctrl)+Opt(PC 机 Alt)+Shift>组合键再启动 Photoshop，即可将 Photoshop 复位到默认状态。

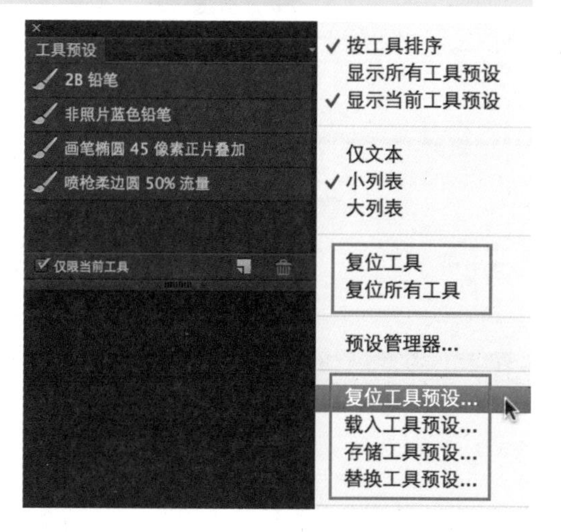

3.17 功能键、快捷键与右键关联菜单

每一个 Photoshop 高手，最常见的状态就是左手按着键盘，右手操控鼠标，一起配合使用。因为 Photoshop 的绝大多数操作都可以通过键盘配合鼠标来使用。而借助键盘可以极大地提高操作效率，减少访问菜单、移动鼠标所花费的时间。

使用键盘的另外一个好处就是可以串联衔接各种操作，让你的操作顺畅，确保思维的连贯性。

要想驾驭好 Photoshop，就得先适应 Photoshop 的操作规则。而借助键盘，是 Photoshop 的操作规则之一。遵守这个规则，不会直接提高你的作品质量，但是可以提高操作效率，将更多的精力投入到设计作品中。

3.17.1 快捷键

快捷键，是通过按固定的某个键或者某一组键，使用快捷键快速选中某个工具、执行某个菜单或打开某个对话框。使用快捷键的好处是不用在意鼠标的位置，也不用去查找工具或菜单的位置，就直接调用工具或菜单。

几乎每个工具都有快捷键。

在工具箱上，鼠标停留在某个工具片刻会有相应的工具名称和对应的快捷键提示。

按住 <Shift> 键 + 某个工具快捷键，可以循环切换该工具组下的隐藏工具。如当前选中“污点修复画笔工具”，可按 3 次 <Shift+J> 组合键快速切换到“内容感知移动工具”；如反复按 <Shift+M> 组合键可循环选中“矩形选框工具”或“椭圆选框工具”。

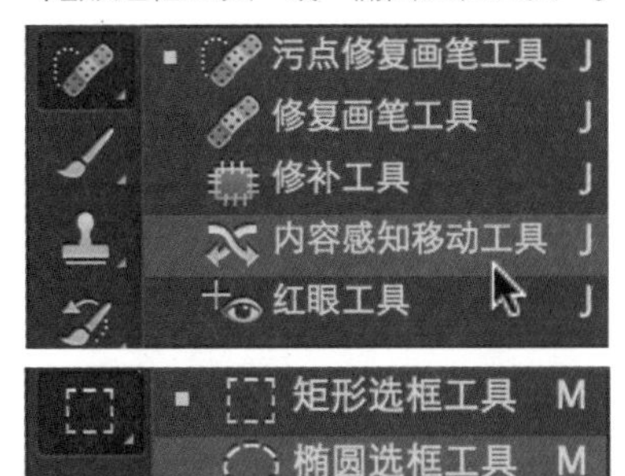

很多菜单也有对应的快捷键：

单击下拉菜单，可以看到在某个菜单项的右面有对应的快捷键描述。如果经常用到，就记住它。

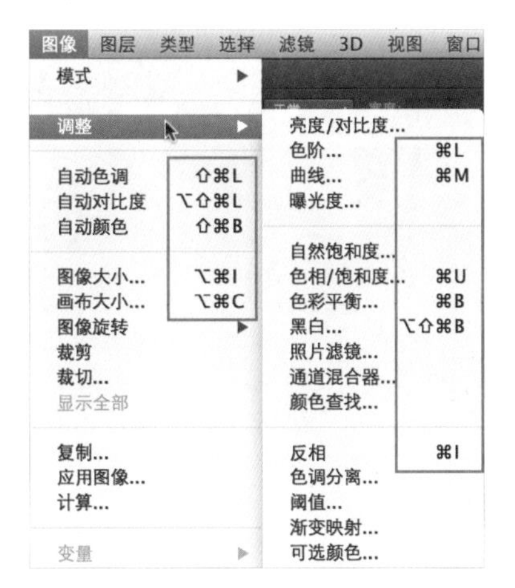

自定义快捷键

对于经常用到的某个菜单或者某个按钮，可以自定义设置快捷键。另外，有时根据个人喜好，需要更改 Photoshop 预置的某个快捷键，也可以使用自定义快捷建来更改。

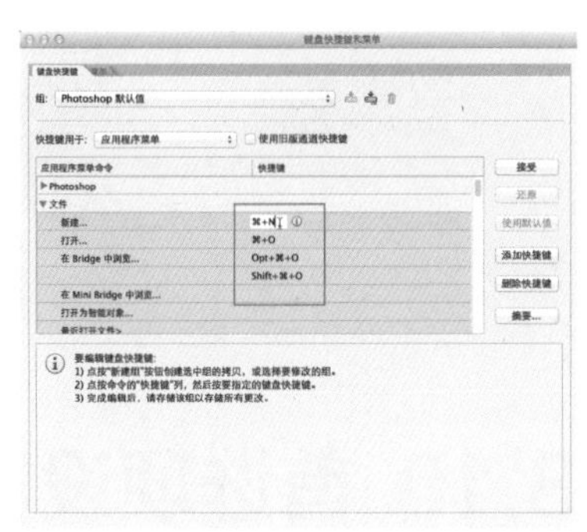

3.17.2 功能键

功能键（主要指 <Cmd> 键 (PC 机 Ctrl)、<Opt> 键 (PC 机 Alt)、<Shift> 键等）使用得当，可以提高具体细节上的操作速度，如不断切换不同工具、切换不同设置、约束某项操作等。

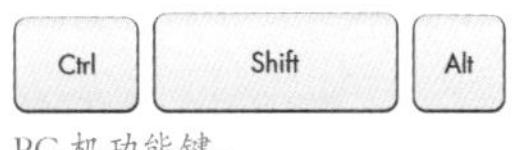

PC 机功能键。

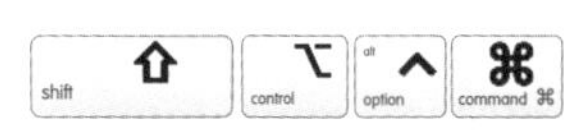

Mac 机功能键，在菜单中以各自符号来标注。

例如，当使用画笔工具（B 键）绘画时，按 <Opt>(PC 机 Alt) 键切换成吸管工具，在文档中吸取想要的颜色，然后松开 <Opt>(PC 机 Alt) 键再回到画笔工具，按“[”键和“]”键调整笔头大小，按数字键 0~9 来调整不透明度，然后在画面中使用当前色绘制。

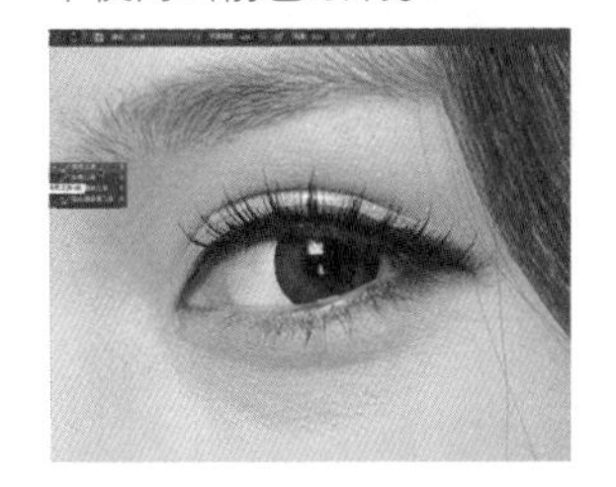

01 按 Cmd(PC 机 Ctrl)+"+" 放大图片，以便精细调整。按 <B> 键切换到画笔工具。

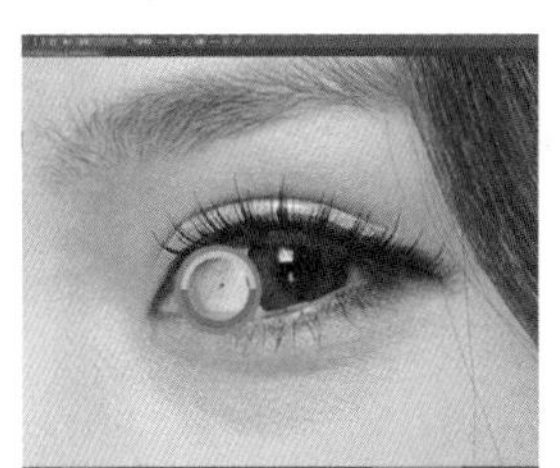

02 按 <Opt>(PC 机 Alt) 键切换到吸管工具，在画面中吸取颜色为前景色。

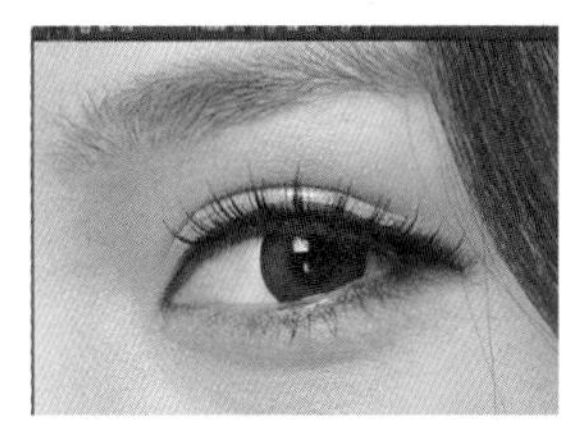

03 松开 <Opt>(PC 机 Alt) 键返回到画笔工具，按数字键盘 0~9 来更改画笔不透明度。按“[”键和“]”键调整笔头大小。

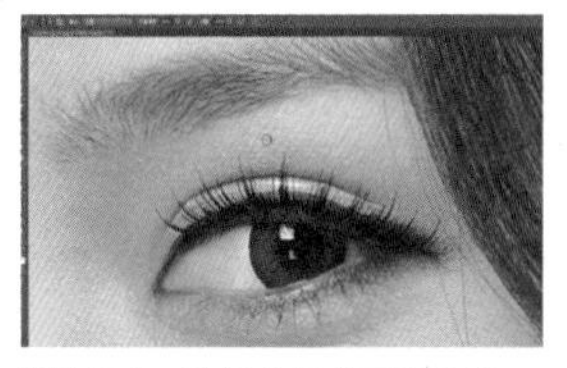

04 要点：选择较低的不透明度，如按键盘 1 即 10%，较大的笔刷处理大面积；然后再按“[”键缩小笔刷，提高不透明度，如按键盘 3 即 30%，处理暗部和细节。

在 Photoshop 中，功能键的应用可谓非常广泛，几乎每个工具，每个对话框，每个面板中都可以配合功能键来操作使用。在后面的各个章节中，会在相关操作步骤中介绍具体的功能键操作应用。对于初学者而言，一定要掌握功能键的使用。

经验：如何记住快捷键与功能键

1. 有意识地使用快捷键、功能键。在进行每步操作时，留意工具、菜单、信息面板上的相关提示，记住并在下次操作中尽量使用键盘配合鼠标来完成操作。时间久了，操作多了，自然就会记住。

2. 使用“联想”的方式记忆。很多近似的操作会有类似的快捷键，如新建文件 <Cmd(PC 机 Ctrl)+N> 组合键，新建图层 <Cmd(PC 机 Ctrl)+Shift+N> 组合键或单击图层面板新建图层按钮，不启动对话框直接新建图层 <Cmd(PC 机 Ctrl)+Shift+Opt(PC 机 Alt)+N> 组合键，在当前图层下方新建图层 <Cmd> 键 (PC 机 Ctrl)+ 单击图层面板新建图层按钮。

3. 记住操作时的“情景状态”。在不同对话框，不同选择状态下，会有不同的功能键应用。

3.17.3 右键关联菜单

任何时候有问题阻挡了你，可以单击右键去尝试找找答案。Photoshop 里设置了右键关联菜单，提供有可能的下一步操作命令，起到索引帮助的作用。对于初学者来说，要利用好这个功能，学会自己解决操作上的问题。

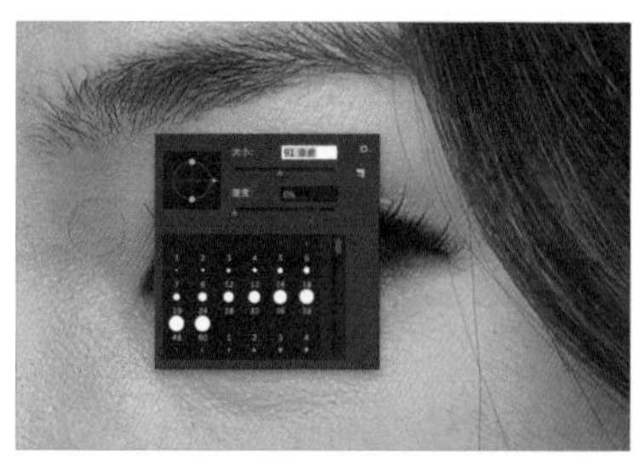

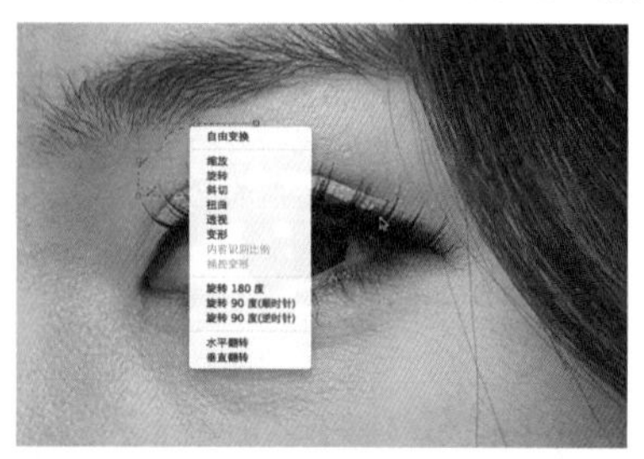

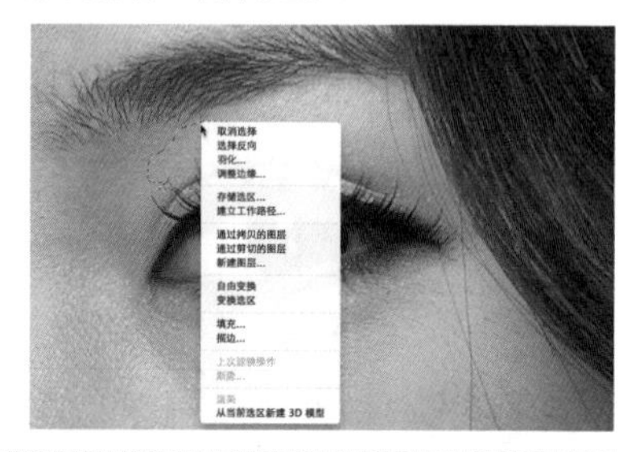

TIPS

在键盘失灵或记不清某个菜单位置时，可以借助于右键关联菜单。

3.18 首选项设置

许多 Photoshop 的基本程序设置都存储在 Adobe Photoshop CS6 Prefs 文件中，其中包括常规显示选项、文件存储选项、性能选项、光标选项、透明度选项、文字选项以及增效工具和暂存盘选项。其中大多数选项都是在“首选项”对话框中设置的。每次退出应用程序时都会存储首选项设置。

如果出现异常现象，可能是因为首选项已损坏。如果您怀疑首选项已损坏，请将首选项恢复为默认设置。

执行下列操作之一，打开首选项对话框。

执行菜单：编辑 / 首选项，然后从子菜单中选取所需的首选项组。

按 <Cmd(PC 机 Ctrl)+K> 组合键打开首选项对话框。

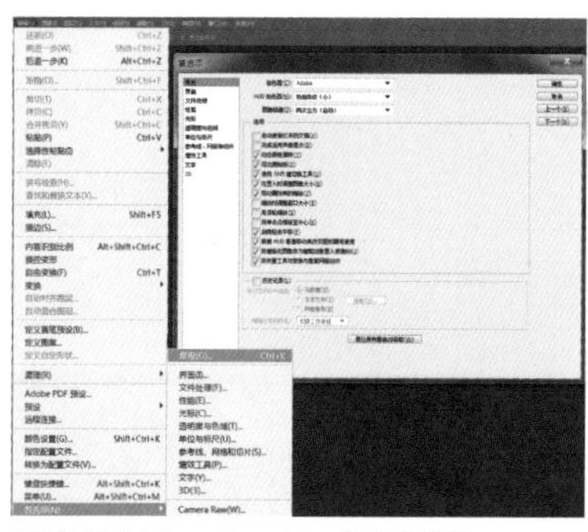

PC 机下的 Photoshop CS6 首选项设置。

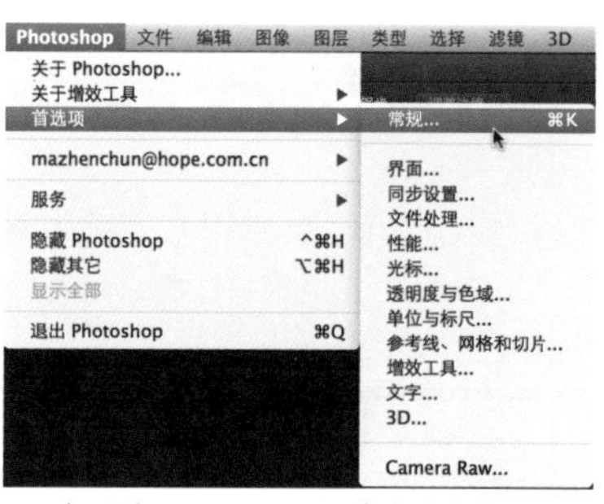

Mac 机下的 Photoshop CS6 首选项设置。

首选项内的常用设置

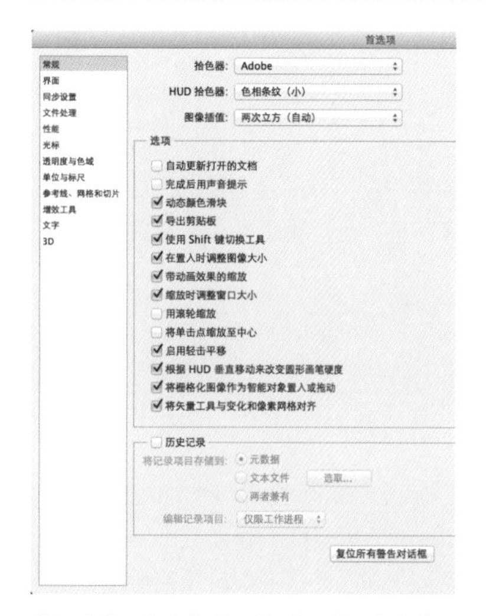

常规设置：设置关于视图操作、导入文件等默认设置。

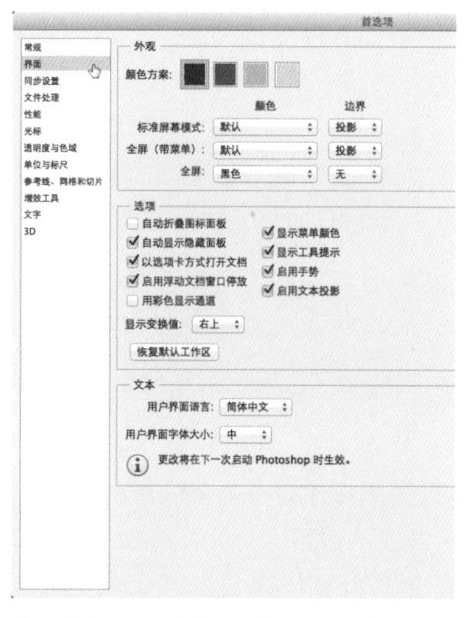

界面设置：可设置界面颜色及控制面板的显示方式。

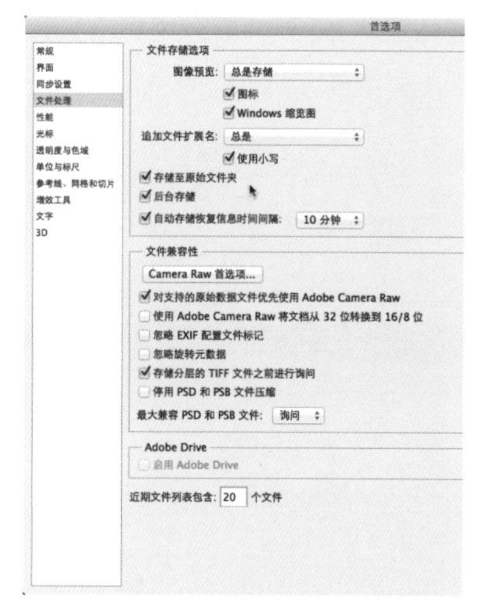

文件处理设置：可设置文件的后台存储等。

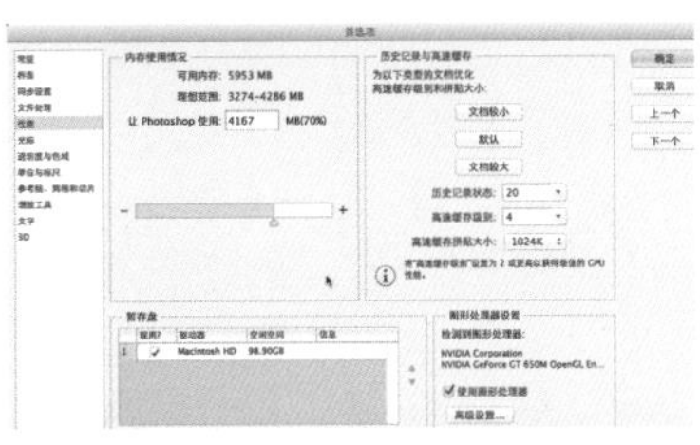

性能设置：可设置内存分配；暂存盘设置。建议使用 C 盘以外的硬盘作为首选暂存盘；历史记录状态，建议不要过度增大历史记录次数；使用图形处理器即开启 OpenGL，只有开启此项设置才可在 Photoshop 内使用诸如 3D、平滑缩放等功能。

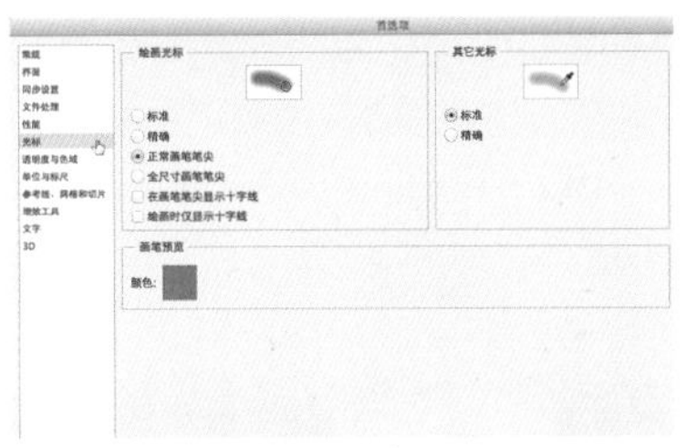

光标设置：默认为显示正常画笔笔尖。

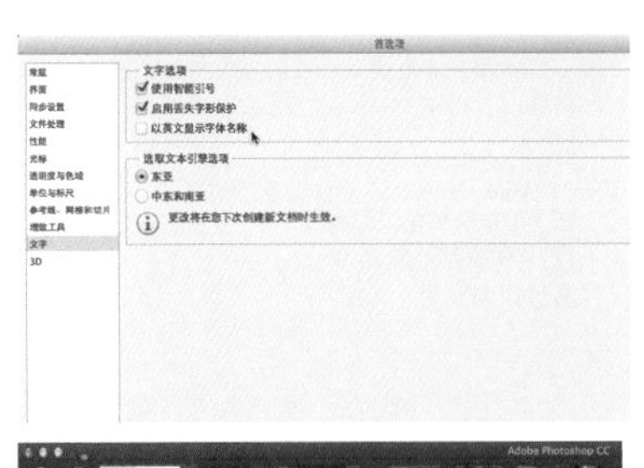

文字设置：不要勾选“以英文显示字体名称”，可让中文字体名称显示为中文。

3.19 素材（图片）管理

快速浏览图片、快速找到需要的素材，对于现在这个数字时代是必不可少的工序。无论是哪个行业的设计与制作，如摄影、平面、网络、动漫和影视等各行业，都会在浩瀚的素材（如图片、矢量文件、视频等）中寻找所需的文件。

因此，素材管理是首先要熟练掌握并长期应用的技术。

素材管理往往是一个制作的开始。俗话说“万事开头难”，如何能将这个开始的过程简单化、清晰化，对于整个制作是非常重要的。素材管理做得好，会让你快速进入下一个制作环节；反之，则会让你耗费大量的时间与精力。

从长远的角度看，素材管理对于个人、公司的积累与发展也起着举足轻重的作用。试想，如果你工作了 5 年甚至 10 年以上，会经手很多个案，期间会有大量的素材供你筛选。有使用过的，有被你枪毙掉的，如果所有这些素材通过你每次制作时的管理，一直积累到现在，那会是一笔多么宝贵的财富。

素材不论好与坏，都在你的脑海中，有着不同角度的诠释，如果可以随时快速准确地找到它们，并将它们派上用场，对于确保成功完成作品是非常关键，也是一项非常实用的技术。

接下来，通过介绍 Bridge 来展示如何在平时工作中进行有效的素材管理。包括如何浏览图片；如何查看 Adobe 其他软件的原生态格式文件，如 AI、PDF 等文件格式；如何建立元数据并使用元数据；如何使用关键字功能来自定义素材；如何使用查找功能等。

3.19.1 启动 Bridge

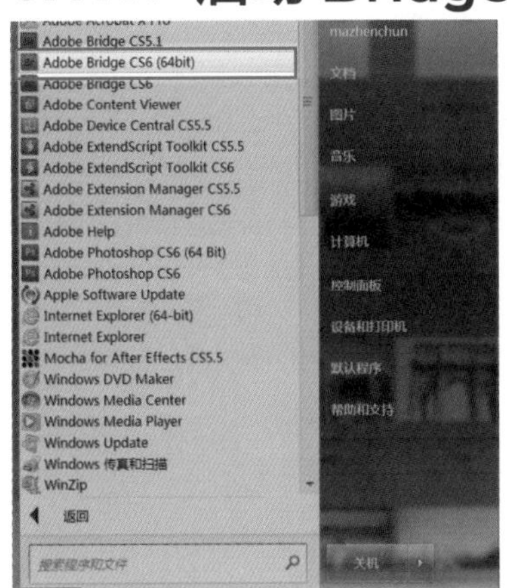

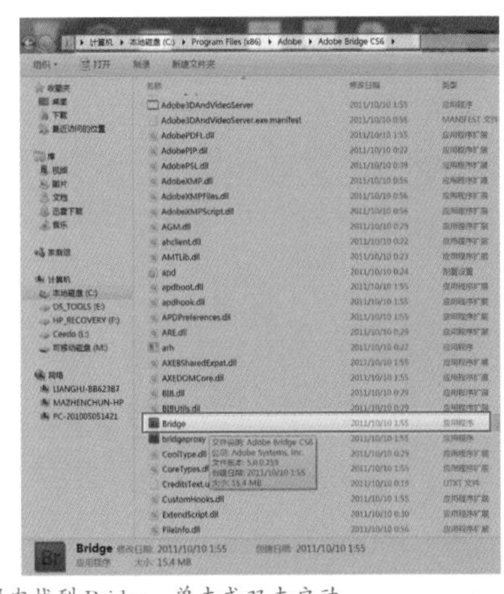

PC 机下启动 Bridge。在开始菜单内或资源浏览器内找到 Bridge，单击或双击启动。

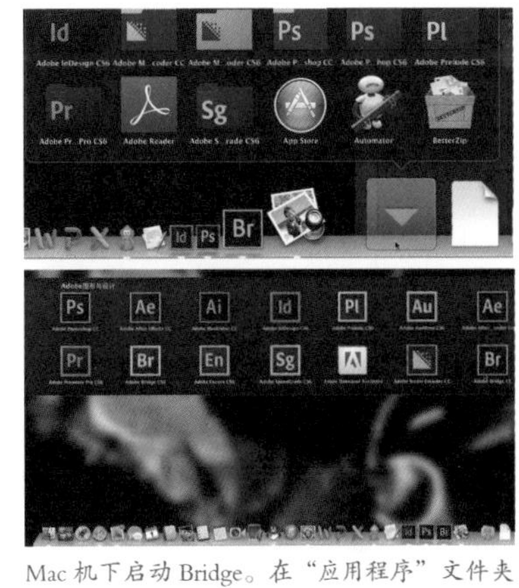

Mac 机下启动 Bridge。在“应用程序”文件夹或 LaunchPad 中找到 Bridge，单击启动。

01 从菜单启动 Bridge。在 Windows 操作系统下，单击开始菜单 / 所有程序，找到 Adobe Bridge 图标，单击启动 Bridge。从安装目录启动 Bridge。打开资源浏览器，找到 Bridge 相对应的安装目录，双击 Bridge.exe 文件启动 Bridge。在 CC 版本之前，Bridge 随 Photoshop 自动安装。CC 版本需单独下载安装 BridgeCC。

02 在 Photoshop 中启动 Bridge。启动 Photoshop 后，执行菜单：文件 / 在 Bridge 中浏览，或按 <Cmd(PC 机 Ctrl)+Opt(PC 机 Alt)+O> 组合键，打开 Bridge。

Mini Bridge 与 Bridge 的区别

通过执行菜单：文件 / 在 Mini Bridge 中浏览，启动 Mini Bridge。

Mini Bridge 是在 Photoshop 里的一个功能面板，可以让使用者在不离开 Photoshop 的前提下浏览图片。不具有 Bridge 里的一些功能，如添加元数据，批处理功能。

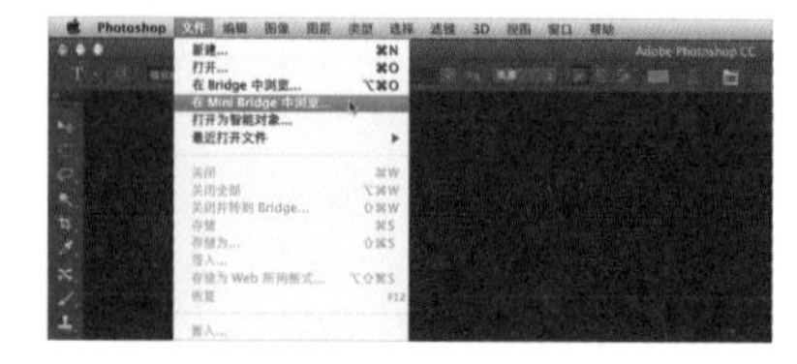

无法正常显示软件界面的调整

在 Windows 系统下，有时调整了缩放显示等设置，会造成 Adobe 某些软件（常见于 Bridge、Illustrator）无法按照正常分辨率来正常显示界面。此时需要对于 Adobe 的运行软件进行设置。具体方法如下。

选择软件的运行主程序文件，如 bridge.exe 文件。单击右键，选择“属性”，在兼容模式下，勾选“以兼容模式运行这个程序”，选择对应的系统，如此处的“WindowsVista（ServerPack2）”。

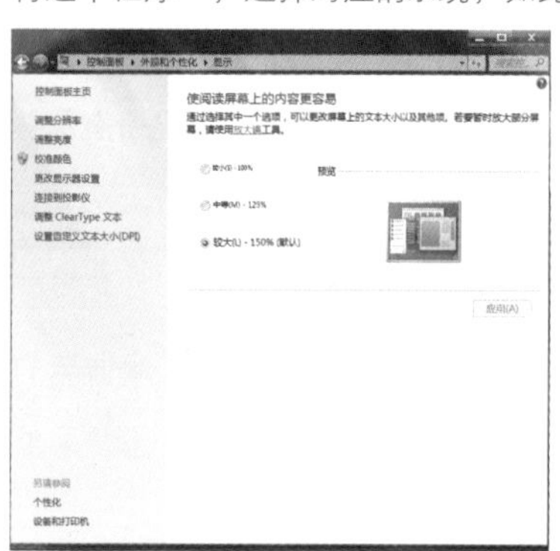

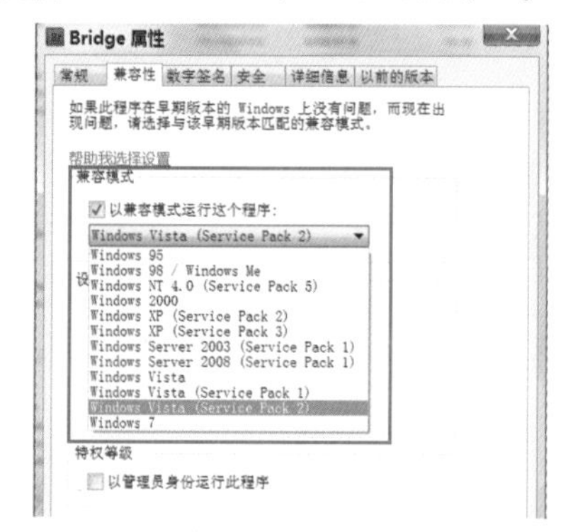

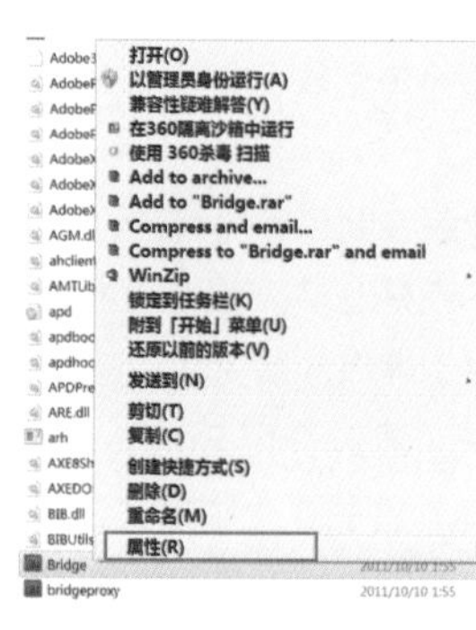

紧凑模式

Bridge 在视图显示上提供“紧凑模式”以便于在 Photoshop 与 Bridge 间切换使用。在 Bridge 中执行菜单：视图 / 紧凑模式或按 <Cmd(PC 机 Ctrl)+Enter> 组合键，可切换 Bridge 到紧凑模式下。

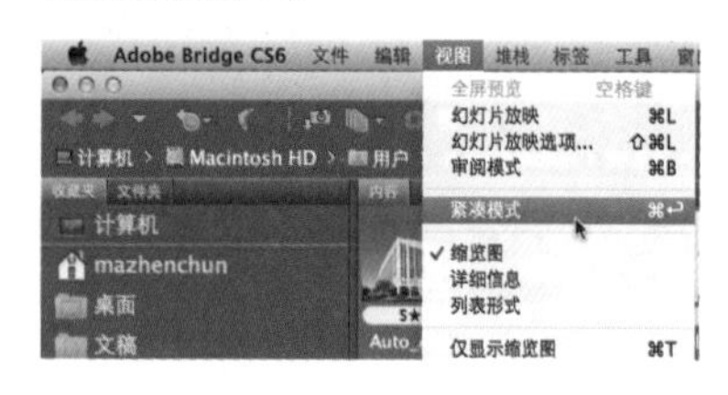

当 Bridge 切换到紧凑模式后，会始终显示在前台。非常便于从 Bridge 拖曳文件到 Photoshop 中。

| 穿越 | Cmd(PC 机 Ctrl)+Enter 快捷键的应用

<Cmd(PC 机 Ctrl)+Enter> 快捷键组合，在 Photoshop 中有不同的应用，主要用于确认操作并退出编辑对话框。如使用文本工具编辑文本时，按 <Cmd+Enter> 组合键快速实现确认并退出文本框。还可以将当前选中路径快速转换为选区。

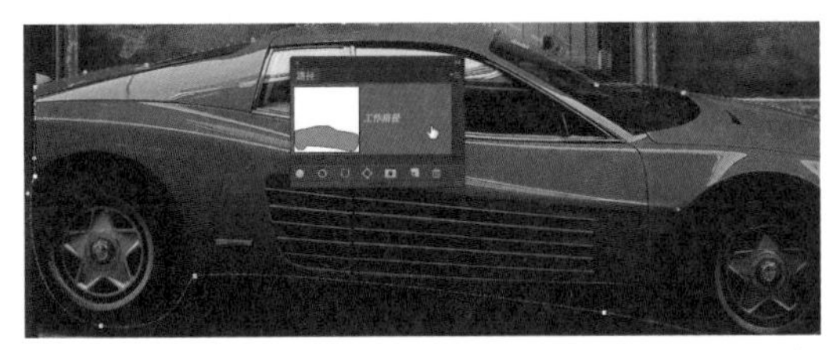

按 <P> 键使用钢笔工具绘制一条路径，按 <Cmd(PC 机 Ctrl)+Enter> 组合键快速将路径转为选区。

按 <T> 键使用文本工具输入文字，按 <Cmd(PC 机 Ctrl)+Enter> 组合键快速确认并退出文本编辑框。

3.19.2 界面介绍

Bridge 工作区由包含各种面板的 3 个列（或者说窗格）组成。您可以通过移动或调整面板的大小来调整 Adobe Bridge 工作区。您可以创建自定工作区或从若干预配置的 Adobe Bridge 工作区中进行选择。

❶应用程序栏
❷面板
❸所选项目
❹缩览图滑块
❺视图按钮
❻搜索

下面是 Bridge 工作区的主要组件。

应用程序栏：提供基本任务的按钮，如文件夹层次结构导航、切换工作区及搜索文件。

路径栏：显示正在查看的文件夹的路径，使用者可快速导航到该目录。

收藏夹面板：可以快速访问经常浏览的文件夹。

文件夹面板：显示文件夹层次结构。使用它可浏览文件夹。

筛选器面板：可以排序和筛选“内容”面板中显示的文件。

收藏集面板：允许创建、查找和打开收藏集和智能收藏集。

内容面板：显示由导航菜单按钮、路径栏、“收藏夹”面板、“文件夹”面板或“收藏集”面板指定的文件。

导出面板：将照片存储为 JPEG 格式以便进行 Web 上传。

预览面板：显示所选的一个或多个文件的预览。预览不同于“内容”面板中显示的缩览图，并且通常大于缩览图。您可以通过调整面板大小来缩小或扩大预览。

元数据面板：包含所选文件的元数据信息。如果选择了多个文件，则会列出共享数据（如关键字、创建日期和曝光度设置）。

关键字面板：帮助使用者通过附加关键字来组织图像。

输出面板：包含用于创建 PDF 文档和 HTML（或 FlashWeb 画廊）的选项。在选中“输出”工作区时显示。

3.19.3 基本操作

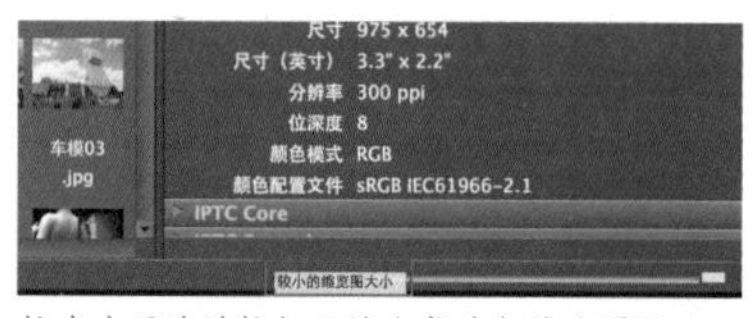

按左右两边的按钮可缩小或放大缩略图显示。

01 缩放预览图

拖曳 Bridge 下方的缩略图滑块，可调节预览窗口中缩略图的预览大小。也可按快捷键 <Cmd(PC 机 Ctrl)+ "+" > 或 <Cmd(PC 机 Ctrl)+ "-" >。

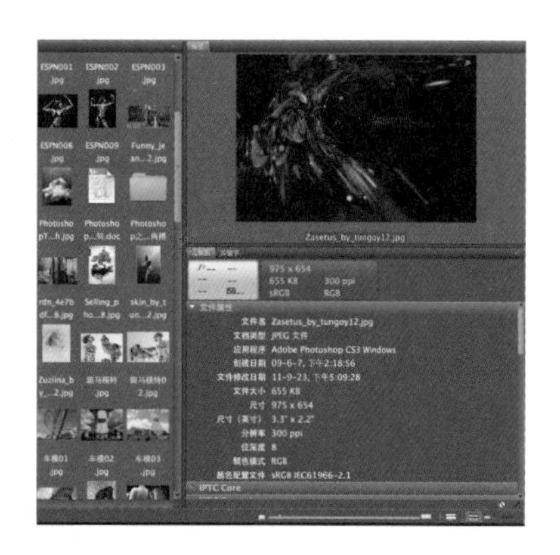

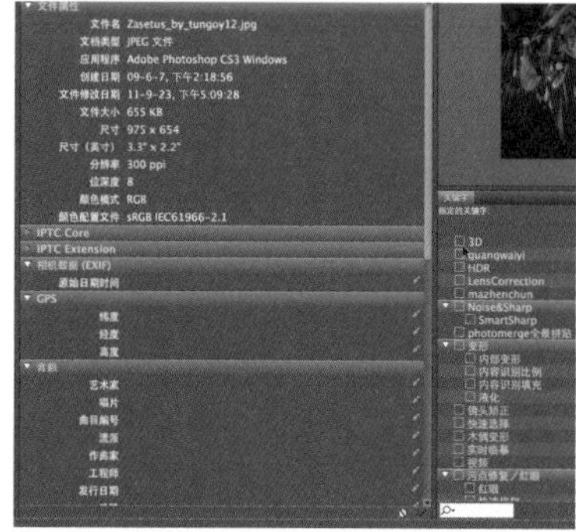

拖曳面板上的标签可将该面板拖曳到其他面板上，重新组合面板。

02 调整界面

将鼠标移至窗口分界处并停留片刻，待鼠标变成"✢"图标，左右或上下拖曳边界，以调整界面。

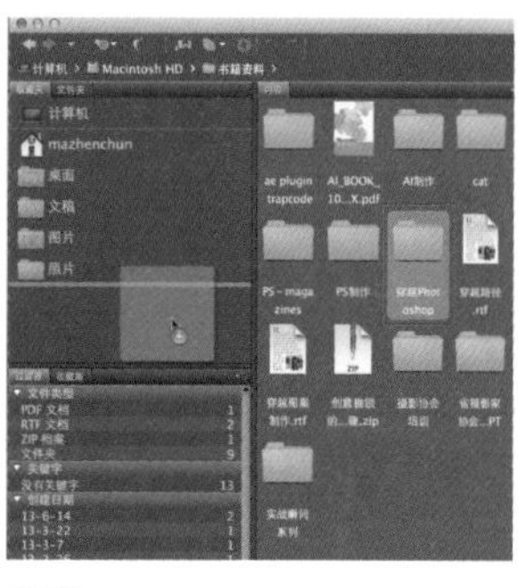

单击右键可删除该收藏夹。

03 拖曳创建收藏夹

选中某个文件夹，拖曳到收藏夹内松开鼠标即可创建收藏夹。随时在收藏夹内单击某个收藏夹即可快速跳转到该文件夹目录下。

04 查找功能

在搜索栏内输入指定名称或其他信息，可查找具有该信息特征的文件。按 <Cmd(PC 机 Ctrl)+F> 组合键可进行更加精细的查找。对于查找功能，下面章节会结合其他功能，有更详细的介绍。

05 视图操作

Bridge 提供了多种预制的视图：必要项、胶片、元数据、输出、关键字、预览、看片台、文件夹。可在右上方使用按钮进行切换，也可使用快捷键切换。

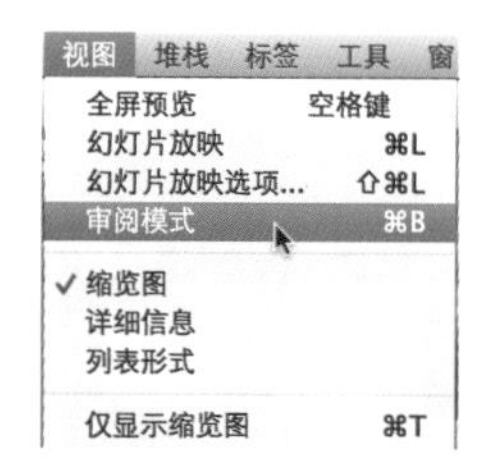

06 预览方式

Bridge 还提供了不同的预览方式以方便使用者不同的预览需求。如全屏预览、幻灯片预览等。

07 返回操作和文件夹目录操作

在 Bridge 左上方的左右箭头按钮，为“返回”和“前进”按钮。单击该按钮，可直接“返回”和“前进”到“上一个”或“下一个”浏览过的文件夹内。请注意，两个文件夹可能处在不同的根目录下。

若要逐级返回，可使用文件夹面板“路径”按钮来实现文件夹目录上的操作。单击目录名称即可返回到该目录层级下。

3.19.4 查看文件

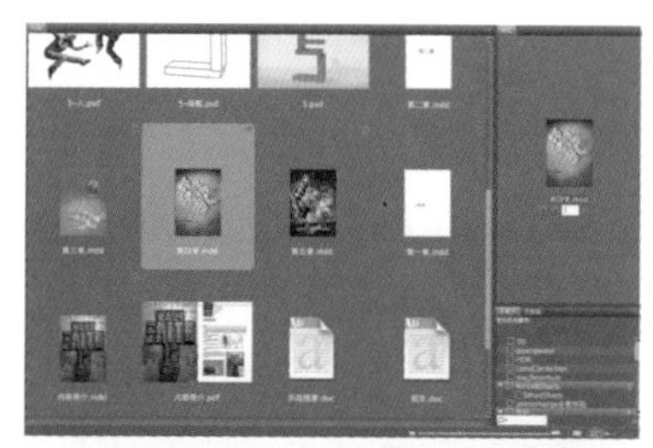

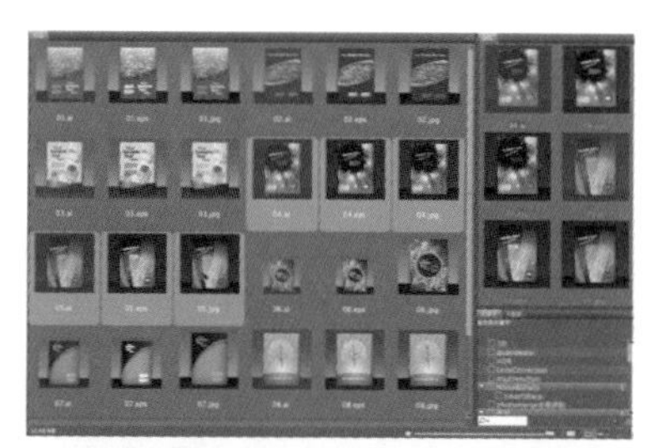

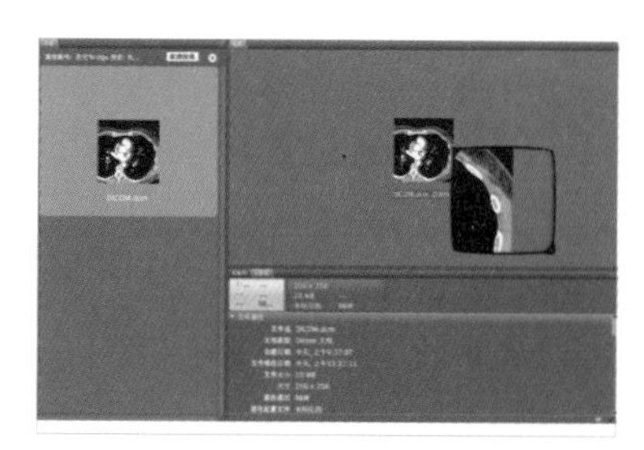

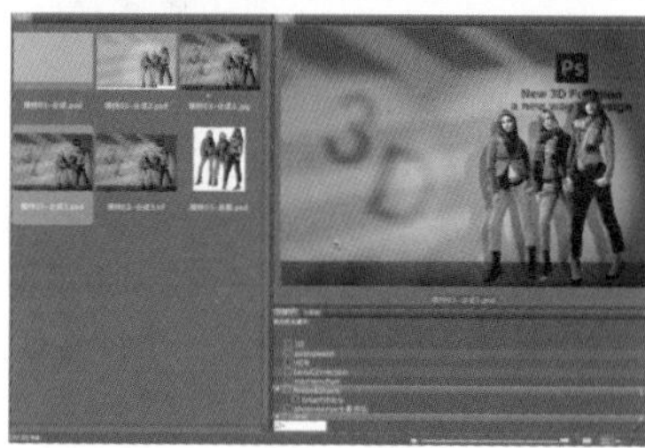

DPX 文件（Digital Picture Exchange）是一种主要用于电影制作的格式，将胶片扫描成数码位图的时候设备可以直接生成这种对数空间的位图格式，用于保留阴影部分的动态范围，加入输入输出设备的属性提供给软件进行转换与处理。

01 Adobe 原生文件格式

几乎 Adobe 旗下所有软件的原生格式都可以在 Bridge 中预览，如 PSD(Photoshop)、AI(Illustrator)、INDD(InDesign)、PDF 等。这给实际工作带来很大的便利，要知道诸如 AI 等专业格式，很少有看图软件可以预览。

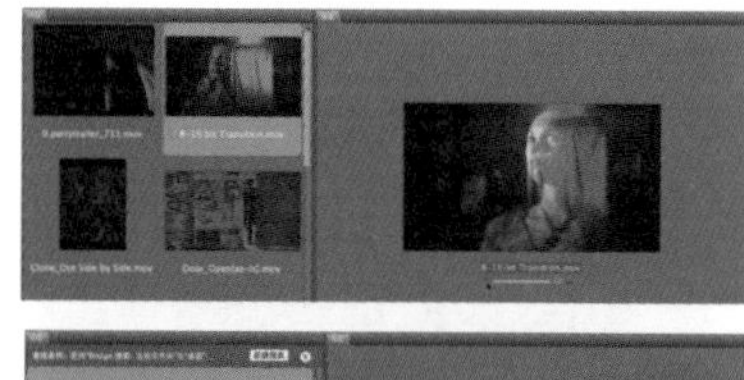

02 视频文件

Bridge 还可以直接预览视频文件，如 MOV、AVI 等格式。

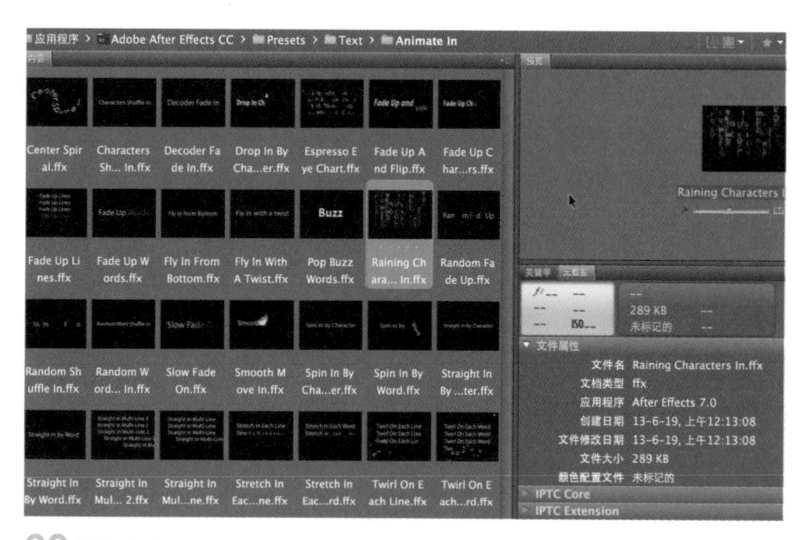

03 预置文件

Bridge 还可以浏览某些软件的预置文件，如 AfterEffects 内的 preset 文件。

3.19.5 编辑 / 浏览操作

还可以单击右键，选择打开方式，指定使用某个应用程序来打开该文件。

在 CS6 之前的版本中，还可按 <Cmd(PC 机 Ctrl)+Enter> 组合键将 Bridge 切换到紧凑模式，拖曳某个文件到应用程序中。按 <Cmd(PC 机 Ctrl)> 键可选中多个文件拖曳到 Photoshop 中，可同时打开多个文件。

01 打开文件

在 Bridge 中选中某个文件，双击即可使用默认对应该文件格式的应用程序来打开该文件。可在首选项（按 <Cmd(PC 机 Ctrl)+k> 组合键）里的“文件类型关联”处，对文件格式及对应的应用程序进行设置。

02 将多个文件以图层方式载入 Photoshop

在 Bridge 中，可以一次性将多个文件以图层方式载入到 Photoshop 中，从而省去在 Photoshop 中手动进行拖曳合成的操作。

03 放大局部

将鼠标移至预览窗口，自动切换到放大镜工具，单击画面某个位置，会显示该位置的放大效果。可选中多个文件，进行放大比较。

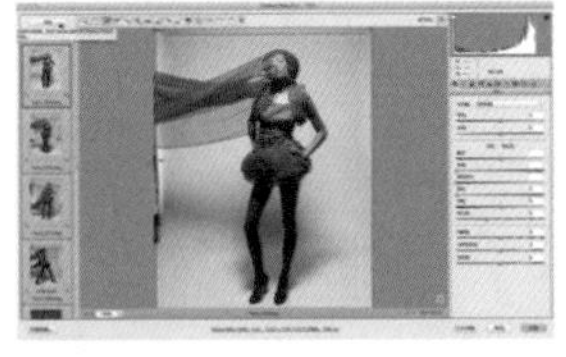

调整前

统一调整后

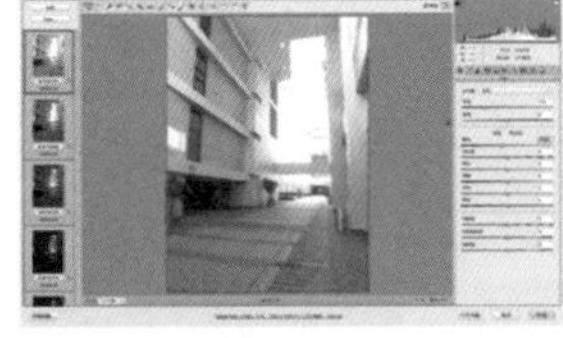

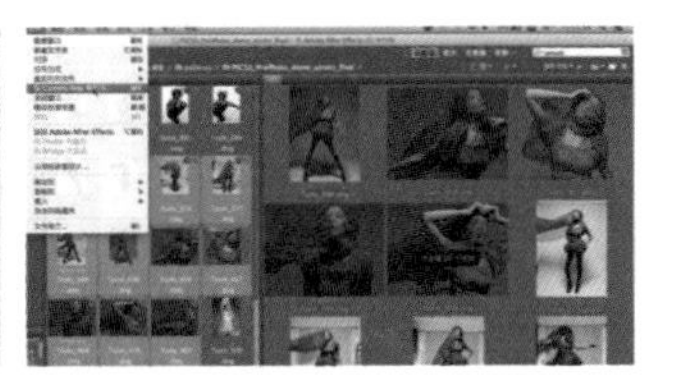

04 RAW 格式处理

Bridge 中可对 Camera RAW 类型的格式，进行预览并使用 ACR（Adobe Camera Raw）对话框打开处理。使用方法：选中单个或多个 RAW 格式文件（配合 <Cmd>(PC 机 Ctrl) 键进行多选），按 <Cmd(PC 机 Ctrl)+R> 组合键或执行菜单：文件 / 在 Camera Raw 中打开，即可在 ACR 对话框中打开。

TIPS

任何种图像格式，都可以在 ACR 对话框中打开并处理，如 JPEG、TIFF 格式。.

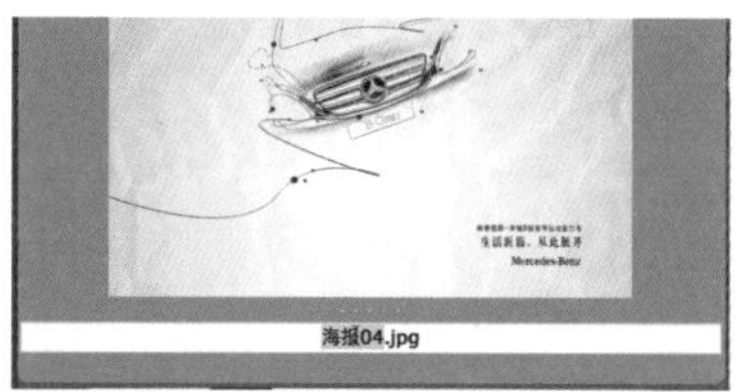

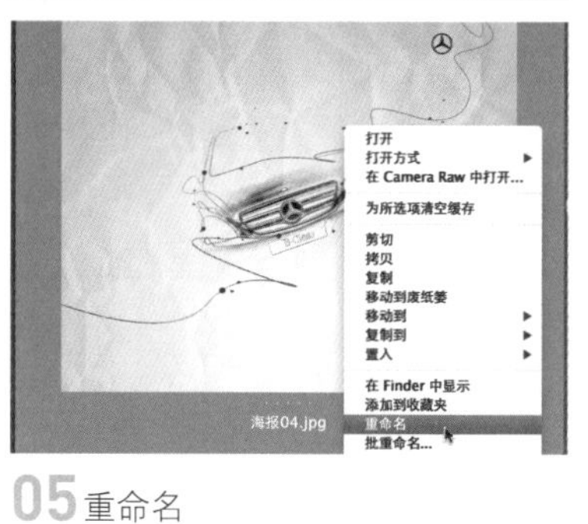

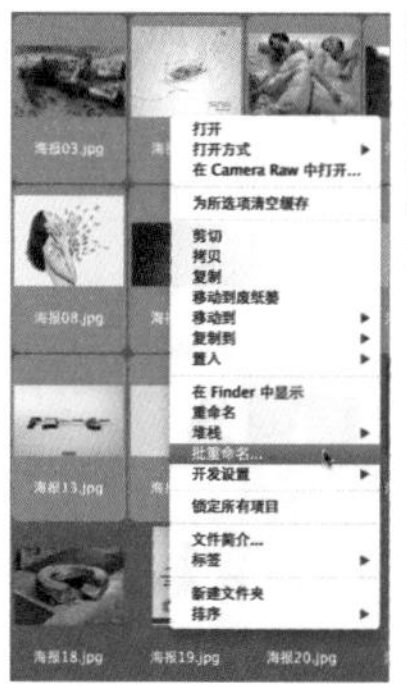

在 Bridge 中，还可以为多个文件进一次性批量重命名。选中多个文件，单击右键，执行菜单“批重命名”命令。在对话框中，为多个文件设置名称、存储路径等。使用批重命名会为多个文件设置序列名称，如 Photoshop001，Photoshop002 等。

05 重命名

在 Bridge 中可以直接为文件重命名，而不需要退出 Bridge。方法是：在文件名上单击使其变成可编辑状态；或选中文件单击右键选择“重命名”。

06 复制 / 移动 / 导出 / 置入

在处理大量素材图片时，常会遇到复制 / 移动 / 导出 / 置入的不同需求。在 Bridge 中，操作方法也是，选中多个文件，单击右键执行菜单即可。

TIPS

单击右键所得的命令，都可以在下拉菜单中找到。可根据个人习惯，选择不同操作方式。通常会选择右键方式，主要原因是不需要记更多的菜单选项。

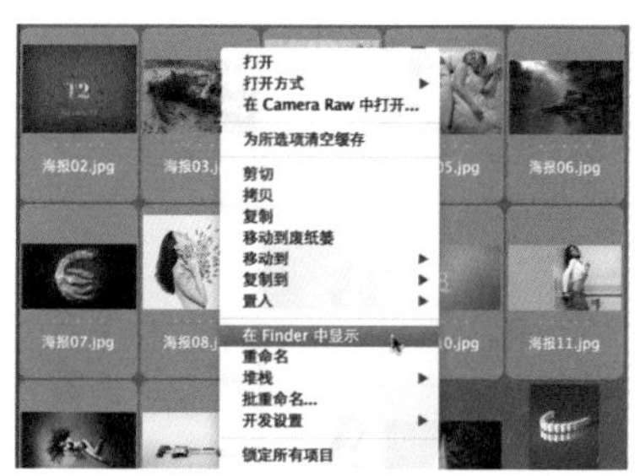

07 在资源浏览器中显示

有时会需要切换到 Finder 中（PC 为资源浏览器）中，对文件进行处理，如移动、重命名等。此时可在 Bridge 中选中文件，单击鼠标右键选择菜单“在 Finder 中显示”（PC 下为“在资源浏览器中显示”）。

08 堆栈

堆栈用于将多个文件归组到一个缩览图下。堆栈，可以堆叠任何类型的文件。堆栈不会对文件本身产生任何影响，只会在 Bridge 中归组到同一个缩略图下。例如，使用堆栈可以组织通常由许多图像文件组成的图像序列。

选择要包含在堆栈中的文件，然后执行菜单：堆栈 / 归组为堆栈或单击右键选择“堆栈”或按 <Cmd+G> 组合键。所选的第一个文件将成为堆栈缩览图。

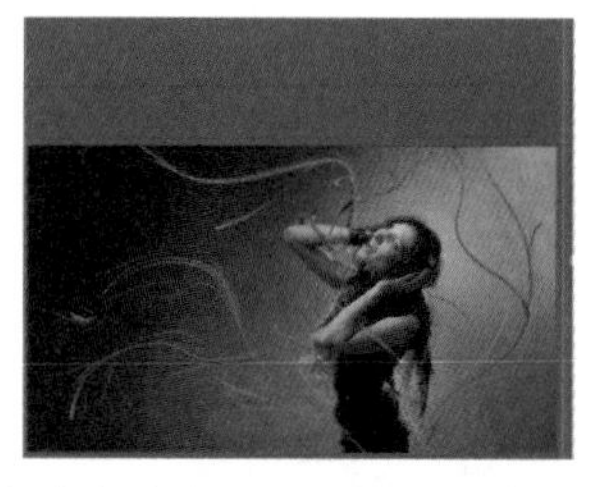

堆栈上的数字指示该堆栈中有多少个文件。拖曳缩略图上方的控制条可预览“堆栈”内部的文件。

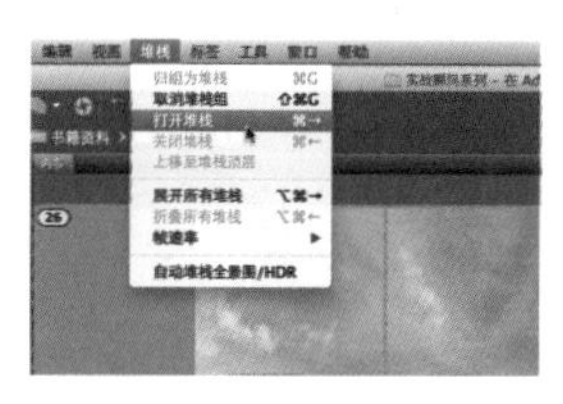

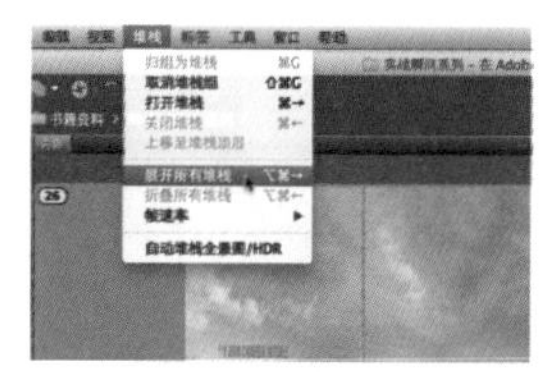

若要展开折叠的堆栈，单击堆栈编号或执行菜单：堆栈 / 打开堆栈。要展开所有堆栈，执行菜单：堆栈 / 展开所有堆栈。

09 评级与标签

通过用特定颜色标记文件或指定零（0）到五星级的评级，可以快速标记大量文件。然后可以按文件的颜色标签或评级对文件进行排序。

例如，假定要在 Adobe Bridge 中查看大量导入的图像。在查看每个新图像时，您可以标记想要保留的图像。进行这次初步标记后，您可以使用“排序”命令来显示和处理您用特定颜色标记的文件。

还可以对文件夹和文件进行标签和评级。

3.19.6 首选项

Adobe Bridge 首选项文件中存储了众多程序设置，其中包括显示、高速缓存、性能和文件处理等选项。

恢复首选项将使设置恢复为其默认值，并且一般可纠正应用程序的异常行为。

1. 按住 <Cmd>(PC 机 Ctrl) 键 (Windows) 或 <Option>(PC 机 Alt) 键 (Mac OS) 的同时启动 Adobe Bridge。

2. 在“重置设置”对话框中，选择以下一个或多个选项。

重置首选项：将首选项恢复为其出厂默认值。可能会丢失某些标签和评级。Adobe Bridge 启动时将新建一个首选项文件。

清空整个缩览图高速缓存：如果 Adobe Bridge 无法正确显示缩览图，则清空缩览图高速缓存会有帮助。Adobe Bridge 启动时将重新创建缩览图高速缓存。

重置标准工作区：将 Adobe 预定义的工作区都恢复为其出厂默认配置。

3. 单击“确定”按钮，或单击“取消”按钮，不重置首选项即打开 Adobe Bridge。

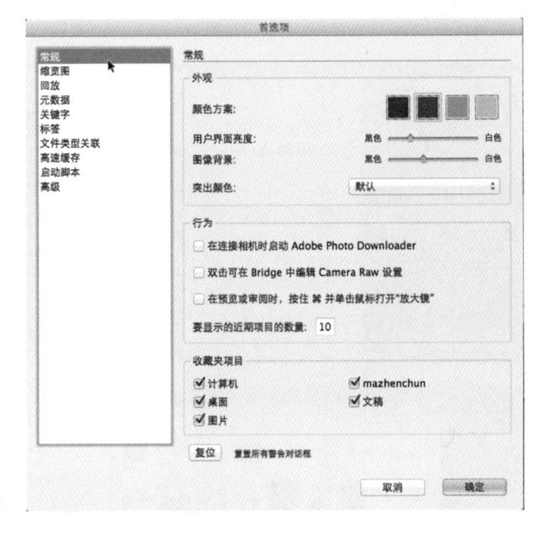

3.20 Bridge 主要功能

3.20.1 显示子文件夹项目

Bridge 可以将文件夹和子文件夹显示在一个连续的“平面”视图中。平面视图显示文件夹的全部内容，包括其子文件夹，因而无需再一级一级地进入子文件夹中查看。

要显示文件夹中所有的内容，选择菜单：视图 / 显示子文件夹中的项目。更为便捷的方式，在上方的文件路径显示处单击文件夹旁边的小三角，选择“显示子文件夹中的项目”。

实例

通过一个实例来感受一下“显示子文件夹内容”在实际工作中的作用。

有一个文件夹“2006”，在文件夹里面存有 2006 年拍摄的大量照片，该文件夹下按月份分为多个子文件夹，每个子文件夹又按日期分为多个子文件夹。现在需要将“2006”文件夹内的所有照片同步到手机中，而当前使用的手机只能识别同一目录下的照片。因此为了同步及浏览方便，需要将所有照片放在同一级别的目录下。

具体操作如下。

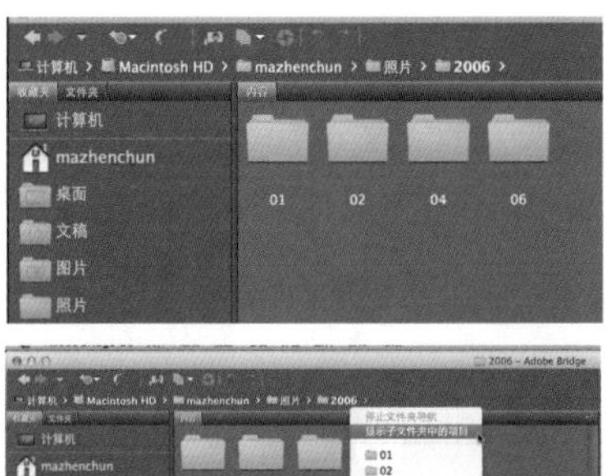

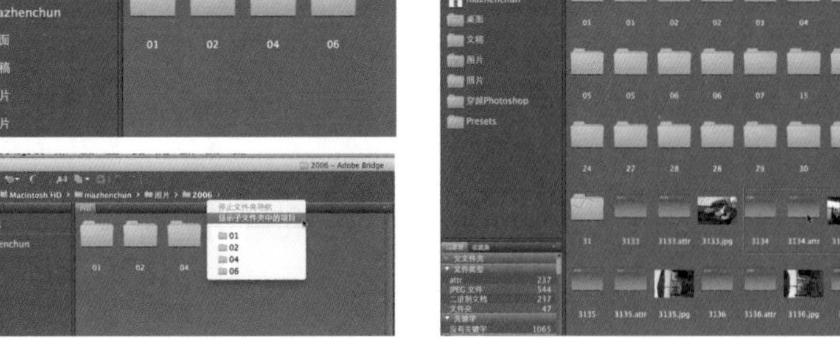

01 打开名为："2006" 的文件夹，并在上方文件路径处单击“显示子文件夹中的项目”，显示所有文件夹内的照片。此时会将“2006”根目录下所有的文件都显示出来，包括一些索引文件格式。

02 使用查找功能，查找“JPG”文件，只显示 JPG 文件格式。按住 <Shift> 键，选中所有照片，注意不要选中任何文件夹。由于照片数量庞大，因此这是一个大工程，主要考验机器的性能，能否快速显示出所有图片预览。

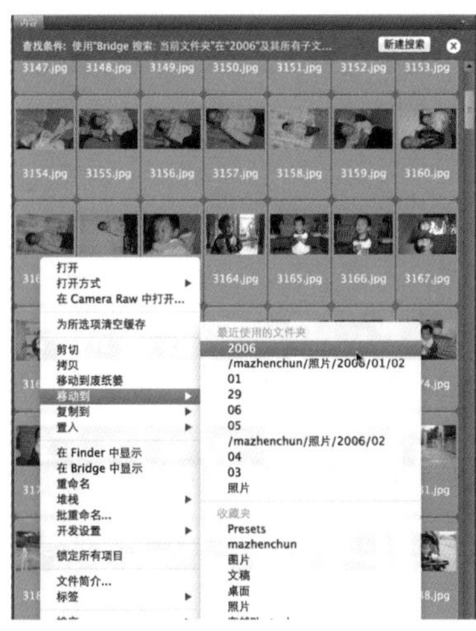

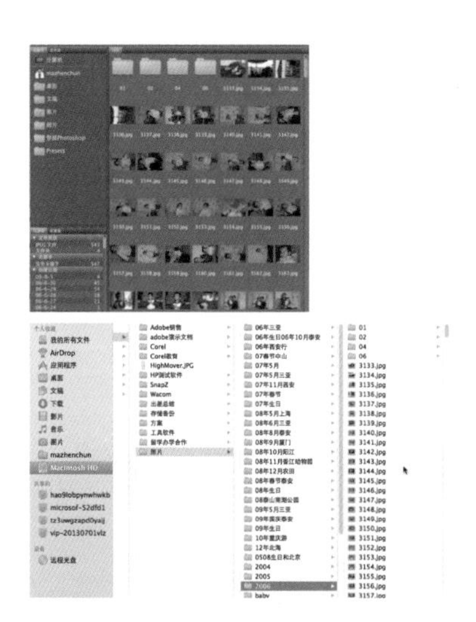

03 选中所有照片后，单击右键，选择“移动到 /2006”。将所有照片移动到同一层级的文件夹下。此时再与手机同步，方便快捷了许多。

3.20.2 用过滤器筛选图片

每张图片都有自己的背景信息，包括内嵌的元数据，如拍摄照片时数码相机所添加的 EXIF 元数据；还包括在 Bridge 中添加的元数据，如版权信息或导入图片时添加的自定文件名；还包括标签、评级等。所有这些背景信息都可以通过 Bridge 中的过滤器来筛选，查找具有相同属性的图片。

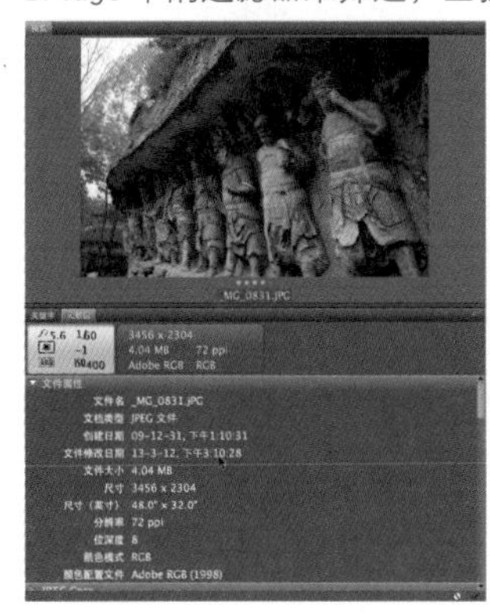

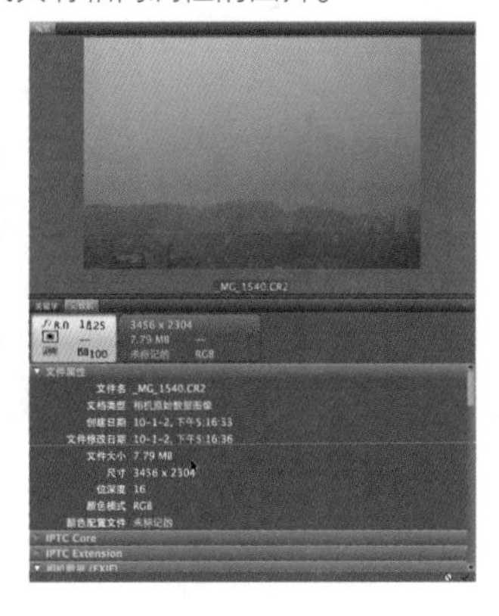

01 数码照片的内嵌元数据信息。在使用数码相机拍摄照片时，拍摄的瞬间数码相机会自动将当时的相关信息嵌入到照片中，如相机厂商和型号、拍摄时间、曝光值、ISO 感光度、光圈、快门速度等。（这些信息被称为 EXIF 相机数据）在将照片置入到 Bridge 后，会嵌入更多信息，如文件名、颜色模式、照片尺寸、文件创建时间等。以上所有信息都位于元数据面板下。

TIPS

不论 JPG 还是 RAW 格式照片，都会有元数据信息被读取。

02元数据有很多作用，其中最直接的作用就是帮助使用者记忆、查找某张图片或一组图片。要知道在当前这个数码时代，每个人都会有成千上万张照片（或图片）。想在浩瀚的照片中，快速准确地找到某张照片绝对是个技术活。此时元数据就显得很重要。在 Bridge 中，元数据会自动被过滤器面板所读取。当打开某个照片（或图片）文件夹后，文件夹内所有照片的元数据信息会自动添加到过滤器面板，并整理好。只需要单击某个元数据，就可在 Bridge 中只显示具有该元数据信息的照片。

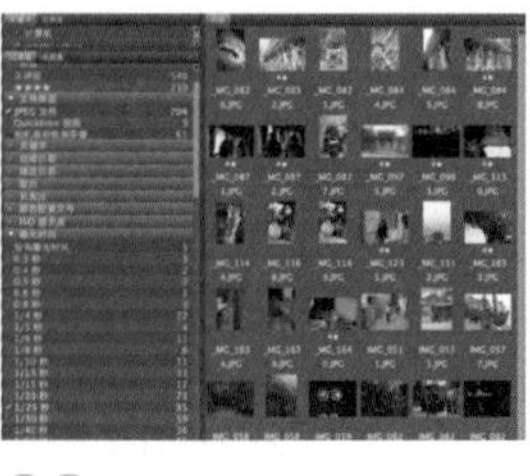

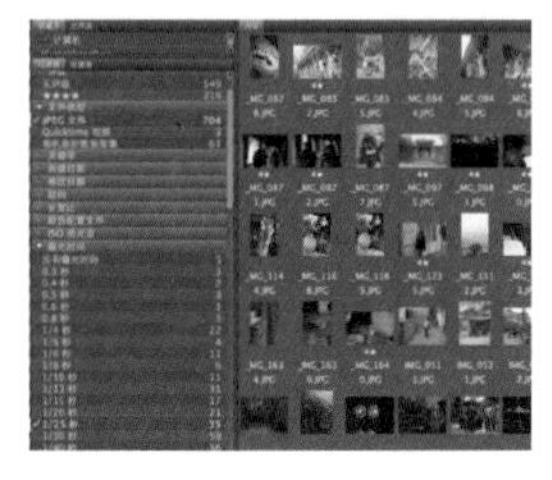

03在过滤器面板中，可同时叠加显示多个元数据信息的几组照片。如同时选中“PDF 文档”与“quicktime 视频”两组元数据。要清除所有过滤器，单击过滤器面板右下角的“清除”按钮即可。

04标签和评级也会被自动添加到过滤器面板上。

3.20.3 关键字

关键字，可以让我们根据个人的原则来自定义图片的信息。如照片是在白天拍摄，画面中有条宠物狗，那就可以为该照片添加两个关键字：狗、白天。以后可以通过查找关键字“狗”与“白天”可快速查找到所有具有这两个关键字的照片。下面介绍如何创建和嵌入关键字。

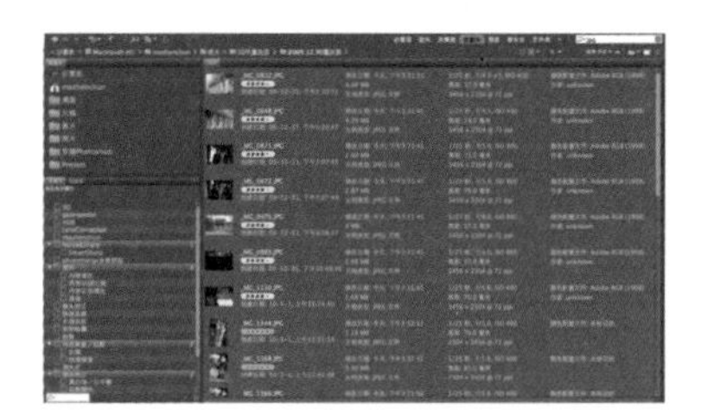

01按 <Cmd(PC 机 Ctrl)+F5> 组合键切换工作区到“关键字”模式下。也可以在标准模式下进行创建关键字操作。

02在关键字面板，Bridge 已经创建了一些关键字，时间、地点、人物。这些默认关键字的作用更多是为了让使用者了解关键字的使用方法。但关键字真正的作用还在于创建和应用自己特定的关键字。在关键字面板的右上角，单击打开菜单，选择“新建关键字”命令，输入关键字名称：“穿越 Photoshop”。

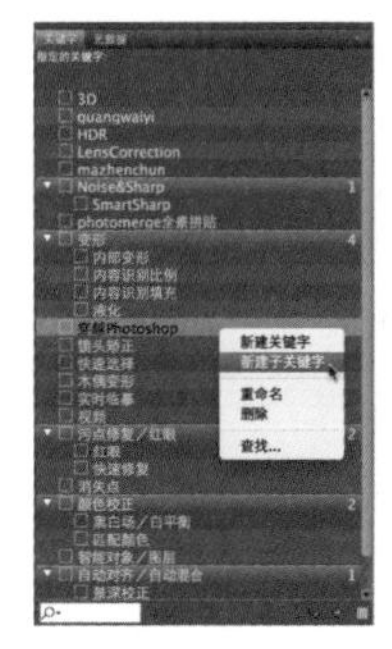

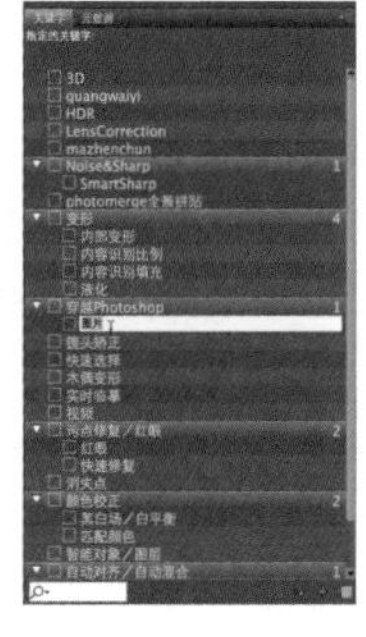

03选中“穿越 Photoshop”关键字，单击右上角打开菜单，选择“新建子关键字”，输入“图片”。在“穿越 Photoshop”关键字下创建了“图片”子关键字。

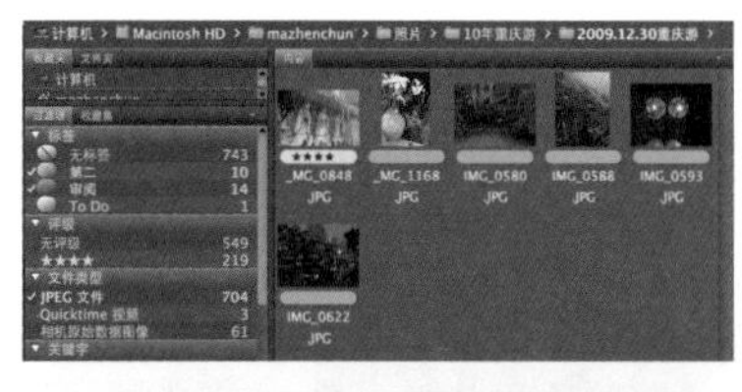

04为选中的图片，添加“穿越 Photoshop”和“图片”关键字。可在过滤器中，快速查找到该关键字。

3.20.4 元数据与元数据模板

元数据是一组有关文件的标准化信息，如作者姓名、分辨率、色彩空间、版权以及为其应用的关键字。例如，大多数数码相机将一些基本信息附加到图像文件中，如高度、宽度、文件格式以及图像的拍摄时间。您可以使用元数据来优化工作流程以及组织文件。

元数据信息是使用可扩展元数据平台（XMP）标准进行存储的，Adobe Bridge、Adobe Illustrator、Adobe InDesign 和 Adobe Photoshop 均基于该标准。使用 Photoshop Camera Raw 对图像进行的调整将存储为 XMP 元数据。XMP 建立在 XML 的基础上，在大多数情况下，元数据将存储在文件中。如果无法将信息存储在文件中，则会将元数据存储在称为附属文件的单独文件中。XMP 便于在 Adobe 应用程序之间以及发布工作流程之间交换元数据。例如，可以将某个文件的元数据存储为模板，然后将该元数据导入其他文件中。

以其他格式（如 EXIF、IPTC（IIM）、GPhotoshop 和 TIFF）存储的元数据是用 XMP 同步和描述的。因此，可以更方便地对其进行查看和管理。其他应用程序和功能（如视频软件）也使用 XMP 来传送和存储信息，如版本注释（可使用 Adobe Bridge 对其进行搜索）。

在大多数情况下，即使文件格式发生了变化（如从 PSD 更改为 JPG），元数据也会保留在文件中。将文件放在 Adobe 文档或项目中后，也会保留元数据。

添加元数据

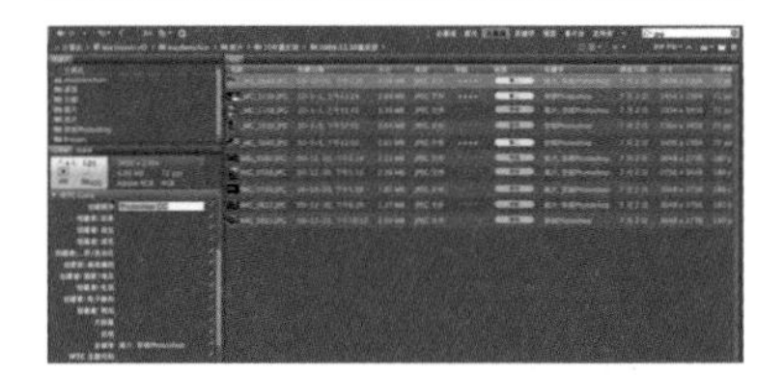

按 <Cmd(PC 机 Ctrl)+F3> 组合键切换工作区到“元数据”状态下。在元数据面板中，有些元数据是不能被修改的，如文件信息（尺寸大小、分辨率、颜色模式等），数码相机自动嵌入的信息（曝光、光圈等）；有些元数据则可以添加，如版权信息、联系信息、作者信息等。

一次性为多张图片添加元数据信息

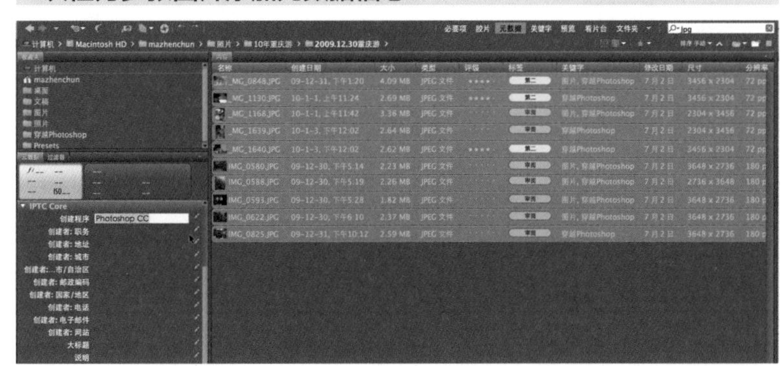

按住 <Cmd>(PC 机 Ctrl) 键选中多个文件，在元数据面板添加信息，如联系电话。完成后，单击元数据面板下方的“确定”按钮，一次性将信息添加给多张图片。

创建元数据模板与追加元数据

在实际工作中，每台计算机使用者的基本信息是固定的，如所在城市、联系电话、电子邮件等，每张图片都需要被添加类似的元数据。这就需要用户一次性输入完这些固定信息，然后像盖章一样整个嵌入到所有图片中。

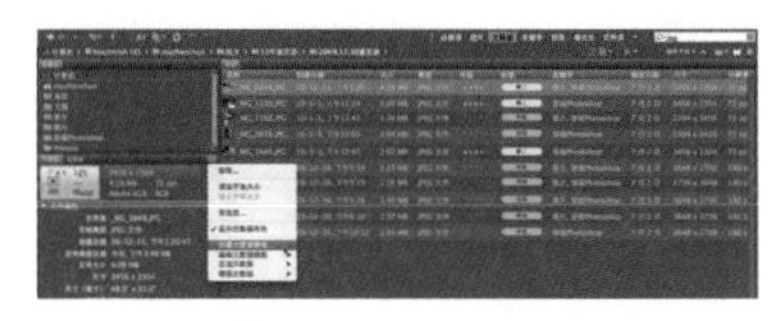

01 先选中一张图片，然后执行菜单：工具 / 创建元数据模板。

02 在创建元数据模板对话框中，输入基本信息。还要记得在对话框顶部的模板名称处，输入该模板的名称，然后保存。

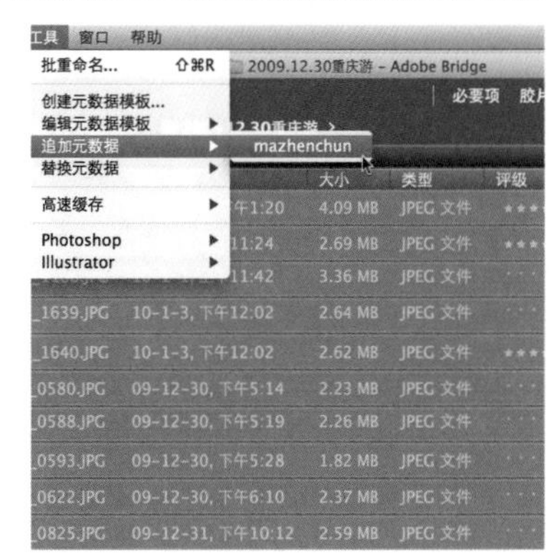

03 按 <Cmd>(PC 机 Ctrl) 键选中多个文件，执行菜单：工具 / 追加元数据，选择刚创建的元数据模板名称。为多个文件追加元数据。

清除元数据

为什么要清除元数据呢？因为有时需要将图片给你的客户或其他人，此时并不希望别人看到图片内的个人信息、相机信息、拍摄信息等，这时就需要将元数据清除掉。

01 双击一张具有元数据的图片，在 Photoshop 中打开该图片。按 <Cmd(PC 机 Ctrl)+A> 组合键全选，再按 <Cmd(PC 机 Ctrl)+C> 组合键复制。

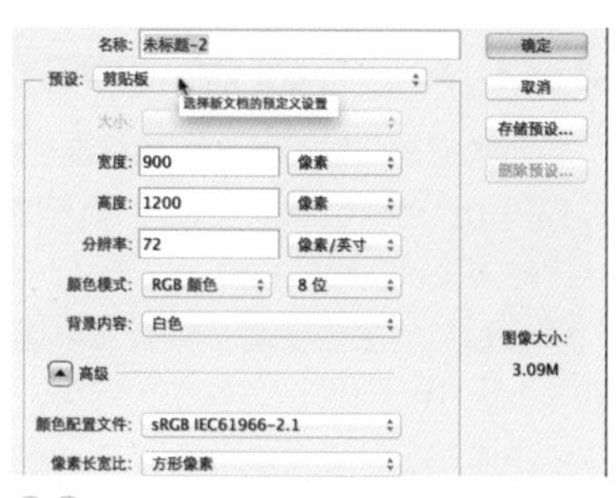

02 按 <Cmd(PC 机 Ctrl)+N> 组合键创建新文件，在新建对话框中，单击预设菜单，选择刚打开的图片。这样的操作，可确保创建一个与打开图片尺寸完全一样的新文件。

03 按 <Cmd(PC 机 Ctrl)+V> 组合键将前面复制的图片内容粘贴进新文件中。按 <F7> 打开图层面板，此时粘贴进来的图片在背景图层之上。按 <Cmd(PC 机 Ctrl)+E> 组合键合并两个图层。保存该文件，此时元数据被清空。

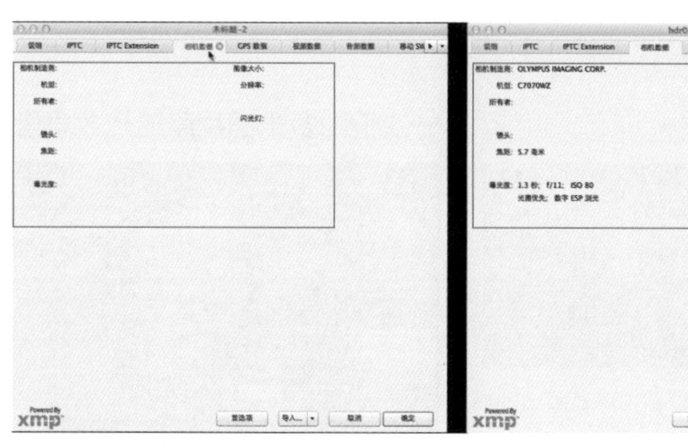

04 在 Photoshop 中执行菜单：文件 / 文件简介，单击对话框内的相机数据选项卡，可以看到原来自动嵌入无法更改的元数据被清空掉。

TIPS

如果这样的清空操作步骤太烦琐，可将操作录制成动作，使处理过程自动化。

3.20.5 查找功能与智能收藏集

收藏集是将照片分组归入一个位置以便于查看的方法，即使是位于不同文件夹或不同硬盘驱动器上的照片，也可用收藏集分组管理。智能收藏集是一种通过保存“按查找功能或搜索条件”而生成的收藏集。使用“收藏集”面板，可以创建、查找和打开收藏集，并可创建和编辑智能收藏集。

智能收藏集在以下方面体现了其强大、实用的功能特点。

1. 基于强大的查找功能，可以快速准确定位图片。

2. 智能收藏集内的图片可以跨越文件夹，由不同的文件所组成。

3. 智能收藏集不会对所属文件进行任何操作，如移动、复制等。

基于以上几点，可以想到智能收藏集对于工作的实际意义在于从浩瀚的海量图片及不同文件目录中，筛选出合适的图片，并可随时调用。因此，很多工作的最开始阶段——整理准备素材，都是从创建智能文件集开始。

创建智能收藏集的方法有两种，如下。

1. 先执行查找功能按 <Cmd(PC 机 Ctrl)+F> 组合键或执行菜单：编辑 / 查找，打开查找面板，按条件搜索出合适的图片。在内容面板，按“另存为智能收藏集”按钮，保存为智能收藏集。

2. 单击“收藏集”面板下方的“新建智能收藏集”按钮，可打开查找功能面板。设置好搜索条件后，单击“存储”按钮即可创建智能收藏集。

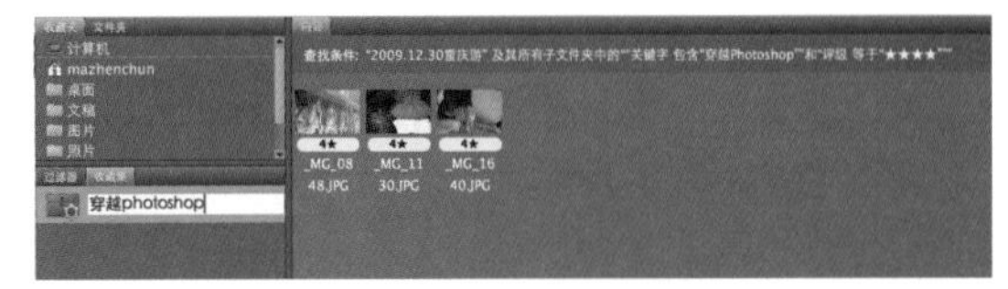

创建好智能收藏集后，还需要了解它的两个特点。

实时性。如果对智能收藏集内的某张图片进行了修改，修改后若不符合该智能收藏集的搜索条件，会被自动删除；反之，如果修改某个文件使其达到该智能收藏集的要求后，会被自动添加到智能收藏集内。

编辑智能收藏集。单击“内容”面板右上角上的编辑智能收藏集图标，可再次打开“智能收藏集”对话框（与查找面板相似，可以添加条件、删除条件或修改条件。

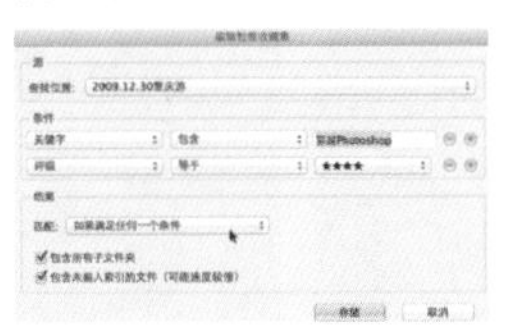

3.20.6 输出 :Web 画廊 /PDF/ 联系表 II（CS6 版本）

如果要将一组照片或作品打包压缩发给客户或与朋友分享，可以借助 Bridge 的输出功能，制作成 Web 画廊或 PDF 通过网络发送出去。在 CC 版本中没有“输出”面板，需要在 CS6 版本中制作。

01 按 <Cmd(PC 机 Ctrl)+F4> 组合键切换工作区到“输出”模式。按 <Cmd>(PC 机 Ctrl) 键选中多张图片（或在内容面板内，拖曳鼠标框选多张图片）。

02 在右侧的输出面板内，单击 Web 画廊按钮。指定一种显示模板，如连环缩览幻灯胶片，单击“在浏览器中预览”可立即在浏览器中预览。

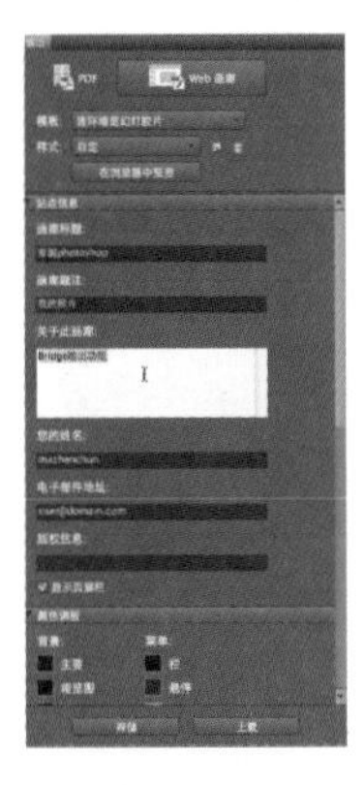

03 在输出面板上，还有更多参数用来设置，如站点信息、背景调整、外观显示等。可自行设置，这里就不再赘述。

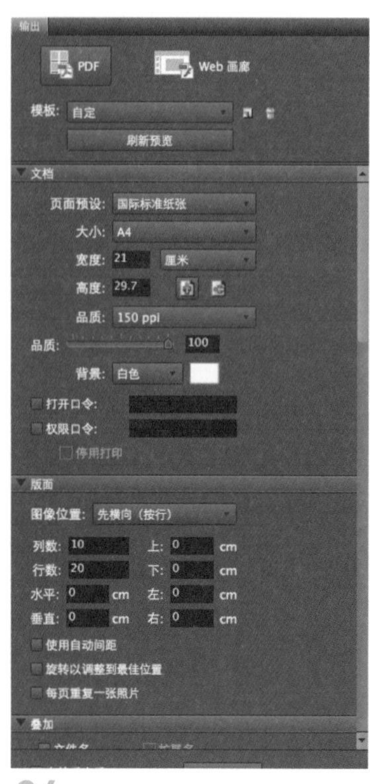

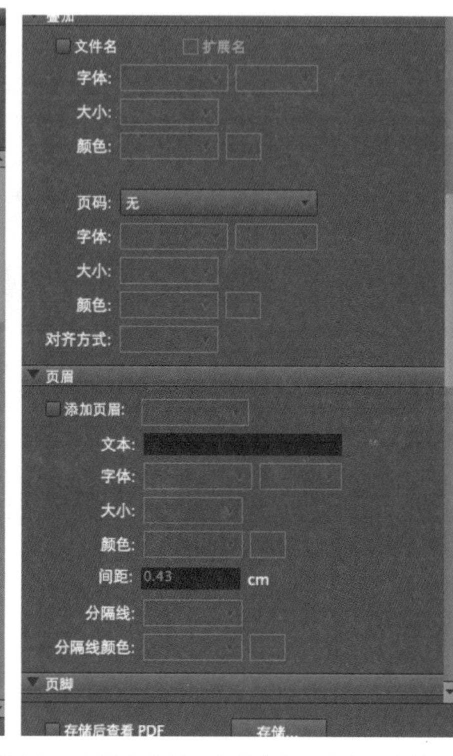

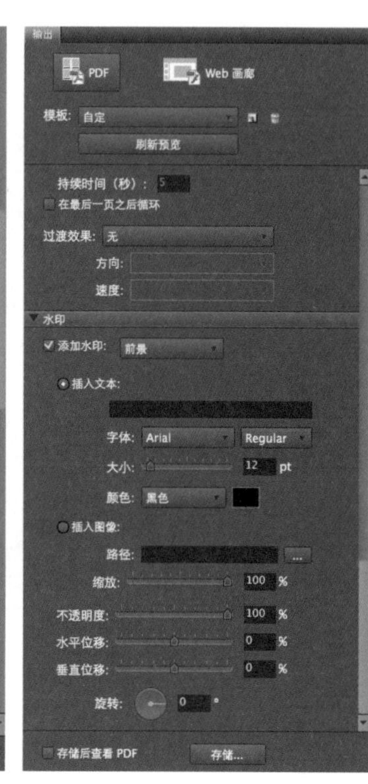

04 输出 PDF 的方法及参数设置，基本与 Web 画廊类似，多了水印、安全口令等 PDF 专有设置。

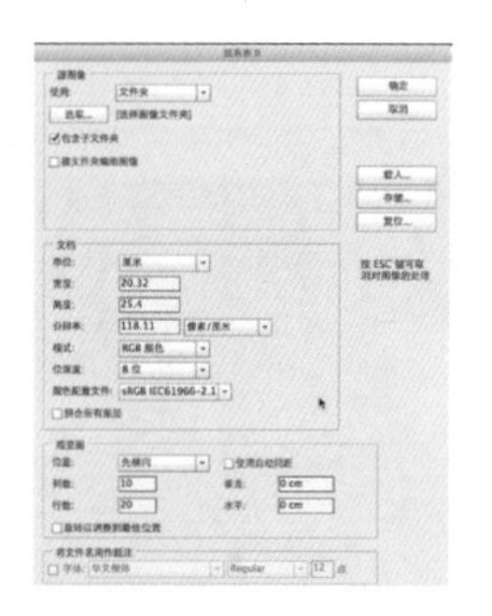

05 执行菜单：工具 /Photoshop/ 联系表 II，可将选中文件在 Photoshop 中制作成联系表形式，可用于图片索引、缩略图打印等。

3.20.7 制作处理

Bridge 不仅有预览、管理图片的功能，还有与 Photoshop、Illustrator 结合使用的制作处理功能，如 Photomerge(图片拼接 ）、批处理等，主要集中在一些批处理的工作上。

执行菜单：工具 /Photoshop，可执行某个 Photoshop 制作功能。

下面介绍几个常用且非常实用的功能。

Photomerge 图片拼接功能

Photomerge 图片拼接功能可将多张连续的图片合并成全景图等。

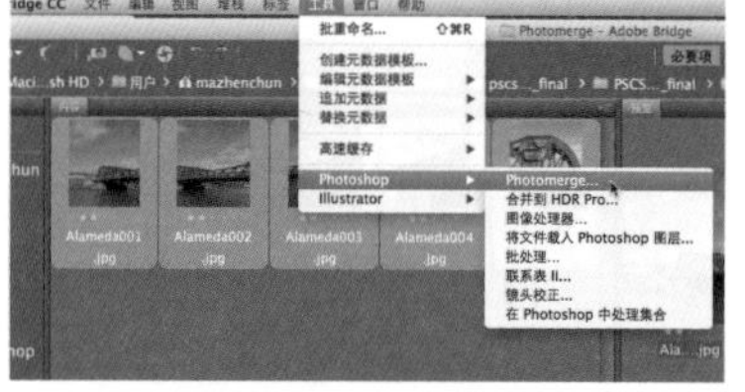

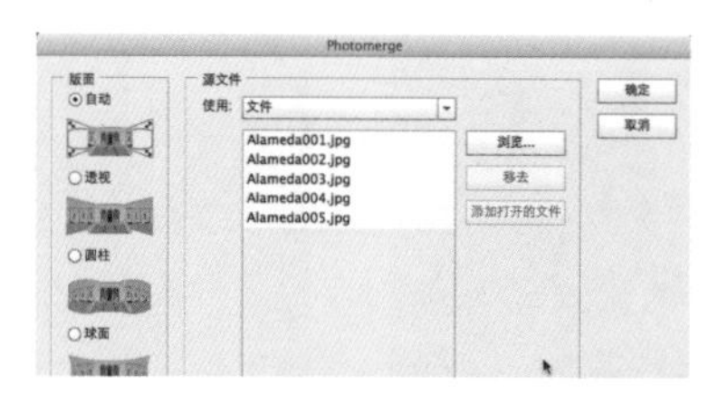

将文件载入 Photoshop 图层

将文件载入 Photoshop 图层，一个不起眼但是却非常好用的功能。选中多个图片，执行菜单：工具 /Photoshop/ 将文件载入 Photoshop 图层，可将选中多个图片，以图层方式载入到同一个 Photoshop 文件中。可省去很多乏味无聊的操作。

批处理

执行菜单：工具 /Photoshop/ 批处理命令后，可批量执行 Photoshop 中录制好的动作。

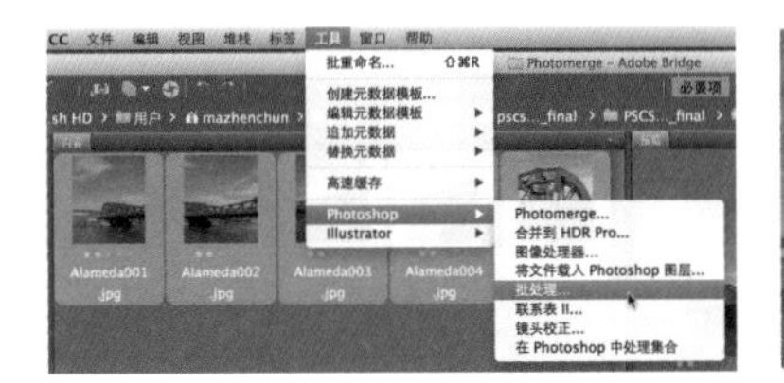

图像临摹

选中一个或多个图片，执行菜单：工具 /Illustrator/ 图像临摹，可打开 Illustrator 使用图像临摹功能，将位图转换为矢量图。

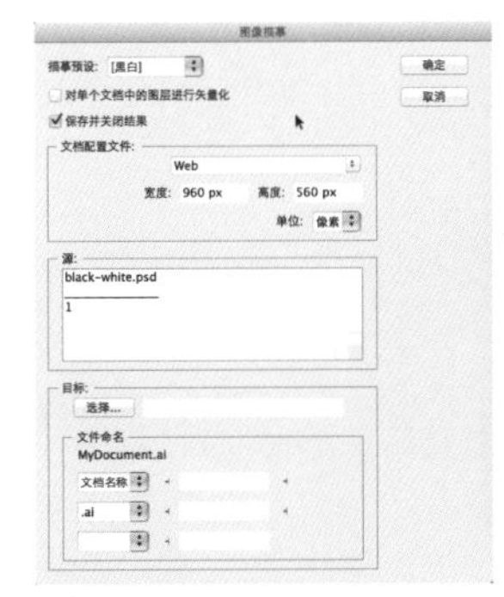

3.21 如何管理“海量”图片

管理“海量”图片，目前已经是一个课题，不只对于专业图像、视频领域，甚至普通摄影爱好者，拥有数码卡片机的人，都为管理“海量”图片而头疼。通过本节关于 Bridge 的介绍，可以找到管理的头绪和方法。

管理工作可以从每次导入照片开始。不要嫌麻烦，多花些时间，给照片重新命名，设好关键字、元数据，做好评级、标签；同时删除有问题的照片……这些工作都为日后的搜索、筛选带来帮助。

总之，管理图片（素材），是一项长期的基本工作，要从每个工作的开头抓起。充分利用 Bridge 各个功能，让管理“海量”图片变得轻松自如。

| 穿越 | 如何学习案例（教程），如何做到融会贯通

在我们成长的过程中，一定会去翻阅很多书籍资料或在线网站，去学习里面的案例（教程），让自己快速发展。但是不同的人学习相同的案例，会有不同的结果。如果排除主观因素（即个人没有认真努力），那就是方式方法的原因。

学习一个案例，最重要的不是按照步骤做出来，而是能做到分析案例、总结规律，最终能够吸收其中的技巧和思路，将自己打造成高手。

要达到以上境界，需要个人有意识地引导自己去学习。在这里，将自己的一些学习心得拿出来与大家分享。

1. 重视思路，包括制作思路和创作思路

记得有人曾经说过，每个 Photoshop 作品的制作过程，都是类似程序员编程的过程。每一步如何做，前后两步的因果

关系等，这些都需要在脑海中提前规划出来。因此，当我们去学习一个案例时，也应该像程序员一样，将整体的制作思路，各个步骤间的因果关系分析出来，这样才能更好地消化吸收并掌握。

同时，还要去比较原始素材与最终作品之间的差异，经过分析思考，找出作者采用这种制作方式的优点。另外，要带着自己的想法与观点去学习，通过与原文的比较，能够更好地理解作者的本意，也能找出自己所需要的知识点。

2. 各步骤间的关系

有些步骤内的设置必须完全一样，有些则不必；有些步骤的前后次序不能调换，有些则可以；有些步骤是必须要的，而有些则可省略或者替代……

对于各个步骤要进行不同的思考与尝试，从而归纳总结出个人心得。也只有这样，才能将案例里的知识转换为个人的知识，为个人所用。

3. 操作

这也是与本章内容有直接关系的一方面。平时，在宽松的课堂式学习氛围下，很难体会到操作的重要性。因此，在学习案例的过程中往往会忽略快速、简洁、熟练操作的重要性。

不要自我降低对于操作的要求，能做出来和快速流畅地做出来，在实际工作中是两个境界。这要求初学者，在学习的过程中，要关注操作上的细节，比如快捷键的应用、功能键的使用等。说到底，就是要反复练习，而且要对自己有要求（如在规定时间内完成）。

第 4 章 图层、蒙版、通道

概述 :PhotoShop 的核心功能——“图层”

将“图层”功能定义为 Photoshop 的核心功能，是长期使用 Photoshop 后的经验和心得。脱离了图层，将无法真正融合所有 Photoshop 强大的功能。

为什么要这样说呢?

1. 首先，图层是 Photoshop 里的一个平台，所有的图片、文件进入到 Photoshop 中，都会被放置到一个单独的图层中，从而具有了图层属性，以便于下一步的合成和创作。

2. 其次，所有的绘制 / 修复工具 (如画笔) 、滤镜特效命令，都需要在图层上进行操作; 同时，这些工具、命令，几乎都可以在蒙版、通道内进行同样的绘制和操作。而蒙版和通道恰恰是合成中最关键的一环，代表了选区或调色。因此，在图层 / 蒙版 / 通道中，具有两个不同世界的 Photoshop，可以将 Photoshop 的功能最大化使用。

3. 再次，几乎每次工作，都会大量使用图层功能。每次操作，都会以选中当前图层为前提条件。

4. 最后，“图层”功能提供了更广泛更深入的“存储”功能，同时也提供了更深层次的“Undo”功能，可以让你反复地去实验不同的设计构想。还可以在其他的项目、工作中，反复使用。

综上所述，“图层”功能是 Photoshop 的核心功能，也是最基础的功能。每次操作的发起是通过图层，每种特殊的效果都离不开图层的参与，同时图层可以将 Photoshop 的功能、特长最大化表现出来。因此，掌握“图层”功能是必不可少的。

TIPS

在这里，“图层”功能是广义上的，包括图层、蒙版和通道，因此加上引号，以示区别。大多数情况下，Photoshop 中的工具、命令，每次只能处理单一图层。个别功能可以针对多个图层。

4.1 图层基础知识

4.1.1 了解图层

图层就如同叠放在一起的纸张。每一张纸 (即图层) 都可保存不同的内容 (如图像、文字等) 。

每一个图层都有各自单独的属性，如图层不透明度、混合模式等。图层属性既决定了当前选中图层自己的显示，也影响与下方图层的合成显示。对图层属性进行的操作，不会更改图层本身的内容，如更改不透明度等，只会影响图层的显示效果。

对于图层可进行图层内容的编辑，如缩放图层内容大小，移动图层内容; 也可在图层面板上整体编辑图层，如复制、删除图层，显示或隐藏图层，改变图层排列顺序等。

针对某个图层的内容进行编辑处理，不会影响其他图层。在操作上，每个图层都保持相对独立。

整个文件的最终显示效果，由所有图层共同决定，即每个图层内容、混合模式、不透明度等所有因素叠加在一起而形成最终效果。

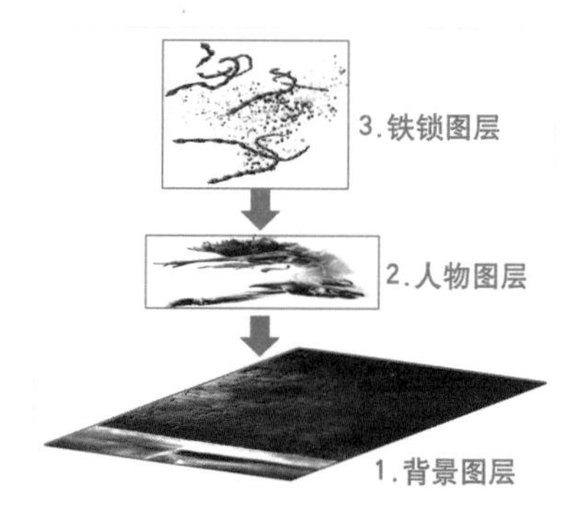

01 多个不同图层，使用不同的图层混合模式，叠加组合在一起。

TIPS

通常在执行某个菜单，使用某个工具前，都要先选定某个或多个图层。

02 最终合成效果。

任何一个新图像都包含一个图层。可以添加到图像中的附加图层、图层效果和图层组的数目只受计算机内存的限制。图层的管理、使用，主要依靠图层菜单、图层面板。下面分别介绍图层菜单、图层面板。

4.1.2 图层菜单

在菜单栏里，有“图层”菜单选项，基本上所有针对图层的操作，都可以在“图层”菜单中找到。根据菜单命令及选中图层的不同，“图层”菜单某些命令会显示为灰色，即不可用。如要执行“链接”命令，则必须选中两个以上图层方可使用该命令。

通常情况下，使用者不会去“图层”菜单中执行命令，会通过快捷键、图层面板来快速实现。这些由 Photoshop 软件特点和最终使用环境决定。频繁进出菜单，会浪费大量时间，不仅让操作变得缓慢，还会让你的客户或上司感到厌烦。

4.1.3 图层面板

“图层”面板列出了图像中的所有图层、图层组和图层效果。可以使用“图层”面板来显示和隐藏图层、创建新图层以及处理图层组。可以在“图层”面板菜单中访问其他命令和选项。

图层面板基本可以解决大多数关于图层的操作，也是 Photoshop 中使用最频繁的面板。

按 <F7> 键可以打开 / 关闭图层面板，或执行菜单：窗口 / 图层。

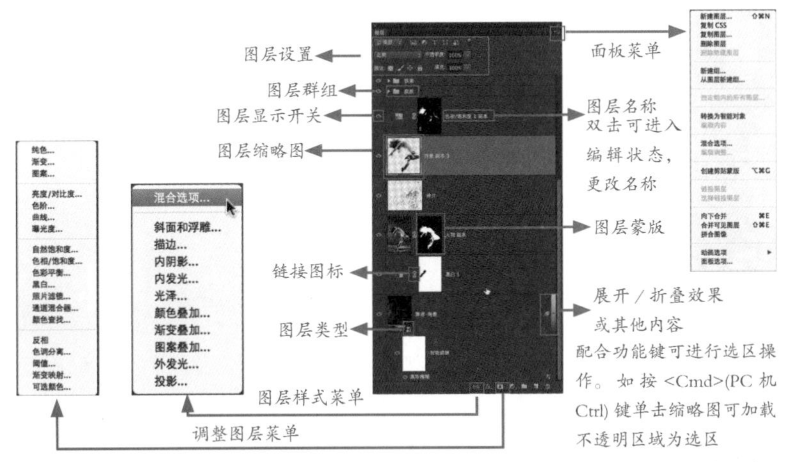

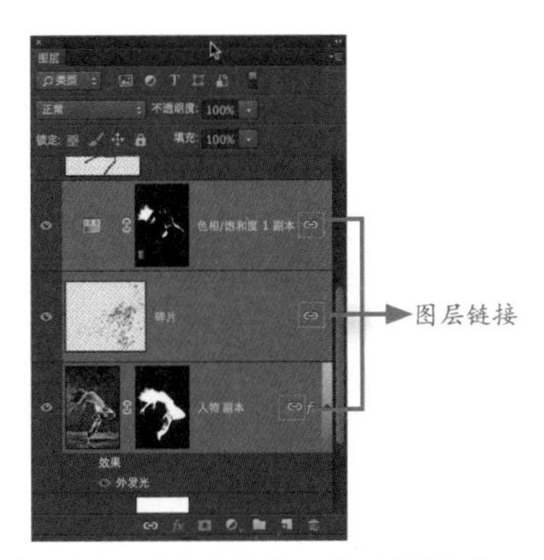

图层面板上的操作非常强大，配合功能键可实现很多操作。在后面章节中有更详细介绍，请留意操作细节，并熟练使用。

4.1.4 图层复合面板

一般情况下，每个作品会由多个图层组成，设计多个方案，供自己或客户选择。此时可利用“图层复合”来创建页面版式的多个合成图稿（或复合）。使用图层复合，可在单个 Photoshop 文件中创建、管理和查看版面的多个版本。

图层复合是“图层”面板状态的快照。图层复合记录以下 3 种类型的图层选项。

1. 图层可见性：图层是显示还是隐藏。
2. 图层位置：在文档中的位置。
3. 图层样式外观与效果：是否将图层样式应用于图层和图层的混合模式。

执行菜单：窗口 / 图层复合，可打开图层复合面板。

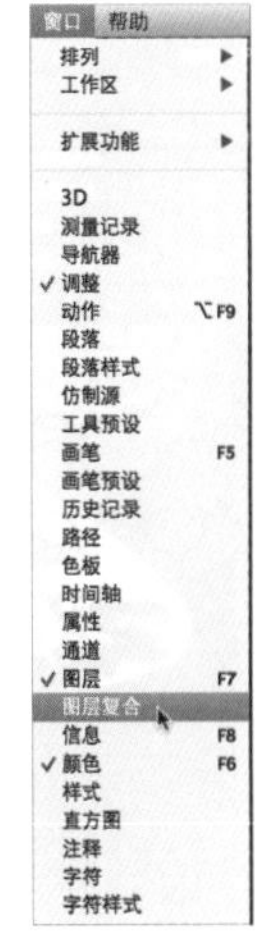

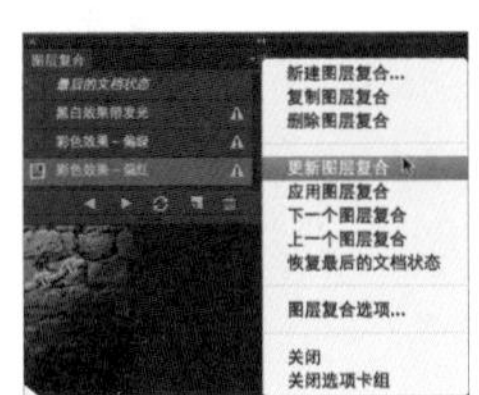

TIPS

与图层效果不同，无法在图层复合之间更改智能滤镜设置。一旦将智能滤镜应用于一个图层，则它将出现在图像的所有图层复合中。

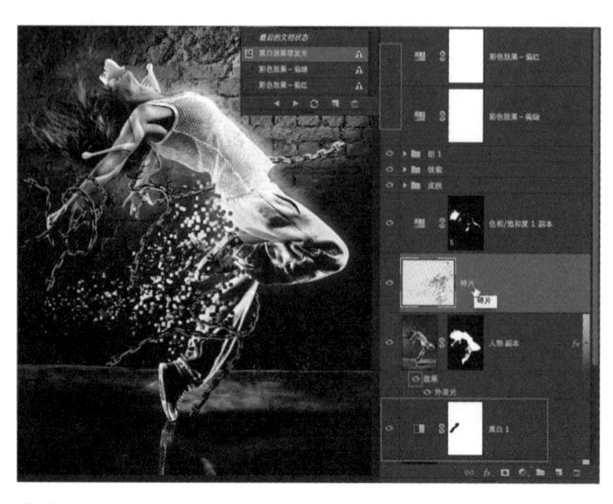

01 打开图层样式效果，打开“黑白”调整图层，关闭“色泽 & 饱和度”调整图层。

02 关闭图层样式效果，关闭“黑白”调整图层，打开“色泽 & 饱和度”调整图层，设置偏绿的效果。

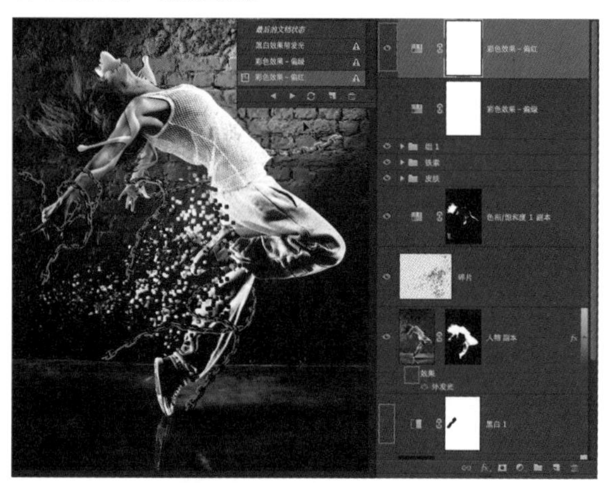

03 关闭图层样式效果，关闭“黑白”调整图层，打开“色泽 & 饱和度”调整图层，设置偏红的效果。

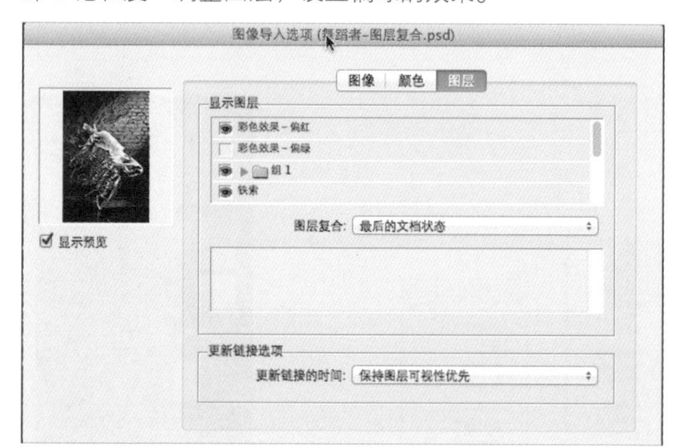

04 图层复合可在 InDesign 中使用，在排版中使用不同色调、不同组合的效果。在 InDesign 中，执行菜单：文件 / 置入或按 <Cmd(PC 机 Ctrl)+D> 组合键，在置入对话框中，选择不同图层复合组合。

4.1.5 图层类型

图层有不同的类型，体现在不同功能使用上。有些是自动创建的，如文本图层；有些可以转换，如智能对象。下面就介绍图层类型。

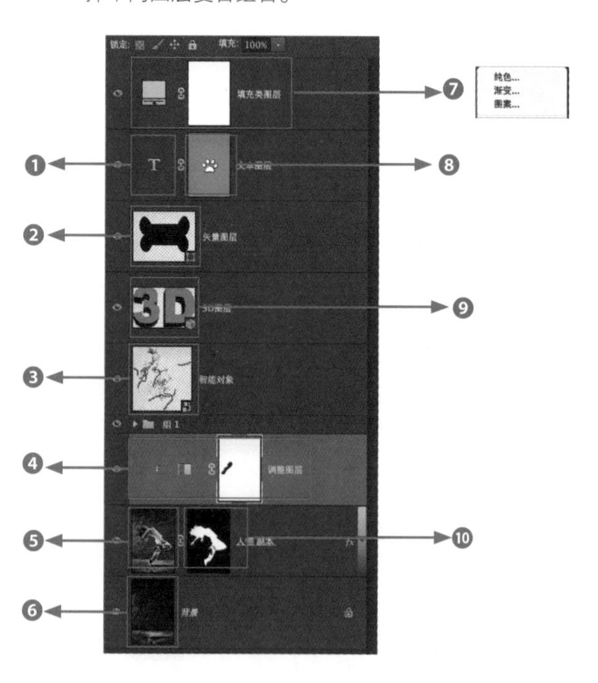

❶ 文本图层
❷ 矢量图层
❸ 智能对象
❹ 调整图层
❺ 常规图层
❻ 背景图层
❼ 填充类图层
❽ 矢量图层蒙版
❾ 3D 图层
❿ 图层蒙版

每种图层都有图层的共性，如图层不透明度、混合选项；同时也有自己的特性，如文本图层的文本可编辑性，矢量图层的调整锚点等；另外，有些工具和命令不能在某些特定图层上使用，如画笔工具不能直接绘制在智能对象上等。这些特点在初期学习中要留意，对日后的深入学习、应用会有帮助。

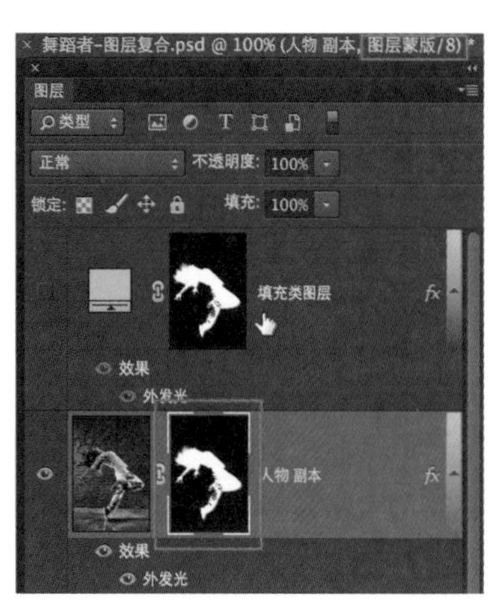

经验：在使用工具或执行菜单命令前，要下意识地扫一眼图层面板上的状态。是否选中要执行操作的图层；图层是否被锁定；选中的是图层蒙版还是图层等。还可看文件选项卡上的提示。也可逆向思维，如遇到工具或命令无法按默认状态正常使用时，首先去检查图层面板上的状态。图层是否被锁定，是否未选中图层，是否选中的图层无法执行当前的命令或工具。

4.2 图层操作

图层操作就是在图层面板上的操作。在 Photoshop 中，图层面板是使用最频繁的面板，鼠标会经常停留在图层面板周围。因此，熟练掌握图层面板上的各种操作，有助于提高工作效率。在使用图层面板进行操作时，常常需要选中一个或多个图层。

4.2.1 打开 / 关闭图层的显示

单击图层面板上的“眼睛”按钮，可打开 / 关闭图层的显示。按住鼠标不放，上下拖曳鼠标可打开 / 关闭多个图层显示。按 <Alt> 键单击某个图层“眼睛”按钮，可打开 / 关闭除所中图层外所有其他图层的显示。

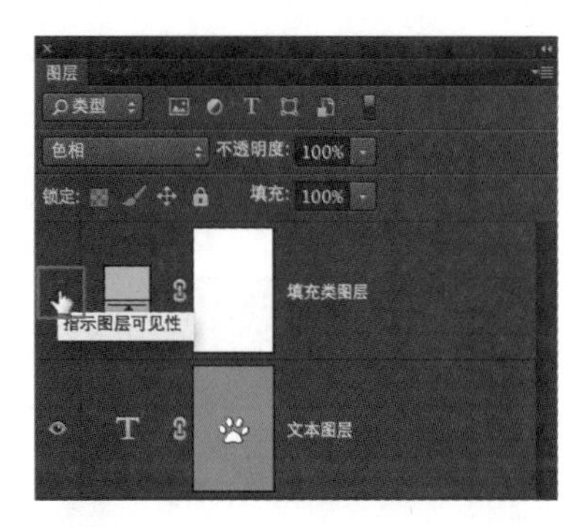

4.2.2 重命名图层

在图层面板上双击图层名称，可重命名图层名称。也可执行菜单：图层 / 重命名图层。

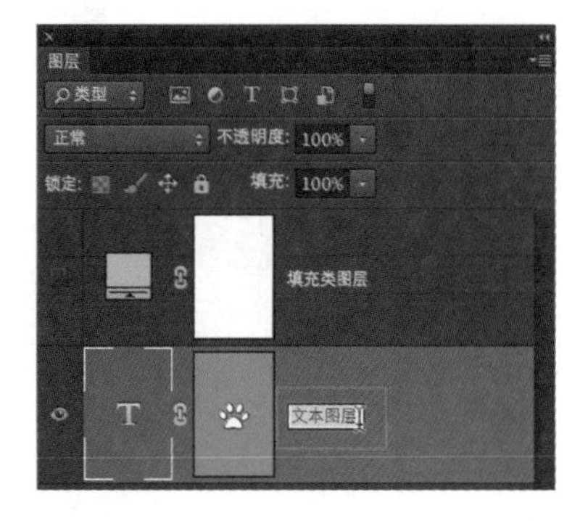

4.2.3 打开图层样式对话框

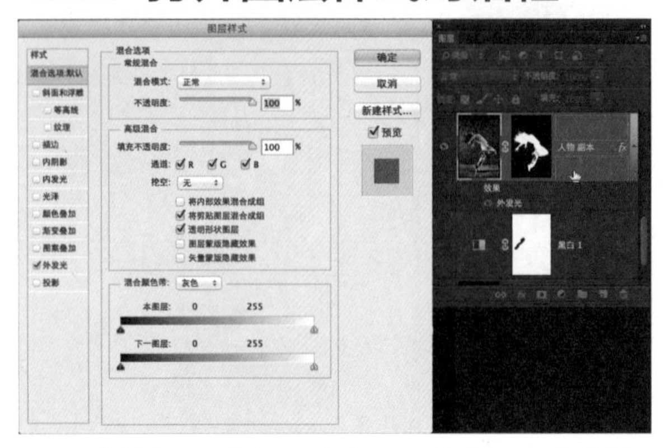

双击某个图层除去图层名称、图层缩略图、图层蒙版、效果或链接图标以外的空白区域，可打开图层样式对话框。如果是常规图层，也可双击图层缩略图，打开图层样式对话框，其他图层类型则不行。

还可以单击图层面板底部的样式效果按钮，选择“混合选项”，打开图层样式对话框。

执行菜单：图层 / 图层样式 / 混合选项，打开图层样式对话框。

编辑图层内容

双击文本图层的图层缩略图，可自动选中该图层内文本，进入编辑状态。编辑修改后，可按 <Cmd(PC 机 Ctrl)+Enter> 组合键确认并退出编辑状态。也可在上方选项栏处单击对号按钮，确认并退出文本编辑对话框。

切记，退出文本对话框，再去执行新的操作，否则不仅容易影响下一步操作，还容易误输入文字。

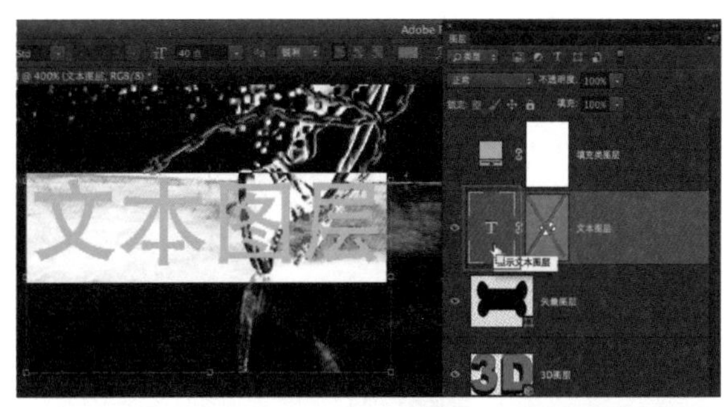

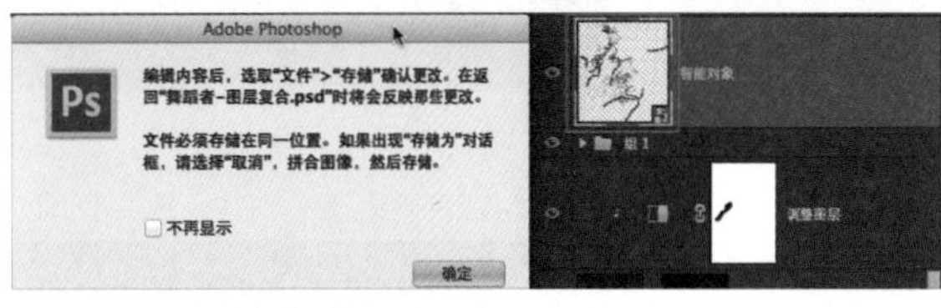

双击智能对象的图层缩略图，可单独打开智能对象内的所有图层文件，进行编辑处理。

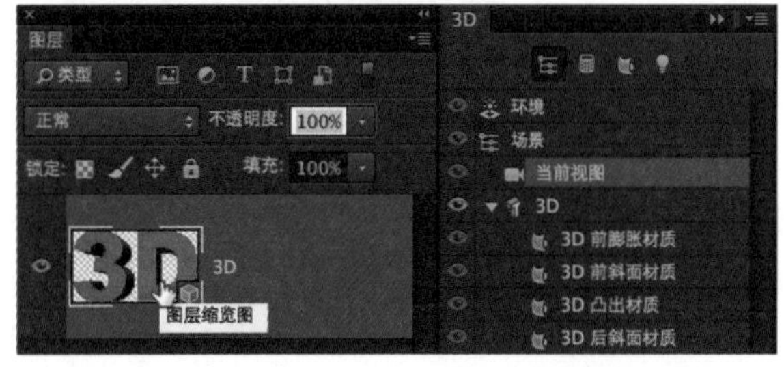

双击 3D 图层的图层缩略图，可打开 3D 面板。

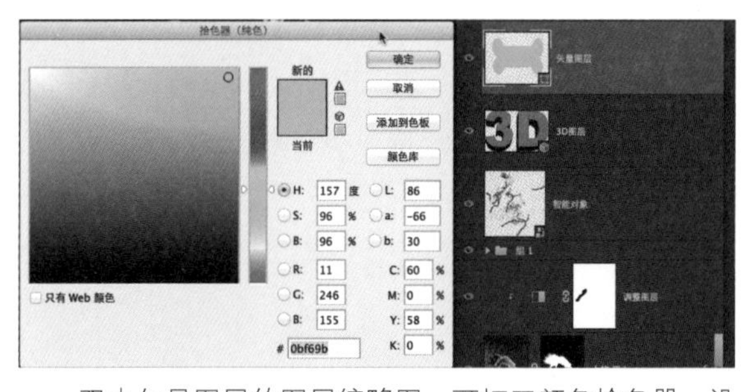

双击矢量图层的图层缩略图，可打开颜色拾色器，设置新的颜色。

双击调整图层的图层缩略图，可打开属性面板相对应的调整对话框，如“色泽 & 饱和度”。

4.2.4 更改图层面板上的颜色显示

在图层面板选中某个图层，单击鼠标右键，在菜单中选择某个颜色。给图层标注颜色，方便后期的图层管理、使用。

4.2.5 加载图层不透明区域到选区

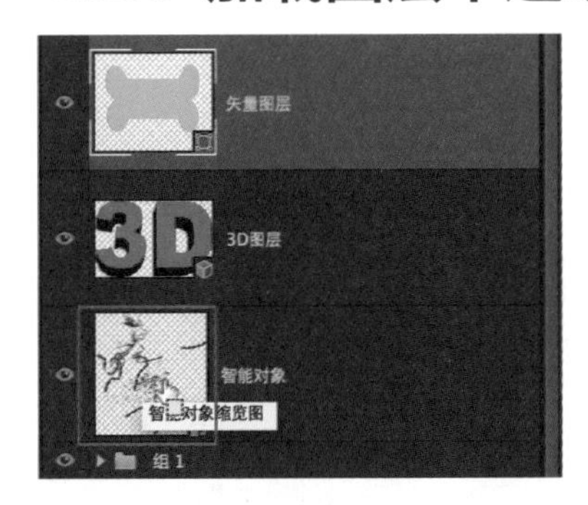

01 按 <Cmd>(PC 机 Ctrl) 键单击某个图层的图层缩略图，可将该图层的不透明区域加载为选区。如果该图层有半透明信息，会以羽化的方式加载，保留半透明信息。

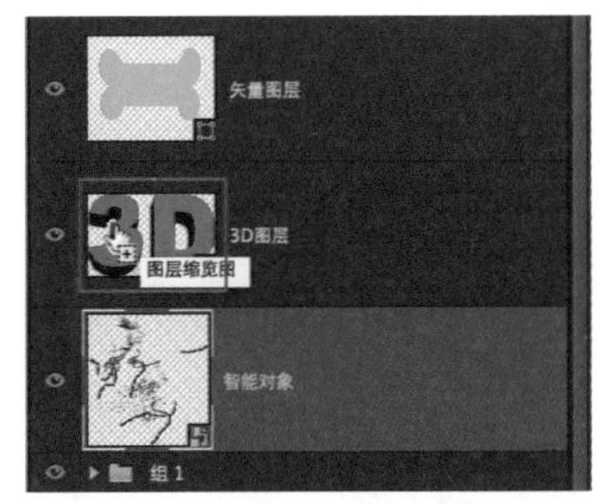

02 按 <Cmd(PC 机 Ctrl)+Shift> 组合键单击图层的图层缩略图，可将当前图层的不透明区域以相加的方式加载到现有选区中。

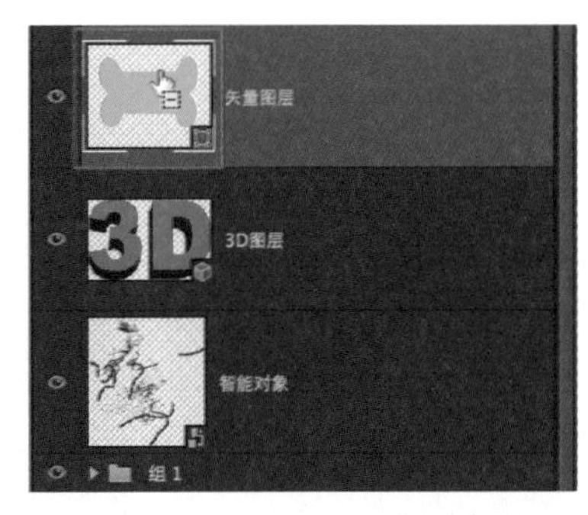

03 按 <Cmd(PC 机 Ctrl)+Alt> 组合键单击图层的图层缩略图，可将当前图层不透明区域以相减的方式加载到现有选区中。

04 也可以在图层缩略图上单击鼠标右键，执行“选择像素”命令，将当前图层的不透明区域加载为选区。

TIPS

图层本身就是个存储选区的好地方。因此，在进行一些操作，尤其是会更改（破坏）原始图层内容的时候，尽量将操作放置在新的空白图层上进行操作。这样即可保留原始图层内容，也能确保随时进行修改操作。

4.2.6 更改图层或组的顺序

使用快捷键 <Cmd(PC 机 Ctrl)+[> 或 <Cmd+]>，改变次序。可借助 <Cmd(PC 机 Ctrl)+Shift+[> 或 <Cmd+shift+]>，将图层放置到最顶层或最底层。在图层很多的时候，调整图层次序，可配合快捷键快速实现调整图层次序。

执行菜单：图层 / 排列，改变次序。

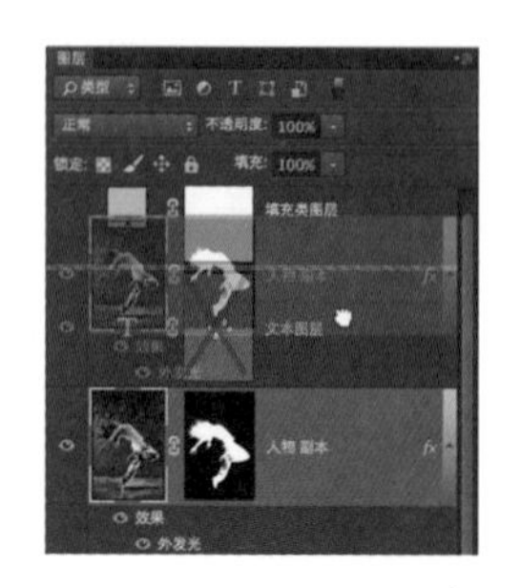

图层的排列次序，直接影响最终的合成效果。更改图层的排列顺序，最常用的方法是拖曳图层和使用快捷键方式。

4.2.7 拖曳图层操作

图层面板上使用最多的操作就是拖曳。所有的拖曳操作都是通过菜单来实现，如复制、粘贴。

拖曳图层样式效果到其他图层。按住 <Alt> 键拖曳样式效果到其他图层可复制该样式效果到新的图层上。

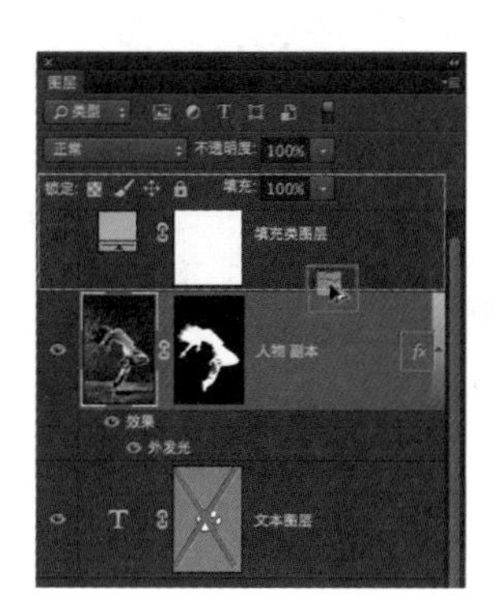

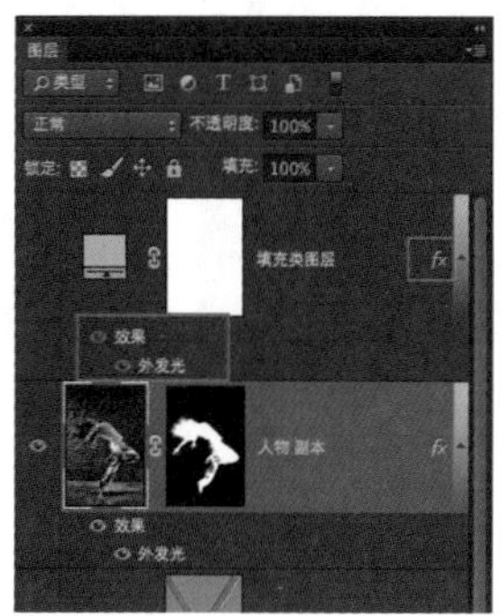

拖曳图层到“新建图层”按钮可复制该图层。拖曳图层到“删除图层”按钮上，可删除该图层。拖曳图层到“创建新组”按钮可创建新的图层组并将该图层放置到该组中。

在图层面板上还有其他的操作，如图层面板上方的参数设置（不透明度、混合模式等设置），面板底部的各类创建按钮以及图层面板菜单。这些操作放在下面的专项主题介绍中。

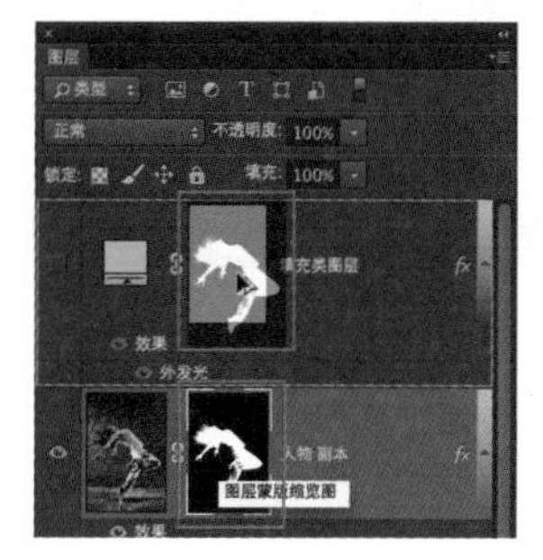

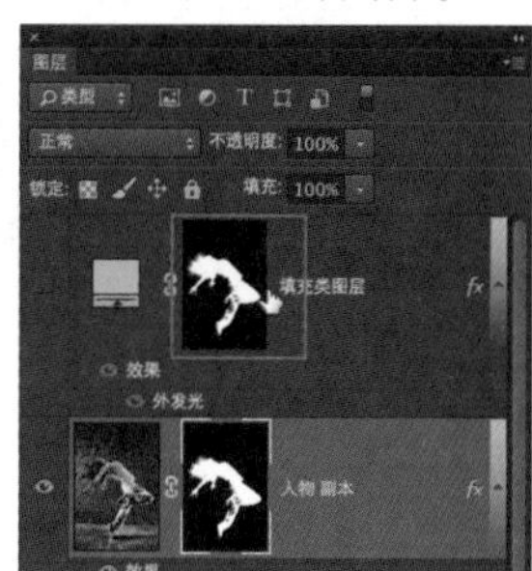

4.2.8 新建图层

一些常规操作可以创建新的空白图层，如新建图层命令。在大多数情况下，需要手动去创建图层。

新建图层的基本方式

执行下列操作之一。

要使用默认选项创建新图层或组，请单击“图层”面板中的“创建新图层”按钮 或“新建组”按钮 或按 <Cmd(PC 机 Ctrl)+Shift+Alt+N> 组合键，直接创建新的空白图层。

1. 执行菜单：图层 / 新建 / 图层或图层 / 新建 / 组。

2. 从“图层”面板菜单中选择“新建图层”或“新建组”。

3. 按住 <Alt> 键并单击“图层”面板中的“创建新图层”按钮或“新建组”按钮，以显示“新建图层”对话框并设置图层选项。按 <Cmd(PC 机 Ctrl)+Shift+N> 组合键也可调出“新建图层”对话框并创建新图层。

是否需要在创建图层时，打开“新建图层”对话框，完成相关设置（如为图层命名、设置混合模式等）要视具体情况及个人喜好而定。

4. 按住 <Cmd>(PC 机 Ctrl) 键并单击“图层”面板中的“创建新图层”按钮或“新建组”按钮，以在当前选中的图层下添加一个图层。这种创建方式非常实用，在当前图层的下方创建新的空白图层。否则需要在图层面板拖曳或按 <Cmd(PC 机 Ctrl)+[> 组合键来调整图层次序。

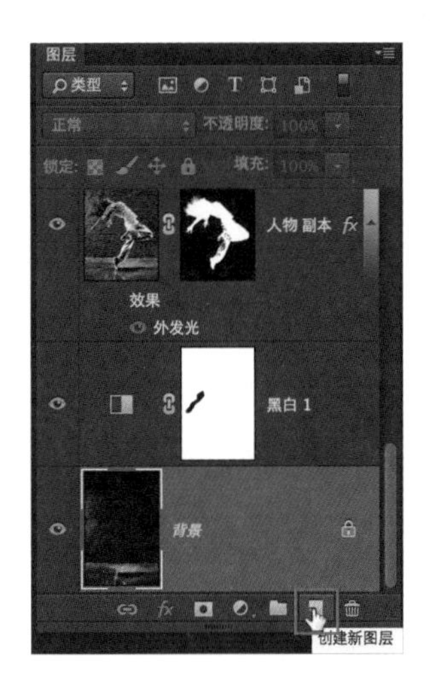

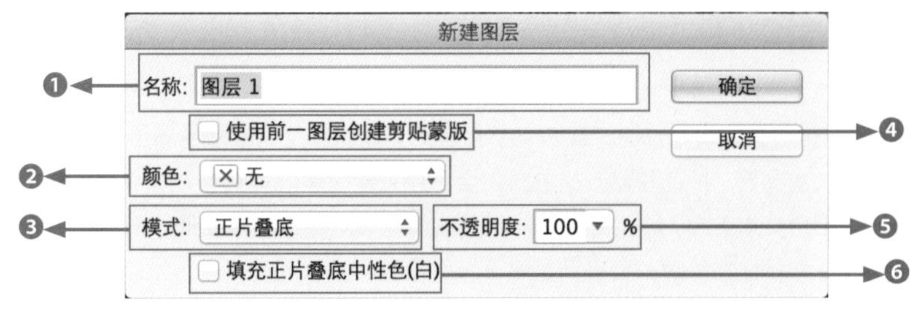

❶ 命名图层
❷ 设置图层显示颜色
❸ 设置图层混合模式
❹ 创建剪贴蒙版
❺ 设置图层不透明度
❻ 根据图层混合模式，填充中性色（"正常"图层模式下，不可用）

"新建图层"对话框：

还有其他一些操作可创建图层，下面一一介绍下。

使用其他图层中的效果创建图层

在"图层"面板中选择一个图层。将该图层拖曳到"图层"面板底部的"创建新图层"按钮。新创建的图层包含现有图层的所有效果。

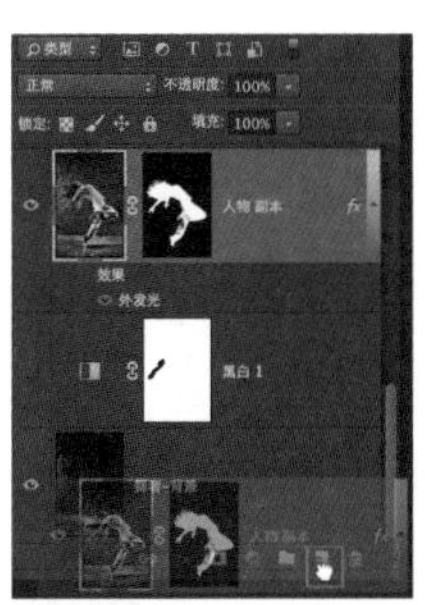

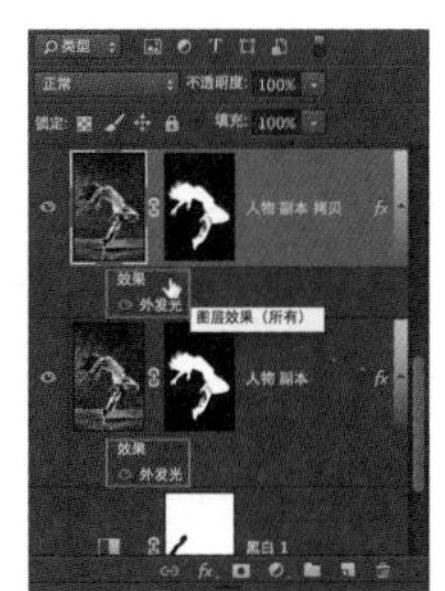

TIPS

此种方式可复制当前选中图层。当前图层上的所有设置都会被复制到新图层中，包括图层样式效果、图层蒙版、图层不透明度、混合模式等设置。

拖曳带有图层样式效果及图层蒙版的图层到"新建图层"按钮上松开鼠标。

将选区内容转换为新图层

首先建立选区。按 <L> 键切换到套索工具，按住鼠标左键不放，在文档画面中拖曳鼠标，自由地创建出一个选区。

创建选区方式有很多，后面关于创建选区的章节会详细介绍。

然后执行下列操作之一。

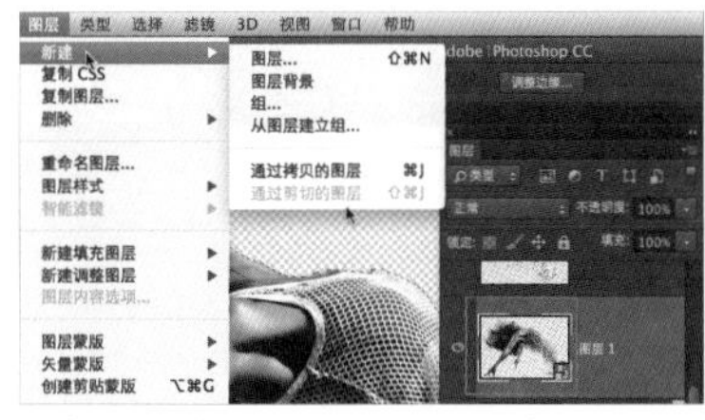

如在智能对象上，无法执行"通过剪切的图层"命令。

01 按 <Cmd(PC 机 Ctrl)+J> 组合键或执行菜单：图层 / 新建 / 通过拷贝的图层，将选区内容复制到新图层中。

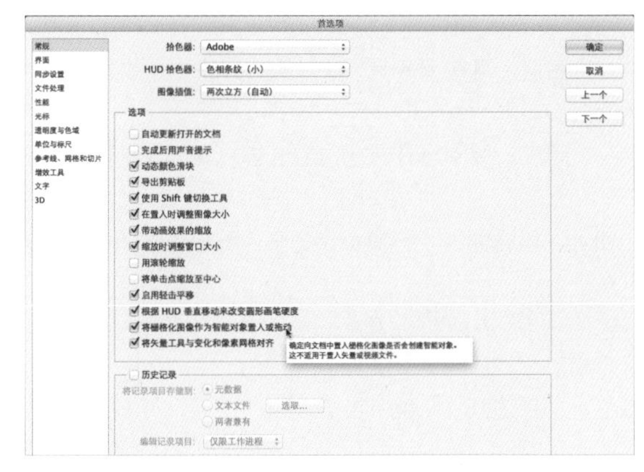

02 按 <Cmd(PC 机 Ctrl)+Shift+J> 组合键或执行菜单：图层 / 新建 / 通过剪切的图层，剪切选区的内容并将其粘贴到新图层中。

TIPS

使用"通过剪切的图层"命令，必须栅格化智能对象或形状图层，才能启用这些命令。

自动创建新图层

另外，还执行以下操作自动创建图层。

1. 复制粘贴 / 拖曳方式 / 置入，都会自动创建新图层，来放置新的内容。

默认情况下，拖曳和置入的方式，会创建智能对象。可在首选项中更改置入和拖曳的设置。

2. 使用文本工具 / 形状工具时，会自动创建相对应的文本或形状图层。

3. 导入三维物体时，会自动创建三维图层。

4. 创建空白视频图层或导入视频，创建新的视频图层。

总结

创建新图层，意味着“独立”操作，即在该图层上的操作不会改变其他图层的内容。同时，新建图层上的内容也不会因其他图层的改变而改变。如果新图层上包含有半透明信息，也会随时加载为选区。（按 <Cmd>(PC 机 Ctrl) 键单击该图层缩略图即可加载）尤其对于绘制、修补、调色等操作，要有意识地借助图层功能去操作，以方便后期合成和调整。

4.2.9 选定图层

在 Photoshop 中，任何一个操作都需要首先选定一个或多个图层。需要注意的是，有些操作只能针对单一图层，有些操作可以同时针对多个图层，有些操作或命令不能在空白图层上使用（常常是某些滤镜命令），有些操作不能在某些类型的图层上使用。如画笔等绘制类工具不能在多个图层选中下使用，也不能在智能对象、文本图层上使用。通常 Photoshop 会在不能执行时，通过对话框或图标显示来提醒使用者。

这些细节都需要在学习各种工具、命令、参数时去留意。如果学习中走马观花式地略过，那么在日后工作中很有可能被这些细节引发的小问题所绊倒。

选定单一图层

01 单击图层面板中的某个图层。使用移动工具，勾选上方选项栏处的“自动选择”复选框，单击文档中的图层内容即可选中该内容所处的图层。

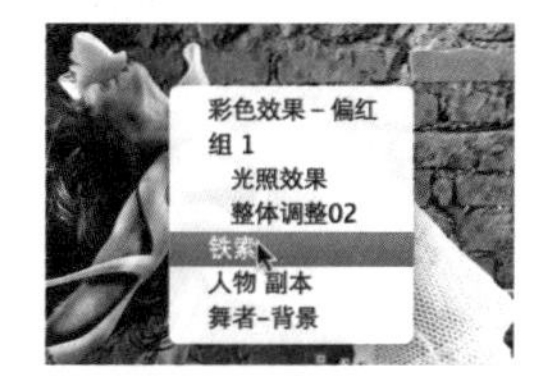

02 右键单击，按照名字选中图层。按 <Alt> 键右键单击图层内容，自动切换选中图层。

03 右键单击，按照名字选中图层。

04 按 <Alt> 键右键单击图层内容，自动切换选中图层。

TIPS

此种方式常常会选中背景图层或不透明区域较大的图层，使用中要留意图层面板的提示。

选定多个图层

1. 选择一系列图层。

在图层面板上，选中一个图层，再按 <Shift> 键，单击另外一个图层，同时选中两个图层之间的所有图层。

2. 选择多个不相邻的图层。

在图层面板上，选中一个图层，按 <Cmd>(PC 机 Ctrl) 键，单击其他图层，可以同时选中不相邻的多个图层。

3. 选定所有图层。

按 <Cmd(PC 机 Ctrl)+Alt+A> 组合键或执行菜单：选择 / 所有图层，一次性选中所有图层。

取消选定图层

1. 在图层面板空白处单击，取消所有选定图层。

2. 在图层面板上，按 <Cmd>(PC 机 Ctrl) 键单击被选中的图层，可取消选中。

TIPS

取消所有选中图层的情况下，很多工具和命令不能使用。

4.2.10 删除图层

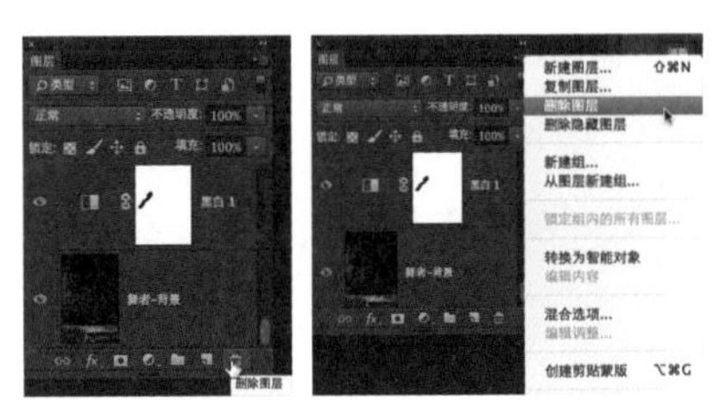

首先从“图层”面板中选择一个或多个图层或组。

然后执行下列操作之一。

1. 要进行删除并看到确认消息，请单击“删除”图标 。还可以执行菜单：图层 / 删除 / 图层，或从“图层”面板菜单中选择“删除图层”或“删除组”。

2. 要删除图层或组而不进行确认，请将其拖曳到“删除”按钮中，按住 <Alt> 键 的同时单击“删除”图标或按 <Delete> 键。

有时通过快捷键进行填充操作时，会误删图层。因为填充前景色的快捷键为 <Alt+Delete>，所以在进行类似填充操作时要留意图层面板上的变化。也可打开历史面板来查看上一步进行的操作。

要删除隐藏的图层

先选中图层，执行菜单：图层 / 删除 / 隐藏图层。也可在图层面板上执行菜单“删除隐藏图层”。

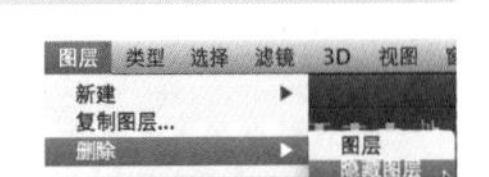

要删除链接图层

请选择一个链接图层，然后执行菜单：图层 / 选择链接图层（或借助 <Cmd>(PC 机 Ctrl) / <Shift> 键选中所有要删除的链接图层），然后按 <Delete> 键删除所有链接图层。

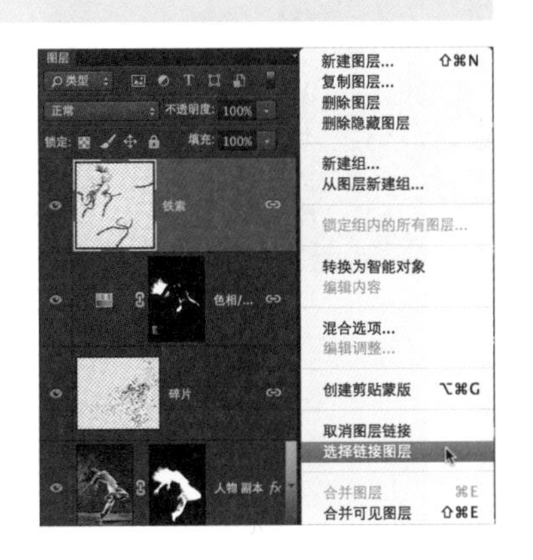

删除空白图层

除去上面所讲删除图层的方式，还可以执行菜单：文件 / 脚本 / 删除所有空图层，快速删除所有空白图层。

删除不再需要的图层可以减小图像文件的大小。

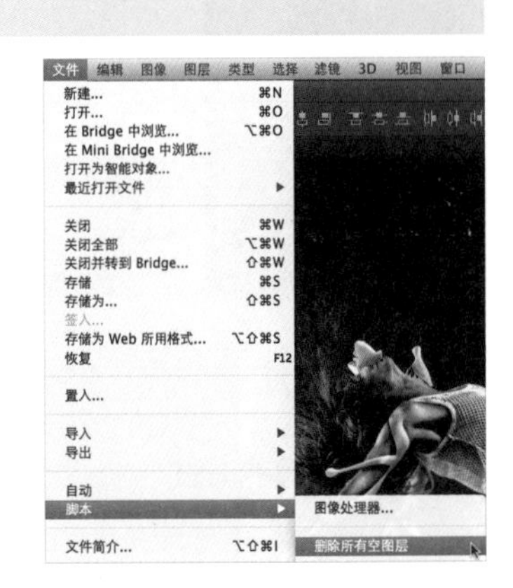

4.2.11 编组图层

当图层比较多的时候，就需要对图层进行编组，让图层面板变得简洁明了，便于操作和管理。

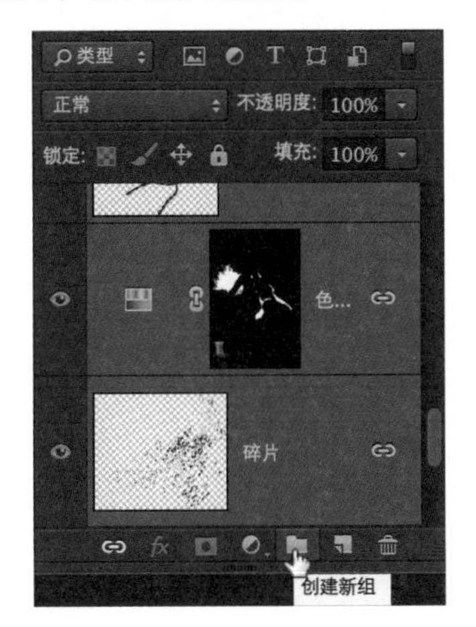

01 选定多个图层后，拖曳到图层面板底部的“创建组”按钮。

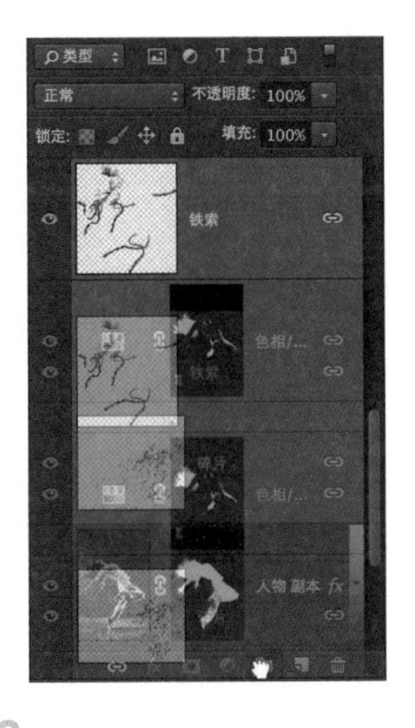

02 选定多个图层后，按 <Cmd(PC 机 Ctrl)+G> 组合键或执行菜单：图层 / 新建 / 从图层新建组或在图层面板执行菜单“从图层新建组”。

03 执行菜单：图层 / 新建 / 组或在图层面板执行菜单：新建组。

4.2.12 链接图层

如果需要同时控制多个图层，主要是变换状态，如同时移动、缩放、旋转等，可以将多个图层链接。有点类似其他软件中的父子功能。还可用作保持多个图层间的位置关系，如企业标识（Logo）组合。

链接图层的方式

首先选定需要链接的多个图层，执行以下操作。

01 单击图层面板上的“链接图层”图标。

02 执行菜单：图层 / 链接图层。

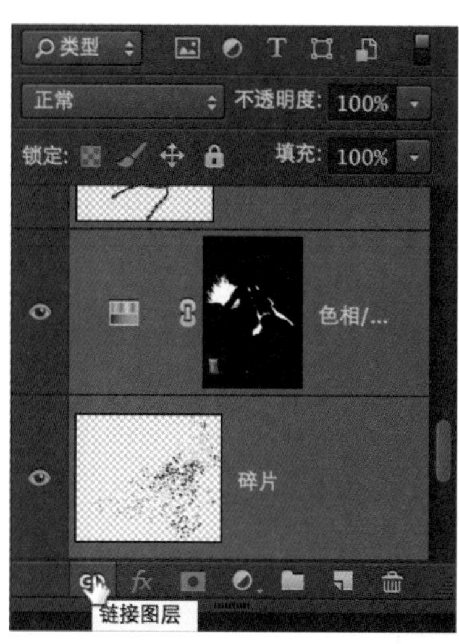

03 图层面板菜单：链接图层。

04 在图层面板上单击鼠标右键，选择菜单：链接图层。

取消链接图层的方式

首先选定需要解除链接关系的一个或多个图层。

1. 单击图层面板上的“链接图层”图标。
2. 执行菜单：图层 / 取消图层链接。
3. 图层面板菜单：取消图层链接。
4. 在图层面板中单击鼠标右键，选择：取消图层链接。

按住 <Shift> 键单击某个链接图层右侧的链接图标，可临时取消链接关系。按 <Shift> 键再次单击，可恢复链接关系。

尝试做以下练习，来体会链接图层的作用。

1. 将 5 个图层链接，然后取消其中一个与另外 4 个的链接关系。
2. 图层 A 与 B 链接，B 与 C 链接，选中不同图层，使用移动工具移动图层，来体会其中的区别。
3. 将多个图层编成不同的组，体会编组与链接的不同之处。
4. 在不同图层组之间进行链接。
5. 将多个图层转成智能物体，体会智能物体、编组、链接间的不同。

4.2.13 对齐 / 均分图层

选中两个或两个以上图层，按 <V> 键切换到移动工具，执行以下操作可以实现对齐图层。

1. 在选项栏上，用“对齐”按钮对齐。

2. 勾选变换控件，打开智能参考线，拖曳来对齐图层。具体操作可参见“基本操作”篇内的“智能参考线与移动工具”的相关内容。

3. 使用菜单：图层 / 对齐，来实现对齐图层。

均分图层

选定 3 个以上图层，按 <V> 键切换到移动工具，在选项栏上使用均分按钮或执行菜单：图层 / 分布，来实现均分图层。

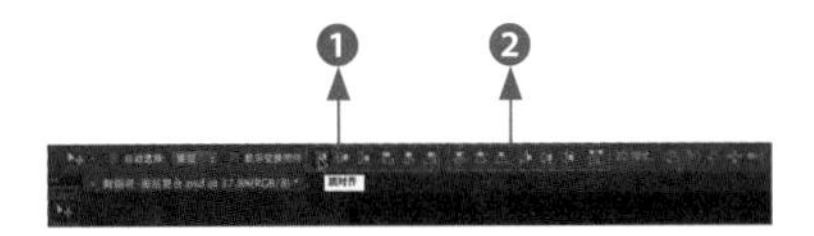

❶ 对齐图层按钮
❷ 分布图层按钮

TIPS

对齐 / 均分图层，以图层内容为基准。要注意有时图层显示出的内容未必是图层的全部内容。可以用变换控件的边界来确定图层内容的边界。

4.2.14 变换图层

变换图层就是对图层内容进行变形，首先选中某个图层再执行变换命令，是 Photoshop 最基础也是最常用的功能。在后面的形状与变形章节中会重点介绍。

首先选定一个或多个图层，然后执行下列操作。

TIPS

在选中移动工具时，按上下或左右箭头，可在上下或左右方向上移动一个像素，进行微调。同时，这样细微的调整往往不容易察觉，容易造成差错，在制作中要小心。按 <Shift+ 箭头键 >，每次移动十个像素。

01 按 <V> 键切换到移动工具，在上方的选项栏勾选“显示变换控件”，将鼠标移到控件边角上的控制点，按鼠标拖曳即可对图层内容进行变换。

02 按 <Cmd(PC 机 Ctrl)+T> 组合键使用自由变换命令，执行菜单：编辑 / 自由变换或编辑 / 变换。

4.2.15 合并图层

虽然 Photoshop 是非常依赖图层来完成各种操作及合成效果，但是图层太多，也会造成很大的麻烦，主要会造成以下麻烦。

1. 占用内存，导致运行变慢。
2. 增加文件大小。
3. 增加操作难度，降低效率。图层太多不容易找到和选中要操作的图层，造成效率低下。

合并图层

选中多个图层，按 <Cmd(PC 机 Ctrl)+E> 组合键或执行菜单：图层 / 合并图层，可将多个图层合并成一个图层。按 <Cmd(PC 机 Ctrl)+Shift+E> 组合键合并所有可见图层：将所有可见的图层合并，保留不可见图层。

Cmd(PC 机 Ctrl)+Alt+Shift+E 盖印所有可见图层：选中某个图层，按 <Cmd(PC 机 Ctrl)+Alt+Shift+E> 组合键将该图层下方所有可见图层内容合并成一个新图层。该图层位于选中图层的上方。也可以按住 <Alt> 键单击菜单：合并可见图层。

盖印可见图层命令，在合成中经常使用，尤其在人物、摄影作品后期处理中，在后面的章节中会经常遇到。

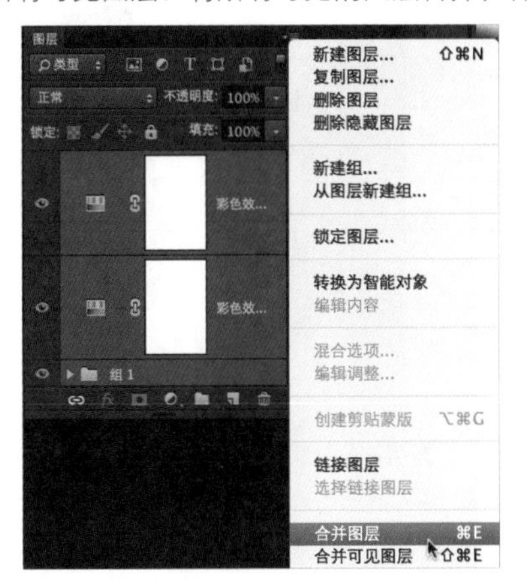

TIPS

有些命令和操作，在菜单中无法看到，可以通过历史记录面板来查看。逆向思维下，如果不确定刚刚进行了何步操作，可打开历史记录面板（执行菜单：窗口 / 历史记录）来查看。

合并拷贝命令

合并拷贝命令可以将指定选区内的所有图层内容合并拷贝。

选中某个图层并制作选区，执行菜单：编辑 / 合并拷贝，拷贝目前选区内可见的所有内容，按 <Cmd(PC 机 Ctrl)+V> 组合键将复制的内容粘贴到新图层。

合并拷贝与盖印可见图层所不同的地方在于，合并拷贝可以只合并拷贝选区内的所有图层内容。

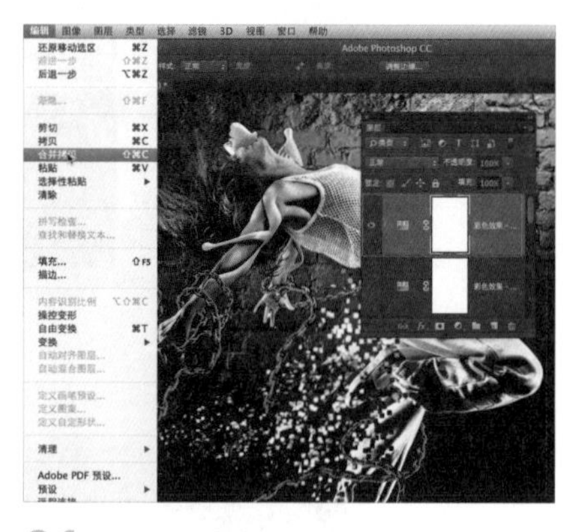

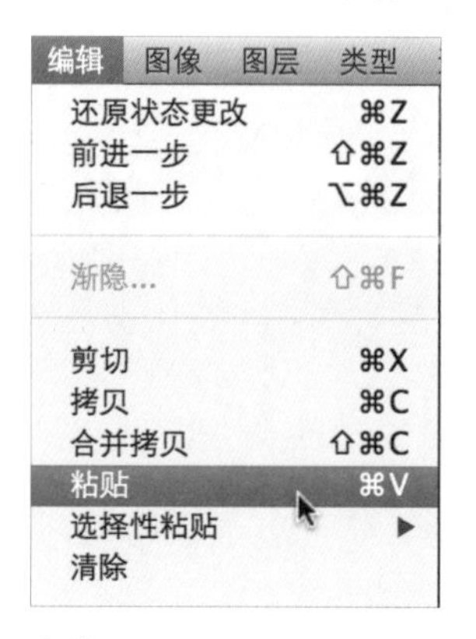

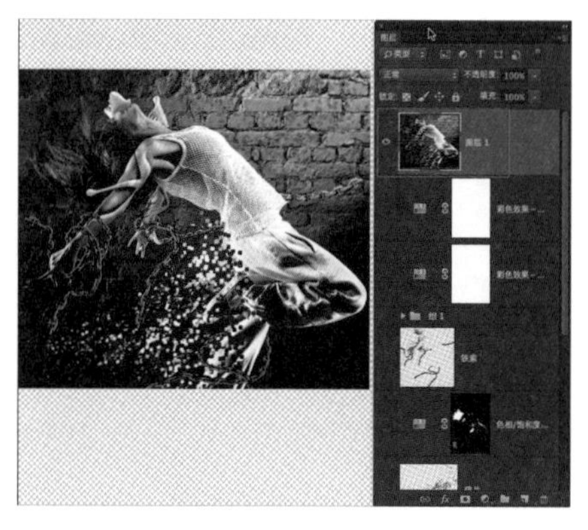

01 按 <M> 键使用矩形选框工具，选中调整图层，拉出矩形选区，执行菜单：编辑 / 合并拷贝或按 <Cmd(PC 机 Ctrl)+Shift+C> 组合键。

02 执行菜单：编辑 / 粘贴或按 <Cmd(PC 机 Ctrl)+V> 组合键。

03 Photoshop 会自动创建新图层，将选区内所有可见图层合并在一起，粘贴到新的图层中。

在 Photoshop CS6 中，如果合并多个矢量图层，则合并后的图层还是矢量图层。如果合并的图层中有矢量图层和其他类型的图层，则合并后会变成普通图层。

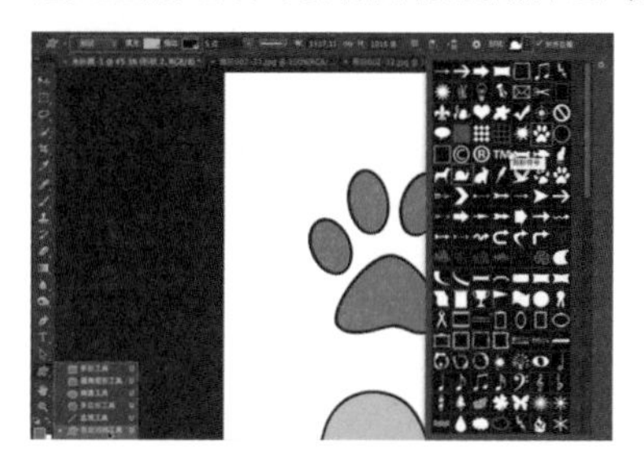

01 按 <Shift+U> 组合键切换到自定形状工具，在上方选项栏内设置为：形状；并设定好填充颜色及描边；在形状处，点开“自定形状”拾色器，选取形状。

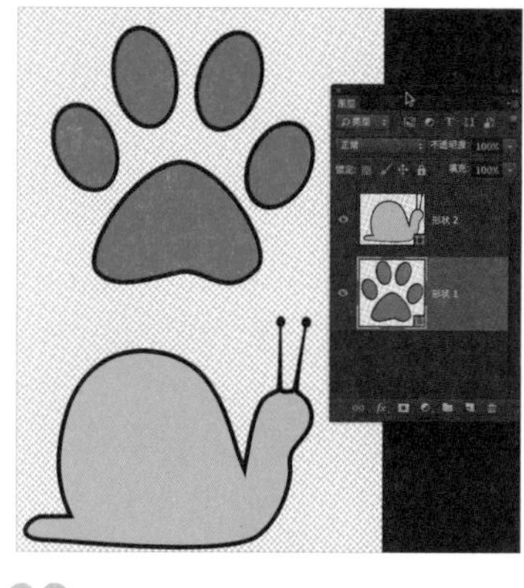

02 绘制两个预制好的自定形状。

03 按 <Cmd>(PC 机 Ctrl) 键选中两个矢量图层，在图层面板上执行菜单：合并图层或按 <Cmd(PC 机 Ctrl)+E> 组合键。

04 两个矢量图层合并成一个矢量图层，颜色以上方图层为准。

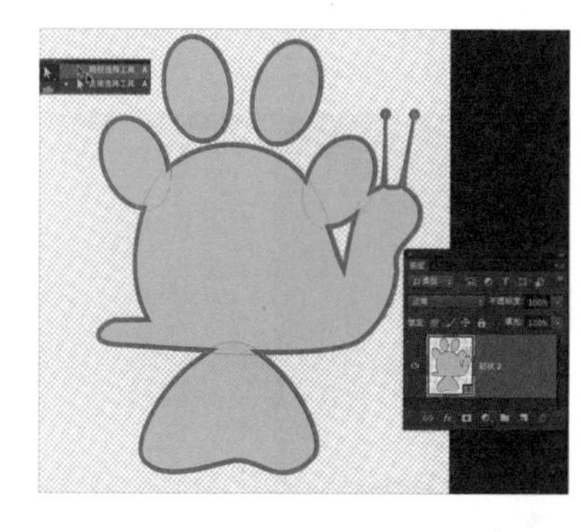

05 使用路径选择工具和直接选择工具或按 <Shift+A> 组合键切换工具，对矢量文件进行调整。也可对填充和描边进行修改。

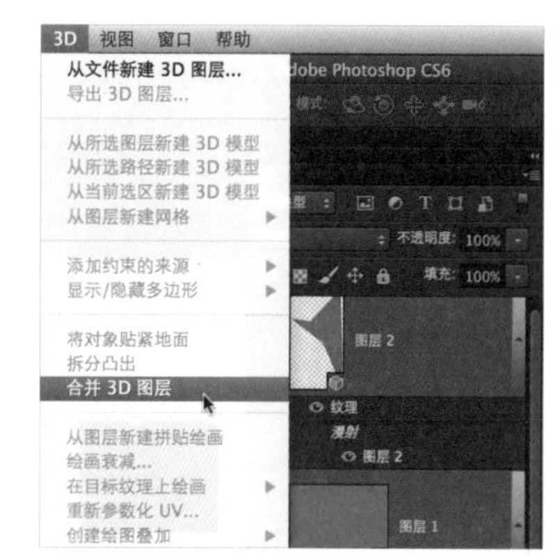

两个 3D 图层的合并，要使用菜单：3D/ 合并 3D 图层。如果使用 <Cmd(PC 机 Ctrl)+E> 组合键合并图层命令，则会合并成一个普通图层。

01 选中 3D 图层上方的图层，执行面板菜单：向下合并或按 <Cmd(PC 机 Ctrl)+E> 组合键，向下合并图层。

02 按 <V> 键切换到移动工具，拖曳 3D 物体，可发现文字已经被合并进 3D 图层中。

TIPS

如果 3D 图层的上方为其他类型图层，可选中该图层执行面板菜单：向下合并或按 <Cmd(PC 机 Ctrl)+E> 组合键，将该图层内容合并到 3D 图层中，成为 3D 图层当前材质的贴图。

4.2.16 锁定图层

在实际操作中，常常需要对图层上的内容及相关信息进行保护，以防止意外操作造成的失误。Photoshop 提供了锁定图层功能来帮助保护图层内容及相关信息。

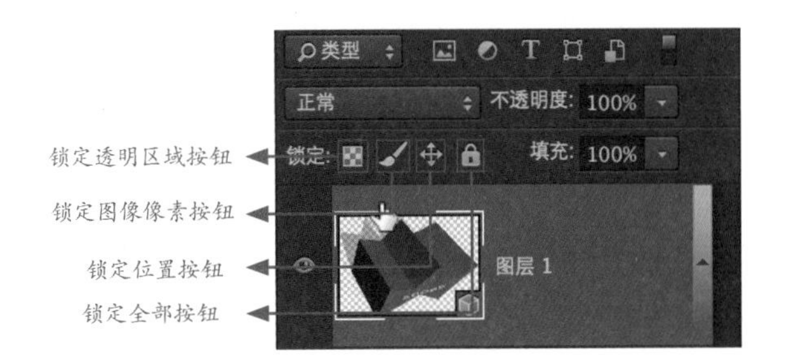

锁定透明区域

单击图层面板上的“锁定透明区域”按钮快速锁定该图层上的透明像素。锁定后，无法在该图层上的透明区域进行绘制、填充等操作，只能在不透明区域进行操作。锁定透明区域常用于保护图层半透明信息，即图层内容形状选区。

锁定图像像素

单击图层面板上的“锁定图像像素”按钮，对该图层不能使用画笔类工具及渐变、油漆桶等填充类工具。可以确保该图层上的内容不被更改。

锁定位置

单击图层面板上的“锁定位置”按钮后，不能对该图层进行移动、旋转等变换操作。

锁定全部：快捷键“/”

单击图层面板上的“锁定全部”按钮后，可将该图层上的透明区域、图像像素及位置都锁定。通常情况下，用的最多的是锁定透明区域，常用的做法就是直接按“ / ”键锁定全部。

01 按 <T> 键使用文本工具，创建文字。在文本图层上单击右键，选“栅格化文字”，将文本图层转为常规图层。

02 按 <Shift+L> 组合键切换到多边形套索工具，在文字下方创建多边形选区。在文字上方创建准确区域，在下方则拉出选框套住文字即可。

03 在图层面板按“锁定透明像素”按钮，锁定图层上的透明像素区域。按 <Alt+Delete> 组合键填充绿色。可以看到不管选区如何，填充命令只在不透明或半透明区执行。

4.2.17 常规图层与背景图层间的转换

背景图层转换为常规图层，方法如下。

1. 双击背景图层，打开新建图层对话框，重新设置图层名字后按“确定”按钮，可将背景图层转换为常规图层。

2. 按 <Alt> 键双击背景图层，直接将背景图层转为常规图层，默认转换后的图层名为：图层 0。此种方法，在实际工作中最快速也最常用。

3. 右键单击背景图层，在弹出菜单中选择“背景图层”，打开新建图层对话框，重新设置图层名字后按“确定”按钮，可将背景图层转化为常规图层。

常规图层转换背景图层，方法如下。

选中某个图层，执行菜单：图层 / 新建 / 图层背景，可将当前选中图层转换为背景图层。

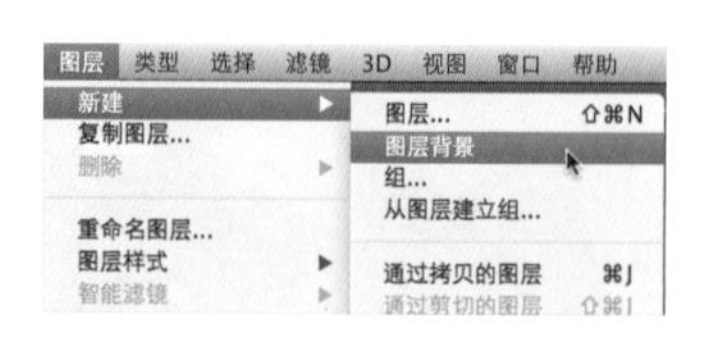

4.2.18 查找图层

在图层面板中可以使用查找图层功能来查找图层，也可一次性修改多个图层。执行菜单：选择 / 查找图层或在图层面板上，按照不同类型来查找图层。

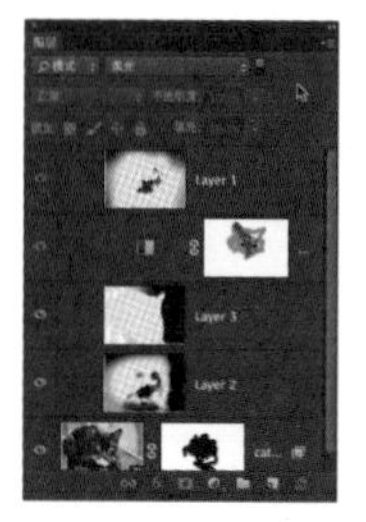

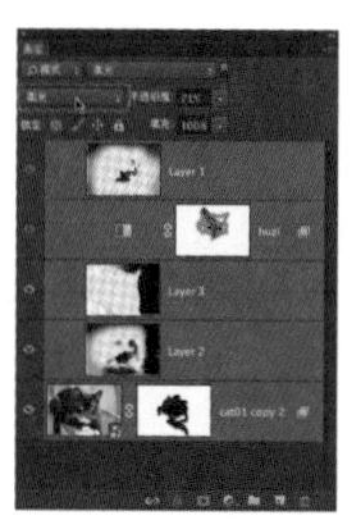

01 按照“模式”查找“柔光”模式的图层。

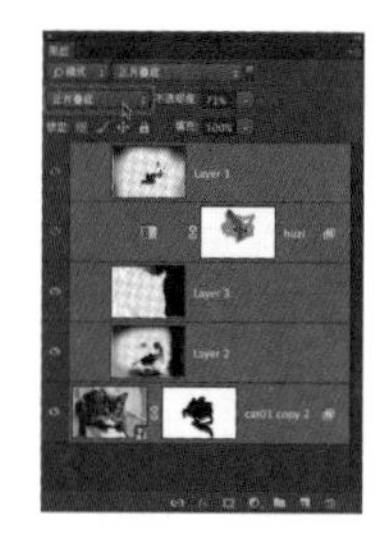

02 选中全部“柔光”模式的图层。

03 更改为“正片叠底”模式。

04 可以打开或关闭右侧的“图层过滤”按钮。

4.2.19 隔离图层（CC 版本新功能）

执行菜单：选择 / 隔离图层，可将选中图层隔离，在图层面板只显现选中图层。图层面板非常复杂的，可以使用隔离图层命令，简化图层面板。

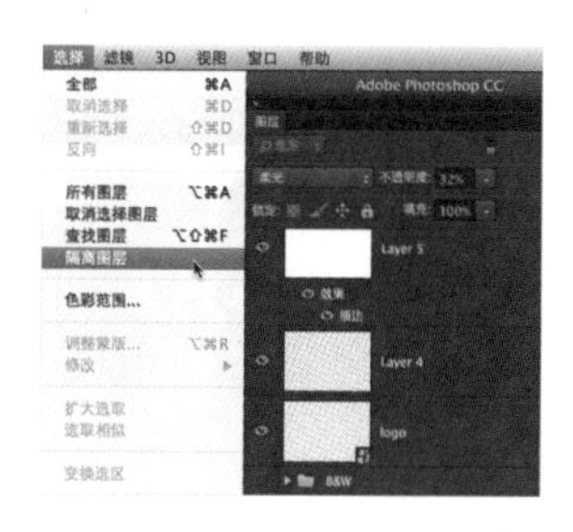

4.3 智能对象

智能对象是包含栅格或矢量图像（如 Photoshop 或 Illustrator 文件）中的图像数据的图层。智能对象将保留图像的原内容及其所有原始特性，从而让您能够对图层执行非破坏性编辑。

智能对象拥有常规图层所有的属性，如不透明度、混合模式等，也可以像常规图层一样添加蒙版。

智能对象的功能价值体现在后期合成方面，更多的时候代表了一种思维方式及制作手段。我们可以将任意一个图层或多个图层（不论图层种类如 3D 图层、矢量图层、智能对象等）转换为一个智能对象，在后面章节中会介绍“嵌套式合成”。

智能对象就如同一个透明的玻璃容器，可以看到里面所有显示的内容，同时又保护内容不被破坏。

01 打开一张人物图片，转换背景图层为常规图层，并按 <Cmd(PC 机 Ctrl)+J> 组合键复制图层。单击右键执行菜单“转换为智能对象”，将其中一个图层转换为智能对象。

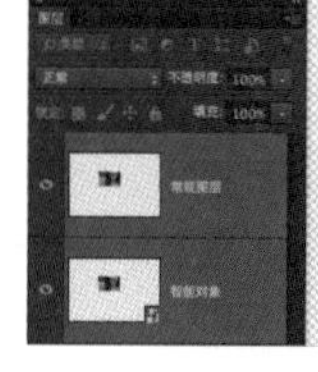

02 按 <Cmd>(PC 机 Ctrl) 键同时选中两个图层，按 <Cmd(PC 机 Ctrl)+T> 组合键执行自由变换命令，缩小两个图层。缩小后，按 <Enter> 键确认缩小操作。切记，确认该步操作必须执行，否则看不到最终的效果。

03 保持同时选中两个图层，按 <Cmd(PC 机 Ctrl)+T> 组合键将两个图层放大回原来的大小，并按 <Enter> 键确认。

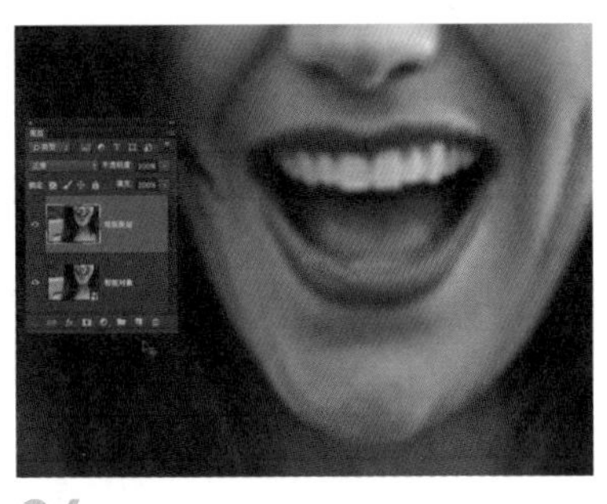

04经过缩小后再放大的操作，上方的常规图层变得模糊。

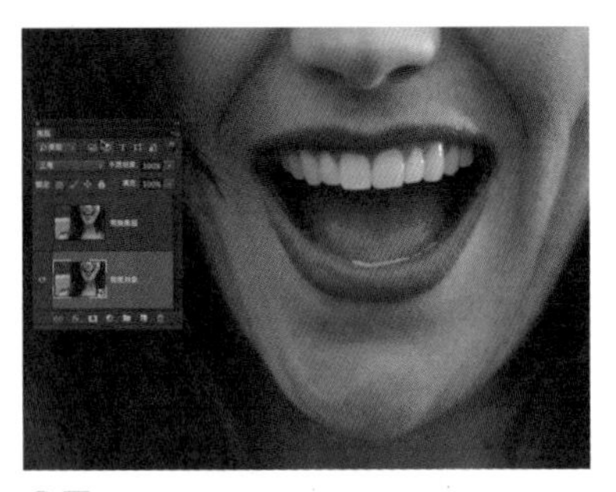

05关闭上方常规图层的显示，可以看到下方的智能对象未受任何缩小放大操作的影响。因此，智能对象可以保护其内容不受破坏。

TIPS

Photoshop 是以像素为基础的软件，在矢量处理上不是其“专项”。

智能对象的特点

智能对象具有以下特点。

1. 可以非破坏性地编辑。变换智能对象的物理属性，如缩放、旋转、扭曲等变换，都不会改变智能对象内的原始内容属性。

2. 不能直接在智能物体上进行绘制、修复等更改原始内容的操作。如果要使用诸如画笔、橡皮图章、污点修复画笔工具等，需双击智能对象进入智能对象编辑状态才可使用。

3. 对智能对象的内容进行修改并保存后，再返回包含该智能对象的文档后，Photoshop 会及时更新智能对象。

4. 每个智能对象都是一个完整的、全新的 Photoshop 文档。进入智能对象的编辑状态后，可以使用 Photoshop 中的所有工具、功能和命令来编辑该智能对象。

5. 可以对智能对象应用智能滤镜。应用了智能滤镜，允许用户随时返回并编辑（甚至删除）应用的滤镜，并能任意组合多个滤镜，而不会改变智能对象内的原始内容。

6. 将原始的 AI 矢量文件以智能对象的方式置入 Photoshop 文件中。这样，通过智能对象，就将 AI 的强大矢量功能嵌入 Photoshop 中，也弥补了 Photoshop 在矢量功能上的先天不足。

智能对象的操作

下面对智能对象的操作进行分类介绍，以便使读者更全面地了解和掌握如何使用智能对象。

4.3.1 创建智能对象

Photoshop 提供了多种创建智能对象的方法，具体使用何种方法取决于文件或图层的格式与类型。

将现有文件内的一个或多个图层，转换为智能对象。

按 <F7> 打开图层面板，选择想要转换的一个或多个图层，执行以下操作之一将其转换为智能对象。

●在图层面板上，单击右键，选“转换为智能对象”。

●执行菜单：图层 / 智能对象 / 转换为智能对象。

●图层面板菜单上，选择“转换为智能对象”。

转换后，原先所选中的图层都放到同一个智能对象中。该智能对象的位置在原来所选图层中最上层那个图层的位置。智能对象的名字默认以所选图层中最上层图层的名字来命名。当然，我们可以随时重命名该智能对象。

TIPS

当创建智能对象后，Photoshop 会自动创建一个 PSD 格式的文件来存储智能对象中的内容。PSD 文件为大型文件格式，专门用于存放大小超过 2GB 的文件。

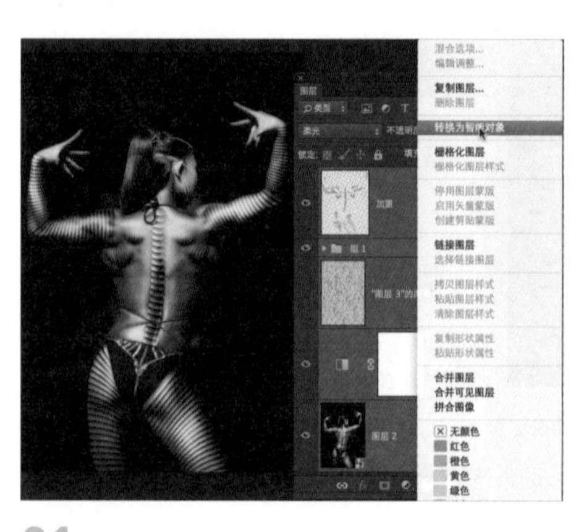

01 选中图层，单击右键执行“转换为智能对象”命令。

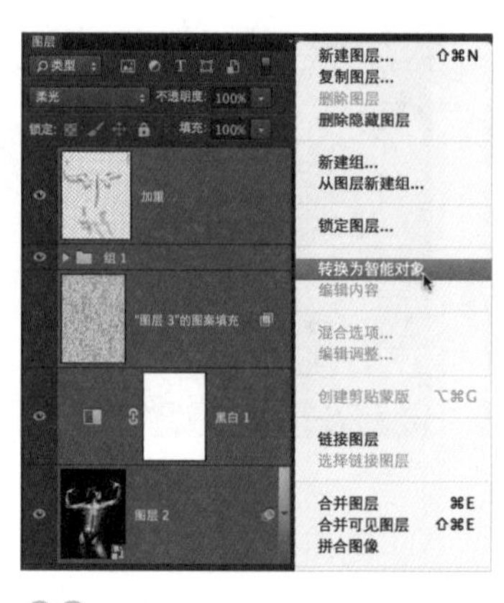

02 选中图层，打开图层面板上的菜单执行“转换为智能对象”命令。也可在下拉菜单中执行该命令。

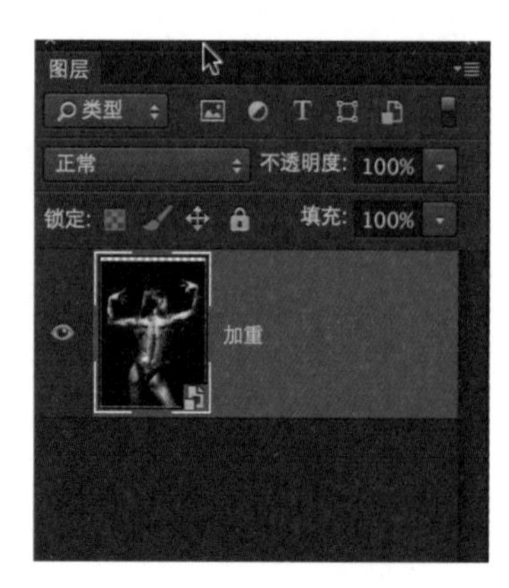

03 转换后的智能对象以最上层图层名自动命名。可以像常规图层那样，重命名智能对象。

从 AI 矢量文件创建智能对象

原始的 AI 矢量文件以智能对象的方式导入 Photoshop 中，这样可以让我们随时返回到 AI 中对矢量文件进行编辑处理。我们在存储时，只需要将带有该智能对象的文件保存成 PSD 文件格式即可，而不必单独再保存一个 AI 文件。

创建方法如下。

1. 首先确保在 Photoshop 中打开一个文档，然后在 AI 中按 <V> 键使用选择工具，选中某个矢量文件，按 <Cmd(PC 机 Ctrl)+C> 组合键复制该文件。切换回 Photoshop，按 <Cmd(PC 机 Ctrl)+V> 组合键粘贴该矢量文件，在弹出的对话框中，选择“智能对象”选项即可将该矢量文件以智能物体的方式导入 Photoshop 中。

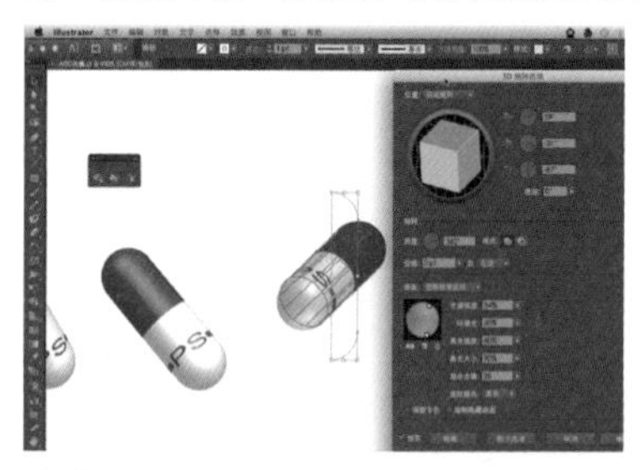

01 在 Illustrator 中创建一个矢量文件。这里使用 3D 属性创建了一个三维物体。(可创建任意矢量形状，文字等)选中物体，按 <Cmd(PC 机 Ctrl)+C> 组合键复制该物体。

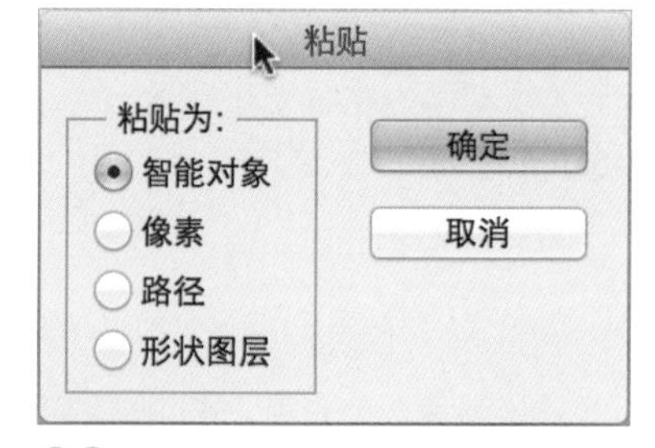

02 在 Photoshop 中，按 <Cmd(PC 机 Ctrl)+V> 组合键粘贴，会出现粘贴对话框，选择“智能对象”，然后单击“确定”按钮以智能对象粘贴。

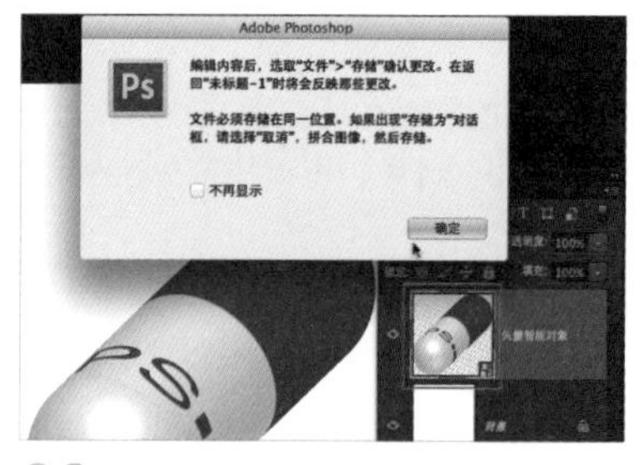

03 在图层面板中 (F7) 双击智能对象的图层缩略图，出现对话框提醒，编辑智能对象内容后，一定要保存更改来确保更新智能对象。

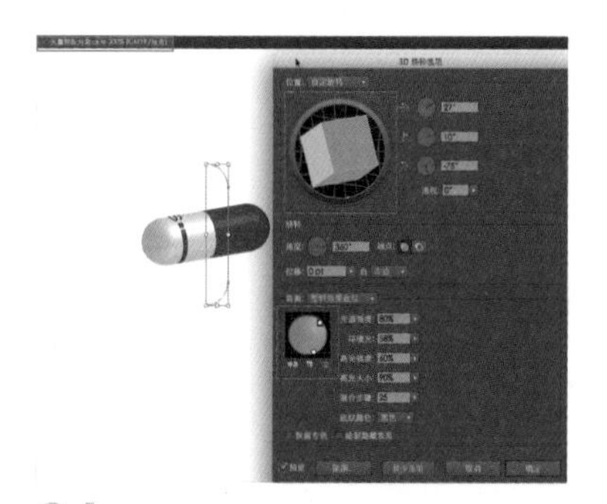

04 Photoshop 会根据智能对象的原始内容打开相应的编辑软件。自动打开 Illustrator，修改其旋转角度及灯光位置、强度。

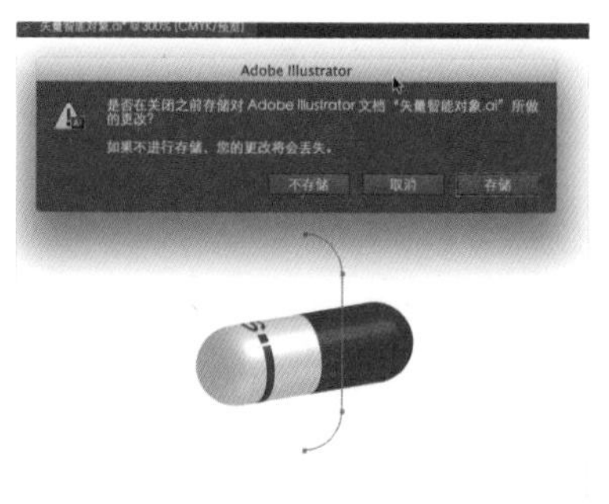

05 修改完毕，按 <Cmd(PC 机 Ctrl)+W> 组合键退出，选择存储。或先按 <Cmd(PC 机 Ctrl)+S> 组合键保存，再按 <Cmd(PC 机 Ctrl)+W> 组合键关闭文件。

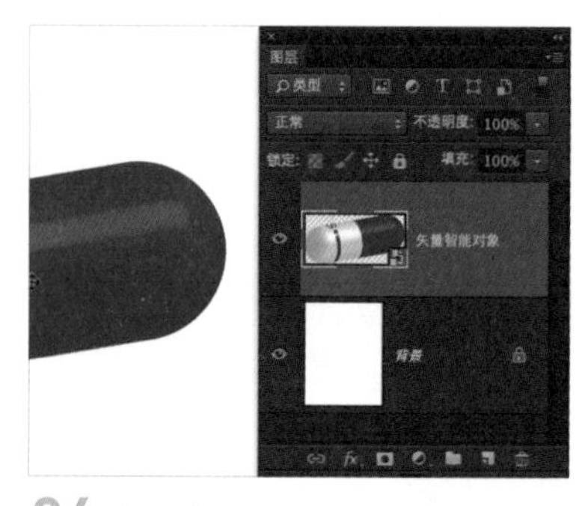

06 返回到 Photoshop，可以看到智能对象已经自动更新为修改后的内容。

2. 在 AI 中，使用选择工具（按 V 键），拖曳该矢量文件到 Photoshop 中，自动创建为智能对象。

在 Adobe Illustrator 中，指定复制和粘贴行为的首选项，如下。

要在将图稿粘贴到 Photoshop 文档时自动将其栅格化，请关闭"文件处理和剪贴板"首选项中的"PDF"和"AICB（不支持透明度）"选项。

要将图稿作为智能对象、栅格化图像、路径或形状图层进行粘贴，请打开"文件处理和剪贴板"首选项中的"PDF"和"AICB（不支持透明度）"选项。

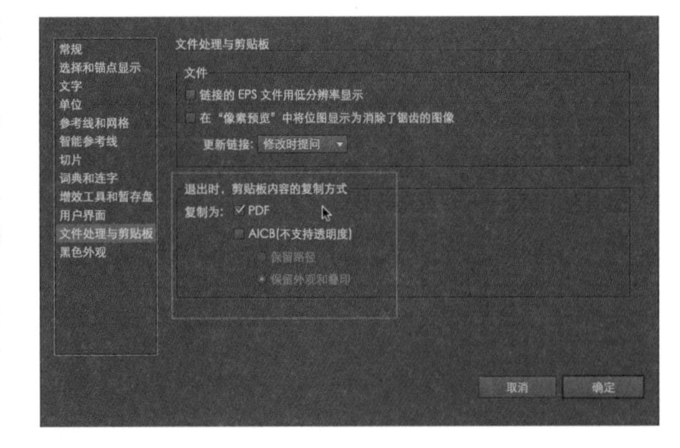

3. 针对已保存的矢量文件，还可以用置入的方式。

执行菜单：文件 / 置入，选择某个已保存的矢量文件，以智能对象的方式置入。在文件夹（资源浏览器 Windows 系统下或 Finder 文件夹 Mac OS 系统下）中，拖曳矢量文件到 Photoshop 的文档中，松开鼠标即可自动以智能对象方式置入。

TIPS

留意首选项中的相关设置。请在 Adobe Illustrator 的"首选项"对话框的"文件处理和剪贴板"部分中启用"PDF"和"AICB（不支持透明度）"。

从 RAW 格式创建智能对象

按 <Cmd(PC 机 Ctrl)+O> 组合键或执行菜单：文件 / 打开，选择一个 RAW 格式文件，在 Camera RAW 对话框中，按住 <Shift> 键不放，此时"打开图像"按钮会变成"打开对象"按钮，单击"打开对象"按钮，以智能对象的方式置入 RAW 格式。

01 打开一张原始相机格式的文件，如 CR2 格式，Photoshop 或 Bridge 会自动以 Camera Raw 对话框打开，按住 <Shift> 键不放，在对话框右下角的"打开图像"按钮会变成"打开对象"按钮，单击该按钮。

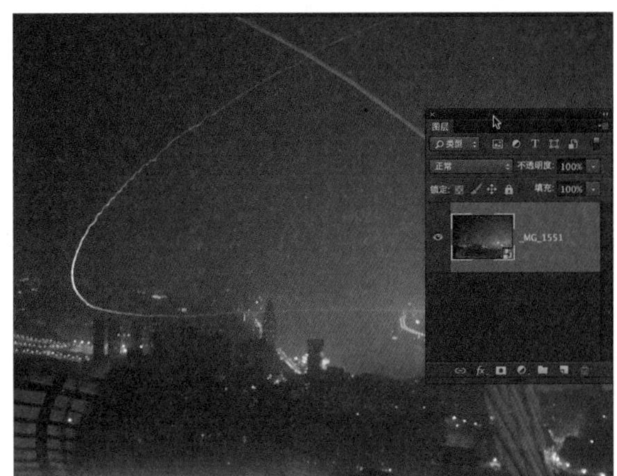

02 在 Photoshop 中，该 CR2 文件以智能对象打开。可以随时双击智能对象上的图层缩略图返回到 Camera Raw 对话框中进行编辑修改。

处理相机原始数据文件的一种简单方法是将其作为智能对象打开。可以随时双击包含原始数据文件的智能对象图层以调整 Camera Raw 设置。

4.3.2 编辑智能对象

常规图层所有的编辑操作都适用于智能对象，如重命名、更改图层不透明度、填充设置以及应用图层风格样式、添加蒙版等。

若要编辑智能对象的内容，可在图层面板上双击该智能对象的图层缩略图，或右键单击该智能对象选择"编辑内容"。

也可执行菜单：图层 / 智能对象 / 编辑内容。

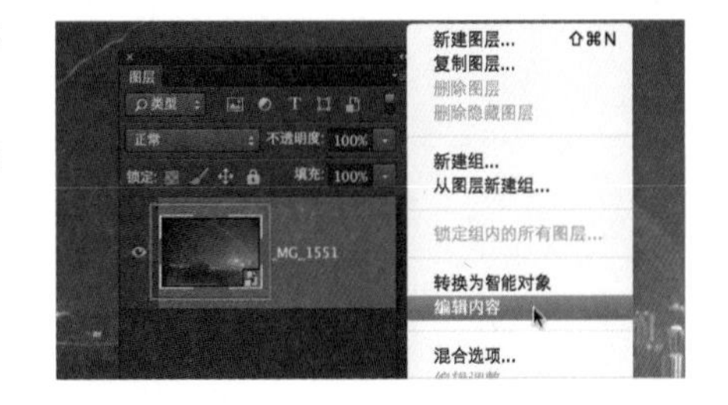

或在图层面板菜单中选“编辑内容”。

Photoshop 具体采用何种方式来处理智能对象的内容，要取决于内容本身。如内容本身为单独的 AI 矢量文件，则会打开 AI 来编辑处理该文件；如内容为 Photoshop 单个或多个图层所组成，则在 Photoshop 中自动开启该文档。

编辑处理完成后，按 <Cmd(PC 机 Ctrl)+S> 组合键或执行菜单：文件 / 存储。此时 Photoshop 会自动更新智能物体的内容显示。（如果看不到所做的更改，请激活包含该智能对象的 Photoshop 文档并确保在图层面板上选中该智能对象。）

留意后台的变化。当编辑智能对象时，Photoshop 会提取嵌入在智能对象中的内容文件，并保存到临时文件夹中。当编辑处理完成后，保存文件，Photoshop 将保存的文件重新嵌入智能对象中，对智能对象进行更新处理并显示更改后的内容。

TIPS

确保使用相同文件名及在相同位置保存修改过的文档，即原位替换保存。如果对包含有智能对象的 Photoshop 文件进行整个文件大小上的调整或裁剪，不会改变智能对象内容本身。

4.3.3 导出和替换智能对象内容

如果想将智能对象的内容保存成单独的文件以做其他用处，可以使用“导出内容”命令。

1. 从“图层”面板中选择智能对象，然后选择“图层”/“智能对象”/“导出内容”。

2. 选择智能对象内容的位置，然后单击“存储”。

Photoshop 将以智能对象的原始置入格式（JPEG、AI、TIF、PDF 或其他格式）导出智能对象。如果智能对象是利用图层创建的，则以 PSB 格式将其导出。

您可以替换一个智能对象或多个具有链接关系的智能对象中的图像内容数据。此功能可以快速更新设计或将分辨率较低的图像替换为高分辨率的最终版本图像。

1. 选择智能对象，然后选择“图层”/“智能对象”/“替换内容”。

2. 导航到要使用的文件，然后单击“置入”按钮。

3. 单击“确定”按钮。

新内容即会置入到智能对象中。具有链接的智能对象也会同时被更新。

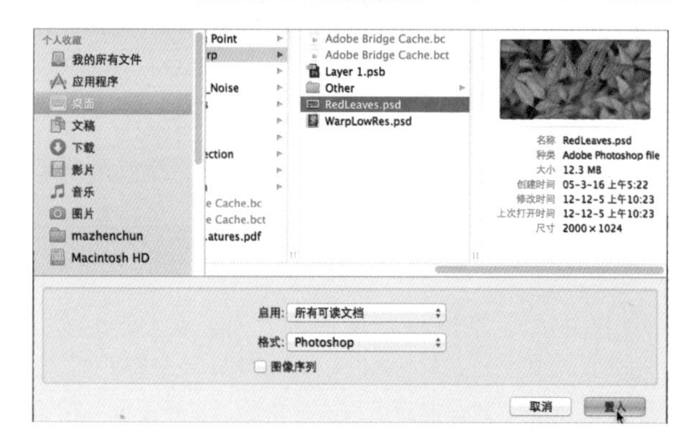

TIPS

当替换智能对象时，将保留对第一个智能对象应用的任何缩放、变形或效果。

4.3.4 复制智能对象的不同方法

复制智能对象时（即复制智能对象图层），会出现两种结果。一种是复制后的智能对象与原智能对象保持链接关系，即修改其中一个智能对象的内容，两个智能对象同时发生改变；另外一种是复制后的智能对象与原智能对象保持相互独立、互不影响。实际工作中，要注意使用恰当的复制方式来得到想要的结果。

1. 复制出与原智能对象有链接关系的副本

在图层面板上，拖曳智能对象到图层面板底部的“新建图层”图标上再松开鼠标。

右键单击智能对象，选“复制图层”（或选择智能对象，执行菜单：图层 / 复制图层或在图层面板菜单上，选择“复制图层”）。

按 <Cmd(PC 机 Ctrl)+J> 组合键或执行菜单：图层 / 新建 / 通过拷贝新建图层。

2. 复制出与原智能对象没有链接关系的副本

在图层面板上，右键单击智能对象，选择“通过拷贝创建新建智能对象”。

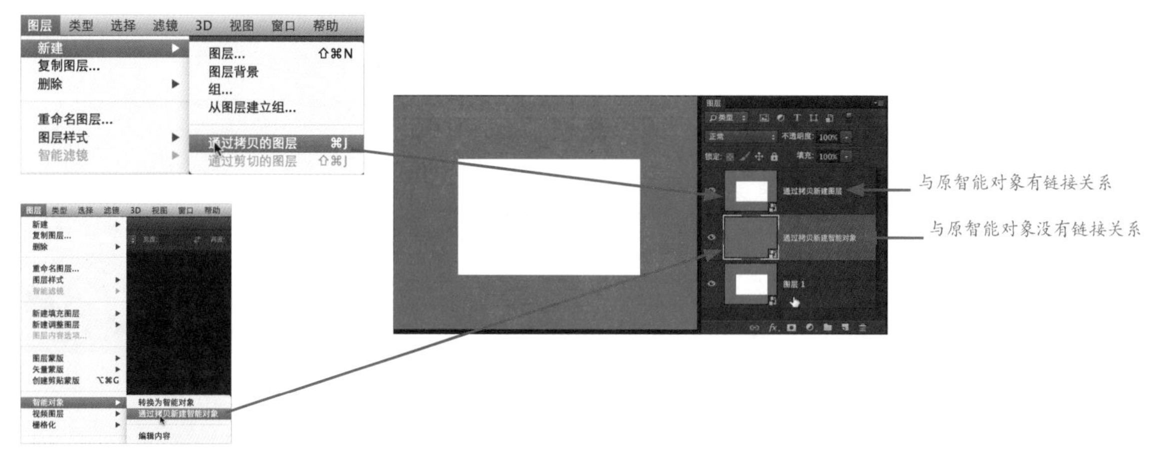

执行菜单：图层/智能对象/通过拷贝新建智能对象。

4.3.5 栅格化智能对象

智能对象虽然有很多优点，但也会占用大量的资源（如内存、临时文件等），因此，有时需要将智能对象转换成常规图层。

将智能对象转换为常规图层的操作方法是按当前大小栅格化内容。在对某个智能对象进行栅格化之后，应用于该智能对象的变换、变形和滤镜将不再可编辑。

在图层面板，右键单击智能对象，选择“栅格化图层”即可。

或选择智能对象，然后选择：图层 / 栅格化 / 智能对象。

将智能对象与其他图层进行合并，则合并后会以常规图层存在。

栅格化智能对象后，可以进行绘画、修复等操作。

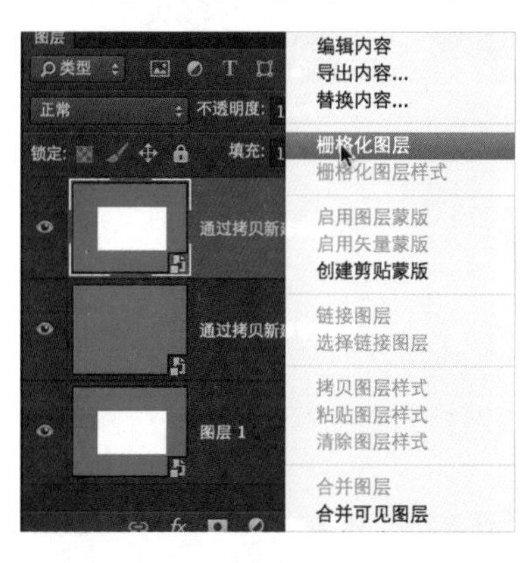

01 将一个或多个图层转换为智能对象，然后执行菜单：编辑 / 操控变形，对智能对象进行操控变形。

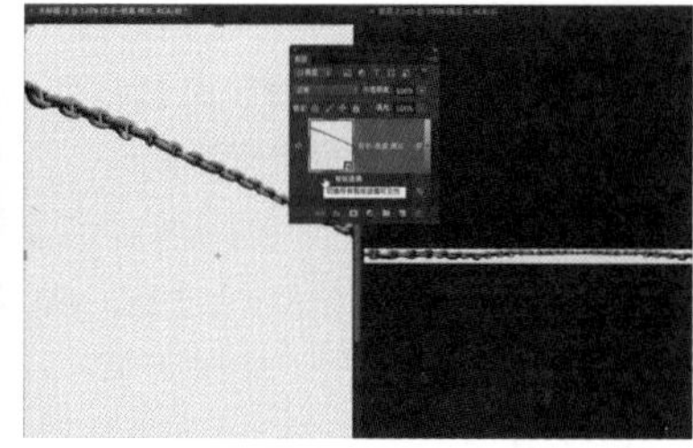

02 执行操控变形后，不会对原始图层内容进行任何更改，可随时编辑原始内容，也可在图层面板关闭操控变形。

4.3.6 应用智能滤镜

使用智能对象有个好处，就是可以应用智能滤镜。智能滤镜能够让使用者以非破坏性可重新编辑的方式使用滤镜，并可以对滤镜的应用次序进行调整，还可添加蒙版、使用混合模式来调整滤镜的合成效果。

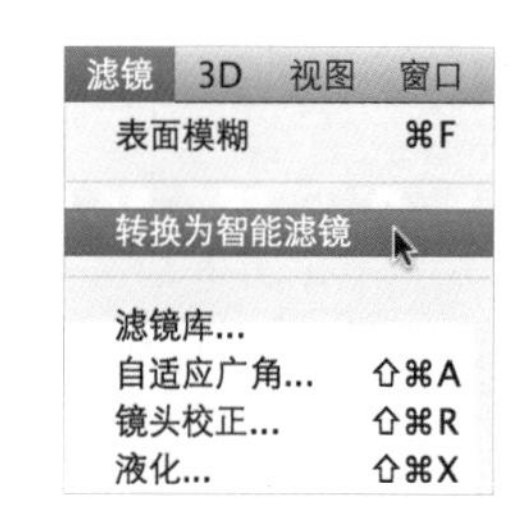

除“抽出”、“液化”、“图案生成器”和“消失点”之外，可以通过智能滤镜功能应用任意 Photoshop 滤镜（可与智能滤镜一起使用）。此外，可以将“阴影 / 高光”调整作为智能滤镜应用。

如何添加智能滤镜

1. 将常规图层转换为智能物体后，再执行滤镜命令，可自动添加智能滤镜。
2. 右键单击选中图层，执行菜单：滤镜 / 转换为智能滤镜，Photoshop 会自动将图层先转换为智能对象。

TIPS

在通常情况下，滤镜只能针对一个图层使用。如果将多个图层转换为智能对象，再应用智能滤镜，则可对多个图层同时应用滤镜效果。因此，使用智能滤镜可以将滤镜同时应用到多个图层上。有些滤镜只能在特殊颜色模式及颜色深度下使用，通常在 RGB 模式下可以应用所有的滤镜，其他如 CMYK 会有部分滤镜不能应用。

如何编辑使用智能滤镜

01 随时更改滤镜的使用参数。双击智能滤镜下的某个滤镜名字，可打开该滤镜对话框的设置状态，在此基础上进行更改、调整。

02 更改智能滤镜的混合选项。双击“编辑智能滤镜混合选项”图标，打开混合选项对话框，调整混合方式及不透明度。每个滤镜都可以设置不同的混合选项及不透明度。

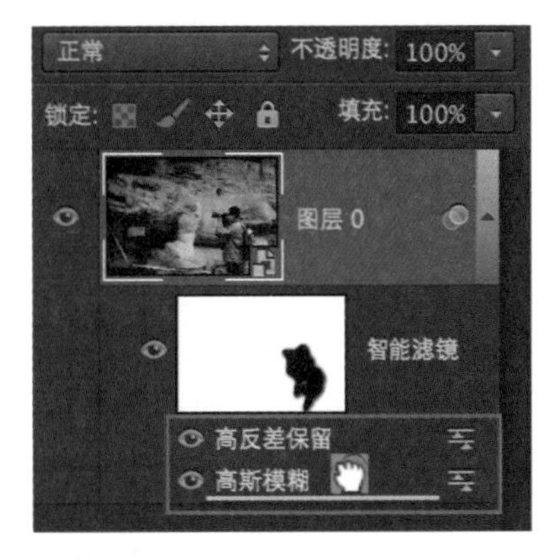

03 调整滤镜次序。上下拖曳某个滤镜，可调整该滤镜的排列次序，得到不同的效果。按 <Alt> 键拖曳到图层边缘处松开鼠标，可复制该滤镜。

04 使用蒙版，可控制智能滤镜的应用范围。

如果滤镜蒙版在选中状态下，则后面所有操作都针对于蒙版而不是智能对象，要留意图层面板上的选中状态。这点常规图层也一样，很容易忘记切换回图层状态下。

案例

案例 1: 使用智能滤镜

01 按 <Cmd>(PC 机 Ctrl) 键的同时选中两个图层，单击右键执行菜单：转换为智能对象。可重命名新转换的智能对象。

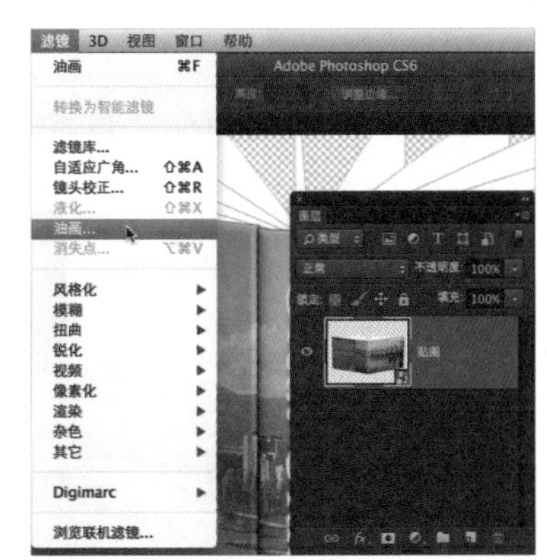

02 执行下拉菜单：滤镜 / 油画，为智能对象添加油画效果。

03 在“油画”滤镜对话框中，对油画效果进行设置，设置完成后，单击“确定”按钮，为智能对象执行油画效果。

04 在图层面板（按 F7）双击智能对象的图层缩略图，打开原始智能对象的内容。在这里要利用原始内容里的不透明信息，快速得到书籍封面的选区。

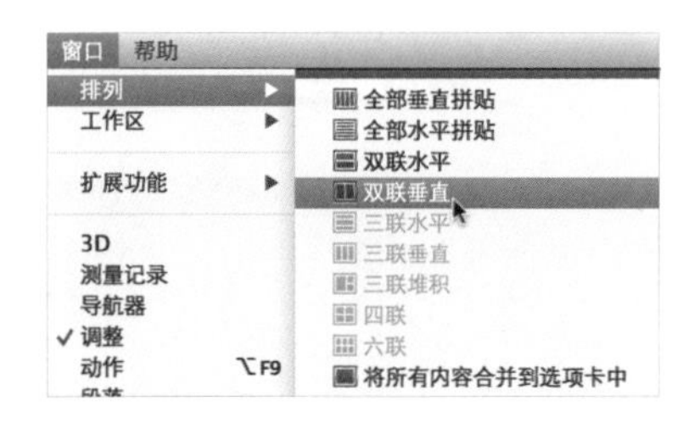

05 选中智能对象的原始内容文件。在图层面板上按 <Cmd>(PC 机 Ctrl) 键单击“贴图”图层，加载该图层的不透明信息为选区。

06 执行下拉菜单：窗口 / 排列 / 双联垂直，将文件排列方式改为双联垂直，让两个文件同时显示。

07 按 <M> 键切换到矩形选框工具（或切换到套索等任一选框工具），将鼠标移至选区内，待鼠标变成选区移动图标后，按左键拖曳选区到智能对象文件中。

08 保持选中某个选框工具，在原始文件中调整选区的位置，让选区位置匹配书本封面的位置。

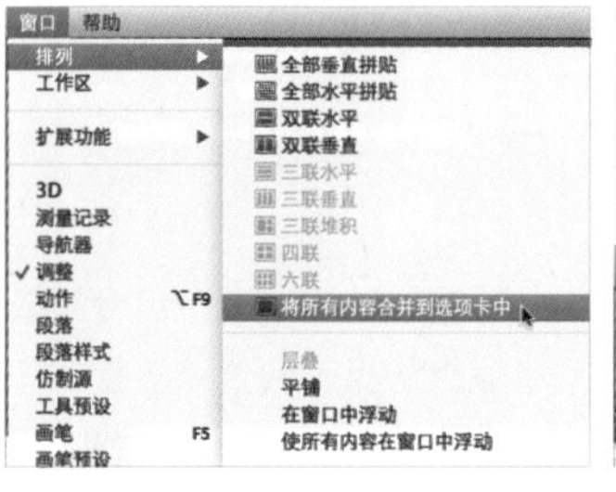

TIPS

因为智能滤镜的蒙版默认状态为全部显示即白色，因此反向选择，将不要显示的部分填充黑色。

选择	滤镜 3D 视图
全部	⌘A
取消选择	⌘D
重新选择	⇧⌘D
反向	⇧⌘I

09 执行菜单：窗口 / 排列 / 将所有内容合并到选项卡中，切换文件显示方式为单一显示。也可以直接关闭文件。此时文件中还保持选区，按 <Cmd(PC 机 Ctrl)+Shift+I> 组合键或执行菜单：选择 / 反向，将选区反向选择。不要取消选区。

10 在图层面板选中智能滤镜的蒙版，要留意确保选中蒙版，可通过上方的文件选项卡来查看是否选中蒙版。按 <D> 键切换到默认的颜色状态即前景色为黑色，按 <Alt+Delete> 组合键填充黑色。可以看到书页部分被蒙版保护起来。

11 接下来对封面上的细节（如书脊、四边）进行屏蔽保护。以确保油画效果只作用在封面的画面内。保持选中蒙版，按 <B> 键切换到画笔工具，确保前景色为黑色，按“[”和“]”键来缩小或放大笔头大小，略大过边缘。在左上角边缘处单击鼠标，然后按住 <Shift> 键在另外一个顶角处单击，绘制直线。屏蔽掉边缘的油画效果。用此方法通过蒙版将 6 个边缘的油画效果屏蔽掉。

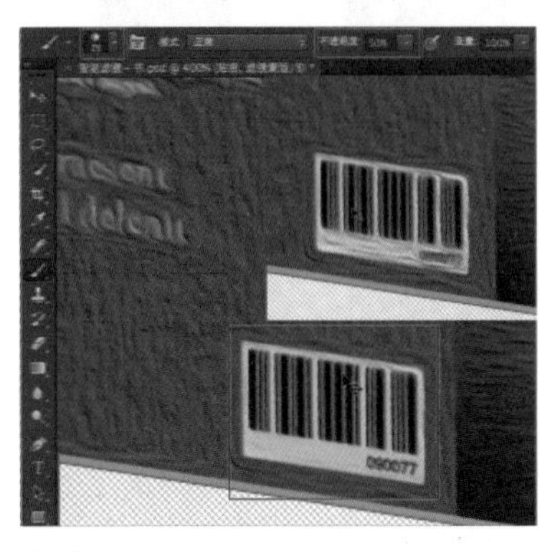

12 使用画笔工具，在选中蒙版状态下，屏蔽掉“条形码”部分的油画效果，让“条形码”内容清晰可见。

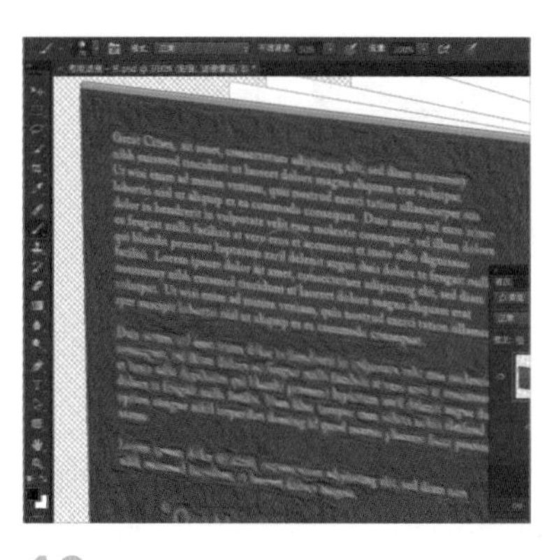

13 同样方法，屏蔽掉文字部分的油画效果。要注意保留文字间隔处的油画效果。

14 按住 <Alt> 键单击蒙版，观察最终绘制的蒙版。

15 按住 <Alt> 键再次单击蒙版，返回到图层状态下，可以看到最终的制作效果。

经验

使用智能滤镜制作特效时，可充分利用智能滤镜的蒙版功能，对滤镜效果进行自由地修复。在本案例中，充分利用智能对象内容中的图层，来加载选区，不仅确保了准确性，还提高了制作速度。

案例 2：利用智能对象制作模版

利用矢量图层和剪贴蒙版功能来控制形状，借助智能对象的“替换内容”功能来快速替换图片内容。

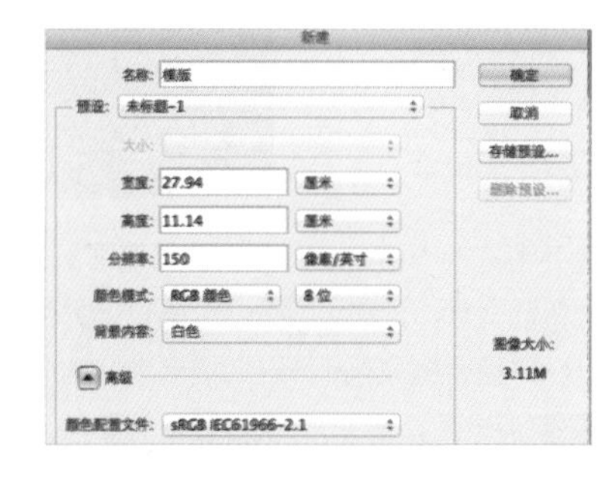

01 按 <Cmd(PC 机 Ctrl)+N> 组合键新建文件，设置长宽、分辨率等参数，设定颜色模式为 RGB，创建新文件。

TIPS

要根据最终的输出要求，来决定使用何种颜色模式。如果需要印刷，则设定为 CMYK；如果放在网络或电子设备上，则设定为 RGB。

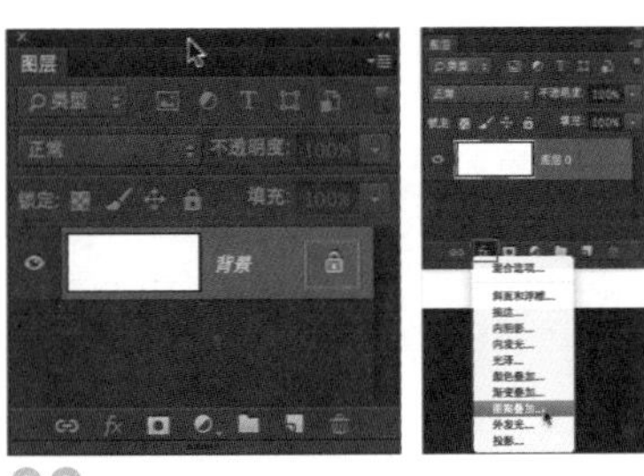

02 在图层面板上（F7），按住 <Alt> 键双击背景图层，将背景图层转换为常规图层。单击图层面板底部的样式效果按钮，添加“图案叠加”效果。

03 在“图层样式”对话框中，单击“图案”设置内的“图案”拾色器，打开“图案”拾色器。单击右侧的菜单按钮，选择“艺术家画笔画布”，将其追加到现有图案中。

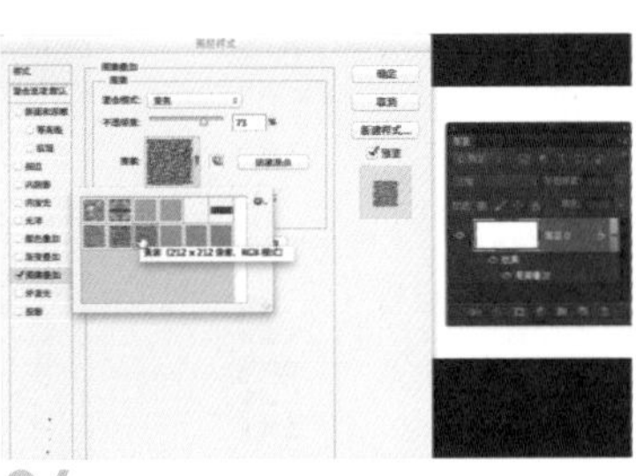

04 选择“黄麻”图案，设置不透明度为 73%。单击“确定”按钮，退出图层样式对话框。

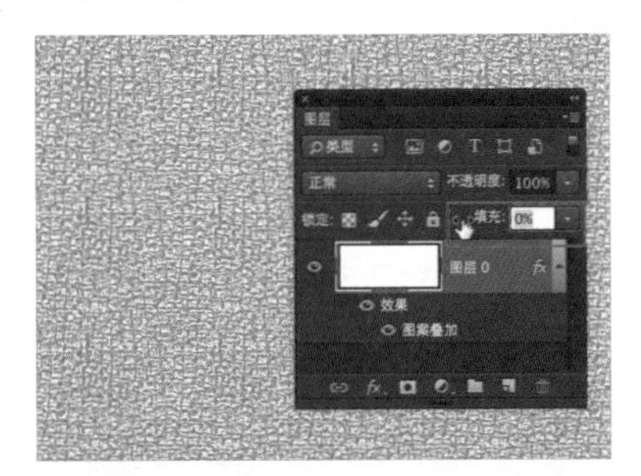

05 此时看不出任何图案填充的效果。在图层面板，设置“填充”为 0，可以看到图案叠加效果显示出来。这是因为“图案叠加”的效果，是将图案与原始图层内容进行运算（某种混合模式）而得。而原始内容为白色，则无法显示叠加后得效果。

TIPS

可将鼠标放置在参数名称上，如“填充”字样上，按住鼠标向左拖曳即可降低该参数值；向右拖曳，即可加大该参数值。

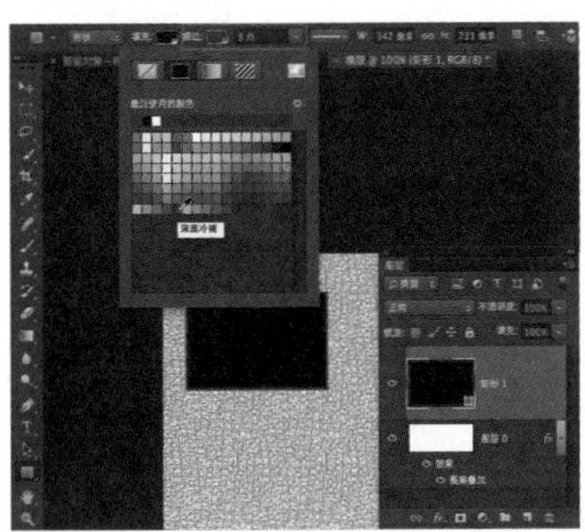

06 按 <U> 键切换到矩形工具（矢量工具），在画面中拖曳鼠标创建矩形矢量图层。保持选中矩形工具，选中矩形矢量图层，在上方的选项栏内，为矩形添加描边，设置颜色为：深黑冷褐色；描边宽度为：4。

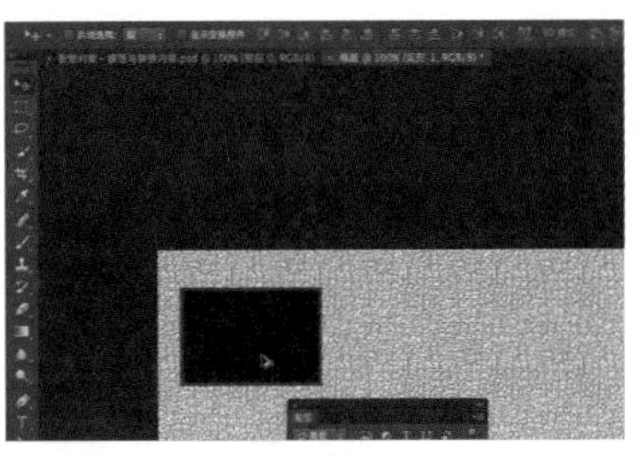

07 切换工具到移动工具或按 <V> 键，按 <Alt+Shift> 组合键在画面中拖曳矩形形状，沿直线复制出新的矩形形状。<Alt> 键的作用为复制，<Shift> 键的作用为约束在水平垂直方向移动。

TIPS

<Alt> 键的作用为复制，<Shift> 键的作用为约束在水平垂直方向移动。

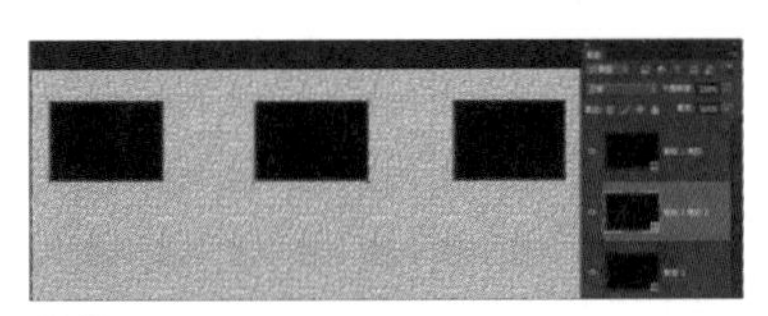

08 同样方法，得到 3 个相同的矩形形状，分别在不同的 3 个图层内。

09 选择中间的矩形矢量图层，按 <Cmd(PC 机 Ctrl)+T> 组合键执行自由变换命令。按住 Alt 键拖曳右边（或左边）中间的控制把柄，沿水平方向从中心放大矩形。完成后，按 <Enter> 键或双击矩形形状，确认变换并退出变换控件框。

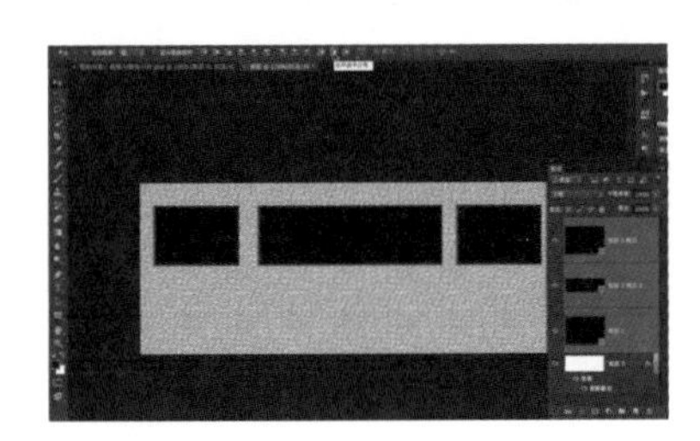

10 按 <Cmd>(PC 机 Ctrl) 键同时选中 3 个矩形矢量图层（或按 <Shift> 键来同时选择 3 个矢量图层）。按 <V> 键切换到移动工具，确保同时选中 3 个图层，在上方的选项栏内单击“水平居中分布”按钮。

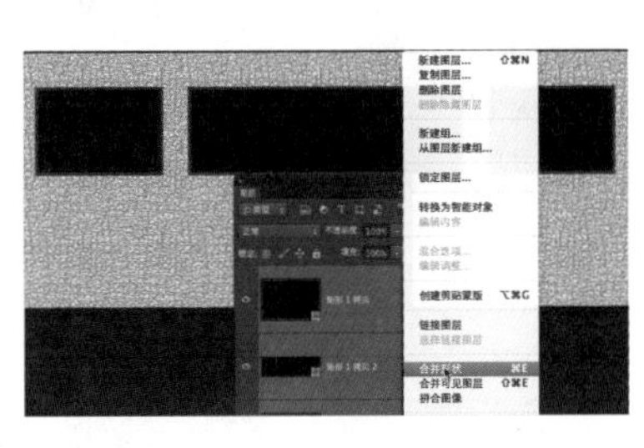

11 按 <Cmd(PC 机 Ctrl)+E> 组合键合并 3 个形状到同一矢量图层。

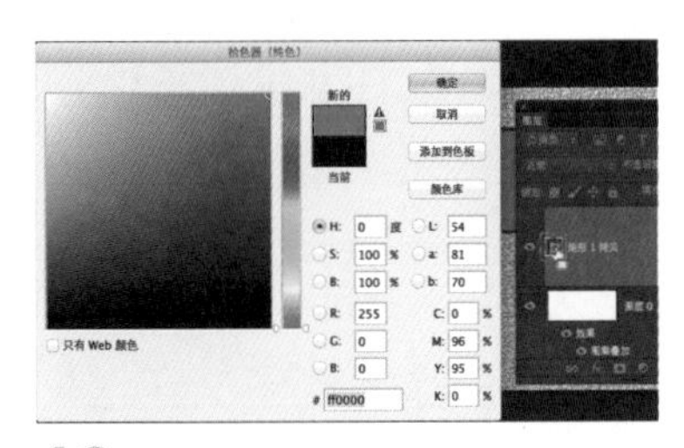

12 双击矢量图层的图层缩略图，打开颜色拾色器，更改颜色为红色，便于后面操作。

13 接下来以矢量图层为基准，置入图片放置到矢量图层范围内。执行菜单：文件 / 置入，置入图片。

14 置入图片自动转换为智能对象，调整 3 个图片的大小。创建剪贴蒙版。按住 <Alt> 键单击智能对象（置入图片的图层）的底部边缘，或全部选中 3 个置入图片的智能对象，按 <Cmd(PC 机 Ctrl)+Alt+G> 组合键，创建剪贴蒙版。

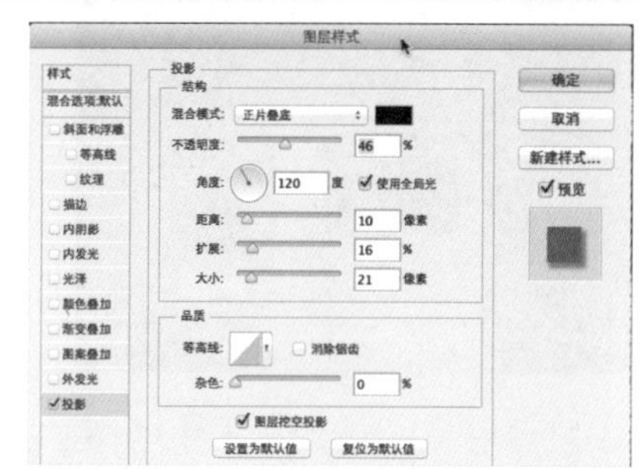

15 选中“矩形”矢量图层，单击底部的样式效果按钮，添加“投影”效果。在“图层样式”对话框中，设置投影参数。

16 按 <T> 键切换到文本工具，添加文字。得到最终效果。

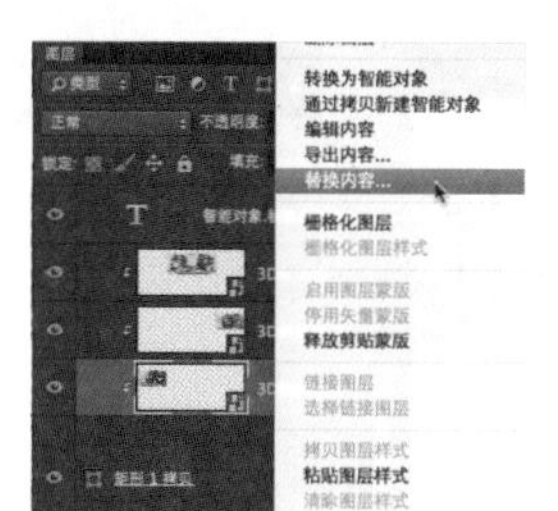

17 通过智能对象的“替换内容”可快速更改图片内容。

案例 3：利用智能对象创建可随时更改内容的三维立体效果

下面的案例中，首先将文字图层转为智能对象，然后为智能对象添加样式效果，再复制出具有链接关系的智能对象，对位置、大小按照一定规律做变换调整，最终复制多个智能对象实现三维立体效果。使用该方式可以自由地更改智能对象的内容。

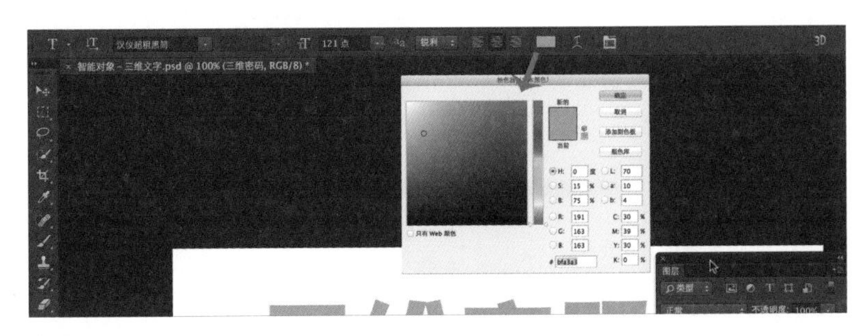

01 创建新文件。使用文本工具，创建文本图层。尽量选择笔画较粗的字体，这样便于三维效果的显示。文字颜色不要使用纯色，使用带有灰色调的颜色。

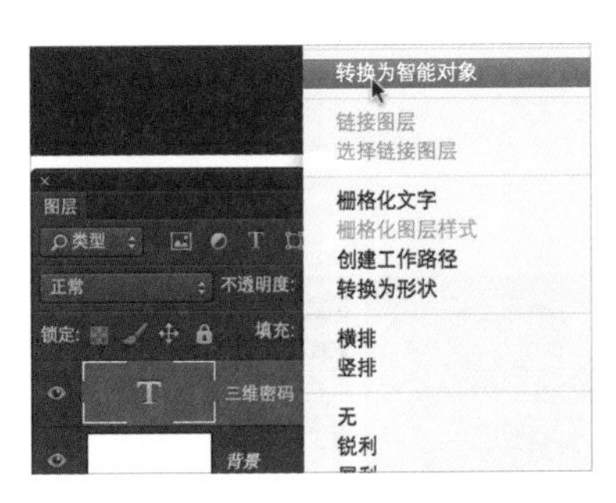

02 转换文本图层为智能对象，并重命名为“前面”。

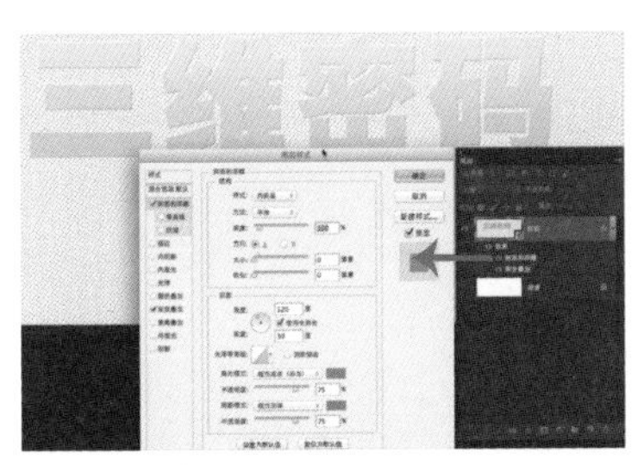

03 为“前面”智能对象添加样式效果。“斜面和浮雕”可为文字添加立体效果；“渐变叠加”可使“前面”图层与侧面的立体效果形成对比，便于立体效果的显示。

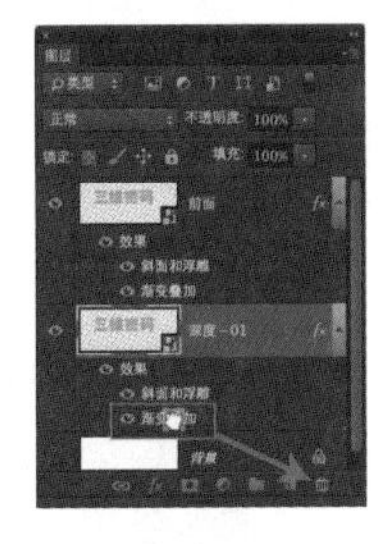

04 按 <Cmd(PC 机 Ctrl)+J> 组合键复制“前面”智能对象，并将其更名为：“深度— 01”。拖曳“深度— 01”上的“渐变叠加”样式效果到图层面板下方的“删除”按钮。

05 按 <Cmd(PC 机 Ctrl)+T> 组合键对“深度— 01”执行自由变换命令，在上方的选项栏上将宽度和高度设置为：99%，稍微缩小；位置上也做微调，对 X 轴和 Y 轴分别减掉 0.5 个像素。如原先 X 轴上的位置在：724 像素，减掉 0.5 个像素就是 723.5。让“深度— 01”图层的位置在“前面”图层的侧下方。

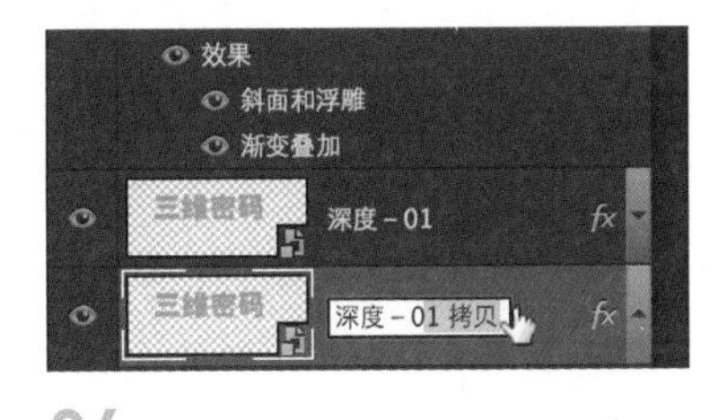

06 选中“深度— 01”智能对象图层，按 <Cmd(PC 机 Ctrl)+J> 组合键复制并更名为：深度— 02。

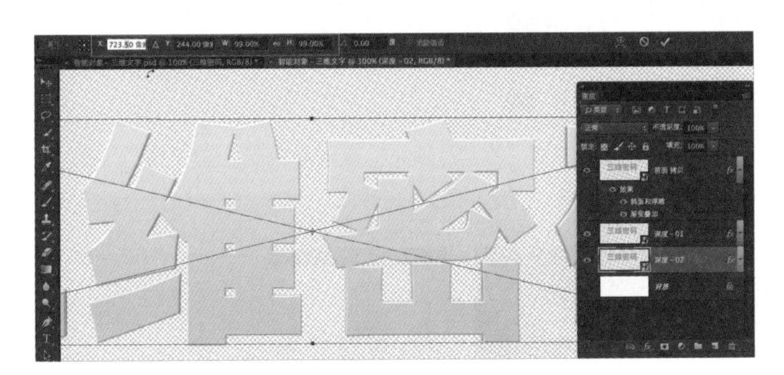

07 按 <Cmd(PC 机 Ctrl)+T> 组合键执行自由变换命令，同样缩小“深度— 02”图层到 99%，对 X 轴和 Y 轴上的位置进行微调，各减少 0.5 个像素。

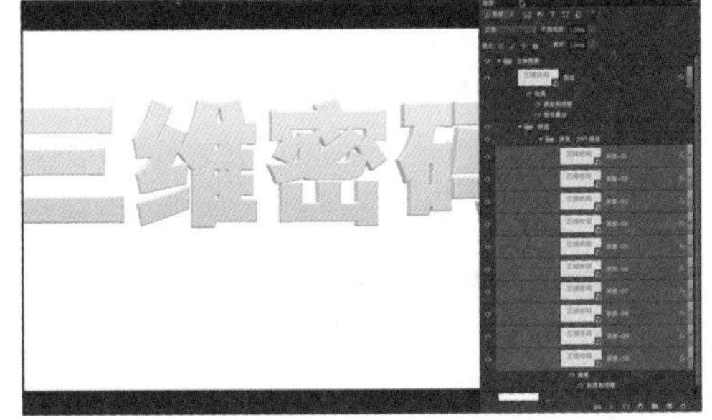

08 同样方式，复制出 10 个具有链接关系的智能对象，同时调整其大小和位置。并将其群组便于管理。

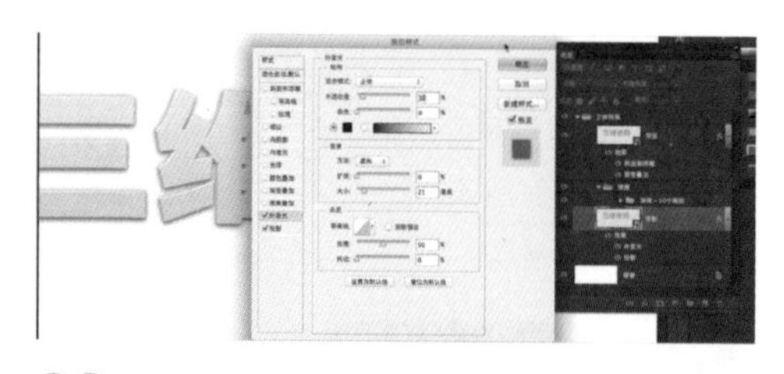

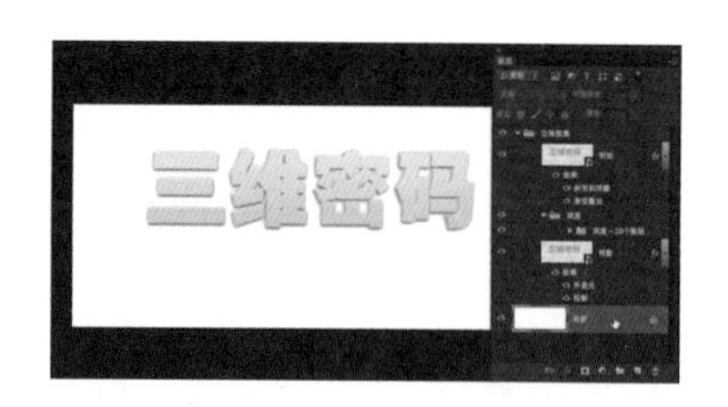

09 选中“前面”智能对象图层，按 <Cmd(PC 机 Ctrl)+J> 组合键复制新图层，更名为“背影”。修改样式效果为：外放光和投影。

10 最终效果如图。

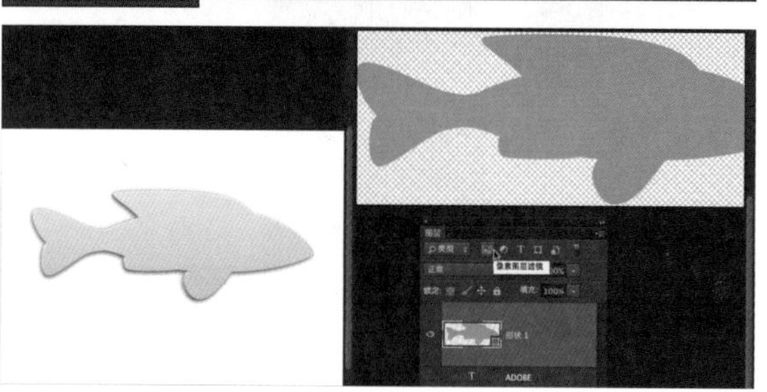

11 通过此方式得到的三维效果，最大的好处就是可以随时修改任一智能对象的内容。不论是修改文本图层，还是添加新的元素，都可以即时更新到最终的三维效果。

4.4 穿越：嵌套式合成

举例：多重描边

使用图层样式内的“描边”效果，反复将带有“描边”效果的图层转换为智能对象，再添加新的描边，来得到多重描边的效果。

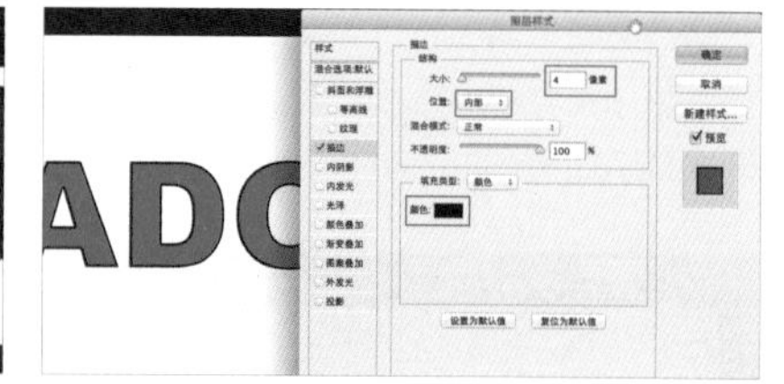

01 按 <T> 键切换到文本工具，创建文本图层，注意使用较粗的字体。

02 在图层面板（F7）底部，添加“描边”效果。设置向内部描边，颜色为黑色，大小为 4 像素。

03 单击右键执行“转换为智能对象”命令，将该文本图层转换为智能对象。为新转换的智能对象添加描边效果。设置向外部描边，颜色为蓝色，大小为 4 像素。

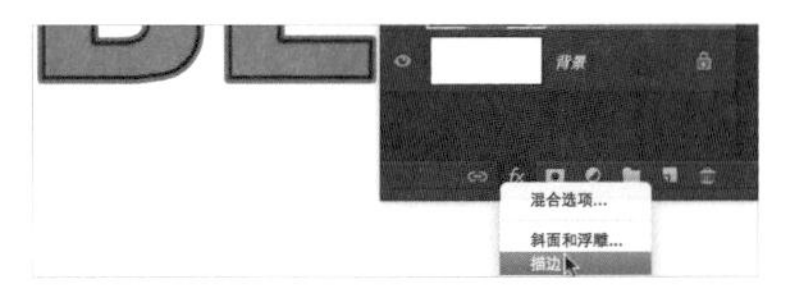

04 单击右键执行“转换为智能对象”命令，再次将该智能对象转换为新的智能对象。添加描边效果，设置向外部描边，颜色为黄色，大小为 6 像素。

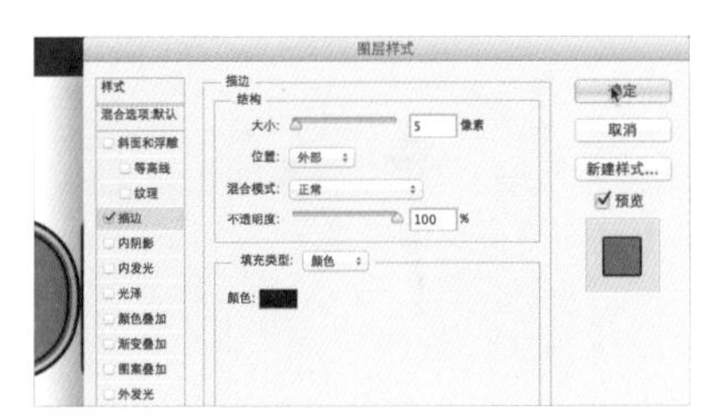

05 反复执行上面的步骤，再次转换智能对象，然后添加描边。根据需要可添加更多重描边。双击智能对象的图层缩略图，可最终打开原始的文本图层。注意要反复打开各个智能对象。

06 双击文本图层的图层缩略图，可自动选中文本并进入编辑状态。按 <Cmd(PC 机 Ctrl)+T> 组合键打开字符面板，设置字间距为 :-100。按 <Cmd(PC 机 Ctrl)+Enter> 组合键确认并退出编辑状态或在选项栏上单击“确认”按钮。

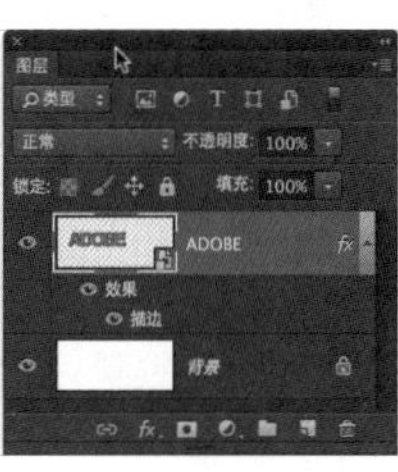

TIPS

转换了多少次智能对象就要分别保存相应的智能对象内容文件。

07 保存并关闭各个智能对象的内容文件，可快速修改最终效果。

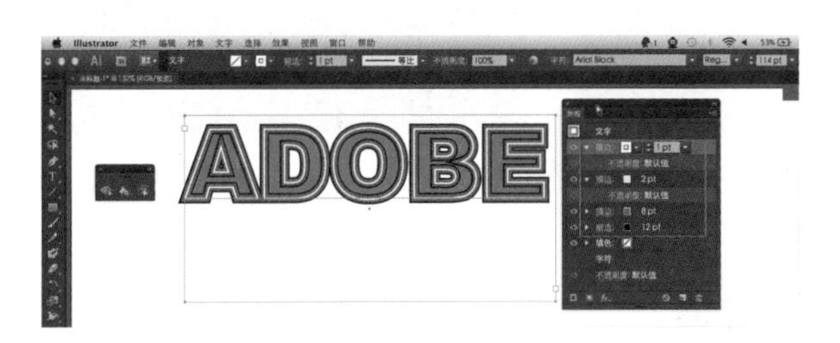

08 同样效果，在 Illustrator 中实现起来更为便捷，且能实现更多效果，如虚线描边等。因此，不论是平面设计师还是影视后期制作人员，掌握不同类型的制作软件，根据需求及软件特点来选择不同的制作方法，不仅会提高效率，还会让制作结果更加专业。

通过多重描边案例，来引出嵌套式合成。嵌套式合成（或套嵌式），在一些后期软件（如 AfterEffects）中叫 PreComposing 或 Nesting，就是将已完成的某个合成，作为一个元素（或图层）置入到新的合成中再次使用。在 Photoshop 中，智能对象就具有典型的嵌套式合成特点。单个或多个图层可以转换为一个智能对象，具有同样的图层属性（如不透明度、混合模式等）；同时，可随时返回到智能对象内部，进行各种自由地编辑处理，如添加图层、更改图层属性等。

嵌套式合成是一种概念，可以拓展使用者的制作思路，丰富制作手段。通过重组多个图层，重新定义为单独的合成元素（如智能对象），使多个图层重新具有新的同一个物理属性，如大小、位置等。可实现同时对多个图层进行重新处理、修改，还能随时反复去修改原有的合成。

总结

嵌套式合成的作用体现在3个方面：重组多个图层、同时应用某种效果或命令、反复修改随时调整。

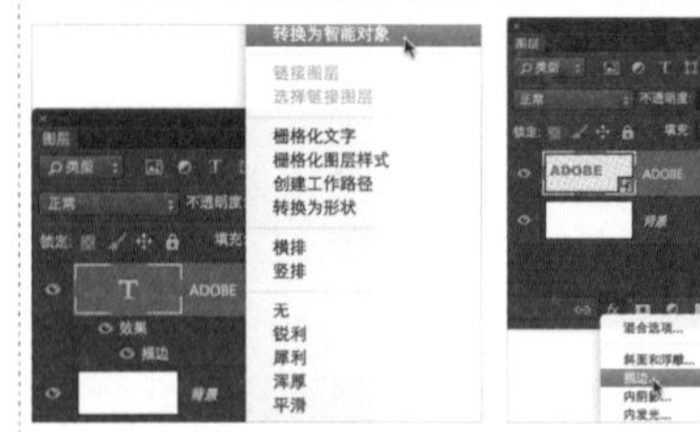

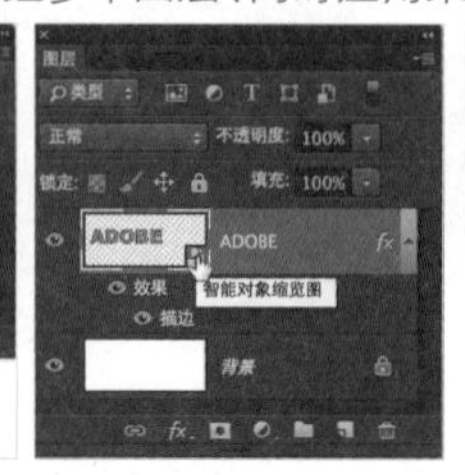

将一个或多个不同类型的图层转换为智能对象，进行重组，新的智能对象具有单独常规图层的所有功能。可为智能对象进行属性编辑，如添加样式，更改不透明度、混合模式等。可达到同时更改智能对象内容的作用。可随时对智能对象的内容进行反复修改。

相对于大型影视、动画软件的制作要求，以往Photoshop在嵌套式合成上的应用并不是太明显。随着时代的发展，制作要求也逐步提高，如文件尺寸越来越大，制作要求越来越复杂，在嵌套式合成上的应用也越来越多。

嵌套式合成的功能应用

群组＆链接：可同时移动多个图层，并保持各个图层间的相互关系。同时，各个图层是独立的可单独编辑调整。

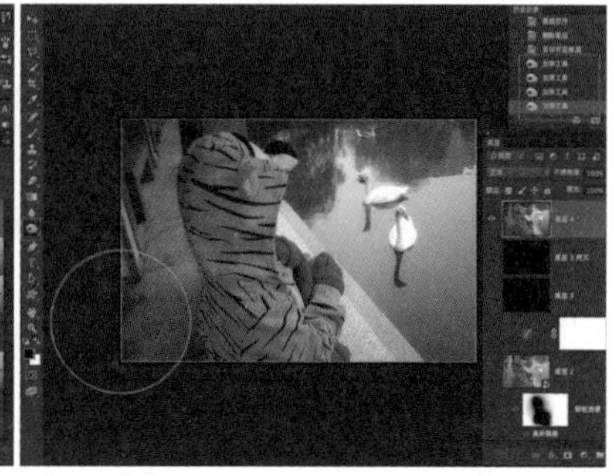

盖印可见图像(Cmd(PC机Ctrl)+Alt+Shift+E)：可合并所有的当前可见图层。该命令可以快速生成新图层，图层内容就是当前所有图层的合成效果。通常用在调色、修复工作中，可以保存此前的所有图层不被下一段工作破坏。

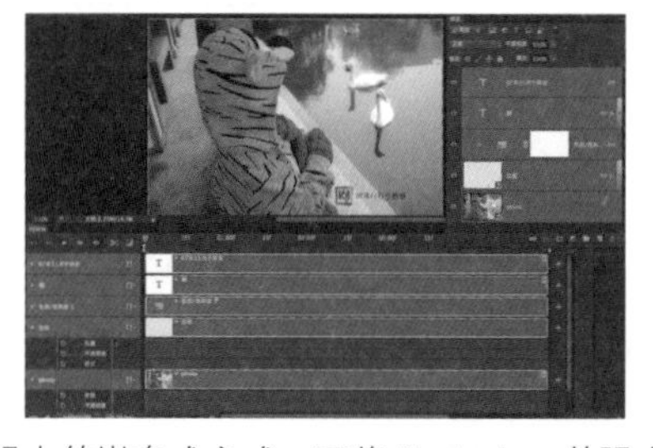

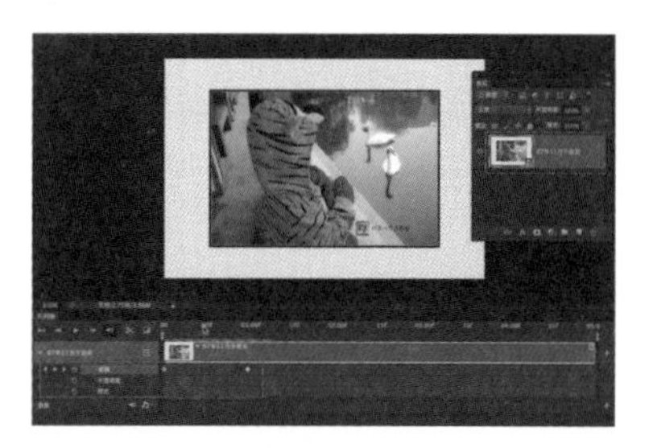

智能对象：它具有灵活多变，功能强大的嵌套式方式，可将Photoshop的强大功能充分利用起来。

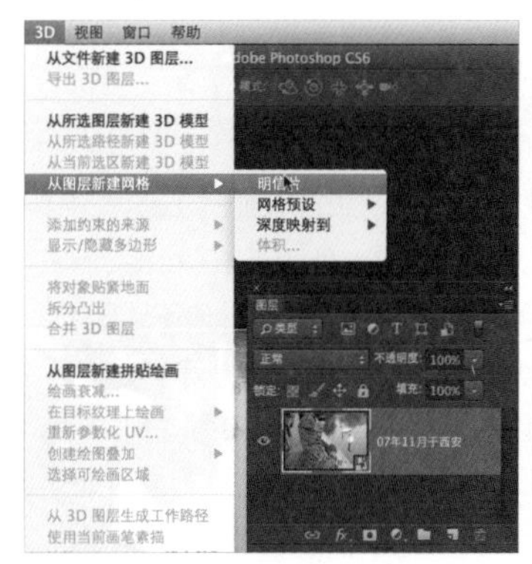

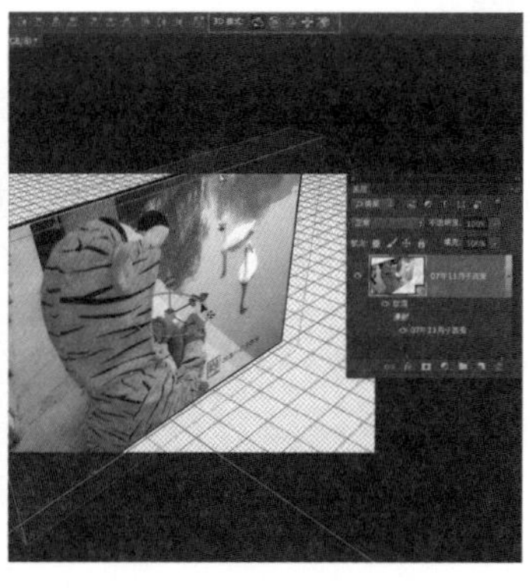

3D图层：转换为3D图层后，增加了Z轴上的操控，可以实现Z轴上的景深操作。同时，利用3D图层进行位置上的调整，通过透视关系来改变图层内容上的缩放、旋转等变化并不会改变图层内容。

快照与历史艺术画笔："快照"命令可建立图像任何状态的临时副本（即快照）。选择一个快照可以从图像的当时那个状态开始工作。配合历史艺术画笔工具，通过不同的快照状态，可以自由地恢复、创建、组合各种效果。

TIPS

快照不会与图像一起存储，如关闭某个图像将会删除其快照。同时，除非选择了"允许非线性历史记录"选项，否则，如果选择某个快照并更改图像，则会删除"历史记录"面板中列出的所有状态。

嵌套式合成的好处

除去制作思路上的引导与帮助，在制作手段上采用类似嵌套式合成的好处如下。

1. 反复、灵活地使用某个功能。甚至某些功能原本不可使用，但通过转换可以实现该功能。

2. 用简单明了的思维，来制作一些随机复杂的效果，并易于更改。如前面的案例，利用智能对象来组合图层效果，通过图层移动来实现三维立体效果，并通过智能对象间的链接关系来同时更改内容。

3. 融合各个功能，最大化发挥 Photoshop 最强大的功能，可将 Photoshop 强大的功能最大化延伸。这点在 3D 功能上体现得淋漓尽致，在 Photoshop 中的 3D 功能中，每个 3D 物体的贴图都用智能对象来存储，确保贴图精度的同时还便于反复修改。可参见后面章节关于 3D 功能的详细介绍，也可翻阅笔者之前出版的《Photoshop 三维密码》一书。

4. 关键信息、关键位置的保存。Photoshop 内有些操作，无法完全复制出完全一样的效果，如使用画笔工具绘制。因此，可根据工作进展，分阶段保存，最后再套嵌进行统一处理。

嵌套式合成的做法，取决于实际工作和最终要求。如果运用不得当，会让图层面板上的架构变得复杂，使操作变得繁琐，对于合成反而起了负面作用。

举例：使用操控变形制作变形的锁链

制作流程

01 使用选框工具，将原图中的锁链部分选中。

02 对选中部分进行修复，复制到新图层中。

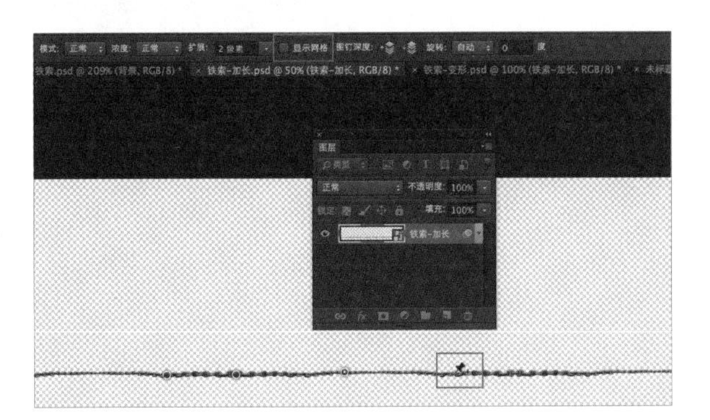

03 复制图层将锁链加长，并转换为智能对象。

04 对铁锁智能对象进行操控变形。

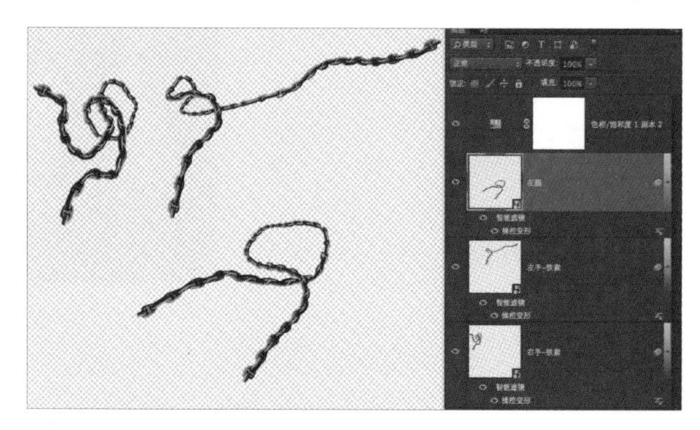

05 可随时修改智能对象内容及操控变形。

06 打开图片，按 <W> 键切换到快速选择工具，按“[”和“]”键调整笔头大小，在锁链上绘制选区。如果需要添加选区，按住 <Shift> 键；如果需要减掉某些区域，则按住 <Alt> 键。绘制选区要注意放大画面，以便更精细准确。也可使用钢笔工具。在后面章节中会重点介绍如何创建精细选区。

07 按 <Cmd(PC机Ctrl)+J> 组合键复制选区内容到新图层。

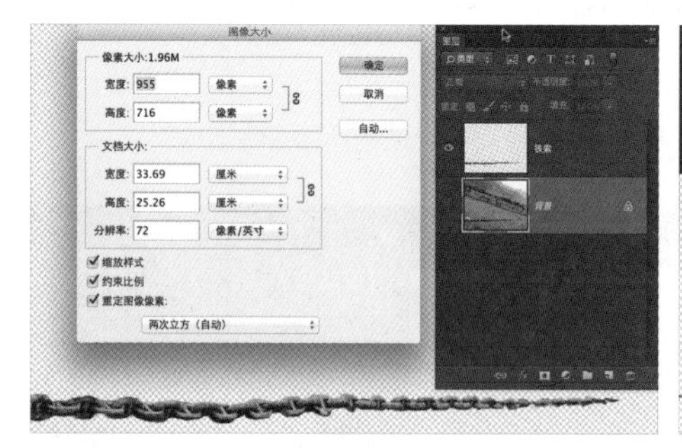

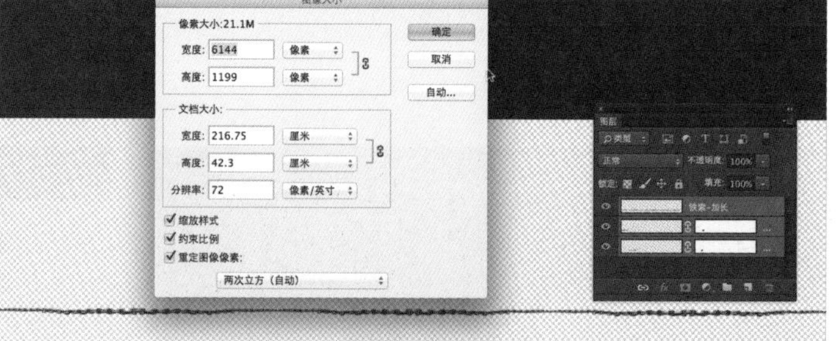

08 按 <Cmd(PC机Ctrl)+Alt+I> 组合键打开图像大小对话框或执行菜单：图像 / 图像大小，加大图像的宽度尺寸。复制图层，使用移动工具左右移动调整，来加长锁链的长度。同时删除背景图层。

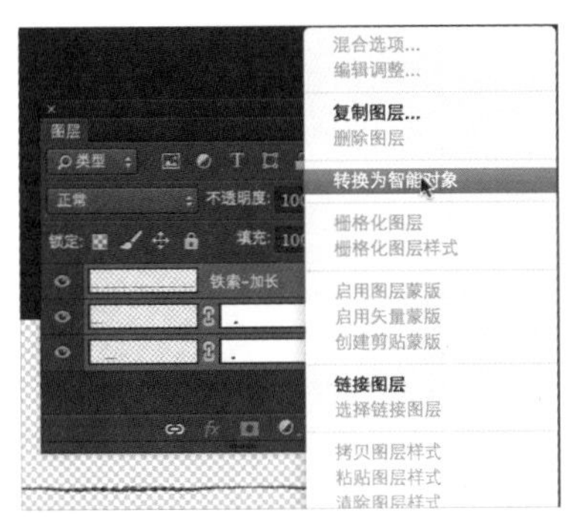

09选中所有铁锁图层，在图层面板上单击右键，执行菜单：转换为智能对象。

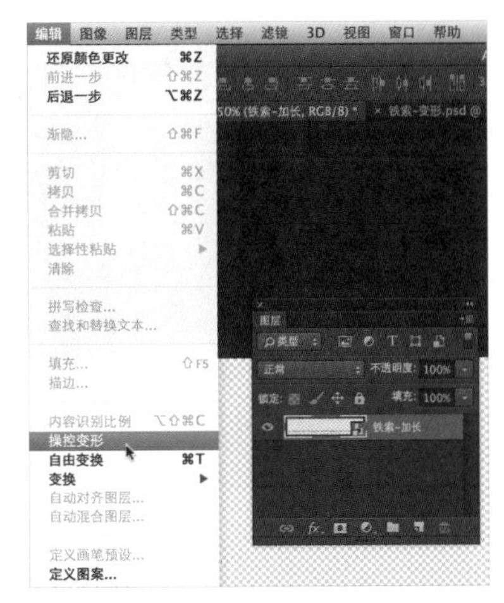

10执行菜单：编辑 / 操控变形，为智能对象添加操控变形。

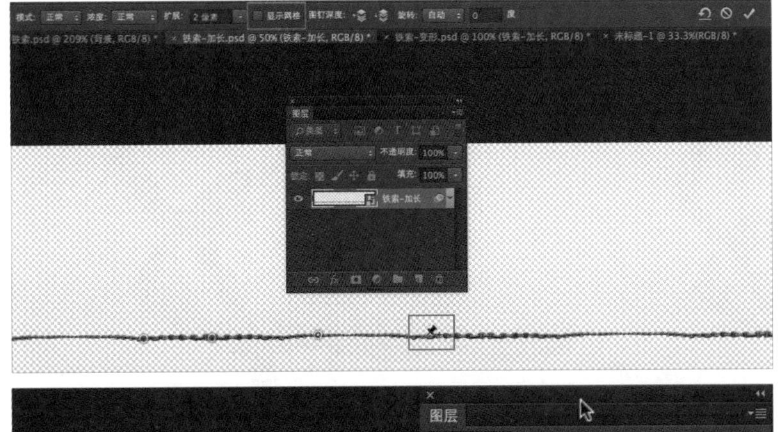

11添加操控变形后，可根据个人习惯，关闭或开启“显示网格”。在锁链上，将需要变换的区域和需要固定的区域上添加图钉。移动某个图钉可以实现变形。同时，其他图钉可以使附近的区域保持不变，起到固定作用。按住 <Alt> 键，可绕图钉旋转附近区域。

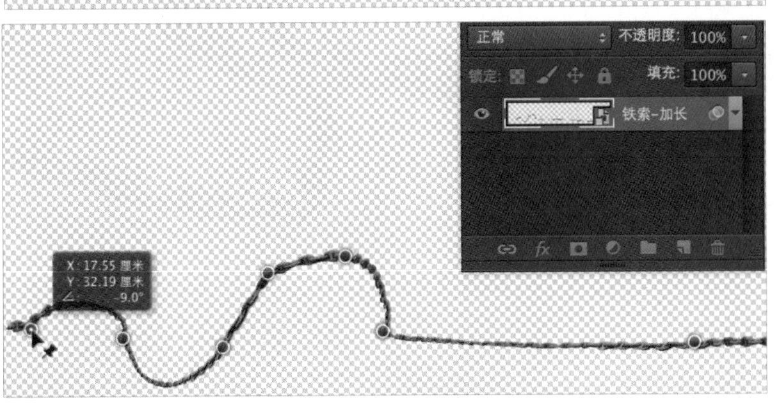

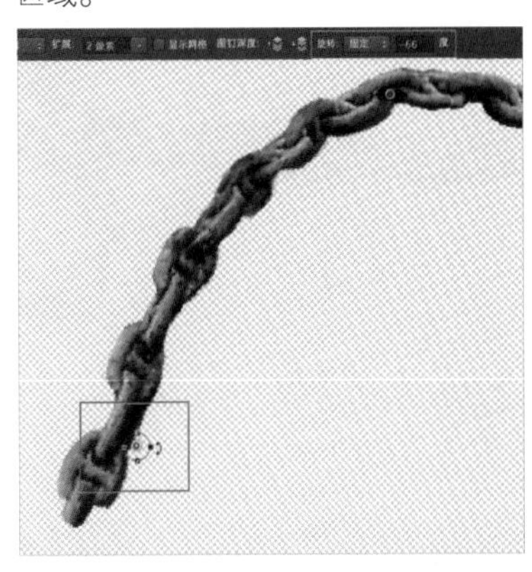

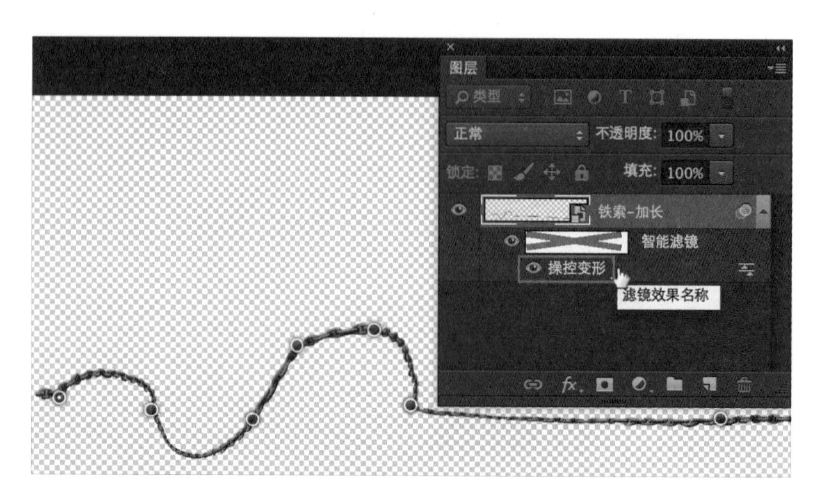

12在图层面板上，随时可以双击智能滤镜下的“操控变形”名称，打开操控变形编辑状态修改操控变形。

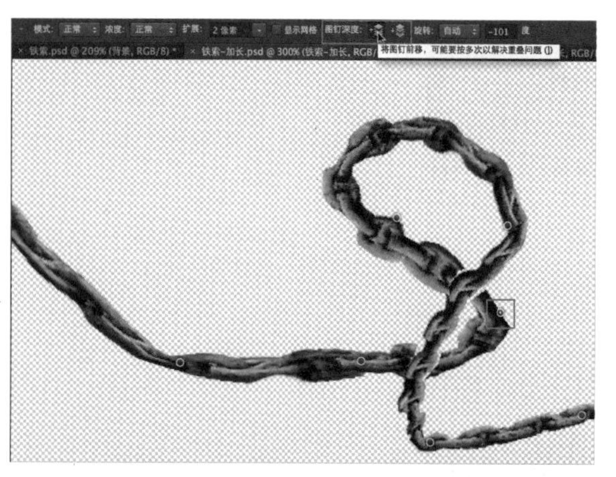

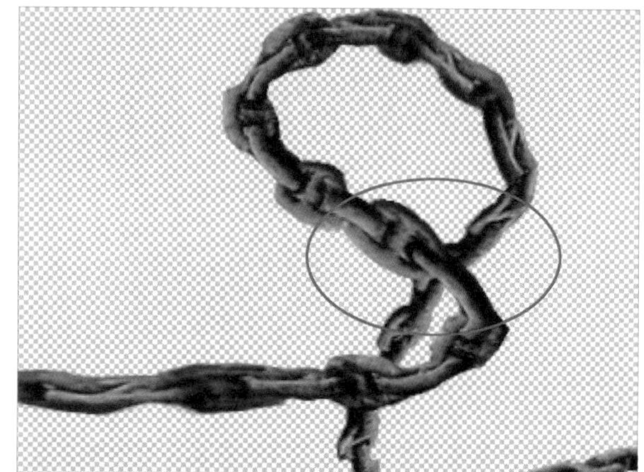

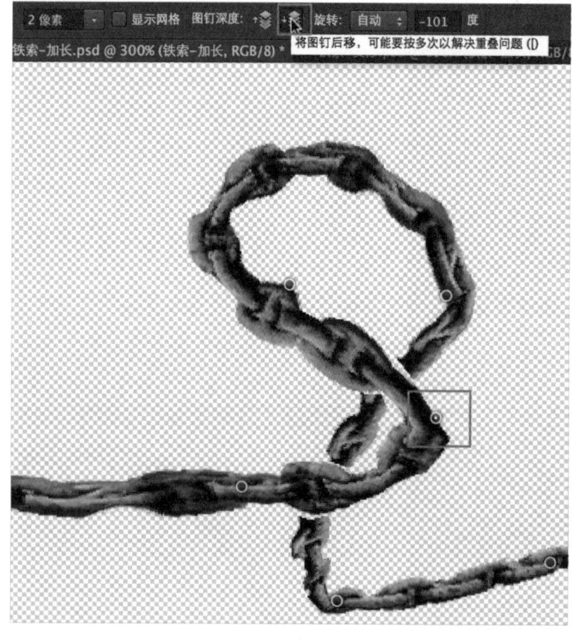

13选中某个图钉，可在选项栏上设置图钉深度：前移或后移，解决位置重叠关系。

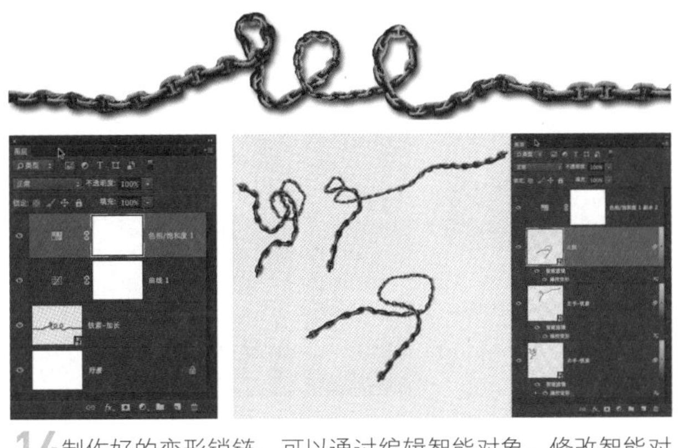

14 制作好的变形锁链，可以通过编辑智能对象，修改智能对象内容，与其他图像组合得到更多效果。

举例：3D 图层贴图

3D 图层贴图都是以智能对象的形式保存，都是以更新智能对象的方式来完成更新贴图。因此，每个贴图都是可以随时编辑，同时可使用所有的 Photoshop 功能，使得 3D 图层在处理材质上非常强大、便捷。

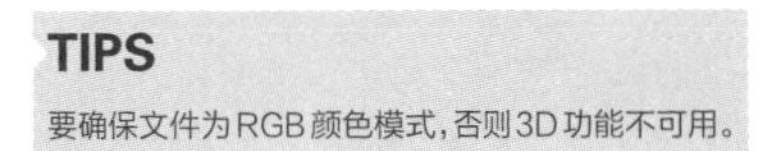

TIPS

要确保文件为RGB颜色模式，否则3D功能不可用。

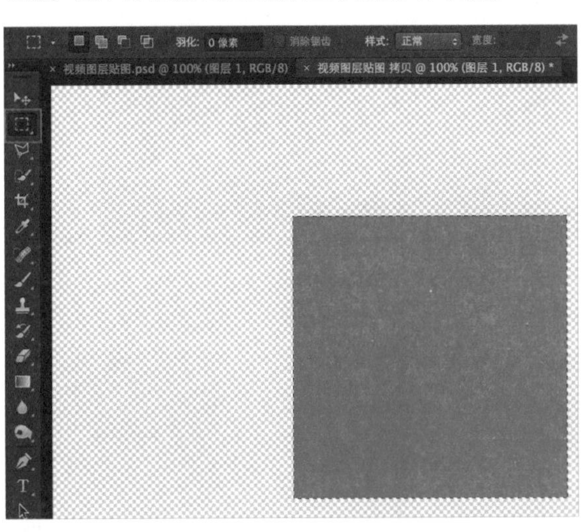

01 首先创建 3D 立方体。按 <M> 键切换到矩形选框工具，按住 <Shift> 键拖曳鼠标创建正方体。按 <Alt+Delete> 组合键填充红色。

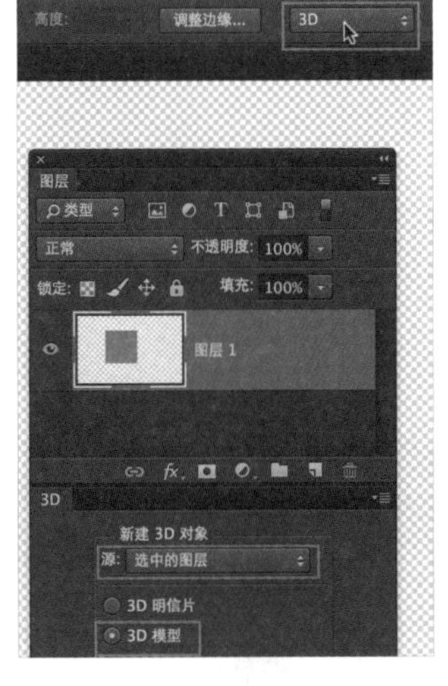

02 在选项栏上，切换工作空间到“3D”模式下。在 3D 面板上，新建 3D 对象下，设置源：选中的图层，3D 模型；单击“创建”按钮，创建 3D 模型。

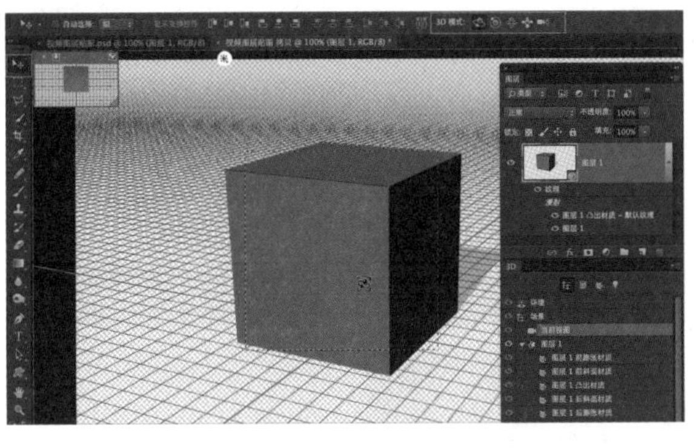

03 按 <V> 键切换到移动工具，由于此时选中的是 3D 图层，移动工具会自动切换到 3D 模式下工作。将鼠标移到画面中，旋转及移动新创建的 3D 图层，调整 3D 模型的位置。

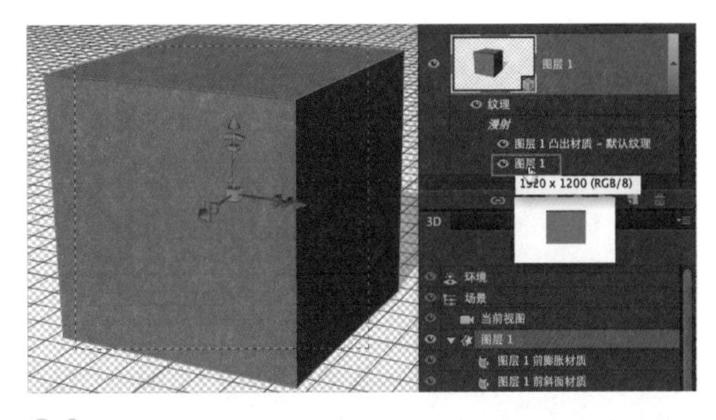

04 按 <F7> 键打开图层面板，双击纹理下的漫射贴图“图层 1”，打开“图层 1”贴图。

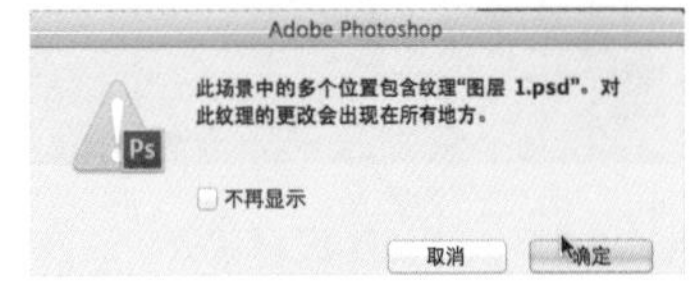

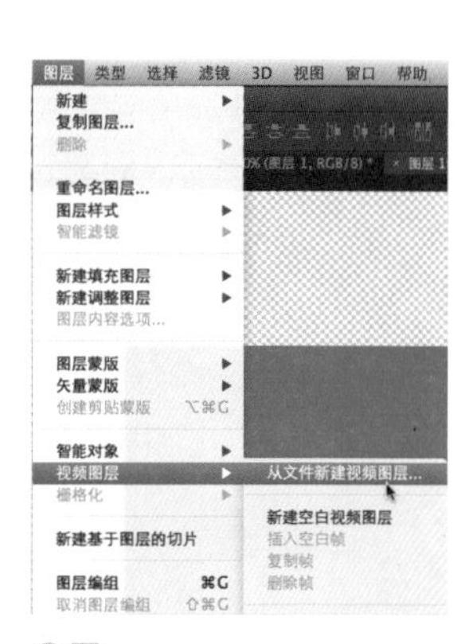

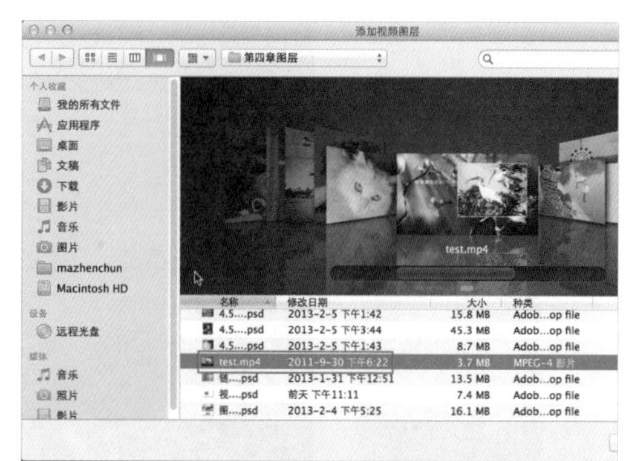

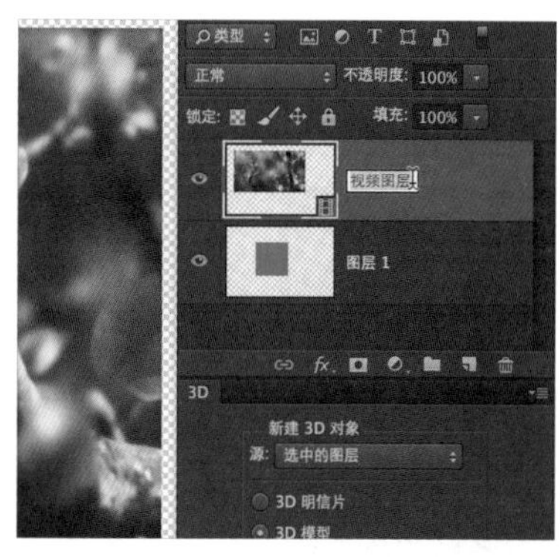

05在图层 1.psb 文件（即图层 1 的漫射贴图）下，执行菜单：图层 / 视频图层 / 从文件新建视频图层，选择一个视频文件，如 mp4 文件。新建后，重命名图层为“视频图层”。

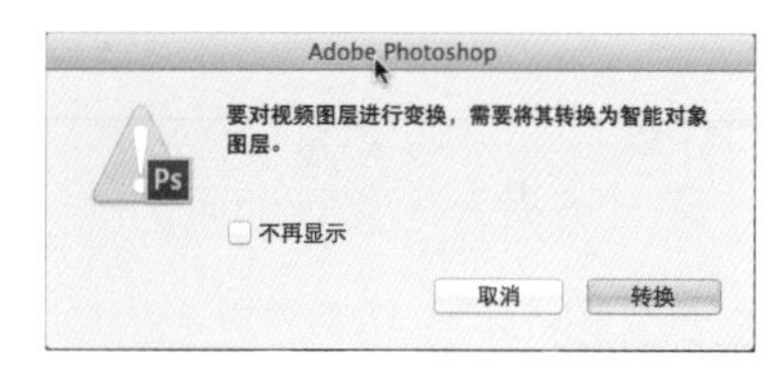

06选中“视频图层”，按 <Cmd(PC 机 Ctrl)+T> 组合键执行自由变换命令。视频图层并不能直接应用变换命令，因此 Photoshop 会提醒使用者，在执行自由变换命令前，会自动将视频图层转换为智能对象。

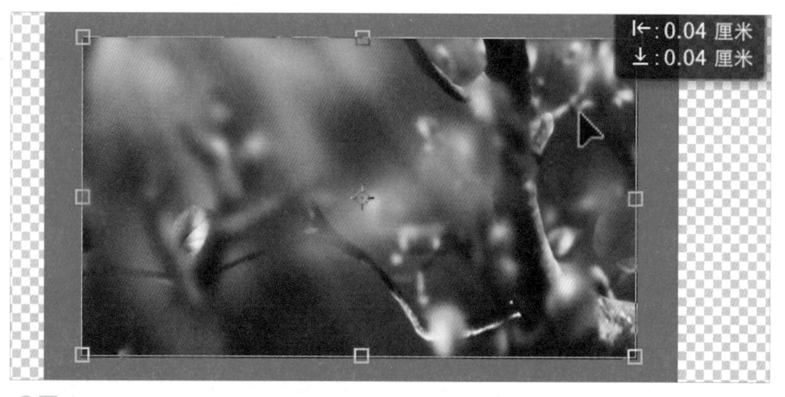

07配合 <Alt> 键、<Shift> 键缩放并移动视频图层。

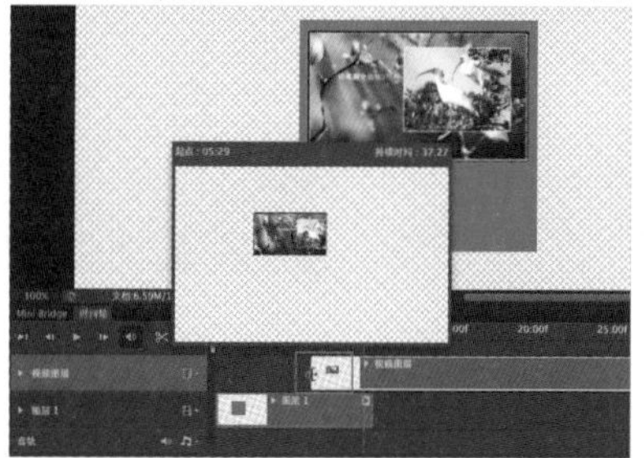

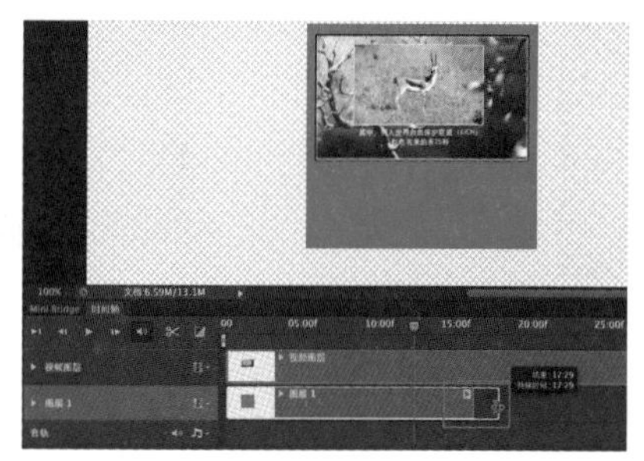

08执行菜单：窗口 / 时间轴，打开时间轴面板，根据需要调整视频图层的起始位置，也就是调整进点（In Point）和出点（Out Point）。

09还可以添加图层样式效果、添加文字等。

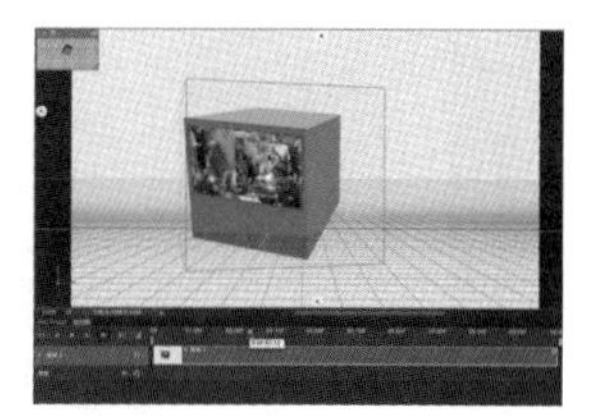

10编辑完成后，保存并关闭“图层 1.psb”文件，返回到 3D 模型下。可以看到 3D 模型的表面进行了更新。在时间轴上调整当前时间，来观察影片的效果。

盖印可见图像命令与智能对象

盖印可见图像命令(Cmd(PC 机 Ctrl)+Alt+Shift+E)与智能对象，两者各有所长，要根据后续的操作来决定采用何种方式。

盖印可见图像命令，可合并当前所有可见图层并复制到新的图层中。也就是说，该命令不会删除任何图层，只会新建一个图层，并将所有可见图层形成的最终效果，放置到新建图层中。

	智能对象	盖印可见图层
优点	保留所有图层信息 可随时更改 简化图层面板 可应用智能滤镜	保留所有图层信息 可随时更改 可直接绘制、修复
缺点	不能直接绘制、修复	图层面板复杂 不可使用智能滤镜

两者比较：

相比盖印可见图像命令，智能对象功能更像一个“生产工厂”，如果有任何问题可以随时回厂进行“返修”。也就是说智能对象最大的优点就在于可反复修改，随时更改。

小窍门：快速栅格化智能对象

先选中图层，单击右键转换为智能对象，按 <Cmd(PC 机 Ctrl)+Alt+Shift+E> 组合键生成新的图层。通常做法，是先复制智能对象，再栅格化智能对象。采用盖印可见图像命令，可减少操作的步骤。

思路延伸

嵌套式合成的思路，在很多软件中都有类似应用，如 Premiere、AfterEffects、Flash 等。采用这种思维方式去学习、应用软件，可以灵活面对复杂的制作要求。

也许嵌套式合成的说法有些牵强，甚至本身就是个伪命题，我们也不必为此而争论，只希望能在读者尤其是初学者心中留一个烙印，在学习操作、命令的同时要记得有意识培养个人的制作思路。

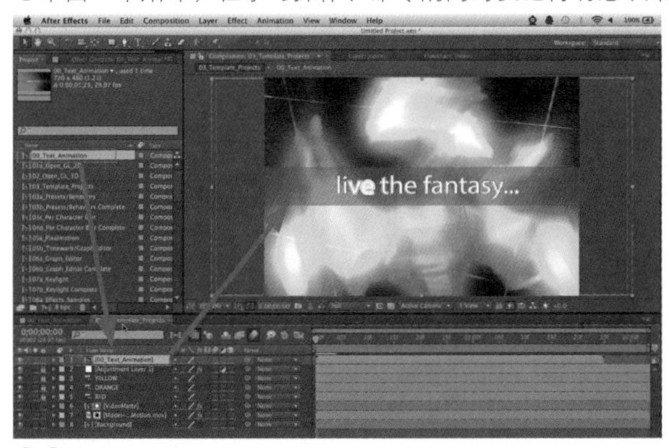

01 以 After Effects 为例：可以将任意一个合成文件，以单独一个图层(素材)放置到新的合成中。

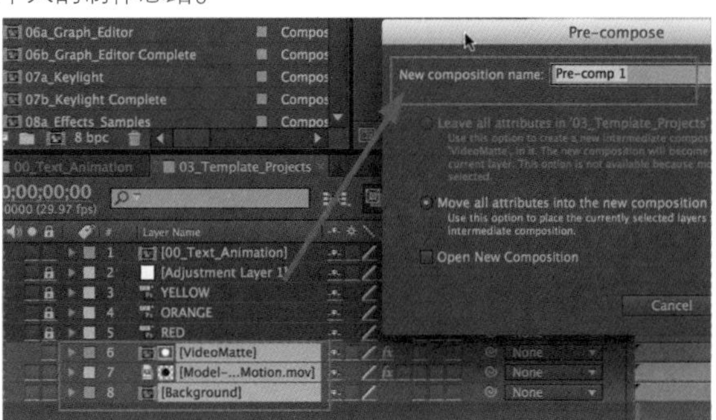

02 也可以选中多个图层，转换为新的合成。转换后新的合成又具有自己的属性，如位置 X、Y、Z 轴的数值。在合成中，是常用的方法。

4.5 不透明度

每个图层都有单独的不透明度。不透明度设置以百分比数值来控制该图层有多少比例的内容可见。可以为每个图层设置 0%~100% 范围内的不透明度。0% 是完全透明(即该图层完全不可见)，100% 是完全不透明(即图层上的内容完全可见)。图层默认不透明度设置为 100%。不透明度为 100% 不等于该图层内没有半透明像素。

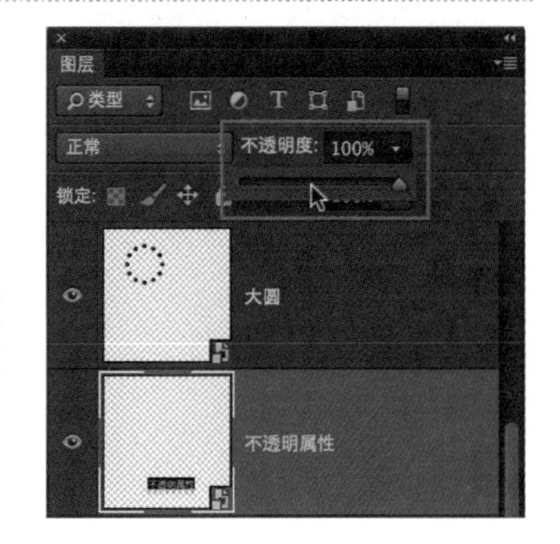

图层不透明度：10%

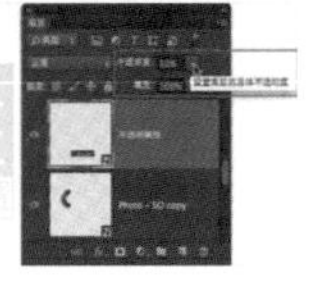

图层不透明度：40%

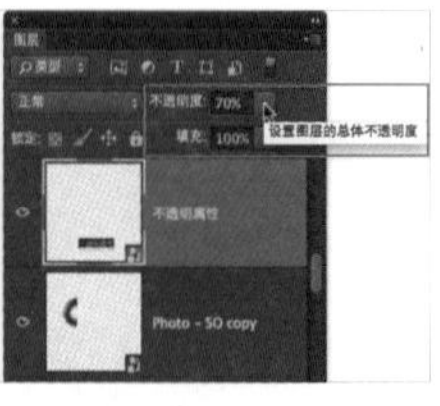

图层不透明度：70%

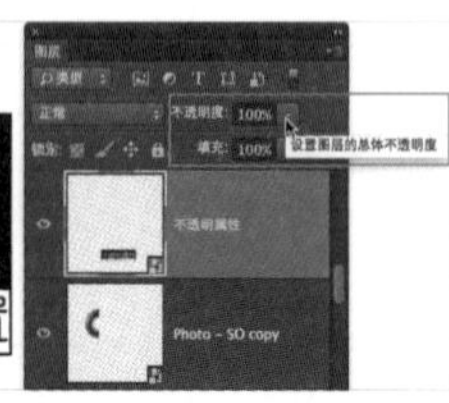

图层不透明度：100%

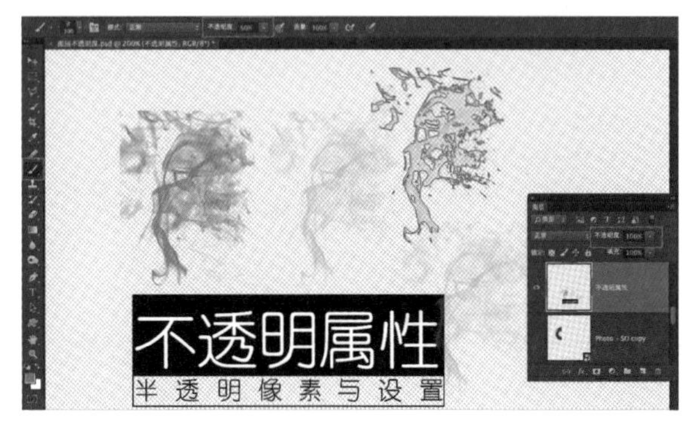

图层不透明度：100%；画笔不透明度：50%。可在图层上绘制半透明像素。

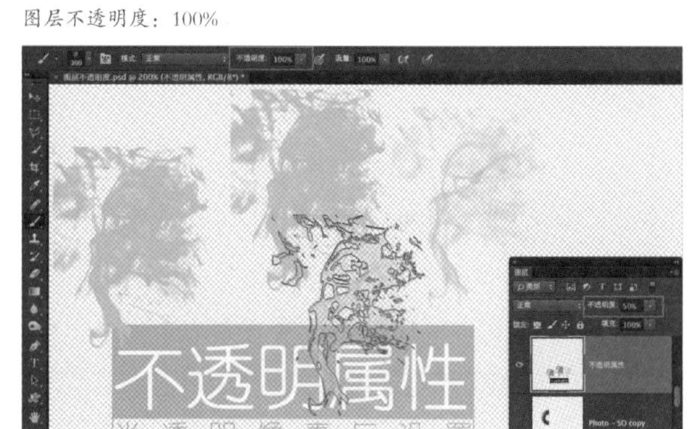

图层不透明度：50%；画笔不透明度：100%。可在图层上绘制不透明像素。

即使图层不透明度为 100%，该图层上的内容也可能有半透明像素。除了图层整体不透明度外，图层上每个像素还有自己独立的不透明级别。

TIPS

使用键盘数字键（0 ~ 9）可快速设置选中图层的不透明度值。1 代表 10%，2 代表 20%，以此类推。0 代表 100%。如果要设定到个位数，可快速按两个数字键。如要设置 35% 的不透明度值，可快速按 3 和 5 即可设置。尽量切换到移动工具在配合数字键来设置图层不透明度。否则在其他工具下，如画笔，按数字键会设置画笔的不透明度。

穿越 | 不透明度

在 Photoshop 中，除去图层不透明度，还有些绘制工具的不透明度，如画笔工具、仿制图章工具、渐变工具等。绘制工具的不透明度与图层的不透明度结合起来，可以做出更多精细的绘制或调节。

工具的不透明度设置，在选中该工具下，直接按数字键即可。如选中某个绘制工具，要设置图层不透明度，须按 <V> 键切换到移动工具，再按数字键。

举例，利用图层和画笔调整画面的亮度和暗部。在接下来的一组例子中，借助图层的混合模式和不透明度，以及画笔的不透明度来自由便捷地调整画面的亮部和暗部。其中的关键要素如下。

创建新图层，设置图层混合模式为：柔光（或叠加、强光等，可尝试不同模式）。设置图层的不透明度。

使用画笔工具或渐变等填充类工具，设置笔头大小、不透明度。

按 <D> 键切换到默认颜色模式下，前景色为黑色，背景色为白色。黑色可加重画面，白色可提亮画面。按 <X> 键切换前背景色。

根据画面的明暗分布，使用不同大小的笔头、不透明度来绘制。

01 提亮整个画面。

1 原图整体偏暗。

2 按 <Cmd(PC 机 Ctrl)+Shift+N> 组合键创建新图层，设置图层混合模式为柔光。按 <B> 键切换到画笔工具，按“[”和“]”键调整笔头大小，按 0 ~ 9 数字键设置笔头不透明度。将前景色调整为白色（可按 <D> 键再按 <X> 键）。在画面暗部绘制，根据需要不断调整笔头大小和不透明度。调整图层的不透明度，整体来降低提亮的效果。

3 按 <Cmd(PC 机 Ctrl)+Shift+N> 组合键创建新图层，设置图层混合模式为柔光。按 <B> 键切换到画笔工具，使用较大笔头，降低画笔不透明度到 10%~30% 之间。将前景色调整为黑色（按 <D> 键）。在画面四个角，创建暗角效果。最后根据需要，降低图层的不透明度。

02 使用渐变工具创建暗角效果

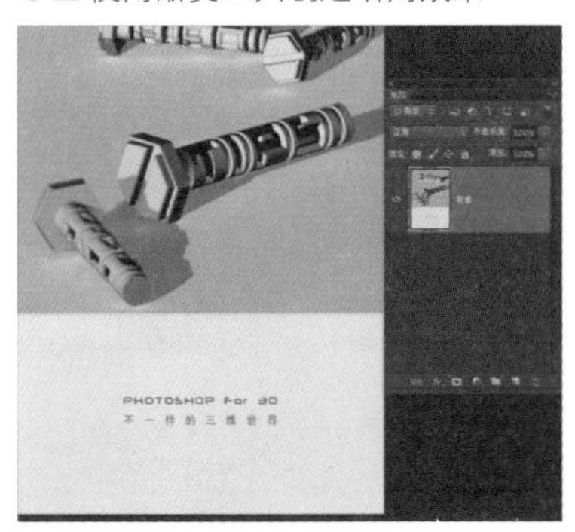

1 原图整体画面趋于平淡，需要改变色调分布，以突出层次感。

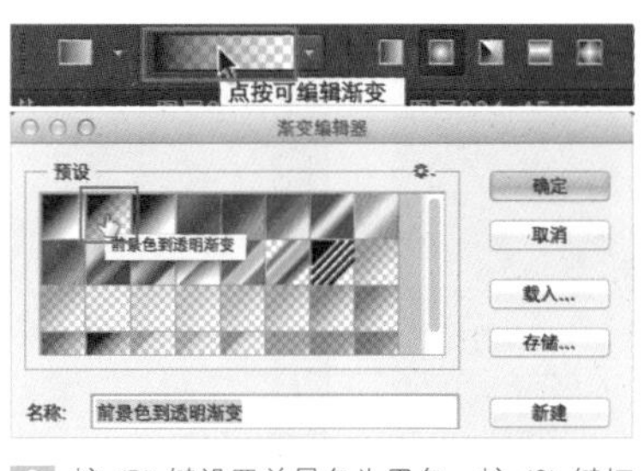

2 按<D>键设置前景色为黑色。按<G>键切换到渐变工具，在上方的选项栏中单击渐变编辑器，注意不要按到小三角上。在渐变编辑器中设置渐变为“从前景色到透明渐变”。设置渐变为从黑色到透明。

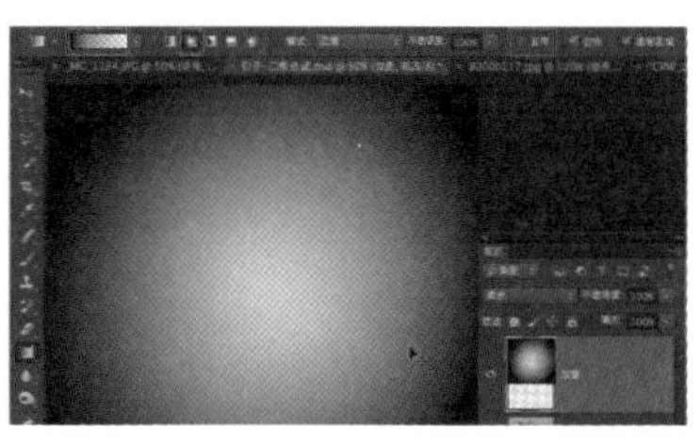

3 在选项栏上设置渐变为径向渐变，即圆形渐变。在画面中，按<Cmd(PC 机 Ctrl)+Shift+N>组合键创建新图层。创建从中心为透明，四边为黑色的径向渐变。如果创建的渐变是反的，即中心为黑色，四边为透明，可在选项栏上勾选“反向”再重新绘制渐变即可。

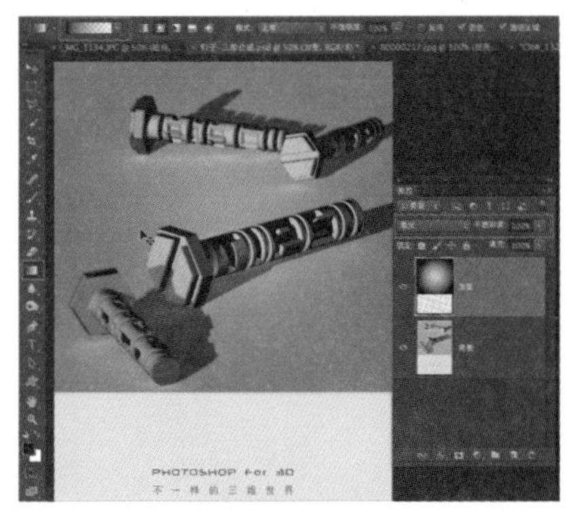

4 在修改图层混合模式为：柔光，调整图层不透明度。

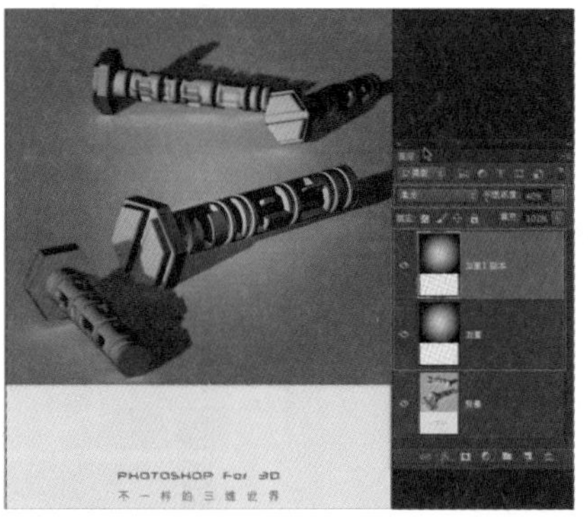

5 按<Cmd(PC 机 Ctrl)+J>组合键复制图层，修改不透明度为 40%。通过两层来加重整体效果。

03 使用画笔工具提亮画面并创建暗角效果

1 原图中，主体部分即人物整个处在阴影中，需要提亮。

2 设置前景色为白色。创建新图层，设置图层混合模式为：柔光。使用画笔工具，用较小的笔头，设置较高的不透明度如 40% ~ 60%，提亮人物部分。再使用较大的笔头，设置较低不透明度如 10% ~ 20%，提亮人物四周的区域，使整体色调自然过渡。最后设置前景色为黑色，使用较大笔头，较小画笔不透明度，在画面四周添加暗角。

04 修饰人像细节

1 原图中人物的面部色调过于单一，缺少层次感。

2 创建新图层，设置图层混合模式为：柔光。使用画笔工具，按<D>键设置前景色为黑色，背景色为白色。使用较大笔头，较低的画笔不透明度，来加重整体；使用较小笔头，较高的画笔不透明度，来加重或提亮细节。根据需要切换前景色（按<X>键）。这个过程是个反复调整的过程，不断按“[”和“]”键调整笔头大小，按数字键设置画笔不透明度。

05 修饰猫咪面部细节

1 原图中猫咪的鼻子及部分毛发略显脏。

2 新建图层，设置图层混合模式为：柔光。设置前景色为白色。使用画笔工具，设置画笔的笔头大小及不透明度，在鼻子及毛发处绘制以提亮。

06 使用仿制图章工具修复画面

1 原图中人物脸上有小痘痘需要去除；还有大面积的光斑需要修复。

2 创建新图层。按 <S> 键切换到仿制图章工具，在选项栏上设置样本：所有图层。设置不透明度为 100%。按“[”和“]”键调整笔头大小。在“痘痘”附近，颜色、纹理基本相似的地方按 <Alt> 键取样。在“痘痘”处，拖曳鼠标将取样区域复制过来，以擦除“痘痘”。

3 按“]”键加大笔头大小，降低仿制图章工具的不透明度，按住 <Alt> 键取样。取样的原则是尽量找与被修复区域基本相似的区域。小心在光斑处拖曳鼠标，因为笔头较大，要时刻注意不要将头发眼睛等区域复制过来。必要的时候，配合 <Cmd(PC 机 Ctrl)+Z> 组合键或历史记录面板，来撤销操作。

原图

修复后

总结

通过上面一组例子可以看到，很多时候使用到的命令与工具不是很复杂，就是要求灵活使用。就如同设置不同不透明度、配合笔头大小及图层不透明度，就能处理好一些效果。

4.6 填充

图层面板上的填充设置与不透明度设置大致相同，但是填充设置会忽略添加在图层上的所有样式效果，如投影、描边等。也就是说，修改填充设置只会改变图层原有内容的不透明度，而不会更改图层样式的不透明度。

修改图层的不透明度和填充数值，不会更改图层原有的信息，只会改变图层与其他图层的合成效果。如果进行图层合并操作，不会影响现有图像效果的显示，只会合并压缩掉所有图层的不透明度和填充信息。

举例：制作描边

在下面的例子中，通过新建图层添加描边样式效果，将图层填充降低为 0，显示下层效果，同时保留图层描边效果。

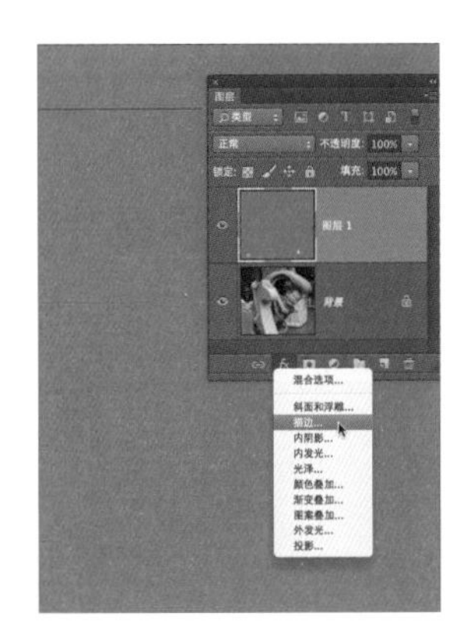

01 按 <Cmd(PC 机 Ctrl)+Shift+N> 组合键创建新图层，并填充红色。添加图层样式效果“描边”。

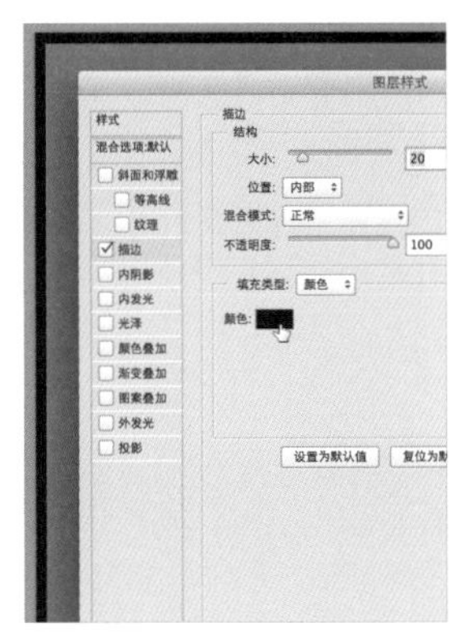

02 设置描边大小：20，向“内部”描边，颜色设置为：黑色或深灰色。

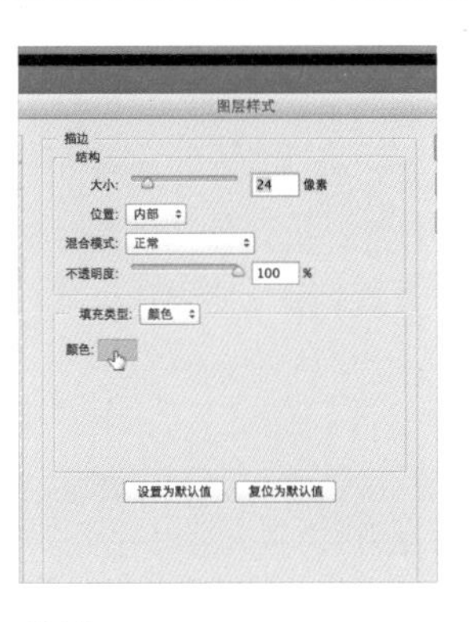

03 按 <Cmd(PC 机 Ctrl)+J> 组合键复制图层，更改下层描边样式效果设置。设置描边大小：24，颜色为白色。

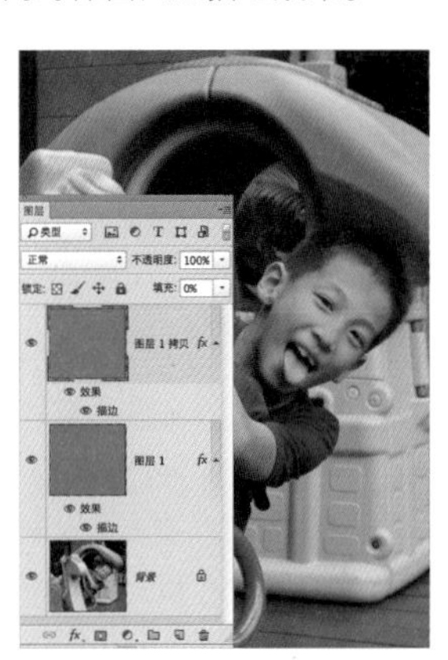

04 将两个图层的填充设置为 0，只保留描边效果，并显示出下方图层。

TIPS

使用此种方式制作描边，不会受下方图层的影响。如果更改了图像大小，只需要重新填充图层，即可让描边充满整个画面（<Cmd(PC 机 Ctrl)+A> 再 <Alt+Delete>）。

| 穿越 | 填充

Photoshop 中可以使用颜色、图案、历史记录、内容识别等来填充选区、路径或图层内部。

前面介绍了填充数值的设置，在填充内容的设置上，有颜色填充、图案填充、内容识别填充、历史记录填充等。在填充方式上，可使用填充命令、渐变工具、油漆桶工具以及借助快捷键等进行填充。下面就暂时离开图层填充，穿越到整个 Photoshop 中来介绍填充。

“填充”方式

每种填充的方式，会有一定功能和效果上的重叠，同时也有各自的特点。综合了解并熟练掌握，才能在实际工作中自由使用。填充前首先要选中某个图层、选区或路径。

填充的内容

填充颜色或渐变　填充图案　填充历史记录　内容识别填充

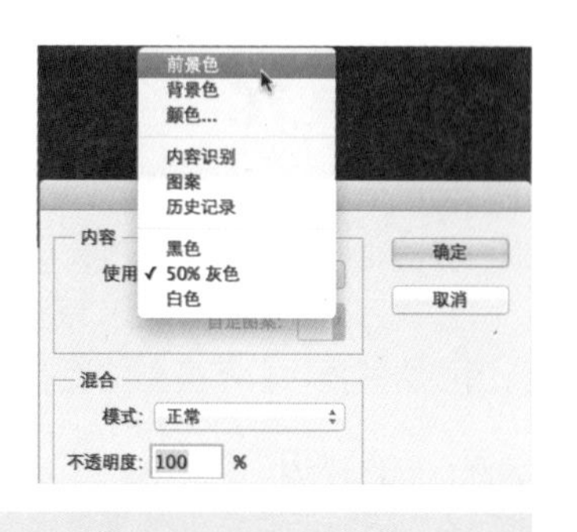

快速填充颜色

使用以下方法可快速填充颜色到整个图层或设定的选区内。

前景色填充：按 <Alt+Delete> 组合键，可快速将前景色填充到设定好的选区或整个图层。

背景色填充：按 <Cmd(PC 机 Ctrl)+Delete> 组合键，可快速将背景色填充到设定好的选区或整个图层。

使用前景色填充图层不透明区域：按 <Alt+Shift+Delete> 组合键，可快速将前景色填充到图层的不透明区域内。

使用背景色填充图层不透明区域：按 <Cmd(PC 机 Ctrl)+Shift+Delete> 组合键，可快速将背景色填充到图层的不透明区域内。

还可配合锁定透明像素按钮（“/”键）。

如只填充图层不透明区域，还可配合图层面板上的“锁定透明像素”按钮来实现。具体方法如下。

选中图层，按“/”键或在图层面板上单击“锁定透明像素”按钮。再按 <Alt+Delete> 组合键填充前景色即可。

黑色 / 白色填充：填充黑色或白色，通常会使用快捷键方式来实现。按 <D> 键切换工具箱内前景色和背景色为默认颜色，既前景色为黑色，背景色为白色。然后按 <Alt+Delete> 组合键填充黑色，按 <Ctr+Delete> 组合键填充白色。

在填充对话框中，填充黑色或白色，还可配合混合模式、不透明度来实现更多效果。

通常情况下，习惯于使用图层来控制混合模式及不透明度，因为这样可以随时反复调整这些参数。

菜单命令：“填充”

“填充”菜单命令，可以有更多填充选项提供给使用者。在填充对话框中，可以找到诸多填充设置，如颜色填充、图案填充、历史记录填充等。

执行菜单：编辑 / 填充或按 <Shift+F5> 组合键或 <Shift+Delete> 组合键，可调出填充对话框。

下面分别介绍填充设置及应用。

填充颜色

填充颜色：默认状态下与使用快捷键填充颜色相同。填充黑色、白色、50% 灰色。

配合混合模式及不透明度可以做出不同的填充效果。类似效果还可以通过添加图层，更改图层混合模式，再填充颜色来实现。

保留透明区域选项：

在混合选项内，如勾选“保留透明区域”选项，则填充只会应用在不透明区域，类似在图层面板勾选了“锁定透明区域”再填充。

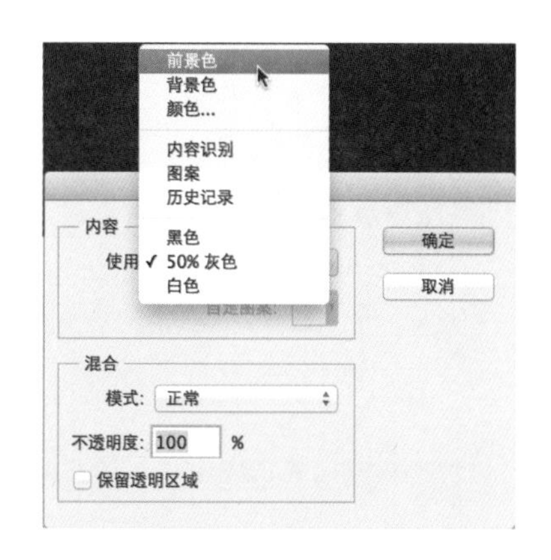

TIPS

如果整个图层或所选区域为透明，又勾选了“保留透明区域”进行填充，则不会有任何效果显示。要注意对于该选项的正确应用。

内容识别填充

内容识别填充是种修复手段。可以根据附近的相似图像内容不留痕迹地填充选区。为获得最佳结果，请让创建的选区略微扩展到要复制的区域之中（快速套索或选框选区通常已足够）。

具体操作

先使用选框工具，制作出大致选区，选区比要填充修复的区域略大。

按 <Shift+Delete> 组合键，执行填充命令，设置内容为“内容识别”，按“确定”按钮即可使用选区周围内容来填充选区。

关于内容识别填充，后面章节会有更加详细地介绍。

01 按 <M> 键切换到椭圆选框工具，选中画面中足球部分。注意选区要略大于足球区域。按 <Shift+F5> 组合键调出“填充”对话框，设置为“内容识别”，单击“确定”按钮或按 <Enter> 键。

02 Photoshop 使用附近的相似图像内容不留痕迹地填充选区。可以看到足球区域被周边的草地和投影所填充。

03 还可以使用“内容识别”填充来扩展图片。按 <M> 键切换到矩形选框工具，在图片空白边缘出绘制矩形选区，确保选区与图片内容有重叠部分。执行填充命令，使用“内容识别”。

04 将图片内容填充至空白区域。使用内容识别填充，尤其适用于大面积不规则近似纹理的填充。如草地、大海等。

图案填充

单击图案样本旁边的小箭头，并从弹出式面板中选择一种图案，使用该图案对所选区域或所选图层进行图案填充。

可以使用弹出式面板菜单载入其他图案。选择图案库的名称，或选取“载入图案”并定位到要使用的图案所在的文件夹。

CS6 中，新增“脚本图案”填充方式。可勾选“脚本图案”，并选择一种脚本，如砖形填充、随机填充等脚本样式。在 Photoshop 中可以自定义图案（执行菜单：编辑 / 定义图案），这样使图案填充的功能更加强大。

01 通过屏幕拷屏的方式，截取 Photoshop 的软件图标。在 Photoshop 中，执行菜单：编辑 / 定义图案。

TIPS

如果“图案”呈灰色，则您需要在建立选区之前先载入图案库。

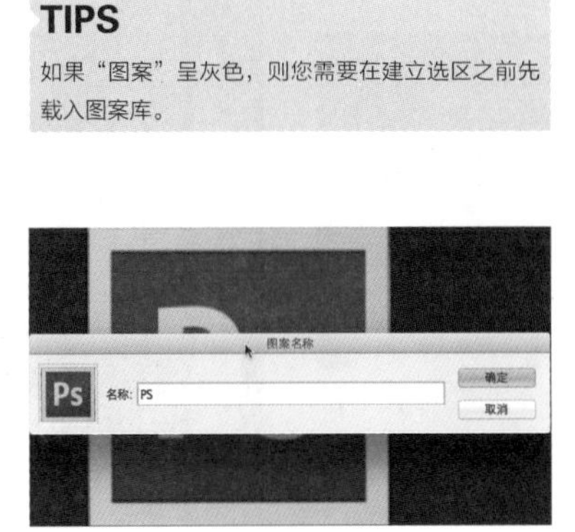

02 给图案命名为“PS”。

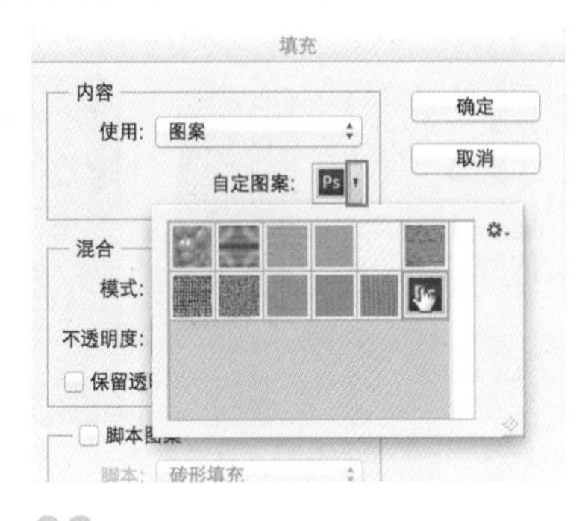

03 新建文件，按 <Shift+F5> 组合键执行填充命令。在填充对话框中，使用“图案”，在自定图案内使用刚刚自定义的图案“PS”。

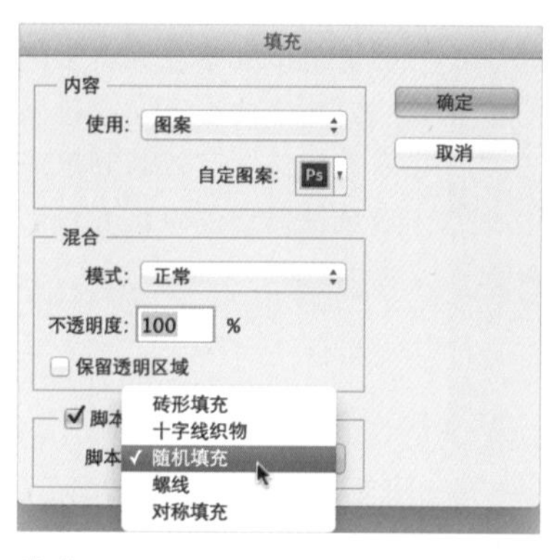

04 勾选“脚本图案”，使用脚本“随机填充”，按 <Enter> 键确认并填充图案。得到随机的图案。其他几种脚本图案的填充结果如下。

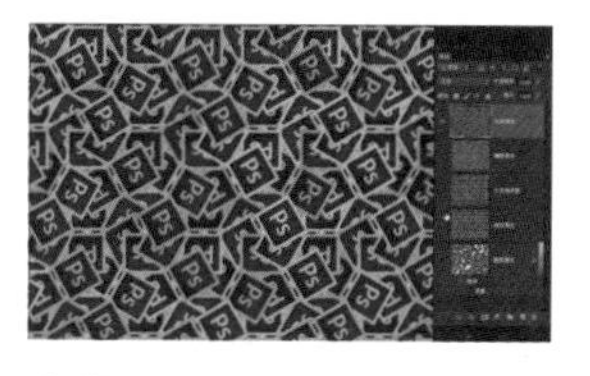

05 对称填充结果。

06 螺线填充结果。

07 十字线织物填充结果。

08 砖形填充结果。

历史记录填充

将所选区域或图层填充恢复为源状态或“历史记录”面板中设置的快照。

首先选择想恢复的区域，按 <Shift+Delete> 组合键或执行菜单：编辑 / 填充。在“内容”分组中，选择“历史记录”并单击“确定”按钮。

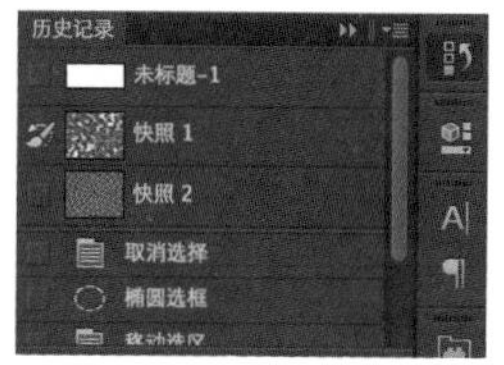

TIPS

要用文档初始状态的快照恢复图像，请从“面板”菜单中选择“历史记录选项”，并且确保“自动创建第一幅快照”选项处于选定状态。

填充图层

填充图层可以用纯色、渐变或图案填充图层。填充图层会自动创建新的图层，具有不透明度和混合模式选项，与图像图层相同。可以重新排列、删除、隐藏和复制它们，就像处理图像图层一样。

填充图层不影响或改变其他图层的内容。不过可以随时编辑、更改填充图层，这点是填充命令所没有的功能。如可以随时更改纯色填充图层的颜色。另外，借助图层和蒙版的功能，可以让填充图层与其他图层混合，影响合成效果。

执行下列操作可创建填充图层

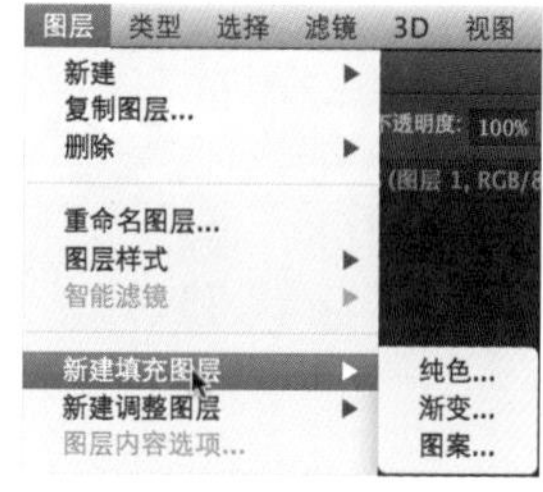

执行菜单：图层 / 新建填充图层，然后选择一个选项。命名图层，设置图层选项，然后单击“确定”按钮。

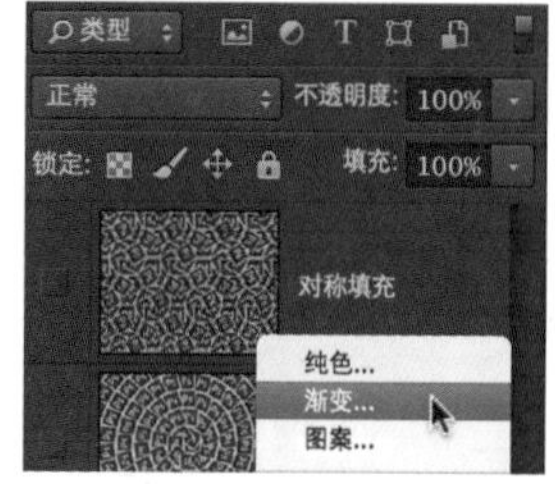

单击“图层”面板（按 <F7> 键）底部的“新建调整图层”按钮，然后选择填充图层类型。

01 在图层面板底部，单击新建调整图层按钮，选择“渐变”填充图层。

02 在渐变编辑器中，设置渐变为：中灰深密度 3（默认下，没有该渐变预设，可在编辑器中单击弹出菜单，加载该预设）。在渐变填充对话框中，设置渐变样式为“径向”。

03 在图层面板上修改混合模式为：颜色，将渐变填充图层与背景混合。

04 颜色填充图层。可随时双击图层缩略图，修改颜色。

05 图案填充图层。只能采用平铺的方式填充图案。

渐变工具

在工具箱中选中渐变工具或按 <G> 键，在画面中拖曳鼠标即可在所选区域或图层进行渐变填充。渐变工具可以创建多种颜色间的逐渐混合。您可以从预设渐变填充中选取或创建自己的渐变。

TIPS

渐变工具不能用于位图或索引颜色图像。

渐变工具是一种填充工具，可以直接作用在图层上，不论图层是否透明。如果要填充图像的一部分，请先创建要填充的区域。否则，渐变填充将应用于整个现用图层。

渐变工具在 Photoshop 中用处很多，除去创建多种颜色的混合，还常用来制作纹理；作用在蒙版上创建过渡效果；修饰图片整体色调等。而且渐变工具有很多参数可供设置调整，如渐变编辑器、混合模式、渐变样式、不透明度，通过这些设置的搭配可以制作出很多匪夷所思的效果。因此，渐变工具是每个 Photoshop 使用者必须要熟练掌握并应用的工具。

渐变工具的使用要领

在详细介绍渐变工具如何使用前，先介绍下渐变工具的使用要领。以便于读者不会陷入众多参数中，可以有目的地学习并使用渐变工具。

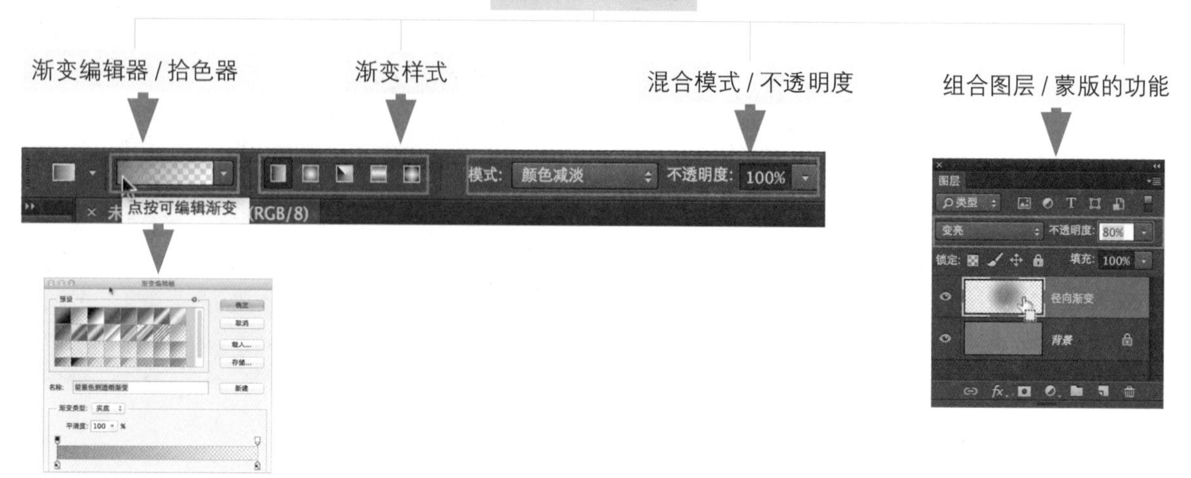

渐变编辑器：可以创建出任意颜色间的渐变及过渡，并可以将创建的渐变存成预设便于以后使用。

渐变样式：定义了渐变采用何种方式，如线性渐变、径向渐变等。

混合模式及不透明度：可以让创建的渐变与已有内容按照指定的混合模式及不透明度进行重新混合。

结合图层及蒙版：可以让创建的渐变去影响下面图层，以改变最终合成效果。

渐变工具的使用方法

首先设定前景色和背景色。（渐变工具的默认设置为前景色到背景色的渐变。如果指定了特殊的渐变预设，则会按照指定的渐变预设来使用颜色。）单击工具箱中的设置前景色按钮或打开色板面板选择某种颜色。

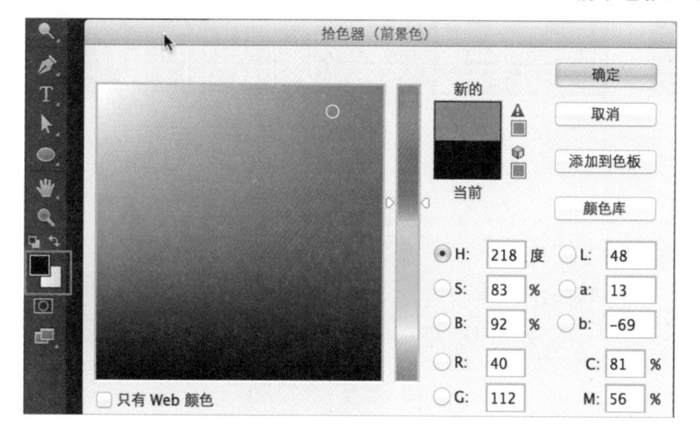

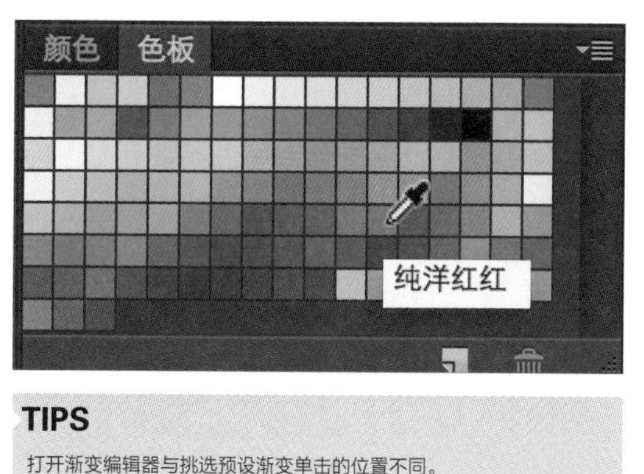

TIPS

打开渐变编辑器与挑选预设渐变单击的位置不同。

然后按 <G> 键或选择渐变工具 ，（如果该工具未显示，请按住“油漆桶”工具不放直到显示出渐变工具为止。）在选项栏中，单击样本旁边的三角形，挑选某种预设渐变进行填充。

在选项栏内单击以查看“渐变编辑器”。选择预设渐变填充或创建新的渐变填充。

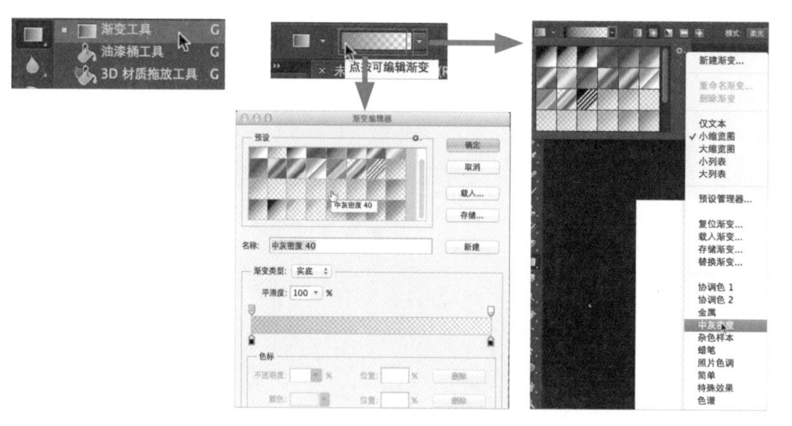

在起点处按住鼠标不放，然后拖曳鼠标到终点处后再松开鼠标，即可创建好一个渐变。

将指针定位在图像中要设置为渐变起点的位置，然后拖曳以定义终点。要将线条角度限定为 45 度的倍数，请在拖曳时按住 <Shift> 键。如要创建水平或垂直方向过渡的渐变，需要按住 <Shift>键上下或者左右拖曳鼠标即可。

TIPS

“中灰密度”预设为日落或其他对比度高的场景提供有用的摄影滤镜。

01 原图。

02 添加径向渐变，使用渐变预设“中灰密度 40”。新建图层，创建渐变，更改图层混合模式为：叠加，降低不透明度到 60%。

渐变样式

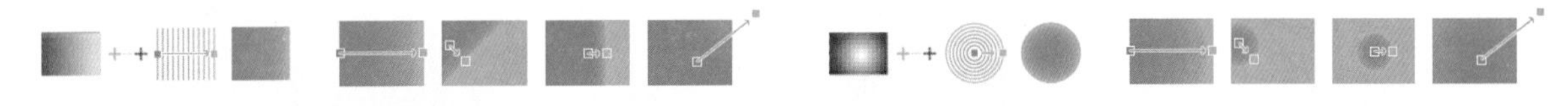

线性渐变：以直线从起点渐变到终点。

径向渐变：以圆形图案从起点渐变到终点。

角度渐变：围绕起点以逆时针扫描方式渐变。

对称渐变：在起点的两侧镜像相同的线性渐变。

菱形渐变：遮蔽菱形图案从中间到外边角的部分。

每种渐变样式，都是一个标准，具体创建出的渐变还要根据鼠标拖曳定义的起始点来决定。

在选项栏上的其他设置

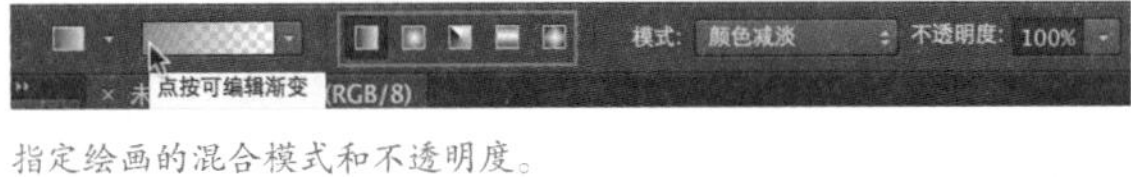

指定绘画的混合模式和不透明度。

要用较小的带宽创建较平滑的混合，请选择“仿色”。

要反转渐变填充中的颜色顺序，请选择“反向”。

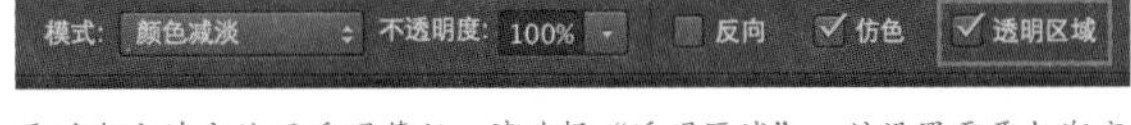

要对渐变填充使用透明蒙版，请选择“透明区域”。该设置需要与渐变编辑器中的色标不透明度结合使用。

渐变编辑器概述

介绍完基本的参数设置后，下面介绍渐变编辑器的使用方法。通过渐变编辑器可以自由地创建出各种颜色、不透明度、梯度的渐变。可以说渐变编辑器是渐变工具的大脑、核心，需要使用者熟练掌握其使用方法。要显示“渐变编辑器”对话框，请在选项栏中单击当前渐变示例处。（将鼠标悬停在该渐变示例上时，会出现一条“单击可编辑渐变”工具提示。）

“渐变编辑器”对话框可用于通过修改现有渐变来创建新的渐变。还可以向渐变添加中间色、修改不透明度、修改中点的位置，来创建特殊的混合效果。

渐变编辑器对话框

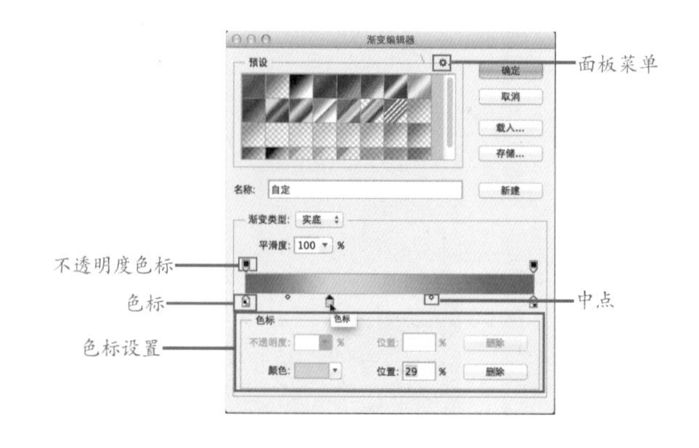

仅文本
✓ 小缩览图
大缩览图
小列表
大列表

复位渐变...
替换渐变...

协调色 1
协调色 2
金属
中灰密度
杂色样本
蜡笔
照片色调
简单
特殊效果
色谱

修改渐变的颜色

首先选中色标，会在色标上方的三角显示为实心黑色三角。（不透明度色标也是如此）

然后单击“颜色”，打开拾色器，选取颜色。

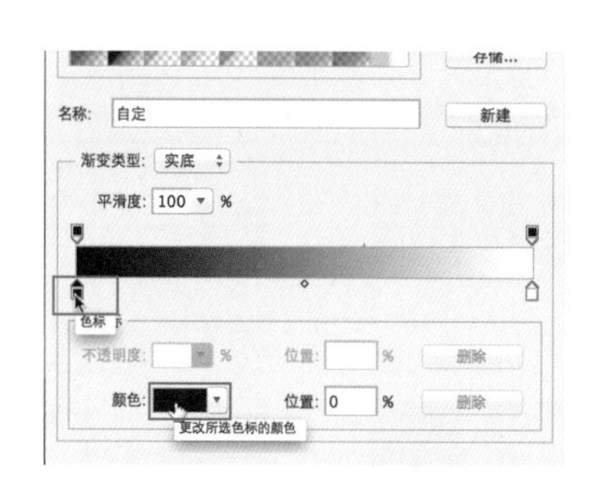

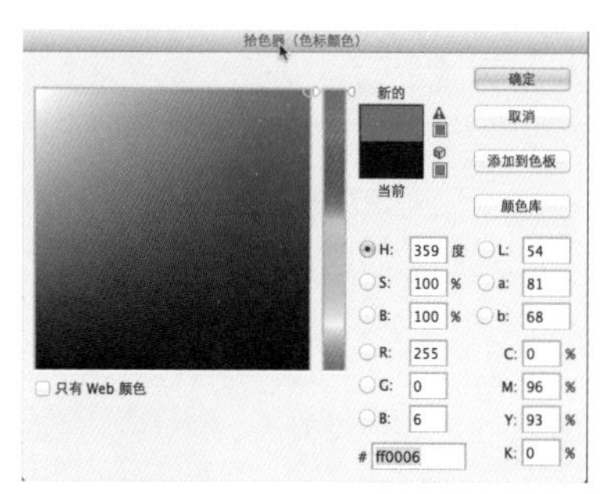

添加颜色

选中某个色标，按住 <Alt> 键拖曳可复制出新的色标，然后可以更改其颜色。也可以在渐变显示条空白地方单击创建新的色标。

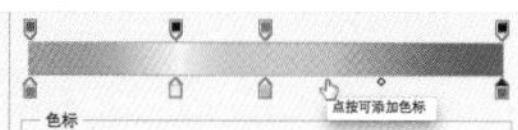

删除色标

选中某个色标，按 <Delete> 键即可删除该色标。也可拖曳某个色标离开渐变显示条来删除该色标。

修改位置

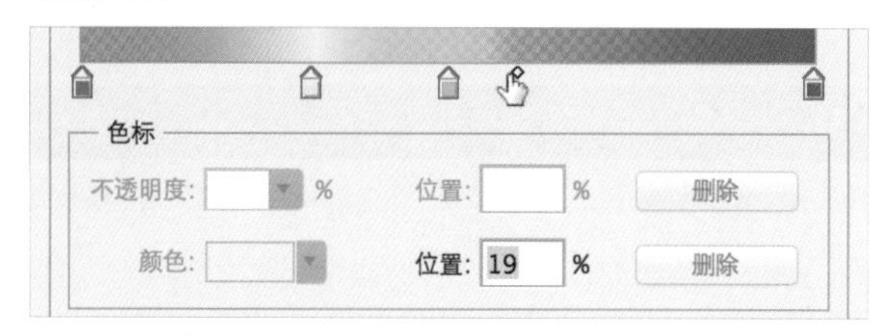

色标的位置可通过拖曳该色标来改变其位置，要想精确定位，可借助“色标”下的“位置”选项，通过数值来控制位置。同时使用数值，可以让色标和不透明度色标的位置完全吻合。修改中点位置，方法相同。

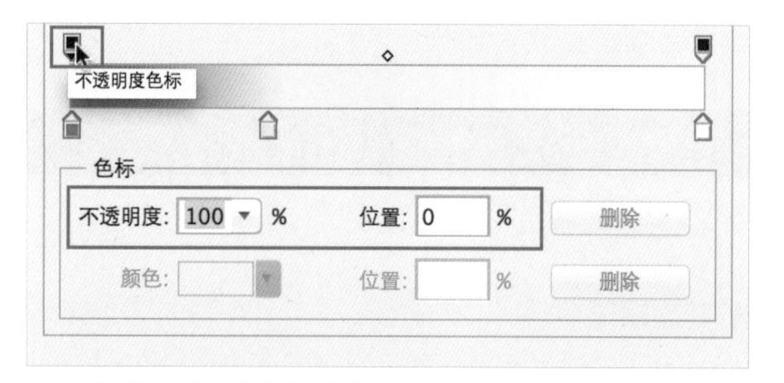

修改不透明度色标的相关做法与修改色标相同，选中上部的不透明度色标，然后再更改其位置或不透明度。

渐变类型

渐变类型分为实底和杂色

实底渐变，就是几种颜色间的渐变。杂色渐变是包含了在所指定的颜色范围内随机分布的颜色，带有随机性。

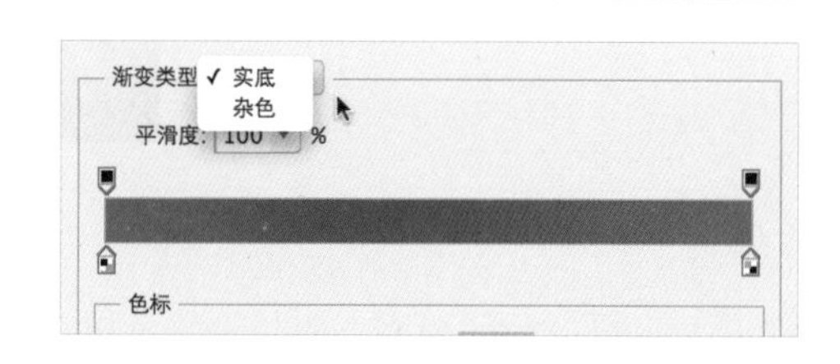

创建杂色渐变

杂色渐变是包含了在所指定的颜色范围内随机分布的颜色。

具有不同的粗糙度值的杂色渐变。

❶10% 粗糙度 ❷50% 粗糙度 ❸90% 粗糙度

操作方法如下。

1.选择渐变工具 。

2.单击选项栏中的渐变示例，显示“渐变编辑器”对话框。从“渐变类型”弹出式菜单中选取“杂色”，然后设置以下选项。

粗糙度：控制渐变中的两个色带之间逐渐过渡的方式。

颜色模型：更改可以调整的颜色分量。对于每个分量，拖曳滑块可以定义可接受值的范围。例如，如果选取 HSB 模型，可以将渐变限制为蓝绿色调、高饱和度和中等亮度。

限制颜色：防止过饱和颜色。

增加透明度：增加随机颜色的透明度。

随机化：随机创建符合上述设置的渐变。单击该按钮，直至找到所需的设置为止。

要创建具有指定设置的预设渐变，请在“名称”文本框中输入名称，然后单击“新建”按钮。

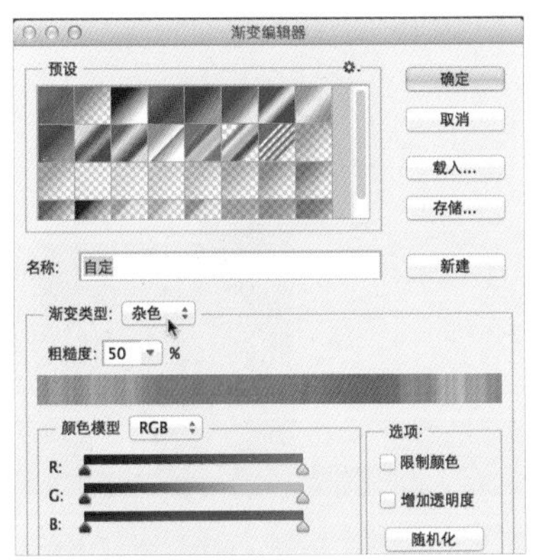

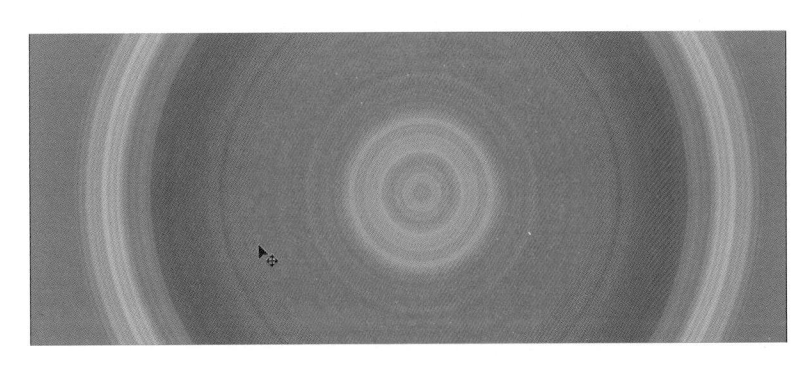

举例：渐变工具制作纹理

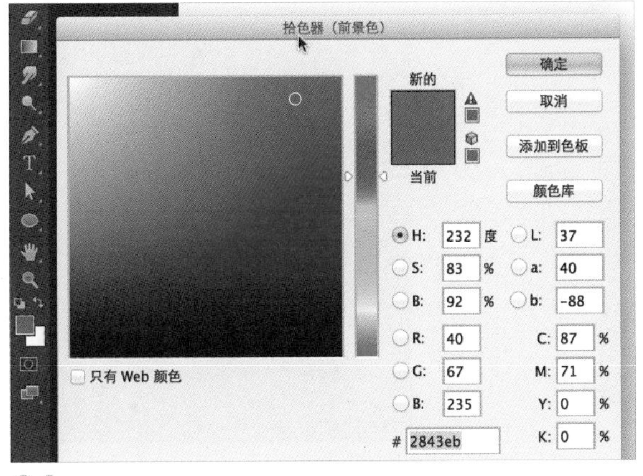

01 按 <Cmd(PC 机 Ctrl)+N> 组合键创建新文件。设置前景色为蓝色，按 <Alt+Delete> 组合键填充前景色到画面中。

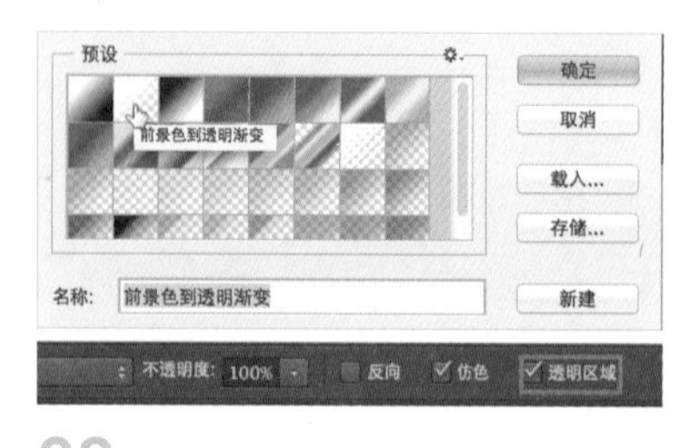

02 设置前景色为白色（按 <D> 键再按 <X> 键）。按 <G> 键切换到渐变工具，打开渐变编辑器，设置渐变为：从前景色到透明。在选项栏上确保勾选“透明区域”，否则无法得到渐变到透明的效果。

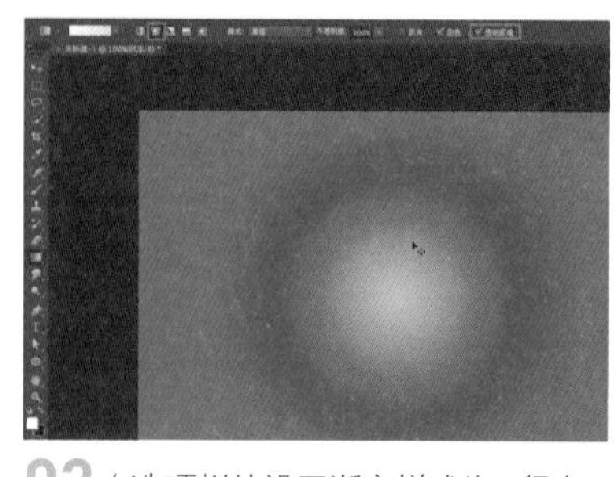

03 在选项栏处设置渐变样式为：径向；渐变模式为：差值。在画面中拖曳鼠标，创建径向渐变。由于渐变模式设置为：差值，所以 Photoshop 会将创建的渐变与背景底色进行差值预算得到最终的结果。

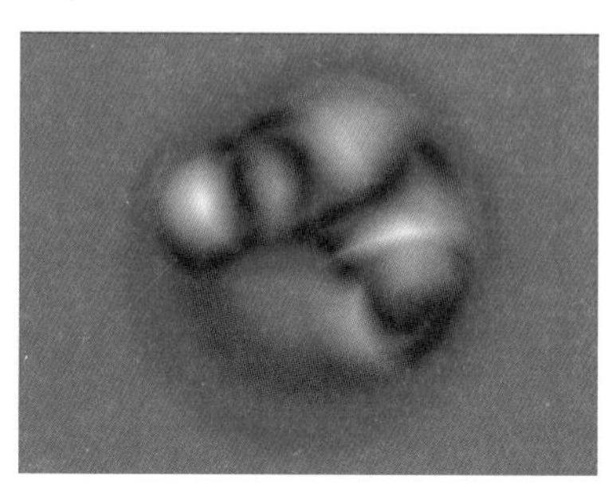

04 反复拖曳鼠标创建不同方向、不同大小的径向渐变，得到随机、不规则的效果。

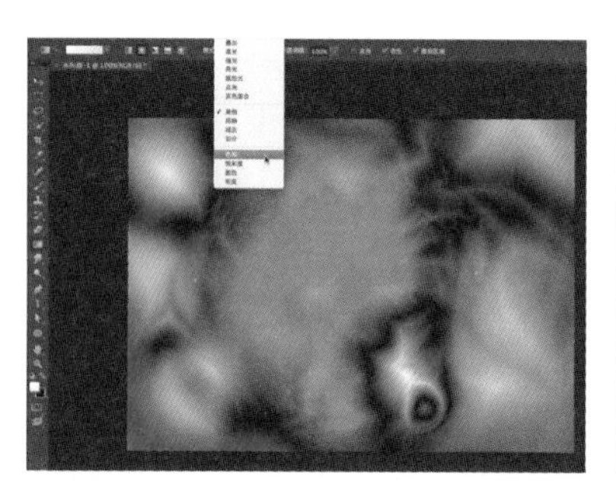

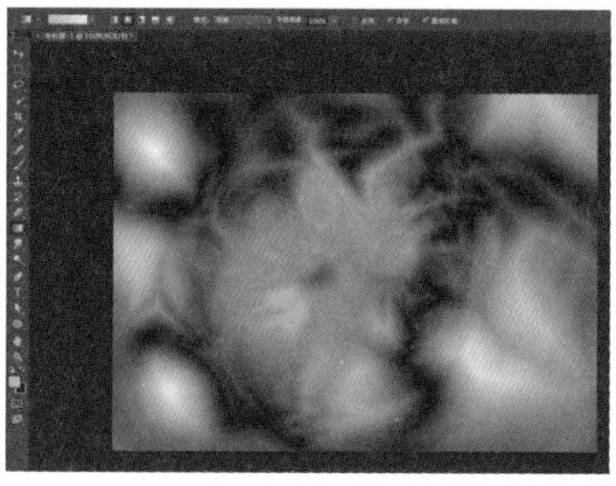

05 可根据需要，更改不同渐变模式及前景色，得到更加丰富多彩的效果。

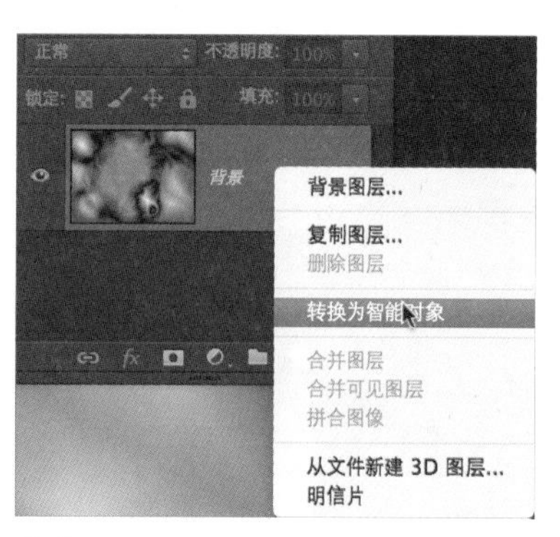

06 按 <F7> 键打开图层面板，将背景图层转换为智能对象，以使用智能滤镜。

07 执行菜单：滤镜 / 模糊 / 高斯模糊，设置模糊数值为 10，添加模糊效果。

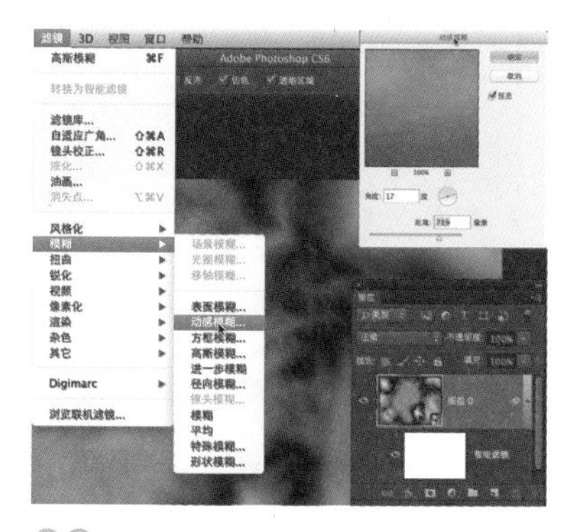

08 执行菜单：滤镜 / 模糊 / 动感模糊，设置角度：17，距离：719，添加动感模糊。

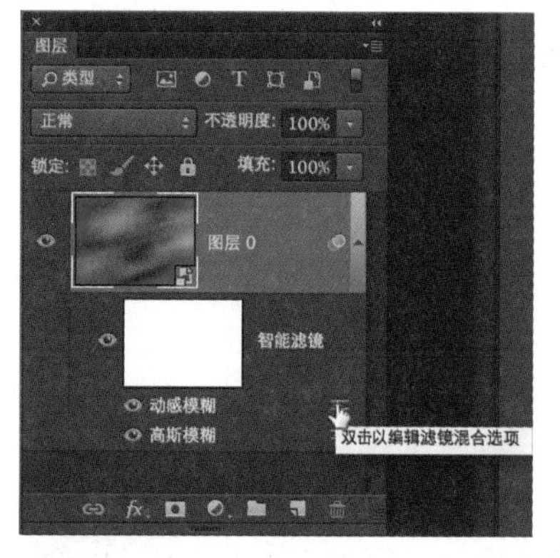

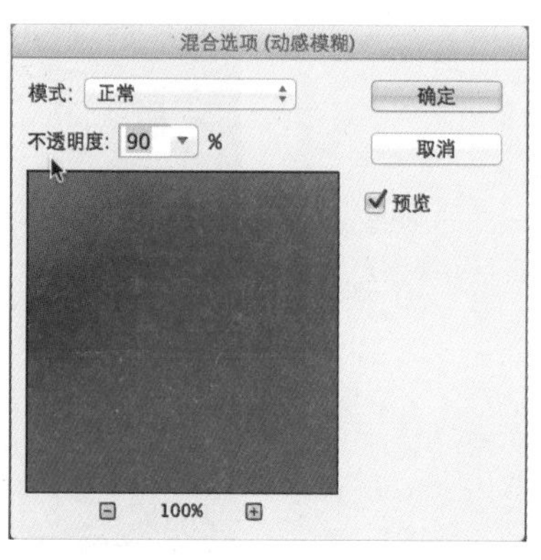

09 更改动感模糊的混合选项，调整效果，得到最终纹理。

管理渐变预设

渐变预设可让您快速应用常用的渐变。您可以在渐变拾色器、预设管理器或渐变编辑器中管理预设。可以通过新建预设、载入预设、存储预设、复位预设来创建、管理预设。

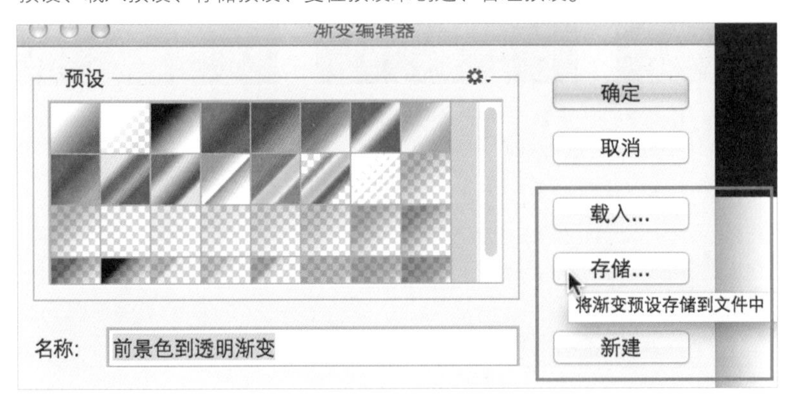

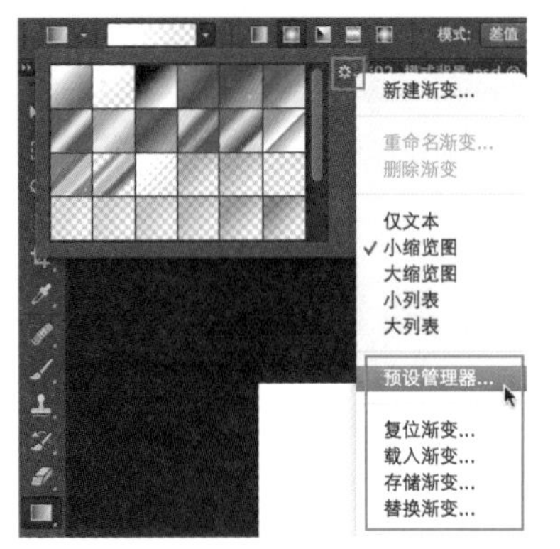

油漆桶工具

油漆桶工具，可以根据鼠标单击像素处的颜色，进行填充。

在工具箱中选中油漆桶工具或循环按<Shift+G>组合键切换到油漆桶工具，单击画面某个区域，油漆桶工具进行自动填充。

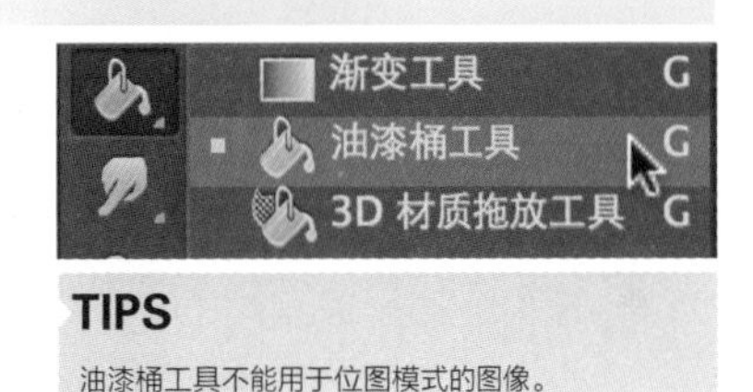

TIPS

油漆桶工具不能用于位图模式的图像。

前景 模式: 正常 不透明度: 100% 容差: 32 消除锯齿 连续的 所有图层

油漆桶工具的参数设置如下。

先在工具箱中设置一种前景色。

选择油漆桶工具 ，指定是用前景色还是用图案填充选区。

指定绘画的混合模式和不透明度。

输入填充的容差。

容差用于定义一个颜色相似度（相对于您所单击的像素），一个像素必须达到此颜色相似度才会被填充。值的范围可以从 0 ~ 255。低容差会填充颜色值范围内与所单击像素非常相似的像素。高容差则填充更大范围内的像素。

容差值设置，在以颜色为基准进行判断的工具或命令中几乎都会有该参数设置。如魔术棒工具、色彩范围命令等。容差值越小，颜色区域分得越细；容差值越大，颜色区域越大。如单击画面中的深红色，容差值设置较低，则亮红色区域会认为不是相似颜色；如容差值设置较高，则亮红色区域被认为是相似颜色。

要平滑填充选区的边缘，请选择“消除锯齿”。

要仅填充与所单击像素邻近的像素，请选择“连续”；不选则填充图像中的所有相似像素。

要基于所有可见图层中的合并颜色数据填充像素，请选择“所有图层”。

单击要填充的图像部分。即会使用前景色或图案填充指定容差内的所有指定像素。

如果您正在图层上工作，并且不想填充透明区域，请确保在“图层”面板中锁定图层的透明区域。

TIPS

所有的填充，不仅仅可以应用到选区、图层上，还可以应用到蒙版、通道上，以创建更复杂的选区或创建随机的特效。

01 填充前景色。

02 填充图案。

03 填充图案，使用“叠加”模式。

04 使用前景色，设置容差值：32，填充。

05 使用前景色，设置容差值：50，填充。

06 使用前景色，设置容差值：70，填充。

穿越 描边

描边是沿着选区、路径的边缘按照一定宽度进行描边。在 Photoshop 中描边有可以通过以下 4 种方法来实现：描边命令、描边样式、路径描边和矢量图层描边。

使用“描边”命令对选区、路径或图层周围绘制彩色边框。如果按此方法创建边框，则该边框将变成当前图层的栅格化部分。“描边”命令会更改（破坏）原始图层的内容或外形，即一旦执行，会覆盖图层原先的区域，这点跟“描边”样式有本质的区别。因此，要创建可像叠加一样打开或关闭的形状或图层边框，并对它们消除锯齿以创建具有柔化边缘的角和边缘，要使用“描边”图层样式效果而不是“描边”命令。借助路径，使用描边路径命令，则可以使用画笔等绘制工具，模拟压力来产生粗细变化的艺术效果描边。使用描边样式和矢量形状描边，可反复修改描边属性，如宽度、颜色等。如使用描边命令或路径描边则不具有再编辑性。

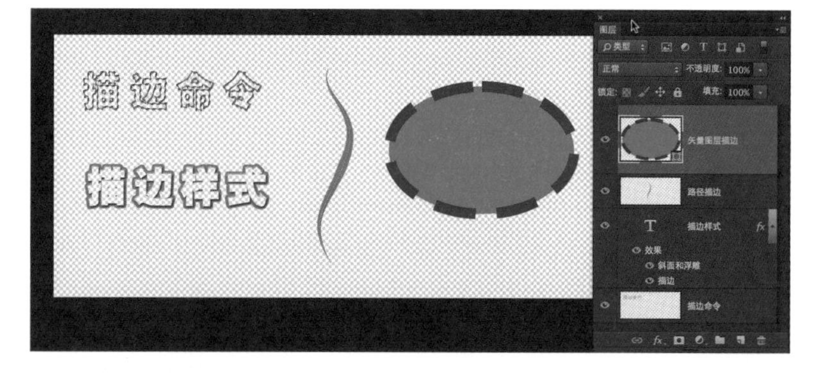

使用描边命令

首先选择一种前景色。然后选择要描边的区域或图层。

然后执行菜单：编辑 / 描边。在“描边”对话框中，指定边框的宽度。

对于“位置”，指定是在选区或图层边界的内部、外部还是中心放置边框。

接着指定不透明度和混合模式。

如果您正在图层中工作，而且只需要对包含像素的区域进行描边，请选择“保留透明区域”选项。

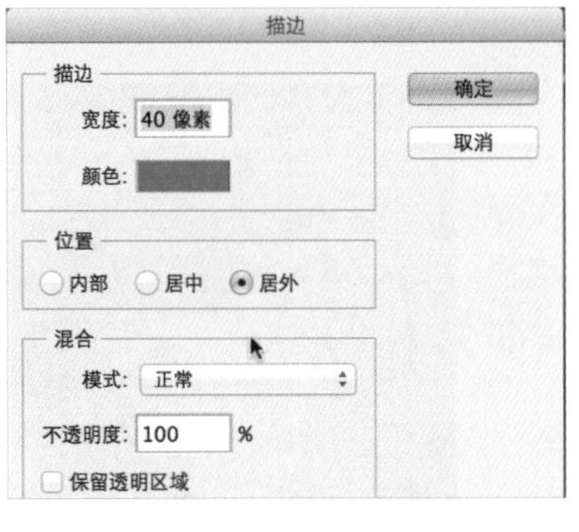

TIPS

如果图层内容填充整个图像，则在图层外部应用的描边将不可见。

描边路径命令

首先使用钢笔工具或形状工具创建路径，并确保在路径面板中选中该路径，然后对路径进行描边。

“描边路径”命令可用于绘制路径的边框。该命令在路径面板的菜单内或路径面板的底部按钮上。

“描边路径”命令可以沿任何路径创建绘画描边（使用绘画工具的当前设置）。

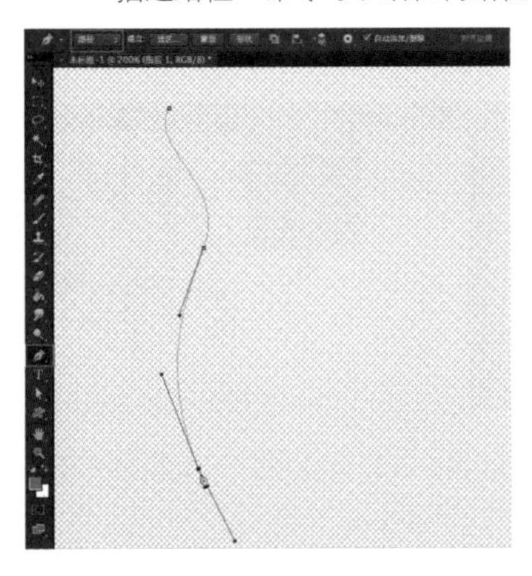

01 按 <P> 键切换到钢笔工具，在选项栏上选中“路径”，拖曳鼠标创建路径。

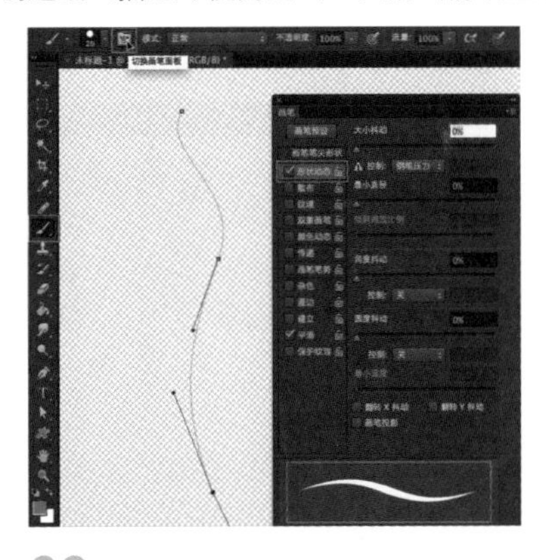

02 按 <B> 键切换到画笔工具，按“[”和“]”键调节画笔笔头大小。按 <F5> 键或在选项栏上单击“切换画笔面板”按钮，打开画笔面板，勾选“形状动态”，设置两头尖的笔头形状。

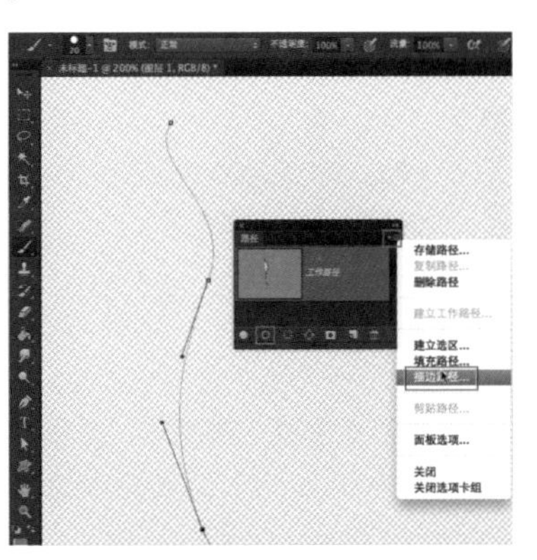

03 打开路径面板，打开面板菜单，选择“描边路径”。在路径面板底部单击“描边路径”按钮。注：使用描边路径前，需要提前设置好画笔工具的参数。

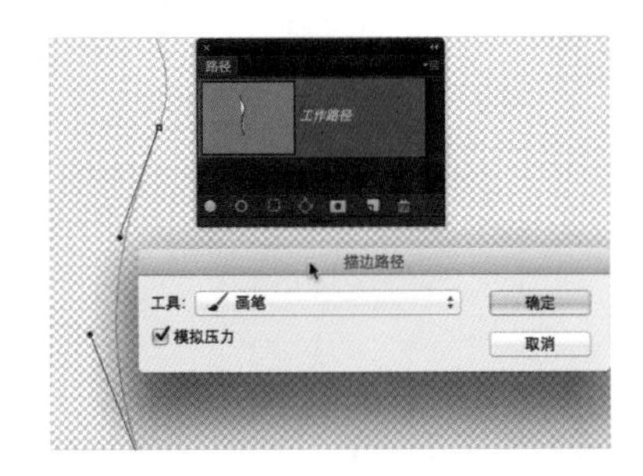

04 在描边路径对话框中，设置工具为：画笔，勾选“模拟压力”。

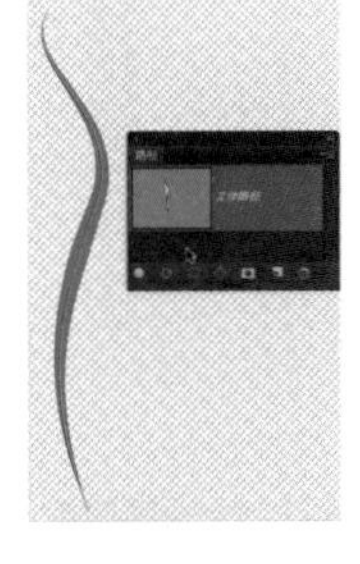

05 沿路径使用画笔工具描边会产生两头尖的艺术效果。

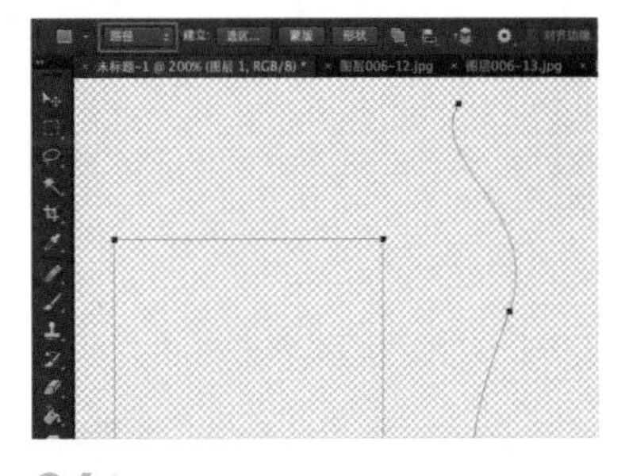

06 使用形状工具，选项栏中设置“路径”，拖曳鼠标创建路径。

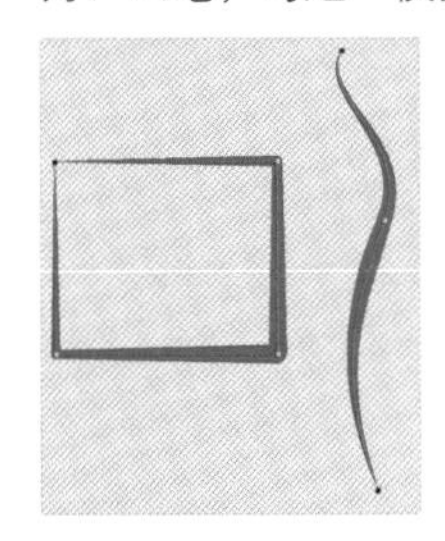

07 参照 02-04 步骤，描边路径。

TIPS

在对路径进行描边时，颜色值会出现在当前图层上。在完成以下步骤之前，请确保常规图层或背景图层处于当前编辑状态，而不是锁定状态。（当蒙版、文本、填充、调整或智能对象图层处于现用状态时，无法对路径进行描边。）

可反复单击“路径”面板底部的“描边路径”按钮 。每次单击“描边路径”按钮都会增加描边的不透明度，并且根据当前画笔选项使描边看起来更粗。

使用图层样式“描边”

单击图层面板底部的“新建图层样式”按钮，选择“描边”可以为当前图层内容添加描边效果。添加了描边效果，不会改变图层原有的内容。

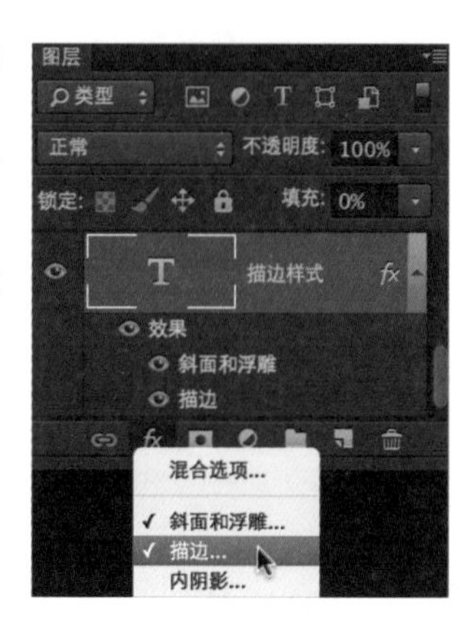

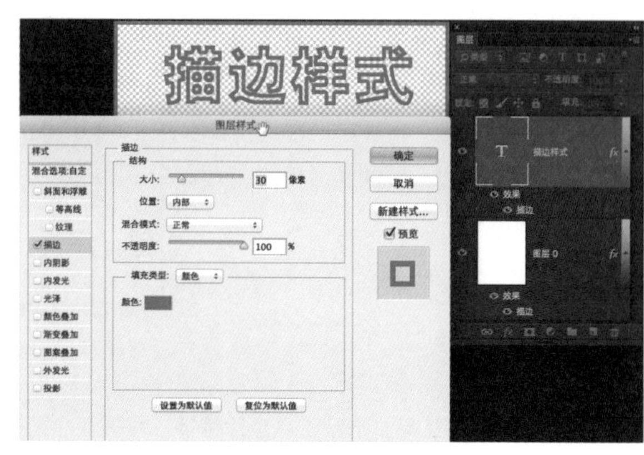

使用矢量形状描边功能

选择一个形状工具或钢笔工具。在 CS6 中，确保从选项栏的菜单中选择“形状”。绘制一个形状后，在选项栏上单击“描边”按钮，添加描边。可设置颜色、渐变和图案描边。

01 使用形状工具（或钢笔工具），在选项栏上设置“形状”，拖曳鼠标绘制一个形状。绘制形状后，Photoshop 会自动创建形状图层。

02 在选项栏上单击“描边”按钮，添加颜色描边。

03 打开更多选项，可设置虚线及描边的方式。

04 添加渐变描边。

05 添加图案描边。

举例：使用描边命令描边

无论使用何种方式描边，都需要做一些准备工作，如创建选区或选中某个图层，再执行描边命令；先创建路径，设置某个绘制工具，再描边路径；先创建形状，再添加描边。接下来的案例，先借助“油漆桶”工具配合图层功能，创建选区，再执行描边命令。

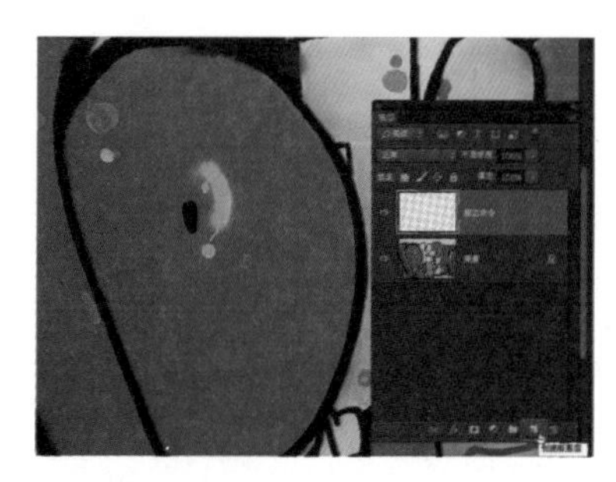

01 按 <Cmd(PC 机 Ctrl)+Shift+N> 组合键创建新图层，命名图层：描边命令。

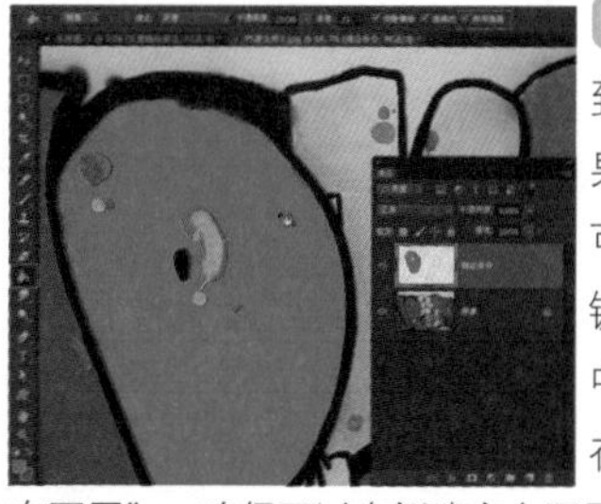

02 按 <G> 键切换到“油漆桶”工具（如果不是油漆桶工具，可按 <Shift+G> 组合键循环切换直到选中油漆桶工具），在选项栏上选中“所有图层”，确保可以在新建空白图层上填充颜色。设置前景色为红色，使用油漆桶工具在画面红色部分单击鼠标，填充红色到新建图层“描边命令”。

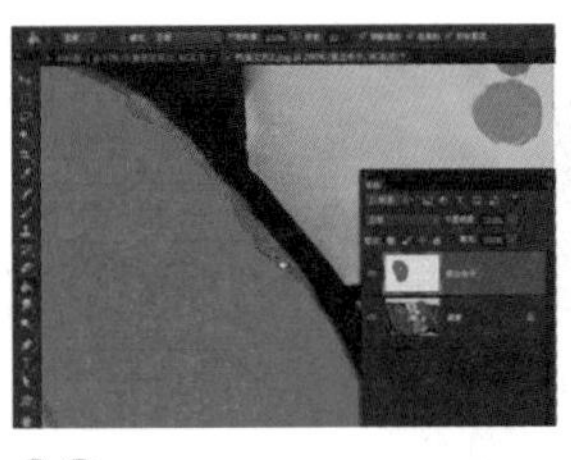
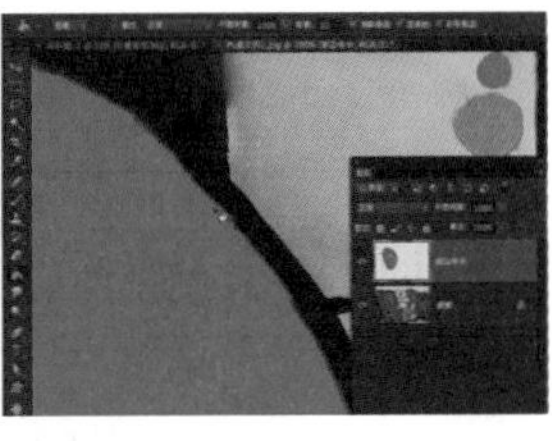

03 按 <Cmd(PC 机 Ctrl)+ 空格 > 组合键切换到缩放工具，放大画面。继续使用油漆桶工具对画面中漏掉的区域进行填充。

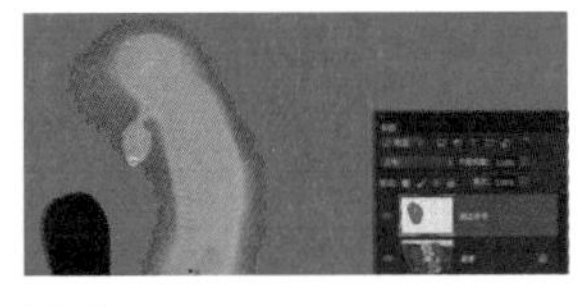

04 借助缩放工具和抓手工具，查看细节。有漏掉的区域继续使用油漆桶工具进行填充。最后填充出满意的形状。

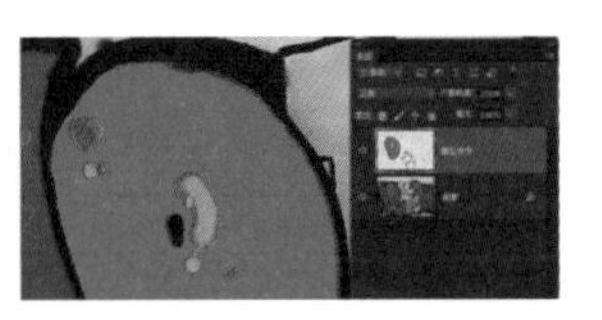

05 选中“描边命令”图层，按住 <Cmd(PC 机 Ctrl)> 键在图层缩略图上单击鼠标，加载图层不透明区域到选区。

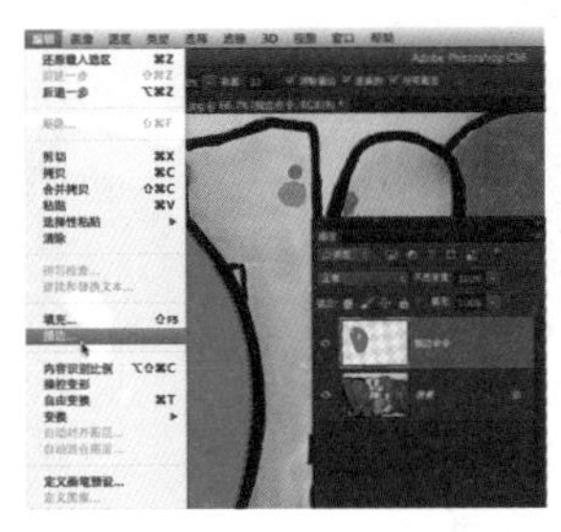
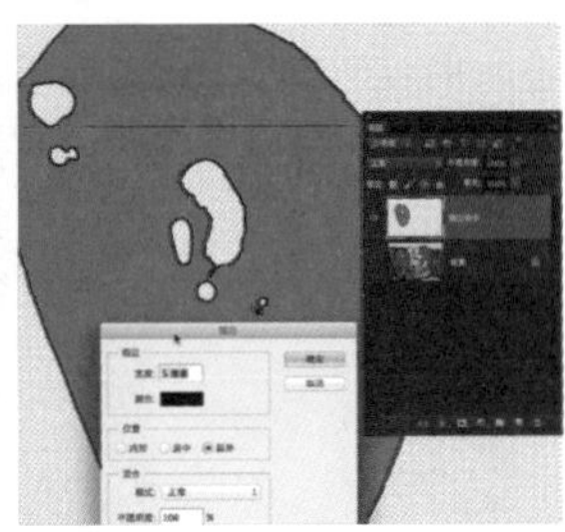

06 执行菜单：编辑 / 描边，设置“居外”，宽度：5 像素，颜色黑色，向外描边 5 个像素。

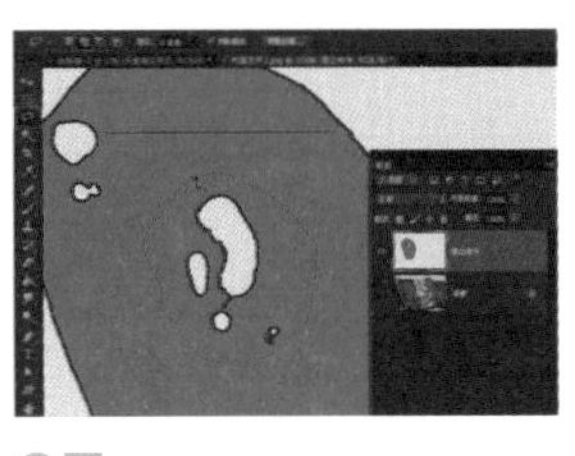

07 按 <L> 键切换到套索工具，按住 <Shift> 键或在选项栏上单击“添加到选区”按钮，将中间部分的选区添加到整个选区中。

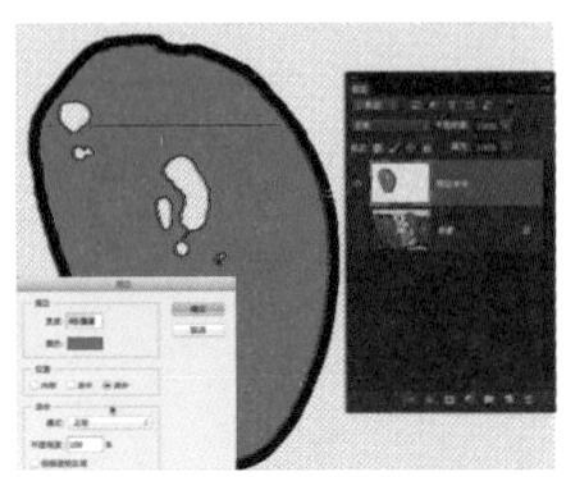

08 再次执行菜单：编辑 / 描边，设置“居外”，宽度：40 像素。根据选区，只描边整个形状。得到最终描边效果。

4.7 图层属性

每一个图层都有基本的初始属性，不论是矢量图层、文本图层以及 3D 图层，都具有相同的基本属性。

图层属性包括：图层不透明度、填充、图层混合模式、图层样式（混合选项及图层样式效果）。

图层属性内，对工作影响最大，最常用的就是图层混合模式及图层样式。在前面章节中，很多案例都已经涉及图层混合模式及图层样式的使用。接下来将全面介绍下图层混合模式及图层样式。

4.7.1 图层混合模式

混合模式是 Photoshop 中一项强大的功能，用于图层间的混合，通道间的计算，绘画修复时的色彩（像素）融合，是合成图像必不可少的也是主要的手段。

使用混合模式可以用来创建一些意想不到的艺术效果，其最大的优势在于能够产生不可预知的，带有随机性的效果；而其最大的劣势恰恰也在于这种随机性，带有不可预知，不易控制的结果。

在实际工作中，无论是创意设计，还是修复图片，都属于主动创造性的工作。需要我们提前对设计做出规划，然后操控 Photoshop 来实现预期的效果。绝对不能容忍被动等待 Photoshop 给出一个不可预知的效果。而混合模式就是 Photoshop 中最神秘的一个功能，怎样才能降低使用混合模式的随意性，提高使用混合模式的准确性和针对性，是学习的重点。提前预知混合模式会对最终合成起什么样的作用，这些也是每个初学者成长的必经之路，需要初学者认真思考，反复操练。

TIPS

不排除使用“漫无目的尝试”的方法，来试验不同混合模式产生的效果。

了解混合模式

图层混合模式的结果，是由该图层的像素与其下方图层上的每个像素以某种混合模式的计算规则来进行交互计算而得。同时，该图层也会与上方图层进行交互计算。以计算公式来掌握混合模式，显然是不妥的。因为大多数 Photoshop 使用者都是感性的设计人员，计算原理对大家来说简直就是场噩梦。绝大多数使用者更倾向于简单、直观的视觉变化来判断该使用何种混合模式。

很显然，Photoshop 也考虑到这一点，在混合模式菜单里，对各种模式进行了大致分类。在每一组近似的混合模式间，有一条水平分隔线。在每一组分类中，头一个都是该组较常用的，具有代表性的模式。

绘制类工具的混合模式，还多两个选项：背后和清除。

TIPS

“颜色减淡”、“颜色加深”、“变亮”、“变暗”、“差值”和“排除”混合模式对 Lab 图像无效。

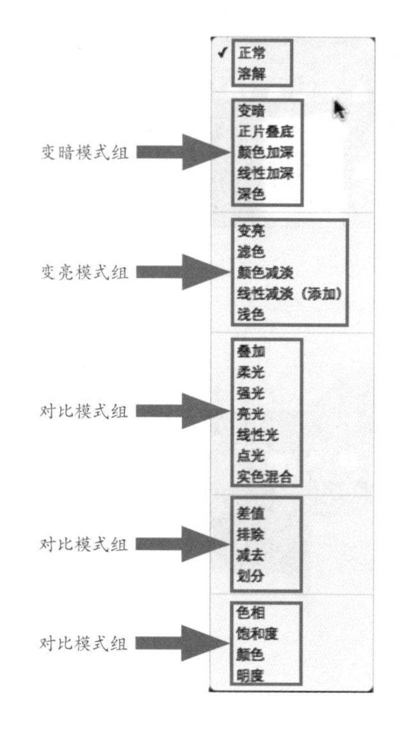

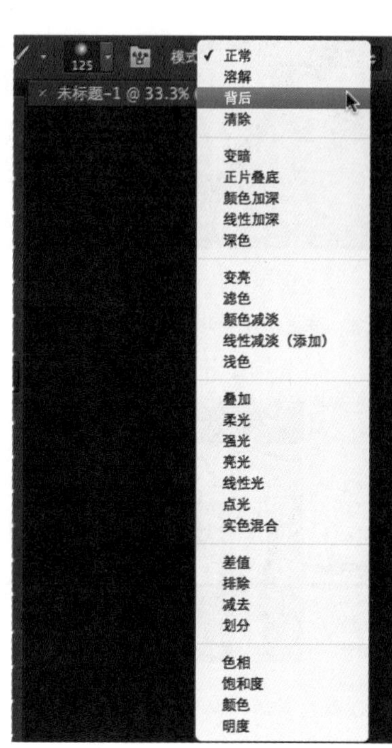

混合模式出现在以下几个地方

1. 图层间的混合模式

2. 工具的混合模式

主要集中在画笔修复类工具、填充类工具，如画笔工具、仿制工具、污点修复画笔工具、渐变工具等。

3. 通道计算时应用混合模式（执行菜单：编辑 / 计算）

4. 智能滤镜应用混合模式

5. 渐隐命令（执行菜单：编辑 / 渐隐）

“渐隐”命令更改任何滤镜、绘画工具、橡皮擦工具或颜色调整的不透明度和混合模式。应用“渐隐”命令类似于在一个单独的图层上应用滤镜效果，然后再使用图层不透明度和混合模式控制。“渐隐”命令也可以修改使用“液化”命令和“画笔描边”滤镜后的效果。

首先将滤镜、绘画工具或颜色调整应用于一个图像或选区。

然后执行菜单：编辑 / 渐隐。选择“预览”选项预览效果。

拖曳滑块，调整不透明度。从“模式”菜单中选取混合模式。设置完成单击“确定”按钮。

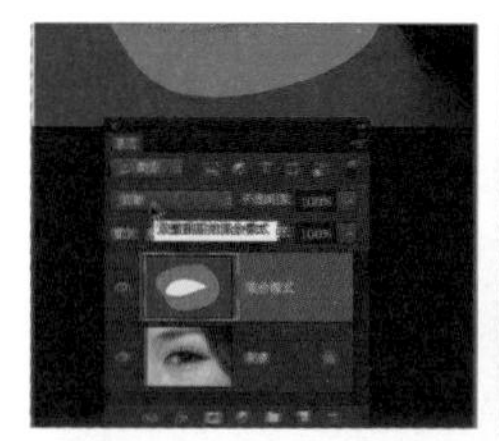

图层混合模式

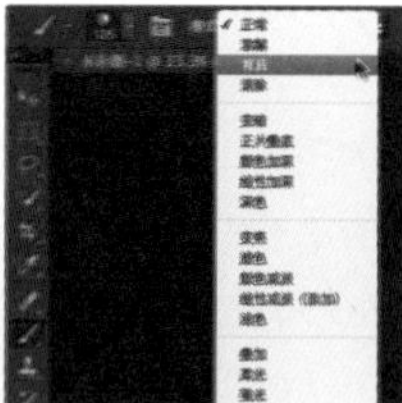

画笔混合模式

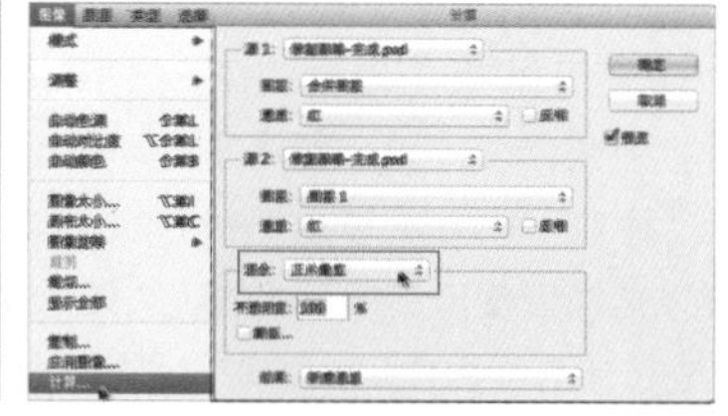

通道计算混合模式

智能滤镜混合模式

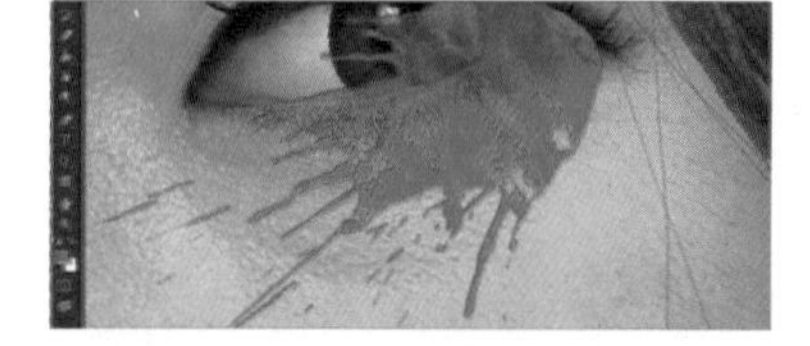

01 按 <B> 键使用画笔工具绘制。注意一次性绘制，即一直按住鼠标不放直到绘制完成。

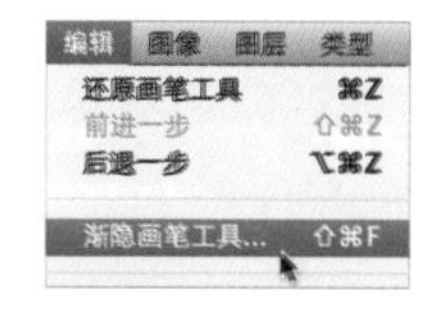

02 按 <Cmd(PC 机 Ctrl)+Shift+F> 组合键或执行菜单：编辑 / 渐隐画笔工具。

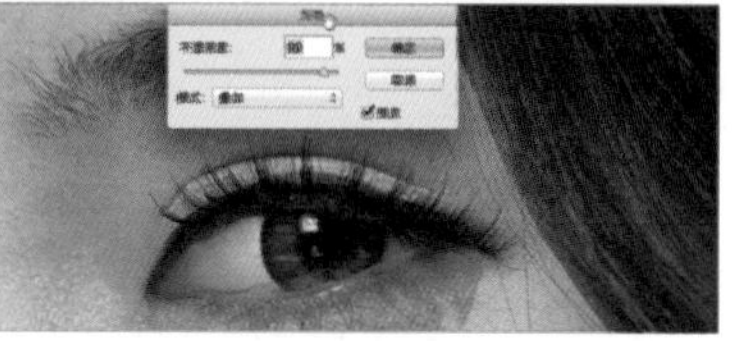

03 在渐隐对话框中，设置混合模式为：叠加，适当降低不透明度，得到最终混合效果。

设置混合模式

要为图层设置混合模式，首先选中要更改的图层，按 <F7> 键打开图层面板，在混合模式菜单中选择某种模式。除去“颜色加深”和“颜色减淡”模式外，其他混合模式都有对应的快捷键，如正常模式：<Alt+Shift+N>。

建议：在使用快捷键切换图层混合时，先按 <V> 键切换到移动工具下，确保选中该图层，再使用对应快捷键。

如果要使用漫无目的的尝试各种模式，先用鼠标单击图层面板上的混合模式，使其变蓝处于选中状态，转动鼠标中键或按 <PgUp> / <PgDown> 或上下箭头，来依次尝试各种模式。快捷键：<Shift+ “+” > 或 <Shift+ “-” > 滚动列表。

在 CS6 版本中，可以为多个图层同时设置混合模式。CS6 之前版本可以将多个图层群组或转换智能对象，再设置混合模式。

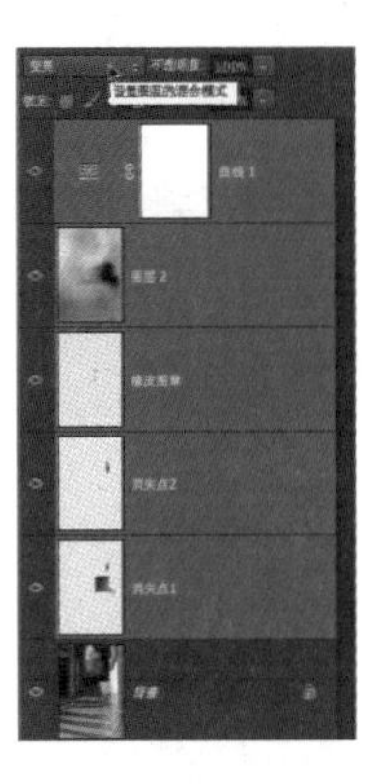

混合模式介绍

混合模式，不能在背景图层上使用，另外某些混合模式不能在 32 位颜色下使用。

下面通过两个图层来简要介绍下各个混合模式。要注意每种混合模式要视两个图层内容来决定，因此下面的图示不能完全将每种混合模式阐述清楚。只能给一个整体的概念，还需要大家在实际工作中多使用、多琢磨。

原图

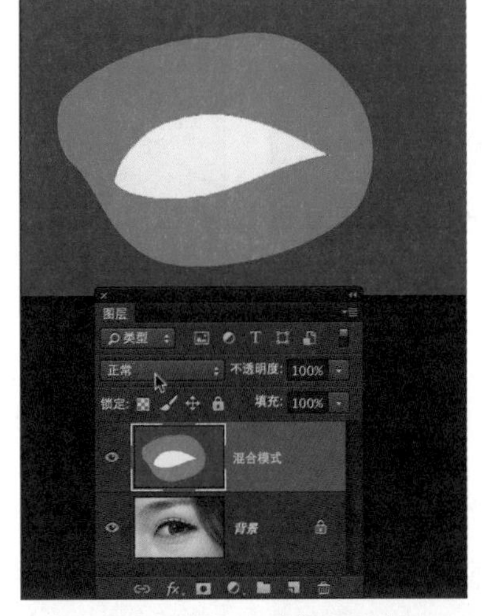

新建图层，图层内容为红黄蓝三种颜色

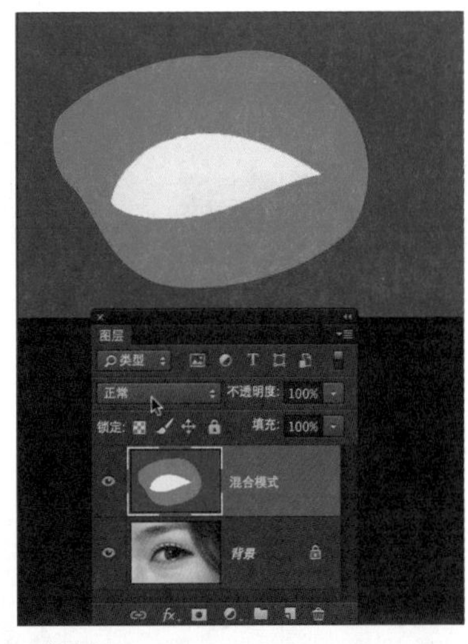

正常模式

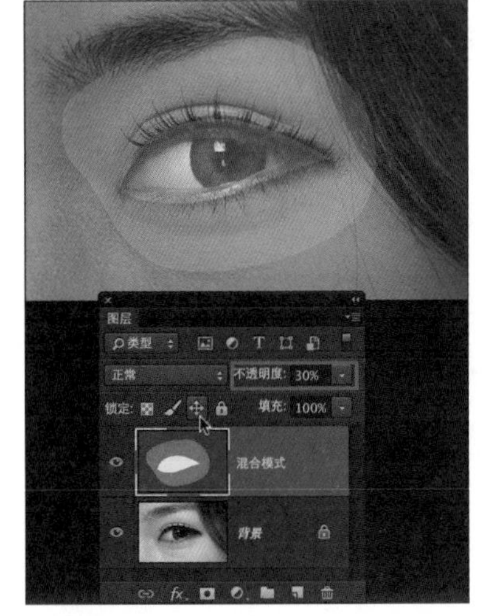

正常模式，不透明度 30%

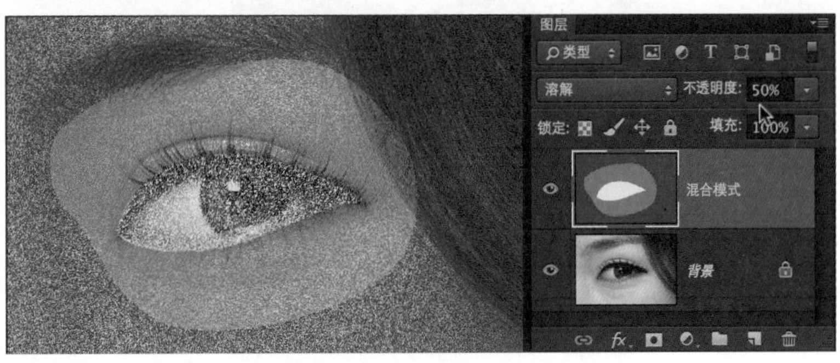

溶解模式，不透明度 50%

正常：编辑或绘制每个像素，使其成为结果色。这是默认模式。（在处理位图图像或索引颜色图像时，“正常”模式也称为阈值。）

溶解：编辑或绘制每个像素，使其成为结果色。但是，根据任何像素位置的不透明度，结果色由基色或混合色的像素随机替换。

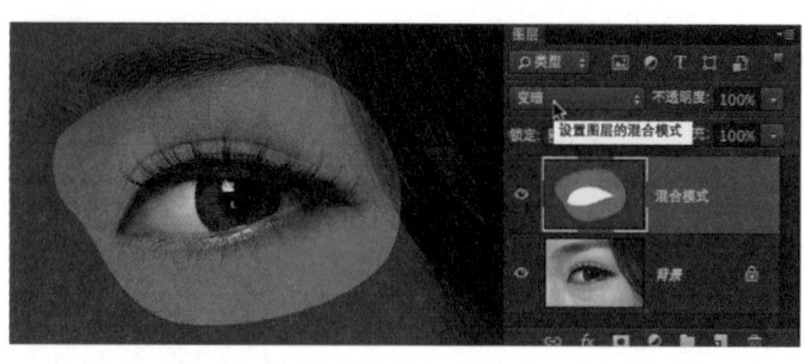

变暗：查看每个通道中的颜色信息，并选择基色或混合色中较暗的颜色作为结果色。将替换比混合色亮的像素，而比混合色暗的像素保持不变。

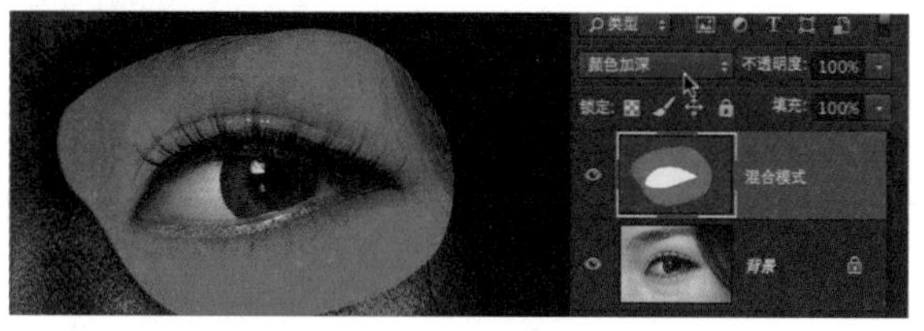

线性加深：查看每个通道中的颜色信息，并通过减小亮度使基色变暗以反映混合色。与白色混合后不产生变化。

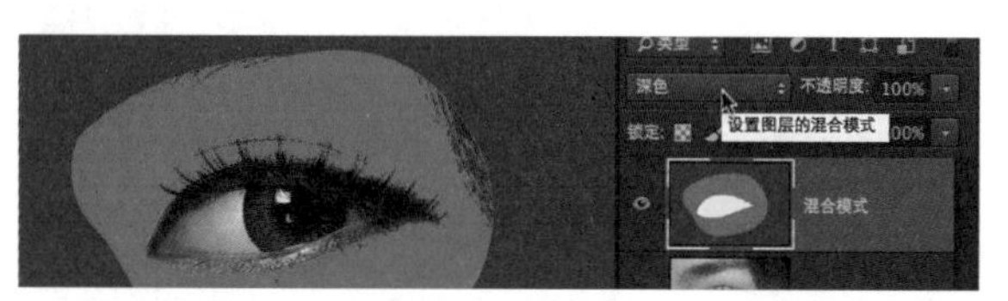

深色：比较混合色和基色的所有通道值的总和并显示值较小的颜色。“深色”不会生成第三种颜色（可以通过“变暗”混合获得），因为它将从基色和混合色中选取最小的通道值来创建结果色。

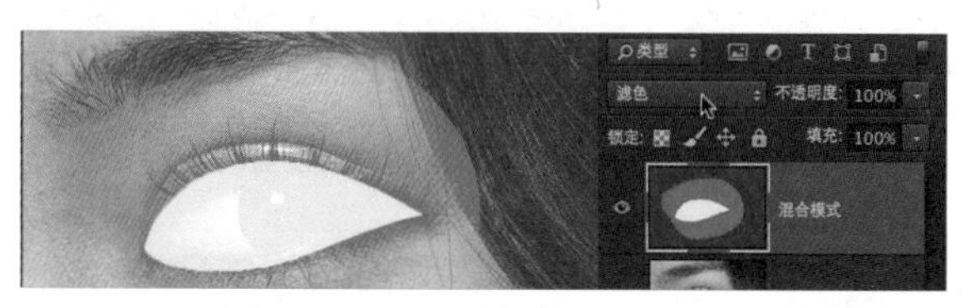

滤色：查看每个通道的颜色信息，并将混合色的互补色与基色进行正片叠底。结果色总是较亮的颜色。用黑色过滤时颜色保持不变。用白色过滤将产生白色。此效果类似于多个摄影幻灯片在彼此之上投影。

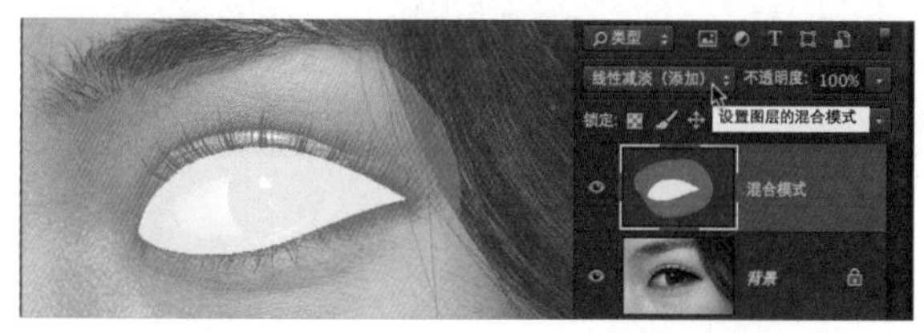

线性减淡（添加）：查看每个通道中的颜色信息，并通过增加亮度使基色变亮以反映混合色。与黑色混合则不发生变化。

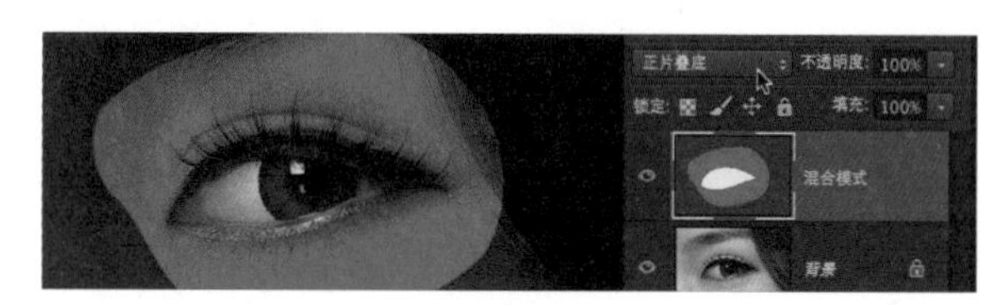

正片叠底：查看每个通道中的颜色信息，并将基色与混合色进行正片叠底。结果色总是较暗的颜色。任何颜色与黑色正片叠底产生黑色。任何颜色与白色正片叠底保持不变。当用黑色或白色以外的颜色绘画时，绘画工具绘制的连续描边产生逐渐变暗的颜色。

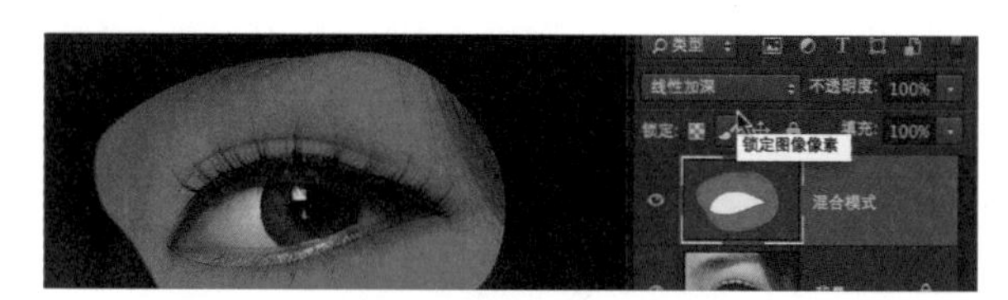

颜色加深：查看每个通道中的颜色信息，并通过增加二者之间的对比度使基色变暗以反映出混合色。与白色混合后不产生变化。

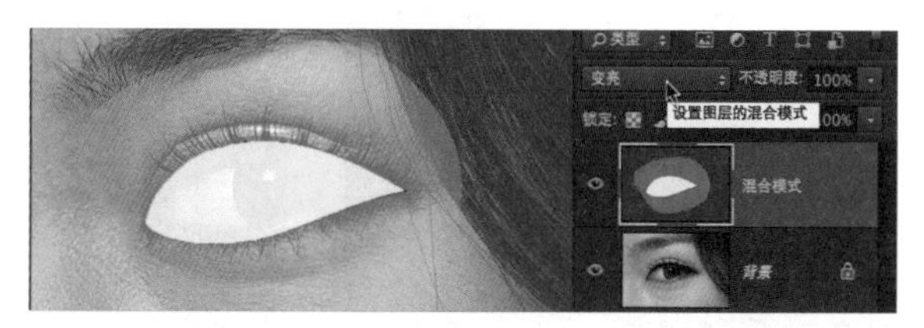

变亮：查看每个通道中的颜色信息，并选择基色或混合色中较亮的颜色作为结果色。比混合色暗的像素被替换，比混合色亮的像素保持不变。

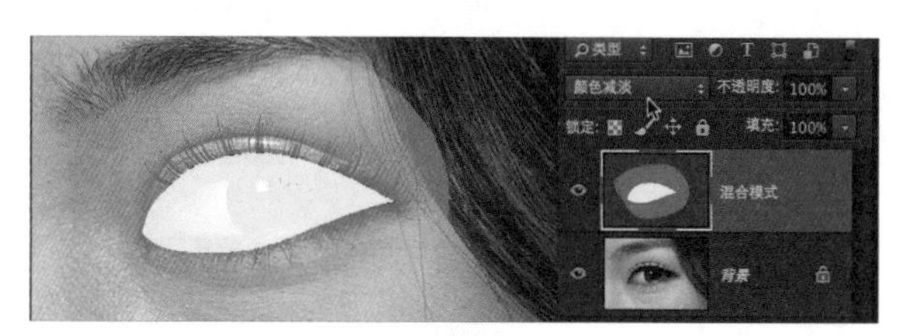

颜色减淡：查看每个通道中的颜色信息，并通过减小二者之间的对比度使基色变亮以反映出混合色。与黑色混合则不发生变化。

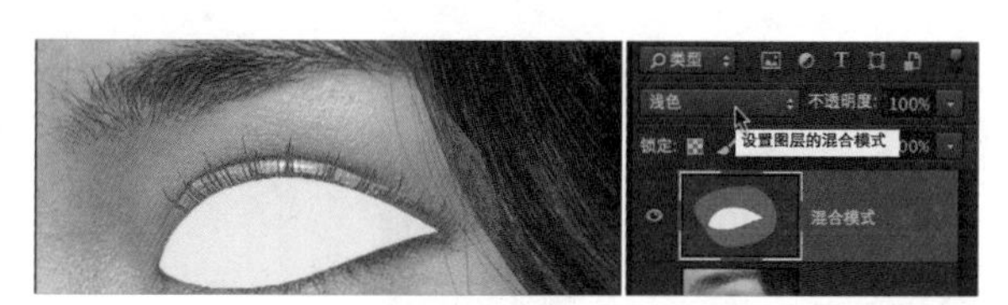

浅色：比较混合色和基色的所有通道值的总和并显示值较大的颜色。“浅色”不会生成第三种颜色（可以通过“变亮”混合获得），因为它将从基色和混合色中选取最大的通道值来创建结果色。

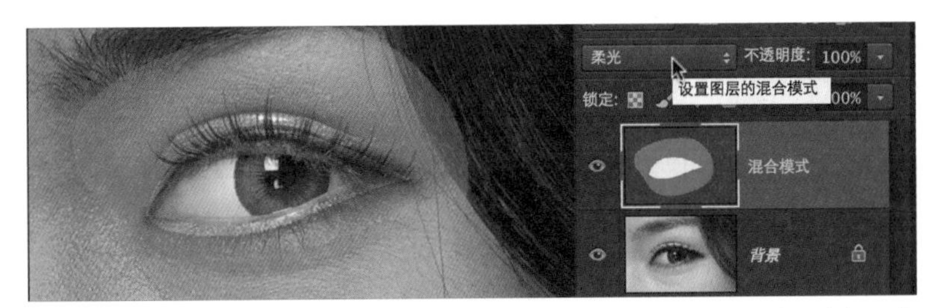

柔光：使颜色变暗或变亮，具体取决于混合色。此效果与发散的聚光灯照在图像上相似。如果混合色（光源）比 50% 灰色亮，则图像变亮，就像被减淡了一样。如果混合色（光源）比 50% 灰色暗，则图像变暗，就像被加深了一样。使用纯黑色或纯白色上色，可以产生明显变暗或变亮的区域，但不能生成纯黑色或纯白色。

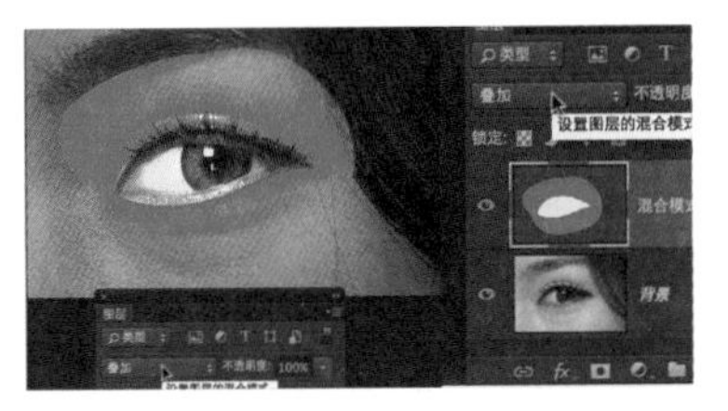

叠加：对颜色进行正片叠底或过滤，具体取决于基色。图案或颜色在现有像素上叠加，同时保留基色的明暗对比。不替换基色，但基色与混合色相混以反映原色的亮度或暗度。

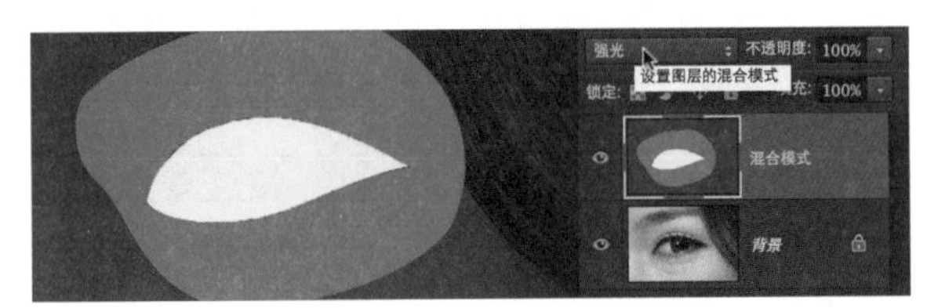

强光：对颜色进行正片叠底或过滤，具体取决于混合色。此效果与耀眼的聚光灯照在图像上相似。如果混合色（光源）比 50% 灰色亮，则图像变亮，就像过滤后的效果。这对于向图像添加高光非常有用。如果混合色（光源）比 50% 灰色暗，则图像变暗，就像正片叠底后的效果。这对于向图像添加阴影非常有用。用纯黑色或纯白色上色会产生纯黑色或纯白色。

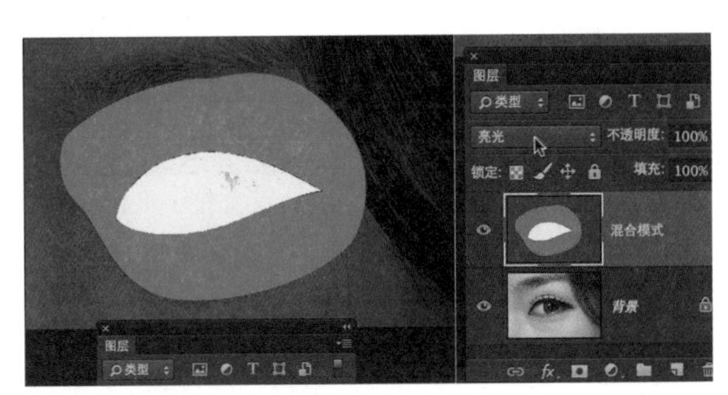

亮光：通过增加或减小对比度来加深或减淡颜色，具体取决于混合色。如果混合色（光源）比 50% 灰色亮，则通过减小对比度使图像变亮。如果混合色比 50% 灰色暗，则通过增加对比度使图像变暗。

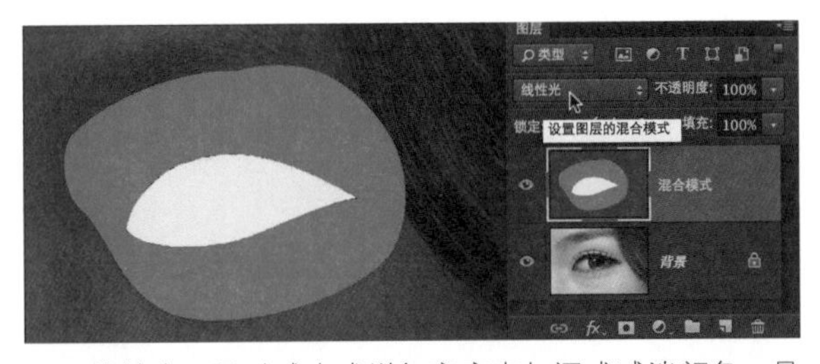

线性光：通过减小或增加亮度来加深或减淡颜色，具体取决于混合色。如果混合色（光源）比 50% 灰色亮，则通过增加亮度使图像变亮。如果混合色比 50% 灰色暗，则通过减小亮度使图像变暗。

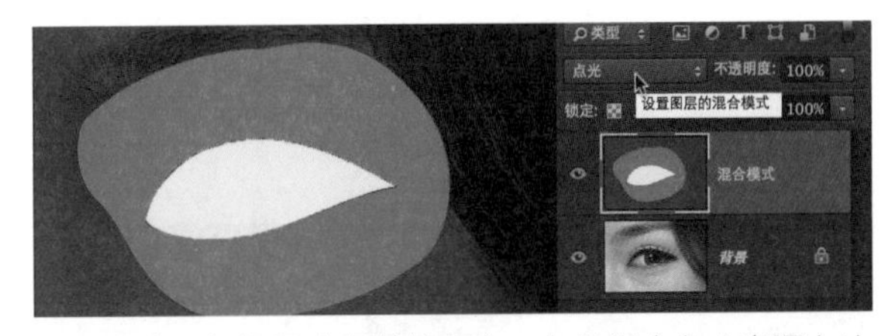

点光：根据混合色替换颜色。如果混合色（光源）比 50% 灰色亮，则替换比混合色暗的像素，而不改变比混合色亮的像素。如果混合色比 50% 灰色暗，则替换比混合色亮的像素，而比混合色暗的像素保持不变。这对于向图像添加特殊效果非常有用。

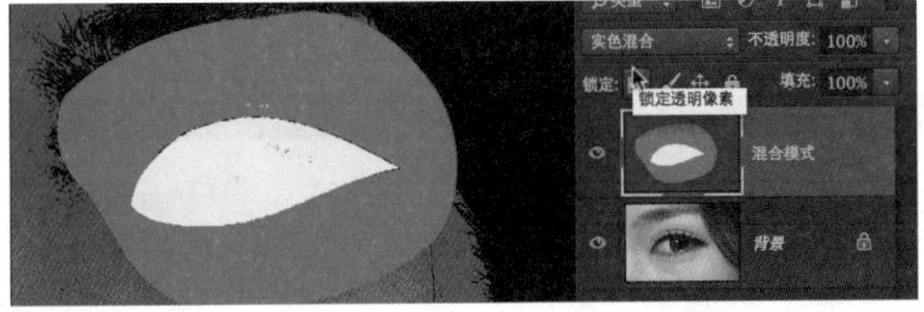

实色混合：将混合颜色的红色、绿色和蓝色通道值添加到基色的 RGB 值。如果通道的结果总和大于或等于 255，则值为 255；如果小于 255，则值为 0。因此，所有混合像素的红色、绿色和蓝色通道值要么是 0，要么是 255。此模式会将所有像素更改为主要的加色（红色、绿色或蓝色）、白色或黑色。

差值：查看每个通道中的颜色信息，并从基色中减去混合色，或从混合色中减去基色，具体取决于哪一个颜色的亮度值更大。与白色混合将反转基色值；与黑色混合则不产生变化。

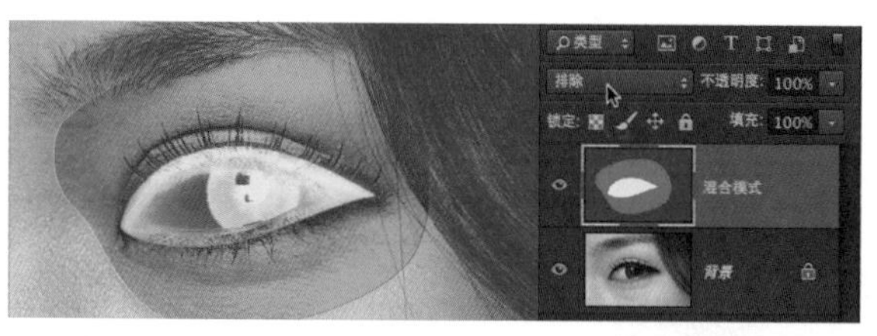

排除：创建一种与“差值”模式相似但对比度更低的效果。与白色混合将反转基色值。与黑色混合则不发生变化。

减去：查看每个通道中的颜色信息，并从基色中减去混合色。在 8 位和 16 位图像中，任何生成的负片值都会剪切为零。

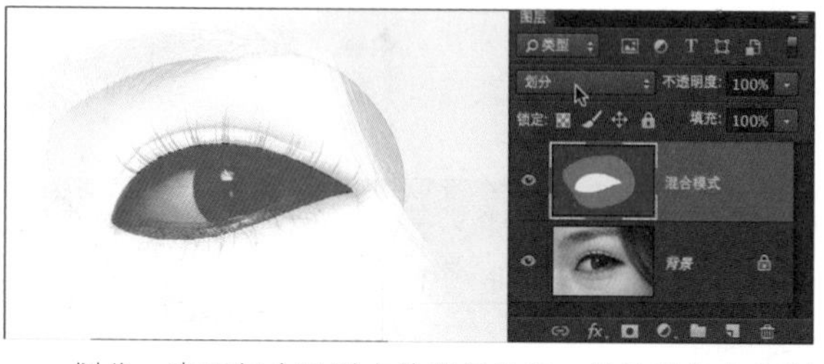

划分：查看每个通道中的颜色信息，并从基色中分割混合色。

色相：用基色的明亮度和饱和度以及混合色的色相创建结果色。

饱和度：用基色的明亮度和色相以及混合色的饱和度创建结果色。在无（0）饱和度（灰度）区域上用此模式绘画不会产生任何变化。

颜色：用基色的明亮度以及混合色的色相和饱和度创建结果色。这样可以保留图像中的灰阶，并且对于给单色图像上色和给彩色图像着色都会非常有用。

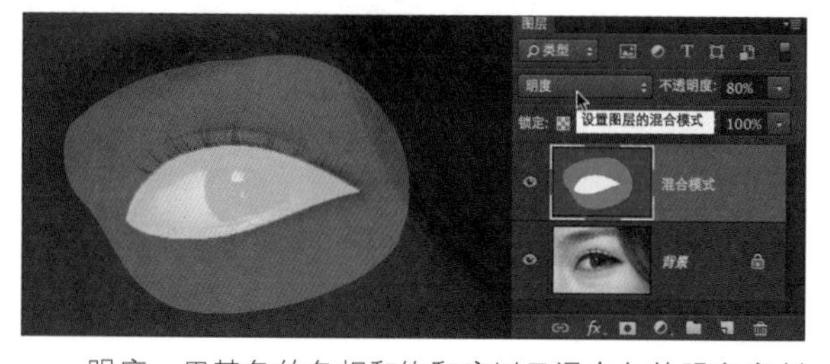

明度：用基色的色相和饱和度以及混合色的明亮度创建结果色。此模式创建与“颜色”模式相反的效果。

TIPS

对于 CMYK 图像，“实色混合”会将所有像素更改为主要的减色（青色、黄色或洋红色）、白色或黑色。最大颜色值为 100。

背后：仅在图层的透明部分编辑或绘画。此模式仅在取消选择了“锁定透明区域”的图层中使用，类似于在透明纸的透明区域背面绘画。

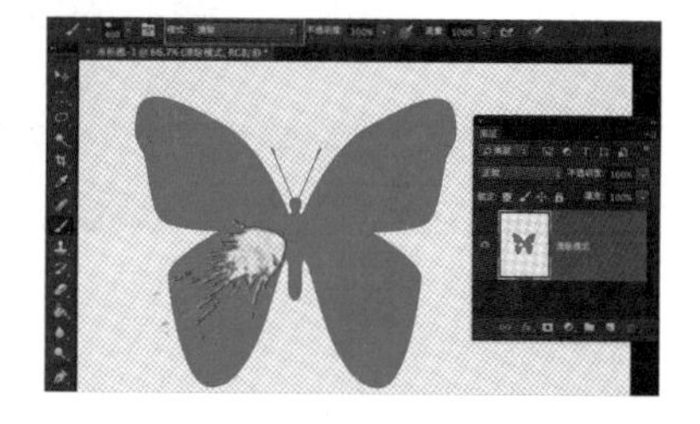

清除：编辑或绘制每个像素，使其透明。此模式可用于油漆桶工具、画笔工具、铅笔工具、“填充”命令和“描边”命令。必须取消选择了“锁定透明区域”的图层中才能使用此模式。

常用 4 种混合模式

Photoshop 有众多的混合模式选项，每种混合模式的结果又要参照两个图层的内容来决定，这使得学习和使用混合模式变得非常的困难，而且还会耗掉大量的时间和精力。不过在实际工作中，常用到的有 4 种混合模式。我们可以先通过重点学习和使用这 4 种模式，来逐步掌握其他的混合模式。

正片叠底：变暗模式里的典型代表。可让暗部加重，尤其对于红、绿、蓝 3 种颜色。

变亮模式：与“正片叠底”完全相反，可以提亮整个画面。

叠加与柔光：两种模式非常相似，都是同时让暗部更暗，亮部更亮，加大整个画面的对比。略有不同的是，柔光模式更加柔和，产生的效果不是那么强烈。

下面使用两个完全相同的图层内容，借助不同混合模式来混合产生合成效果。来对比这几种混合模式。

01 选中背景图层，按 <Cmd (PC 机 Ctrl)+J> 组合键复制图层。

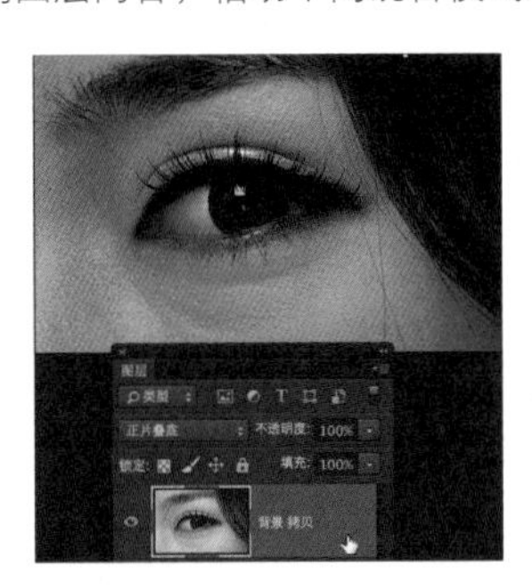

02 更改上方的“背景拷贝”图层的混合模式为“正片叠底”。暗部加重，整体色调加重。

03 更改上方的“背景拷贝”图层的混合模式为“变亮”。亮部提亮，整体色调变亮。

04 更改上方的“背景拷贝”图层的混合模式为“叠加”。暗部加重，亮部提亮。

使用混合模式的注意事项

1. 更改混合模式所带来视觉效果上的变化，并不会真正实质改变图层上的任何内容。既不会丢失内容，也不会增加内容。

2. 每种混合模式，都有其特定性、针对性。使用前，要做好分析。不同的几个图层内容，使用相同的混合模式，最终效果会有巨大的差异。

3. 不要寄希望使用某种混合模式，一下就完全达到合成的要求。在 Photoshop 内，任何工作都是综合性的，要全面借助各种功能，如不透明度、画笔工具和混合模式等。

使用混合模式的建议

1. 多进行分析，尝试逆向思维

使用混合模式得到的效果，取决于多方面。例如两个图层的内容（或颜色），使用何种混合模式等。除去更改混合模式，还可以尝试调整图层本身的属性来改变最终效果，如更改不透明度、图层内容色调等。

2. 使用新建图层 + 图层混合模式来代替直接绘制

图层混合模式是一种非破坏性操作，可以随时更改混合模式，而不会更改图层上的任何像素内容。因此在工作中，尽可能多地利用这点，让操作变得可逆，便于修改。在 Photoshop 中，大多数绘画修复工具，都支持在新建空白图层上工作。因此，建议在使用画笔类工具，需要采用特殊混合模式绘制时，通过绘制在新建图层上，以图层混合模式来实现类似操作。

4.7.2 图层样式混合选项

每个图层的所有基本属性，包括混合模式、填充、不透明度、样式效果等，都可以在图层样式对话框中设置。这里首先介绍图层样式对话框内混合选项的相关设置。

执行以下方式，可打开图层样式对话框。

1. 在图层面板上，双击某个图层的空白区域，即除去图层缩略图、图层名字外的区域，可打开图层样式对话框。

2. 在图层面板上，右键单击某个图层，在弹出菜单中，选择“混合选项”，即可打开图层样式对话框。

3. 单击图层面板底部的“添加图层样式”按钮，选择“混合选项”。

4. 执行菜单：图层 / 图层样式 / 混合选项。

5. 在图层面板菜单内，选择“混合选项”。

通常所用的方法，就是在图层面板上，双击某个图层空白区域，打开图层样式对话框。

混合选项

在混合选项内的常规设置，与图层面板上相同，包括混合模式、不透明度、填充不透明度等。这里就不再重复介绍。

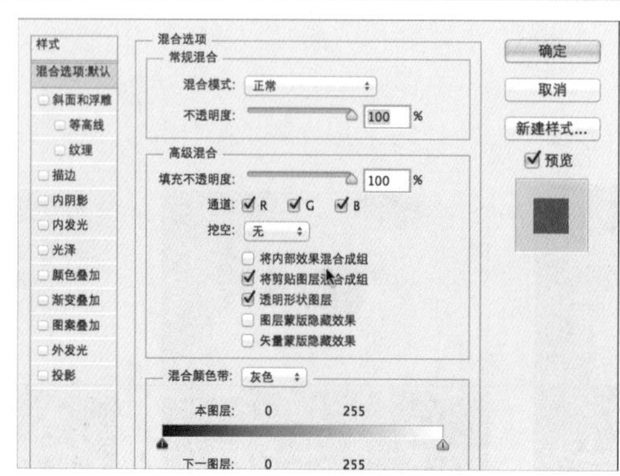

选择颜色通道

Photoshop 通常先混合各个图层上的颜色通道，再将所有图层混合在一起，最后将整个文件的各个通道混合在一起得到最终图像效果。

可以在混合选项中，取消该图层的一个或多个颜色通道。

使用这些通道复选框，实现对该图层与其下方图层进行色调混合上的控制。例如，可以取消 RGB 图像中的 R（红色）通道，则该图层中的红色色调从混合中排除。

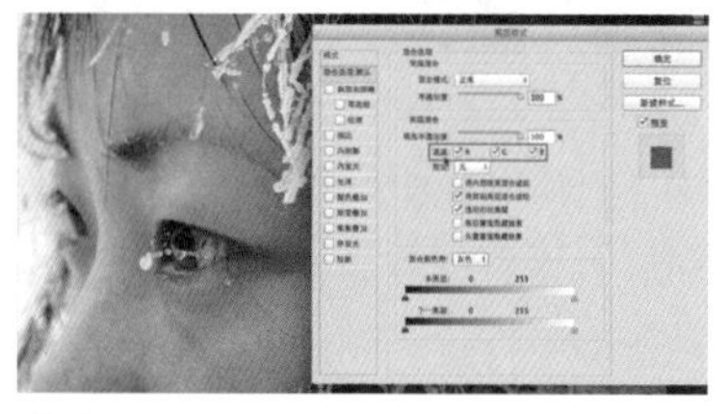

01 原图，默认情况下各个颜色通道都处于勾选状态。

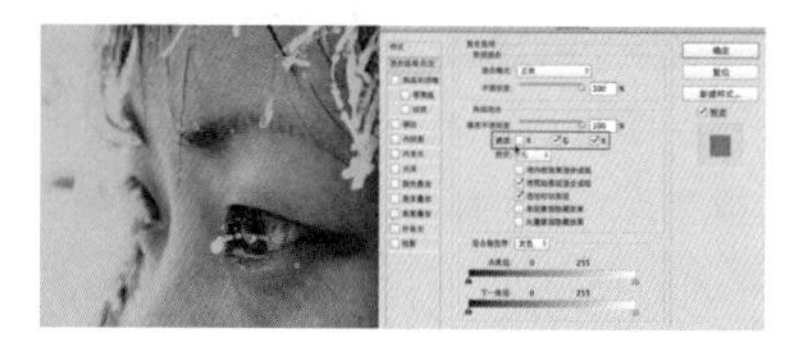

02 去掉 R 通道即红色通道的选择，得到 G 通道和 B 通道（绿色通道和蓝色通道）的混合结果。

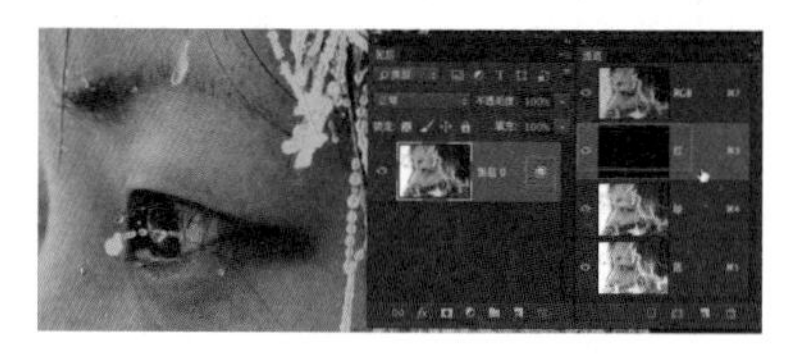

03 在图层面板上，有图标提示该图层有高级混合选项。查看通道面板，可以看到 R 通道（红色通道）为黑色。

挖空设置

挖空设置可使当前图层形状穿透一个或多个下方图层，使底部图层内容透过上面的图层显示出来。

在对话框中，更改挖空设置后，并不能直观预览到效果。

创建挖空的 3 个关键点，如下。

1. 当前挖空图层的内容最好是有透明区域的某些形状。因为如果当前选中图层内容为填充整个文档，如图片，则挖空会将被挖空图层上的内容全部清除掉，最终导致空白的效果。

2. 当前挖空图层的“填充”不透明度要小于 100%，或者更改混合模式来显示下面的图层。

3. 图层的排列方式对挖空的最终效果，有很大影响。

01 创建 3 个图层，最下面是图片图层，中间是形状图层，最上是文本图层。

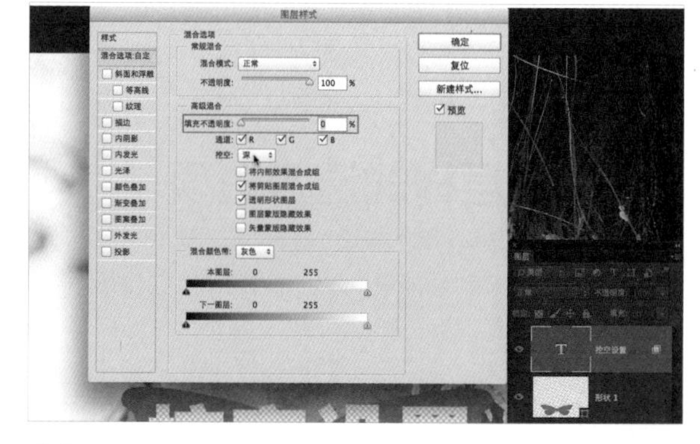

02 双击文本图层的空白区域，打开图层样式对话框，设置填充不透明度为：0，挖空：深，单击“确定”按钮。此时文本图层会将下方所有图层都挖空。

03 更改挖空为：浅。“浅”意味着挖空命令执行到当前图层组；“深”则跨越图层组，挖空到背景图层。将文本图层和形状图层组合到同一图层组中，则挖空设置只对当前图层组起作用。

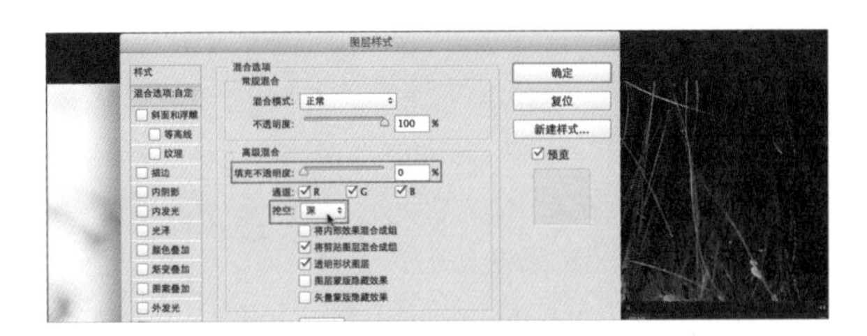

04 设置挖空为“深”，则挖空跨越图层组。

使用剪切蒙版或选区 + 蒙版也可以实现类似的视觉效果。

挖空设置运用得当可将复杂的工作变得很简单。但是最大的问题在于它不够直观，尤其对于日后的修改和再使用上更加明显。无法通过图层面板的架构组织，一下找出原有的制作方法。另外，如果对于原有图层进行调整后，就很难确保挖空效果与之前保持一致。

在实际工作中，更倾向于使用蒙版 + 选区去实现类似的挖空效果，以方便后期的修改以及与其他同事的合作。

将内部效果混合成组

在图层样式中，有些应用到图层的效果，只针对图层不透明区域，从不影响透明区域，这类样式效果统称为内部效果。

内部效果有内发光、光泽、颜色叠加、渐变叠加、图案叠加。

默认为取消关闭“将内部效果混合成组”。因此，在默认状态下，更改图层混合模式及填充不透明度，不会影响到图层样式内部效果。如勾选“将内部效果混合成组”后，更改图层混合模式和填充不透明度后，会对内部效果产生影响。但是只影响内部效果，不会影响投影等外部效果。

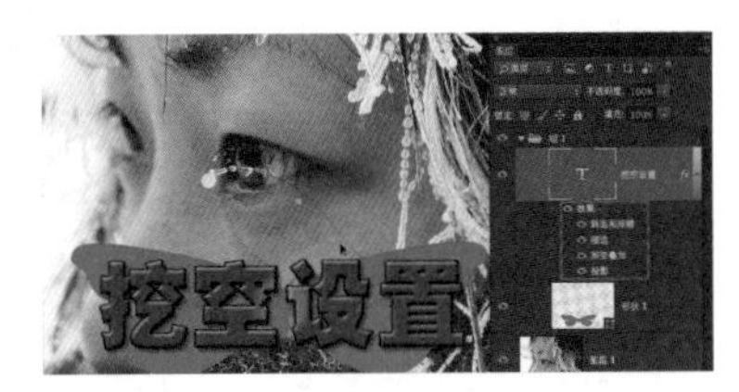

01 在图层面板添加图层样式效果“描边”和“图案叠加”。设置文本图层的混合模式为“正片叠底”。

02 在图层样式对话框混合选项中，勾选“将内部效果混合成组”，图案会以“正片叠底”模式进行混合，而描边效果不受影响。

控制剪贴蒙版的混合

由于剪贴蒙版还没有涉及，在这里就先用一个实例来介绍该选项的应用。（关于剪贴蒙版的介绍，可参阅后面章节）

默认为勾选：将剪贴图层混合成组。选择“将剪贴图层混合成组”，以便将基底图层的混合模式应用于剪贴蒙版中的所有图层。取消选择此选项（该选项默认情况下总是选中的）可保持原有混合模式和组中每个图层的外观。

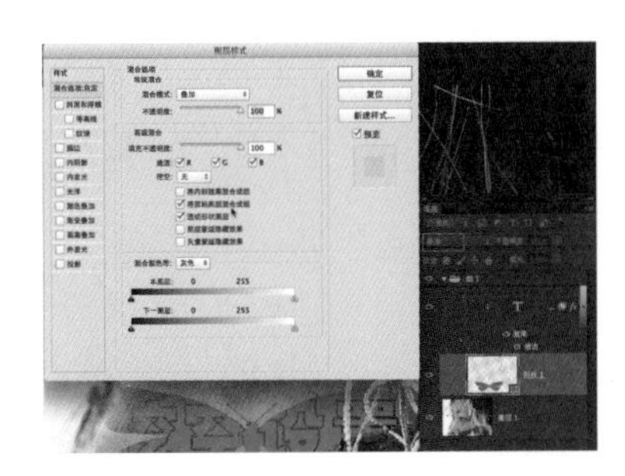

01 形状图层设置了“叠加”模式，上方文本图层创建了剪贴蒙版后，也采用叠加的方式进行混合。

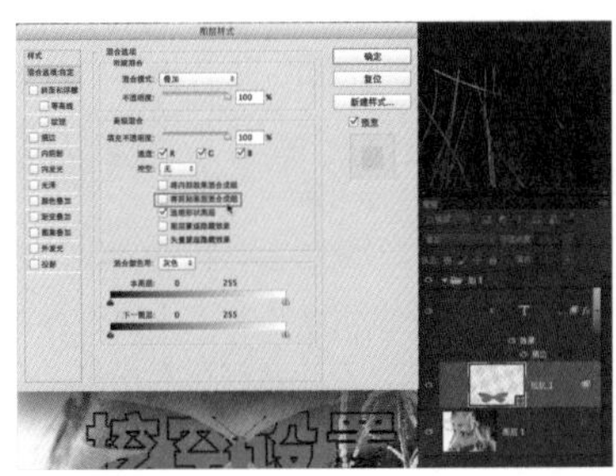

02 取消“将剪贴图层混合成组”后，文本图层保持原有的模式混合。

透明形状图层

每个图层会自动默认一个不可见的，与其有关联的透明蒙版，由图层内容的透明区域定义。通常，Photoshop 中执行图层样式效果后，会以该透明蒙版来限制图层样式效果的区域。

"透明形状图层"勾选项，是针对图层透明区域上的效果设置和"挖空"设置。默认为勾选状态。选择"透明形状图层"可将图层效果和"挖空"限制在图层的不透明区域。取消选择此选项（该选项默认情况下总是选中的）可在整个图层内应用这些效果。

如果图层上有图层蒙版或矢量蒙版，并且取消"透明形状图层"选项，则可以通过控制蒙版形状来手动控制图层样式效果的影响区域。

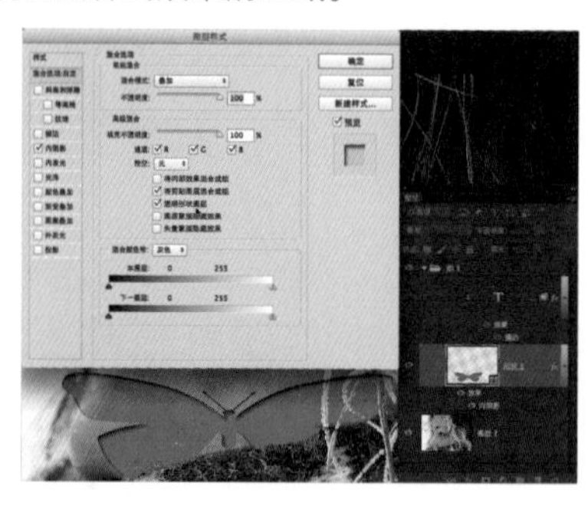

01 默认情况勾选"透明形状图层"。

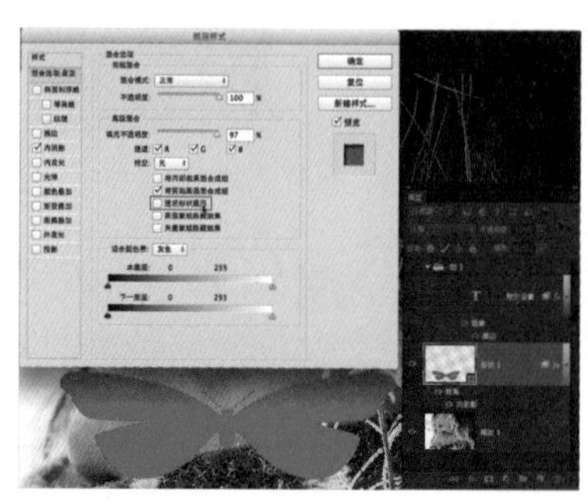

02 取消选择"透明形状图层"。

使用图层蒙版和矢量蒙版隐藏效果

这两个选项，决定了是先应用蒙版，再应用图层样式效果；还是先应用图层样式效果，再应用蒙版。因此，该选项对于图层上同时有蒙版和图层效果有用。

默认情况下，"图层蒙版隐藏效果"和"矢量蒙版隐藏效果"为关闭状态。此时 Photoshop 的应用次序为：先使用蒙版遮盖不想要的区域，再对剩下的不透明区域应用图层效果。

勾选状态下，Photoshop 的应用次序为：先应用图层效果，再应用蒙版。

混合颜色带

混合颜色带，是将当前图层或下方图层的颜色范围进行混合，更确切地说，通过这些选项根据图层内容上的颜色和亮度来控制图层上哪些像素保留，显示在最后的混合中。

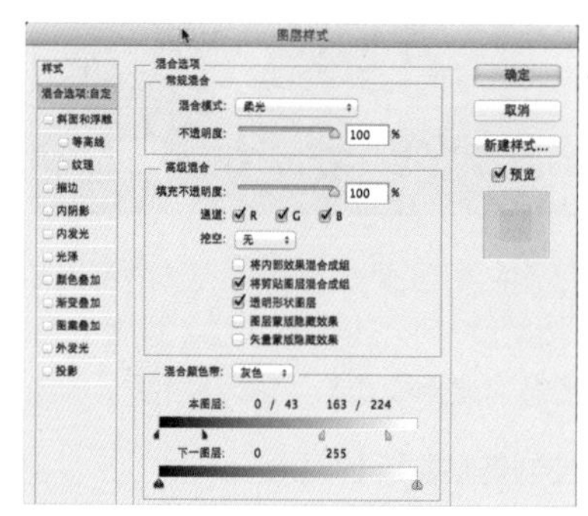

主要操作方式为：拖曳"本图层"和"下一个图层"两个滑块，来控制当前图层或下方图层有多少像素显示或隐藏。默认情况下，当前图层所有的不透明像素完全遮盖下方图层。

理论如下。

1. 隐藏当前图层的某些部分

单击并向右拖曳"本图层"黑色滑块，将比当前滑块所在位置颜色暗的像素排除掉。

单击并向左拖曳"本图层"白色滑块，将排除比当前位置颜色亮的像素。

2. 穿透下方图层的某些部分

单击并向右拖曳"下一图层"黑色滑块，将比当前滑块所在位置颜色暗的像素排除掉。

单击并向左拖曳"下一图层"白色滑块，将排除比当前位置颜色亮的像素。

3. 平滑过渡效果

将鼠标移到滑块上，按住 <Alt> 键，单击并拖曳滑块，将滑块分为两半。

单击并拖曳滑块，创建平滑过渡效果。

要想将两个滑块重新合在一起，只需要单击并将其中一个拖曳到另外一个之上即可。

按颜色范围混合

通过选择"混合颜色带"选项内的不同通道，为不同颜色通道调整滑块。例如，选择"红"，再调整"本图层"和"下一图层"的滑块将只根据每个像素的红色通道混合。

举例：更改人像面部色彩

01 按 <B> 键使用画笔工具，设置前景色为紫色。<Cmd(PC 机 Ctrl)+Shift+N> 组合键新建图层，使用画笔工具在嘴唇上绘制。

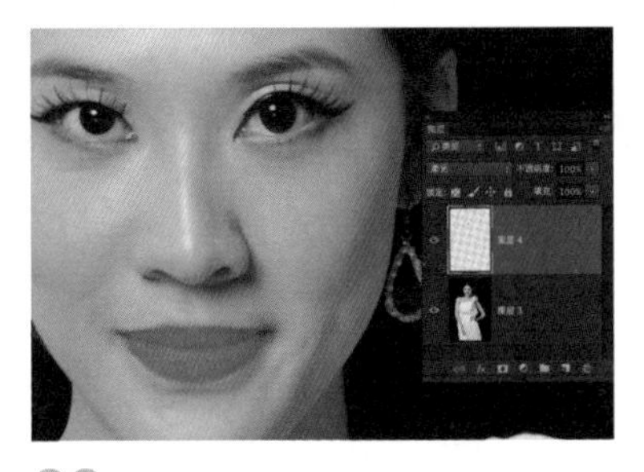

02 修改图层模式为：柔光。

TIPS

可以独立地为每个“混合颜色带”通道控制滑块，每个通道的滑块互相之间也会产生影响。例如，先为“灰色”通道设置一个范围，然后再为“红”通道设置另外一个范围，最终 Photoshop 会使用同时满足这两个范围内的像素。

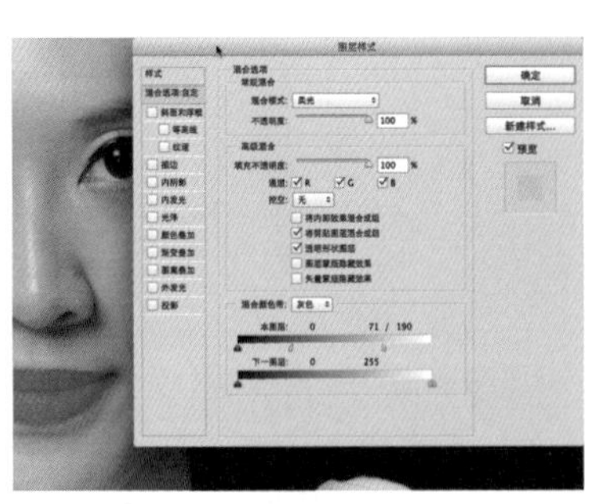

03 双击“嘴唇”图层上的空白区域，打开图层样式对话框。设置混合颜色带：红。配合 <Alt> 键，拖曳本图层红色滑块，设置为：143/255。使得图层上紫色平滑过渡，与背景融合在一起。

举例：利用混合颜色带设置快速合成

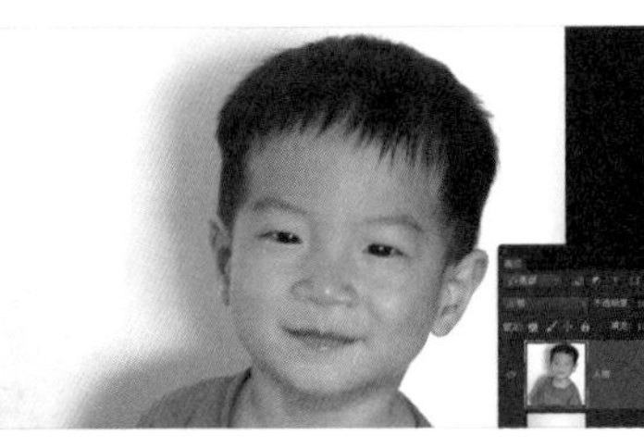

01 创建渐变背景。在人物图层下方创建新图层（按住 <Cmd>(PC 机 Ctrl) 键单击图层面板上新建图层按钮）。按 <G> 键切换到渐变工具，设置前景色为淡蓝色，背景色为白色；径向渐变，从前景色渐变到背景色。在新建图层中，创建径向渐变。

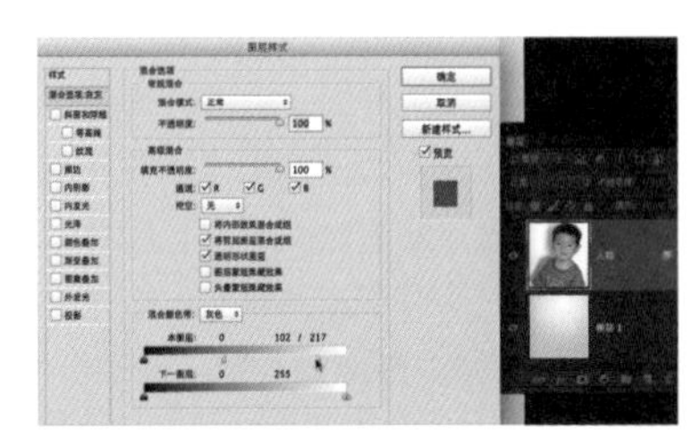

02 选中“人物”图层并双击图层缩略图，打开图层样式对话框，在混合颜色带设置：灰色：102/217。

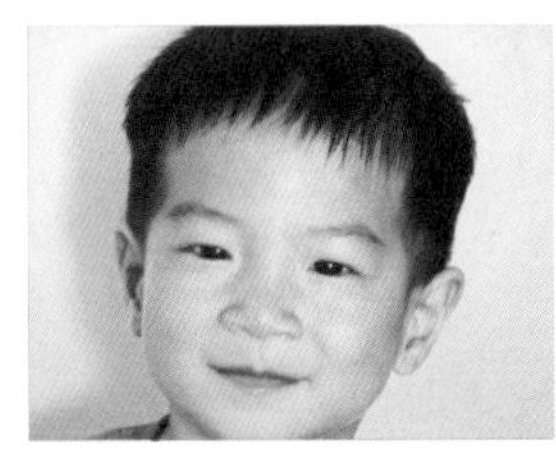

03 “人物”图层上白色区域被隐藏掉，人物面孔上的白色区域也被隐藏掉。现在“人物”图层与背景合成在一起。

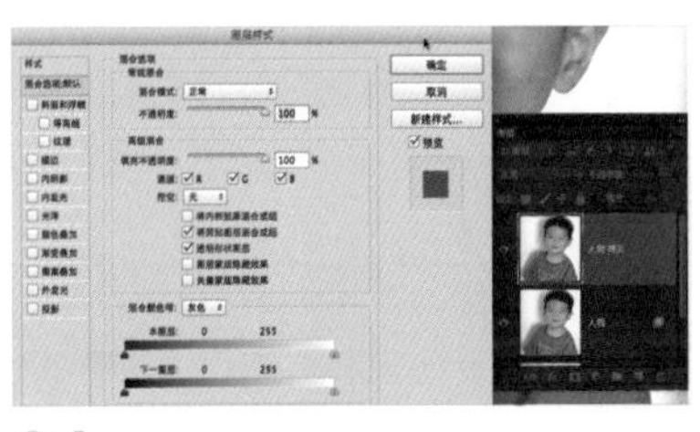

04 选中“人物”图层，按 <Ctrl + J> 组合键复制图层，双击复制的图层缩略图，在图层样式对话框中，恢复混合颜色带设置到初始状态，灰色：255。

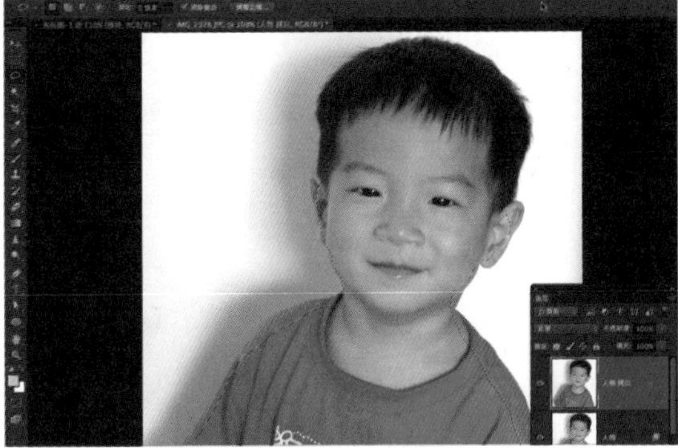

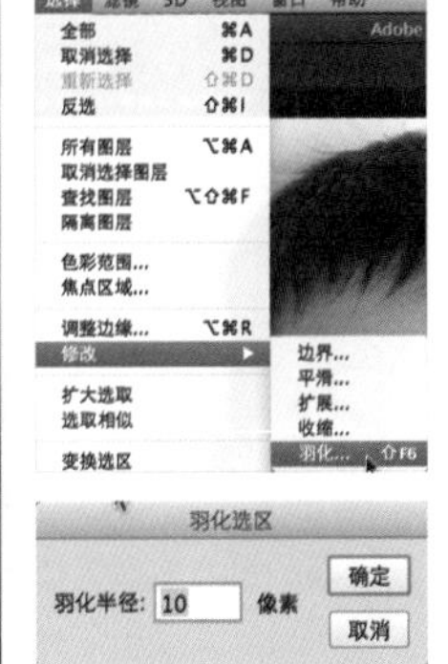

05 按 <L> 键切换到套索工具，沿人物边缘绘制选区。创建的选区要小于人物区域。创建完选区后，执行菜单：选择 / 修改 / 羽化，设置羽化值为 10. 按 <Ctrl + Shift + I> 组合键反向选择。

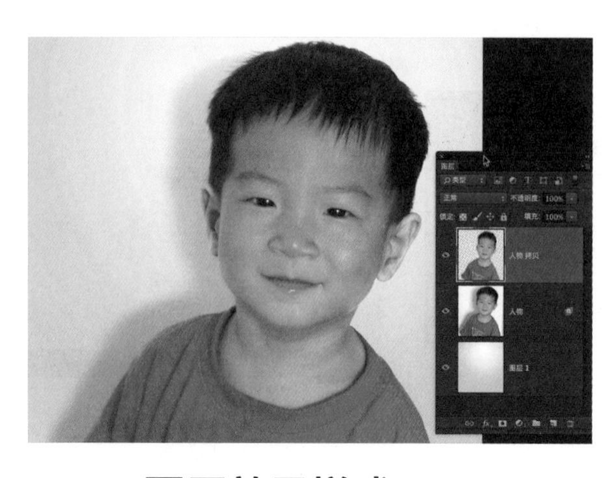

06 确保选中“人物拷贝”图层，按 <Delete> 键删除选区内容，将人物内部镂空区域修补好。

4.7.3 图层效果样式

图层样式也称为图层效果，是一组添加到图层的基本又常用的效果，如投影、发光等。

Photoshop 提供了各种效果（如阴影、发光和斜面）来更改图层内容的外观。图层效果与图层内容链接。移动或编辑图层的内容时，修改的内容中会应用相同的效果。例如，如果对文本图层应用投影并添加新的文本，则将自动为新文本添加阴影。

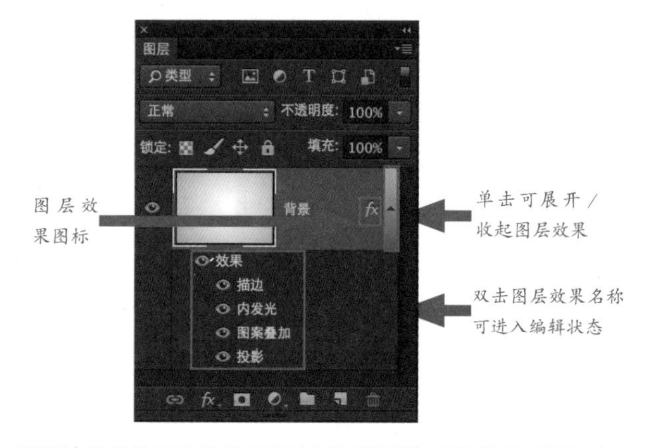

图层效果样式是应用于一个图层或图层组的一种或多种效果。可以应用 Photoshop 附带提供的某一种预设样式，或者使用“图层样式”对话框来创建自定样式。“图层效果”图标将出现在“图层”面板中的图层名称的右侧。可以在“图层”面板中展开样式，以便查看或编辑合成样式的效果。图层效果的设置和操作主要在图层面板和图层样式对话框中。也可以在菜单中找到相应的操作命令，不过一般情况不会去使用菜单，因为使用菜单比较费时。

在图层样式对话框中，每个效果的参数设置内既有颜色、距离、角度等简单直观的调整设置，也融合了混合模式、等高线、全局光等高级设置。通过设置这些参数及组合各种效果，可以快速创建、模拟出各种仿真效果，如玻璃、金属等。对于制作好的一组效果，可以以样式的方式保存下来，供反复使用。

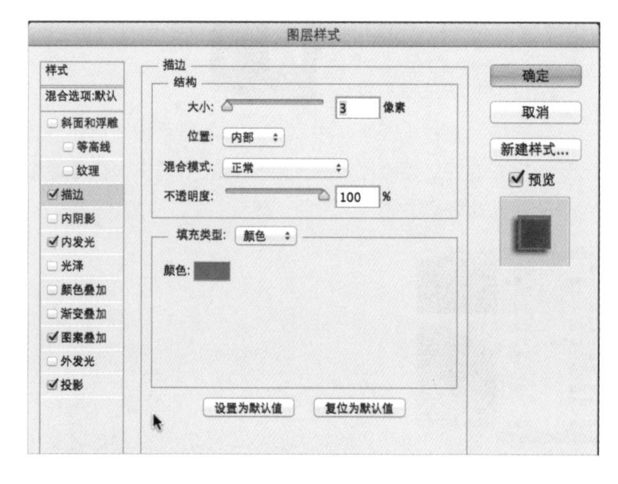

使用图层样式创建效果，有以下好处。

1. 随时可重新编辑修改，非常灵活自由。在图层面板双击某个效果名称即可进入图层样式对话框进行编辑。

2. 图层样式与图层内容保持同步，即修改图层内容会立即更新图层样式。（主要指对图层内容不透明区域的修改。如对图层内容的色调等调整，不会影响到图层样式）

3. 图层样式可以应用到除背景图层外的所有图层，包括文本图层、矢量图层、调整图层、3D 图层、智能对象等。

4. 可为同一图层混搭不同的图层样式，并可将其复制给其他图层，或保存为样式预设。

5. 图层样式只会在视觉上影响图层内容的显示，不会改变图层内容。

添加图层效果样式

添加图层样式的方式有好多种，最常用、最快捷的是在图层面板上单击“添加图层样式”按钮，选择要添加的图层样式名称即可。除此之外，还可以使用以下方式。

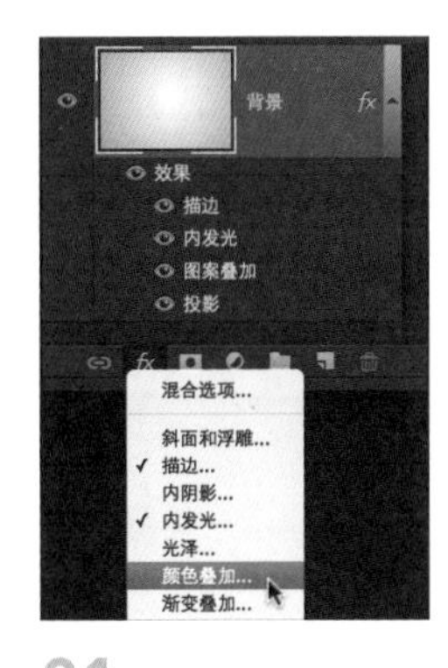

01 选中图层，单击右键，选择“混合选项”，在图层样式对话框中添加图层样式。

02 选中图层，执行菜单：图层 / 图层样式，选择某个样式。

03 选中图层，打开图层面板菜单，选择“混合选项”，在图层样式对话框中添加图层样式。

图层效果样式介绍

投影：在图层内容的后面添加阴影

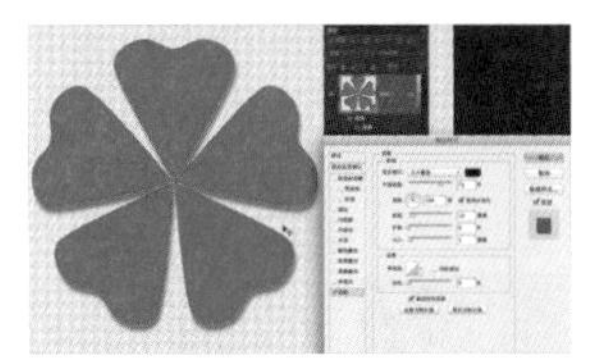

01 在投影效果样式对话框打开时，将鼠标移动到画面中，拖曳投影可同时调整角度和距离两个参数。

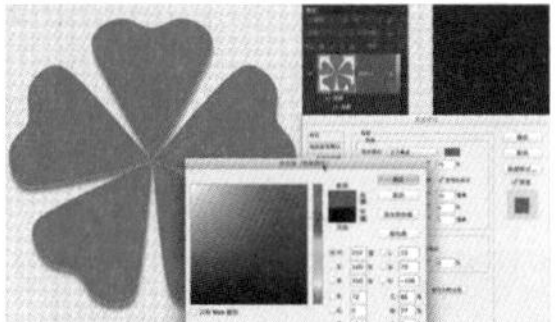

02 指定阴影颜色。可以单击颜色框并选取颜色。这点同样适用于其他效果颜色设置。

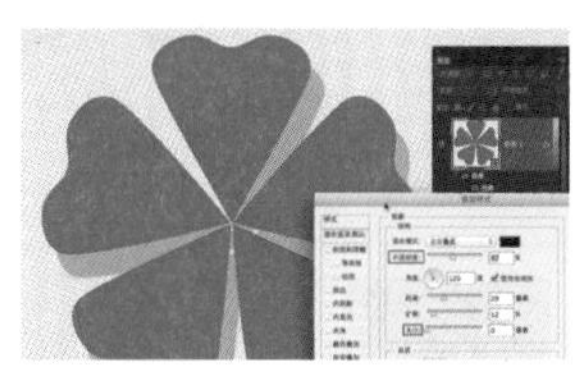

03 不透明度设置要与大小设置结合使用。不透明度设置可控制投影的整体不透明度，大小设置可控制投影边缘的羽化值。

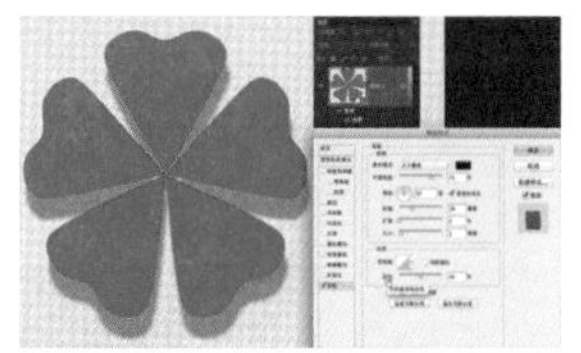

04 设置杂色，产生类似“溶解”混合的粒子效果。

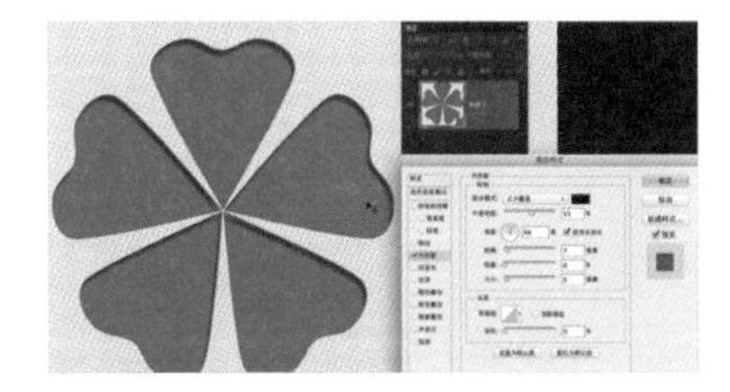

05 内阴影：紧靠在图层内容的边缘内添加阴影，使图层具有凹陷外观。

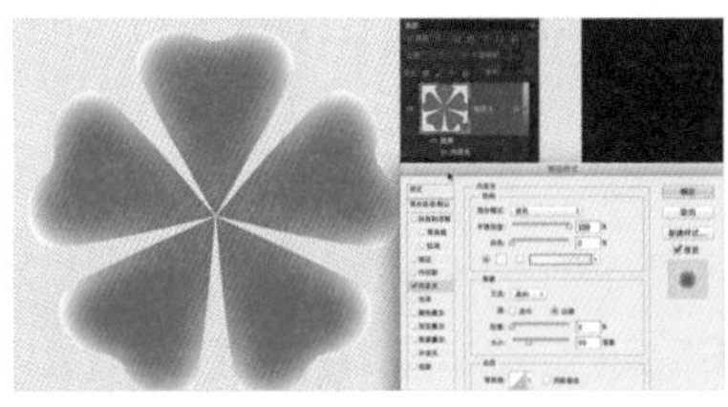

06 外发光和内发光：添加从图层内容的外边缘或内边缘发光的效果。

斜面和浮雕：对图层添加高光与阴影的各种组合

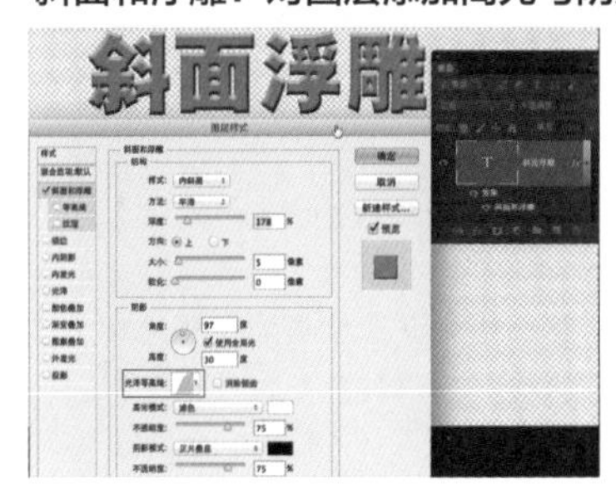

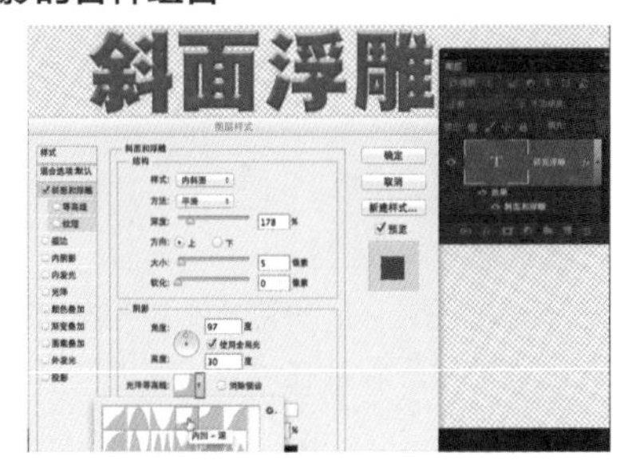

等高线设置：创建有光泽的金属外观。“光泽等高线”是在为斜面或浮雕加上阴影效果后应用的。

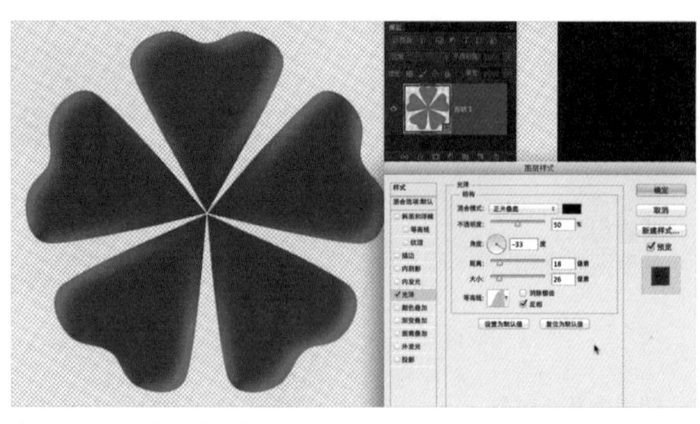

光泽：应用创建光滑光泽的内部阴影。

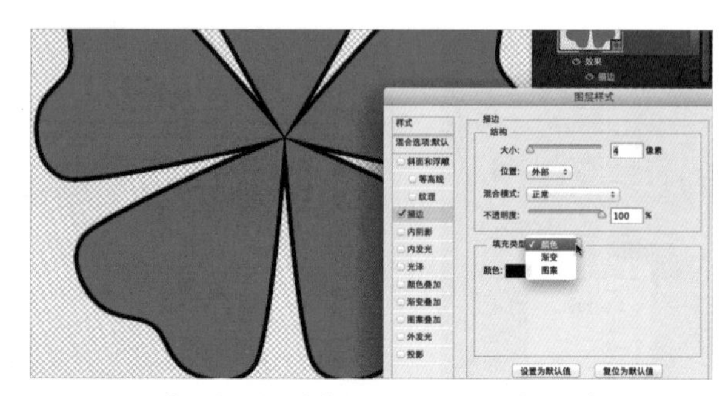

描边：使用颜色、渐变或图案在当前图层上描画对象的轮廓。它对于硬边形状（如文字）特别有用。

颜色、渐变和图案叠加：用颜色、渐变或图案填充图层内容

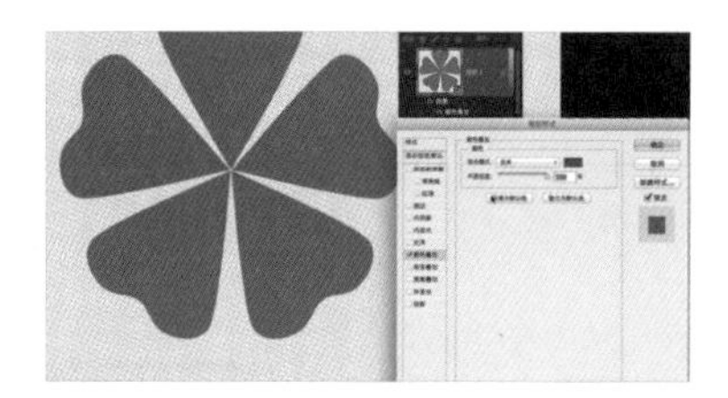

01 颜色叠加。

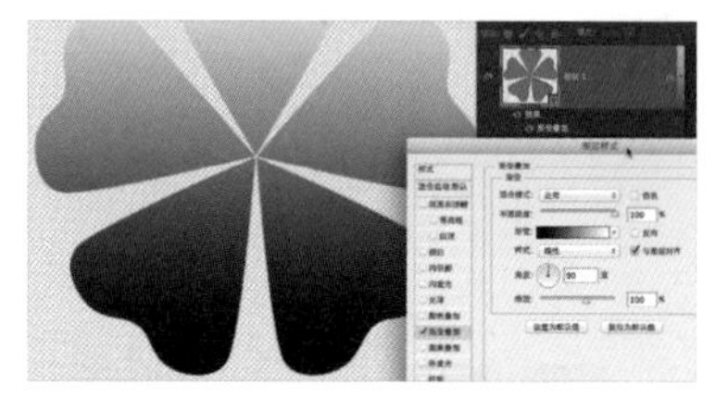

02 渐变叠加。

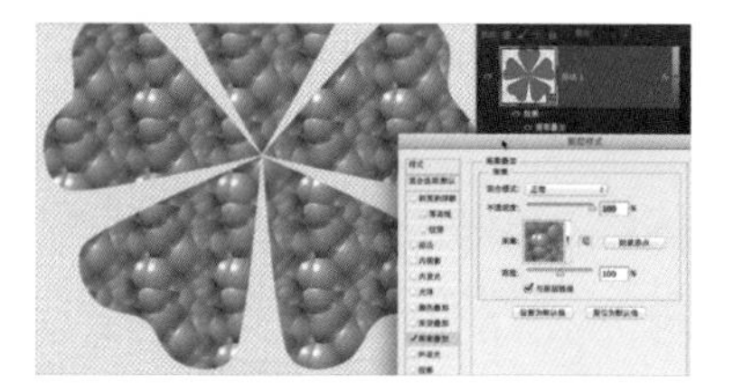

03 图案叠加。

01 原图。

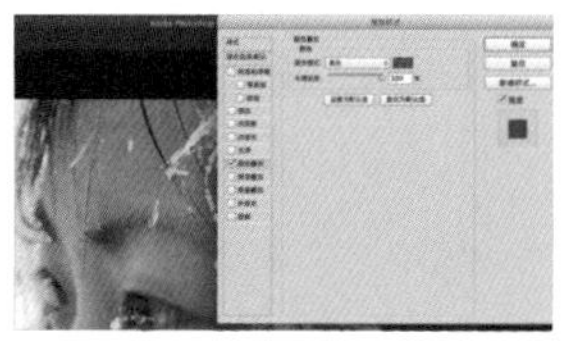

02 颜色叠加效果，添加到曲线调整图层上。设置混合模式为“柔光”，适当降低不透明度，改变整体色调。

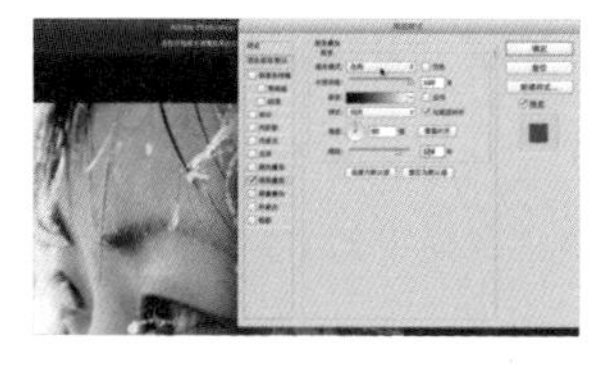

03 渐变叠加效果，添加到曲线调整图层上。设置混合模式为“色相”，径向渐变，从黑到白，转换为黑白图。

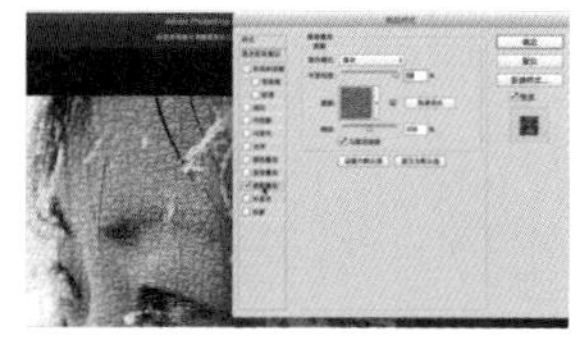

04 图案叠加效果。

图层样式参数介绍

图层样式对话框中，很多效果内的参数都是近似的，在这里先做个整体介绍，便于读者反复查阅。

高度：对于斜面和浮雕效果，设置光源的高度。值为 0 表示底边；值为 90 表示图层的正上方。

角度：确定效果应用于图层时所采用的光照角度。可以在文档窗口中拖曳以调整“投影”、“内阴影”或“光泽”效果的角度。

消除锯齿：混合等高线或光泽等高线的边缘像素。此选项在具有复杂等高线的小阴影上最有用。

混合模式：确定图层样式与下层图层（可以包括也可以不包括现用图层）的混合方式。例如，内阴影与现用图层混合，因为此效果绘制在该图层的上部，而投影只与现用图层下的图层混合。在大多数情况下，每种效果的默认模式都会产生最佳结果。

阻塞：模糊之前收缩“内阴影”或“内发光”的杂边边界。

颜色：指定阴影、发光或高光。可以单击颜色框并选取颜色。

等高线：使用纯色发光时，等高线允许您创建透明光环。使用渐变填充发光时，等高线允许您创建渐变颜色和不透明度的重复变化。在斜面和浮雕中，可以使用“等高线”勾画在浮雕处理中被遮住的起伏、凹陷和凸起。使用阴影时，可以使用“等高线”指定渐隐。

距离：指定阴影或光泽效果的偏移距离。可以在文档窗口中拖曳以调整偏移距离。

深度：指定斜面深度。它还指定图案的深度。

使用全局光：您可以使用此设置来设置一个“主”光照角度，此角度可用于使用阴影的所有图层效果，如“投影”、“内阴影”以及“斜面和浮雕”。在这些效果中，如果选中“使用全局光”并设置一个光照角度，则该角度将成为全局光源角度。选定了“使用全局光”的任何其他效果将自动继承相同的角度设置。如果取消选择“使用全局光”，则设置的光照角度将成为“局部的”并且仅应用于该效果。也可以通过选取“图层样式”/“全局光”来设置全局光源角度。

光泽等高线：创建有光泽的金属外观。“光泽等高线”是在为斜面或浮雕加上阴影效果后应用的。

渐变：指定图层效果的渐变。单击“渐变”以显示“渐变编辑器”，或单击倒箭头并从弹出式面板中选取一种渐变。可以使用渐变编辑器编辑渐变或创建新的渐变。在“渐变叠加”面板中，可以像在渐变编辑器中那样编辑颜色或不透明度。对于某些效果，可以指定附加的渐变选项。“反向”翻转渐变方向，“与图层对齐”使用图层的外框来计算渐变填充，而“缩放”则缩放渐变的应用。还可以通过在图像窗口中单击和拖曳来移动渐变中心。“样式”指定渐变的形状。

高光或阴影模式：指定斜面或浮雕高光或阴影的混合模式。

抖动：改变渐变的颜色和不透明度的应用。

图层挖空投影：控制半透明图层中投影的可见性。

杂色：指定发光或阴影的不透明度中随机元素的数量。

不透明度：设置图层效果的不透明度。

图案：指定图层效果的图案。单击弹出式面板并选取一种图案。单击“新建预设”按钮 ，根据当前设置创建新的预设图案。单击“贴紧原点”，使图案的原点与文档的原点相同（在“与图层链接”处于选定状态时），或将原点放在图层的左上角（如果取消选择了“与图层链接”）。如果希望图案在图层移动时随图层一起移动，请选择“与图层链接”。拖曳“缩放”滑块，或输入一个值以指定图案的大小。拖曳图案可在图层中定位图案；通过使用“贴紧原点”按钮来重设位置。如果未载入任何图案，则“图案”选项不可用。

位置：指定描边效果的位置是“外部”、“内部”还是“居中”。

范围：控制发光中作为等高线目标的部分或范围。

大小：指定模糊的半径和大小或阴影大小。

软化：模糊阴影效果可减少多余的人工痕迹。

源：指定内发光的光源。选取“居中”以应用从图层内容的中心发出的发光，或选取“边缘”以应用从图层内容的内部边缘发出的发光。

扩展：模糊之前扩大杂边边界。

样式：“内斜面”在图层内容的内边缘上创建斜面；“外斜面”在图层内容的外边缘上创建斜面；“浮雕效果”模拟使图层内容相对于下层图层呈浮雕状的效果；“枕状浮雕”模拟将图层内容的边缘压入下层图层中的效果；“描边浮雕”将浮雕限于应用于图层的描边效果的边界。（如果未将任何描边应用于图层，则“描边浮雕”效果不可见。）

方法：“平滑”、“雕刻清晰”和“雕刻柔和”可用于斜面和浮雕效果；“柔和”与“精确”应用于内发光和外发光效果。

平滑：稍微模糊杂边的边缘，可用于所有类型的杂边，不论其边缘是柔和的还是清晰的。此技术不保留大尺寸的细节特征。

雕刻清晰：使用距离测量技术，主要用于消除锯齿形状（如文字）的硬边杂边。它保留细节特征的能力优于“平滑”技术。

雕刻柔和：使用经过修改的距离测量技术，虽然不如“雕刻清晰”精确，但对较大范围的杂边更有用。它保留特征的能力优于“平滑”技术。

柔和：应用模糊，可用于所有类型的杂边，不论其边缘是柔和的还是清晰的。“柔和”不保留大尺寸的细节特征。

精确：使用距离测量技术创造发光效果，主要用于消除锯齿形状（如文字）的硬边杂边。它保留特写的能力优于“柔和”技术。

纹理：应用一种纹理。使用“缩放”来缩放纹理的大小。如果要使纹理在图层移动时随图层一起移动，请选择“与图层链接”。“反相”使纹理反相。“深度”改变纹理应用的程度和方向（上/下）。“贴紧原点”使图案的原点与文档的原点相同（如果取消选择了“与图层链接”），或将原点放在图层的左上角（如果“与图层链接”处于选定状态）。拖曳纹理可在图层中定位纹理。

举例 01：金属质感的饰品

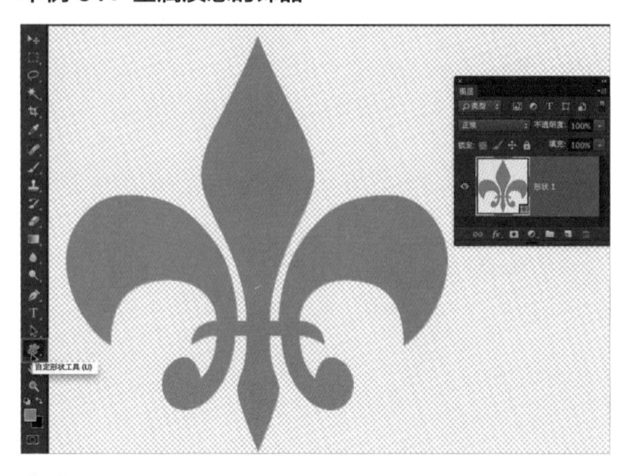

01 按 <U> 键切换到自定形状工具，在上方选项栏“形状”处选择“花饰”形状。按住 <Shift> 键在画面中拖曳鼠标绘制出饰品形状。

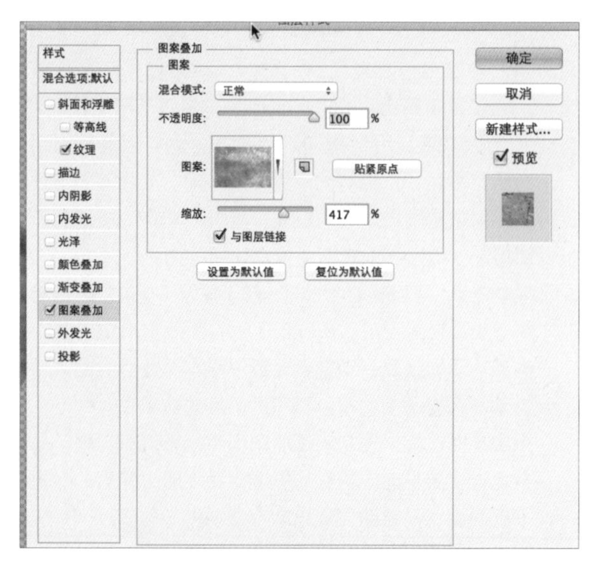

02 添加图层效果样式：图案叠加，设置如图所示。

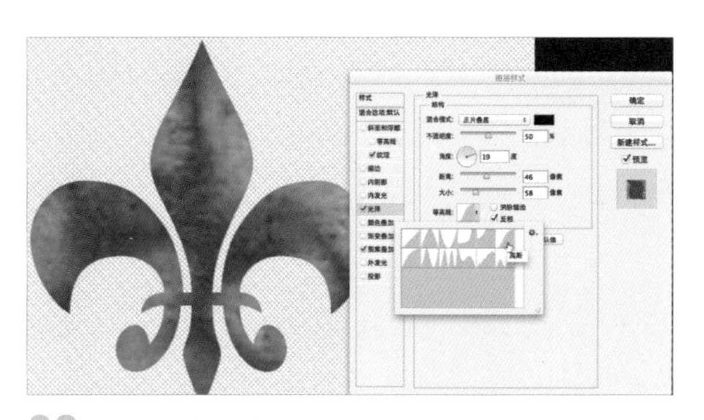

03 添加图层效果样式：光泽，设置等高线为：高斯形状，其他设置如图所示。

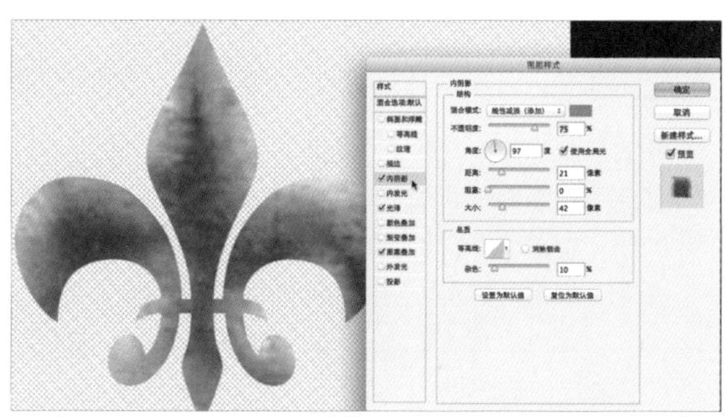

04 添加图层效果样式：内阴影，勾选“使用全局光”选项，其他设置如图所示。

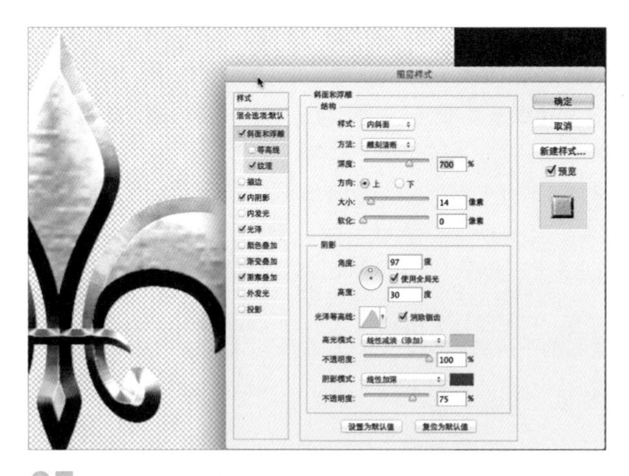

05 添加图层效果样式：斜面与阴影，设置如图所示。

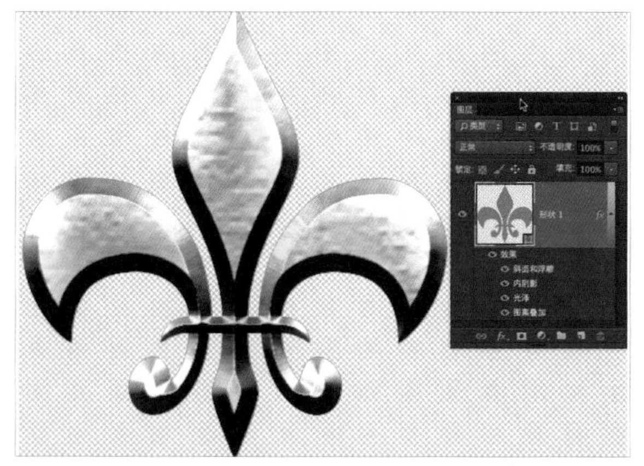

06 最终效果。

举例 02：文字特效

接下来主要借助图层效果样式及图层混合模式来制作文字特效。主要包括创建背景、文字特效和最终合成 3 个方面。

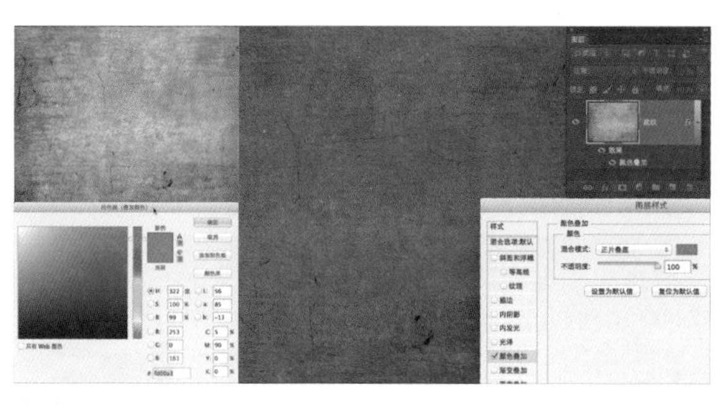

01 导入一张材质文件，添加图层效果样式为“颜色叠加”，选取紫红色。

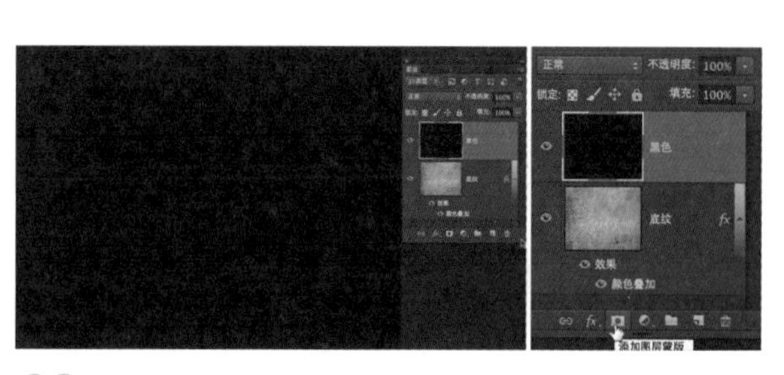

02 按 <Cmd(PC 机 Ctrl)+Shift+N> 组合键创建新图层。按 <D> 键切换到默认颜色，即前景色为黑色。按 <Alt+Delete> 组合键填充整个图层为黑色。打开图层面板，在底部单击“添加图层蒙版”按钮，为图层添加蒙版。

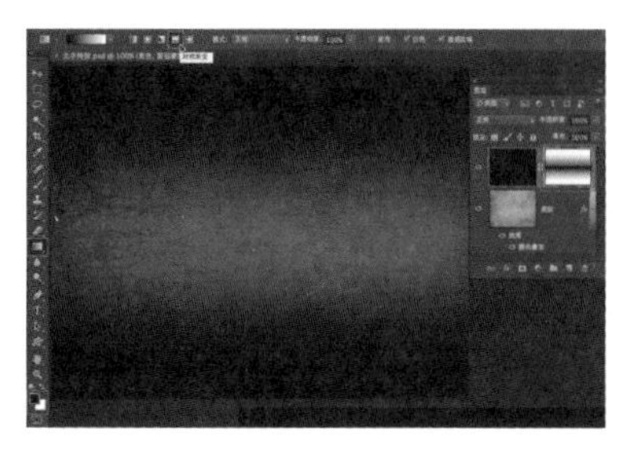

03 按 <G> 键切换到渐变工具，按 <D> 键设置前景色为黑，背景色为白色，在上方的选项栏选择“对称”渐变。确保在图层面板上选中图层蒙版。在画面中从中心向一边拖曳鼠标，创建从中心到两边从白色到黑色的对称渐变。切记该渐变在蒙版中创建。

04 在图层面板底部单击“新建图层”按钮，按 <T> 键切换到文本工具，输入文字：LAYERSTYLE。

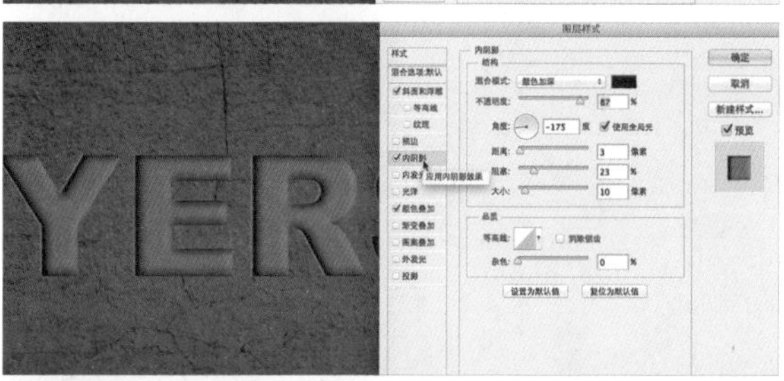

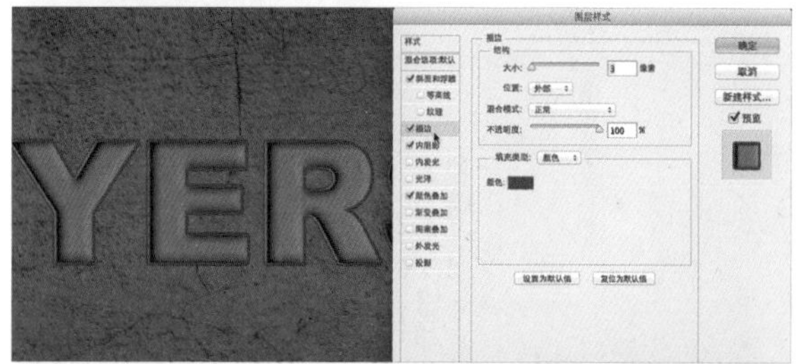

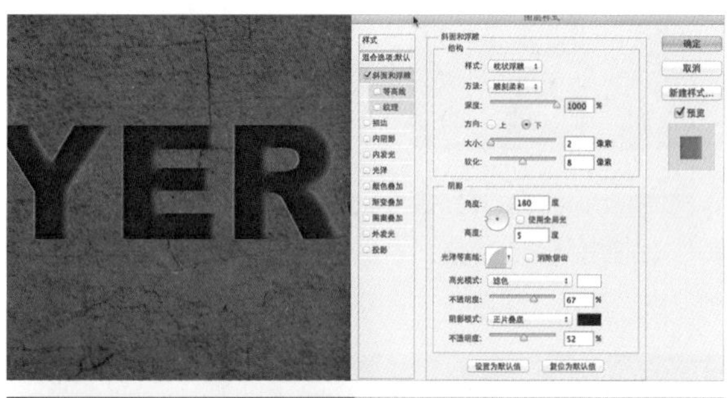

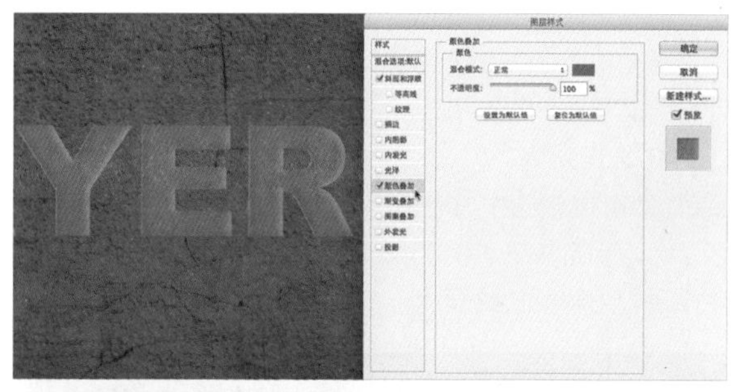

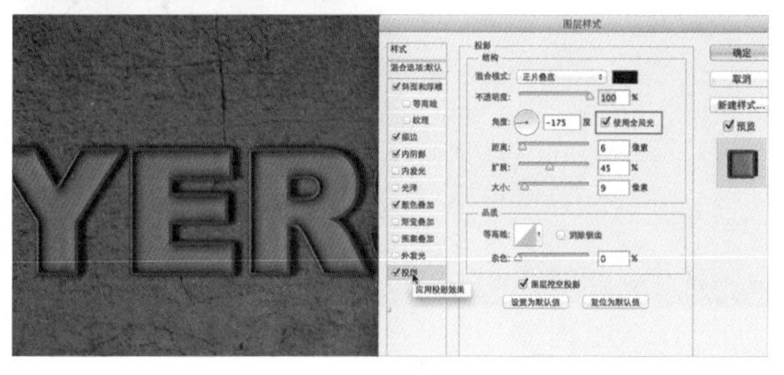

05 为文本图层添加图层效果样式：斜面和浮雕、描边、内阴影、颜色叠加和投影，具体设置如图所示，创建立体文字。

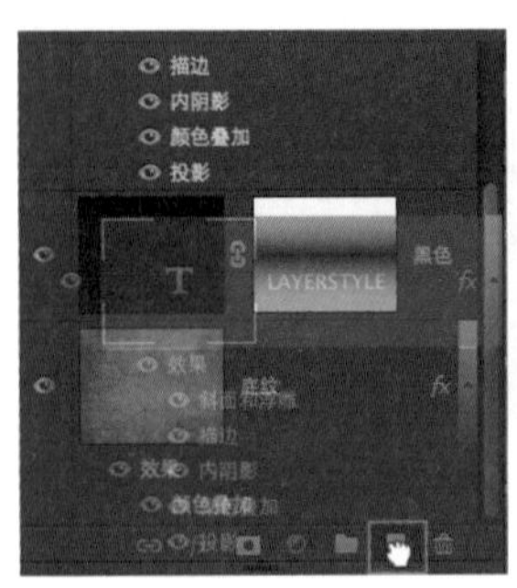

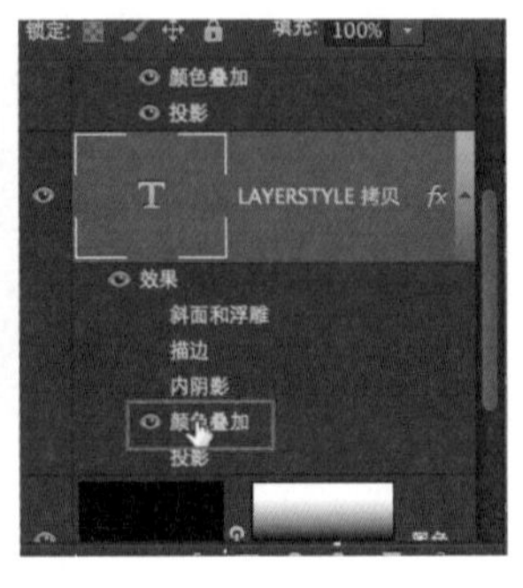

06将文本图层拖曳到“新建图层”按钮上，复制该图层。也可按 <Cmd(PC 机 Ctrl)+J> 组合键复制该图层，具体采用何种方式根据个人习惯而定。在图层效果上，只保留“颜色叠加”效果，关闭其他效果。

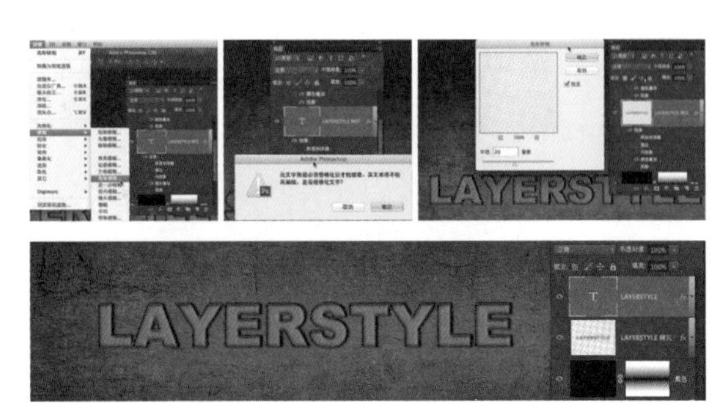

07执行菜单：滤镜 / 模糊 / 高斯模糊，此时 Photoshop 会提示如果使用滤镜会栅格化文本图层，单击“确定”按钮，栅格化文本图层并执行高斯模糊滤镜，设置高斯模糊数值为：20。在文本图层下方创建光晕效果。

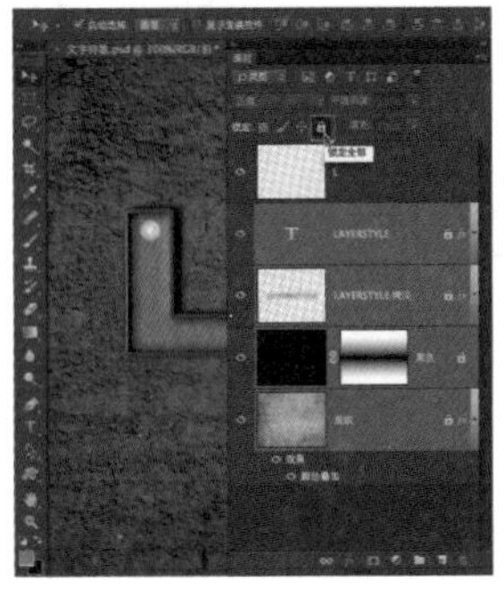

08下面制作文字上面的圆珠。首先导入一张圆珠的图片，将其放在单独的图层内（命名该图层为：L）。然后按 <Shift> 键选中其他图层，单击锁定按钮，锁定这些图层，以确保不会被改动。

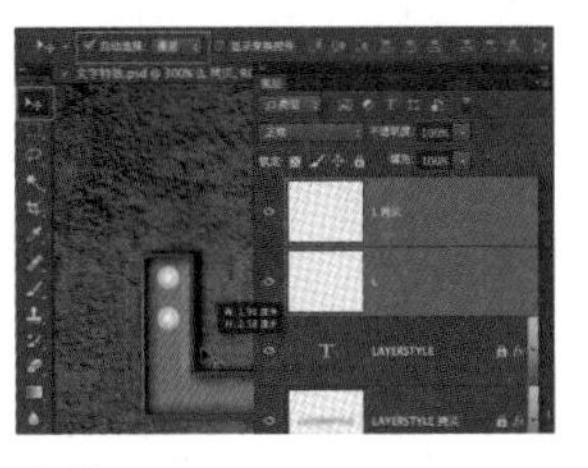

09按 <V> 键选中移动工具，选项栏上勾选“自动选择“、”图层“。在画面中单击圆珠部分，Photoshop 会自动选中该图层，由于我们锁定了其他图层，因此不用担心选中后面的背景图层。按 <Cmd(PC 机 Ctrl)+J> 组合键复制图层“L”，移动该图层，排列到字母“L”上。

10同样方法复制移动排列出 4 个圆珠，保持选中移动工具，全部选中 4 个图层，在选项栏处单击“按顶分布”排列按钮，让 4 个圆珠的间距相同。

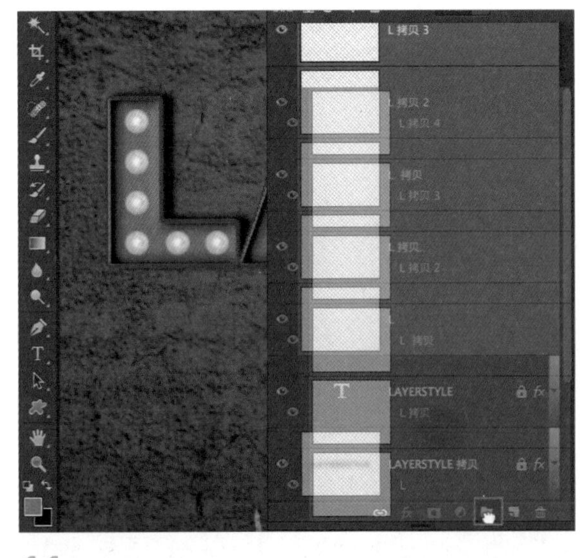

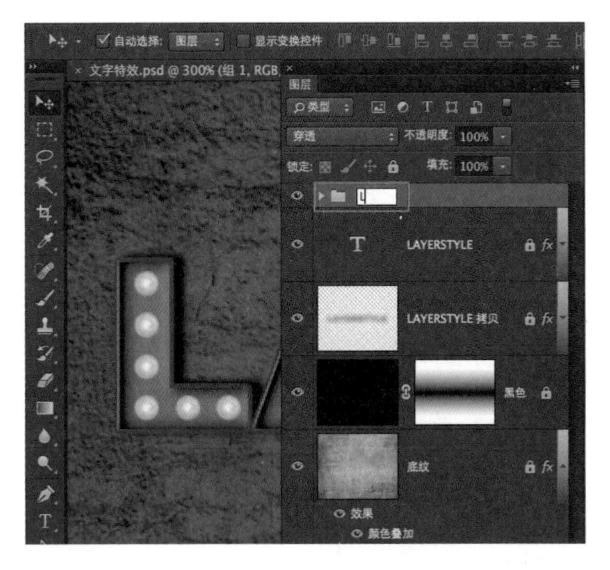

11同样方法复制图层、移动并选择合适的排列对齐方式，制作完成字母“L”上的圆珠。全部选中圆珠图层，在图层面板上拖曳选中的图层到“新建图层组”按钮，创建新的图层组并将选中图层置入该组中。命名该组为：L。

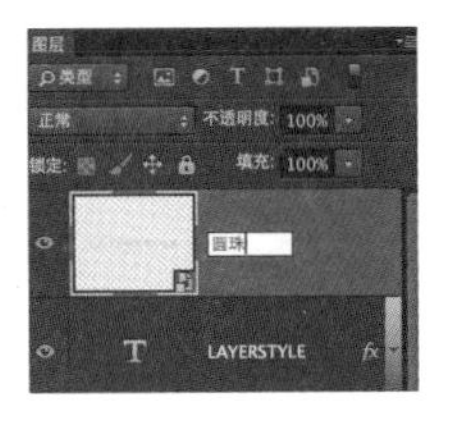

12 使用同样的方法，花一些时间创建完所有的圆珠。并将这些圆珠按照字母归类分组，以便于后期的编辑处理。选中所有图层组，单击右键执行菜单：转换为智能对象。并命名为：圆珠。

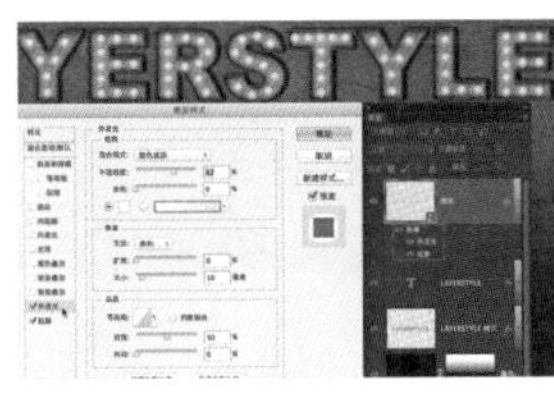

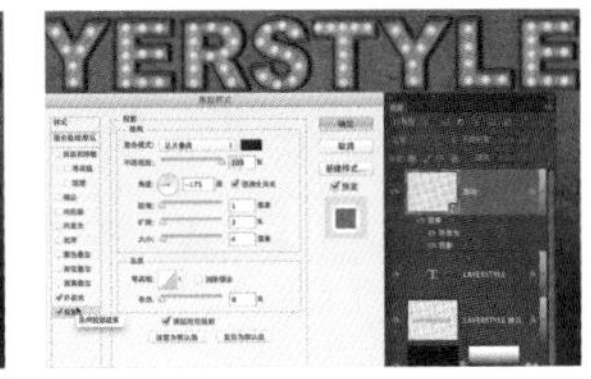

13 添加图层效果样式：外发光和投影，设置如图所示。

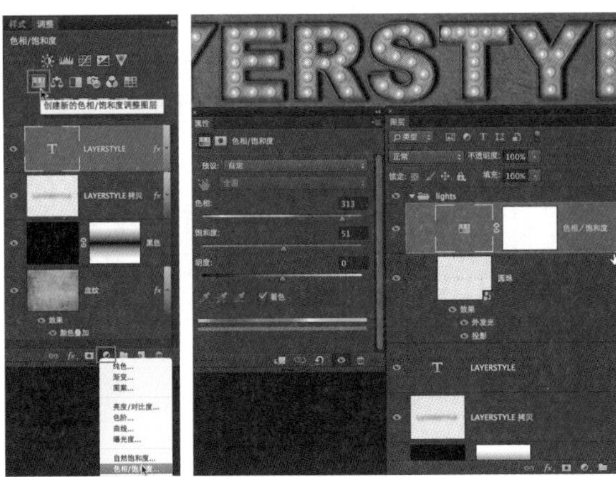

14 在图层面板底部单击“新增调整图层”按钮，选择“色相 / 饱和度”，调整色相。添加“色相 / 饱和度”调整图层可方便随时调整整体色调。

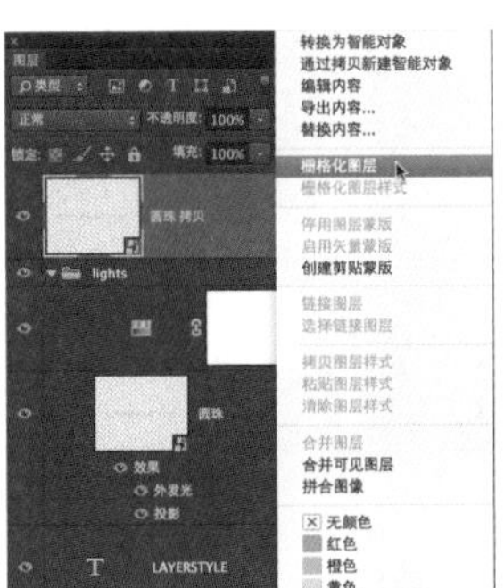

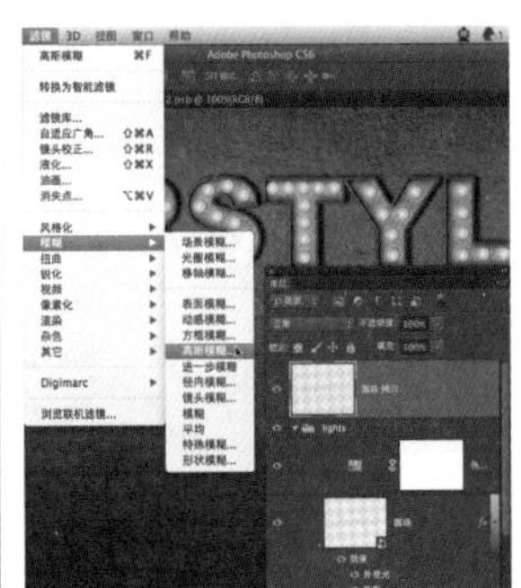

15 再调整“圆珠”整体的色调，以更加柔和的与文字混合。复制智能对象图层“圆珠”，栅格化复制创建的图层。执行菜单：滤镜 / 模糊 / 高斯模糊，设置数值：20。并更改图层混合模式为：颜色减淡。

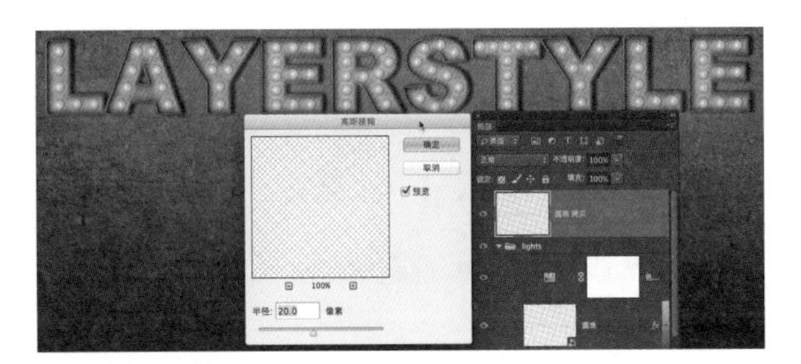

16 导入光晕的图片，更改其图层混合模式为：滤色。使其与背景混合在一起。

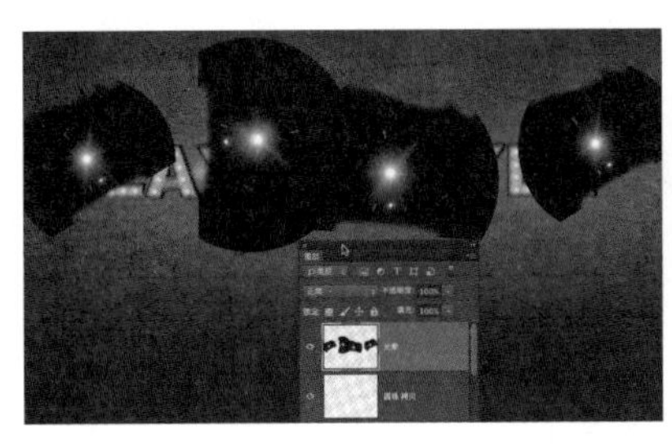

17 按 <Cmd(PC 机 Ctrl)+Alt+Shift+E> 组合键盖印所有可见图层，即将所有可见图层的合成效果复制到新的图层中。

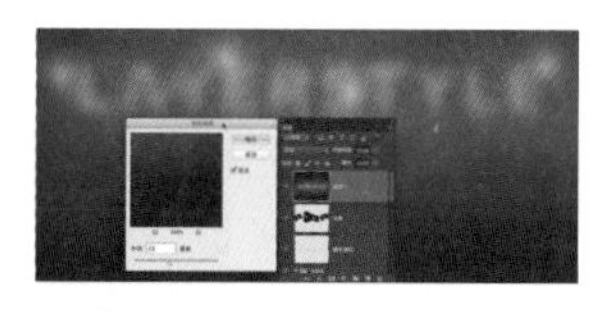

18 执行菜单：滤镜 / 模糊 / 高斯模糊，设置模糊数值：15。更改图层混合模式为：滤色，降低不透明度到 60%。

19 按 <C> 键切换到裁剪工具，裁剪画面，得到最终效果。

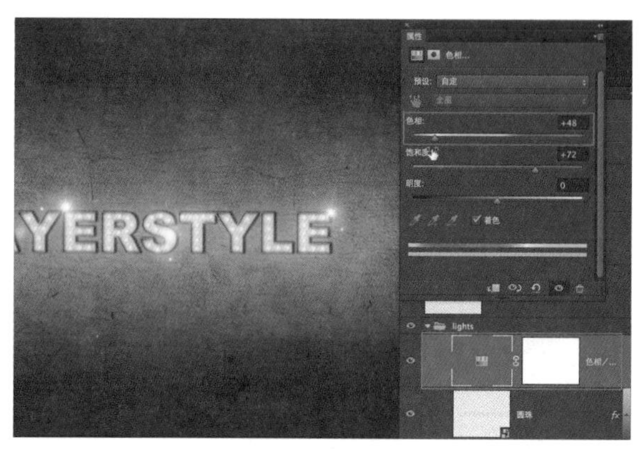

20 还可以随时通过调整“色相 / 饱和度”调整图层，来改变整个画面的色调。

管理、编辑图层样式

显示 / 隐藏图层样式

如果图层具有效果样式，“图层”面板中的图层名称右侧将显示“fx”图标 。

1. 隐藏或显示图像中的所有图层样式

可执行菜单：图层 / 图层样式 / 隐藏所有效果或显示所有效果。

2. 展开或折叠“图层”面板中的图层样式

单击三角形以展开或折叠图层效果显示。

要展开或折叠组中应用的所有图层样式，请按住 <Alt> 键并单击组中的三角形或倒三角形。应用于组中所有图层的样式也会相应地展开或折叠。

删除图层样式

可以从应用于图层的样式中移去单一效果，也可以从图层中移去整个样式。

1. 从图层中移去单一效果

在“图层”面板中，展开图层样式，以便可以看到其效果。将该效果拖曳到“删除”图标。

2. 从图层中移去整个样式

在“图层”面板中，选择包含要删除的样式的图层。

执行下列操作之一，可以实现删除图层样式。

在“图层”面板中，将“效果”栏拖曳到“删除”图标。

执行菜单：图层 / 图层样式 / 清除图层样式。

选择图层，然后单击“样式”面板底部的“清除样式”按钮。

拖曳效果到删除图层按钮上，可删除当前所有效果。

拖曳某个效果名称到删除图层按钮上，可删除该效果。

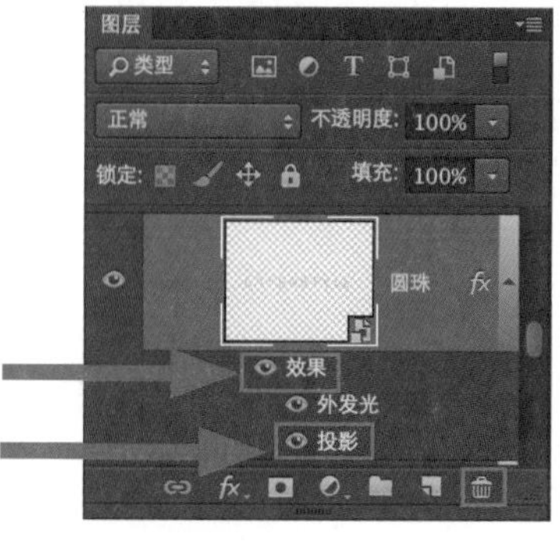

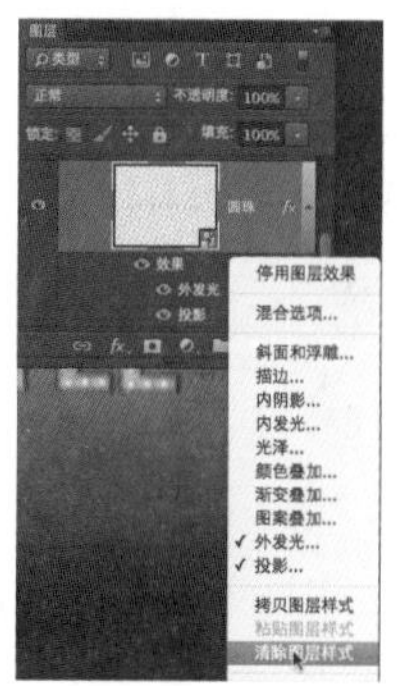

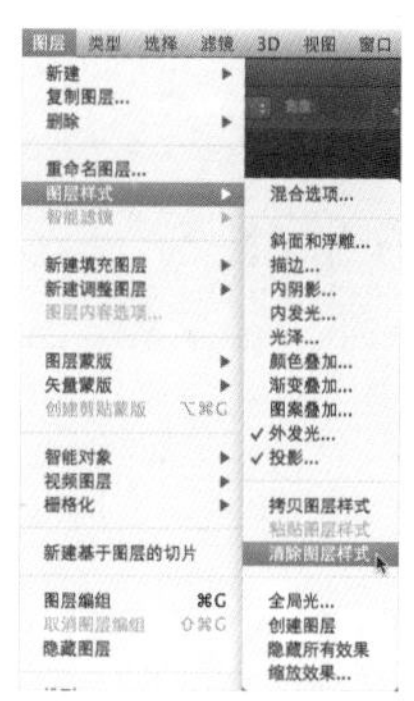

移动 / 拷贝图层样式

拷贝和粘贴样式是对多个图层应用相同效果的便捷方法。

1. 在图层之间拷贝图层样式

①在“图层”面板中，选择包含要拷贝的样式的图层。

②执行菜单：图层 / 图层样式 / 拷贝图层样式。

③从面板中选择目标图层，然后执行菜单：图层 / 图层样式 / 粘贴图层样式。

粘贴的图层样式将替换目标图层上的现有图层样式。

2. 通过拖曳在图层之间拷贝图层样式

在“图层”面板中，按住 <Alt> 键并将单个图层效果从一个图层拖曳到另一个图层以复制图层效果，或将“效果”栏从一个图层拖曳到另一个图层也可以复制图层样式。

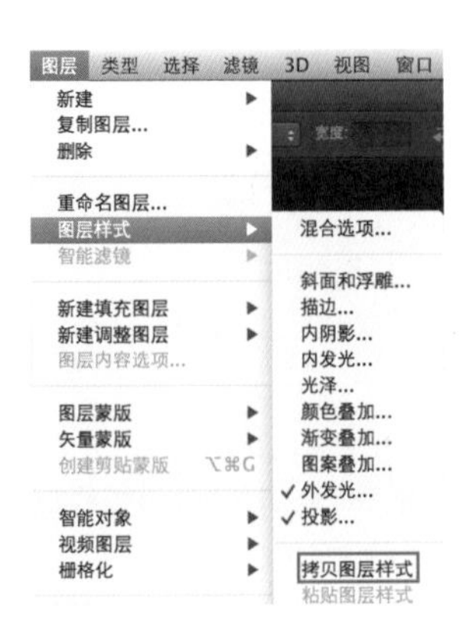

将图层样式转换为单独的图层

要自定或调整图层样式的外观，还可以将图层样式转换为常规图层。将图层样式转换为单独的图层后，可以借助图层的常规属性进行处理，如调整图层的不透明度。但是转换后，原始的图层样式不复存在，不能够再编辑原图层上的图层样式。在“图层”面板中，选择包含要转换的图层样式的图层。

执行菜单：图层 / 图层样式 / 创建图层。

现在可以用处理常规图层的方法修改和重新堆栈新图层。一些效果（例如，内发光）将转换到剪贴蒙版内的图层。

TIPS

此过程产生的图层有时不能生成与使用图层样式的版本完全匹配的图片。创建新图层时可能会看到警告。

01 给人物图层添加“投影”效果样式。

02 在效果样式上单击右键，执行“创建图层”命令。

03 Photoshop 创建新的图层，来放置投影效果生成的内容。

缩放图层样式

图层样式可能已针对目标分辨率和指定大小的特写进行过微调。通过使用“缩放效果”，您将能够缩放图层样式中的效果，而不会缩放应用了图层样式的原始图层内容。操作方法如下。

1. 在“图层”面板中选择图层。
2. 执行菜单：图层 / 图层样式 / 缩放效果。
3. 输入一个百分比或拖曳滑块。
4. 选择“预览”可预览图像中的更改。
5. 单击“确定”按钮。

┃穿越┃ 制作仿真效果

图层样式里的参数设置，可以用来制作凸起、凹下、浮雕和投影等，配合全局光、混合模式、材质纹理等，再填充适当的颜色，即可模拟现实世界中的一些仿真三维效果，如玻璃、金属、水滴等。

使用图层样式来模拟仿真三维效果，有以下特点。

1. 制作速度快

使用二维的方式去模拟三维效果，不需要渲染，只需要在视觉上能符合常理，效果逼真即可。

2. 效果直观，便于调整

不论是模拟光线投影效果，还是模拟立体效果，使用图层样式可以马上看到最终结果，便于调整。

3. 无法进行视角和透视上的修改

仿真的三维效果，并不具有真实的三维数据，做任何调整都是在模拟。如果要进行视角、透视即三维位置上的调整，就需要重新制作。这点不同于使用 3D 功能或者三维软件制作的三维模型。因此，在 Photoshop 制作仿真三维效果前，要把视角、透视即三维位置确定好。

在制作仿真三维效果时，可以从以下因素去主动分析制作要求，从而有意识地去调整参数。

1. 想象光源的位置、方向和角度，根据隐藏的光源位置来设置全局光、投影方向、内外发光等。

2. 形状边缘的粗细与最终效果的复杂程度。

例如制作玻璃文字，由于玻璃效果本身会占用比较多的边缘，因此，假如使用线条较细的字体，效果很难出彩。

3. 分析背景图片里的隐含元素。

大多数情况下，制作的仿真三维效果要与背景图片合成。因此，在添加图层样式前，要先对背景图片进行分析，找出背景图片里的隐含元素，如光线、景深、场景透视角度等，再根据这些隐含元素来制作图层样式。

4. 综合使用 Photoshop 各个功能，如蒙版、滤镜、画笔等，使最终效果精益求精。

每种功能在不同要求、不同环境下，会遇到功能上的瓶颈，此时需要灵活借助其他功能来弥补、完善最终效果。

4.8 图层蒙版

图层蒙版与通道都是以黑白位图来描述图像信息的，都可用作保存选区使用。蒙版更多的用在合成、特效等操作上；而通道则是图像合成的根本，是分析、组成图像的根本依据。对于输出行业（如印刷）更是如此。可以这样说，通道是 Photoshop 里的脊梁，所有的颜色信息都通过通道来反映；蒙版则是合成的桥梁，所有的工具、命令都可以通过蒙版得到扩展。

接下来，就分别介绍图层蒙版与通道。

4.8.1 图层蒙版

图层蒙版（英文为 Mask，也可译为“面具”）是 Photoshop 中很容易被忽略，但是却影响极大的一个功能。几乎每个 Photoshop 作品中，都有蒙版的参与。

蒙版的作用主要体现在以下两方面。

1. 建立、保存选区使用。2. 遮盖图层中不想要的部分。

通常两者一起使用。使用蒙版建立选区，同时遮盖选中（或未选中）部分。使用蒙版遮盖选区，不会改变图层内容，只会影响图层内容的显示。

蒙版是单色的世界，只有黑、白、灰色梯度，没有彩色。100% 黑色代表了要被遮盖隐藏的部分；白色代表了完全保留，可看到的部分；而不同梯度的灰色，则代表了半透明信息。而半透明信息，也是 Photoshop 中最难创建、最难掌握，也是最有趣的地方。

添加蒙版后，在蒙版中可以继续使用选框工具、画笔工具、渐变填充等工具及滤镜等命令。

在 Photoshop 中，彩色的世界都由图层来体现，所有的最终视觉效果都通过图层上的可视内容合成得到。而蒙版则是隐藏在图层背后的黑白世界，几乎所有的 Photoshop 工具、功能、菜单命令都可以在蒙版中应用，只不过所得的结果用来控制哪些可见哪些不可见。

TIPS

在选中蒙版操作时，所有的彩色都由对应的灰色来代替。蒙版与通道相类似，都只有黑、白、灰色梯度。

因此，可以这样认为，在图层与蒙版中存在两个 Photoshop，一个是彩色的（图层），一个是黑白的（蒙版或通道）。蒙版用来协助、控制最终的显示效果。

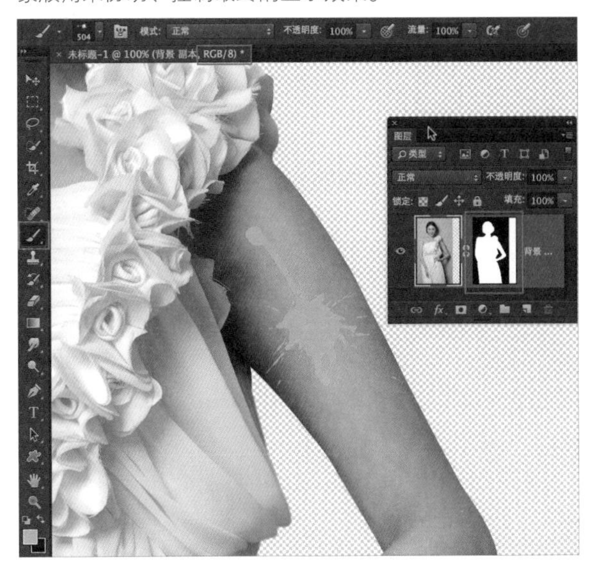

01 在图层上使用画笔工具，改变图层内容。

02 在图层蒙版上使用画笔工具，改变图层显示和选区。

4.8.2 蒙版面板介绍

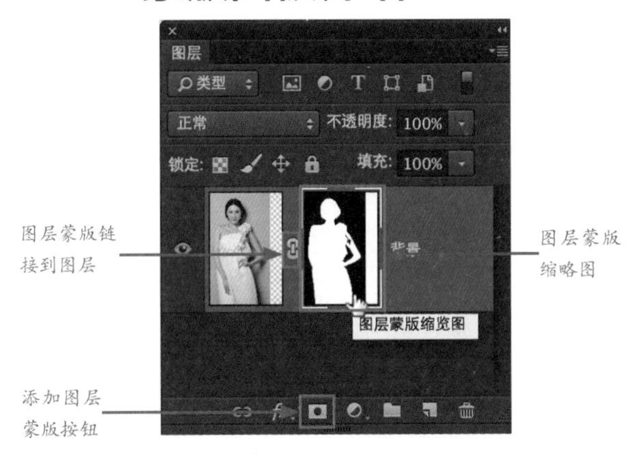

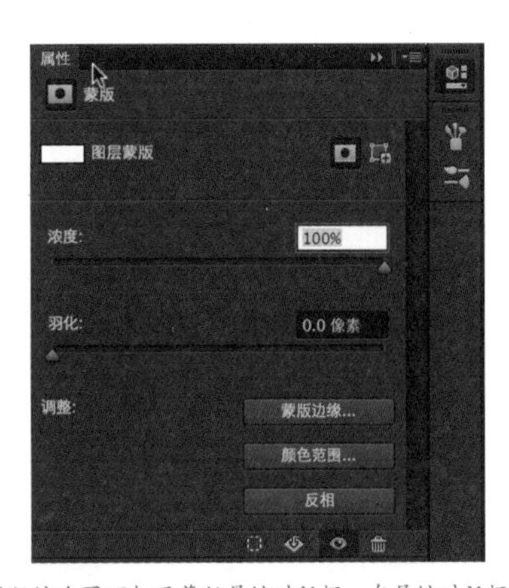

双击图层蒙版缩略图可打开蒙版属性对话框。在属性对话框中可以对蒙版进行浓度、羽化、蒙版边缘、颜色范围、反相等设置。

4.8.3 蒙版分类

Photoshop 中不同类型的蒙版，作用都是创建选区或遮盖某些部分。

图层蒙版：是与分辨率相关的灰度位图图像，可使用绘画、选择工具及菜单命令（主要是调整及滤镜命令）进行编辑。矢量蒙版：与分辨率无关，可使用钢笔或形状工具创建。剪贴蒙版：用下一个图层的透明区域来遮盖上一个图层的内容。快速蒙版模式：在“快速蒙版”模式（按 Q 键）中工作时，“通道”面板中出现一个临时快速蒙版通道。但是，所有的蒙版编辑是在图像窗口中完成。退出“快速蒙版”模式后，绘制的区域会转成选区。

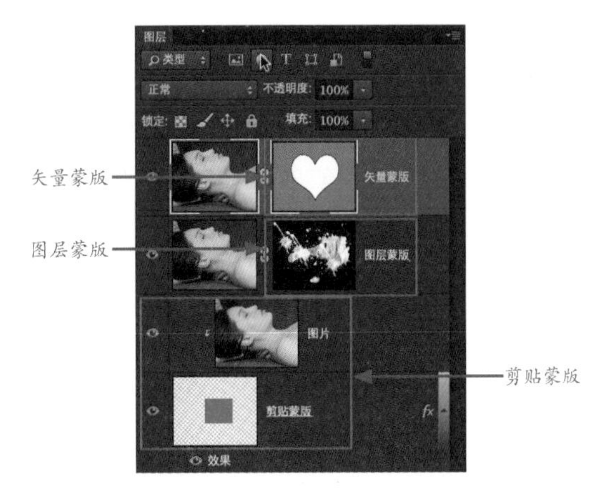

4.8.4 蒙版操作

如何创建蒙版

在添加图层蒙版时，可以隐藏或显示所有图层，或使蒙版基于选区或透明区域。创建后，可以在蒙版上绘制修改，更精确地隐藏部分图层并显示下面的图层。

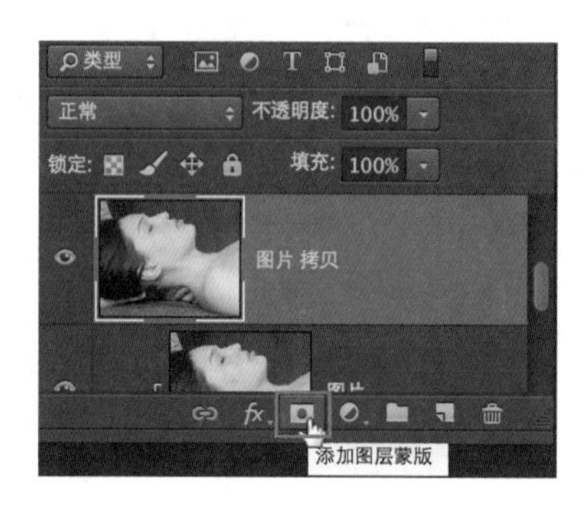

TIPS

若要在背景图层中创建图层或矢量蒙版，请首先将此图层转换为常规图层（“图层”/“新建”/“图层背景”）。

创建图层蒙版，最常用的方法就是：在“图层”面板底部单击“添加图层蒙版”按钮。

添加显示或隐藏整个图层的蒙版

确保未选定图像的任何部分。按 <Cmd(PC 机 Ctrl)+D> 组合键或执行菜单：选择 / 取消选择。

在“图层”面板中，选择图层或组。

执行下列操作之一。

若要创建显示整个图层的蒙版，请在“图层”面板中单击“添加图层蒙版”按钮，或执行菜单：图层 / 图层蒙版 / 显示全部。

若要创建隐藏整个图层的蒙版，请按住 <Alt> 键 (Windows) 或 <Option> 键 (Mac OS) 并单击“添加图层蒙版”按钮，或执行菜单：图层 / 图层蒙版 / 隐藏全部。

添加隐藏部分图层的图层蒙版

在“图层”面板中，选择图层或组。

选择图像中的区域，并执行下列操作之一。

单击“图层”面板中的“新建图层蒙版”按钮，以创建显示选区的蒙版。

按住 <Alt> 键 (Windows) 或 <Option> 键 (Mac OS) 并单击“图层”面板中的“添加图层蒙版”按钮，以创建隐藏选区的蒙版。执行菜单：图层 / 图层蒙版 / 显示选区或隐藏选区。

通过图层透明度创建蒙版

如果要直接编辑图层透明度，请从此数据创建蒙版。对于视频和 3D 图层合成的工作流程非常有用。

在“图层”面板中，选择图层。

选取“图层”/“图层蒙版”/“从透明区域”。

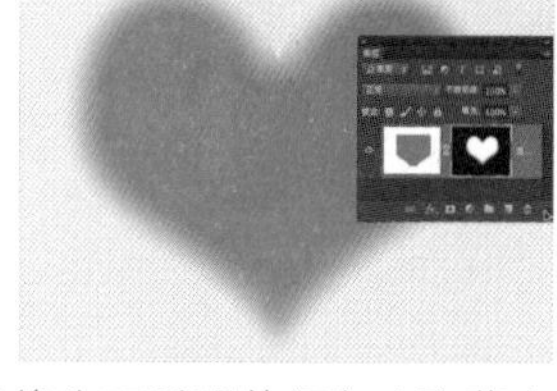

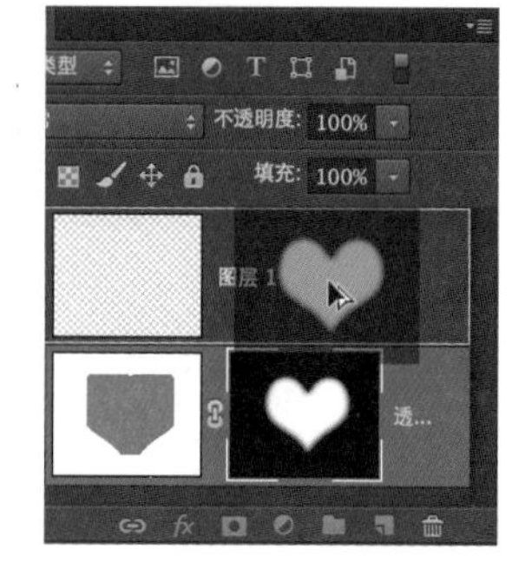

Photoshop 会将透明色转换为不透明的颜色（隐藏在新建的蒙版之后）。不透明的颜色会随着以前应用于图层的滤镜和其他处理的不同而发生很大的变化。

应用另一个图层中的图层蒙版

若要将蒙版移到另一个图层，请将该蒙版拖曳到其他图层。

若要复制蒙版，请按住 <Alt> 键 (Windows) 或 <Option> 键 (Mac OS) 并将蒙版拖曳到另一个图层。

蒙版与图层的切换

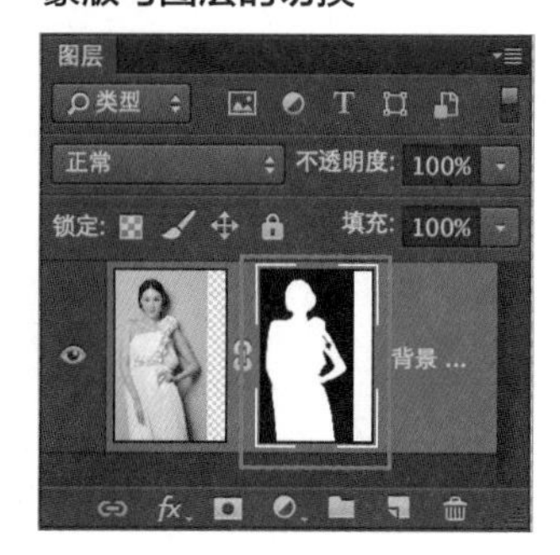

对于初学者来说，很难时刻清醒地意识到当前是在图层上工作，还是在蒙版上。而且 Photoshop 在这方面的提示也并不明显，这就要求使用者要记住通过哪些方面来确定在图层还是在蒙版上工作。

当前选中的是图层缩略图还是在图层蒙版上。当选中在图层蒙版时，所有的彩色都会变成相应的灰度颜色。

1. 图层面板显示

2. 文件名称选项卡上的提示

在文件名称选项卡上会有提示，当前选中图层，还是选中的蒙版。

3. 根据画面上的变化来判断

如果执行了某个命令或使用某个工具后，画面上的变化并不如我们所预料般变化，此时要查看下图层面板或选项卡上的提示，当前的选中是否是我们需要的。

切换的快捷操作

除去在图层面板上单击图层缩略图或蒙版缩略图来切换外，还可以使用以下快捷方式。

- 双击图层蒙版缩览图，打开“图层蒙版显示选项”对话框
- Cmd(PC 机 Ctrl)+\，返回到蒙版工作
- Alt+ 单击图层蒙版，在蒙版和图层内容间切换
- Shift+ 单击图层蒙版，切换图层蒙版的开 / 关 (停用或启用图层蒙版)
- Alt+Shift+ 单击图层蒙版或按 \(反斜杠) 键，切换图层蒙版的宝石红显示模式开 / 关
- Cmd(PC 机 Ctrl)+ 单击蒙版，将蒙版内容转换为选区加载到图层
- Cmd(PC 机 Ctrl)+Shift+ 单击蒙版，将当前蒙版内容添加到现有选区中
- Cmd(PC 机 Ctrl)+Alt+ 单击蒙版，从现有选区中减去当前蒙版内容
- Cmd(PC 机 Ctrl)+Alt+ 单击蒙版，与现有选区交叉

TIPS

图层蒙版的宝石红模式，就类似快速蒙版模式下的显示，红色代表了选区区域。

取消图层与蒙版的链接

在默认情况下，图层或组将链接到其图层蒙版或矢量蒙版，如“图层”面板中缩览图之间的链接图标。当您使用移动工具移动图层或其蒙版时，它们将在图像中一起移动。通过取消图层和蒙版的链接，您将能够单独移动它们，并可独立于图层改变蒙版的边界。若要取消图层与其蒙版的链接，请单击“图层”面板中的链接图标。

若要在图层及其蒙版之间重建链接，请在“图层”面板中的图层和蒙版路径缩览图之间单击。

应用或删除图层蒙版

可以应用图层蒙版以永久删除图层的隐藏部分。图层蒙版是作为 Alpha 通道存储的，因此应用和删除图层蒙版有助于减小文件大小。也可以删除图层蒙版，而不应用更改。

在“图层”面板中，选择包含图层蒙版的图层。

若要在图层蒙版永久应用于图层后删除此图层蒙版，请单击“蒙版”面板 (CS5) 或“属性”面板 (CS6) 底部的“应用蒙版”按钮 。

若要删除图层蒙版，而不将其应用于图层，请单击“蒙版”面板底部的“删除”按钮，然后单击“删除”。也可以使用“图层”菜单应用或删除图层蒙版。

TIPS

当删除某个图层蒙版时，无法将此图层蒙版永久应用于智能对象图层。

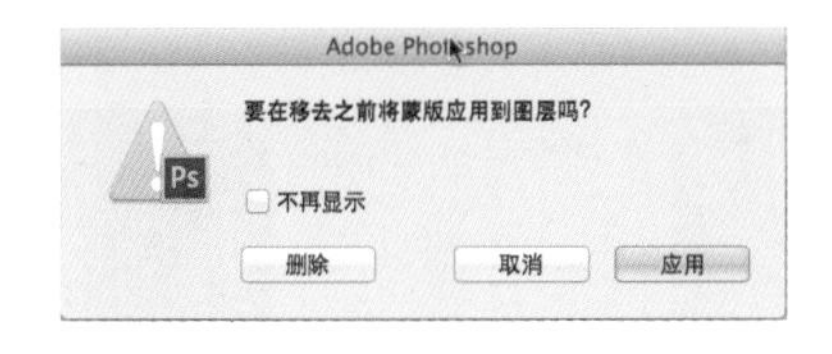

创建多个蒙版

一个图层上可以同时创建多个蒙版，创建方式不变。

4.8.5 蒙版属性对话框

双击蒙版缩略图，可打开蒙版属性对话框。(在 CS5 版本中叫蒙版面板)

在进行蒙版属性调整时，要留意是否选中图层蒙版，因为有些操作必须在选中蒙版下才可执行。

使用“属性”面板 (CS6) 或“蒙版”面板 (CS5) 来调整所选图层或矢量蒙版的不透明度。

01 蒙版初始设置：浓度 100%，羽化 0 像素。

02 选中蒙版，设置浓度：20%，羽化 0 像素。整个蒙版不透明度降低，显示出更多图层内容。

“浓度”滑块可整体控制蒙版不透明度。选择包含要编辑的蒙版，拖曳“浓度”滑块调整蒙版的不透明度。

也可以针对蒙版使用“曲线”调整命令来减淡蒙版的不透明度。两者的区别在于使用属性面板，是非破坏性调整，其参数可随时调整。

03 选中蒙版，按 <Alt> 键单击蒙版，切换到蒙版显示状态。设置浓度：100%，羽化 0 像素。

04 选中蒙版，按 <Alt> 键单击蒙版，切换到蒙版显示状态。设置浓度：100%，羽化 10 像素。蒙版边缘进行羽化，产生过渡效果。适当设置羽化可使显示内容更加自然。

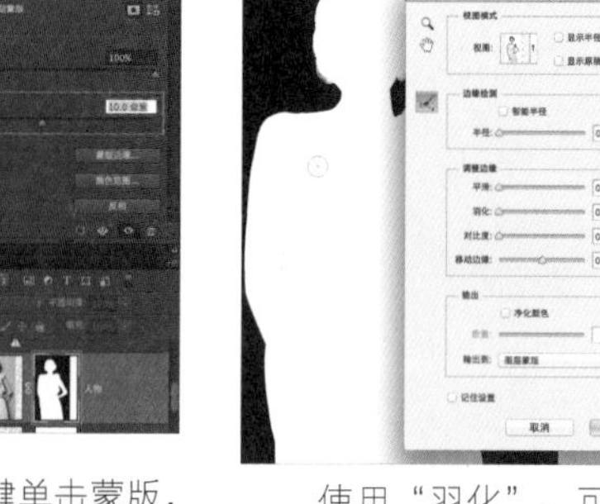

使用“羽化”，可以柔化蒙版的边缘。羽化模糊蒙版边缘以在蒙住和未蒙住区域之间创建较柔和的过渡。在使用滑块设置的像素范围内，沿蒙版边缘向外应用羽化。

可使用羽化选区，再填充，来实现柔化蒙版边缘的效果。两者对比，很显然使用属性面板羽化更为便捷，更容易控制调整。

其他选项特定于图层蒙版。

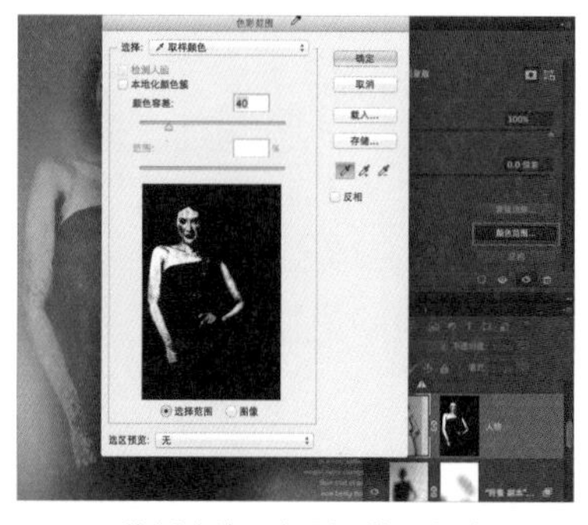

“蒙版边缘”选项提供了多种修改蒙版边缘的控件，如“平滑”和“收缩”/“扩展”。

使用“颜色范围”选项来创建和调整当前选区。

使用“反相”选项，可以使蒙版区域和未蒙版区域相互调换。还可选中图层蒙版，按 <Cmd(PC 机 Ctrl)+I> 组合键反相来达到同样效果。

借助蒙版属性面板，可完成复杂精细的蒙版即可以创建准确的抠像。在后面章节会有详细介绍。

举例：消失的子弹

该案例主要使用渐变工具、图层蒙板及图层效果样式的功能。从中可以发现渐变工具不仅可用于图层，还可用于蒙版来创建边缘过渡柔和的选区。

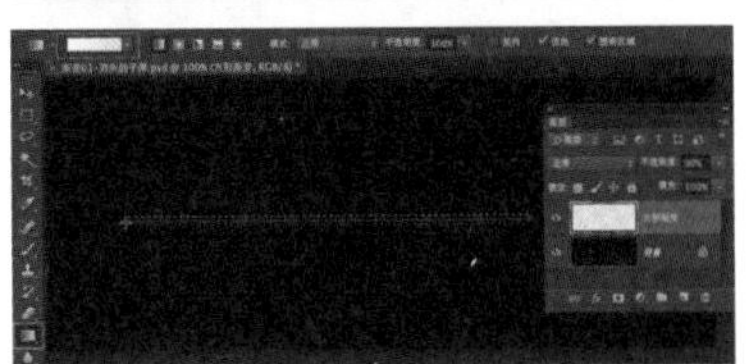

01 按 <M> 键切换到矩形选框工具，在画面中拖曳鼠标创建长方形选框。按 <Cmd(PC 机 Ctrl)+Shift+N> 组合键创建新图层，命名为：方形渐变。按 <G> 键切换到渐变工具，在上方选项栏的渐变编辑器中，设置渐变为：从白色到透明的；在画面中按住 <Shift> 键从右往左拖曳鼠标创建从白色到透明的方形渐变。

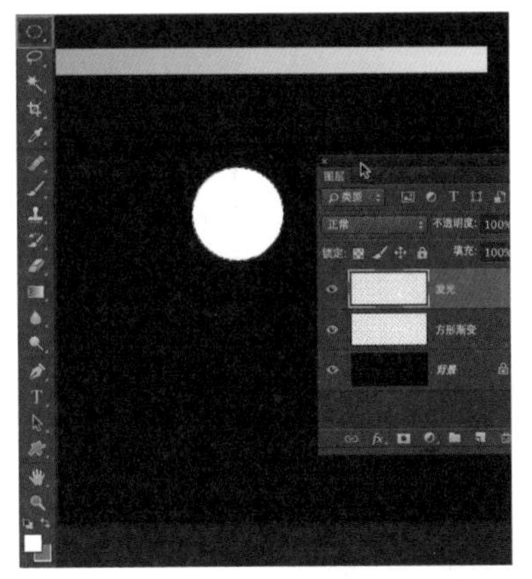

02 按 <Cmd(PC 机 Ctrl)+Shift+N> 组合键创建新图层，命名为：发光。按 <Shift+M> 组合键切换到椭圆选框工具，按住 <Shift> 键拖曳鼠标创建圆形选区。按 <Alt+Delete> 组合键填充白色。

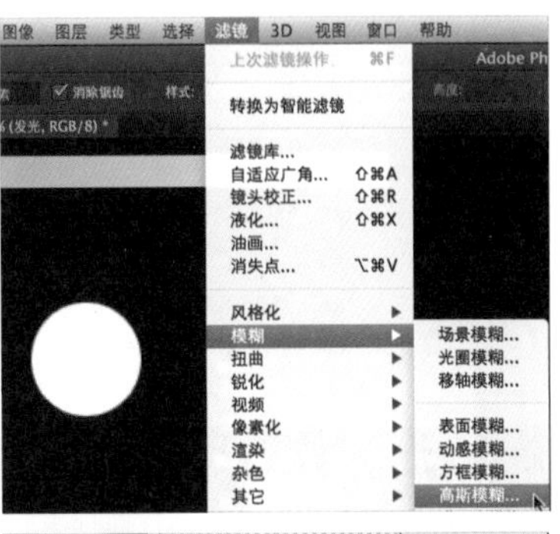

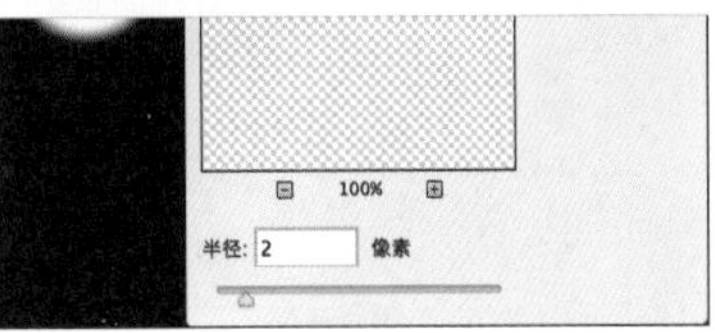

03 按 <Cmd(PC 机 Ctrl)+D> 组合键取消选区。执行菜单：滤镜 / 模糊 / 高斯模糊，设置模糊半径为：2。

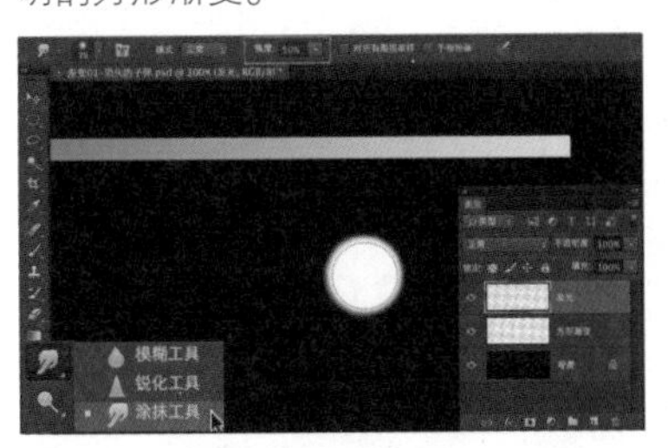

04 在工具箱中选中“涂抹”工具，在默认情况下，“涂抹”工具隐藏在“模糊”工具下，设置强度：50%，按“[”和“]”键调节笔头大小到略小于画面中绘制的圆形。

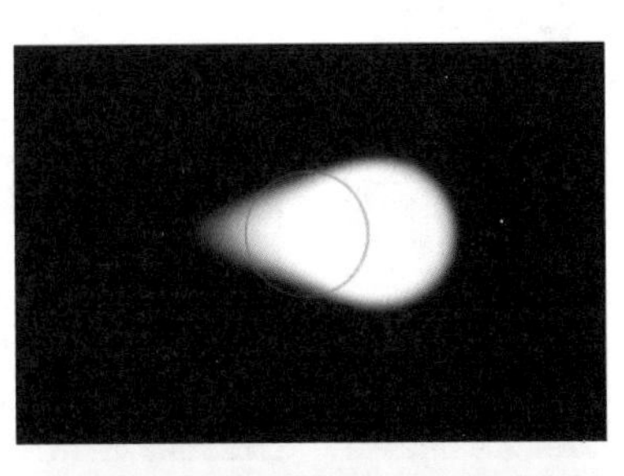

05 设置完“涂抹”工具后，将鼠标移至圆形中心，按 <Shift> 键向左拖曳鼠标，涂抹圆形。保持按 <Shift> 键，反复涂抹，得到拖尾的效果。如果涂抹效果不好，可借助 <Cmd(PC 机 Ctrl)+Z> 组合键或 <Cmd(PC 机 Ctrl)+Alt+Z> 组合键及历史面板来恢复，重新涂抹。整个过程就是先创建一个基本的圆形，然后再利用“涂抹”工具变形，得到拖尾效果。

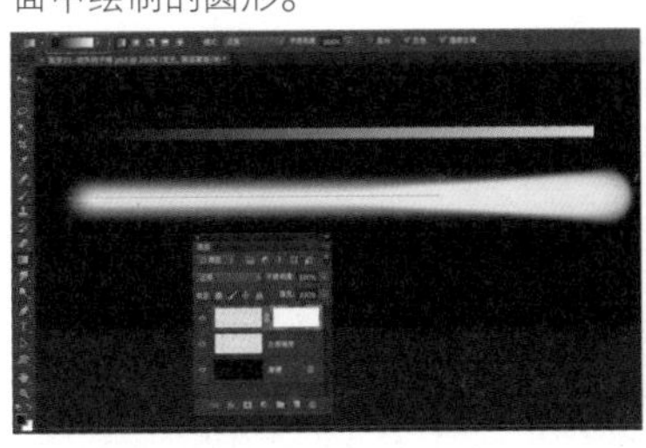

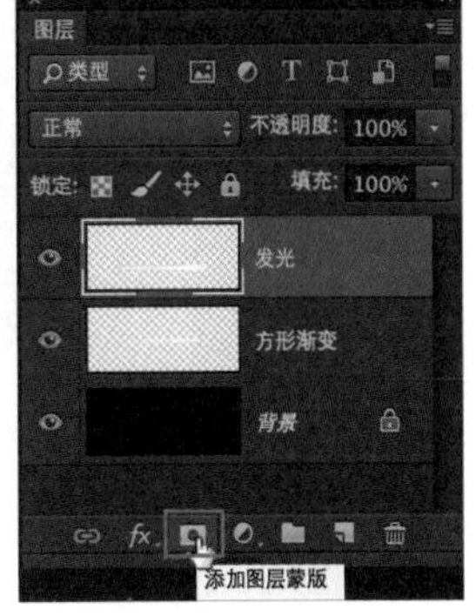

06 选中“发光”图层，按 <F7> 键打开图层面板，单击底部的“添加图层蒙版”按钮，为图层添加蒙版。按 <G> 键切换到渐变工具，设置为线性渐变，从黑色到白色。选中蒙版，在蒙版中创建从黑到白的线性渐变，让拖尾产生渐隐效果。

07 按 <Cmd(PC 机 Ctrl)+T> 组合键对“发光”图层执行自由变换命令，配合 <Shift> 和 <Alt> 键调整大小。

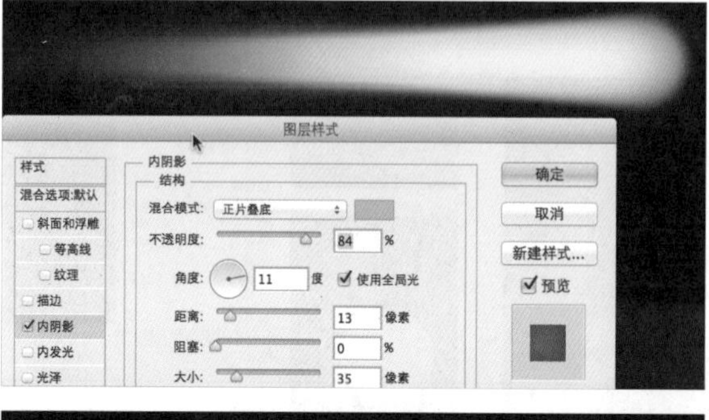

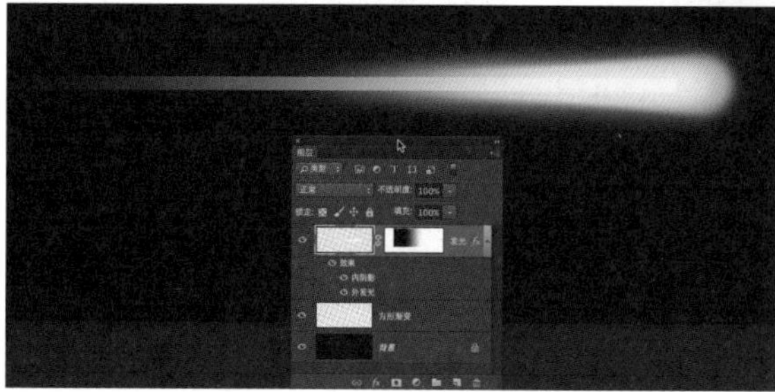

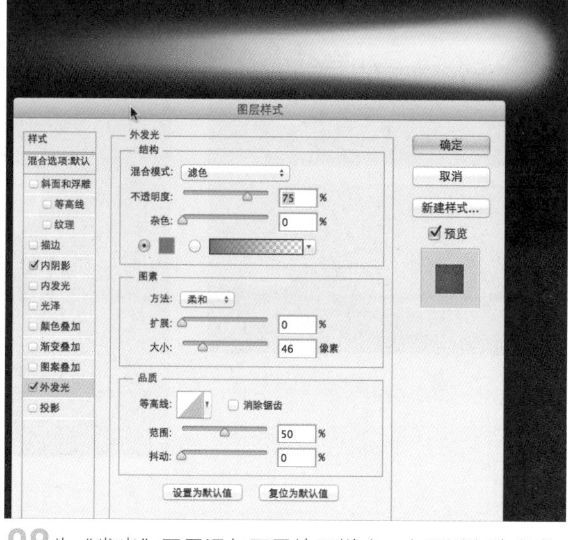

08 为“发光”图层添加图层效果样式：内阴影和外发光，设置如图。让拖尾有辉光的效果。

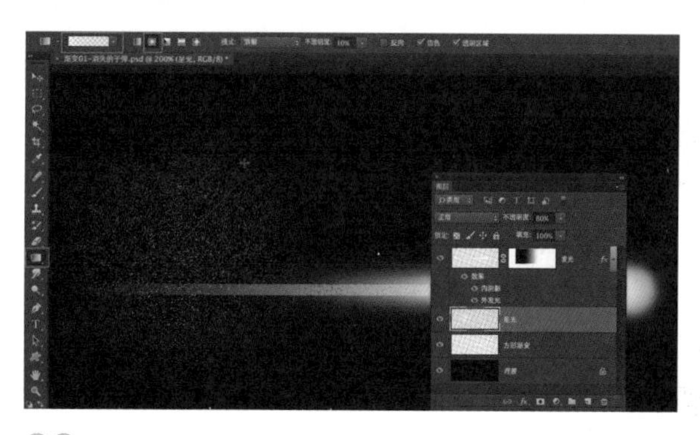

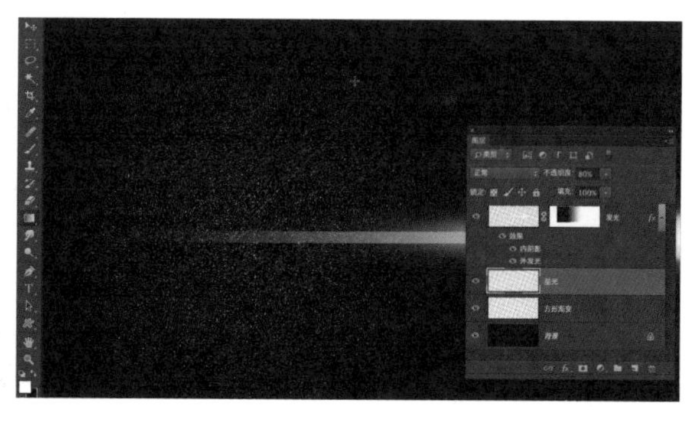

09 按住 <Cmd>(PC 机 Ctrl) 键单击图层面板底部的“新建图层”按钮，在“发光”图层下方创建新图层，命名为：星光。按 <G> 键切换到渐变工具，设置为：从白色到透明渐变，径向渐变；模式为：溶解，不透明度为：10%。在画面中拖曳鼠标，创建颗粒状的从白色到透明的渐变。

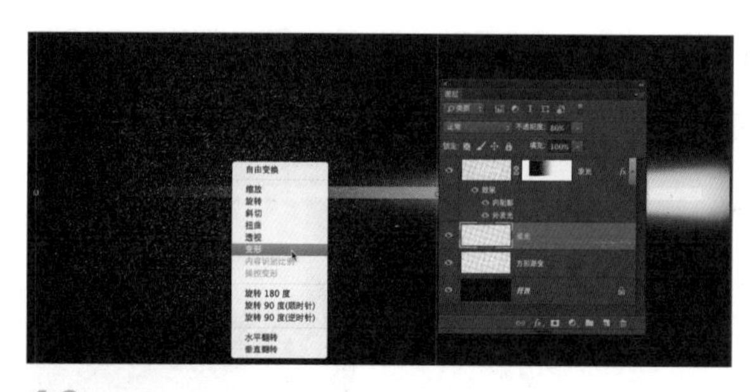

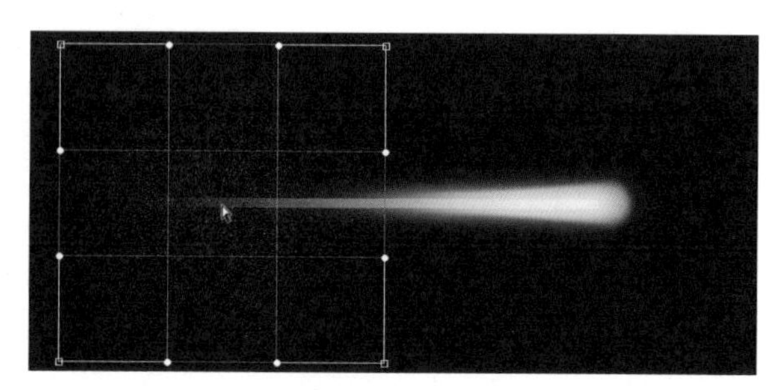

10 按 <Cmd(PC 机 Ctrl)+T> 组合键执行自由变换命令，在变形框内单击右键，选“变形”。将鼠标移至变形框中间，向右拖曳鼠标，创建椭圆形的星光效果。调整“星光”图层的位置及大小。

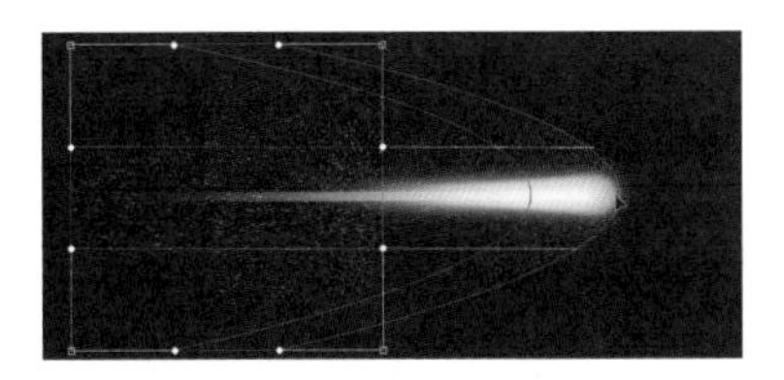

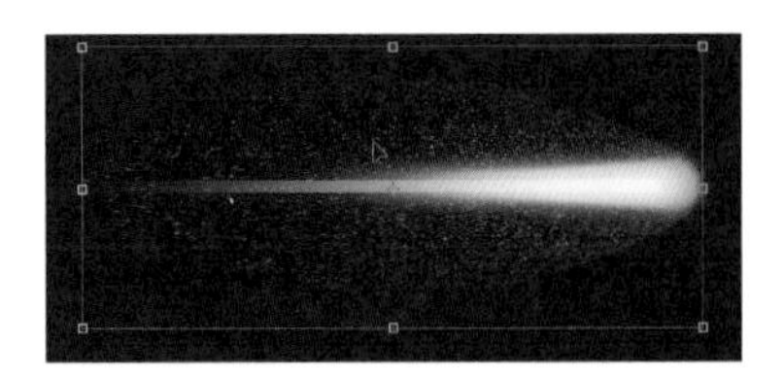

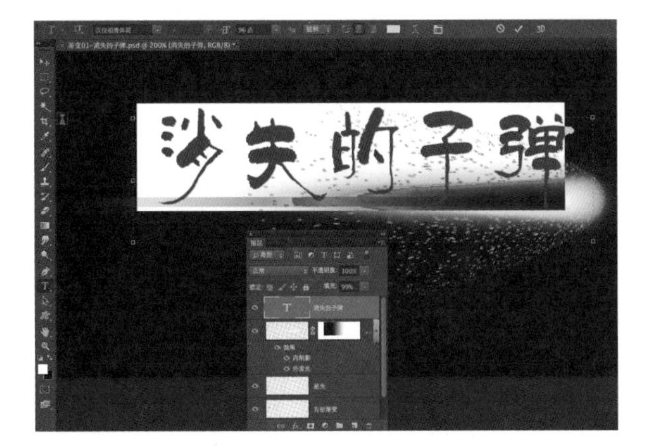
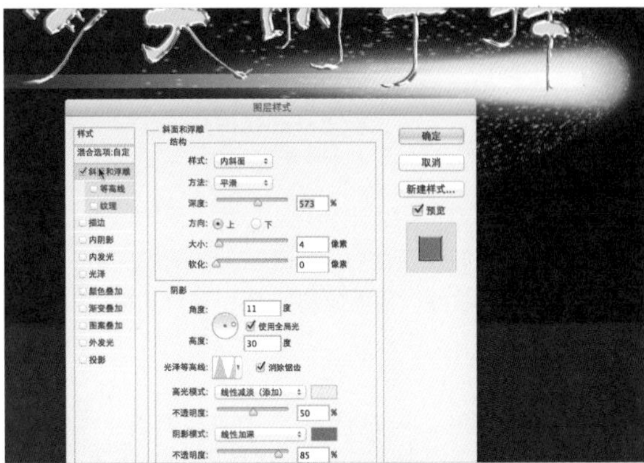

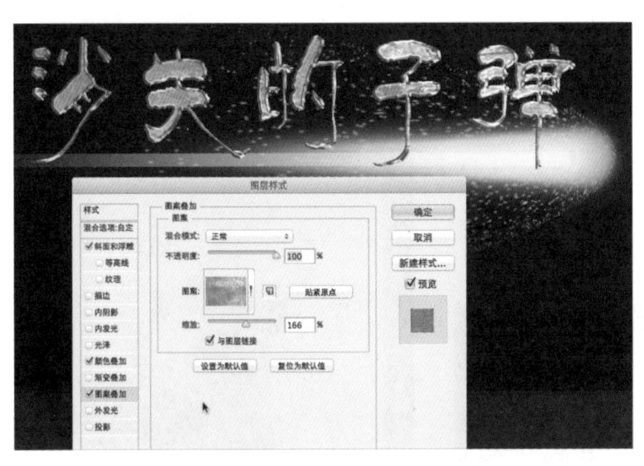
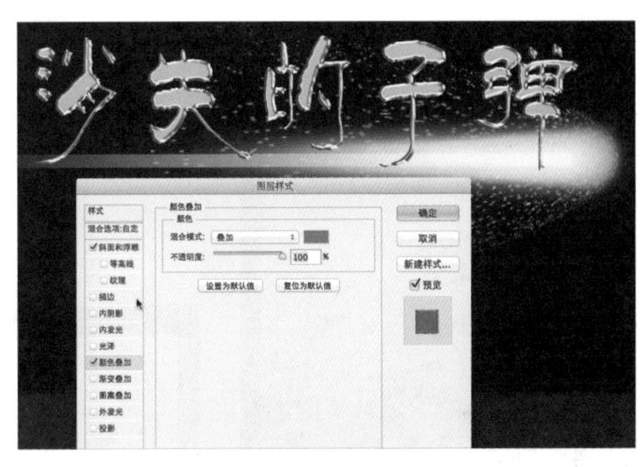

11 添加文字“消失的子弹”，并添加图层效果样式：斜面和浮雕、颜色叠加、图案叠加。设置如图。

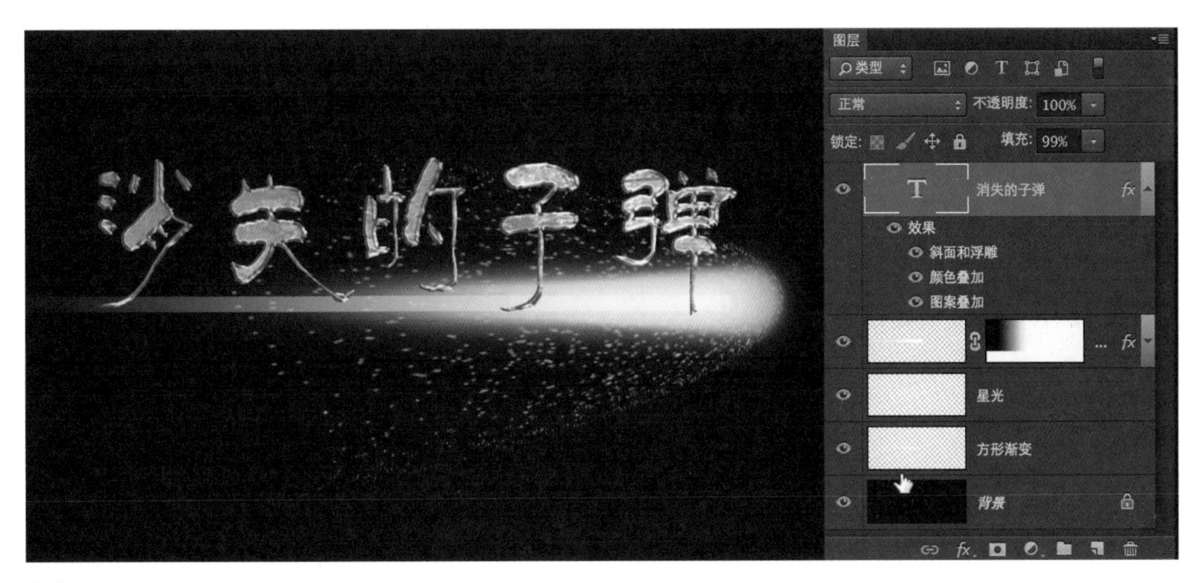

12 最终效果。

4.8.6 矢量蒙版

矢量蒙版介绍

矢量蒙版与图层蒙版有所不同。图层蒙版是以像素为单位来计算并应用灰度信息；而矢量蒙版则代表从图层内容中剪切下来的路径。两者之间的区别如下。

1. 图层蒙版是与分辨率相关的位图图像，可使用绘画或选择工具进行编辑。

2. 矢量蒙版与分辨率无关，可使用钢笔或形状工具创建及修改。

两者相同的地方，如下。

图层蒙版和矢量蒙版都是非破坏性的，随时可以返回并重新编辑蒙版。任何针对蒙版的操作都不会丢失蒙版隐藏的图层内容。

矢量蒙版可在图层上创建锐边形状，无论何时，当您想要添加边缘清晰分明的设计元素时，矢量蒙版都非常有用。使用矢量蒙版创建图层之后，您可以向该图层应用一个或多个图层样式，如果需要，还可以编辑这些图层样式，并且立即会得到可用的按钮、面板或其他 Web 设计元素。

创建矢量蒙版

首先使用钢笔工具或形状工具，在其工具选项栏内选择“路径”，创建或绘制路径。

1. 在图层面板，按 <Cmd>(PC 机 Ctrl) 键单击添加矢量蒙版按钮，添加矢量蒙版。

2. 执行菜单：图层 / 矢量蒙版 / 当前路径，将当前路径添加到矢量蒙版。

3. 在钢笔工具或形状工具选项栏上，单击“蒙版”按钮，将路径以矢量蒙版添加到图层。

TIPS
路径可以是闭合的也可以是敞开的也可以使用 Illustrator 创建路径，然后复制粘贴到 Photoshop 中，选择以“路径”方式粘贴。

从选区生成矢量蒙版

可将选区先转换为工作路径，再通过路径生成矢量蒙版。

首先创建选区，然后单击路径面板上的“从选区生成工作路径”按钮，将选区转成路径。

在图层面板，按 <Cmd>(PC 机 Ctrl) 键单击“添加矢量蒙版”按钮。（或使用上面的其他两种方法创建矢量蒙版）

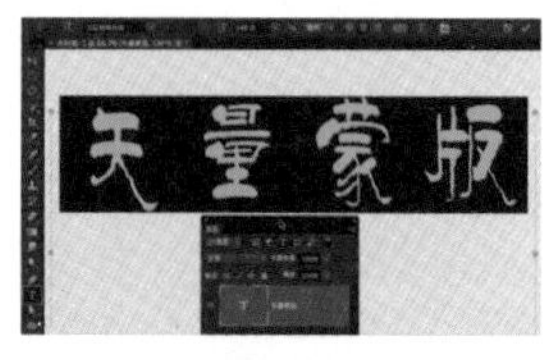

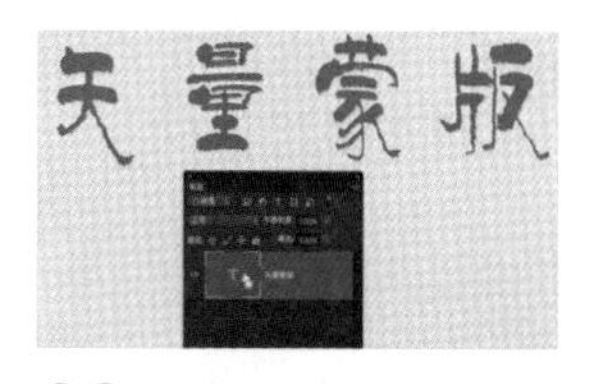

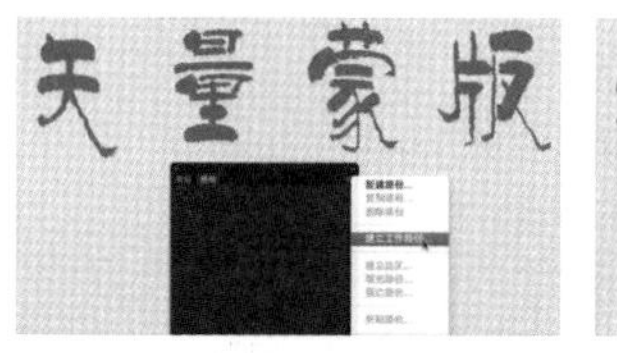

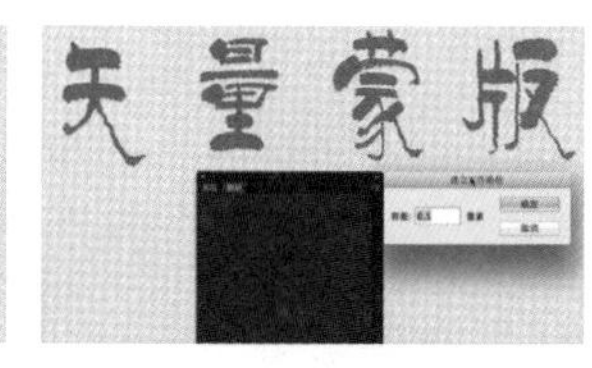

01 按 <T> 键切换到文本工具，输入文字，并设置字体、大小等。

02 按 <Cmd(PC 机 Ctrl)> 键单击图层缩略图，加载文本图层不透明区域为选区。

03 打开路径面板，在面板菜单内，选择“建立工作路径”。建立路径对话框内，设置 0.5 像素，转换选区为路径。

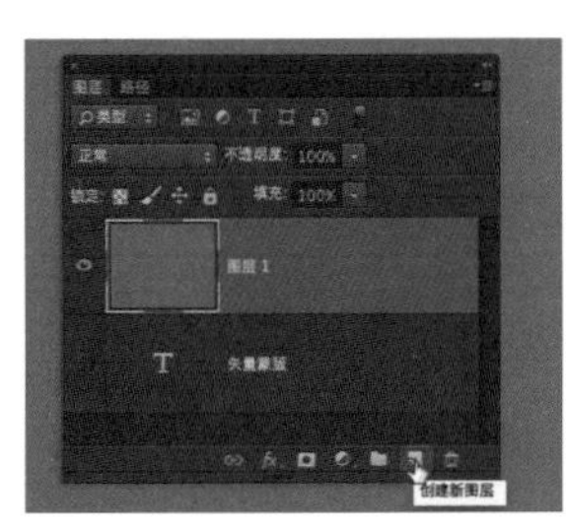

04 按 <Cmd(PC 机 Ctrl)+Shift+N> 组合键创建新图层，并按 <Alt+Delete> 组合键填充红色。

05 在路径面板选中刚从选区转换过来的路径。

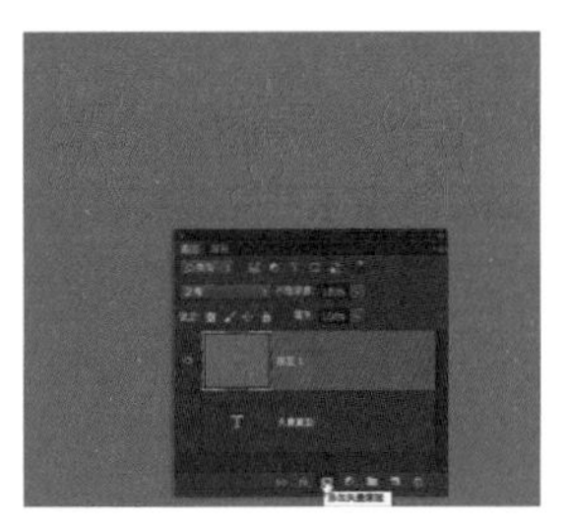

06 在图层面板，按 <Cmd>(PC 机 Ctrl) 键单击“添加矢量蒙版”按钮 。

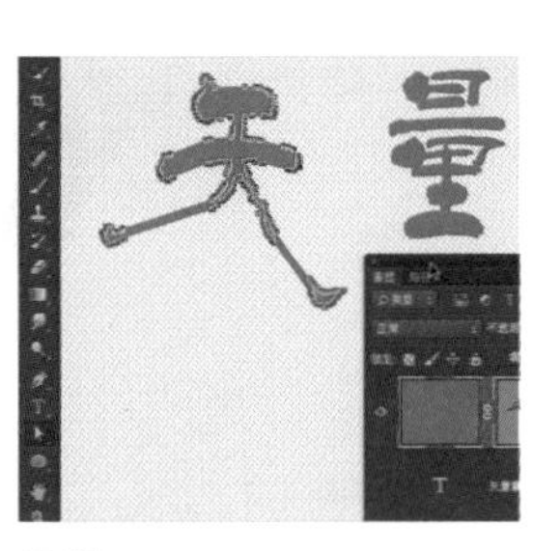

07 使用直接选择工具对矢量蒙版内的每个节点进行调节，可以得到特殊字体效果。

编辑矢量蒙版

矢量蒙版的编辑可使用蒙版属性对话框来调整浓度和羽化值。还可以作为矢量，以调整路径的方式来调整，可使用以下方法。

1. 钢笔工具

添加 / 删除锚点，调整曲率。

2. 路径选择或直接选择工具

使用路径选择工具可选择整个路径，改变路径的位置。使用直接选择工具，可选择一个或多个锚点来做单独调整。

3. 变换命令

选中整个路径或几个锚点，按 <Cmd(PC 机 Ctrl)+T> 组合键执行自由变换命令，来对锚点位置、距离进行变换。

后面关于矢量及路径的介绍中，有更详细的介绍。

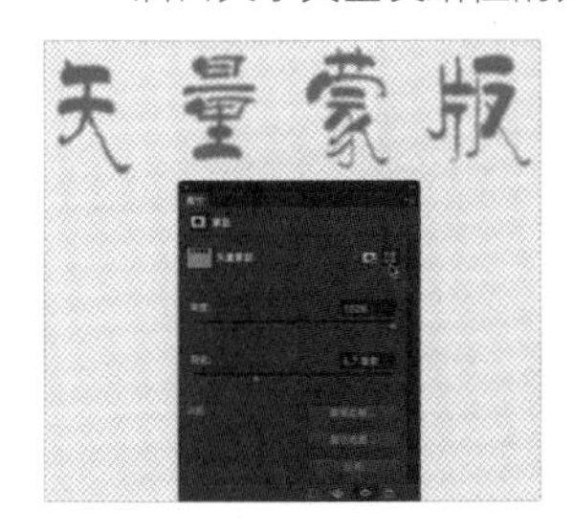

01 使用蒙版属性面板调整矢量蒙版。

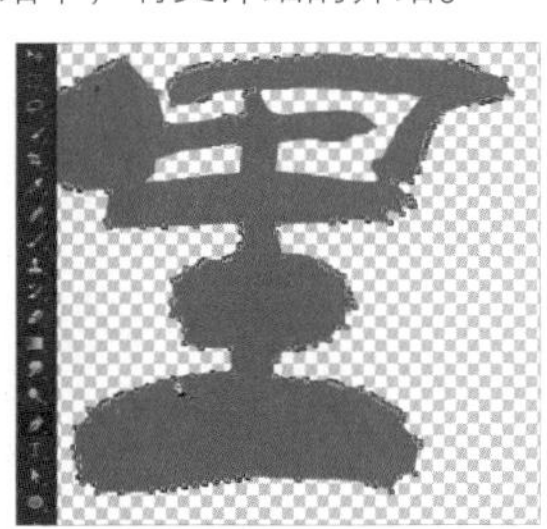

02 使用钢笔工具添加 / 删除锚点。

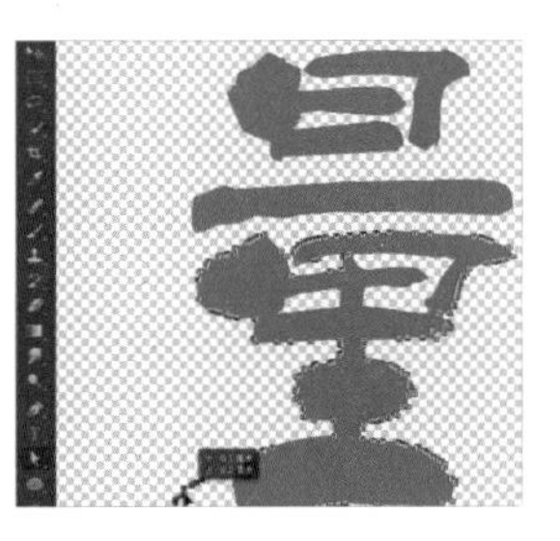

03 使用直接选择工具调整部分锚点。

04 选中几个或全部锚点，按 <Cmd(PC 机 Ctrl)+T> 组合键自由变换。

栅格化矢量蒙版（将矢量蒙版转换为图层蒙版）

选中矢量蒙版单击右键，选择“栅格化矢量蒙版”，即可将矢量蒙版转换为图层蒙版。或者执行菜单：图层 / 栅格化 / 矢量蒙版，也可将矢量蒙版转换为图层蒙版。

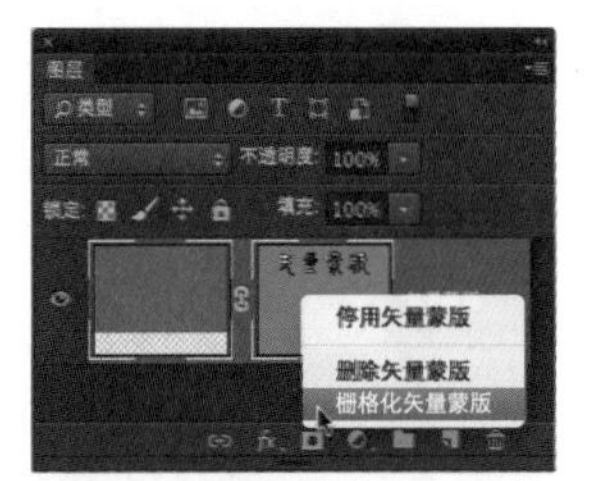

应用 / 删除矢量蒙版

1. 应用矢量蒙版

双击矢量蒙版，打开蒙版“属性”对话框，单击底部的“应用蒙版”按钮，可将矢量蒙版应用到图层，并删除原有蒙版。

2. 删除矢量蒙版

还可单独删除矢量蒙版，即不应用蒙版，保留原有图层内容。

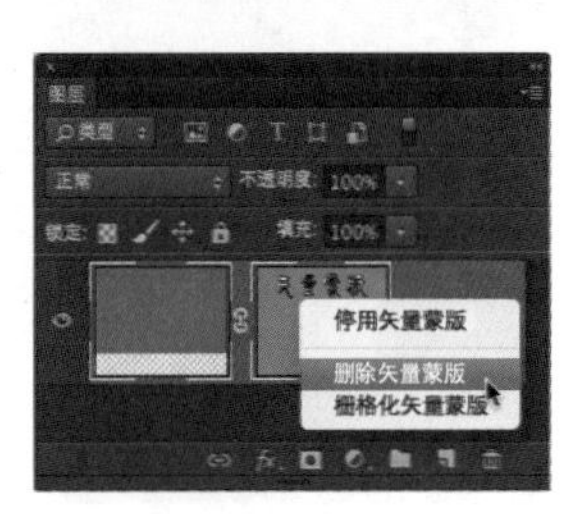

执行以下操作可完成矢量蒙版的删除。

1. 拖曳矢量蒙版到图层面板底部的“删除”按钮。

2. 选中矢量蒙版单击右键，选择“删除矢量蒙版”，即可删除矢量蒙版。

3. 执行菜单：图层 / 矢量蒙版 / 删除，也可删除矢量蒙版。

4.8.7 剪贴蒙版

剪贴蒙版可以让你使用某个图层的内容来遮盖其上方的图层。遮盖效果由下方图层的内容形状来决定。下方图层的完全透明区域，将会屏蔽到上方图层对应的区域内容。

如何创建剪贴蒙版

选中两个图层，按 <Cmd(PC 机 Ctrl)+Alt+G> 组合键或执行菜单：图层 / 创建剪贴蒙版，创建剪贴蒙版。

也可按住 <Alt> 键单击两个图层之间，创建剪贴蒙版。

创建剪贴蒙版有两个要素，如下。

1. 两个独立的图层。要注意图层的顺序，下方图层的不透明信息来剪贴上方图层。

2. 下方图层要有透明信息存在。如果整个图层都为不透明信息，则剪贴蒙版不会起任何作用。

与图层蒙版（矢量蒙版）不同的是，剪贴蒙版由两个或多个独立的图层组成，每个图层都可以单独操作。

释放剪贴蒙版

TIPS

使用 <Alt> 键单击图层的做法，可以不用选择图层或选中任一图层都可以完成创建或释放剪贴蒙版的操作。

按 <Alt> 键，移动鼠标到需要释放剪贴蒙版的两个图层之间，直到鼠标变成，单击左键释放剪贴蒙版。也可以使用快捷键，选中上方图层，按 <Cmd(PC 机 Ctrl)+Alt+G> 组合键或执行菜单：图层 / 释放剪贴蒙版。

举例：字中画效果

下面通过一个小案例来介绍如何使用剪贴蒙版来创建字中画效果。

01 按 <Cmd(PC 机 Ctrl)+Alt+O> 组合键打开 Bridge 软件，浏览图片，并对图片进行筛选。在这里，选择图片比例大小相同的图片：2:3、横向。选中要拼接在一起的图片，执行菜单：工具 / Photoshop / 联系表 II，也可以在 Photoshop 内执行菜单：文件 / 自动 / 联系表 II。

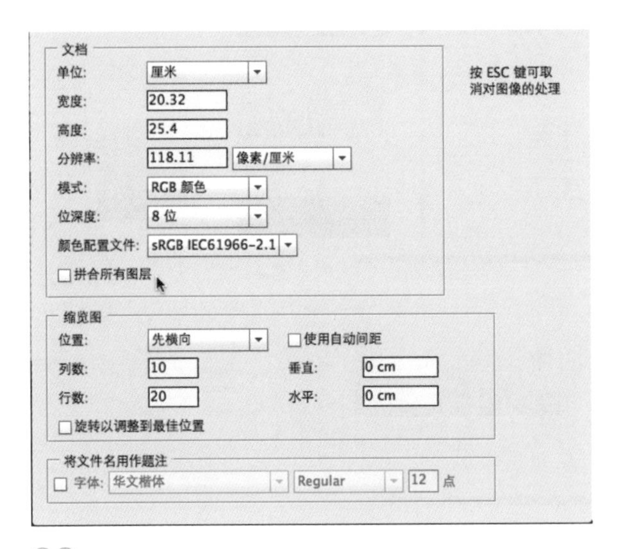

02 在联系表 II 对话框中，进行设置。行：10，列：20；垂直和水平：0CM；不勾选“拼合所有图层”。确保拼合后保留图层，便于调整。

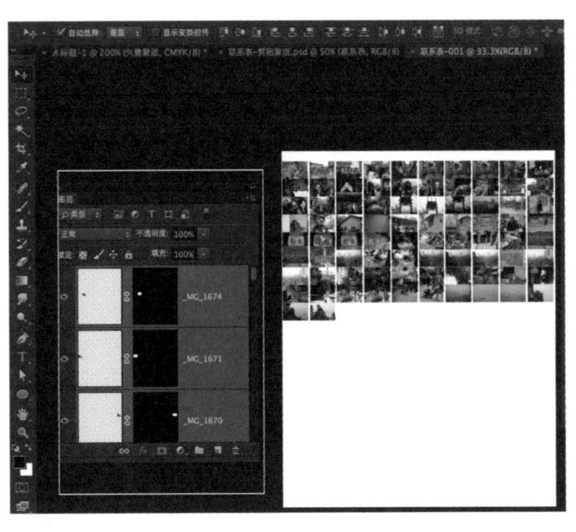

03 设置完成后，单击“确定”按钮。Photoshop 会自动进行拼接。等待自动完成拼接后，所有图片自动按照指定的行和列进行排列。下面要进行微调，让图片靠在一起。按 <V> 键切换到移动工具，勾选选项栏处的“自动选择”，并设定为“图层”。

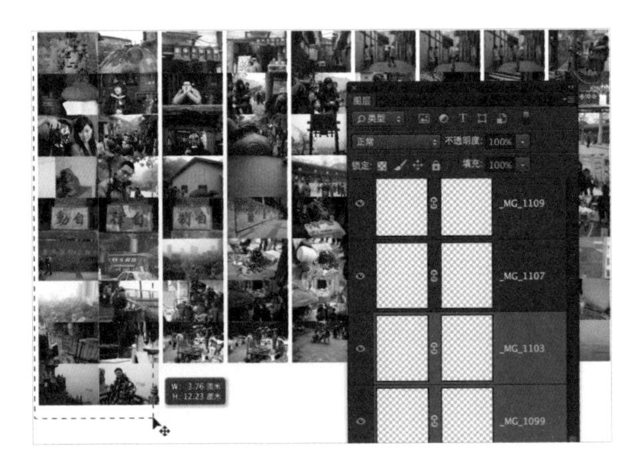

04 设置“自动选择”图层后，可以使用移动工具在画面中拖曳出矩形框来框选每一列图片，然后配合左右箭头键，来移动整列图片，进行微调。

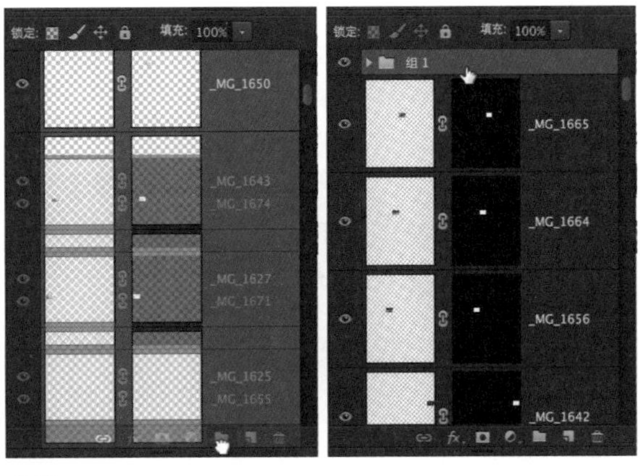

05 移动完一列图片后，保持选中状态，在图层面板找到其中某个被选中的图层，拖曳到底部的“新建图层组”按钮，将整列图层放入同一组内，便于管理图层。

06 使用移动工具，将所有图片重新排列，使得每列图片之间间距不要过大。调整完成后，选中所有图层组，单击右键，选择菜单：转换为智能对象，将所有图片组都归入同一个智能对象内。转换后，关闭智能对象的显示。

07 按 <T> 键切换到文本工具，输入文字，设置如图所示。并将文本图层拖曳到智能对象的下方。

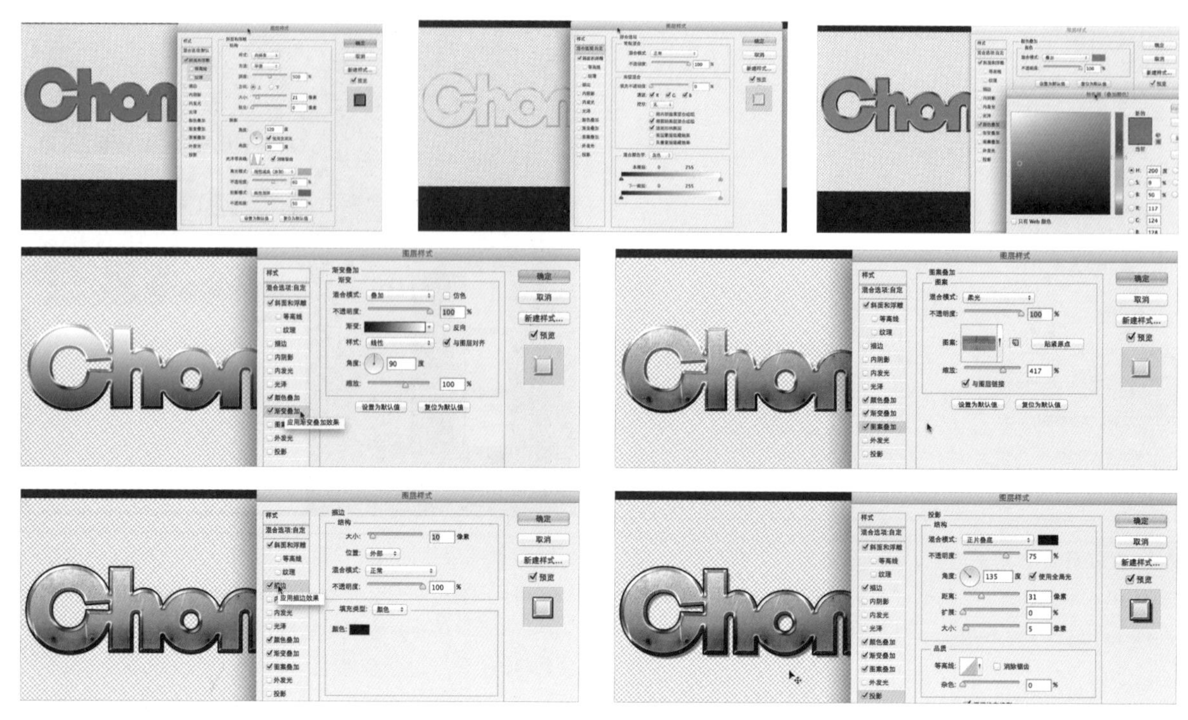

08 对文本图层，添加图层效果样式：斜面和浮雕、颜色叠加、渐变叠加、图案叠加、描边、投影。注意将填充不透明度暂时设置为 0，以显示叠加效果；并将颜色叠加、渐变叠加的混合模式设为：叠加，图案叠加的混合模式设为：柔光。

09 按住 <Alt> 键单击文本图层和智能对象之间，创建剪贴蒙版。

10 将文本图层的填充不透明度设置为：90%。显示出剪贴蒙版的内容。

11 在图层面板为智能对象“联系表”添加调整图层“色相 / 饱和度”，来增强图片的色相和饱和度。调整后，得到最终效果。

4.8.8 快速蒙版模式

快速蒙版模式是一种临时的蒙版编辑工作状态。切换到快速蒙版状态下，任何操作只会影响到最终选区的形状及羽化范围，不会直接影响图层内容及图层显示。换句话说，快速蒙版模式，就是创建和修改选区的功能。

快速蒙版模式，最大的好处就是快速又实时地将选框工具与蒙版特点结合起来。可以使用绘制工具、填充工具、文本工具、滤镜、选框工具等，在快速蒙版模式下编辑修改选区。

启动 / 退出快速蒙版模式

随时按<Q>键，可启动 / 退出快速蒙版模式。通常使用"快速蒙版"模式，会从现有选区开始，然后添加或从中减去选区，以建立新的选区或蒙版。也可以完全在"快速蒙版"模式下创建蒙版，此时要留意工具箱下方快速蒙版按钮及文件选项卡上的状态提醒，以明确目前工作状态是快速蒙版模式还是正常工作模式。受保护区域和未受保护区域以不同颜色进行区分。当离开"快速蒙版"模式时，未受保护区域成为选区。

TIPS

当在"快速蒙版"模式中工作时，"通道"面板中出现一个临时快速蒙版通道。但是，所有的蒙版编辑是在图像窗口中完成。

01 首先使用椭圆框选工具创建圆形选区。创建一个大致选区作为基准，有助于在快速蒙版模式中编辑处理。

02 按<Q>键进入快速蒙版模式，红色区域代表受保护区域，空白区域代表未受保护区域，即选区。

03 按<B>键使用画笔工具，设置前景色为白色，用白色绘制可添加选区；反之用黑色绘制可减掉选区。

04 随时按<Q>键退出快速蒙版模式来观察创建的选区形状。

更改快速蒙版选项

在工具箱中双击"快速蒙版模式"按钮 。

从下列显示选项中选取。

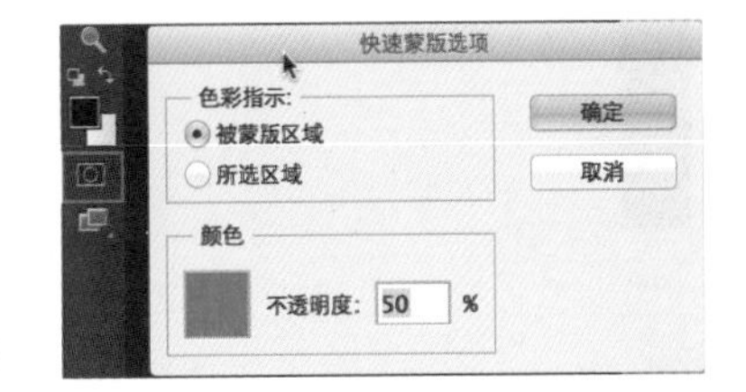

被蒙版区域：将被蒙版区域设置为黑色（不透明），并将所选区域设置为白色（透明）。用黑色绘画可扩大被蒙版区域；用白色绘画可扩大选中区域。选定此选项后，工具箱中的"快速蒙版"按钮将变为一个带有灰色背景的白圆圈。

所选区域：将被蒙版区域设置为白色（透明），并将所选区域设置为黑色（不透明）。用白色绘画可扩大被蒙版区域；用黑色绘画可扩大选中区域。选定此选项后，工具箱中的“快速蒙版”按钮将变为一个带有白色背景的灰圆圈 。

要在快速蒙版的“被蒙版区域”和“所选区域”选项之间切换，请按住 <Alt> 键（Windows）或 <Option> 键（Mac OS），并单击“快速蒙版模式”按钮。

要选取新的蒙版颜色，请单击颜色框并选取新颜色。要更改不透明度，请输入介于 0% 和 100% 之间的值。颜色和不透明度设置都只是影响蒙版的外观，对如何保护蒙版下面的区域没有影响。更改这些设置能使蒙版与图像中的颜色对比更加鲜明，从而具有更好的可见性。

使用快速蒙版模式创建特殊风格的边框

使用快速蒙版的过程，就是创建、更改选区的过程。这个过程可以使用很多的非选框工具来编辑选区，如画笔工具、滤镜等。创建选区后，不要忘记保存选区或者添加到蒙版中，否则选区不会被保留下来。

下面借助快速蒙版模式来创建一个特殊风格的边框效果。

01 打开一张图片，按住 <Alt> 键双击背景图层，转换为普通图层。按 <M> 键切换到矩形选框工具，绘制一个略小于画面的矩形选区。

02 按 <Q> 键进入快速蒙版模式，此时矩形选区以外的部分变成半透明的红色。

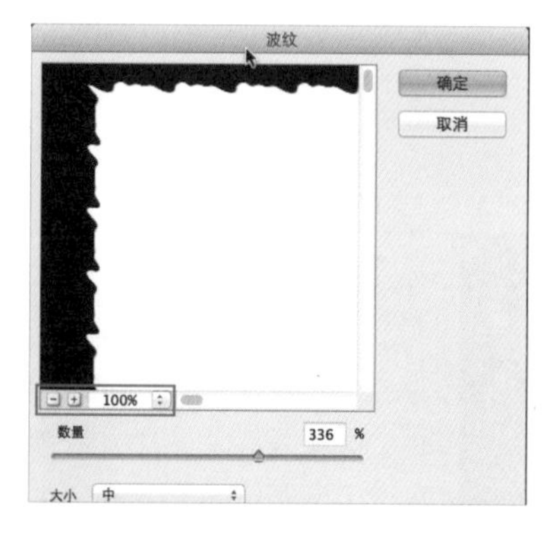

03 执行菜单：滤镜 / 扭曲 / 波纹，在“波纹”滤镜对话框中，适当缩小和平移画面，以便显示边框看到滤镜的预览效果。设置数量：336%，使边框产生波纹效果。

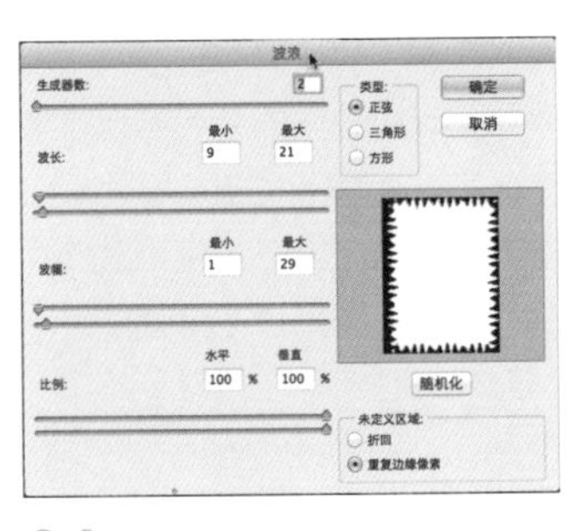

04 执行菜单：滤镜 / 扭曲 / 波浪，在对话框中，设置参数如图所示。

05 按 <J> 键切换到污点修复工具，对边框进行修复。

06 所有调整完成后，按 <Q> 键退出快速蒙版模式，得到选区。当然也可以随时按 <Q> 键进入或退出快速蒙版模式，来查看和编辑选区。

07 在图层面板上，按底部的“新建图层蒙版”按钮，将选区添加到蒙版中，得到特殊风格的边框效果。

TIPS

若要长期使用通过快速蒙版创建的选区，需要将选区保存到通道或加载到蒙版。保持选区活跃，执行菜单：选择 / 保存选区即可。可使用灰色梯度来绘制半透明选区。如果得到选区与实际需要相反，可按 <Cmd(PC 机 Ctrl)+Shift+I> 组合键进行反选即可。

4.9 通道

通道是用来存储不同类型信息的灰度图像。

用 Photoshop 打开图像时，会自动创建通道。彩色图像由多个通道复合而成，如 RGB 模式的图像，红色 R，绿色 G，蓝色 B 都是单独的通道，并且还有一个用于编辑图像的复合通道。

4.9.1 通道分类

在 Photoshop 中，通道有几种不同类型：颜色通道、Alpha 通道和专色通道。

颜色通道是 Photoshop 默认的且必须有的，跟颜色模式匹配的。如 RGB 模式的图片就会有 RGB、R、G、B 4 个通道。

Alpha 通道可将选区存储为灰度图像。通过添加 Alpha 通道来创建和存储蒙版，这些蒙版用于处理或保护图像的某些部分。也可以反过来做，通过 Alpha 通道创建选区。专色通道指定用于专色油墨印刷的附加印版。专色是特殊的预混油墨，用于替代或补充印刷色（CMYK）油墨。

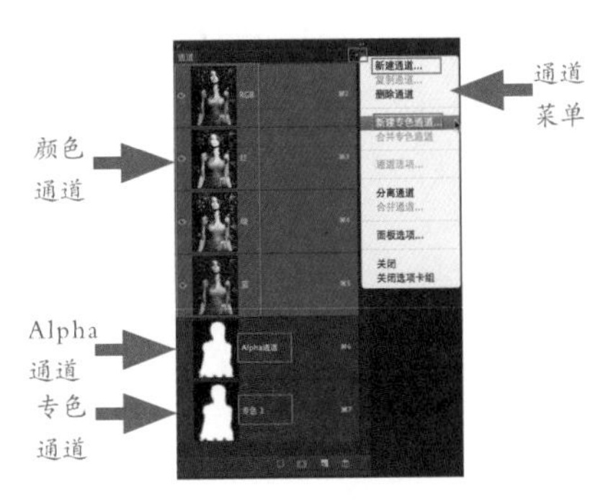

在印刷时每种专色都要求专用的印版。（因为光油要求单独的印版，故它也被认为是一种专色。）这样解释比较专业，比较难懂一些。通俗地说，就是有些颜色无法印刷出来，需要指定特殊的专色来印刷。对于平面设计师而言，必须要掌握专色及色谱，否则无法知道作品最终输出后会成什么样。一个图像最多可有 56 个通道。所有的新通道都具有与原图像相同的尺寸和像素数目。这点很重要，如果将一个文件的 Alpha 通道复制粘贴到另外一个文件内，两个文件如果尺寸完全相同，则会完全对位粘贴；如果尺寸不一，如分辨率不同等，会造成不对位粘贴。换句话说，就是选区位置，大小会有所改变。缩放变换图层内容大小，不会更改通道的大小。更改整个文件大小，通道会随之改变。

TIPS

如果要印刷带有专色的图像，则需要创建存储这些颜色的专色通道。为了输出专色通道，请将文件以 DCS 2.0 格式或 PDF 格式存储。只要以支持图像颜色模式的格式存储文件，即会保留颜色通道。并不是每种文件格式都可以保存 Alpha 通道，只有当以 Photoshop、PDF、TIFF、PSB 或 Raw 格式存储文件时，才会保留 Alpha 通道。DCS 2.0 格式只保留专色通道。以其他格式存储文件可能会导致通道信息丢失。

01 单独选中红色（R）通道。

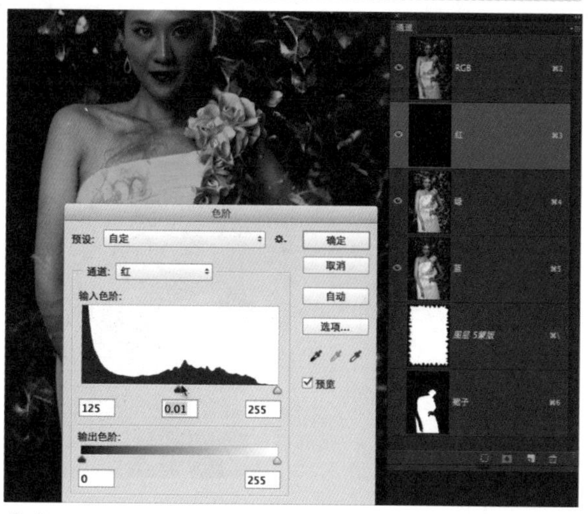

02 按 <Cmd(PC 机 Ctrl) + L> 组合键单独针对红色通道调整，在红色通道内会显示灰度上的变化，最终会影响整体色调。

对于早期 Photoshop 版本，通道是制作特效时常用的手段。随着软件功能的提升，绝大多数特效都可以通过图层、滤镜、工具、调整图层等来实现。使用通道最大的问题就是不够直观，且对数字图像成像原理的专业要求极高，很难掌握。但是通道作为存储原始文件信息的地方，是分析图像的最根本依据，尤其对于平面输出、调色等行业。

在绝大多数的调整色调类对话框中，都可以针对不同通道进行独立调整。

随着时代发展，各种机器设备、终端设备的更新升级（如数码相机、iPad 等），会让图形图像行业更加细分，同时也会诞生新的领域。如数码相片尺寸精度越来越大，Photoshop 也可以处理大文件，这使得诸如精修图片等制作要求更加苛刻。需要更深的专业知识来支撑。此时通道会显得很重要。再如一些新兴领域，像影视、视频行业的调色，高清降噪，老影片数字修复等成为新的领域，这些领域内同样需要通道的知识来支撑。

因此，了解掌握通道知识，是深入学习和使用 Photoshop 必须了解和掌握的。但是，建议初学者不要急于去“精通”通道，因为通道很多理论知识来源于实际的输出设备及设置。随着深入学习和使用，深入图像领域，就会自然而然地了解并掌握通道。

4.9.2 通道面板介绍

显示通道面板

在默认情况下，通道面板与图层、路径面板在一起。可通过切换选项卡来显示通道面板。

执行菜单：窗口 / 通道，来显示通道面板。

用原色显示通道

执行菜单：编辑 / 首选项 / 界面，勾选“用彩色显示通道”。

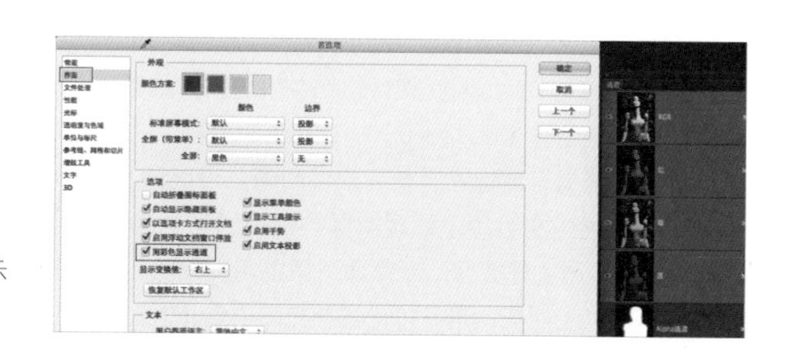

选择和编辑通道

1. 单击某个通道即可选中该通道。按 <Shift> 键单击其他通道，可选择（或取消选择）多个通道。

在默认情况下，当单独选中某个通道，会关闭其他通道的显示。此时可通过打开各个通道上的“眼睛”图标来显示多个通道的组合显示效果。

两个或多个颜色通道的组合显示，不会影响最终的复合通道显示。（复合通道显示效果就是最终的图层显示效果）如果要使用某几种颜色通道的组合显示彩色效果，需要借助“通道混合器”命令。也可以使用通道“计算”命令或“通道混合器”来得到单色效果。

2. 选中某个通道后，可使用绘画工具、填充工具、调整命令、滤镜等对通道进行编辑处理。通道中的绘画与蒙版相似，都是基于黑白世界进行灰度上的改变。要注意，一次只能针对一个通道进行处理。

在颜色通道进行任何灰度调整，如加重某个区域，都会影响该通道的选区范围及最终通道合成效果。

在 Alpha 通道中进行调整，只会影响该 Alpha 通道的选区范围。

练习

01 切换到通道面板，选中绿色通道（G），此时会自动关闭其他通道的显示，画面会转换为单独绿色通道的黑白位图显示。按 <B> 键切换到画笔工具，设置前景色为白色，画笔混合模式为：叠加，降低不透明度到 50% 左右。在猫的左眼处绘制。此时由于是黑白图显示状态，因此只能看到绿色通道内的变化。

02 打开 RGB 通道的显示，可以看到左眼变成绿色。

03 按住 <Shift> 键同时选中蓝色通道和绿色通道，使用画笔工具，前景色为白色，混合模式为叠加，不透明度为 50%，对右眼进行绘制，得到蓝色。

TIPS

使用白色在颜色通道上绘制，会添加该颜色通道的所属颜色到画面中；如果使用黑色，则会删除画面中该颜色。直接在颜色通道上进行绘制等编辑，属于破坏性编辑。会改变图层内容上的颜色信息。

4.9.3 复制通道

如果要在图像之间使用“复制通道”命令，则通道必须具有相同的像素尺寸。不能将通道复制到位图模式的图像中。

在“通道”面板中，选择要复制的通道。从“通道”面板菜单中选取“复制通道”。键入复制的通道的名称。

对于“文档”，执行下列任一操作。

选取一个目标。只有与当前图像具有相同像素尺寸的打开的图像才可用。要在同一文件中复制通道，请选择通道的当前文件。

选取“新建”将通道复制到新图像中，这样将创建一个包含单个通道的多通道图像。键入新图像的名称。

要反转复制的通道中选中并蒙版的区域，请选择“反相”。

在不同文件间复制通道，要考虑两个文件像素尺寸的影响。如果两个文件大小完全一致，则复制过去的通道会完全充满；如果两者大小不同，则会出现尺寸上的差别。可以使用自由变换（<Cmd(PC 机 Ctrl)+T> 组合键）等命令去调整大小。

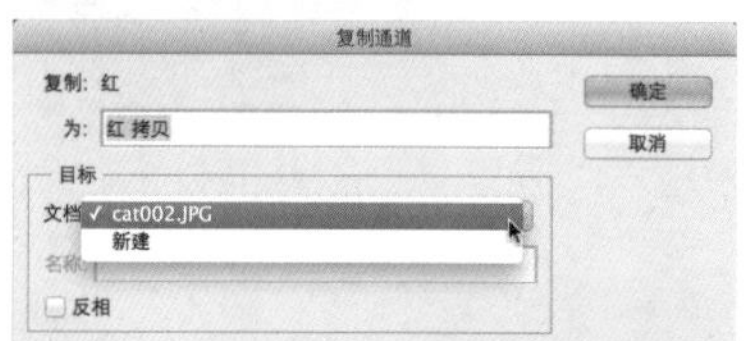

在同一图像文件中复制通道

选中某个通道，拖曳到通道面板底部的“创建新通道”按钮上松开即可复制该通道到新的 Alpha 通道内，这也是最常用的方法。也可以使用复制粘贴的方式选中某个通道，按 <Cmd(PC 机 Ctrl)+A> 组合键全选，按 <Cmd(PC 机 Ctrl)+C> 组合键复制。在目标图像中选择某个 Alpha 通道，按 <Cmd(PC 机 Ctrl)+V> 组合键粘贴进通道中。

如在目标图像中不选择通道，则会粘贴到新的图层中。可将选中的颜色通道先复制为 Alpha 通道，然后复制该 Alpha 通道。在目标图像中，按 <Cmd(PC 机 Ctrl)+V> 组合键粘贴即可。

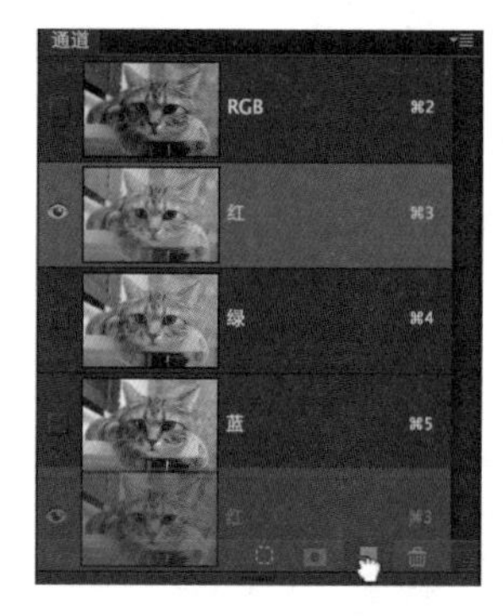

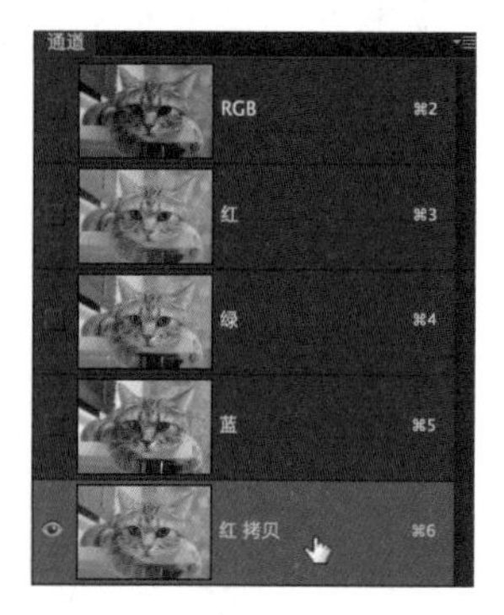

TIPS

如果源文件有多个图层时，又要复制颜色通道，则要注意选中与需要复制信息相对应的图层。若要复制 Alpha 通道则无需考虑。

4.9.4 分离 / 合并通道

分离通道

只能分离拼合图像的通道，即图层面板上只有一个图层。当需要在不能保留通道的文件格式中保留单个通道信息时，分离通道非常有用。

要将通道分离为单独的图像，在“通道”面板菜单中选取“分离通道”。

原文件被关闭，单个通道出现在单独的灰度图像窗口。新窗口中的标题栏显示原文件名以及通道，可以分别存储和编辑新图像。

合并通道

可以将多个灰度图像合并为一个图像的通道。要合并的图像必须是处于灰度模式，并且已被拼合（没有图层）且具有相同的像素尺寸，还要处于打开状态。已打开的灰度图像的数量决定了合并通道时可用的颜色模式。例如，如果打开了 3 个图像，可以将它们合并为一个 RGB 图像；如果打开了 4 个图像，则可以将它们合并为一个 CMYK 图像。

如果遇到意外丢失了链接的 DCS 文件（并因此无法打开、放置或打印该文件），请打开通道文件并将它们合并成 CMYK 图像，然后将该文件重新存储为 DCS EPS 文件。

打开包含要合并的通道的灰度图像，并使其中一个图像成为当前图像。

为使“合并通道”选项可用，必须打开多个图像。

从“通道”面板菜单中选取“合并通道”。

对于“模式”，选取要创建的颜色模式。适合模式的通道数量出现在“通道”文本框中。

如有必要，请在“通道”文本框中输入一个数值。

如果输入的通道数量与选中模式不兼容，则将自动选中多通道模式。这将创建一个具有两个或多个通道的多通道图像。单击“确定”。

对于每个通道，请确保需要的图像已打开。如果您想更改图像类型，单击“模式”返回“合并通道”对话框。

如果要将通道合并为多通道图像，单击“下一步”，然后选择其余的通道。

选择完通道后，单击“确定”。

选中的通道合并为指定类型的新图像，原图像则在不做任何更改的情况下关闭。新图像出现在未命名的窗口中。

TIPS

多通道图像的所有通道都是 Alpha 通道或专色通道。不能分离并重新合成（合并）带有专色通道的图像。专色通道将作为 Alpha 通道添加。

4.9.5 删除通道

1. 删除专色通道和 Alpha 通道

将要删除的专色通道或 Alpha 通道拖曳到通道面板底部的垃圾桶按钮上，松开鼠标即可删除该通道。

2. 删除颜色通道

只能删除有多个图层的颜色通道，不能删除只有一个图层的颜色通道。在从带有图层的文件中删除颜色通道时，将拼合可见图层并丢弃隐藏图层。之所以这样做，是因为删除颜色通道会将图像转换为多通道模式，而该模式不支持图层。当删除 Alpha 通道、专色通道或快速蒙版时，不对图像进行拼合。

4.9.6 通道计算

通道计算是通道所独有的功能特点，将单个或多个图像文件的不同通道（或图层）以某种计算方式（混合方式）计算并重新组合成新的通道（即选区）或图像。

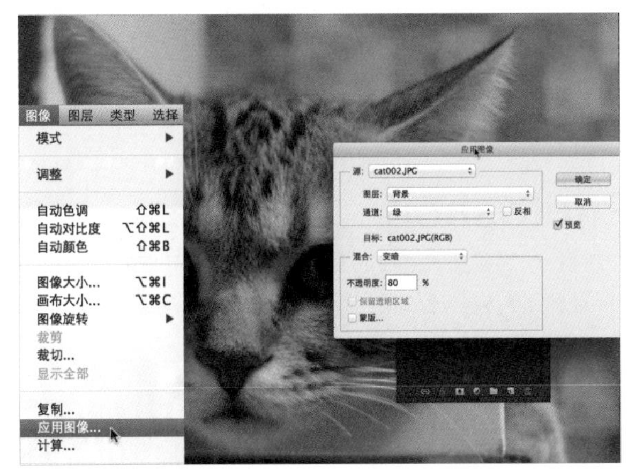

TIPS

使用通道计算，可以更精细、更直接地进行图片合成，也能非常自如地创建新的 Alpha 通道（即创建选区）。

通道计算的常用方法如下。

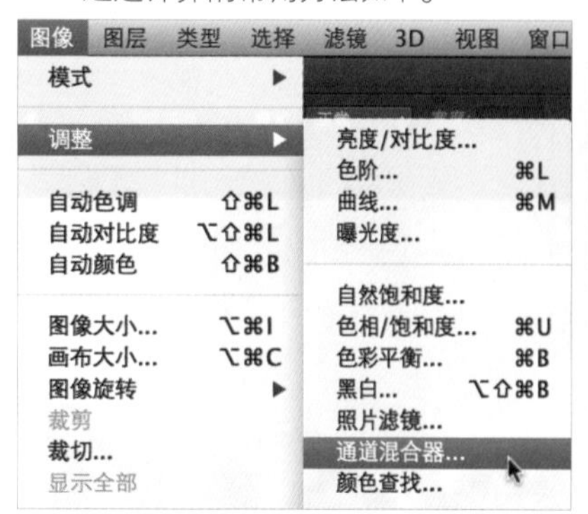

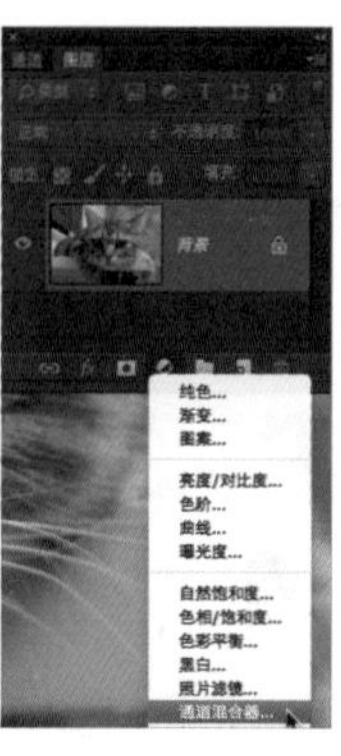

●使用“应用图像”命令。执行菜单：图像 / 应用图像。

●使用通道“计算”命令。执行菜单：图像 / 计算。

●使用“通道混合器”。执行菜单：图像 / 调整 / 通道混合器或在图层面板添加调整图层“通道混合器”。

每个通道几乎可以在黑白位图模式下使用所有的 Photoshop 功能。这可以创作出所有想要的结果，如明暗关系、变形等。所有结果在 Alpha 通道中就意味着选区的变化。

通道计算可以得到一些意想不到的效果。使用通道计算创建新文件、新通道或图层，都属于非破坏性编辑，对于下一步修改、处理有很大帮助。

4.9.7 通道与图层蒙版的区别

通道与图层蒙版有很多相似之处，例如，都可用来存储选区，都可以再编辑、修改，都以灰度模式存储信息……

但两者之间还是有区别，具体如下。

1. 颜色通道是图像显示的依据，存储图像的原始信息。可以通过对通道的编辑、修改，来改变图像的最终显示。而蒙版等同于 Alpha 通道，只用来创建、存储选区，不会影响图像的色调等。

2. 不同通道间可以通过计算、混合模式来创建复杂选区及特殊效果；而蒙版只能通过加、减、交叉这些基本的方法来组合蒙版创建选区。

3.Alpha 通道可以随同文件保存下来，并可被大多数软件所读取并创建新的效果，包括其他厂商的软件产品，像一些排版软件、后期软件等。同时大多数三维软件、后期软件都可以生成带有 Alpha 通道的图片，如 TGA、TIFF。

Alpha 通道可以说是文件交流的使者，可以将一些额外的信息（主要是透明信息）存储到文件中。而蒙版不具备这方面的作用。

4. 默认情况下，蒙版与图层内容链接在一起，不论是改变整个文件大小，还是只改变图层的大小、位置，蒙版都会同步改变。而通道只随文件大小的改变而改变，不受图层大小的影响。

Alpha 通道对于合成和不同软件间的交流非常重要，甚至可以说是唯一的途径。对于初学者来说，掌握众多 Photoshop 功能后，还要记得几乎每种功能也同时可以在 Alpha 通道中使用。这对于日后的工作和学习其他软件都非常有帮助。

| 穿越 | 深度 Undo 与如何控制 Photoshop

任何一个作品都离不开反复修改、反复比较的过程。在这个过程背后是技术层面的支撑。不单单是简单的撤销某步操作，很多时候需要找回某种操作状态、某个选区、某个参数或是找回某种合成效果。要知道有些创造的艺术效果，很难或是不可能被再次原封不动地制作出来，如使用画笔工具绘制的效果等。

因此，反复修改的过程是个重新创造的过程。在 Photoshop 中，从技术层面来说，是综合性的技术问题。从技术角度来说，除去还原操作和历史面板，还需要借助于图层、蒙版、通道来实现更多可逆操作及反复调整。如要使用“色阶”调整图片明暗度，借助调整图层就可保留调整的参数，并可随时调用。要是直接使用调整命令，则后期无法进行修改。

使用画笔工具进行绘制，尽量在新的空白图层进行绘制，这样可确保不破坏原始图片内容，便于修改。

使用滤镜时，可使用智能滤镜，以确保原始图片内容不受破坏，同时可以随时调整滤镜参数及混合模式。

在初期制作时，要有意识地注意到后面的修改调整过程。在学习的过程中，也要多进行逆向思维，注意是否后面可以再调整……

多使用图层功能，借助蒙版、通道，尽量将 Photoshop 中的工具、命令与图层、蒙版、通道结合起来。遵守这样一个思考和制作方法，可以让自己有目的地去理解各种功能命令，并在实际制作中有目的地组织、应用这些技术。为了让读者，尤其初学者有更好的认识，这里“哗众取宠”地将本节内容命名为：深度 Undo。

下面就总体分析介绍下如何才能做到“深度 Undo”，如何才能让修改工作变得简单又充满乐趣，最终可以让自己自如地更好操作，更好使用 Photoshop。

TIPS

还原操作和历史记录面板，只能在当前打开文件中使用，且有步数限制要求。因此，尽可能将一些重要的操作步骤或复杂选区等，放在单独图层或蒙版内保存并反复使用。

深度 Undo

- 基本操作
  - 还原操作
  - 渐隐命令
  - 历史面板、历史快照
  - 历史记录画笔工具、历史记录艺术画笔工具
- 深度 Undo
  - 恢复关键步骤
  - 保存半透明信息
  - 不同设置组合
  - 参数调整
  - 局部恢复
  - 非破坏性编辑

基本还原操作

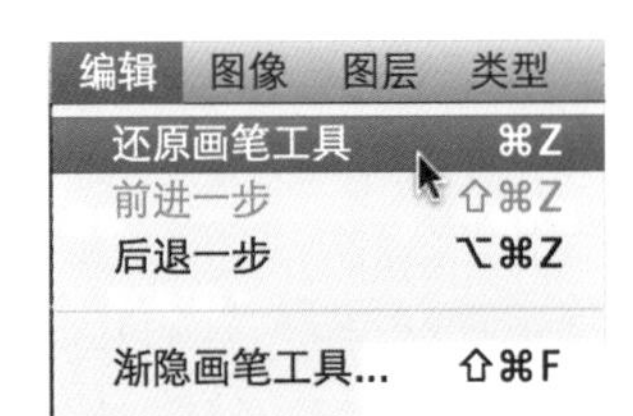

回到某步操作状态方法如下。

<Cmd(PC 机 Ctrl)+Z>：撤销上一步操作。

<Cmd(PC 机 Ctrl)+Alt+Z>：后退一步。可反复按，后退多步操作。

历史记录面板：退回到历史记录面板内的某步操作。

历史记录面板 + 快照 + 历史记录画笔工具：记录下多种操作状态，并进行恢复。

当关闭文件再打开后，以前的撤销状态将被清空，所有历史记录也将被清空。

“渐隐”命令：执行某步操作后，可执行菜单：编辑 / 渐隐或按快捷键 <Cmd(PC 机 Ctrl)+Shift+F> 组合键，打开“渐隐”对话框，设置渐隐的不透明度及混合模式。

“渐隐”命令只能在当前打开文件中使用，如果关闭文件再打开，就无法再使用该命令。

深度 Undo（借助图层、蒙版、通道）

在这里指的是保存关闭文件后，还能返回到以前的某个关键步骤的操作状态、参数调整等。主要就是借助图层、蒙版、通道结合工具、命令来实现。通常使用以下功能会帮助到工作，智能对象 / 智能滤镜、调整图层、盖印可见图层（Cmd(PC 机 Ctrl)+Shift+Alt+E）。

1. 保存绘制、修复的关键步骤

通过将绘制、修复的关键步骤放在同一图层中，便于管理、修改。如绘画时，可按照起草、大致明暗调子分布、细部刻画、整体调整，放在不同的图层或图层组内，或转换智能对象、盖印可见图层，对后期的细致调整及反复调整有很大的帮助。

借助工具选项的“所有图层”及应用在新建图层上在 CS6 版本中，大多数的修复工具都支持“所有图层”或“从所有图层取样”功能，即无论是取样还是修复，都可以从所有可见图层取样。另外，也都支持在新的空白图层上去修复。如仿制图章工具、污点修复工具，还有消失点滤镜等。

TIPS

转换为智能对象后，无法直接在智能对象上使用画笔等绘制修复工具。有些细微的参数设置或功能，在学习、使用过程中要留意，对于实际工作有很大帮助。例如，能否在空白图层执行该命令或使用该功能，如前面提到的某些调整命令只能在 RGB 模式下使用。

2. 反复使用半透明信息（即选区）

图层内容本身就代表了选区，尤其对于带有半透明或透明信息（羽化效果）的图层，按 <Cmd>(PC 机 Ctrl) 键单击图层缩略图即可选中。如果该图层被合并压缩掉，原来图层上的选区就很难再次被选中。因此，在制作过程中，如没有十足把握，尽量不要去合并压缩图层。除非将选区已存储到蒙版或通道。这些要求使用者在合并压缩前，要评估一下该选区的价值及复杂程度。如果再次创建选区比较复杂或该选区有可能在修改时再次使用，就不要合并压缩图层或先将选区存储。

执行菜单：选择 / 存储选区，可将选区存储到通道。

如果不慎将刚创建的选区取消掉，可借助历史面板或按 <Cmd(PC 机 Ctrl)+Shift+D> 组合键，重新选择上次被取消的选区。

经验：尽量少去制作选区。如何能制作复杂的选区，是每个“高手”的必经之路。但是无论水平如何，能够减少制作选区或快速制作选区，都是明智之举。这在后面关于选区的章节会深入探讨。

3. 尝试不同设置组合，得到不同效果

使用图层混合模式、不透明度、混合选项，再配合调整图层、蒙版、渐变工具，可得到多种不同的效果。借助于图层的功能，可以自由地创作各种效果，并保证随时可以修改。

使用“图层复合”功能，不仅可以组合多种效果，还可以在导入 InDesign 中使用多种图层复合效果。

4. 对话框内的参数反复调整

当使用滤镜、调整等功能时，都会弹出相应对话框，通过调整参数来控制效果。如果直接将滤镜、调整命令应用到图层，关闭文件再打开后，就无法再找回这些参数调整。

使用调整命令调整图片后，可以按相应的快捷键找回该对话框。如使用菜单：图像 / 调整 / 色阶，对某个图层进行色阶调整后，再进行多步其他操作，还可按 <Cmd(PC 机 Ctrl)+Shift+L> 组合键调回当时的对话框状态。要实现这样的恢复操作，必须确保两个操作在同一次打开文件状态下完成。关闭再打开，所有信息就丢失了。

使用智能滤镜，可以随时找回对话框内的参数调整状态。

使用调整图层，可以保留调整对话框内的参数调整状态。

使用图层样式制作效果，可以随时调整样式效果对话框内的参数。

5. 恢复局部效果

在使用滤镜或调色时，会一下得到一个整体的效果，在设计时，常常需要对局部做一些调整，如去除一些局部效果，或减淡一些局部效果。此时就需要使用图层，借助蒙版和画笔工具（绘制类工具），来自由地恢复局部效果。

6. 非破坏性编辑

非破坏性编辑，是一个反复被提及的概念。通常指当前所执行的操作，不会对原始图层或所选内容，造成破坏性不可恢复的改变。在 Photoshop 中有很多，如添加图层样式、添加图层蒙版、添加调整图层等，不论最后的视觉效果如何改变，都不会对原始图层内容进行任何修改。相对应的就是破坏性编辑，如直接在图层上进行绘制，直接对图层应用调整菜单，直接对图层应用滤镜，都会实质性改变图层的内容。

建议在制作中，多采用非破坏性编辑的操作，以确保原始素材不被改变，可做更多更改。

总结

深度 Undo 代表了一种制作理念。在初期制作时，要照顾到后面的修改、调整。对于初学者来说，就要将这种理念提前渗透到学习中，掌握如何修改、如何反复调整，有意识融入到制作中。这些都是实用技巧，远比学会一两个特效重要得多。

第5章 制作选区

概述

Photoshop 在制作时就是个不断选择的过程，选中区域、选中工具、选中颜色……一切工作的展开，都从“选择”开始。

其中，选中区域（制作选区）是一项必不可少，但又让人头疼的过程。必不可少，是因为没有选区，Photoshop 就会无所适从，不知该将命令作用于哪个范围内；让人头疼，是因为要想制作出精确的选区非常耗时耗神。如果选区制作得不够精细，又会导致后面一系列的制作不完美；同时在选区制作上耗费了太多时间和精力，又会让工作效率降低。从公司经营角度来说，占用太多时间，制作成本变相提高，作品的市场竞争力下降。从个人角度来说，会让自己对接下来的工作失去耐心，也丢掉创作上的专注力。

因此，无论从个人还是公司角度，过硬的制作选区的能力，都是非常重要的。

制作选区是典型的易学难精。入门简单，实际操作要达到完美比较难实现。需要在熟练掌握各种 Photoshop 功能的前提下，综合灵活使用。

制作选区的原则

制作选区的原则就是选区的最终用途。得到的选区用来做什么，决定了制作选区的手段和精细程度。

如制作人物剪影效果，则无须对头发等细节绝对精细，但对于整个形体要求准确，不能走样。

最终用途与制作方法匹配起来，可以提高工作效率，让制作更有针对性。

通常，制作出选区有以下 3 种用途。

1. 合成使用

合成衡量的标准是：融合是否完美。可借助蒙版、画笔工具、图层混合模式来实现边缘的融合。

2. 约束操作

通常在绘画、修复等工作时，需要在指定的选区内进行操作，来约束绘制，确保最终的形状准确。

3. 局部调整

如对画面中的某个区域进行单独调整，则需要首先选中该区域，以确保后面的调整准确。

如上所述，在开始制作选区前，一定要有分析思考的过程。想想得到的选区用来做什么，再根据用途来选择合理的制作方法。

制作选区的思路

根据选区的制作原则和最终用途，总结下面一种制作思路，供初学者参考。

尽量不选 — 尽量快选 — 综合各种功能实现“选择”

01. 尽量不选

如果不用制作选区，就能直接得到最佳合成效果，那是多么富有效率并让人享受的制作啊。在 Photoshop 中，可以通过图层混合模式、混合选项、蒙版、画笔工具等，再配合放大缩小等视图操作来快速实现两个或多个图层之间的合成。

TIPS

平时要多注意收集具有透明信息的分层文件（PSD 格式素材 / 模板）。尤其对于类似效果图合成等工作，多积累素材有益于提高工作效率。

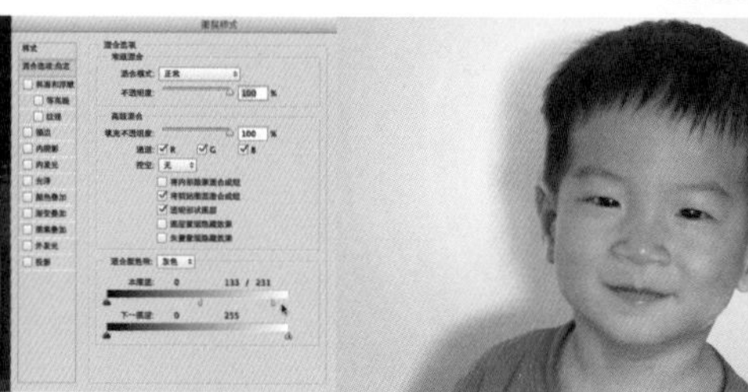

通过设置“人物”图层的混合选项，来去除背景色，不用进行任何选择操作，就使两个图层快速合成。（图层样式对话框，混合颜色带设置：灰色；本图层：43/250。）

02. 尽量快选

制作选区是个枯燥无趣的工作。更可怕的是，很多客户并不了解你为什么花那么长时间去制作选区，会想当然对你失去信任。因此要选择合理的方法，快速制作选区，更快地去做下一步的合成。

TIPS

通常制作 70% ~ 80% 准确的选区，花个三到五分钟；要制作 100% 准确的选区，则可能要花半小时到一小时，甚至更多的时间。通常会采用快速选择工具+调整边缘+图层蒙版来实现快速制作选区，这在后面会重点介绍。

使用快速选择工具建立大致选区。

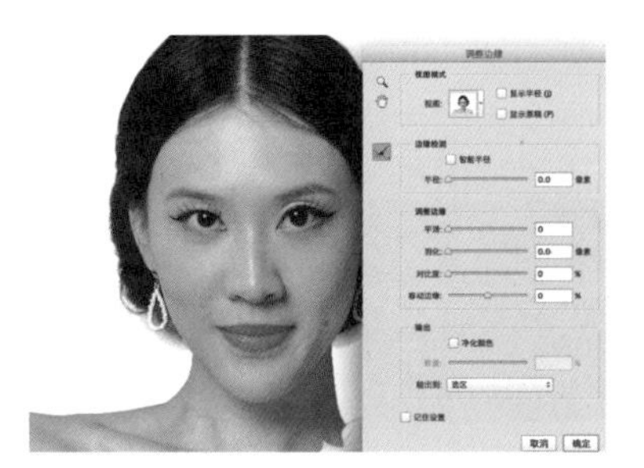

使用调整边缘命令，细化边缘选区。

将选区放置到蒙版中，便于继续调整及应用。

03. 综合使用各种功能

根据画面实际内容(颜色分布、主体的形状特点)来决定使用不同工具和功能。

总结

培养自己制作选区的能力的方法如下。

1. 熟练掌握 Photoshop 各种工具及功能。掌握工具的操作方法、参数设置。同时要善于总结，比较出各自的优缺点，适用“场合”。

2. 要分析图片内容，因地制宜，找出合理的制作方法。

3. 多借助图层、蒙版、通道，综合使用各种命令、功能、工具，同时便于随时调整。

分析图片 → 确定制作方法 → 快速准确制作选区

制作方法分类

选区的制作方法有很多，涉及工具、菜单命令、图层功能、蒙版通道、绘制工具等。但总体来说选区制作可以归为两类:勾勒形状创建选区和根据颜色分布来创建选区。

勾勒形状创建选区

根据颜色分布创建选区

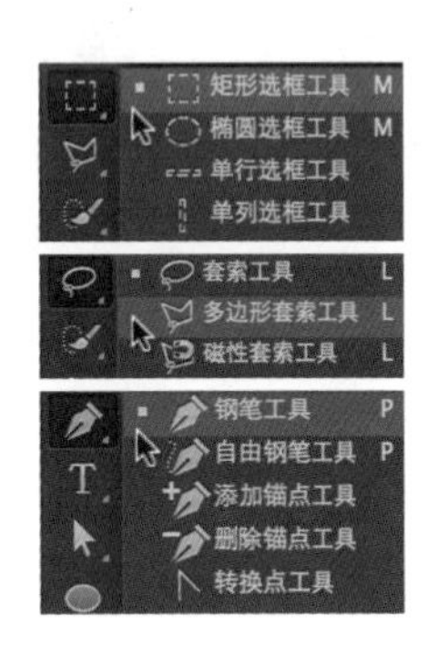

从广义角度来说，Photoshop 绝大多数工具、菜单、功能都可以创建或改变重新生成选区。如对带有透明信息的图层执行“自由变换”命令，可修改图层内容的大小从而改变该图层不透明信息区域即改变选区；调整命令可改变通道或蒙版的灰度分布从而改变或创建选区；在蒙版中进行绘画，可创建选区等。另外，视图操作（放大缩小 / 平移）对于创建选区或不创建选区直接操作都很重要，可以随时观察到细节。在放大视图时可显示网格像素便于对齐操作，如使用画笔工具修改局部区域时，可借助放大操作来协同完成操作。

01 原图。

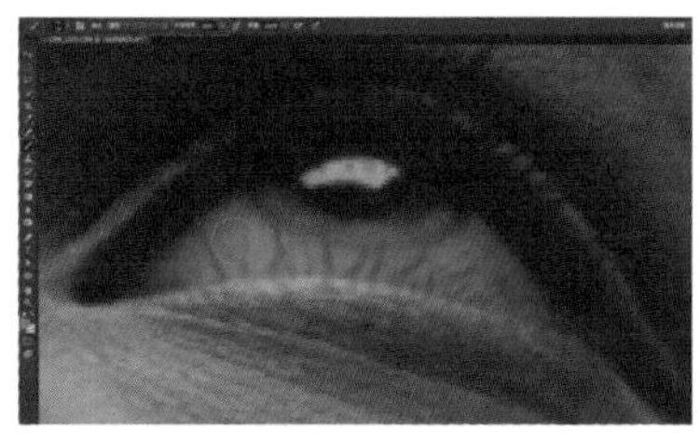

02 放大到眼睛区域，并显示出网格，便于绘制。按 <B> 键切换到画笔工具，设置画笔模式为：颜色，不透明度：20%；按“[”和“]”键调整笔头大小。设置前景色为蓝色。绘制眼睛白色部分为蓝色。

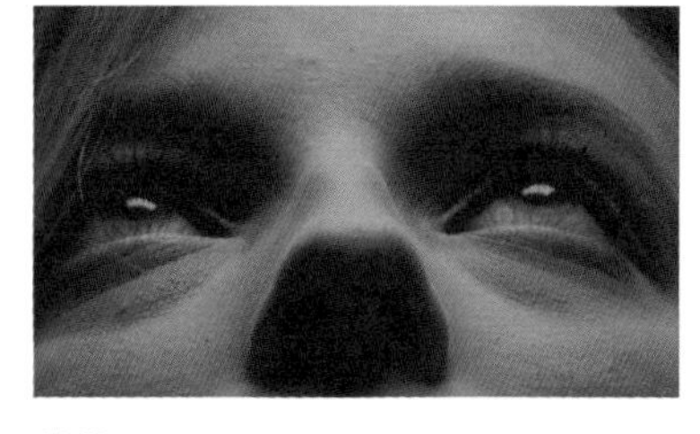

03 按 <Ctrl+1> 组合键返回到 100% 视图下，观察绘制效果。

5.1 选框类工具

选框类工具有矩形选框工具、椭圆选框工具、单行选框工具、单列选框工具，按 <Shift+M> 组合键可在矩形选框工具和椭圆选框工具间循环切换。

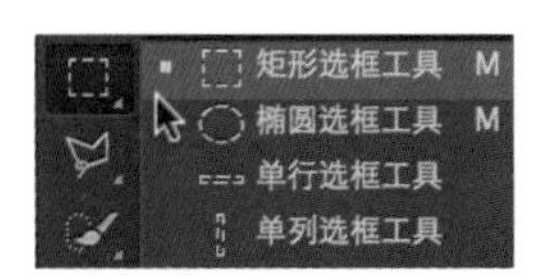

5.1.1 创建选区

选框类工具的使用方法与设置大体相同：选中某个选框工具后，配合<Alt>、<Shift>和空格等功能键或在选项栏处设置，拖曳鼠标创建选区。

具体操作方式如下

01 创建矩形选区：按<M>键切换到矩形选框工具，在画面中某个位置按鼠标左键不放，拖曳鼠标拉出矩形区域，松开鼠标即可创建矩形选区。此种方式，只能从矩形的 4 个顶点开始创建选区。

其他选框类工具创建方式相同。

02 从中心创建选区：按住<Alt>键，使用矩形或椭圆选框工具，在画面中某个位置按住鼠标左键不放，然后拖曳鼠标即可从中心创建矩形或椭圆选区。

从 4 个顶点拖曳鼠标创建矩形选区

按 <Alt> 键拖曳鼠标从中心创建矩形选区

03 创建正方形或圆形选区：使用矩形选框工具或椭圆选框工具，创建选区时，按<Shift>键，即可创建正方形或圆形选区。

04 从中心创建正方形或圆形选区：使用矩形选框工具或椭圆选框工具，创建选区时，按<Alt>和<Shift>键，从中心创建正方形或圆形选区。

05 移动选区：创建完选区后，在选定任一选框工具下，将鼠标移至选区内部区域，此时光标变成空心移动工具，按鼠标左键拖曳鼠标即可移动选区。

06 借助空格键移动创建中的选区：在创建选区的过程中，如果要移动选区，在不松开鼠标左键的同时按空格键，再拖曳鼠标，即可移动创建中的选区位置。如果此刻还需要继续调整选区的边框，松开空格键，然后继续按住鼠标左键拖曳即可。

07 添加 / 减去选区：

画面中已存在选区的时候，使用选框工具按<Shift>键，可在现有选区的基础上添加新的选区；按<Alt>键，可在现有选区的基础上减去选区。也可在选项栏处选择"添加选区"或"减去选区"的模式。

默认情况，选项栏处为"新建选区"模式。可设置"添加"、"减去"和"交叉"模式。

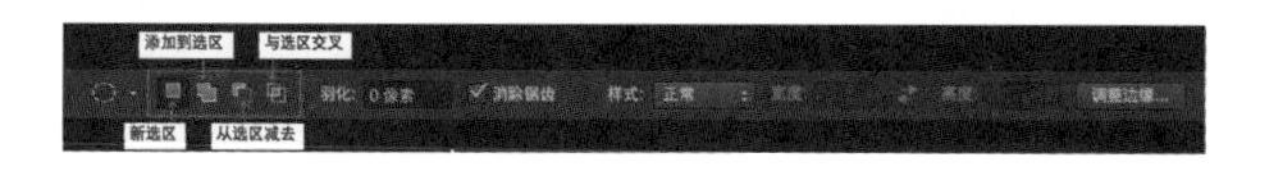

08 使用"对齐"功能，对齐选区：

首先执行菜单：视图 / 对齐，打开对齐功能；然后在菜单：视图 / 对齐到，从子菜单中选取对齐方式。选框工具可以与文档边界或各种 Photoshop 额外内容对齐，具体的对齐方式由"对齐到"子菜单控制。

09 借助于标尺功能，来定位某个特定的位置：

按 <Ctrl+R> 组合键打开标尺，从水平和垂直方向拖曳出参考线。勾选菜单：视图 / 对齐，打开对齐功能，执行菜单：视图 / 对齐到 / 参考线。使用矩形选框工具或椭圆选框工具，单击参考线交叉点处拖曳鼠标，从当前交叉点处创建矩形或椭圆选区。

1 按 <Ctrl+R> 组合键打开标尺，鼠标移至标尺处，拖曳出水平和垂直方向的两条参考线。

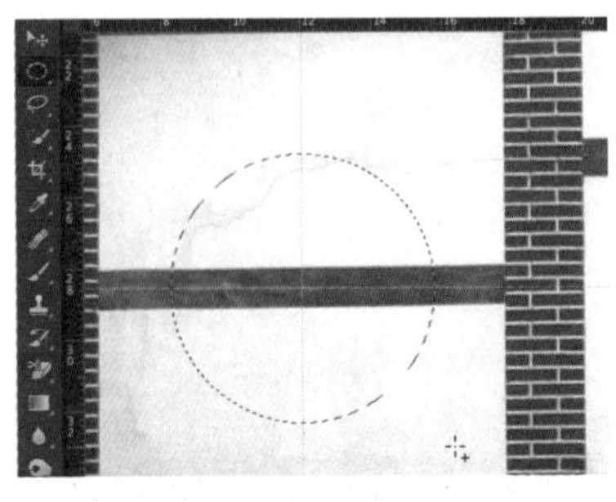

2 按 <Shift+M> 组合键切换到椭圆选框工具，按住 <Alt> 和 <Shift> 键在水平和垂直参考线交叉处按鼠标并拖曳从中心向外创建圆形选区。

3 设置前景色为红色，按 <Alt+Delete> 组合键往圆形选区内填充红色。

10 取消选区：

按 <Ctrl+D> 组合键或执行菜单：选择 / 取消选区，即可取消选区。还可以选中某个选框工具，在选区区域外任一地方，单击鼠标取消现有选区。

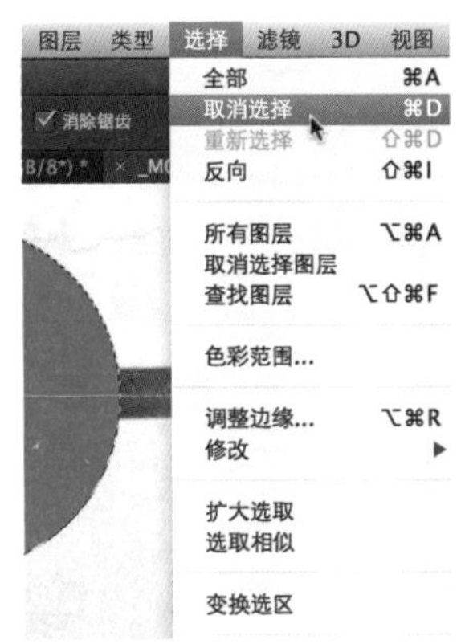

5.1.2 选项栏设置

选框工具的选项栏上还有一些设置，如羽化选区。在使用选框工具时，要留意选项栏上的设置。

消除锯齿设置：在选定椭圆选框工具后，会有“消除锯齿”选项，勾选该选项可创建平滑边缘。

调整边缘：在任一选择类工具中，如选框工具、魔术棒工具，都有调整边缘按钮。单击可打开调整边缘对话框，可对选区进行调整。后面章节会单独介绍调整边缘功能。

样式：可通过设置样式来约束创建选区的比例或大小。

正常：通过拖曳确定选框比例。

固定比例：设置高宽比。输入长宽比的值（十进制值有效）。例如，若要绘制一个宽是高两倍的选框，请输入宽度 2 和高度 1。

固定大小：为选框的高度和宽度指定固定的值。输入整数像素值。

羽化设置：设置不同羽化值，可羽化选区边缘。要注意在创建选区前，设置好羽化值才会有效果。

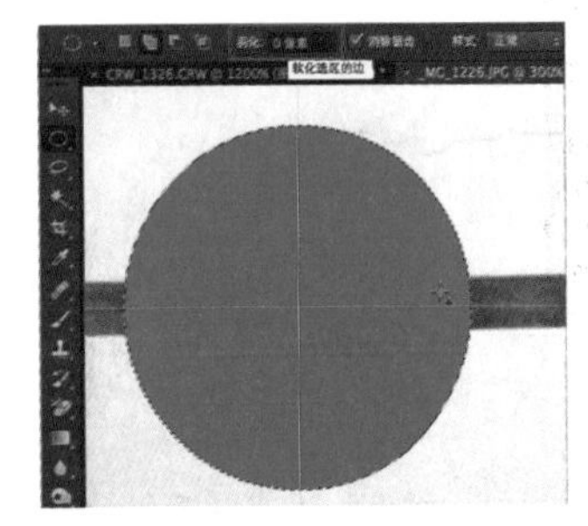

设置羽化值为：0，创建圆形选区，再填充得到边缘锐利的圆形。

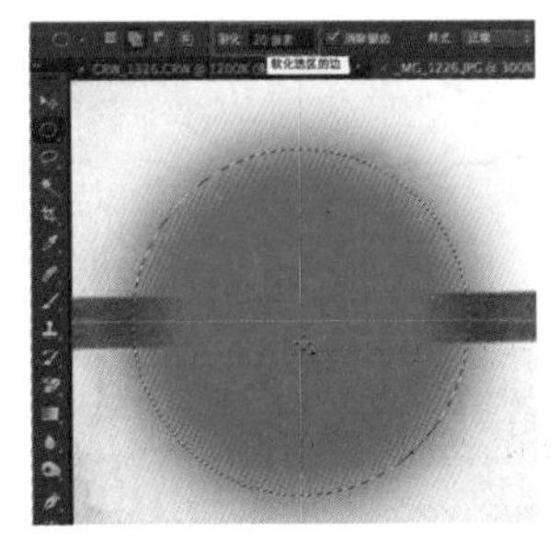

设置羽化值为：20，创建圆形选区，再填充得到边缘柔和的圆形。

TIPS

创建完选区后，还可执行菜单：选择 / 修改 / 羽化来修改选区。

5.1.3 单行 / 单列选框工具

单行 / 单列选框工具：将边框定义为宽度为 1 个像素的行或列。
选中单行 / 单列选框工具，单击鼠标即可创建单行 / 单列选区。

01 选择“单列选框工具”。

02 在画面中单击鼠标创建单列选区，按住 <Shift> 键创建多个单列选区。

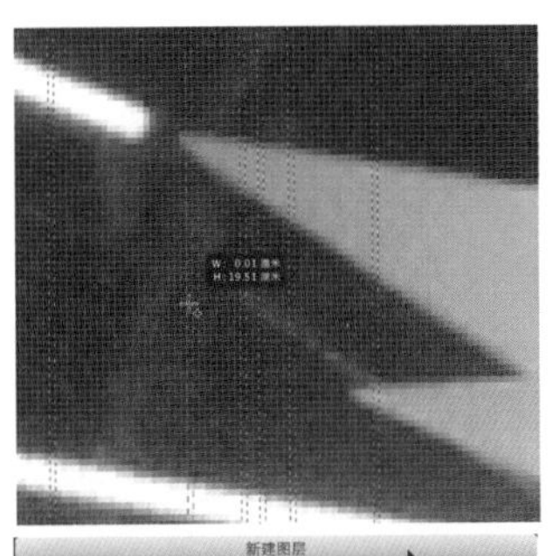

03 按 <Ctrl+ “+” > 组合键放大到显示像素，保持按住 <Shift> 键，在局部添加单列选区。

04 按 <Ctrl+Shift+N> 组合键创建新图层，命名为：线条。

05 按 <D> 键回到默认颜色下，再按 <Ctrl+Delete> 组合键填充背景色即白色到选区中。

5.2 套索类工具

套索类工具包括套索工具、多边形套索工具和磁性套索工具。
套索类工具与选框类工具最大的不同，就是可以自由地勾勒出选区。两者在创建选区上起互补作用。

TIPS
如果有手写板如 wacom 这样的输入设备，可使用套索工具，更加自由地勾勒出更精确的选区。

套索工具 L
多边形套索工具 L
磁性套索工具 L

套索工具 L —— 使用套索工具在画面上按鼠标左键，任意拖曳创建选区。

多边形套索工具 L —— 使用多边形套索工具在画面上单击鼠标左键，任意拖曳再次单击鼠标，双击或在结束点处单击创建选区。

磁性套索工具 L —— 使用磁性套索工具在画面上单击拖曳或按住鼠标任意拖曳，创建选区。

5.2.1 套索工具创建选区

套索工具对于绘制选区边框的手绘线段十分有用。

选择套索工具，然后在选项栏中设置羽化和消除锯齿。拖曳以绘制手绘的选区边界。

若要在手绘线段与直边线段之间切换，请按 <Alt> 键（Windows）或 <Option> 键（Mac OS)，然后单击线段的起始位置和结束位置。（若要抹除最近绘制的直线段，请按 <Delete> 键。）

若要闭合选区边界，请在未按住 <Alt> 键或 <Option> 键时释放鼠标；或双击鼠标闭合选区。

按 <Alt> 键，可在套索工具和多边形套索工具间切换。在绘制选区过程中，可随时按 <Alt> 键切换工具，从而创建出选区。

5.2.2 多边形套索工具创建选区

多边形套索工具对于绘制选区边框的直边线段十分有用。

选择多边形套索工具，并选择相应的选项。

在画面中单击以设置起点，拖曳鼠标到另外位置再次单击绘制直线线段；然后继续单击设置后续线段的端点。若要结束绘制，可随时双击。

绘制时，按 <Esc> 键可退出当前绘制状态。

TIPS

<Esc> 键退出的方式适用于选框类工具和套索类工具。

若要绘制一条角度为 45 度倍数的直线，请在移动时按住 <Shift> 键后单击。

若要抹除最近绘制的直线段，请按 <Delete> 键。

关闭选框，即闭合选区，方法如下。

将多边形套索工具放在起点上（此时工具会出现一个闭合的圆）并单击。

如果光标不在起点上，可双击多边形套索工具指针，或者按住 <Ctrl> 键（Windows）或 <Command> 键（Mac OS）并单击。

5.2.3 磁性套索工具创建选区

使用磁性套索工具时，边界会对齐图像中定义区域的边缘。磁性套索工具不可用于 32 位 / 通道的图像。

磁性套索工具特别适用于快速选择与背景对比强烈且边缘复杂的对象。

选择磁性套索工具后，注意设置下列任一选项。

宽度：若要指定检测宽度，请为“宽度”输入像素值。磁性套索工具只检测从指针开始指定距离以内的边缘。

若要更改套索指针以使其指明套索宽度，请按 <Caps Lock> 键。可以在已选定工具但未使用时更改指针。按右括号键（“]”）可将磁性套索边缘宽度增大 1 像素；按左括号键（“[”）可将宽度减小 1 像素。

对比度：若要指定套索对图像边缘的灵敏度，请在对比度中输入一个介于 1% 和 100% 之间的值。较高的数值将只检测与其周边对比鲜明的边缘，较低的数值将检测低对比度边缘。

频率：若要指定套索以什么频度设置紧固点，请为“频率”输入 0 到 100 之间的数值。较高的数值会更快地固定选区边框。

在边缘精确定义的图像上，可以试用更大的宽度和更高的边对比度，然后大致地跟踪边缘．在边缘较柔和的图像上，尝试使用较小的宽度和较低的边对比度，然后更精确地跟踪边框。

光笔压力：如果正在使用光笔绘图板，请选择或取消选择“光笔压力”选项。选中了该选项时，增大光笔压力将导致边缘宽度减小。

操作方法

在图像中单击，设置第一个定位点，该定位点将选框固定住。释放鼠标按钮，或按住不动，然后沿着要跟踪的边缘移动鼠标。Photoshop 会根据边缘自动创建选区。

刚绘制的选框线段保持为可用状态。当移动鼠标时，当前线段与图像中对比度最强烈的边缘（基于选项栏中的检测宽度设置）对齐。磁性套索工具定期将紧固点添加到选区边框上，以固定前面的线段。也可以手动添加。尤其在边框没有与所需的边缘对齐，则单击一次以手动添加一个紧固点。继续跟踪边缘，并根据需要添加紧固点。

在使用磁性套索工具时，要临时切换到其他套索工具，可执行下列任一操作。

若要启动套索工具，请按住 <Alt> 键（Windows）或 <Option> 键（Mac OS）并按住鼠标按钮进行拖曳。

若要启动多边形套索工具，请按住 <Alt> 键（Windows）或 <Option> 键（Mac OS）并单击。

若要抹除刚绘制的线段和紧固点，请按 <Delete> 键直到抹除了所需线段的紧固点。

闭合选区，方法如下。

若要用磁性线段闭合选区边框，请双击或按 <Enter> 或 <Return> 键。（若要手动关闭选区，请拖曳回起点并单击。）若要用直线段闭合边界，请按住 <Alt> 键（Windows）或 <Option> 键（Mac OS）并双击。

案例：借助选框工具修复画面

TIPS

借助选框和套索类工具，配合放大视图操作，快速建立大致选区；使用“内容识别”填充、污点修复工具、仿制图章工具修复画面；根据画面内容，灵活使用各种工具。

01 打开一张照片，画面中有些不需要的内容如人物，需要进行修复、去除。

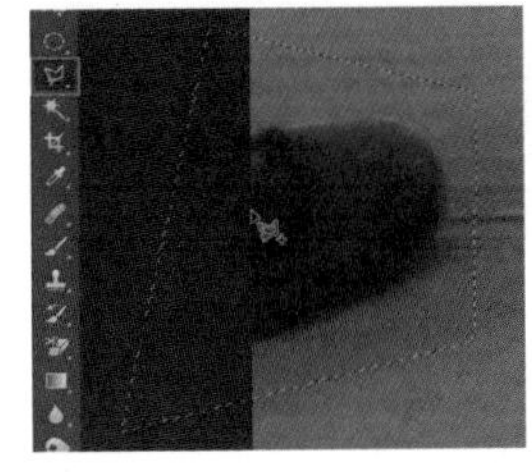

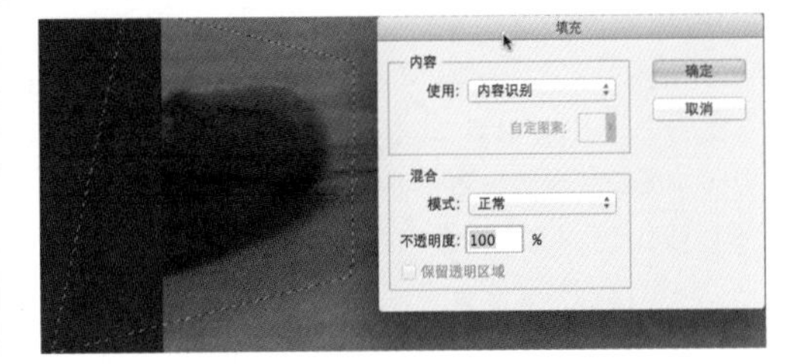

02 按 <Ctrl+ “+” > 组合键放大并平移到画面左下角“皮鞋”处，按 <Shift+L> 组合键切换到多边形套索工具，单击拖曳鼠标创建选区，选区区域要大于“皮鞋”区域。按 <Shift+Delete> 组合键或执行菜单：编辑 / 填充，使用“内容识别”进行填充。

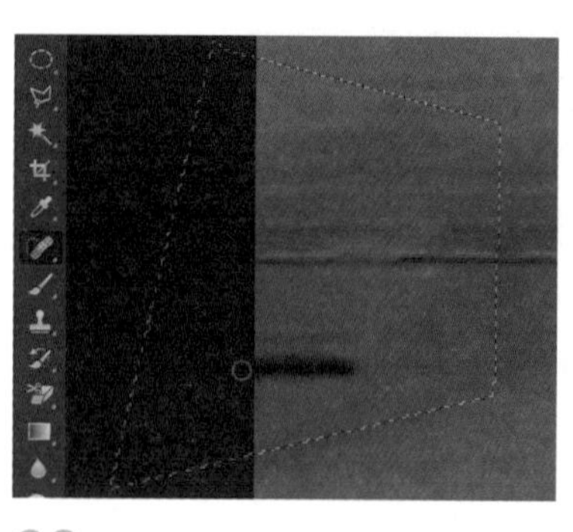

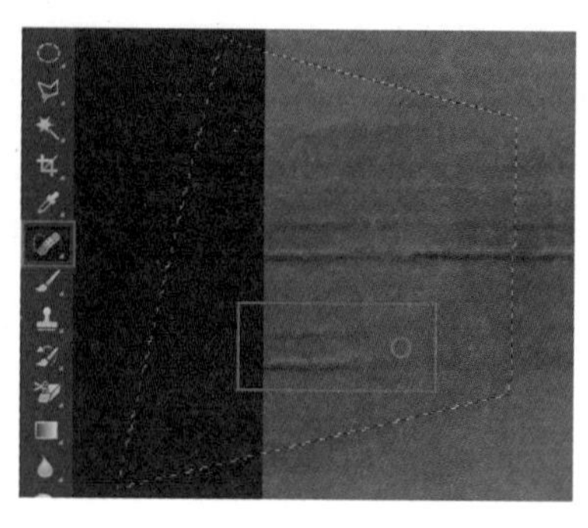

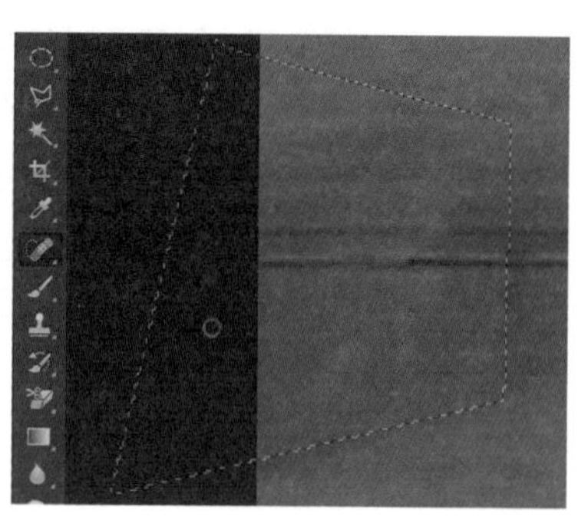

03 填充后，画面中还有两道瑕疵。按<J>键切换到污点修复工具，按“[”和“]”键调整笔头大小，是笔头大小略大于瑕疵部分。按住鼠标并涂抹瑕疵区域，完全覆盖后松开鼠标，修复瑕疵。修复时，随时按<Ctrl+1>组合键回到实际像素尺寸下，查看修复效果。

TIPS

根据选区的不同，填充的结果会有差别，因此在操作时要根据实际结果来做不同调整。但是使用的方法和过程是相同的。

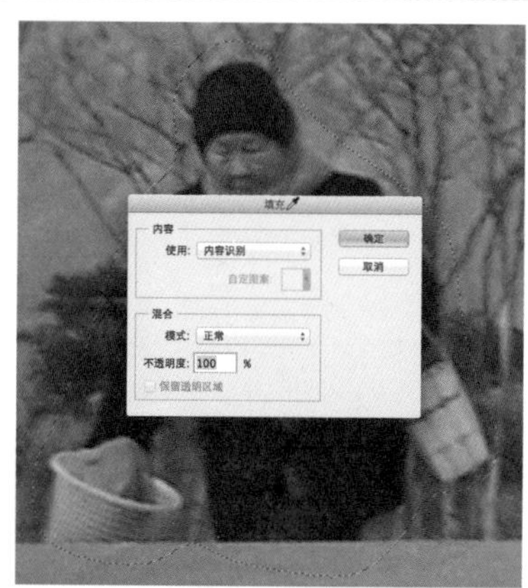

04 放大到画面左侧“老奶奶”处，按<L>键切换到套索工具，沿着形体边缘勾勒出大致选区。选区区域要略大于人物的区域。按<Shift+Delete>组合键或执行菜单：编辑 / 填充，使用“内容识别”进行填充。

05 填充之后，有些内容需要继续修复。按<Shift+L>组合键切换到多边形套索工具，创建选区。注意底部台阶处要按照台阶的形状来创建。

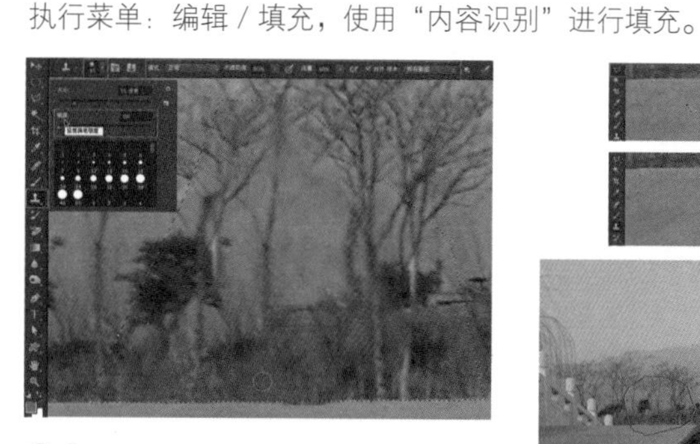

06 按<S>键切换到仿制图章工具，按<Alt>键取样，然后松开<Alt>键在需要恢复的地方进行涂抹。此步操作需要细心。注意这些参数设置：在选项栏处调整不透明度到80%或按数字键“8”；按“[”和“]”键调整笔头大小；画笔硬度设置为0；根据画面内容在周边设置不同的取样点来修复。如果结果不满意，可随时按<Ctrl+Z>组合键或<Ctrl+Alt+Z>组合键撤销操作，重新取样修复。

07 修复桥面部分。按<L>键（或<Shift+L>）切换到多边形套索工具，沿着台阶绘制多边形选区。按<S>键切换到仿制图章工具，按<Alt>键在桥面上取样，使用较大的笔头，将桥面快速修复。

08 按<Ctrl+1>组合键回到实际像素尺寸下，查看修复的结果。接下来修复亭子内的“人物”。

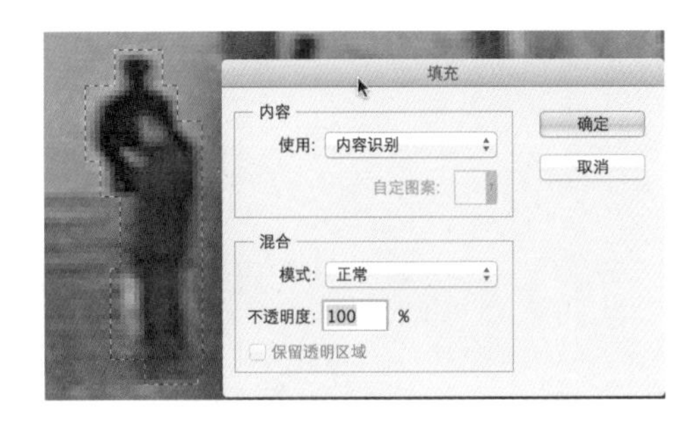

09 放大画面到亭子处，按 <M> 键切换到矩形选框工具，按住 <Shift> 键以添加选区的方式，将“人物”区域框选，同样创建的选区要略大于人物区域。用这种方式创建选区会非常快，在实际工作中可提高工作效率。要注意放大画面才能更准确更快速创建选区。

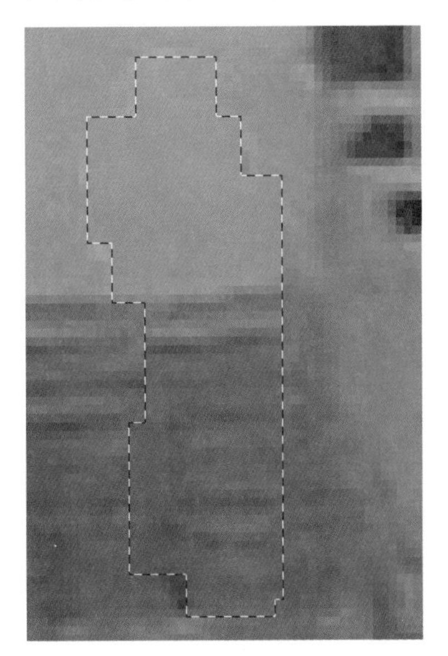

10 按 <Shift+Delete> 组合键或执行菜单：编辑 / 填充，使用“内容识别”填充画面。按 <Ctrl+1> 组合键查看结果，发现得到的填充结果非常不错，就不用再修复。

11 按 <C> 键切换到裁剪工具，将画面右侧“手”的部分裁剪掉。

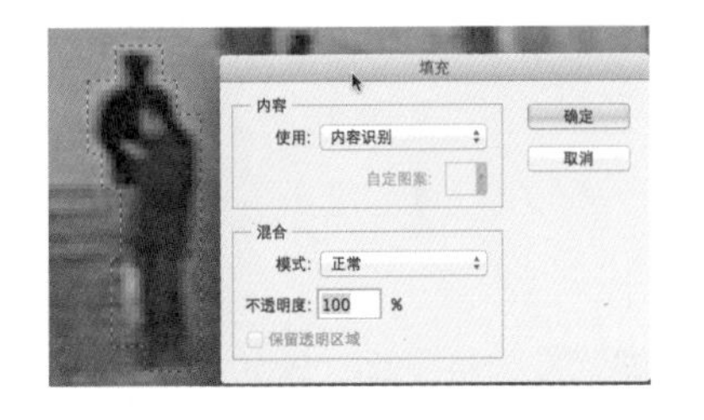

12 放大并平移画面到右下角，按 <L> 键切换到多边形套索工具，创建多边形选区框选出右下角的“衣服”区域。按 <Shift+Delete> 组合键或执行菜单：编辑 / 填充，使用“内容识别”填充。

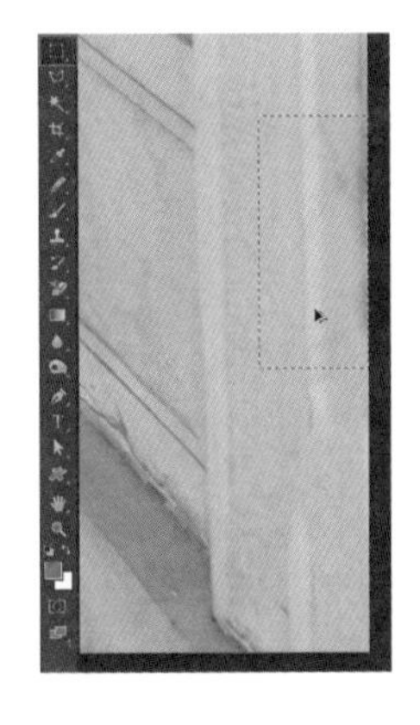

13 填充之后还要进行修复。按 <M> 键切换到矩形选框工具，沿着柱子的形状创建矩形选区。创建时随时按住空格键来确保矩形选区左侧的垂直线段尽量与柱子的边缘吻合。

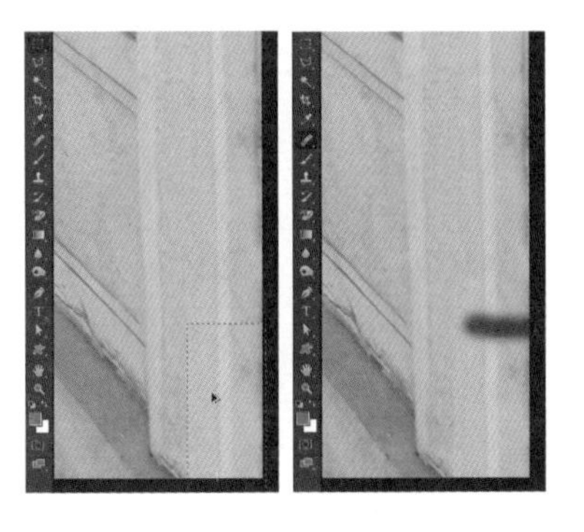

14 按住 <Ctrl> 和 <Alt> 键复制并拖曳选区内容，根据需要可复制多次，最终将柱子延伸下来。按 <J> 键切换到污点修复工具，将复制后画面中的横向瑕疵修复掉。

15 按<Ctrl+0>组合键返回到适合屏幕显示状态，查看最终修复的效果。

总结

通过该案例，了解了如何使用选框类工具和套索类工具。

实际使用中要注意各种工具间的快速切换，每个工具的快捷键方式，借助 <Alt> 键切换；选区大小、精细程度与下一步的操作要匹配。

创建选区前要判断需要怎样的选区，使用何种工具创建。需要选区精确的时候，就必须要精确；需要一个大致选区的时候，就快速去创建。

创建选区是一项综合工作，不光要了解创建选区的方法，还要熟悉结合其他功能的要点，如内容识别填充、污点修复工具等。只有深入熟练地掌握 Photoshop 所有功能，才能让创建选区变成一项容易的工作。

5.3 选区基本操作

创建完选区后，针对现有选区的基本操作，如取消选区、选区变换等，大多可通过“选择”菜单及配合快捷键来实现。通常对选区进行一些操作，还能实现很多复杂效果，如在抠像时借助缩小、羽化等操作可实现对于复杂带有羽化边缘（类似头发）的选区控制。

5.3.1 全选

全选即全部选中当前图层上的全部内容。对于图层上有半透明信息的，使用全选可确保选中图层上所有信息。

操作方法：

先选中某个图层，再按 <Ctrl+A> 组合键或执行菜单：选择 / 全部，即可。

常用操作：选中某个图层，按 <Ctrl+A> 组合键全选，再按 <Ctrl+C> 组合键复制，选中其他文件，按 <Ctrl+V> 组合键粘贴前面复制的内容到新文件中。

选择 滤镜 3D 视图
全部 ⌘A
取消选择 ⌘D
重新选择 ⇧⌘D
反向 ⇧⌘I

5.3.2 反向

反向命令（<Ctrl+Shift+I>）就是反向选择，可选择当前图像中未被选择的区域。

操作方法：

先创建选区，再按 <Ctrl+Shift+I> 组合键或执行菜单：选择 / 反向，将当前选区反向。

反向与反相

在 Photoshop 中还有个命令叫反相（菜单：图像 / 调整 / 反相），该命令可反转图像中的颜色，而不是选区。

反相与反向容易浑淆的地方是快捷键非常相近，反相的快捷键是 <Ctrl+I>。实际操作中为避免误差，在执行反向操作时，可先按 <Ctrl+Shift> 组合键，再按 <I> 键。

TIPS

在选中图层蒙版时，按 <Ctrl+I> 组合键可反相图层蒙版的黑白值。因为图层蒙版即是选区，反相蒙版就是进行反向选区的操作。

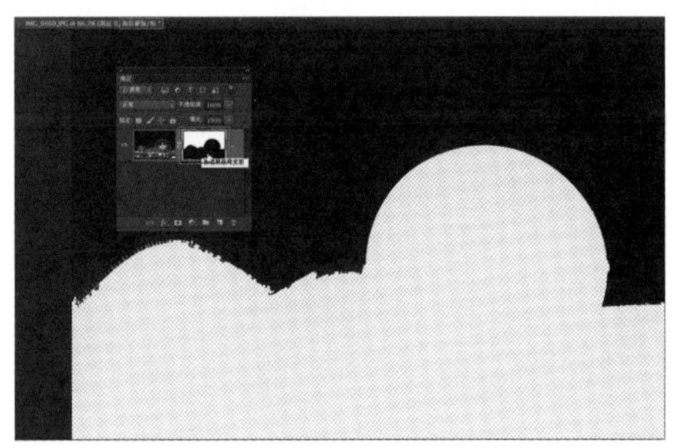

5.3.3 取消选择与重新选择

创建选区后，按 <Ctrl+D> 组合键或执行菜单：选择 / 取消选择，可取消当前选区。

还可以借助选择工具取消选区。在当前选区区域以外的任何地方，使用除快速选择工具外的任一选择工具（如选框类工具等），单击鼠标即可取消选区。

TIPS

该方法是在选择工具处在默认状态下，即创建模式为：新选区模式下。

TIPS

Photoshop 的默认状态下，快速选择工具的创建模式为：添加选区。如修改为：新选区模式，则也可使用快速选择工具取消选区。

取消选择操作，在实际工作中常常会被遗漏掉。这会让下一步的操作被约束在选区中，在选区以外区域无法使用，如用画笔工具绘制等。如果不需要选区时，要记得按 <Ctrl+D> 组合键取消选区，以免影响下一步操作。

重新选择：

取消选择后，可按 <Ctrl+Shift+D> 组合键或执行菜单：选择 / 重新选择。

恢复最近一次创建的选区，可不管中间进行了其他操作。如取消选择后，又进行了移动、变换等操作（只要不是创建选区操作），都可以按 <Ctrl+Shift+D> 组合键恢复选区。

可借助历史面板去尝试恢复几个选区。但这要视操作步数来决定是否能恢复。

若要实现随时的恢复选区，需要借助“存储选区”命令。

5.3.4 存储选区

执行菜单：选择 / 存储选区，可将当前选区存储到通道中。存储选区到通道后，只要保存为支持 Alpha 通道的文件格式如 PSD 和 TIFF 等，随时打开文件可调用该选区。

按住 <Ctrl> 键单击通道缩略图，可快速加载选区。

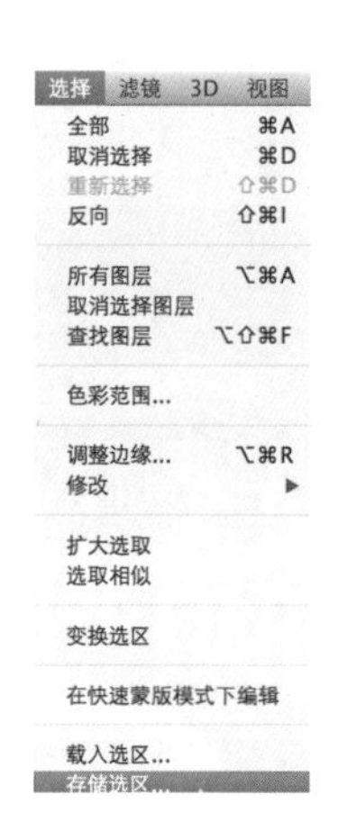

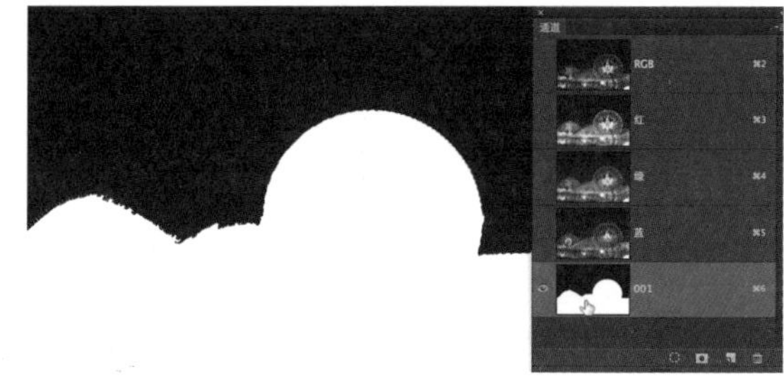

5.3.5 载入选区

执行菜单：选择 / 载入选区，可加载通道或蒙版到选区。

实际工作中，通常会借助 <Ctrl> 键、<Alt> 键和 <Shift> 键来实现加载选区时的运算。

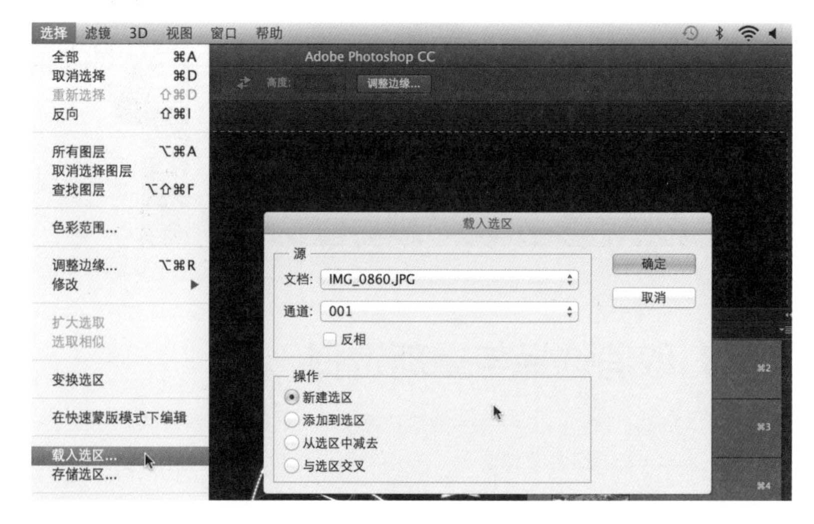

按 <Ctrl> 键加载通道或蒙版内容为新选区。

按 <Ctrl+Shift> 组合键单击通道或蒙版缩略图，可将当前通道或蒙版内容添加到当前选区中。

按 <Ctrl+Alt> 组合键单击通道或蒙版缩略图，可将当前通道或蒙版内容从当前选区中减去。

按 <Ctrl+Shift+Alt> 组合键单击通道或蒙版缩略图，可将当前通道或蒙版内容从当前选区中交叉。

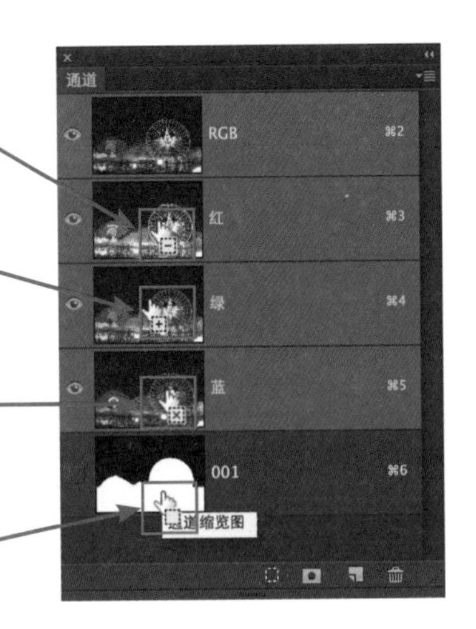

5.3.6 拖曳选区到其他文件中

首先使用双联垂直显示的排列方式显示两个文件。选中任一选择工具，将鼠标移至选区内部，按住鼠标拖曳选区到另外文件中，松开鼠标即可。

拖曳选区时，按 <Shift> 键可原位放置选区。

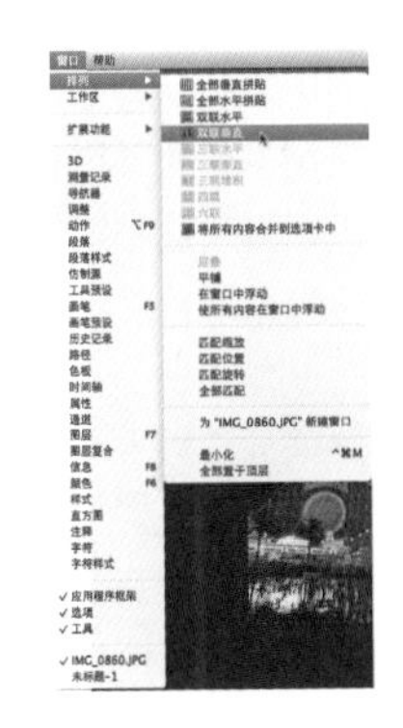

5.3.7 隐藏选区边缘 / 显示额外内容

选区边缘的“蚂蚁线”显示，有时会影响操作时的判断与感受。因此要隐藏选区显示，进行操作。

按 <Ctrl+H> 组合键或取消菜单：视图 / 显示额外内容的勾选状态，可隐藏当前选区边缘显示。

还可以单独取消菜单：视图 / 显示 / 选区边缘，取消勾选状态。

TIPS

额外内容包括了参考线、网格、选区边缘、切片和文本基线这些非打印额外内容。

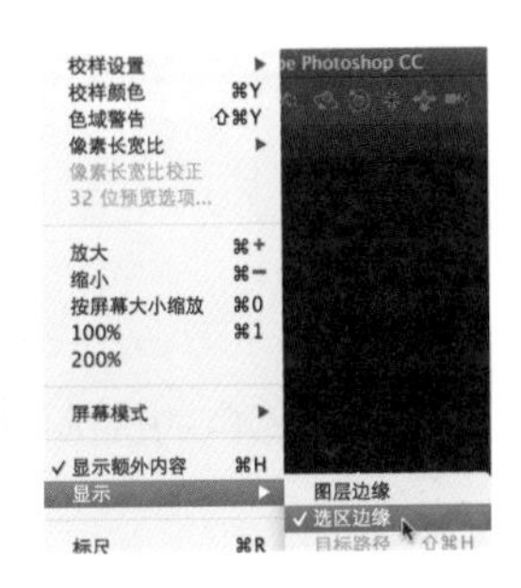

5.3.8 变换选区

执行菜单：选择 / 变换选区，可对当前选区进行自由变换，不会对图层内容产生任何影响。

使用“变换选区”也可实现对选区的放大和缩小等修改处理。

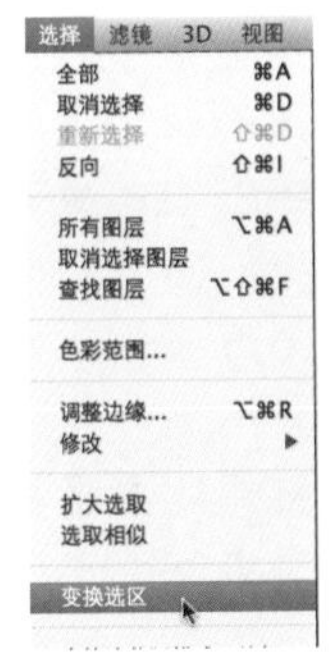

5.3.9 修改选区

按特定数量的像素扩展或收缩选区

首先使用选区工具建立选区。

执行菜单：选择 / 修改 / 扩展或收缩。

对于“扩展量”或“收缩量”，输入一个 1 到 100 之间的像素值，然后单击“确定”按钮。

边框按指定数量的像素扩大或缩小。（选区边界中沿画布边缘分布的任何部分不受扩展命令影响）

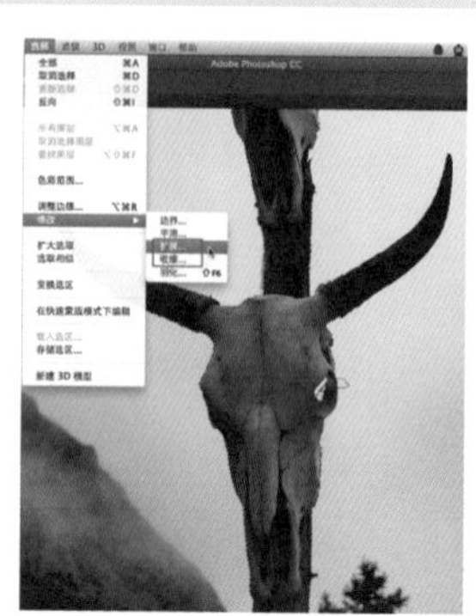

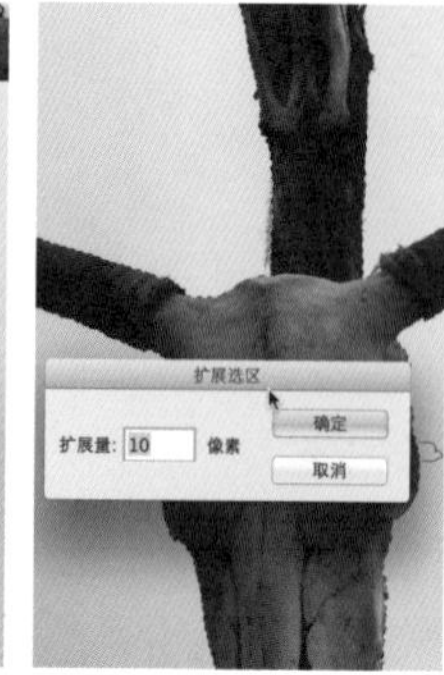

在选区边界周围创建一个选区

“边界”命令可让您选择在现有选区边界的内部和外部的像素的宽度。当要选择图像区域周围的边界或像素带，而不是该区域本身时（例如清除粘贴的对象周围的光晕效果），此命令将很有用。

如图所示，原始选区（左图）和使用“边界”命令（值为 5 像素）之后的选区（右图）。

使用选区工具建立选区，方法如下。

执行菜单：选择 / 修改 / 边界，为选区边界宽度输入一个 1 到 200 之间的像素值，然后单击“确定”按钮。

新选区将为原始选定区域创建框架，此框架位于原始选区边界的中间。例如，若边框宽度设置为 20 像素，则会创建一个新的柔和边缘选区，该选区将在原始选区边界的内外分别扩展 10 像素。

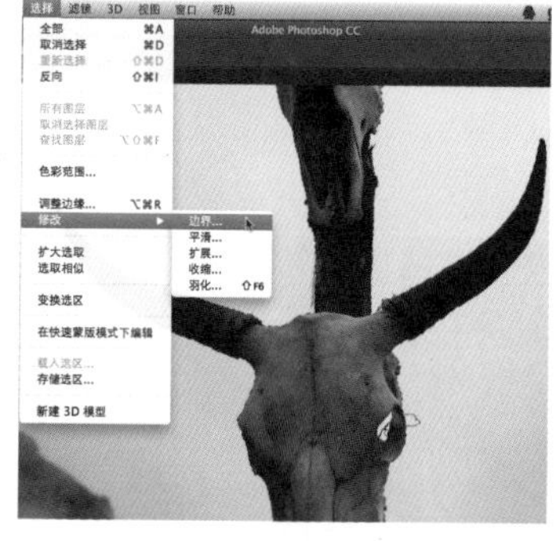

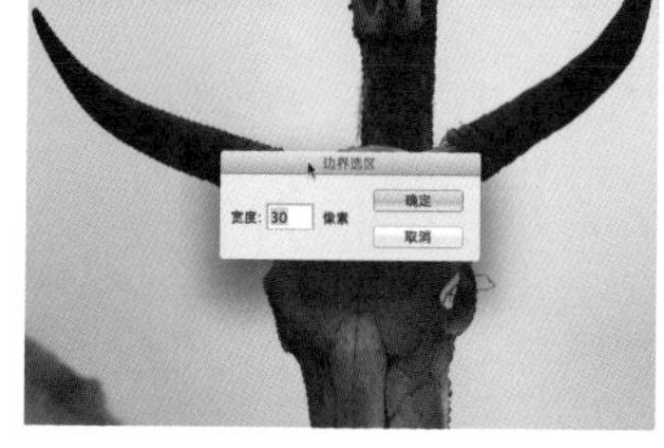

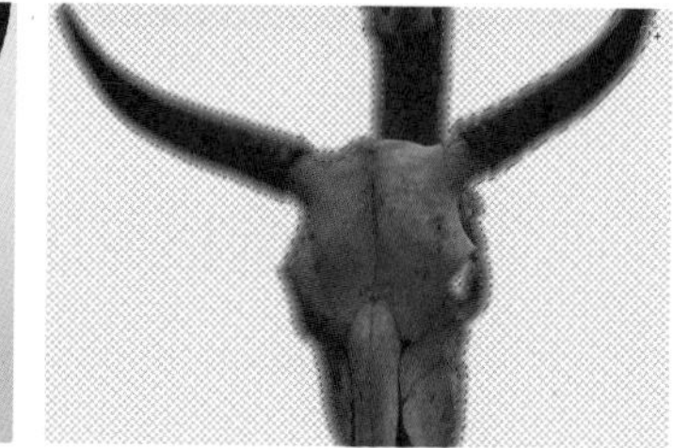

清除基于颜色的选区中的杂散像素

创建选区，执行菜单：选择 / 修改 / 平滑，对于“取样半径”，输入 1 到 100 之间的像素值，然后单击“确定”按钮。

对于选区中的每个像素，Photoshop 将根据半径设置中指定的距离检查它周围的像素。如果已选定某个像素周围一半以上的像素，则将此像素保留在选区中，并将此像素周围的未选定像素添加到选区中。如果某个像素周围选定的像素不到一半，则从选区中移去此像素。整体效果是将减少选区中的斑迹以及平滑尖角和锯齿线。

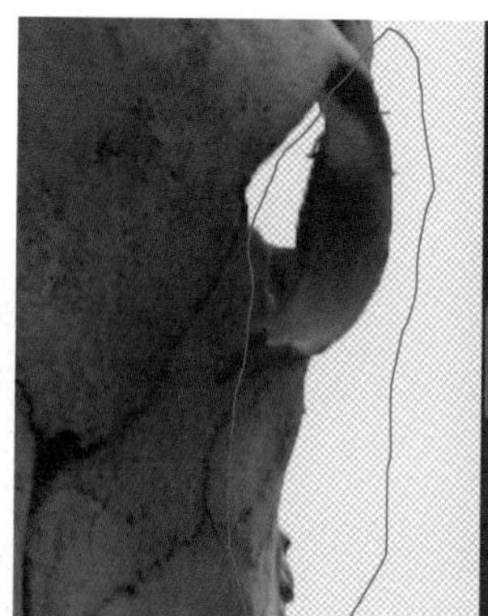

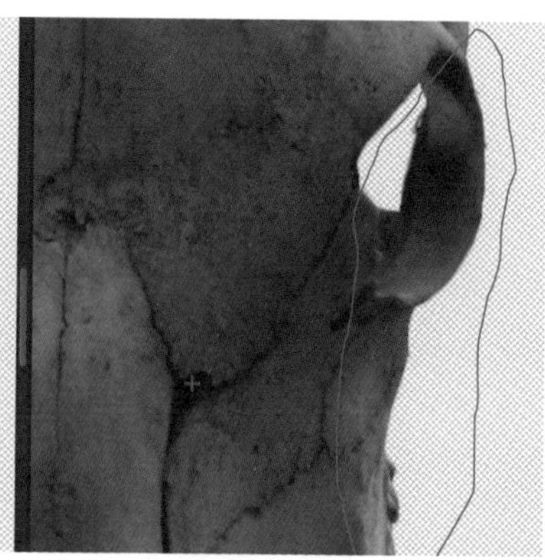

使用“平滑”命令的前后对比。

为选区定义羽化边缘

创建选区前定义羽化边缘：

选择任一套索或选框工具，在选项栏中输入“羽化”值。此值定义羽化边缘的宽度，范围可以是 0 到 250 像素。

为现有选区定义羽化边缘：

执行菜单：选择 / 修改 / 羽化或按 <Shift+F6> 组合键，输入“羽化半径”的值，然后单击“确定”按钮。

TIPS

如果选区小而羽化半径大，则小选区可能变得非常模糊，以致于看不到并因此不可选。如果看到“选中的像素不超过 50%”信息，请减少羽化半径或增大选区的大小。或单击“确定”按钮以接受采用当前设置的蒙版，并创建无法看到其边缘的选区。

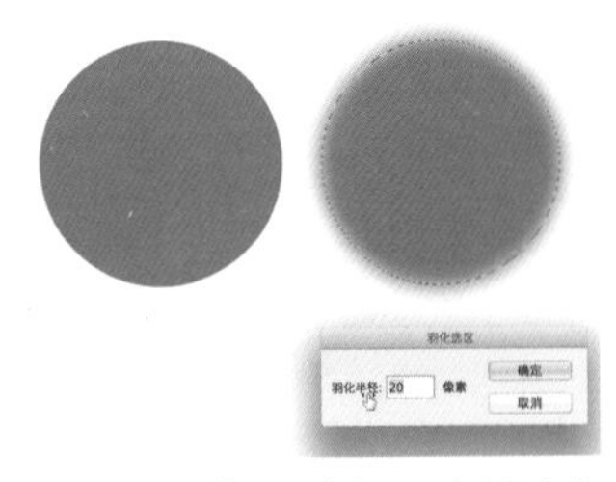

使用“羽化”命令创建选区，并进行颜色填充的前后对比。

从选区中移去边缘像素

减少选区上的边缘：

执行菜单：图层 / 修边 / 去边，在“宽度”框中输入一个值，以指定要在其中搜索替换像素的区域。大多数情况下，1 或 2 像素就足够了，单击“确定”按钮。

从选区中移去杂边：

执行菜单：图层 / 修边 / 移去黑色杂边或图层 / 修边 / 移去白色杂边。

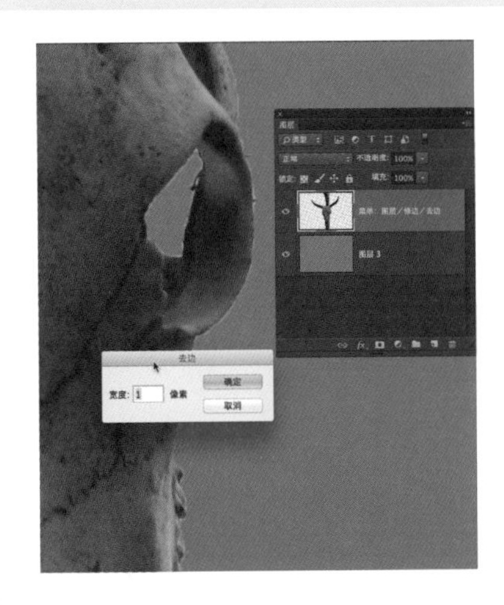

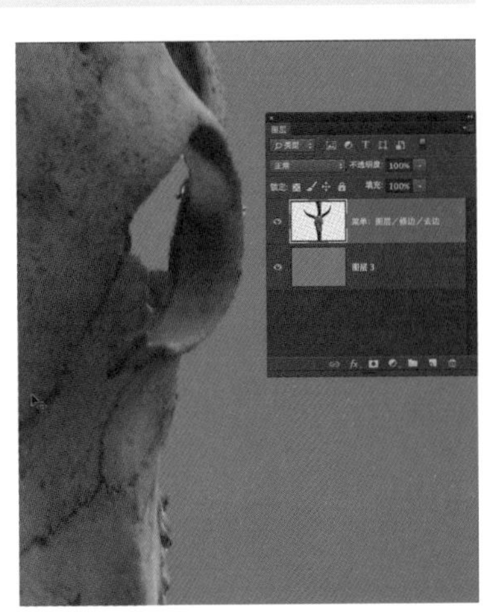

当移动或粘贴消除锯齿选区时，选区边框周围的一些像素也包含在选区内。这会在粘贴选区的边缘周围产生边缘或晕圈。菜单：图层 / 修边命令可以移除不想要的边缘像素。

“颜色净化”将边像素中的背景色替换为附近完全选中的像素的颜色。

“去边”命令将边像素的颜色替换为距离不包含背景色的选区的边缘较远的像素的颜色。

如果以黑色或白色背景为对照来消除选区的锯齿，并且您想要将该选区粘贴到不同的背景，“移去黑色杂边”和“移去白色杂边”将十分有用。例如，在白色背景上消除了锯齿的黑色文本的边缘会有灰色像素，在彩色背景上将可以看见这些像素。

您也可以通过使用“图层样式”对话框中的“高级混合”滑块移去边缘区域，从图层中移去区域或使区域变得透明。这将使黑色或白色区域透明。按住 <Alt> 键（Windows）或 <Option> 键（Mac OS）并单击滑块以将其分开；分开滑块使您可以移去边缘像素并使边缘保持平滑。

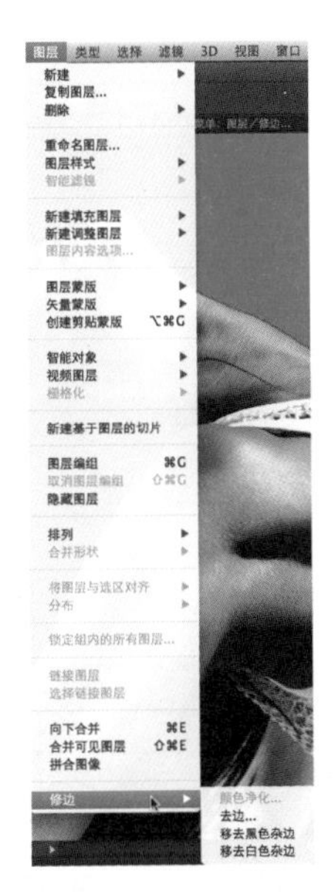

TIPS

对于复杂的选区很难移除杂边，如头发等，可以先缩小选区，适当进行羽化，再反选，按 <Delete> 键删除。

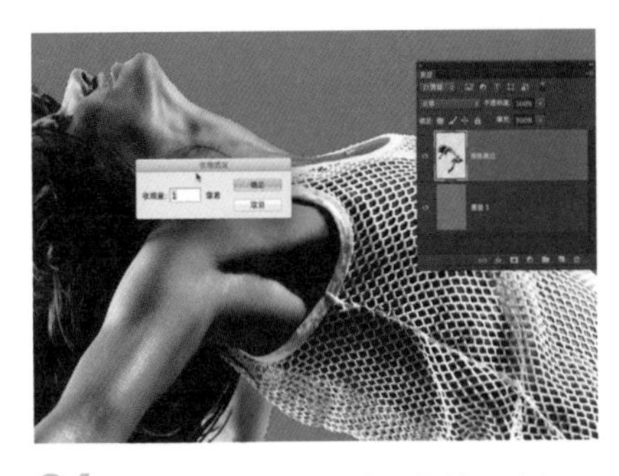

01 创建人物选区后，执行菜单：选择 / 修改 / 收缩，设置收缩值：1。

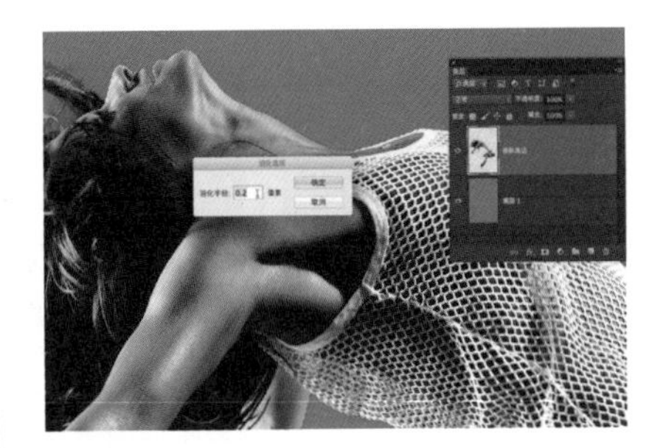

02 执行菜单：选择 / 修改 / 羽化，设置羽化值：0.2。

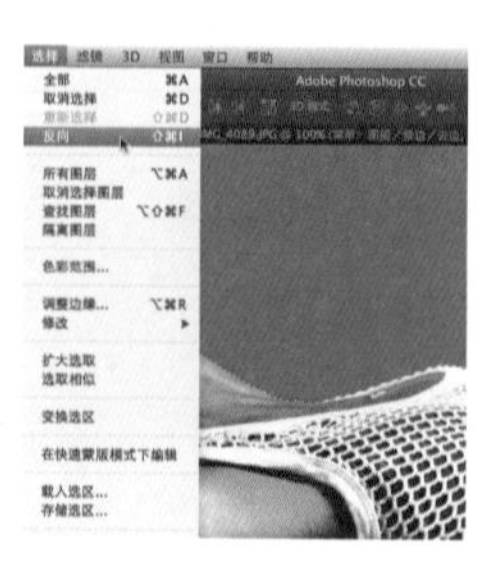

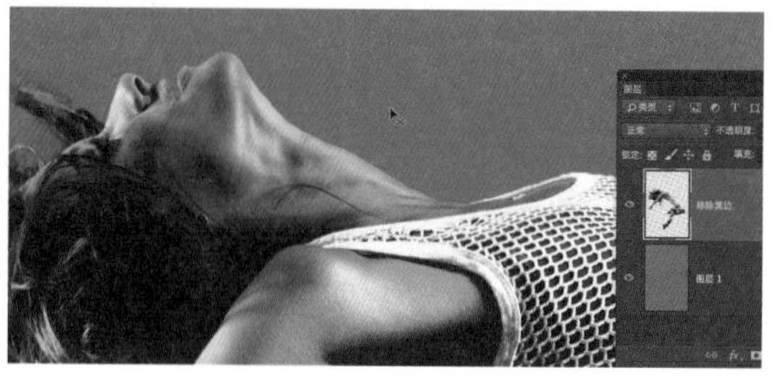

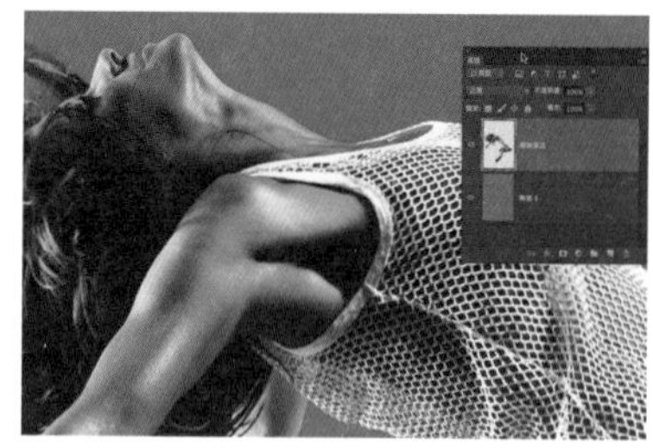

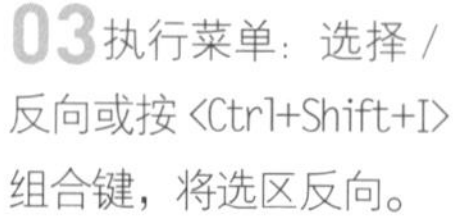

03 执行菜单：选择 / 反向或按 <Ctrl+Shift+I> 组合键，将选区反向。

04 按 <Ctrl+H> 组合键隐藏选区，按 <Delete> 键删除。

05 删除后的最终结果。

5.3.10 扩大选取 / 选取相似

通过扩大选取和选取相似，来扩展选区以包含具有相似颜色的区域。

执行菜单：选择 / 扩大选取，以包含所有位于“魔棒”选项中指定的容差范围内的相邻像素。

执行菜单：选择 / 选取相似，以包含整个图像中位于容差范围内的像素，而不只是相邻的像素。

若要以增量扩大选区，请多次选取上述任一命令。

TIPS

无法在位图模式的图像或 32 位 / 通道的图像上使用“扩大选取”和“选取相似”命令。

5.4 “强攻”钢笔工具

任何一个 Photoshop 使用者都离不开钢笔工具，因为只有钢笔工具可以做到完全准确地绘制出所需要的外形。虽然很多时候会觉得使用钢笔工具非常地“费神费时”，但其实钢笔工具是参数设置最简单，使用思路最明确的一种工具。这也是本节中为什么命名为“强攻”钢笔工具的原因。使用者尤其初学者必须在钢笔工具上多花费些气力，熟练掌握如何使用钢笔工具绘制路径，修改、编辑路径。

5.4.1 钢笔工具分类

标准钢笔工具 (P 键) 可用于绘制具有最高精度的图像；自由钢笔工具可用于像使用铅笔在纸上绘图一样来绘制路径；磁性钢笔选项可用于绘制与图像中已定义区域的边缘对齐的路径。可以组合使用钢笔工具和形状工具以创建复杂的形状。使用标准钢笔工具时，选项栏中提供了以下选项。

“自动添加 / 删除”选项，此选项可在单击线段时添加锚点，或在单击锚点时删除锚点。

“橡皮带”选项，此选项可在移动鼠标时预览两次单击之间的路径段。

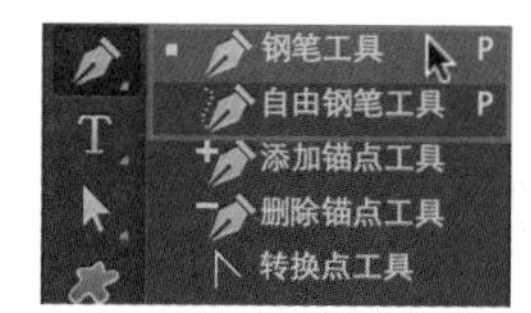

钢笔工具创建选区的过程

使用钢笔工具绘制　创建路径并保存　路径转选区

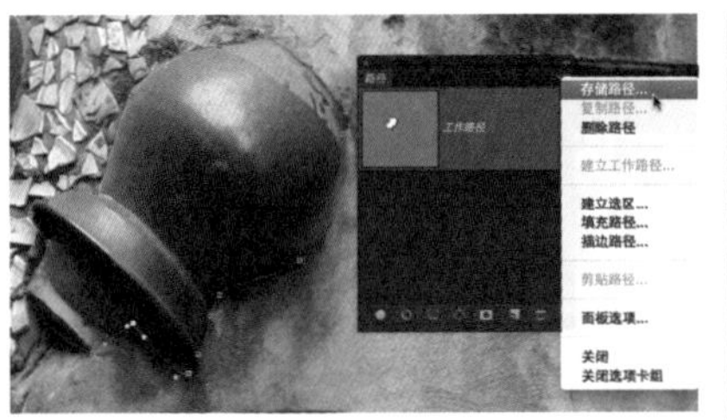

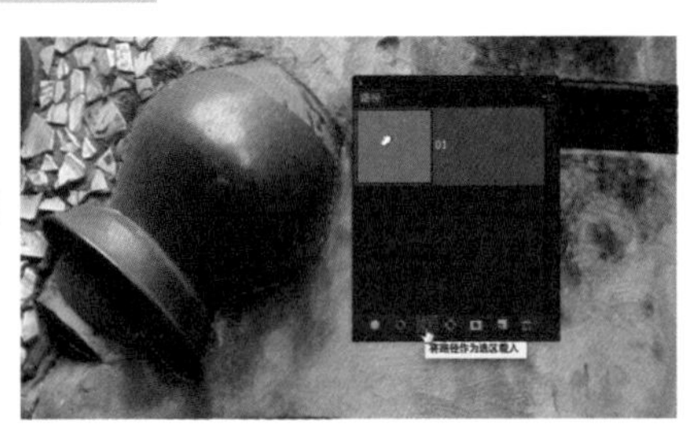

钢笔工具的几个要点

钢笔工具是基于矢量的创建工具。不同于 Photoshop 其他工具根据像素来操作。路径（即矢量线段）是通过两个锚点和两个锚点上的控制把柄来决定曲线的形状。改变锚点的位置和调整控制把柄是改变路径的方法，学习的重点也是这两方面。

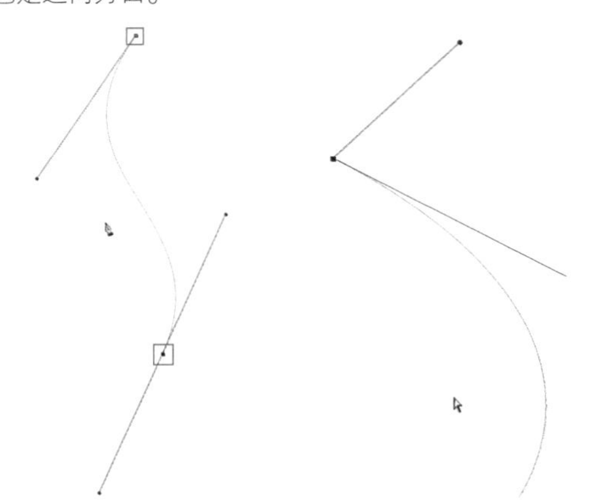

钢笔工具绘制的路径，会临时以“工作路径”的方式暂存在路径面板，然后在路径面板将路径转为选区或按 <Ctrl+Enter> 组合键转换。

TIPS

若要保存该路径，需在路径面板执行菜单：存储路径。

由于钢笔工具基于矢量，因此任何只针对路径的放大和缩小等操作，不会改变路径本身的平滑度。

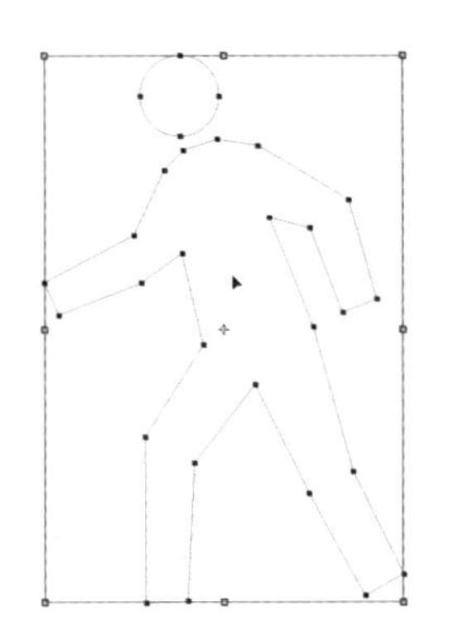

01 选中路径，按 <Ctrl+T> 组合键对路径执行自由变换。

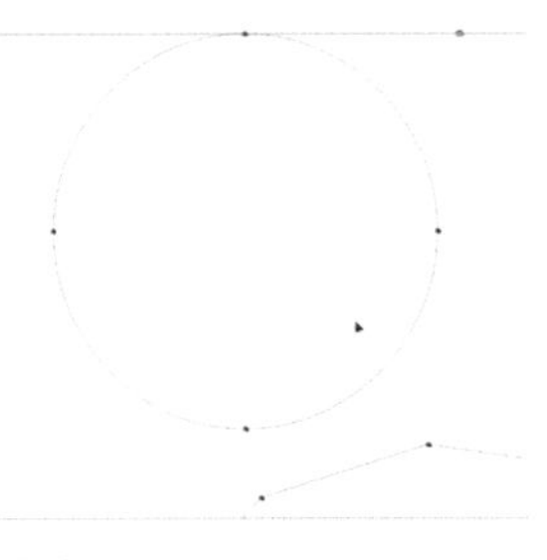

02 无论放大多少倍，路径不会如像素般变成马赛克，依然能保持光滑的曲线。

路径选择工具和直接选择工具：

路径选择工具选中路径上所有锚点；直接选择工具可通过框选或按住 <Ctrl> 键选中多个锚点。

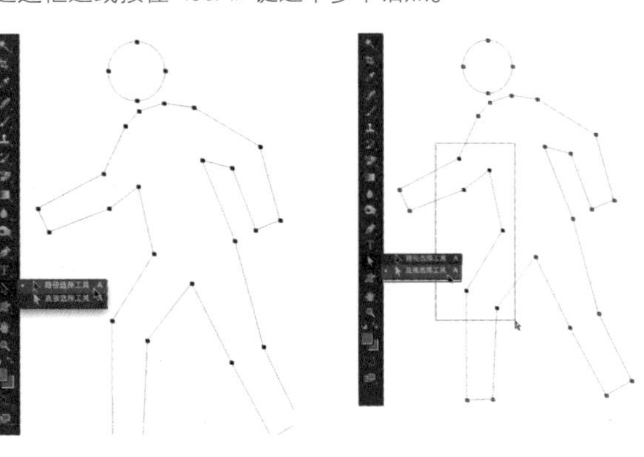

5.4.2 光标提示

使用钢笔工具绘制时，鼠标的不同指向及操作，在画面中会有不同的光标提示。光标的改变即代表功能的转变，因此需要首先了解各个光标的提示。

开始绘制时的光标。即绘制新路径。

继续创建新的锚点。

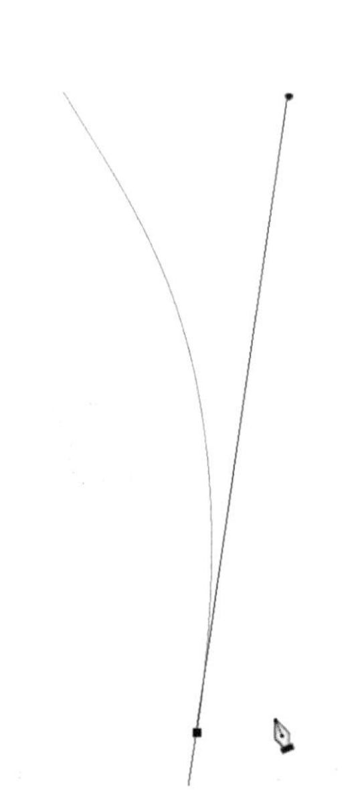

在已有路径上继续绘制。

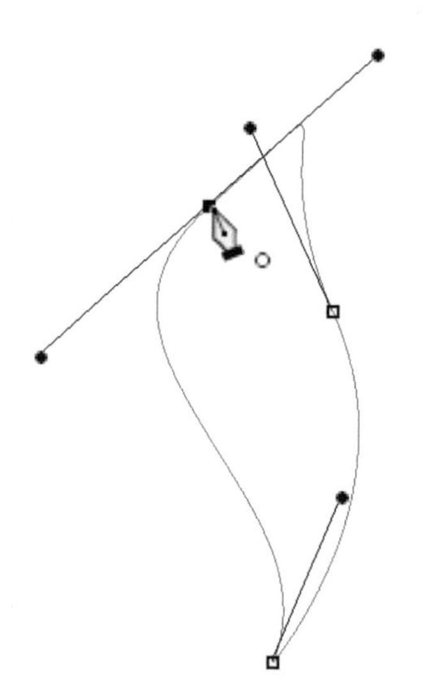

闭合路径光标。

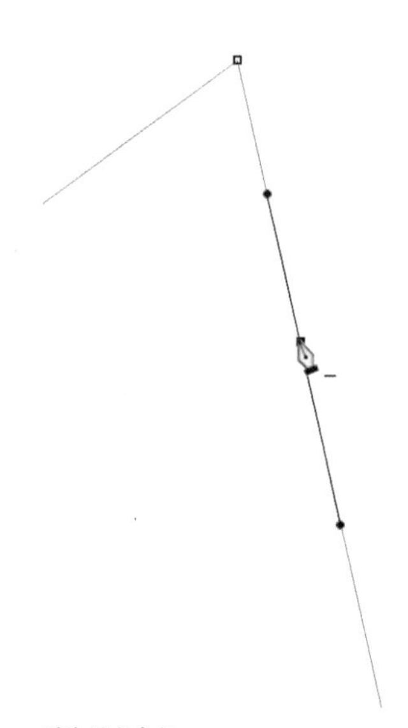

删除锚点光标。

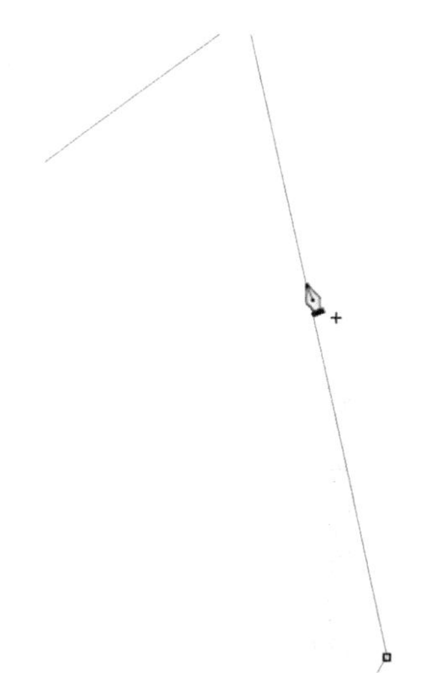

添加锚点光标。

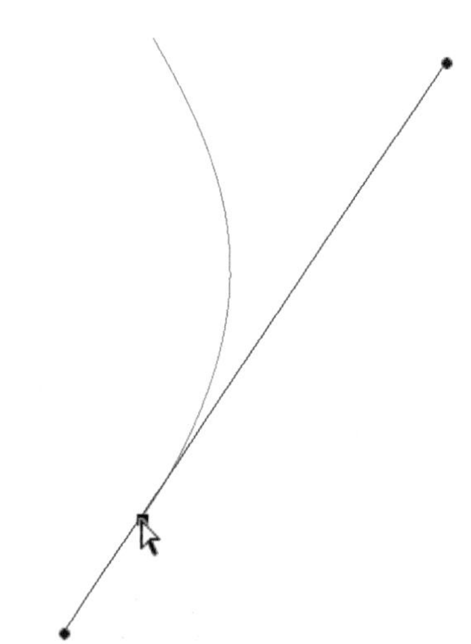

直接选择工具，可单独移动某个锚点。

拖曳控制把柄时的光标。

转换工具光标，可将直线段改为曲线，也可将曲线转换为直线段。

频繁地切换工具，会给绘制路径带来极大的麻烦。实际工作中，常常选中“钢笔工具”，配合 <Ctrl>、<Alt> 功能键来绘制并编辑、修改路径，此时就要特别留意光标的提示。

接下来就具体介绍如何使用钢笔工具绘制路径。

5.4.3 使用钢笔工具绘制路径

按 <P> 键或在工具箱中选中钢笔工具，在上方选项栏处设置工作模式为：路径，接下来开始绘制路径。

绘制直线线段

使用钢笔工具，将鼠标移至画面，单击创建第一个锚点，再到其他位置上单击创建第二个锚点，这样就创建出一条直线段。可继续单击创建锚点。

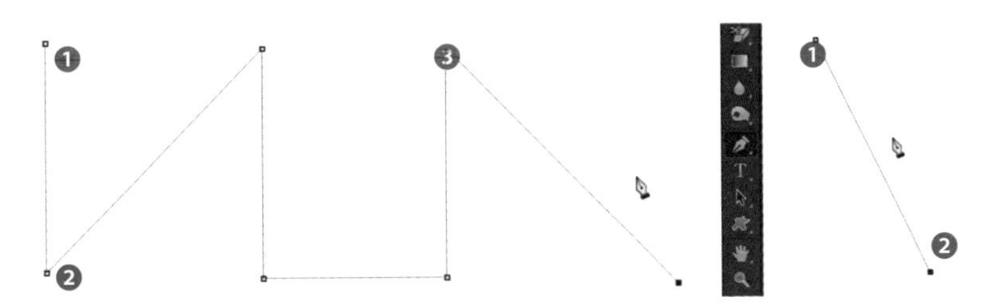

使用钢笔工具，单击 1 的位置，再单击 2 的位置，创建直线段。按住 <Shift> 键单击可创建出水平、垂直和 45 度的线段。

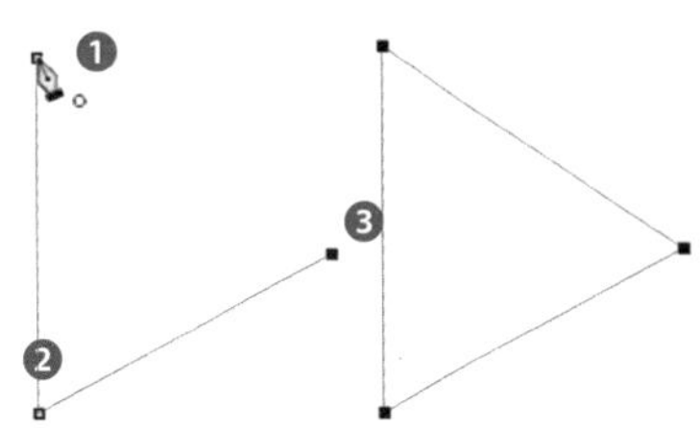

使用钢笔工具，单击 1 的位置，按住 <Shift> 键再单击 2 的位置，创建垂直线段。松开 <Shift> 键再单击 3 处，最后将鼠标移至 1 处，光标变成闭合路径，单击闭合路径，创建三角形路径。

TIPS

使用钢笔工具绘制时，随时按 <Ctrl> 键单击空白处，可结束当时绘制状态。松开鼠标可绘制新的路径。若要从已结束状态下，继续开始绘制，需要将鼠标移至锚点处，待光标显示为继续绘制状态时单击鼠标，然后再继续绘制。

绝大多数工具，按 <Ctrl> 键时可切换到移动工具或直接选择工具，这样省去切换工具使操作更加便捷、顺畅。

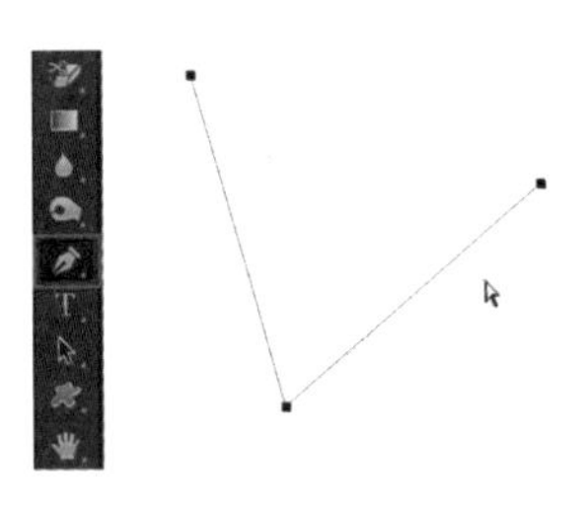

01 使用钢笔工具绘制过程中，随时按 <Ctrl> 键在空白处单击。

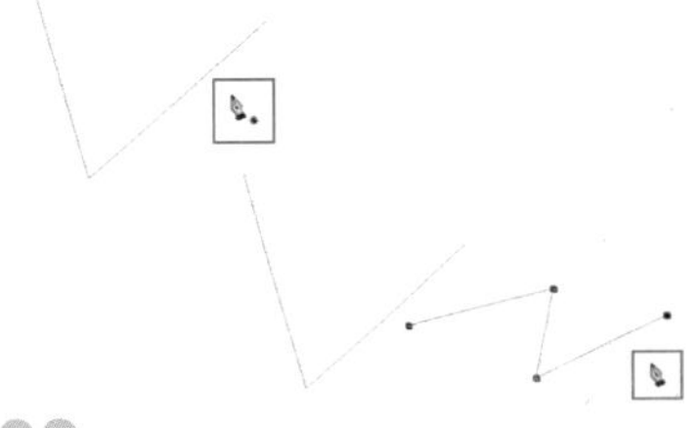

02 停止当前绘制状态，松开鼠标可重新开始绘制新路径。

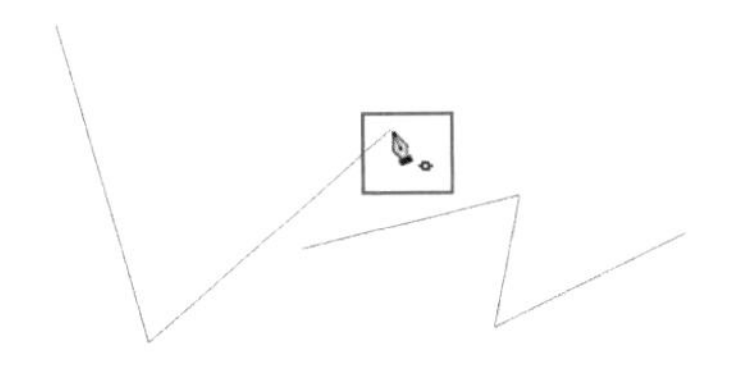

03 将鼠标移至先前绘制的路径某个锚点上，待鼠标变成重新绘制光标后，单击鼠标。

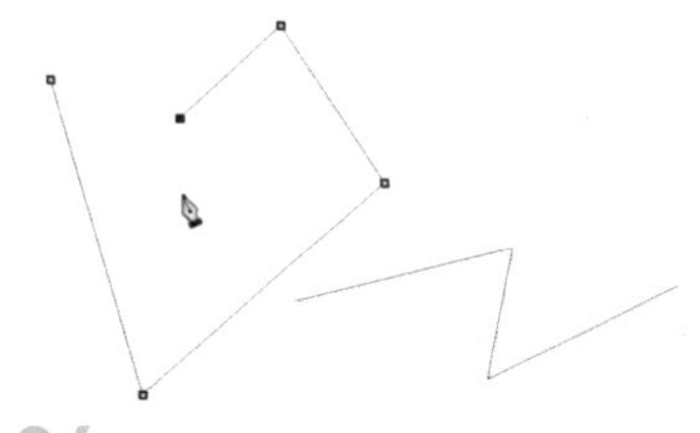

04 继续绘制路径。

曲线线段

使用钢笔工具绘制曲线、连续曲线、S 形、圆形等路径，创建方式相同，按住鼠标不放并拖曳创建带控制把柄的锚点，然后松开鼠标继续创建新的锚点，即可绘制曲线。

绘制曲线

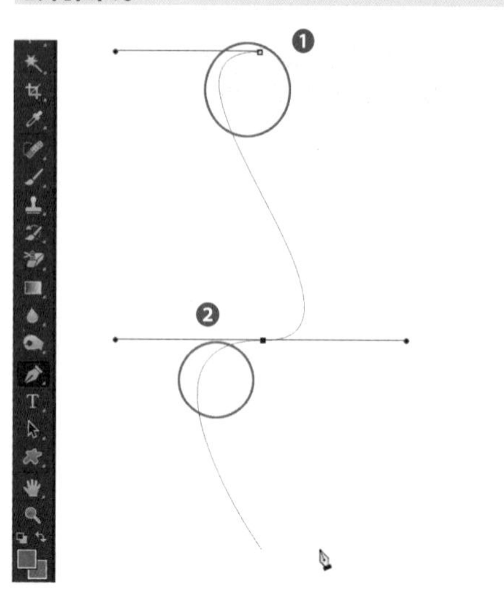

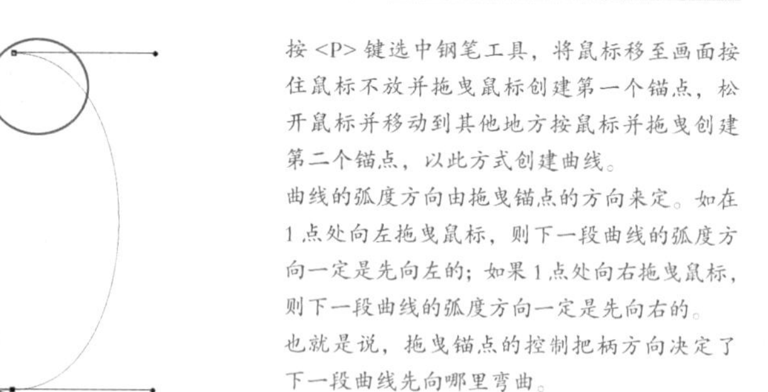

按 <P> 键选中钢笔工具，将鼠标移至画面按住鼠标不放并拖曳鼠标创建第一个锚点，松开鼠标并移动到其他地方按鼠标并拖曳创建第二个锚点，以此方式创建曲线。

曲线的弧度方向由拖曳锚点的方向来定。如在 1 点处向左拖曳鼠标，则下一段曲线的弧度方向一定是先向左的；如果 1 点处向右拖曳鼠标，则下一段曲线的弧度方向一定是先向右的。

也就是说，拖曳锚点的控制把柄方向决定了下一段曲线先向哪里弯曲。

绘制圆形

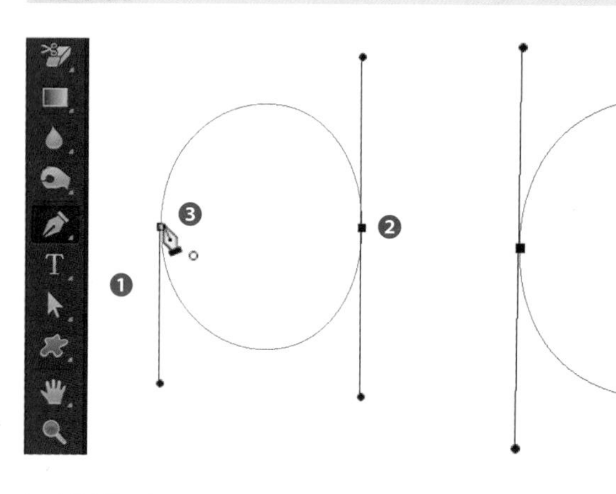

按 <P> 键选中钢笔工具，将鼠标移至画面按住鼠标不放并向下拖曳鼠标创建第一个锚点，松开鼠标并移动 2 处按 <Shift> 键和鼠标并向上拖曳创建第二个锚点；回到 1 处待鼠标变成闭合路径光标单击并向下拖曳鼠标，最终创建圆形路径。

按住 <Shift> 键，可在水平或垂直方向上对齐锚点。在调整控制把柄时，按住 <Shift> 键可约束两个控制把柄在同一条直线方向上。

直线曲线混合

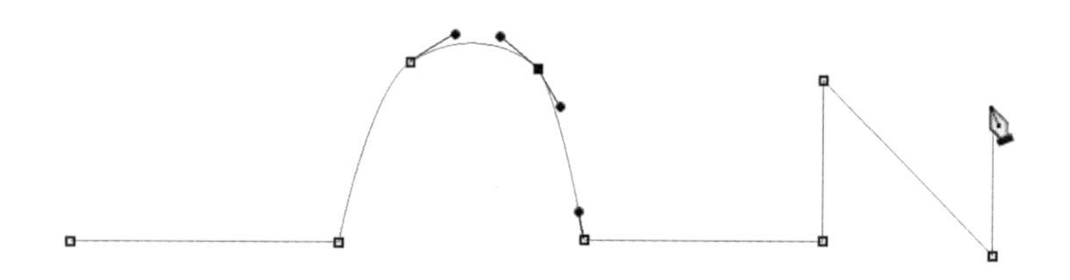

使用钢笔工具，可以将直线和曲线混合绘制。绘制直线时就单击鼠标，绘制曲线就按鼠标拖曳产生控制把柄。

5.4.4 调整路径（曲线）

要想得到精确的路径，绘制完毕后的调整是必不可少的。调整的过程中，会调整锚点的位置、控制把柄的方向和长度、转换锚点等，还需要借助放大视图来精细调整。

首先将选中钢笔工具（<P> 键）。虽然在钢笔工具下，还有添加 / 删除锚点工具、转换点工具，但其实在操作时，可借助 <Ctrl>、<Alt> 功能键来实现功能上的转换。因此，整个创建、调整路径的过程，可一直选中钢笔工具，不必去工具箱切换其他工具。

接下来先介绍关于路径的一些概念，有助于使用者操控创建和调整路径。

在曲线路径上，每个选中的锚点会显示一条或两条控制把柄。控制把柄的位置决定曲线的大小和形状。按住控制把柄上的点拖曳改变控制把柄的长度和方向，将改变路径中曲线的形状。

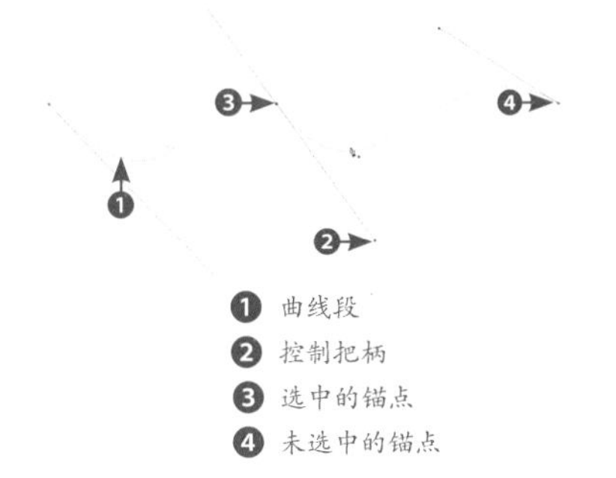

平滑曲线与锐化曲线

平滑曲线由称为平滑点的锚点连接。锐化曲线路径由角点连接。

当在平滑点上移动方向线时，将同时调整平滑点两侧的曲线段。相比之下，当在角点上移动方向线时，只调整与方向线同侧的曲线段。

平滑曲线　　　　锐化曲线

平滑点上的两个控制把柄会处在同一条直线方向上，而锐化点上的两个控制把柄会是两条不同的直线。所以若想保证绘制连续平滑的曲线就要确保平滑点上的控制把柄在同一直线方向上。

转换锚点

使用转换点工具，单击锚点可将曲线段的锚点转换为没有控制把柄的直线段锚点。

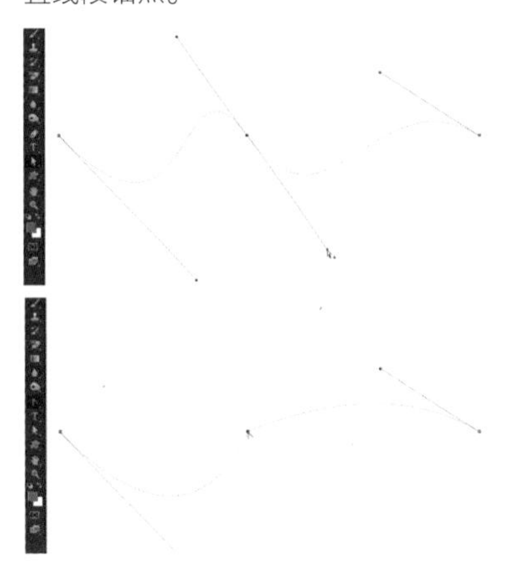

单击并拖曳鼠标，可将直线段锚点转换为曲线段锚点；也可重新定义控制把柄。

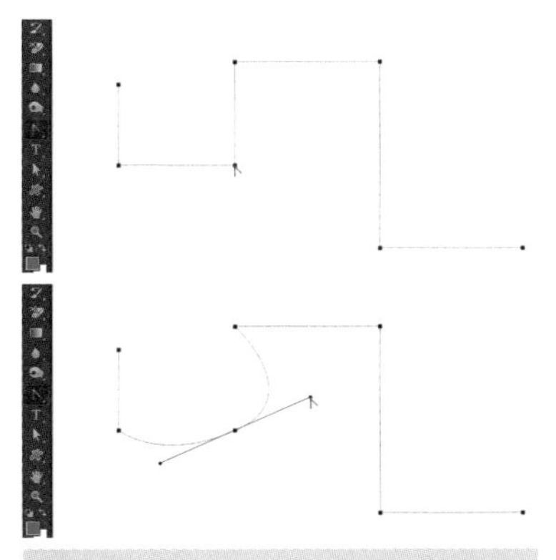

TIPS

实际工作中，在选中钢笔工具状态下，按住 <Alt> 键靠近锚点，自动切换为转换点工具，再执行上面的操作。没必要在工具箱中切换工具。

调整锚点位置和控制把柄

选择要修改的路径，选中钢笔工具，按 <Ctrl> 键，选中某个锚点（框选或点选），拖曳鼠标即可移动当前锚点的位置。

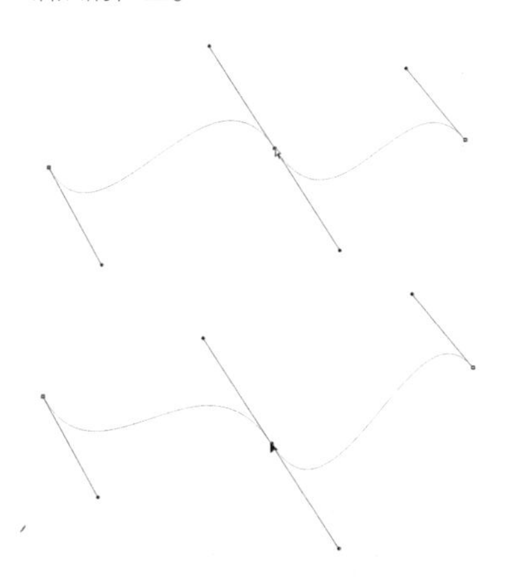

选择要修改的路径，选中钢笔工具，按 <Ctrl> 键，单击选中某个锚点（框选锚点时，控制把柄不显示），显示控制把柄。按 <Alt> 键，将鼠标放在控制把柄的控制点上，直到光标显示为转换点工具图示，按鼠标拖曳可单独改变一侧的控制把柄。

TIPS

要在已选中直接选择工具的情况下启动转换锚点工具，请将指针放在锚点上，然后按 <Ctrl+Alt> 组合键 (Windows) 或 <Command+Option> 组合键 (Mac OS)。

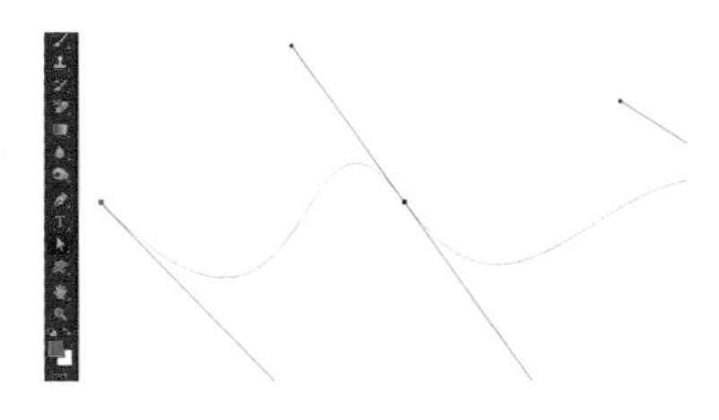

TIPS

在平滑状态下，如果使用直接选择工具来拖曳控制点，会一起调整两侧的控制把柄。此时按 <Alt> 键先单独调整一侧控制点，再使用直接选择工具可单独调整一侧的控制把柄。

使用转换点工具可单独将一侧的控制把柄“收回”到锚点处。使用钢笔工具按住 <Alt> 键，将鼠标移至一侧控制把柄的控制点处停留，待光标变为转换点工具，按住鼠标将控制点拖回锚点，“收回”该侧的控制把柄。

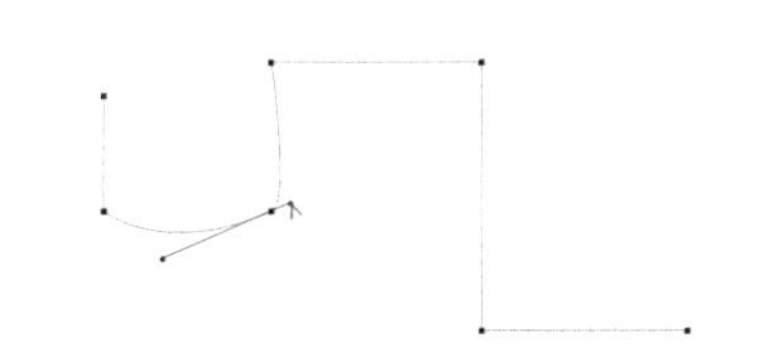

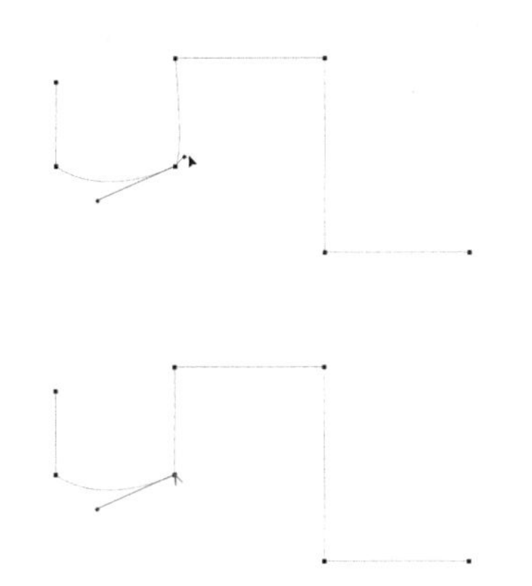

5.4.5 “三分之一”法则

绘制连续曲线或调整曲线时，要注意曲线的形状是由两个锚点共同决定。因此，在绘制和调整时，要调整两侧锚点的控制把柄。在这里提供一个“三分之一”法则给初学者。

所谓“三分之一”法则，指的是两侧的控制把柄长度各占该段曲线长度的三分之一，这样创建出来的曲线会趋于平滑。当然该法则并不是绝对的，需要实际问题具体对待，尽量使用两侧的锚点来共同调整曲线，请初学者反复练习，加以体会。

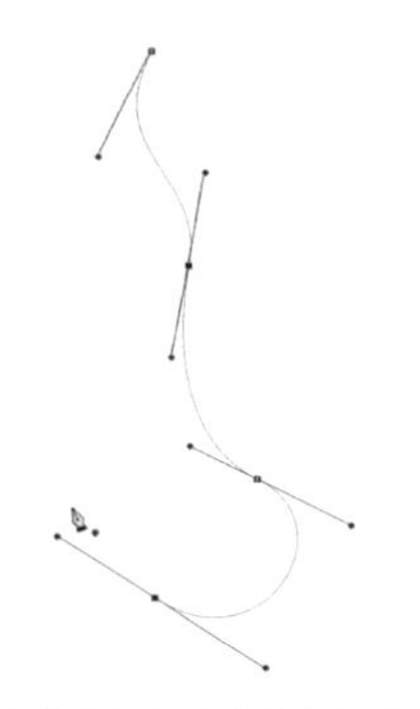

两侧锚点的控制把柄长度各占该段曲线长度的三分之一。

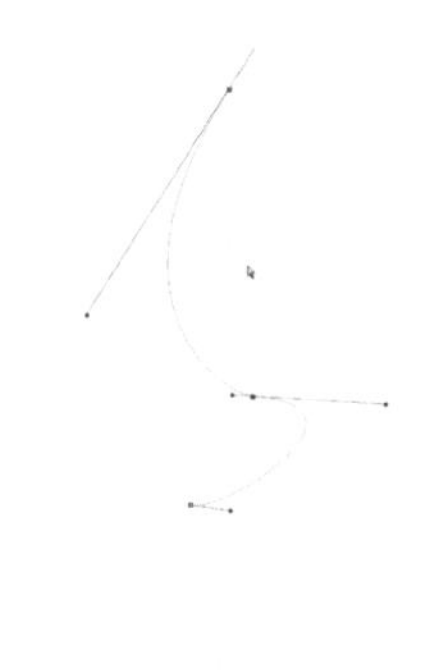

尽量不要只调节一侧的控制把柄长度和方向来改变曲线。

练习 1 | 将圆形路径转换为心形

要点：使用形状工具创建圆形；使用钢笔工具配合 <Ctrl>、<Alt> 功能键完成对锚点的修改。

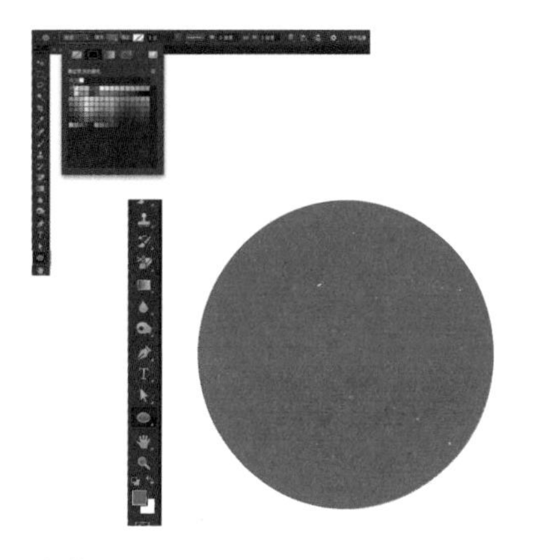

01 按 <Shift+U> 组合键切换到椭圆工具，在上方选项栏处设置“形状”，填充为：红色，按住 <Shift> 键绘制出圆形形状。

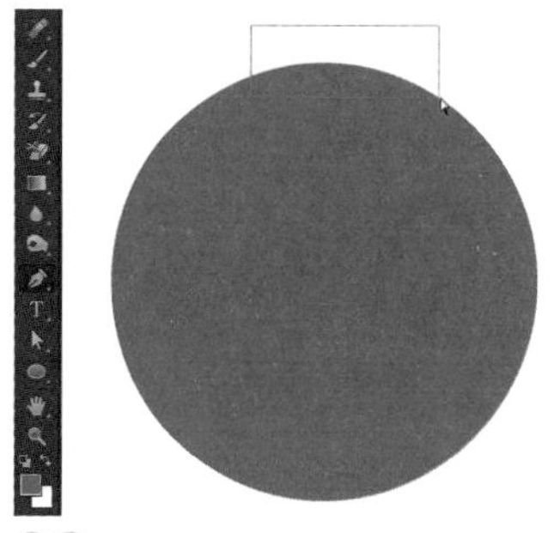

02 按 <P> 键切换到钢笔工具，按住 <Ctrl> 键切换到直接选择工具即空心箭头光标下，拖曳出方框，选中最上方的锚点。此时不会显示两侧的控制把柄。按住 <Ctrl> 键不放单击选中的锚点，显示出两侧的控制把柄。

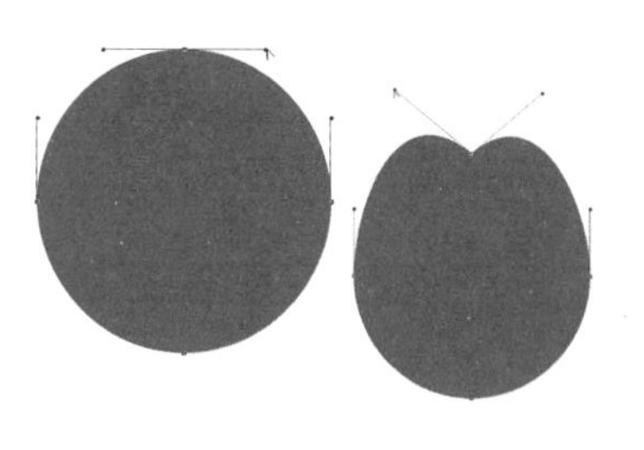

03 松开 <Ctrl> 键，按 <Alt> 键，将鼠标移至右侧的控制点上，待鼠标变为转换点工具光标后，按鼠标拖曳，改变该侧控制把柄的方向和长度，从而改变该侧曲线的弧度。同样方式，改变左侧的控制点位置，尽量让两侧的曲线看起来一样。

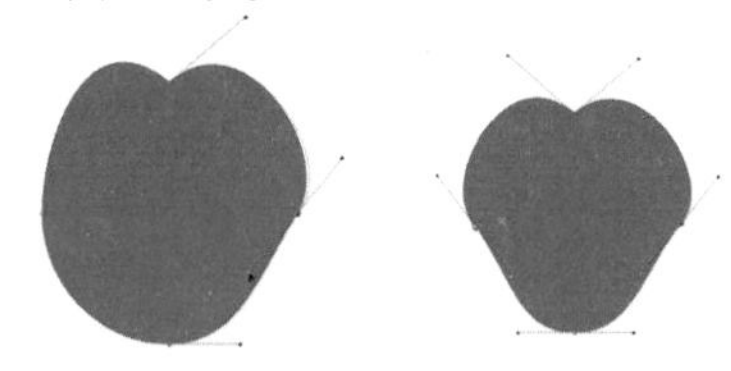

04 按住 <Ctrl> 键，待鼠标变为直接选择工具后，选中圆形形状右侧的锚点。单击该锚点，显示两侧的控制把柄。保持按住 <Ctrl> 键不放，选中控制点，调整控制把柄。此时会同时调整两侧的控制把柄。同样方式，调整左侧的控制把柄。

05 按住 <Ctrl> 键选中最下方的锚点，同时按 <Alt> 键，将鼠标移至左侧的控制点上待光标变为带有“+”号的空心箭头，单独调整该侧的控制把柄。调整后，继续调整另外一侧的控制把柄。

06 最后按 <Ctrl> 键切换到直接选择工具，逐一调整锚点的位置，得到心形形状。

总结

通过该案例，可以体会到调整控制点的不同处理方式。另外，在实际应用中，选中钢笔工具配合功能键即可完成所有修改操作。

练习 2 使用钢笔工具创建选区完成抠像

要点：绘制连续曲线（尤其用钢笔工具抠像建立选区时），通常可采用两种方式：一种先快速设定锚点再逐个调整曲线弧度；另一种就是直接按照边缘弧度来创建曲线。采用何种方式，因人而定没有标准，但是最终都需要放大视图再精确调整。

在绘制过程中，只需要选中钢笔工具（<P> 键），配合 <Ctrl>、<Alt> 键即可完成所有绘制调整工作。添加和删除锚点，需要将钢笔工具移至某个锚点。

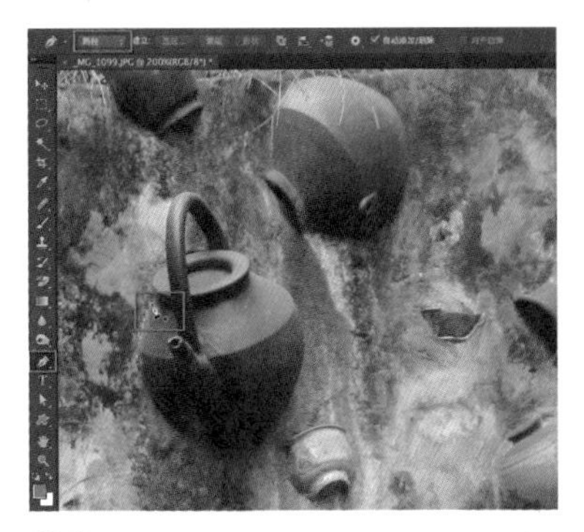

01 按 <P> 键切换到钢笔工具，上方选项栏处设置工具模式为：路径。将鼠标移至画面“水壶”边缘处单击并拖曳创建第一个锚点。

02 沿着“水壶”边缘创建连续曲线，并最终闭合曲线。

03 按 <Ctrl+ 空格 > 键，放大画面。按住 <Ctrl> 键切换到直接选择工具，选中需要调整的锚点。可使用框选的方式，也可以在路径上单击，显示所有锚点，在直接选择具体的某个锚点。调整锚点的位置，让锚点贴合在“水壶”边缘处。

04 按 <Alt> 键切换到转换点工具，调节锚点上的控制把柄，让曲线与边缘形状吻合。如果有必要，将鼠标移至曲线空白处，保持选中钢笔工具，单击添加新的锚点。然后再配合 <Ctrl>、<Alt> 键调整锚点。

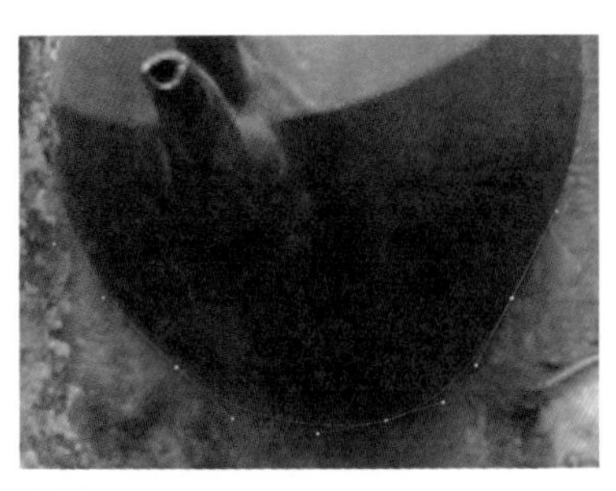

05 按空格键，平移画面，逐个调整锚点。注意尽量按照“三分之一”法则来调节控制把柄，要同时调节两侧锚点上的控制把柄。

06 同样方法，沿着“壶把”边缘创建路径。

07 按 <Ctrl+Enter> 组合键将路径转换为选区。按 <Ctrl+J> 组合键复制选区内容到新图层，完成对“水壶”的抠像。

5.4.6 管理路径与路径面板

使用钢笔工具进行绘图之前，可以在“路径”面板中创建新路径以便自动将工作路径存储为命名的路径。也可在绘制完成后，再存储路径。

默认情况下，用钢笔工具绘制的路径会临时放置在“工作路径”中，如果不保存该路径，进行其他任何操作后，再绘制新路径，会自动删除前面绘制的路径。

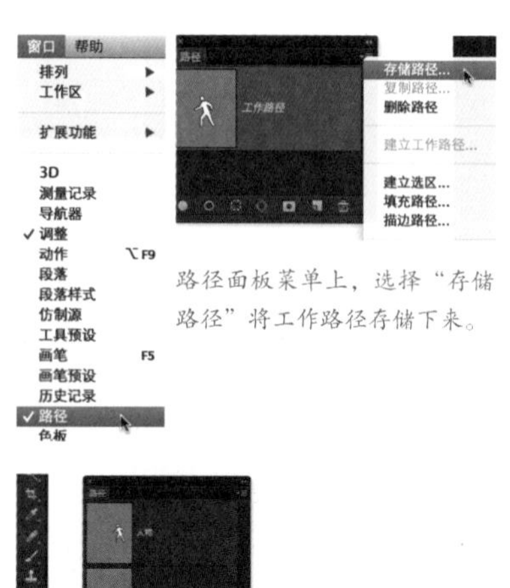

路径面板菜单上，选择“存储路径”将工作路径存储下来。

TIPS

工作路径不能随文件一起存储。若要关闭文件后，再次使用绘制的路径，需要保存路径再存储文件。

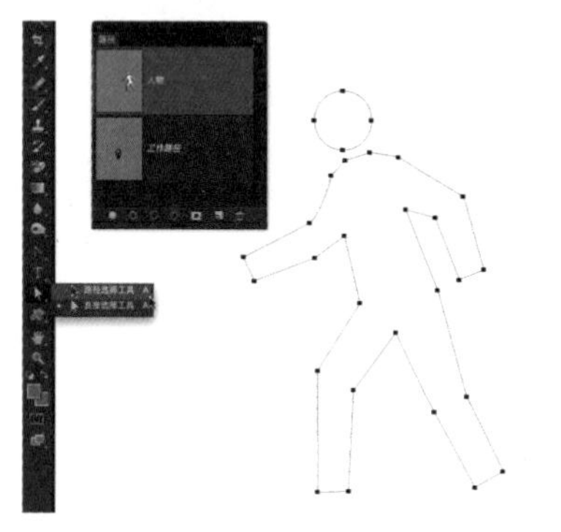

路径面板上，选择路径；也可使用直接选择工具或路径选择工具来选择。

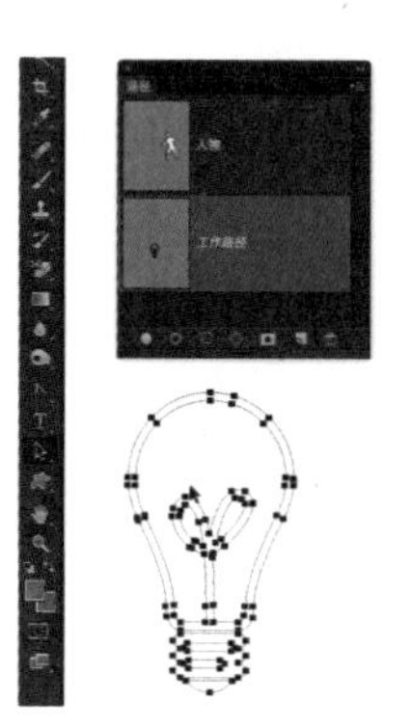

在路径面板上空白处单击，可取消选择路径，画面中不显示路径。

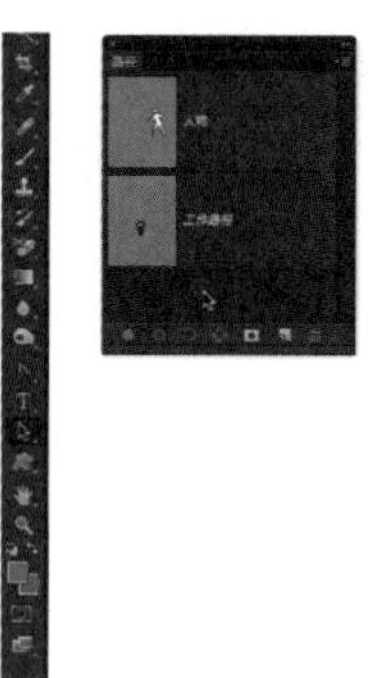

穿越 | 路径与选区的转换

Photoshop 作为一个基于像素的软件，矢量上的处理不是强项。但是因为有了钢笔工具、路径面板，还有形状工具，这些都可以用来创建矢量形状、路径；同时，可以使用钢笔工具来修改处理其他软件制作的矢量文件，如 AI 文件。

按 <Ctrl+Enter> 组合键可将选中路径转换为选区；选区也可转换为工作路径。

导出路径到 Illustrator 中，方法如下。

将 Photoshop 中的路径导出到 Illustrator 中。Illustrator 是 Adobe 公司专业处理矢量的软件，跟 Photoshop 的矢量功能比起来，工具、功能上要强大很多，尤其在对于锚点的控制修改上。

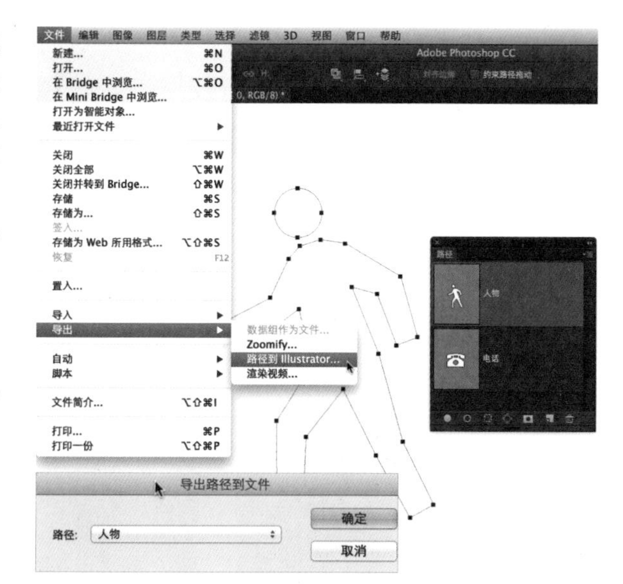

将 Illustrator 中的矢量路径粘贴进 Photoshop，方法如下。

Illustrator 中的矢量路径，可以通过复制、粘贴的方式，粘贴到 Photoshop 中。可将 Illustrator 中强大的矢量功能延伸到 Photoshop 中。

TIPS

Photoshop 可直接打开 Illustrator 的原生格式 AI 文件。

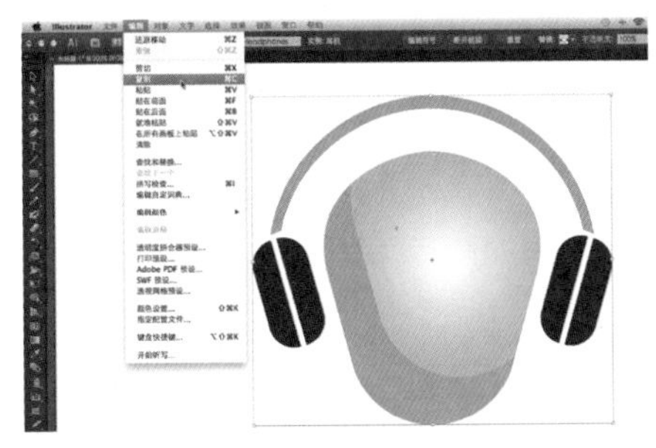

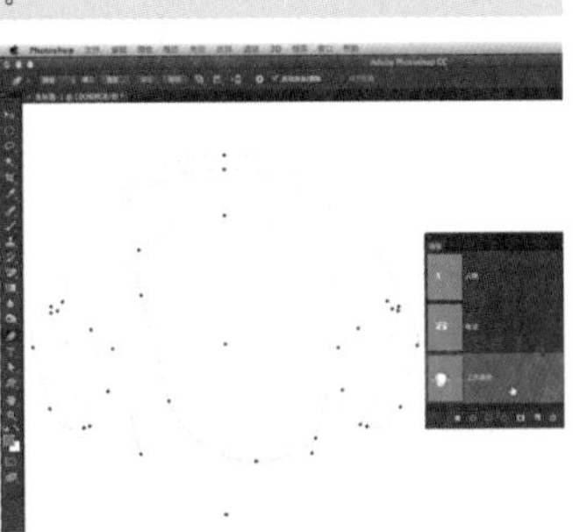

将选区转换为路径，方法如下。

使用路径面板菜单上的“建立工作路径”命令可将选区转换为路径。

选区转为路径有很多作用。如可以将路径随同文件存储下来，在排版软件中调用路径。

在 Photoshop 中，创建选区的方式有很多，但是没有工具可以去自由又精确地调整选区边缘。因此，将选区转为路径后，借助钢笔工具、直接选择工具、转换点工具来调整边缘。

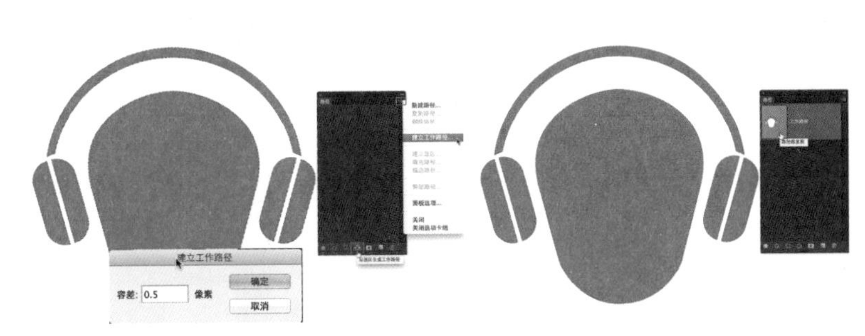

5.5 形状工具

除去钢笔工具，在 Photoshop 中还可以使用形状工具（<U> 键）来创建矢量形状、路径或像素。形状工具可以快速创建矩形、椭圆、多边形、直线等形状；也可以通过自定形状工具创建预置形状库内的形状。

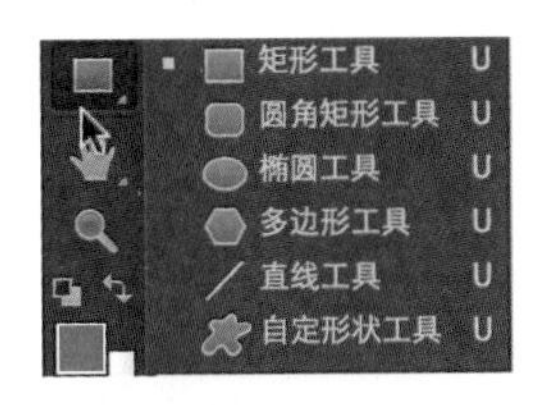

通过形状工具创建的形状或路径，都可以使用钢笔工具、路径选择工具、直接选择工具、转换点工具来编辑修改。与前面介绍的钢笔工具一样，实际工作中，只需要选中钢笔工具，配合 <Ctrl>、<Alt> 键来修改处理即可。

5.5.1 不同工具模式：形状、路径、像素的区别

选中形状工具（或钢笔工具）后，在上方的选项栏处会有 3 种不同工具模式，分别是形状、路径和像素。

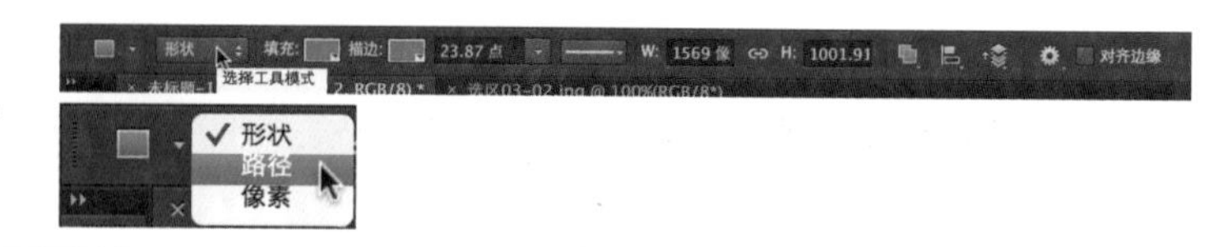

“形状”工作模式

设置“形状”工作模式后，Photoshop 会自动创建一个新的矢量图层来放置创建的形状。当选中该矢量图层后，在路径面板会显示该形状的路径，画面中也会显示路径。取消选中该矢量图层后，路径会隐藏起来。

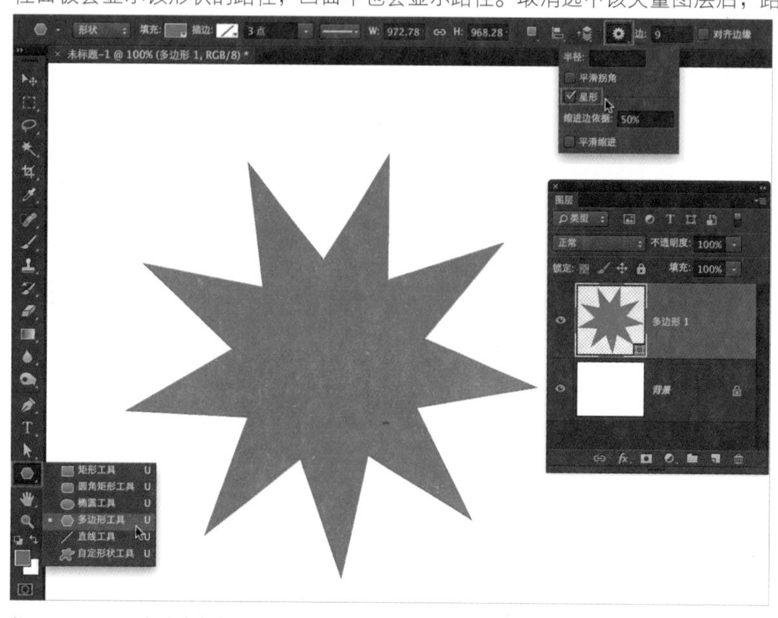

按 <Shift+U> 组合键选中多边形工具，上方选项栏内设置：工作模式为“形状”；星形；边：9，在画面中拖曳鼠标绘制星形形状。绘制中可配合 <Shift> 键创建“正”星形；按住 <Alt> 键从中心绘制形状；在不松开鼠标下，按住空格键可移动形状。

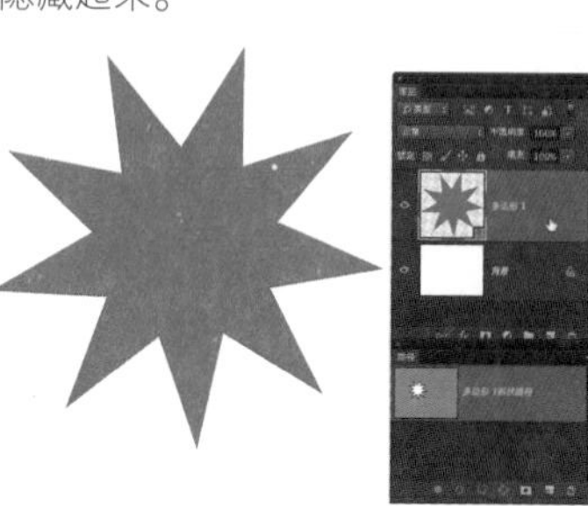

选中形状图层，路径面板会有显示路径。

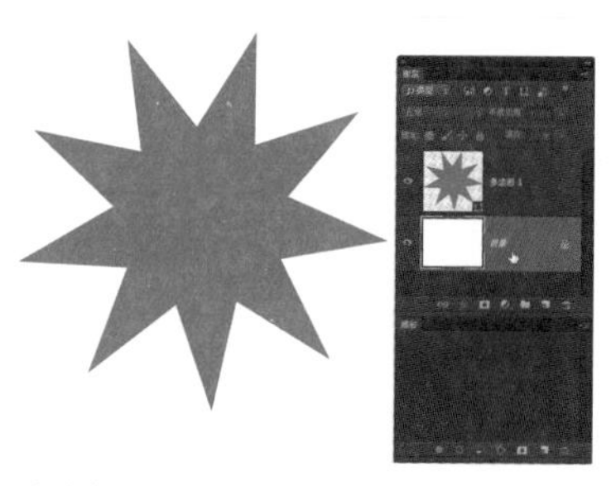

取消选中形状图层，路径面板会隐藏路径。

创建形状后，还可设置“填充”、“描边”，以及描边线段类型，如虚线等。

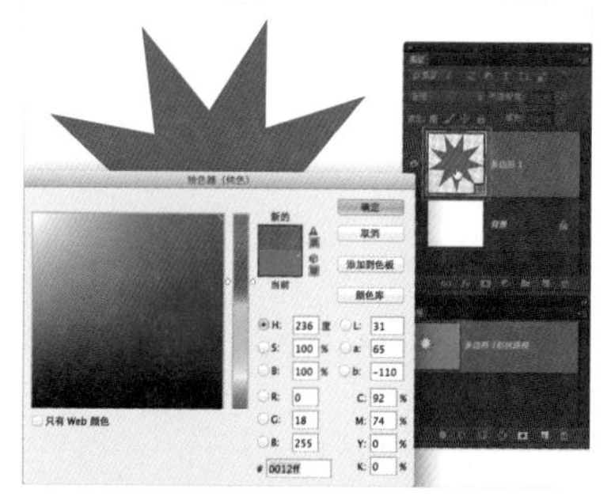

双击矢量图层的图层缩略图，会打开颜色拾取器，可更改矢量图层显示的颜色。

修改“填充”，使用图案填充形状。还可使用渐变填充形状。

修改“描边”，使用颜色描边形状。还可使用渐变、图案描边形状。

设置“描边”类型：虚线。

单击“更多选项”按钮，打开“描边”对话框，设置虚线：对齐到“内部”，端点：“端面”，角点：“斜接”。

单击“更多选项”按钮，打开“描边”对话框，设置虚线：对齐到“居中”，端点：“端面”，角点：“斜接”。

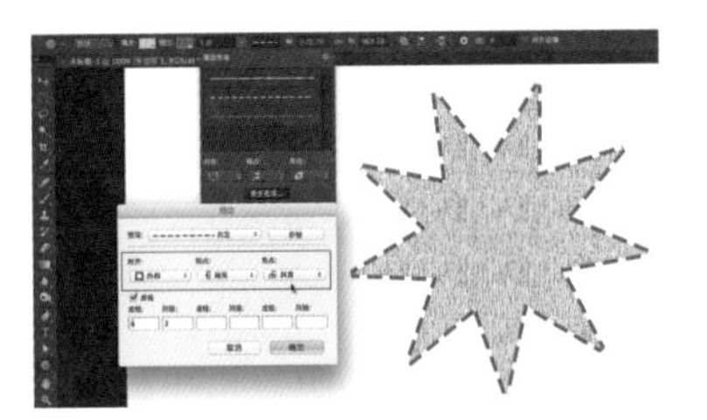

单击“更多选项”按钮，打开“描边”对话框，设置虚线：对齐到“外部”，端点：“端面”，角点：“斜接”。

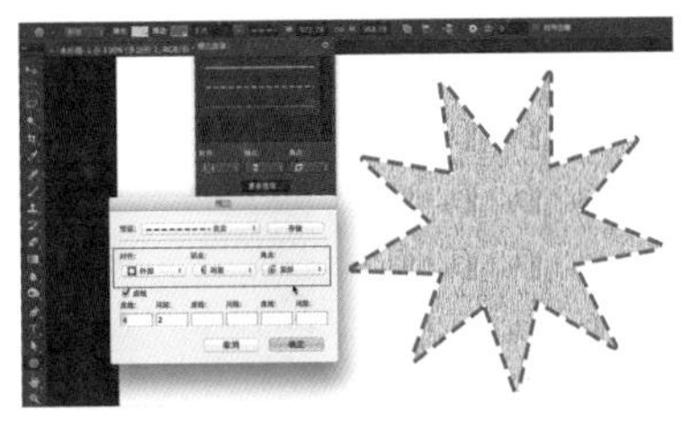

单击“更多选项”按钮，打开“描边”对话框，设置虚线：对齐到“外部”，端点：“端面”，角点：“圆形”。

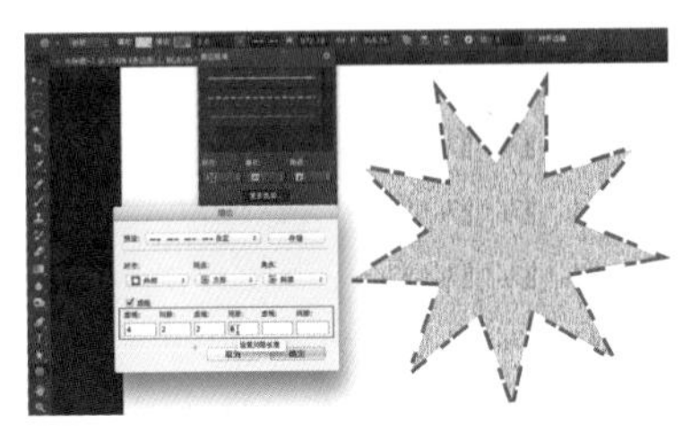

单击“更多选项”按钮，打开“描边”对话框，设置虚线：对齐到“外部”，“端面”，“斜面”。

单击“更多选项”按钮，打开“描边”对话框，设置虚线：对齐到“外部”，端点：“圆形”，角点：“斜面”。

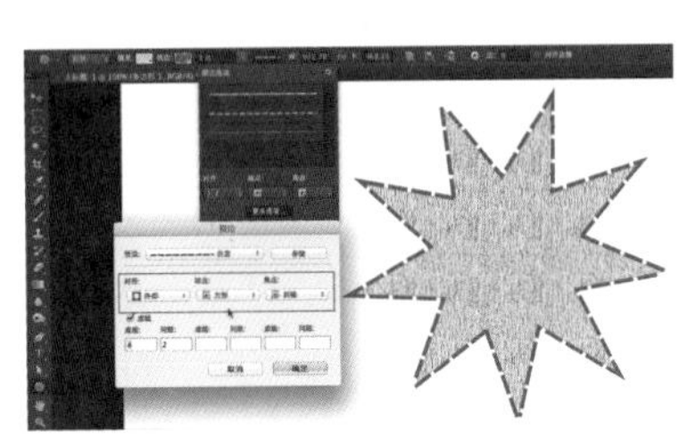

单击“更多选项”按钮，打开“描边”对话框，设置虚线：对齐到“外部”，端点：“方形”，角点：“斜接”。

单击“更多选项”按钮，打开“描边”对话框，设置虚线间隙长度。

多个矢量图层，可以按 <Ctrl+E> 组合键进行合并形状操作。合并后，多个形状会保留矢量信息，同时存在于一个矢量图层内。

TIPS

合并形状操作，为 CS6 版本的最新功能。之前版本没有该功能。

TIPS

如一个矢量图层与其他类型图层（如文本图层等）合并，则会栅格化矢量信息。

选中多个矢量图层，执行菜单：合并形状或按 <Ctrl+E> 组合键。

合并后，多个形状并入一个矢量图层，还可以继续调整矢量形状。

“路径”工作模式

使用“路径”工作模式，创建出来的是路径，临时放置在路径面板下的工作路径内。

在选项栏上会有 3 个不同用途提供给使用者，分别是“选区”、“蒙版”和“形状”。通过单击这 3 个按钮，可以快速将路径转换到“选区”、“矢量蒙版”和“形状”。要注意选中图层。

"像素"工作模式

使用"像素"工作模式，可直接使用形状工具创建出"像素"，就如同使用选框工具再填充前景色一样。

同样要注意选中图层，再使用"像素"模式创建像素形状。

5.5.2 绘制形状

在一个图层中绘制多个形状，可以在图层中绘制单独的形状，或者使用"添加"、"减去"、"交叉"或"除外"选项来修改图层中的当前形状。

添加到形状区域：将新的区域添加到现有形状或路径中。

从形状区域减去：将重叠区域从现有形状或路径中移去。

交叉形状区域：将区域限制为新区域与现有形状或路径的交叉区域。

重叠形状区域除外：从新区域和现有区域的合并区域中排除重叠区域。

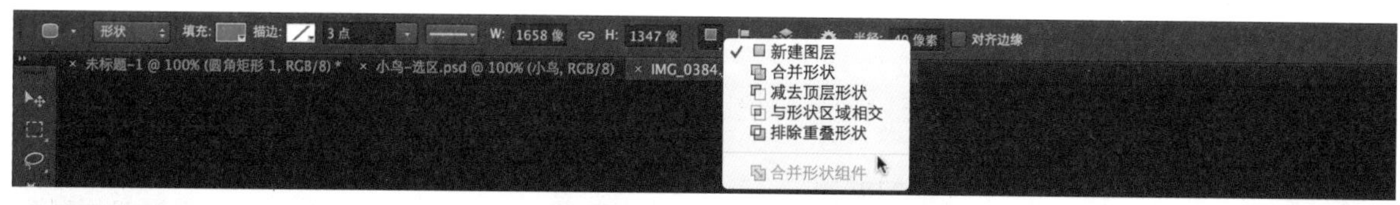

01 首先选中某个形状图层。按 <Shift+U> 组合键切换到圆角矩形工具，设置圆角"半径"为：40像素。

02 按住 <Alt> 键，设置"路径操作"方式为：减去。

03 在画面中拖曳鼠标，以"减去"方式创建圆角矩形形状，从当前矩形中挖空出圆角矩形形状。

04 按 <Shift+U> 组合键切换到矩形工具，按住 <Shift> 键，以"合并形状"模式创建矩形形状。

保持按住 <Shift> 键，创建多个不同大小矩形。

直线工具创建箭头

通过设置箭头的起点和终点向直线中添加箭头。选择直线工具，然后选择“起点”，即可在直线的起点添加一个箭头；选择“终点”即可在直线的末尾添加一个箭头。选择这两个选项可在两端添加箭头。形状选项将出现在弹出式对话框中。输入箭头的“宽度”值和“长度”值，以直线宽度的百分比指定箭头的比例（“宽度”值从 10% 到 1000%，“长度”值从 10% 到 5000%）。输入箭头的凹度值（从 -50% 到 +50%）。凹度值定义箭头最宽处（箭头和直线在此相接）的曲率。

TIPS

也可以通过矢量选区和绘图工具直接编辑箭头。

TIPS

“箭头”设置要在绘制前。对于已创建的直线，无法添加箭头。

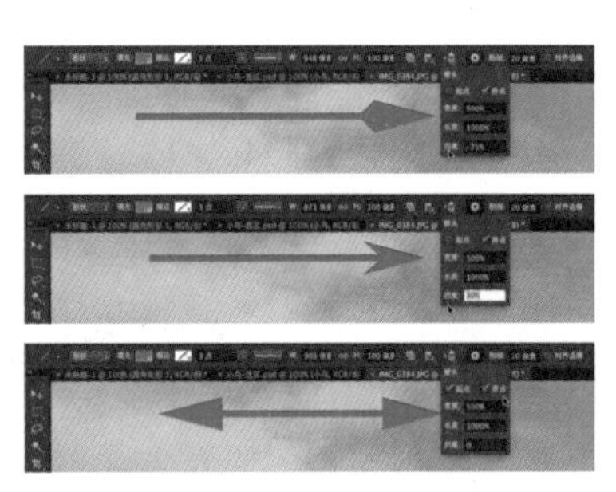

存储形状或路径作为自定形状

在“路径”面板中选择路径，可以是形状图层的矢量蒙版，也可以是工作路径或存储的路径。

选取“编辑”/“定义自定形状”，然后在“形状名称”对话框中输入新自定形状的名称。新形状显示在选项栏的“形状”弹出式面板中。

若要将新的自定形状存储为新库的一部分，请从弹出式面板菜单中选择“存储形状”。

栅格化矢量图层

在图层面板中，选中矢量图层，单击右键执行菜单：栅格化图层，可将矢量图层转换为常规图层。

5.6 文字蒙版工具

使用文字蒙版工具，可以通过输入文字，创建字形选区。

可使用特殊字体来创建特殊选区，通常还可借助快速蒙版模式来实现更多效果。

5.7 利用颜色分布来创建选区

根据颜色分布来创建选区，可创建不规则、复杂的选区。在实际操作中，要根据图层内容的颜色分布来设置合适的参数，从而创建出满意的选区。

在本节中，介绍以下工具、命令和方法，根据颜色分布来创建选区。

魔术棒工具、色彩范围命令、橡皮擦工具、利用通道创建选区、快速选择工具。

还会介绍“调整边缘”功能，并综合快速选择工具和调整边缘来创建复杂选区。

5.7.1 魔术棒工具

按 <W> 键切换到魔术棒工具，在画面中单击某个点，Photoshop 会自动选中与该点颜色值相近的区域。

整个选区的创建过程是由 Photoshop 完成，这点不同于前面所讲按照形状去勾勒创建选区的方法。在使用魔术棒工具时，有以下几点需要使用者提前“告诉”Photoshop。

1. 以哪个颜色为基准，即通常所说的取样点

单击画面中的某个点，即可告知 Photoshop 以此点的颜色值为基准。因此选择单击在哪里是关键。

2. 设置容差值

容差值用来控制画面中哪些范围内的颜色被认为与取样点的颜色一致，会被选中。容差值越大，选中的区域越多；容差值越小，则选中区域越小。

3. 连续

勾选“连续”，则只选取使用相同颜色的邻近区域；若取消勾选“连续”，则会选取图像中所有使用相同颜色的区域。

4. 对所有图层取样

勾选“对所有图层取样”，可选择所有图层中相近的颜色；如果取消勾选，则只选取当前图层内的相近颜色。

5.7.2 快速选择工具

使用快速选择工具（按<Shift+W>组合键），利用可调整的圆形画笔笔头（按“[”和“]”键增加和减小笔头大小）快速“绘制”选区。拖曳时，选区会向外扩展并自动查找和跟随画面中定义的边缘。

快速选择工具，既有魔术棒按照颜色分布来选取的特性，也可以通过拖曳鼠标根据外形来创建选区。快速选择工具的出现，给创建选区工作带来了极大的便利，与“调整边缘”功能配合使用可快速创建出复杂、准确的选区。

按<Shift+W>组合键切换到快速选择工具，按“[”和“]”键调节笔头大小，在画面中拖曳即可创建选区。

在默认状态下，快速选择工具处于“添加选区”的绘制模式下。

5.7.3 色彩范围命令

“色彩范围”命令选择现有选区或整个图像内指定的颜色或色彩范围。色彩范围命令，就好比是一个加强版专业级的魔术棒工具，它可以根据颜色分布创建更为精确的选区。

执行菜单：选择 / 色彩范围，可以打开色彩范围对话框。

在 Photoshop CS6 中，您也可以选择肤色，并可自动检测人脸以选择人脸。若要在调整其余部分颜色时保持选区肤色不变，请选择吸管取样器下方的“反相”。

TIPS

也可以使用“颜色范围”调整图层蒙版。

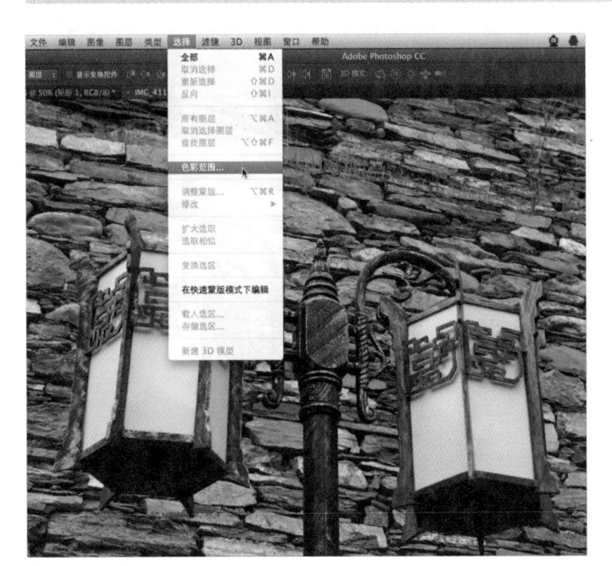

01 打开图片，执行菜单：选择 / 色彩范围。打开色彩范围对话框，将鼠标移至路灯上，单击取样。在色彩范围对话框中，缩小“颜色容差”到 22，降低取样“范围”为 49%。

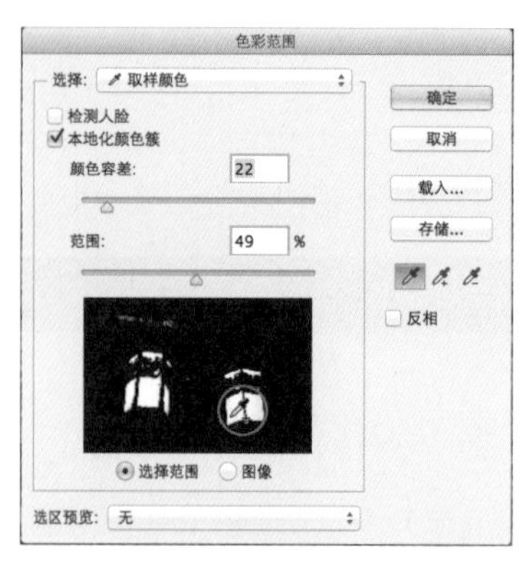

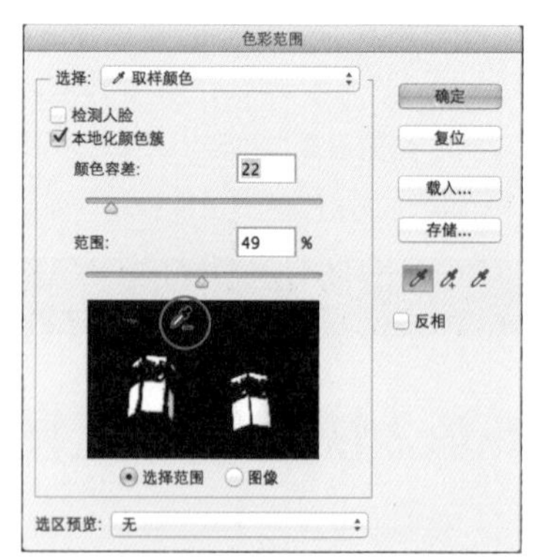

02 按住 <Shift> 键在路灯处单击添加更多取样点。也可以在色彩范围对话框中，按住 <Shift> 键单击添加取样，按住 <Alt> 键减去取样。

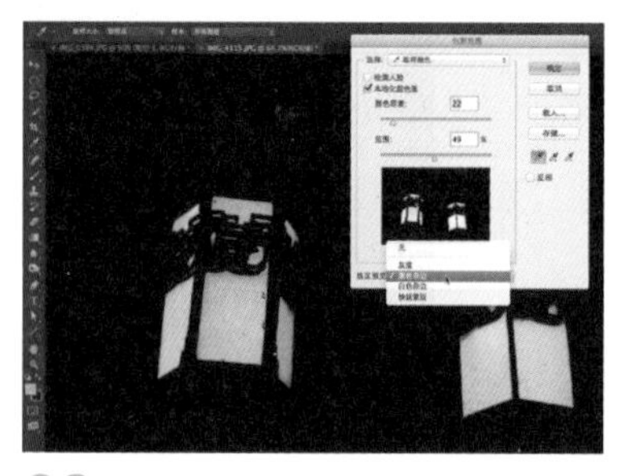

03 在对话框中，改变选区预览为：黑色杂边，便于更好地观察选区的范围。

04 调整完毕，单击“确定”按钮退出对话框，创建选区。按 <M> 键切换到矩形选框工具，按住 <Alt> 键，以减去模式，将画面左上方多余的选区减掉。得到路灯的大概选区。

05 按 <F7> 键打开图层面板，单击图层底部的“创建新调整图层”按钮，添加“色相 & 饱和度”调整图层。由于目前有刚创建的选区，因此新创建的“色相 & 饱和度”调整图层自动将选区加载到蒙版中。在“属性”面板调整色相和饱和度。

06 放大视图，可看到创建选区并不完全精确，下面借助蒙版修改选区。选中“色相 & 饱和度”调整图层的蒙版，按 <B> 键切换到画笔工具，按 <D> 键设置前景色为白色，背景色为黑色。按“[”和“]”键调整笔头大小，在画面中绘制添加选区或减去选区，得到最终效果。

5.7.4 调整边缘

“调整边缘”命令可轻松创建出带有羽化效果的选区，适用于创建类似毛发边缘的选区。

1. 使用任一选择工具创建选区。

2. 保持选中某个选择工具（如矩形选框工具、魔术棒工具等），单击上方选项栏中的“调整边缘”按钮；或执行菜单：选择 / 调整边缘。

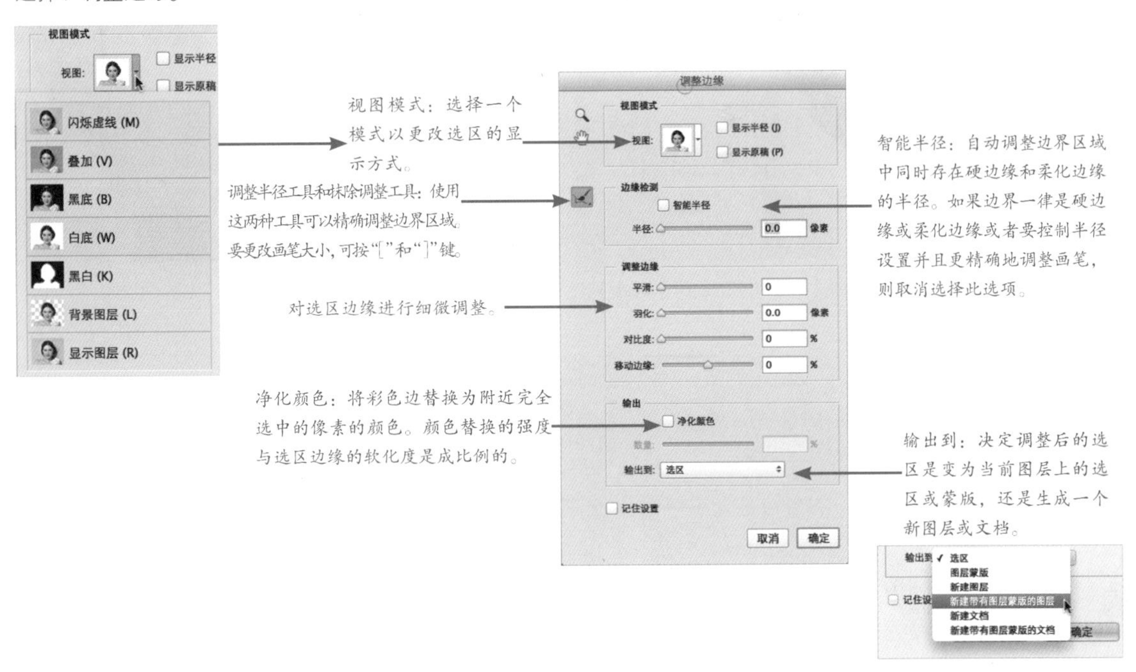

调整边缘内的参数设置如下。

平滑：减少选区边界中的不规则区域（“山峰和低谷”）以创建较平滑的轮廓。

羽化：模糊选区与周围的像素之间的过渡效果。

对比度：增大时，沿选区边框的柔和边缘的过渡会变得不连贯。通常情况下，使用“智能半径”选项和调整工具效果会更好。

移动边缘：使用负值向内移动柔化边缘的边框，或使用正值向外移动这些边框。向内移动这些边框有助于从选区边缘移去不想要的背景颜色。

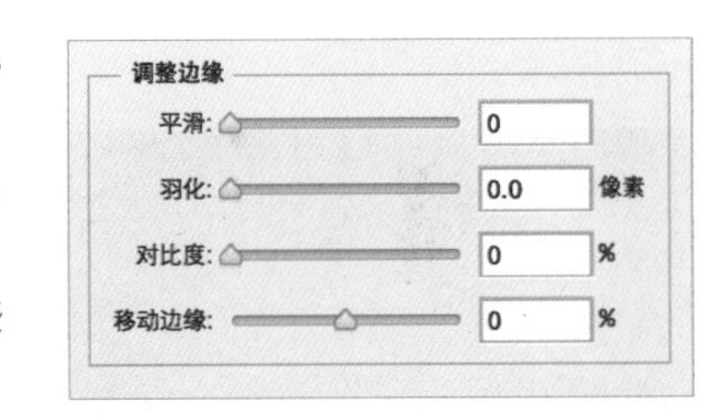

01 使用快速选择工具，在画面人物处拖曳鼠标创建选区。

02 单击上方选项栏处的“调整边缘”按钮，可打开调整边缘对话框。

03使用“调整半径工具”，在画面人物头发处涂抹，将未被选中的头发丝添加进选区。

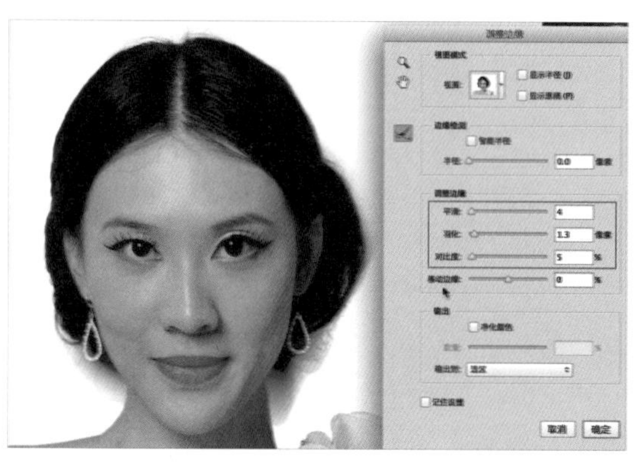

04适当调整“平滑”、“羽化”、“对比度”、“移动边缘”的参数，来调整头发边缘的选区。输出到：新建带有图层蒙版的图层。

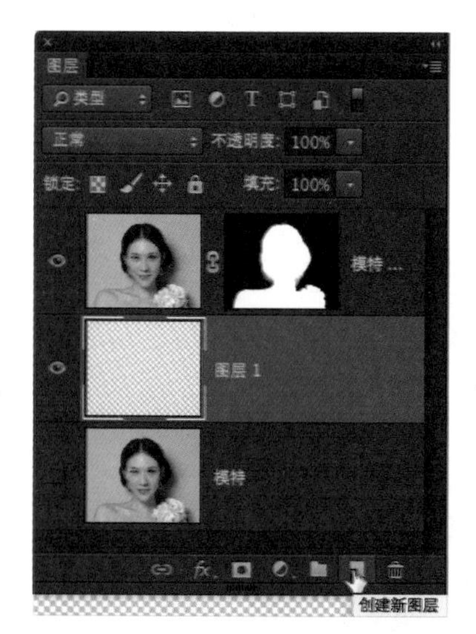

05确定并退出调整边缘对话框后，在图层面板上自动创建带有图层蒙版的图层。按 <Ctrl> 键单击“新建图层”按钮，在新建图层的下方创建空白图层。

06按 <G> 键切换到渐变工具，设置“径向”渐变，从浅蓝色到白色。在空白图层中创建径向渐变，查看抠像后的合成效果，重点在头发边缘处。

5.7.5 橡皮擦工具

使用橡皮擦工具（<E> 键）可以擦除不需要的元素，从另外一个角度来说，也实现了“选择 + 抠像”的作用。

橡皮擦工具包括橡皮擦工具、魔术橡皮擦工具和背景橡皮擦工具。使用方式相同。

橡皮擦工具

橡皮擦工具可将像素更改为背景色或透明。如果在背景图层中或已锁定透明度的图层中使用橡皮擦工具，像素将更改为背景色；否则，像素将被抹成透明。

还可以使用橡皮擦使受影响的区域返回到“历史记录”面板中选中的状态。

01 背景图层下，橡皮擦工具擦除到背景色。

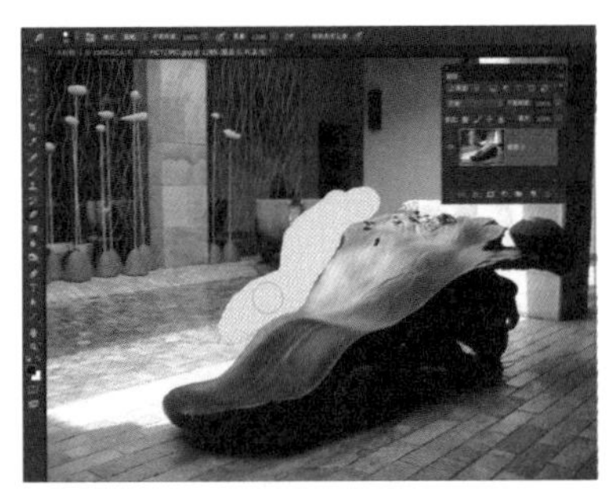

02 常规图层下，橡皮擦工具擦除到透明。

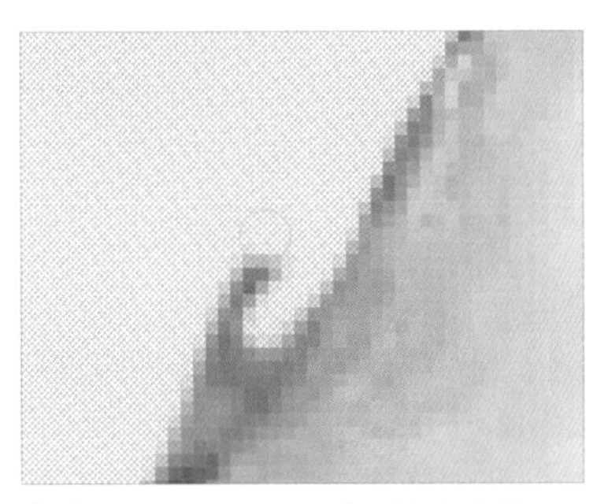

03 放大视图，可以精细擦除边界。

魔术橡皮擦工具

用魔术橡皮擦工具在图层中单击时，该工具会将所有相似的像素更改为透明。如果在已锁定透明度的图层中工作，这些像素将更改为背景色。如果在背景中单击，则将背景转换为图层并将所有相似的像素更改为透明。

在当前图层上，可以选择是只抹除邻近像素，还是要抹除所有相似的像素。

01 选中魔术橡皮擦工具，在画面上单击右键，设置笔刷硬度为：100%。在选项栏处设置，取样：一次；限制：查找边缘。

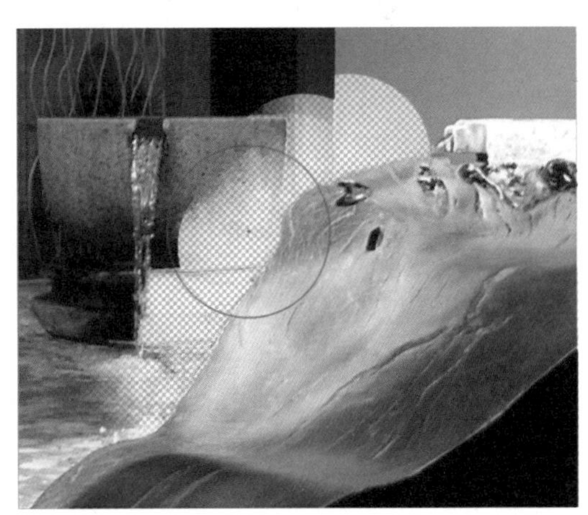

02 按“[”和“]”键调节笔头大小，在画面上沿着物体边缘单击，擦除背景。

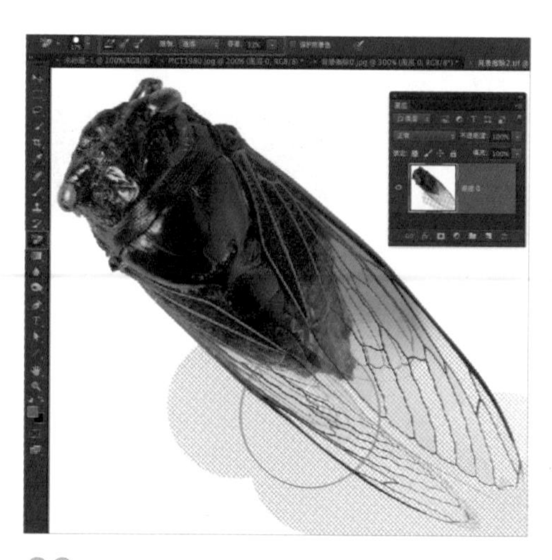

03选中魔术橡皮擦工具，在选项栏处设置，取样：连续；限制：连续。

04按“[”和“]”键调节笔头大小，在画面上沿着蝉的边缘单击，擦除背景。

当拖曳鼠标时，背景橡皮擦工具会抹除图层上的像素，使图层透明。可以抹除背景，同时保留前景中对象的边缘。通过指定不同的取样和容差选项，可以控制透明度的范围和边界的锐化程度。

背景橡皮擦采集画笔中心（也称为热点）的色样，并删除在画笔内的任何位置出现的该颜色。它还在任何前景对象的边缘采集颜色。因此，如果前景对象以后粘贴到其他图像中，将看不到色晕。

案例：选区转路径，保存手绘作品

使用橡皮擦工具、色彩范围来创建选区；还要借助色阶调整命令来拉大色差，便于选择；最后将选区转为路径，生成矢量图层。最终手绘作品可以放大而不变形。

01打开扫描的手绘作品。按<Ctrl+Alt+I>组合键打开“图像大小”对话框，看到该文件大小为：宽度 12.41cm，高度 8.77cm，分辨率 300 像素 / 英寸。在最后的制作中，会在确保精度的前提下放大图像。

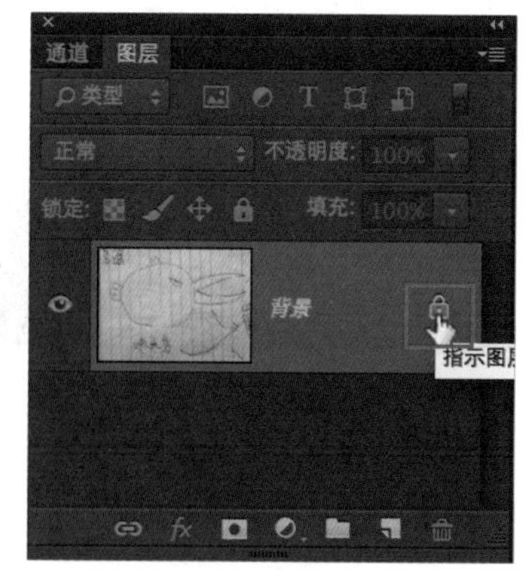

02在图层面板（F7）上，按住<Alt>键双击背景图层上的锁定图层按钮，将背景图层转换为常规图层。

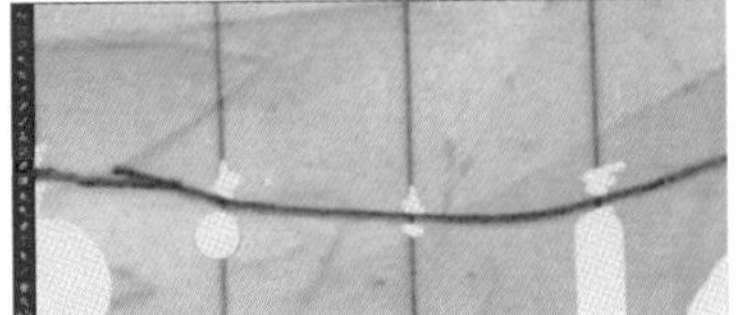

03按 <E> 键切换到橡皮擦工具，在画面中单击右键设置硬度为：100%（也可在上方选项栏处设置硬度），按“[”和“]”键调节笔头大小。放大视图，在画面中“直线”处，按住 <Shift> 键擦除线条。注意不要擦掉手绘部分。

04不断调整视图，调整橡皮擦工具的笔头大小，擦除画面中不需要的地方，便于后面选中手绘部分。

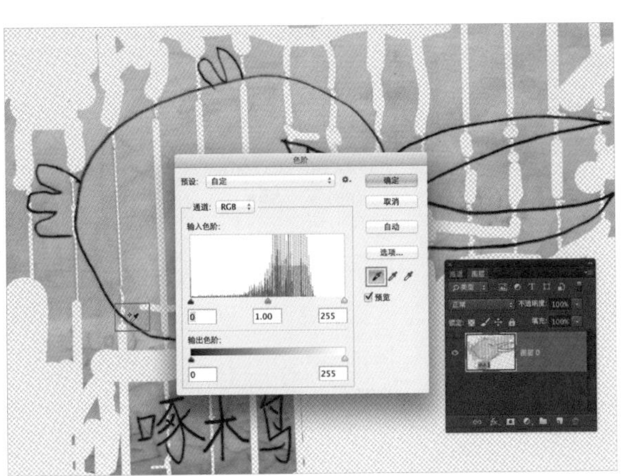

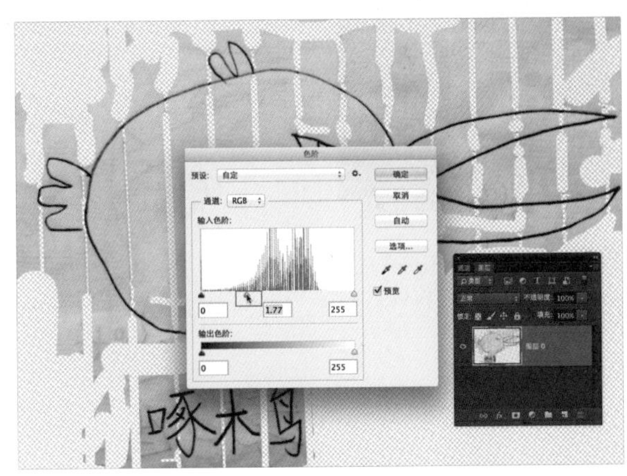

05按 <Ctrl+L> 组合键打开“色阶”调整命令对话框。选中“设置黑场”吸管，将鼠标移至画面手绘“黑色线条”处单击取样，设置此处为画面中最暗的部分。适当拖曳中间滑块，来进一步拉大手绘线条与背景的色差。

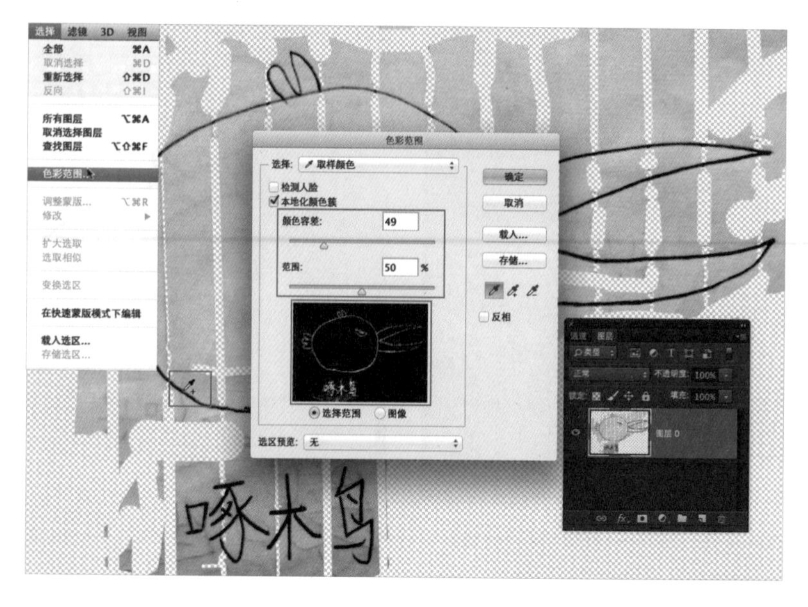

06 执行菜单：选择 / 色彩范围，打开色彩范围对话框。在画面中，取样手绘线条部分，按住 <Shift> 键添加多个取样点，按住 <Alt> 键可减去多余的区域。设置"颜色容差"和"范围"。具体要根据实际情况而定，多留意预览窗口的显示。设置完成后，单击"确定"按钮退出对话框，创建选区。

TIPS

按 <Ctrl+J> 组合键的方式，可将选区以图层不透明度的方式保留下来，便于随时调用。

07 按 <Ctrl+J> 组合键复制选区内容到新图层，重命名为：小鸟。按 <Ctrl> 键单击"小鸟"图层的缩略图，加载选区。

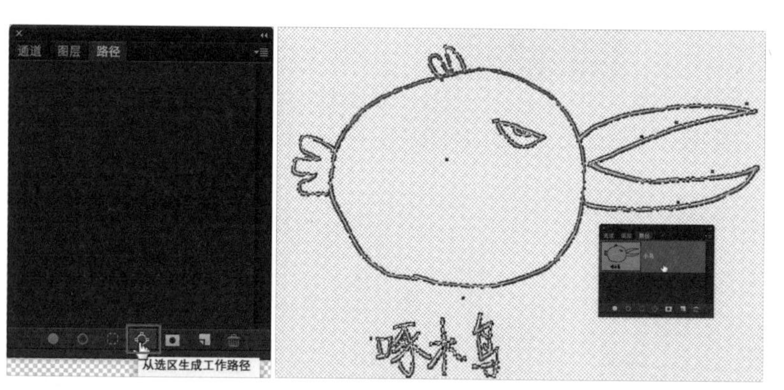

08 打开路径面板，单击"从选区生成工作路径"按钮，将选区转换为路径。按 <A> 键切换到路径选择工具，框选所有路径，按 <Ctrl+C> 组合键复制。

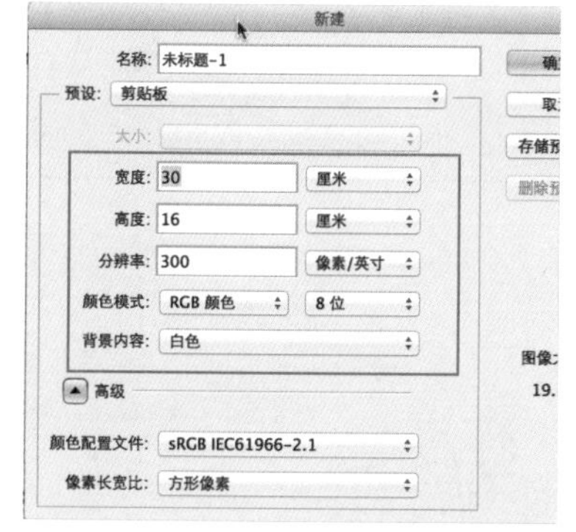

09 按 <Ctrl+N> 组合键创建新文件，设置文件尺寸为：宽度 30cm，高度 16cm，300 像素 / 英寸。比扫描的手绘文件扩大一倍左右。

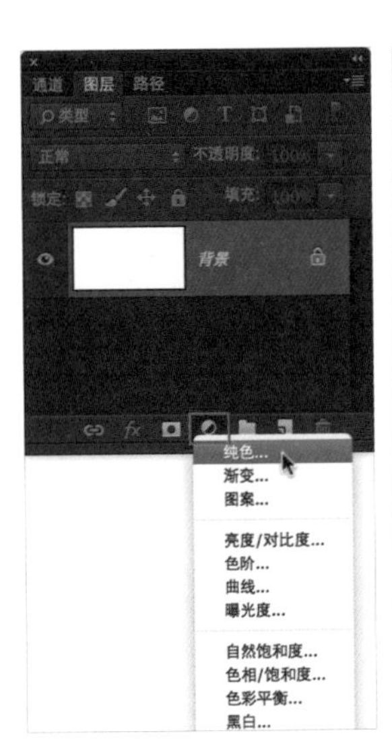

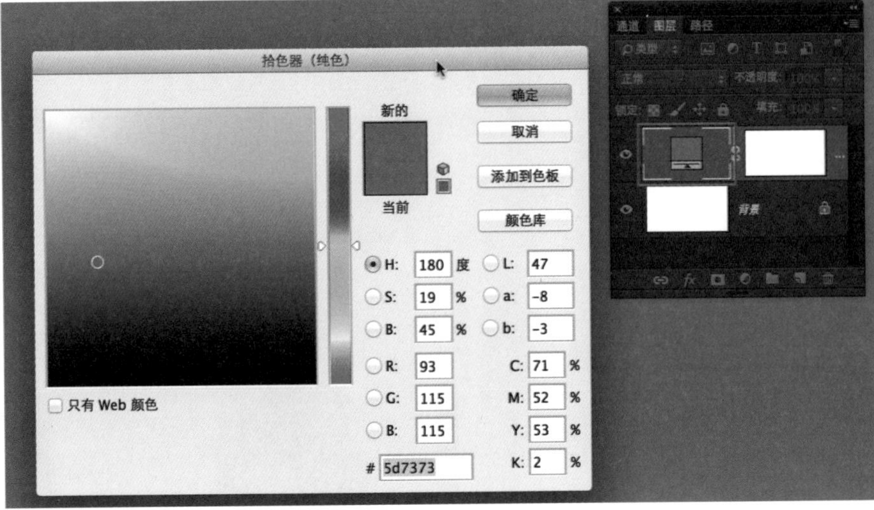

10 在图层面板单击“新建纯色图层”按钮，选择“纯色”，创建纯色图层。

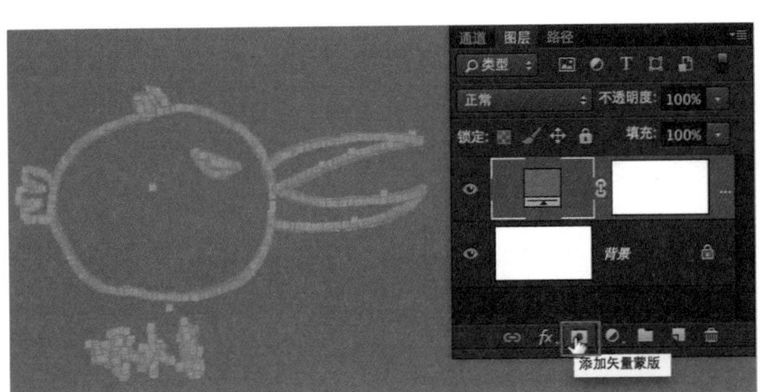

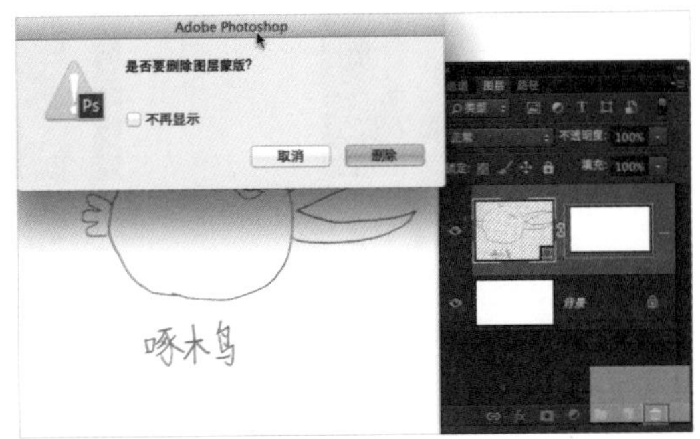

11 按 <Ctrl+V> 组合键将前面复制的路径粘贴进新建文件中。保持路径选中状态，选中纯色图层，单击底部的“添加矢量蒙版”按钮。将纯色图层转为矢量图层，同时小鸟路径添加进矢量图层中。

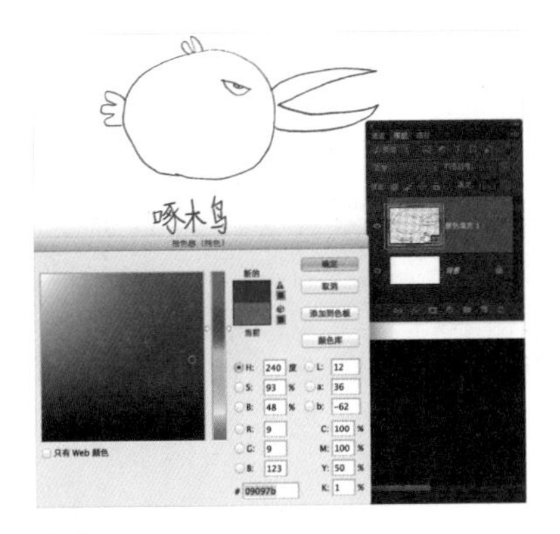

12 双击矢量图层的图层缩略图，更改颜色为深蓝色。

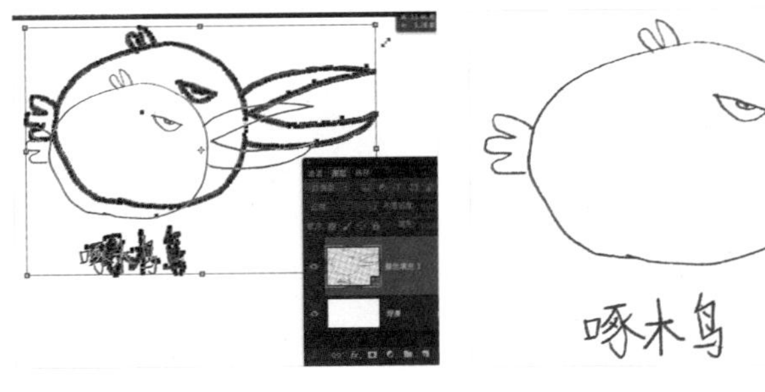

13 保持选中路径，或按 <A> 键使用路径选择工具选中路径，按 <Ctrl+T> 组合键执行自由变换，放大路径。因为是放大路径 ，不会因为放大而降低精度。通过这样的方法，可以将手绘作品（类似签名的文件），以路径的方式保存下来。并可以放大应用到不同文件中。

5.7.6 通道创建选区

通道用来保存颜色信息，保存选区。因此，调整、修改通道可变相改变选区。

用通道来创建精细选区，算是一项“高级”技巧。所谓“高级”是需要综合 Photoshop 很多工具和功能，根据实际情况使用最“巧”的方式来创建选区。

使用通道创建选区的大体流程如下。

“通道创建选区”工作流程

1. 分析通道、复制通道

对比分析各个通道，找出边缘反差最大的通道，并复制该通道。

2. 编辑修改通道

使用调整命令、画笔工具、加重 / 减淡工具，处理通道。

3. 最终合成

借助图层和蒙版功能调整细部，完成合成。

使用通道创建选区，是项综合技能，会涉及几乎所有的 Photoshop 功能。对于初学者来说，一下未必能够全部掌握，建议先从简单入手，明白通道内的黑白像素跟最终选区间的关系，再逐步去尝试各种工具、功能去编辑处理通道。

案例：借助通道创建选区

对比分析通道；使用“色阶”调整命令、画笔工具、加重 / 减淡工具来编辑修改通道，并将通道转换为选区；借助图层、蒙版功能进行合成。

01 打开图片，切换到通道面板，逐个单击每个通道，来查看对比各个通道间的差别。主要依据是人物边缘的明暗反差，挑选一个反差最大的通道。此处反差较大为蓝色通道。

02 拖曳蓝色通道到新建通道面板，松开鼠标复制蓝色通道到“蓝拷贝”Alpha 通道。Alpha 通道用来存储选区，而颜色通道用来存储颜色信息。如果更改颜色通道则会改变图片的内容，如果更改 Alpha 通道，则只会影响该通道的灰度信息即选区。更多两者的区别请参照前面章节。

03 选中“蓝拷贝”通道，（默认情况下，其他通道关闭显示）按 <Ctrl+L> 组合键打开“色阶”对话框，使用“设置黑场”吸管，在头发边缘处选择较暗的区域单击定义为黑场，单击确定退出对话框。设置哪个位置，要视具体内容而定。最终目的是要在整体上加重本身较暗的区域，从而拉大反差。

04 按 <B> 键切换到画笔工具，设置前景色为黑色，调整笔头大小和画笔硬度，在人物内部区域涂抹黑色。因为内部区域是需要选中的，所以可适当调大笔头进行涂抹。在涂抹到边缘时，要小心涂抹，不要破坏边缘形状。

05 放大视图，缩小笔头，在边缘处进行涂抹。随时根据实际内容，调整笔头和视图，便于涂抹。

06 在胳膊等形状（曲线）复杂的地方，在人物边缘处保留一些区域，不必要完全涂抹覆盖。接下来用加重 / 减淡工具来处理边缘。

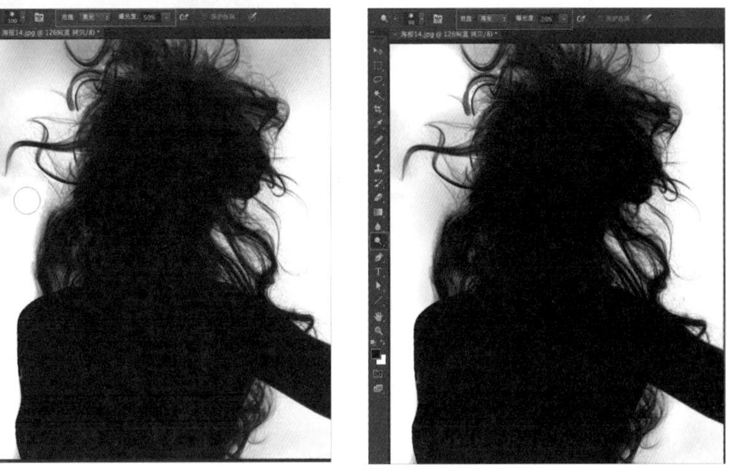

07 按 <O> 键切换到加重工具，在上方选项栏处设置：范围“中间调”，曝光度“50%”，加重边缘暗部区域，拉大边缘明暗反差。切换到减淡工具，选项栏设置：范围“高光”，曝光度“50%”，提亮边缘的高光区域。根据不同区域适当降低或提高曝光度的值。

TIPS

加重 / 减淡工具，主要用来处理形状边缘，拉大边缘处的反差，便于创建选区。

TIPS

按住 <Alt> 键可在加重、减淡工具间切换。

08 按 <Ctrl+L> 组合键打开“色阶”对话框，向左拖曳中间滑块，整体加重通道内中间区域的灰度。

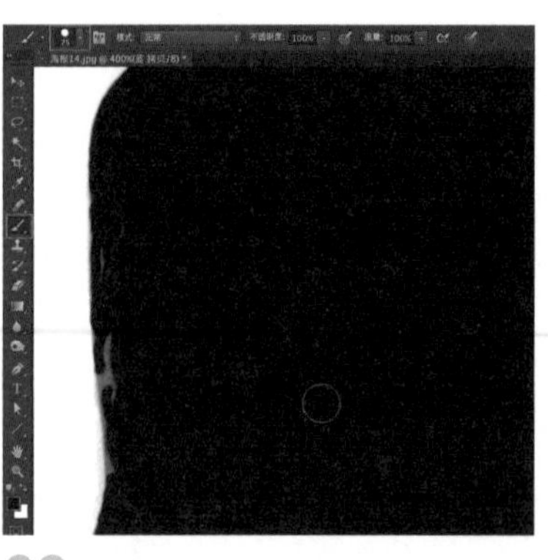

09 放大视图，按 <B> 键切换到画笔工具，设置前景色为黑色，修补细节。

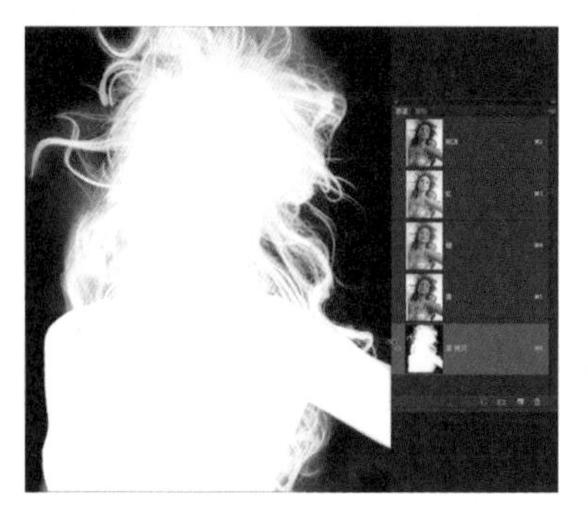

10 按 <Ctrl+I> 组合键反相“蓝拷贝”通道。

11 返回到 RGB 通道，按 <Ctrl> 键单击“蓝拷贝”通道，加载“蓝拷贝”通道到选区。

12 按 <Ctrl+J> 组合键复制选区内容到新图层。添加空白图层在下方，填充蓝色或其他深色调。此时画面头发边缘有明显白边。

13 按 <Ctrl+J> 组合键复制有人物内容的图层，将两个图层分别命名为：人物、头发。将“头发”图层的混合模式改为：正片叠底，将头发与背景融合。使用套索工具，在“人物”图层内选中头发边缘处的内容，不包括脸部、躯干，对选区做适当羽化，按 <Delete> 键删除，将人物脸部、躯干区域恢复出来，完成最终合成。

总结：

制作选区是一项长期的、有些令人头疼的基本工作。如果选区制作的不够精细，会因小失大，影响到最终的合成效果。如果耗费太多时间和精力去制作选区，又会让工作变得乏味，同时效率低下，也会直接影响到最终的收益。

因此，制作选区的要求就是快速和准确。制作方法上要综合使用 Photoshop 所有功能，包括选框工具、菜单命令、图层蒙版等。在不断学习和制作过程中，要注意养成首先分析图像的好习惯。通过有针对性地使用不同方法来完成选区的制作，可以提高自己的制作能力。

第 6 章 变形

概述

Photoshop 处理的是二维图片，即通常所说的平面图片。在每张平面图片里，隐藏了真实世界里的各种信息，如三维信息、光影信息等。这些是由拍摄者的角度、拍摄对象自身的体积、位置和所处的环境造成的。

在做合成的时候，不论是向图片中添加新的元素如文字，或与另外一张图片内的某些内容进行合成，都要考虑与原始图片的匹配问题。要借助于本章所介绍的“变形”来处理图片内容，使合成的效果更真实。

输入文字。

使用“消失点”滤镜找出画面中的透视关系，并让文字沿着透视网格摆放。

变形操作的分类

在 Photoshop 中，变形可分为两大类：外形的变形和内部内容的变形。一般来说，针对外形的变形，使用“自由变换”命令（<Ctrl+T>）即可实现。另外，可只针对选区进行变换，执行菜单：选择 / 变换选区命令来变换选区。

变形操作的常用工具、命令

基本上所有变形类操作都可以同时兼顾内部和外形的变形。熟练掌握各种功能，综合使用，能够准确地“变形”，是下一步合成的基础。

变形变换

变换命令 / 自由变换　移动工具　操控变形　涂抹工具　3D 功能　滤镜命令　内容识别比例　自对其 / 自混合

内部变形　显示变换控件　自适应广角　镜头校正　扭曲滤镜组　液化　置换滤镜　消失点

自由变换（<Ctrl+T>）与变换命令

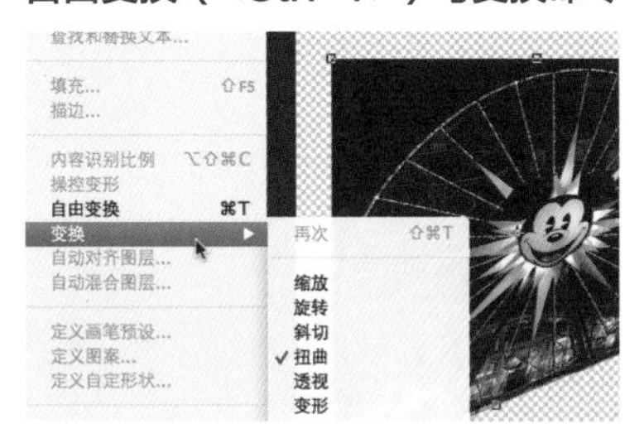

变换命令下的内容“变形”命令。

移动工具（勾选“显示变换控件”）

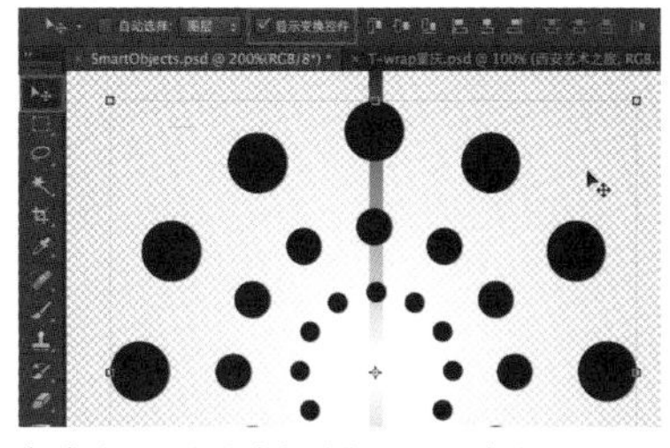

勾选“显示变换空控件”后，可随时改变图层内容大小。

自动对齐与自动混合

使用“自动对齐”功能，可让多张图片，根据画面重叠部分，来自动校正位置关系。使用“自动混合”功能，可融合对齐后的内容。这两个命令将变形与合成融为一体。

操控变形

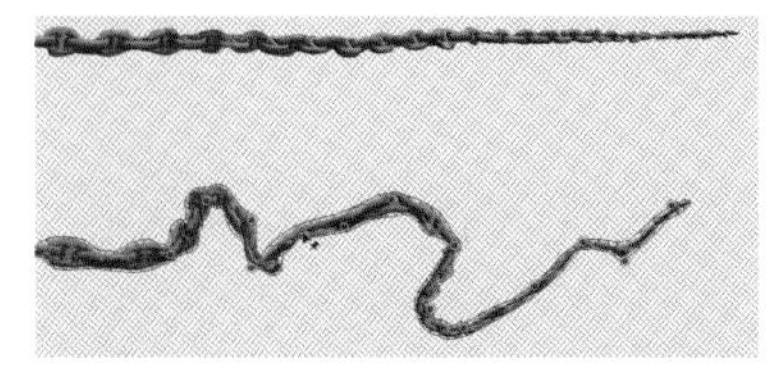

使用操控变形，可自定义控制点，通过拖曳控制点来实现变形。

内容识别比例

内容识别比例，可在单一方向上（如水平或垂直）进行拉伸或压缩，同时尽量确保内容不变形。

3D 功能

将图层或选区、路径转换为 3D 物体后，可使用移动工具的 3D 模式进行变形处理，也可以在属性面板上使用坐标或在画面上使用坐标轴进行变形。关于 3D 功能会有专门章节介绍。

涂抹工具

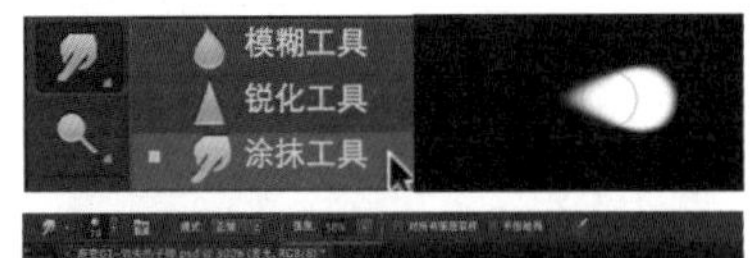

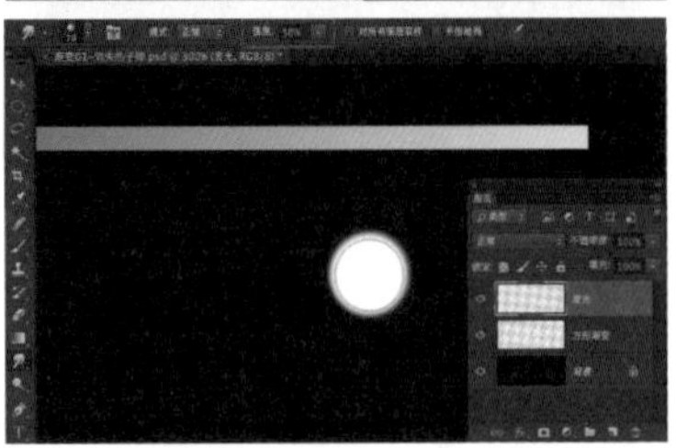

使用涂抹工具，可对画面内容进行涂抹变形。

滤镜

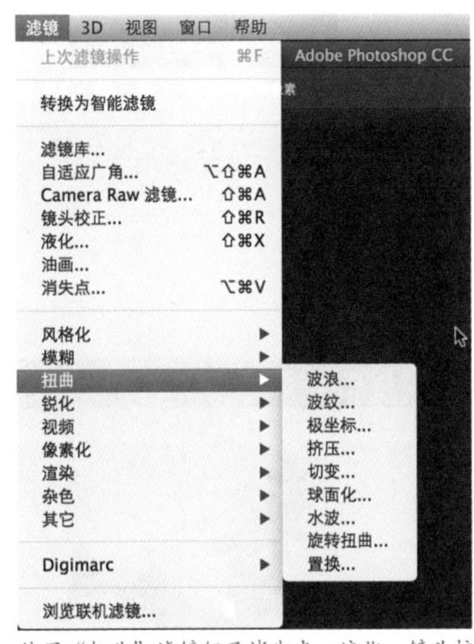

使用“扭曲”滤镜组及消失点、液化、镜头校正、自定义广角滤镜，可实现特殊的变形效果如波纹、球面化等。

6.1 自由变换

自由变换（<Ctrl+T>）命令，在前面章节有相关基础操作的介绍，这里不再赘述。

自由变换在实际工作中的两种使用状态

1. 选中某个图层或创建某个选区后，按 <Ctrl+T> 组合键执行自由变换命令。

2. 配合 <Ctrl>、<Alt>、<Shift> 键，拖曳四周控制点进行变形。通常按 <Ctrl> 键可单独调整控制点，按 <Ctrl+Alt+Shift> 组合键可进行透视调整。

3. 单击右键，选择某个单独的变换命令，如扭曲、透视、斜切等。

TIPS

选区内容不能为空白区域。如果要单独变化选区，则需要执行菜单：选择 / 变换选区命令。
背景图层不能执行变换或自由变换命令。需将背景图层转换为普通图层。

在对图层内容进行放大缩小操作时，要记住两点

1. 尽量不要在原图的基础上去放大，这样会降低图片的精度。一般只使用缩小命令。

2. 缩小过后的图片，不要再放大回去，这样也会降低图片的精度。若想一直保持图片精度，不受缩小操作的影响，需将图片转为智能对象。

01 原图，按 <Ctrl+1> 组合键按实际尺寸显示图片。

02 按 <Ctrl+J> 组合键复制图层，单击右键，将复制的图层转换为智能对象。

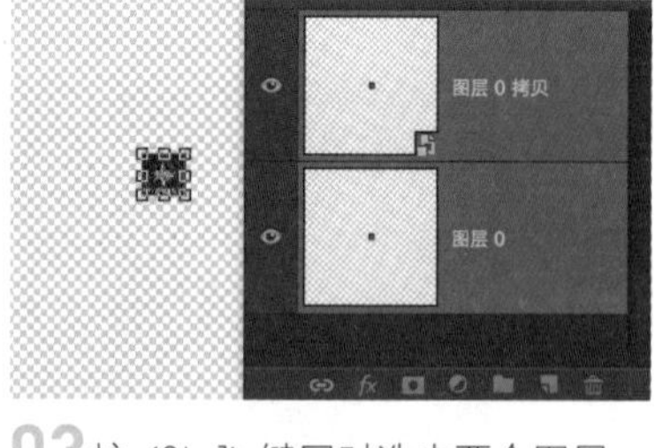

03 按 <Ctrl> 键同时选中两个图层，按 <Ctrl+T> 组合键同时缩小两个图层，按 <Enter> 键确认缩小操作。

04 再按 <Ctrl+T> 组合键同时放大两个图层到原来尺寸，按 <Enter> 键确认放大操作。对于智能对象，在图片精度上没有任何影响。

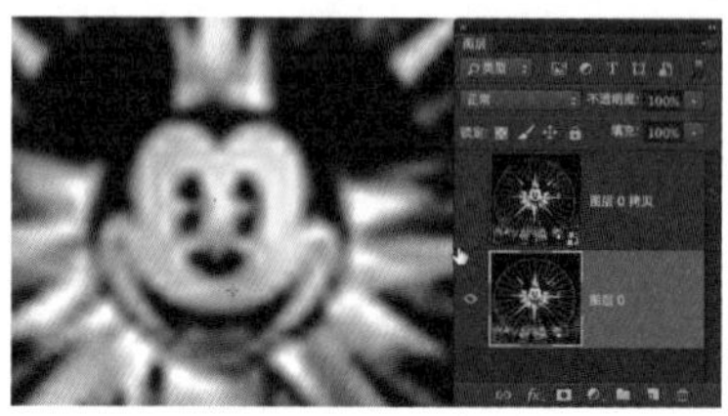

05 关闭智能对象图层的显示，可看到没有转换智能对象的图层，在图片精度上降低很多，已经很模糊不能再使用了。

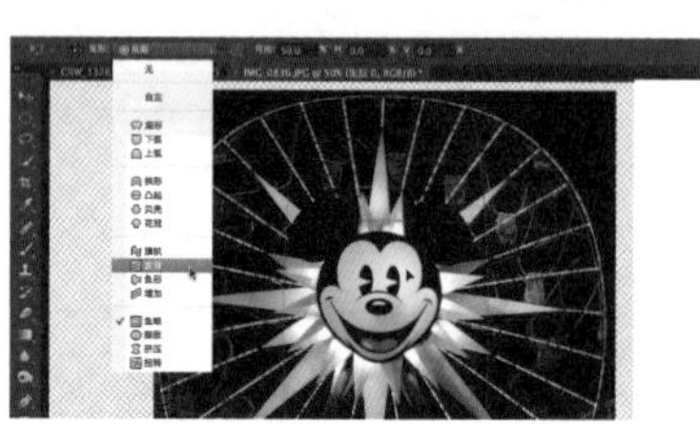

TIPS

内部变形命令，可选择预置的变形方式，也可自定义变形。

调整变换“参考点”位置

01 按 <Ctrl+T> 组合键后，将鼠标移至变换框正中心处，按鼠标拖曳可改变变换“参考点”的位置。如将参考点移至底部，则无论旋转还是缩放等变换，都是以底部为基准进行变换。也可在选项栏处设置参考点位置。

02 “再次”变换命令(<Ctrl+shift+T>)和拷贝并再次变换(<Ctrl+Shift+Alt+T>)。

03 当执行过一次变换命令后，可按 <Ctrl+Shift+T> 组合键按照上次变换的设置再次变换。按 <Ctrl+Alt+Shift+T> 组合键可拷贝图层并再次执行变换。

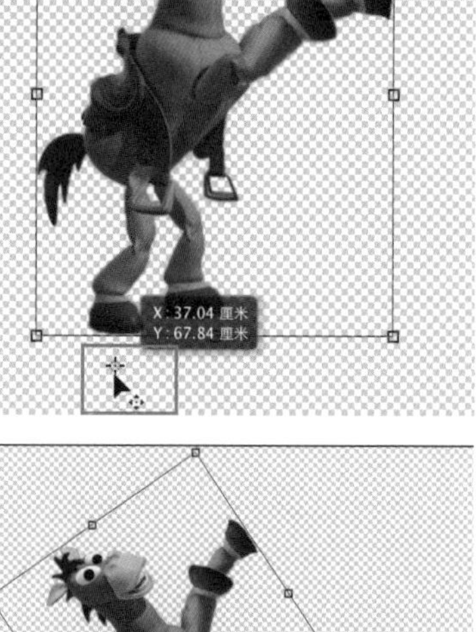

01 按 <Ctrl+T> 组合键执行自由变换命令，移动参考点到底部。旋转并向上方移动，进行变换。

02 按 <Enter> 键确认变换并退出变换对话框。

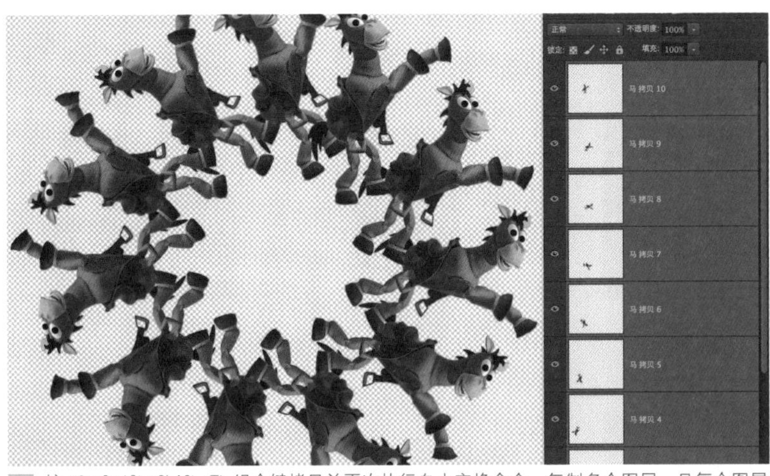

03 按 <Ctrl+Alt+Shift+T> 组合键拷贝并再次执行自由变换命令。复制多个图层，且每个图层再上一图层变换的状态下再次变换（旋转 + 移动）。

04 只做旋转变换，不进行移动变换，按 <Ctrl+Alt+Shift+T> 组合键得到的结果。

案例 01：内部变形制作贴图

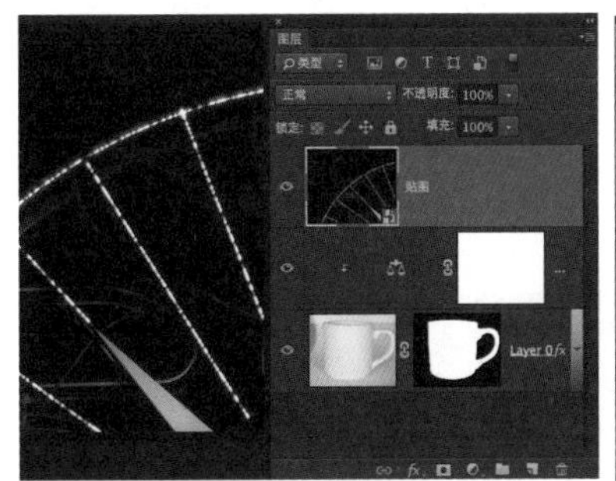

01 将“迪斯尼”图片置入杯子图片中，转换为智能对象并命名为：贴图。

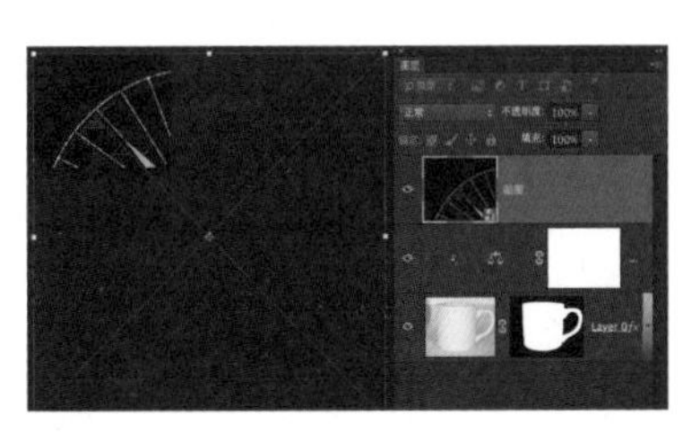

02 按 <Ctrl+T> 组合键执行自由变换命令。由于“贴图”图层本身尺寸较大，因此不能完全显示控制框。按 <Ctrl+ “-” > 组合键缩小视图，显示所有的控制框，按 <Shift> 键缩小到与杯子尺寸基本吻合。

03 在变换框内单击右键，选择“变形”，对“贴图”图层内部进行变形。像使用钢笔工具修改控制把柄一样，拖曳控制框四周的控制点，以及调整内部水平和垂直方向上的直线，让内容跟杯子的形状大体一致。

04 要注意放大视图，细致调整控制点。

TIPS

使用自由变换下的“变形”命令，借助智能对象反复编辑修改“自由变换”操作。

05 更改“贴图”图层的混合模式为：颜色加深。按数字键 9，降低图层不透明度到 90% 左右。

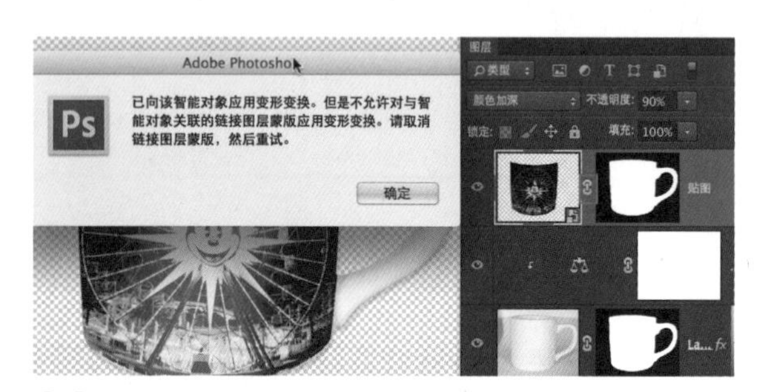

06 因为所有的变形操作是针对智能对象，所以可以随时返回到“自由变换”编辑状态，继续对变形进行调整。选中“贴图”图层，按 <Ctrl+T> 组合键执行自由变换命令。此时会出现提示框，提醒要将蒙版与图层的链接取消才可继续使用自由变换命令。在图层面板取消链接蒙版，再次按 <Ctrl+T> 组合键执行自由变换命令。

07 在变换框内单击右键，选择“变形”，对前面的变形操作继续编辑修改，得到满意结果为止。

案例 02: 肌肉特效

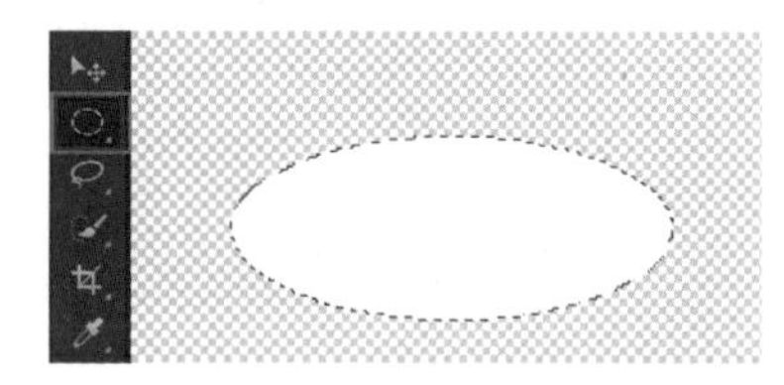

01 按 <Ctrl+N> 组合键创建新文件。按 <Shift+M> 组合键切换到椭圆选框工具，创建椭圆。按 <Ctrl+Shift+N> 组合键创建新图层，并命名为“圆圈”。按 <D> 键切换到默认色状态下，按 <Ctrl+Delete> 组合键填充白色到椭圆选区中。

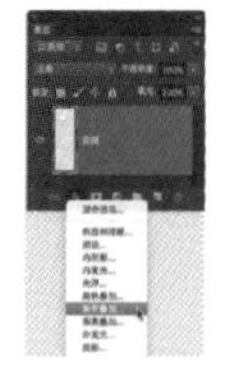
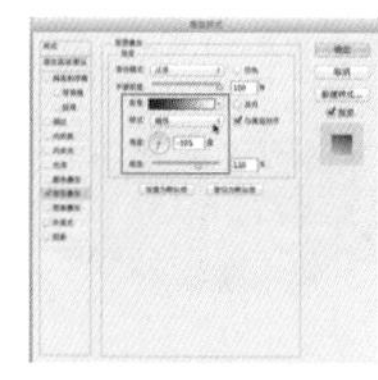

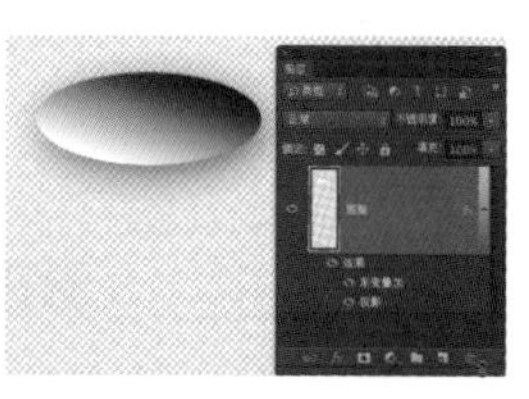

02 按 <F7> 键打开图层面板，在面板底部单击“添加图层样式”按钮，分别为图层添加“渐变叠加”和“投影”样式效果，设置如图所示。

TIPS

利用图层样式创建“圆圈”形状，使用变形来贴合人体形状，利用图层进行合成。

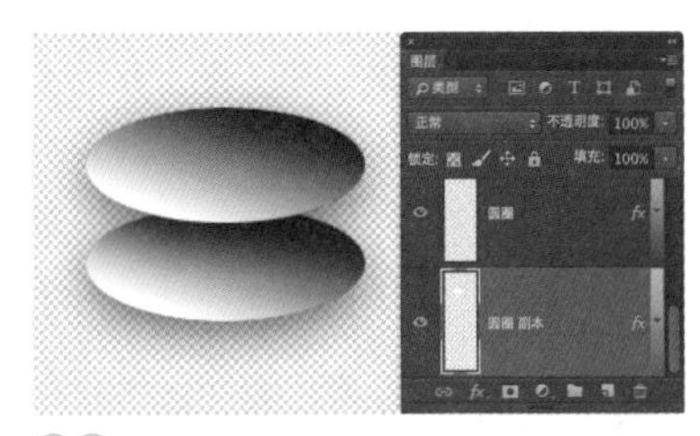

03 按 <Ctrl+J> 组合键复制“圆圈”图层。按 <V> 键切换到移动工具，按住 <Shift> 键沿垂直方向移动新图层。

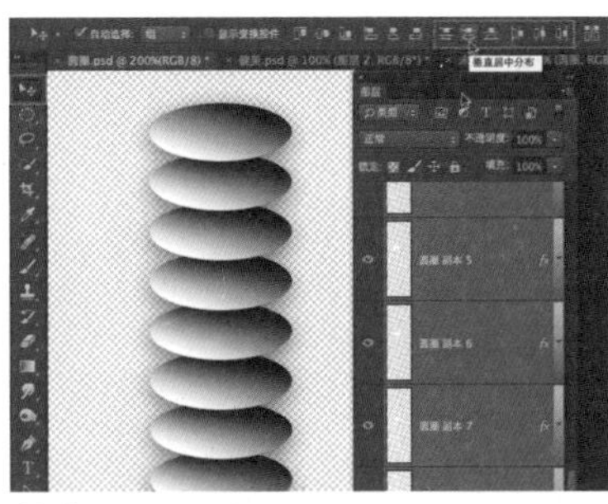

04 同样方法，复制并移动多个图层。最后，在图层面板配合 <Ctrl> 或 <Shift> 键选中所有图层，选中移动工具下，在上方选项栏处单击“调整垂直分布”重新排列所有图层。

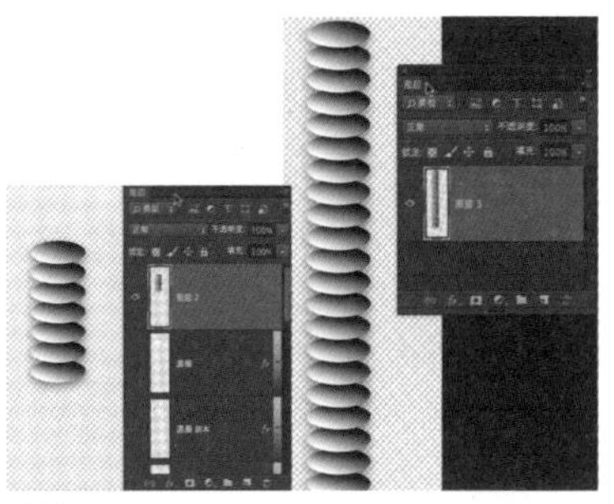

05 按 <Ctrl+Alt+Shift+E> 组合键盖印所有可见图层，并生成新图层。也可直接合并成一个图层，最终将所有圆圈放在一个图层上即可。

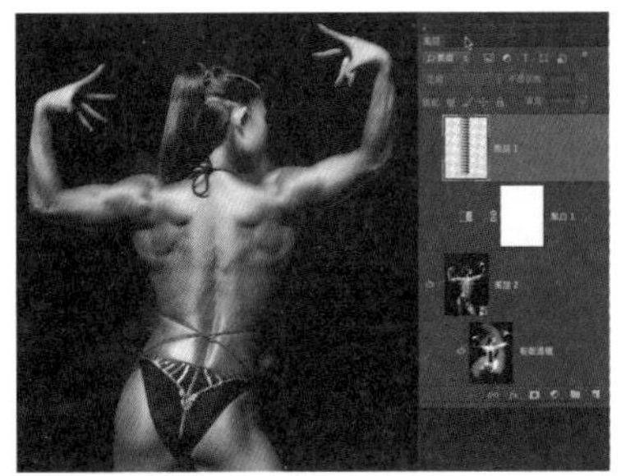

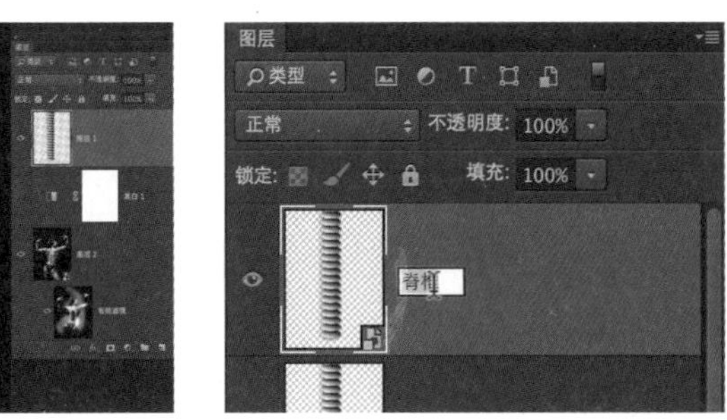

06 打开一张健美小姐的图片，将新创建的“圆圈”放置到该文件中。

07 将“圆圈”图层转换为智能对象，并按 <Ctrl+J> 组合键复制该智能对性，命名为：脊椎。

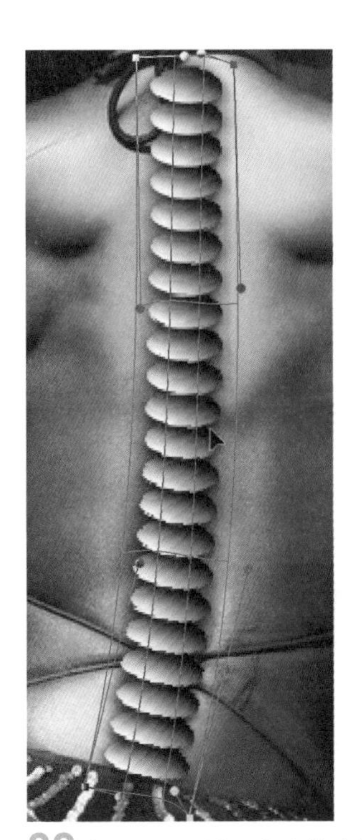

08 将“圆圈”放置在人物脊椎处，按 <Ctrl+T> 组合键执行自由变换命令，并单击右键选择“变形”，根据人物脊椎的形状，进行变形处理。

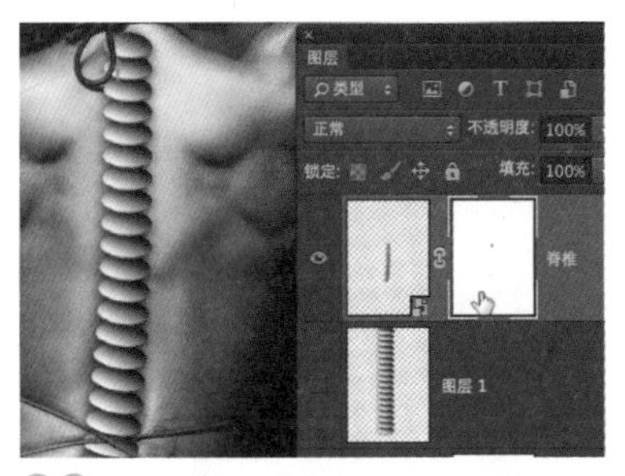

09 在图层面板上添加蒙版，使用画笔工具（<B> 键）将人物背部的绳子恢复出来。注意前景色设置为黑色。

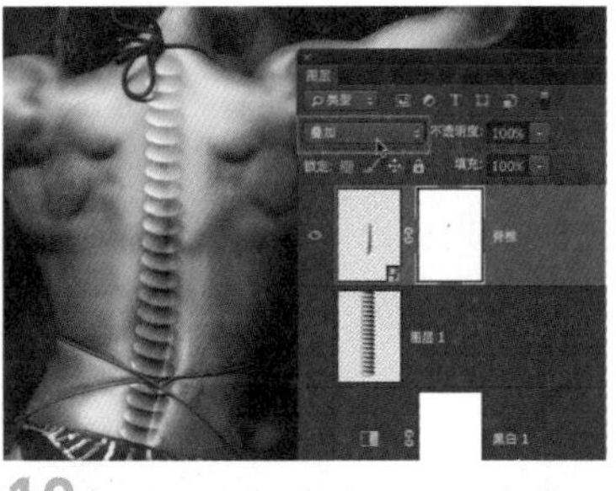

10 在图层面板更改图层混合模式为：叠加，将圆圈与人物合成在一起。

11 其他部位采用同样的方法，根据具体的形状来确定如何变形。

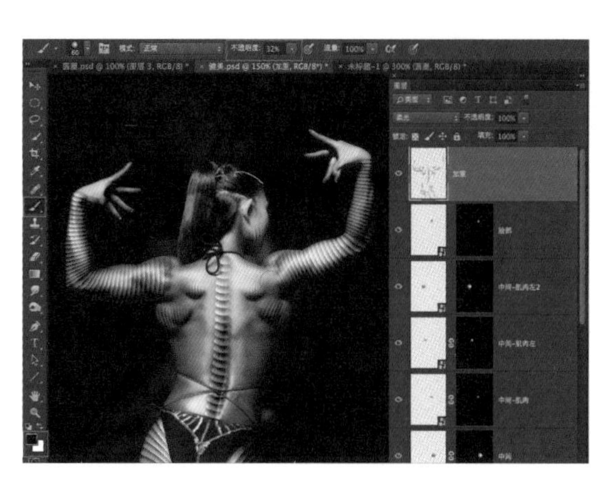

12 按 <Ctrl+Shift+N> 组合键创建新图层，设置图层混合模式为：柔光，使用画笔工具，前景色设置为黑色，加重暗部区域，使合成更加逼真。

案例 03：配合选区制作投影

使用“快速选择工具＋调整边缘”快速创建选区；分离图层效果，创建单独阴影图层；变换阴影创建效果。

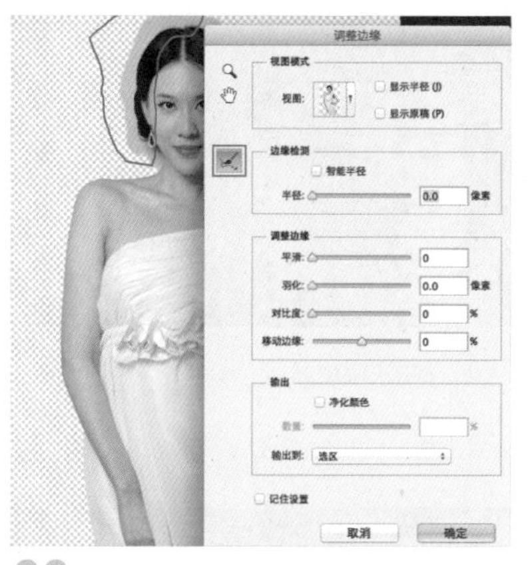

01 按<W>键使用快速选择工具，按“[”和“]”键调节笔头大小，沿着人物拖曳鼠标创建选区。

02 单击上方选项栏处的“调整边缘”按钮或按 <Ctrl+Alt+R> 组合键打开“调整边缘”对话框，使用左侧“调整半径工具”在头发处绘制，将头发边缘的发丝添加进选区。设置输出为：新建带有图层蒙版的图层。

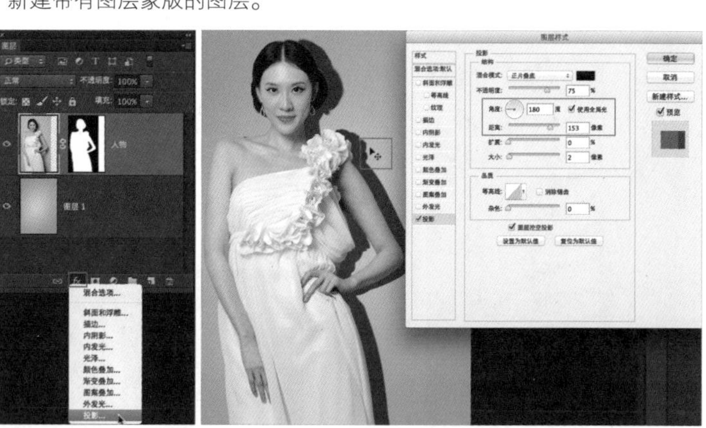

03 在图层面板 <F7> 上，按住 <Ctrl> 键单击“新建图层”按钮，在“人物”图层的下方创建空白新图层。或按 <Ctrl+Shift+N> 组合键创建新图层后，在图层面板上，拖曳新建图层到“人物”图层的下方。按 <G> 键切换到渐变工具，设置前景色为深灰色，背景色为浅灰色，使用径向渐变，从前景色渐变到背景色，在画面中创建径向渐变，作为背景使用。

04 在图层面板 <F7> 上，选中“人物”图层，单击面板下方的“添加图层样式”按钮，添加“投影”效果。打开“图层样式”对话框，将鼠标移至画面处，鼠标自动变成移动工具图标，按住鼠标拖曳将投影从人物背后拖曳到空白地方。拖曳时，图层样式对话框中的角度和距离自动变化。单击“确定”按钮退出对话框。

05 在图层面板上，在“人物”图层的样式效果：“投影”处，单击右键，选择“创建图层”，将投影效果创建为单独的图层。创建的投影图层，图层混合模式为：正片叠底。

06 选中新创建的投影图层，按 <Ctrl+T> 组合键执行自由变换命令，按住 <Ctrl> 和 <Shift> 键，鼠标移至控制框上方中间的控制点处，向右拖曳鼠标进行“斜切”变换。也可单击右键选择“斜切”，将鼠标移至中间控制点处向右移动。

07 按住 <Ctrl> 键单击图层面板底部的“新建图层”按钮，在投影图层下方创建新的空白图层。按 <M> 键切换到矩形选框工具，在下方创建矩形，填充灰色（要略深过背景的灰色），作为地面使用。

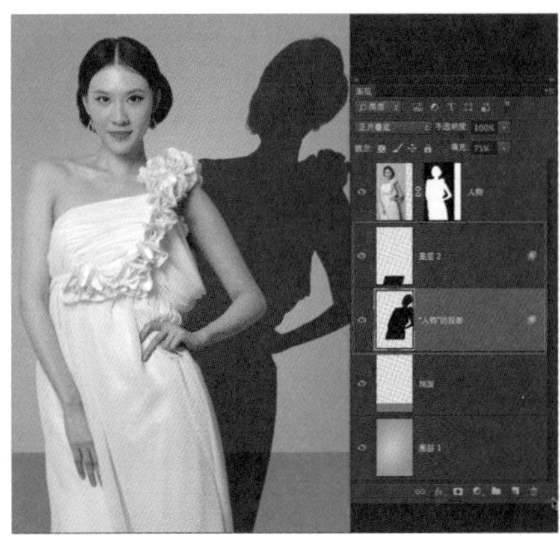

08 保持矩形选区激活状态，选中投影图层，按 <Ctrl+Shift+J> 组合键将选区里的内容剪切到新的图层中。现在投影被分割在两个不同图层内。给两个图层重新命名，上半部分命名为：墙面投影，下半部分命名为：地面投影。

09 选中“墙面投影”图层，按 <Ctrl+T> 组合键执行自由变换，向左斜切变换。注意下方要与“地面投影”保持连续状态，不要有缝隙出现。

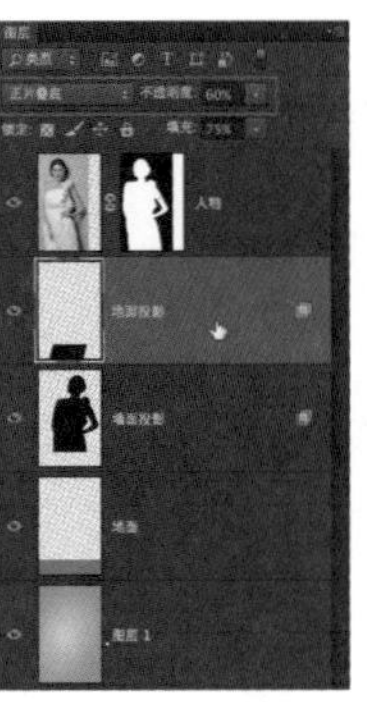

10 更改“墙面投影”的图层不透明度为：20%；更改“地面投影”的图层不透明度为：60%。

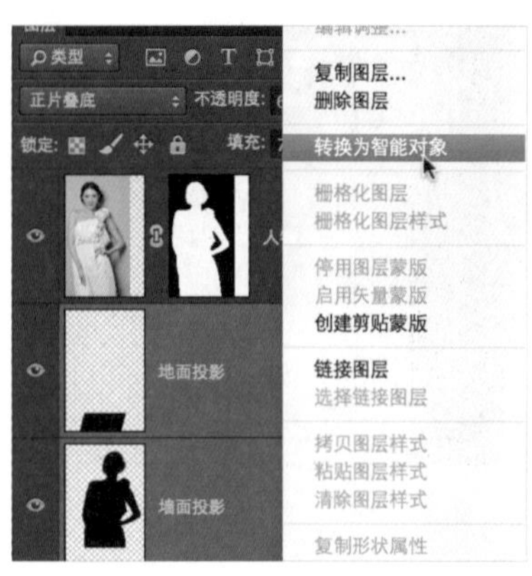

11 按 <Ctrl> 键同时选中“墙面投影”和“地面投影”两个图层，单击右键，选择“转换为智能对象”。转换后智能对象的名称自动以上方图层名字命名。

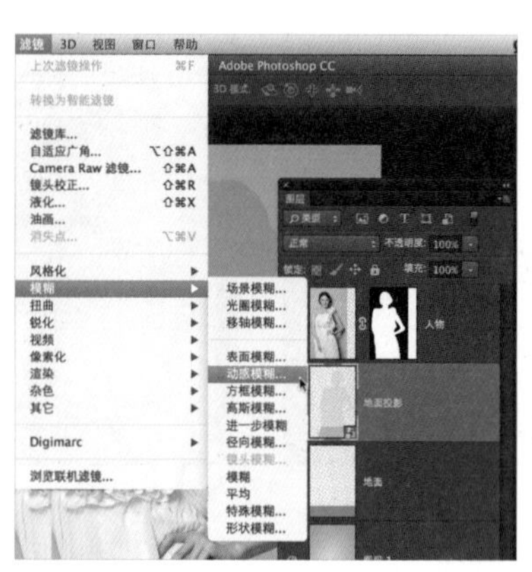

12 选中转换的智能对象“地面投影”，执行菜单：滤镜 / 模糊 / 动感模糊，设置角度：45，距离：108，为智能对象添加动感模糊智能滤镜。

13 单击智能滤镜的蒙版图标，进入到智能滤镜蒙版编辑状态，按 <G> 键切换到渐变工具，按 <D> 键设置前景色为黑色，背景色为白色。在工具选项栏处设置“线性渐变”模式，从前景色到背景色渐变。在蒙版中沿 45 度方向创建渐变，让模糊效果在边缘处明显，靠近人物处的投影清晰。可反复创建渐变，寻找最佳效果。

14 放大视图，在墙面和地面交界处。按 <B> 键切换到画笔工具，设置不透明度为 50%。按 <D> 键再按 <X> 键，切换前景色为白色，按“[”和“]”键调节笔头大小，恢复投影边缘的模糊效果。在处理边缘细节过程中，随时切换前景色为黑或白，来擦除或恢复模糊效果。

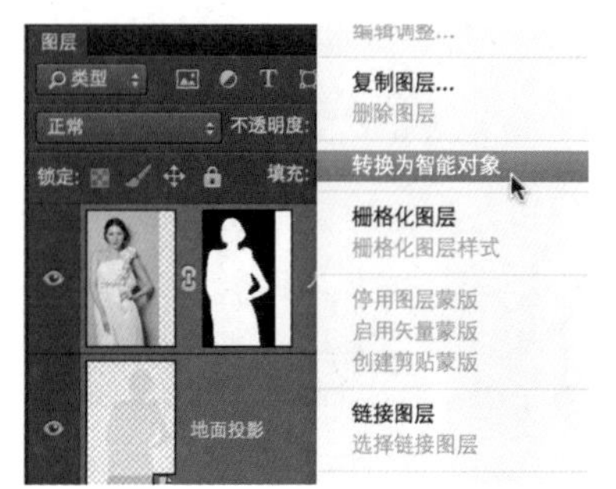

15 在图层面板，按 <Shift> 键选中所有图层，单击右键选择“转换为智能对象”，将所有图层转换为一个智能对象，便于最终合成处理。

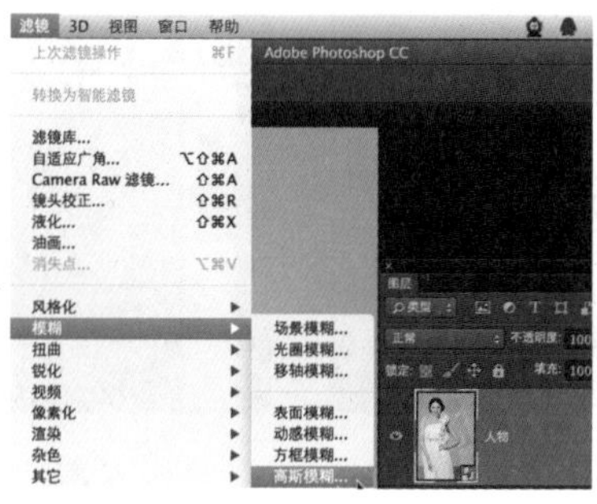

16 执行菜单：滤镜 / 模糊 / 高斯模糊，设置模糊半径为：15。

17 双击智能滤镜下的“更改混合模式”按钮，设置混合模式为：叠加，不透明度为：50%。使整个画面的色调更加细腻。

18 按 <Ctrl+Shift+N> 组合键创建新图层，设置图层混合模式为：柔光。按 <B> 键切换到画笔工具，不透明度为 60% 左右，按“] ”键加大笔头大小，设置前景色为黑色，在画面四边涂抹，加重画面边缘，产生暗角效果。

19 放大到人物脸部，按“ [”键缩小笔头，使用黑色加重暗部区域，使用白色提亮高光区域。让脸部的“立体感”更突出。

20 选中“人物”智能对象，单击图层面板底部的“新建调整图层”按钮，添加“色阶”调整图层。双击色阶调整图层的图层缩略图，打开色阶属性对话框，向右拖曳中间的黑色滑块，加重色调。

21 单击色阶调整图层的蒙版缩略图，按 <Shift+M> 组合键切换到椭圆选框工具，在画面中创建椭圆选区，选中人物主体部分。

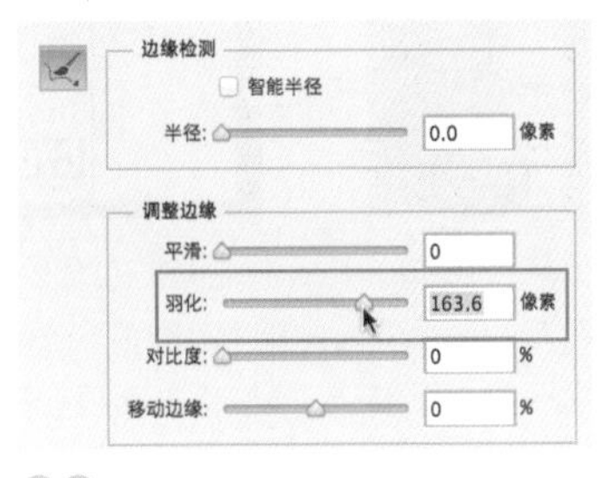

22 单击“调整边缘”按钮或按 <Ctrl+Alt+R> 组合键，调整“羽化”值为 160 左右。

23 按 <D> 键设置前景色为黑色，按 <Alt+Delete> 组合键在蒙版中往选区填充黑色，屏蔽掉选区中的色阶效果。

25 最后添加文字，完成最终效果。

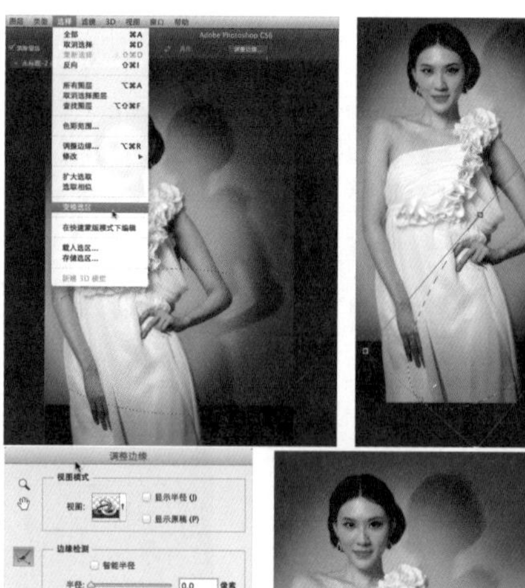

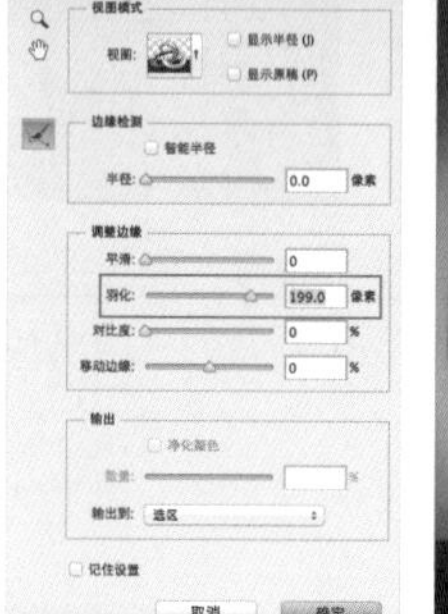

24 保持选区激活状态，执行菜单：选择 / 变换选区，调整选区位置和大小。设置羽化值，在蒙版中为选区填充黑色。创建多重光影效果。

TIPS

如果选区不小心被取消掉，可按 <Ctrl+Shift+D> 组合键重新加载选区。
可更改色阶调整图层的混合模式得到不同效果。

6.2 移动工具（显示变换控件）

使用移动工具勾选“显示变换控件”选项，也可实现自由变换操作。配合“自动选择”和选择“图层”或“组”以及对齐命令，可实现更多精确缩小、对齐操作。

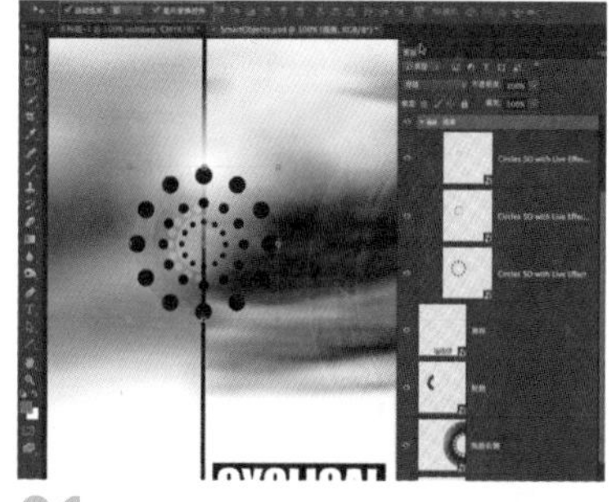

01 按 <V> 键使用移动工具，设置：自动选择；“组”；并勾选“显示变换控件。”在画面中用鼠标单击图层的内容，如图所示，图片上的圆圈的区域，可自动选中该图层，并显示变换控件。此时可直接通过调整变换控件实现缩放旋转等变换操作。

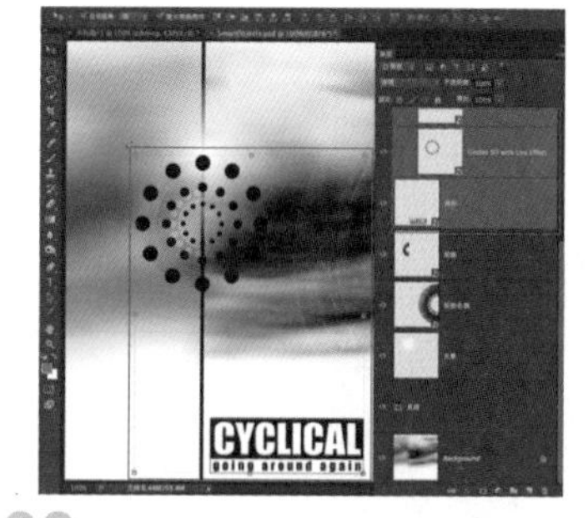

02 可以在图层面板上，配合 <Cmd> 键来选中多个图层，在画面上借助变换控件来实现变换操作。

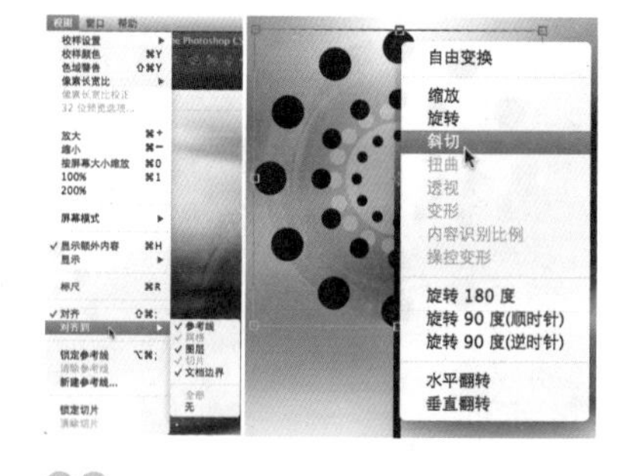

03 选中多个图层后，按 <Ctrl+T> 组合键可进入自由变换编辑状态。

6.3 操控变形

操控变形（菜单：编辑 / 操控变形）提供了一种可视的网格，通过向网格添加图钉（控制点）来控制网格，从而控制图像内容。借助该网格和图钉，可以随意地扭曲特定图像区域同时保持其他区域不变。应用范围小到精细的图像修饰（如发型设计），大到总体的变换（如重新定位手臂或下肢）。

除了图像图层之外，还可以向图层蒙版和矢量蒙版中应用操控变形。要以非破坏性的方式扭曲图像，需要使用智能对象。

基本操作

1. 在“图层”面板中，选择要变换的图层或蒙版。执行菜单：编辑 / 操控变形。
2. 在画面中单击设置多个图钉（控制点），拖曳某个图钉变形该区域。

01 使用“快速选择工具+调整边缘”，将“马”从画面中抠出。执行菜单：编辑 / 操控变形。

02 执行“操控变形”命令后，自动显示网格，将鼠标移至要变形区域，单击鼠标创建图钉（即控制点）。

03 拖曳图钉，即可对该区域进行变形。根据需要可添加多个图钉。

04 完成调整后，按 <Enter> 键确定操作并退出网格编辑状态。这样的操控变形方式属于破坏性方式，不能再找回上次的编辑状态和原图。

05 可先将图层转换为智能对象，再次进行操控变形，即是非破坏性操作。

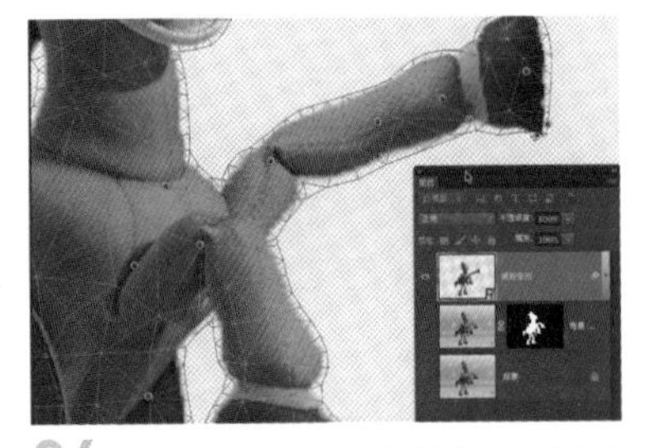

06 执行菜单：编辑 / 操控变形，设置图钉并拖曳图钉进行变形。

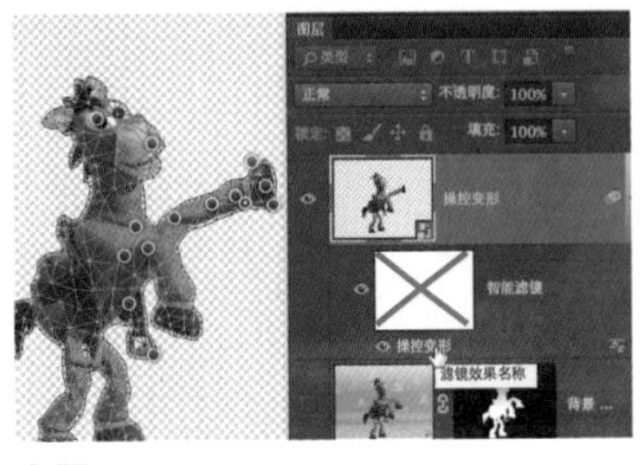

07 完成变形操作后，按 <Enter> 键确定并退出。操控变形以智能滤镜的方式加载在图层上，可随时双击回到上一次“操控变形”的可编辑状态继续进行调整编辑，也可关闭智能滤镜的显示，重新回到原图状态。

在选项栏中，调整以下网格设置

模式：确定网格的整体弹性。为适用于对广角图像或纹理映射进行变形的极具弹性的网格选取“扭曲”。

浓度：确定网格点的间距。较多的网格点可以提高精度，但需要较多的处理时间；较少的网格点则反之。

扩展：扩展或收缩网格的外边缘。

显示网格：取消选中可以只显示调整图钉，从而显示更清晰的变换预览。

要临时隐藏调整图钉，请按 <H> 键。

“图钉深度”按钮

要显示与其他网格区域重叠的网格区域，请单击选项栏中的“图钉深度”按钮 。“图钉深度”按钮可解决重叠后的前后关系。

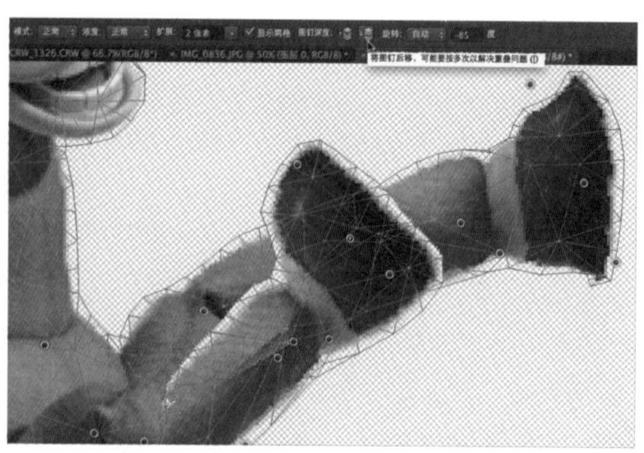

01 选中某个重叠处的图钉，单击上方选项栏处的“图钉深度”按钮。

02 图钉向后的效果。

03 图钉向前的效果。

移去图钉，请执行以下任意操作

要移去选定图钉，请按 <Delete> 键。要移去其他各个图钉，请将光标直接放在这些图钉上，然后按 <Alt> 键(Windows)或 <Option> 键(Mac OS)；当剪刀图标出现时，单击该图标。

单击选项栏中的“移去所有图钉”按钮 。

要选择多个图钉，请按住 <Shift> 键的同时单击这些图钉，或从上下文菜单中选取“全选”。

移去所有图钉

旋转网格

要围绕图钉旋转网格，请选中该网格，然后执行以下操作。

要按固定角度旋转网格，请按 <Alt> 键(Windows)或 <Option> 键(Mac OS)，然后将光标放置在图钉附近，但不要放在图钉上方。当出现圆圈时，拖曳以直观地旋转网格。

旋转的角度会在选项栏中显示出来。

要根据所选的“模式”选项自动旋转网格，请从选项栏的“旋转”菜单中选择“自动”。

6.4 内容识别比例

通常进行缩放，都会使用等比例缩放的方式，即按 <Ctrl+T> 组合键，按住 <Shift> 键缩放图层内容。但是有些情况下，需要对图层内容进行单一方向上（水平或垂直）的不等比例缩放，此时需要使用“内容识别比例”命令来缩放图层内容。

内容识别比例可在不更改重要内容（如人物、建筑、动物等）的情况下调整图像大小。常规缩放在调整图像大小时会统一影响所有像素，而内容识别比例主要影响没有重要可视内容的区域中的像素。内容识别比例可以放大或缩小图像以改善合成效果、适合版面或更改方向。如果要在调整图像大小时使用一些常规缩放，则可以指定内容识别比例与常规缩放的比例。

01 原图。

02 按 <Ctrl+T> 组合键自由变换，在水平方向拉伸放大。“凯旋门”发生较大变形失真。

03 执行菜单：编辑 / 内容识别比例或按 <Ctrl+Alt+Shift+C> 组合键，在水平方向拉伸放大。“凯旋门”发生较小变形。

04 执行菜单：编辑 / 内容识别比例或按 <Ctrl+Alt+Shift+C> 组合键，借助通道保护“凯旋门”，在水平方向拉伸放大。“凯旋门”基本未发生变形。

如果要在缩放图像时保留特定的区域，内容识别比例允许您在调整大小的过程中使用 Alpha 通道来保护内容。

内容识别比例适用于处理图层和选区。图像可以是 RGB、CMYK、Lab 和灰度颜色模式以及所有位深度。内容识别比例不适用于处理调整图层、图层蒙版、各个通道、智能对象、3D 图层、视频图层、图层组，或者同时处理多个图层。

01 原图。

02 按 <Ctrl+T> 组合键自由变换，在水平方向压缩。人物发生较大变形失真。

03 沿着人物创建选区，不必要精确，只需要将人物包含在内即可。执行菜单：选择 / 存储选区，命名为：man，将选区保存到通道中。

04 按 <Ctrl+D> 组合键取消选区。执行菜单：编辑 / 内容识别比例，在上方选项栏处设置保护：man，在水平方向缩小。

05 人物未发生变形。

在某个方向上（水平或垂直）放大的时候，还可以使用“内容识别”填充的方式来扩展边缘像素从而达到放大的效果。

01 按 <M> 键使用矩形选框工具，在需要扩大的区域创建矩形选区，注意选区要与图层现有内容重叠。重叠一小部分区域即可。按<Shift+F5>组合键执行填充命令，设置使用：内容识别，单击“确定”按钮进行填充。

02 Photoshop 使用“内容识别”的方式进行智能填充，将图层内容扩展。

6.5 涂抹工具

涂抹工具可使用类似画笔工具的方式来对图层内容进行涂抹变形。使用涂抹工具，会造成图层内容的模糊。

01 原图。

02 使用涂抹工具，按“[”和“]”键调节笔头大小，进行涂抹变形，同时该区域内容模糊化。

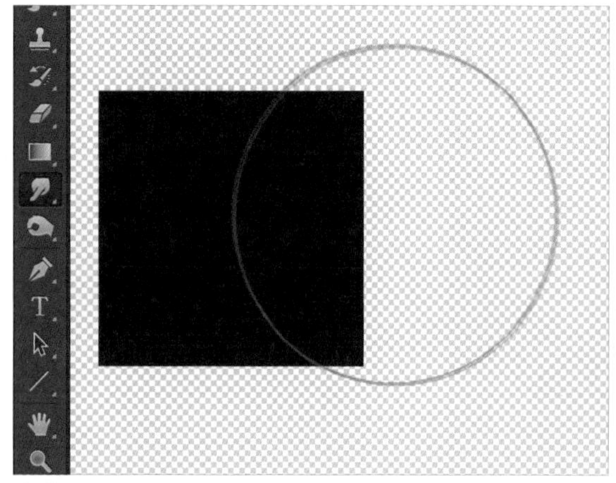

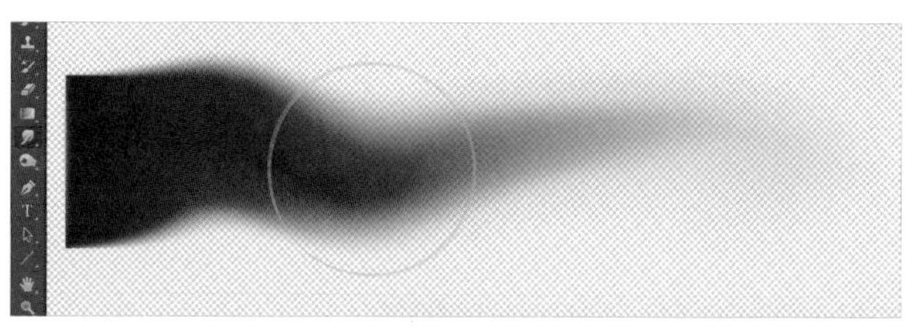

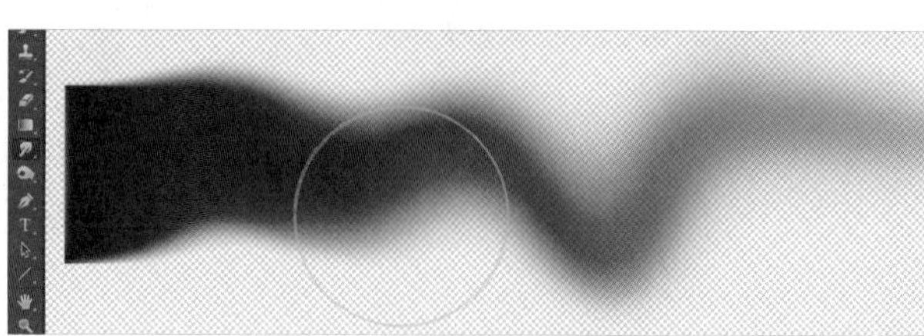

03 可使用涂抹工具，涂抹处烟雾效果。

6.6 自动对齐与自动混合功能

“自动对齐图层”命令可以根据不同图层中的相似内容（如角和边）自动对齐图层。可以指定一个图层作为参考图层，也可以让 Photoshop 自动选择参考图层。其他图层将与参考图层对齐，以便匹配的内容能够自行叠加。

自动对齐的过程也是变形（如缩放、移动等变换）的过程。

在 CS3 版本之前没有自动对齐功能时，要对齐多个图层，是需要手动来对齐，效果也没有自动对齐功能好。

自动对齐功能结合蒙版可以处理群照效果。

01 在 Bridge 中打开两张照片。两张照片是在拍群体合影的时候，连续拍下两张，两张都有瑕疵，需要用 Photoshop 来做后期合成。

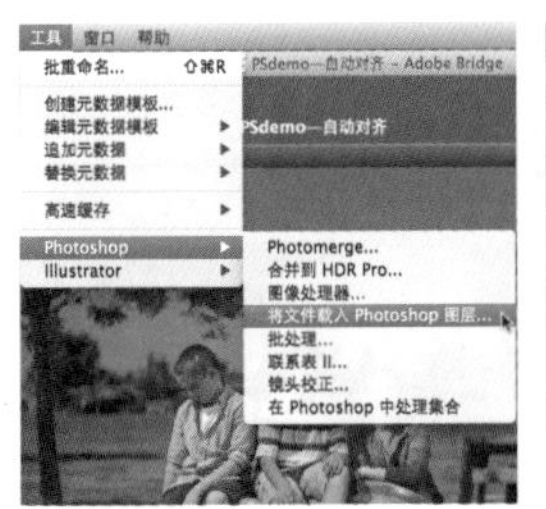

02 在 Bridge 中，同时选中两张照片，执行菜单：工具 / Photoshop / 将多个文件载入 Photoshop 图层，自动将两张照片以图层方式载入 Photoshop 中。

03 在 Photoshop 中，打开图层面板，按 <Ctrl> 键同时选中两个图层。执行菜单：编辑 / 自动对齐图层，设置“自动”。

04 执行完自动对齐命令后，Photoshop 会根据两个图层重叠内容自动对齐两个图层。检查两个对齐后的两个图层，可以发现两个图层分别做了相应的变换（大小和位置）。

TIPS

也可以将上方图层的不透明度降低到 50%（选中上方图层，按数字键 5），按 <V> 键使用移动工具，再使用自由变换命令来对齐下方图层。

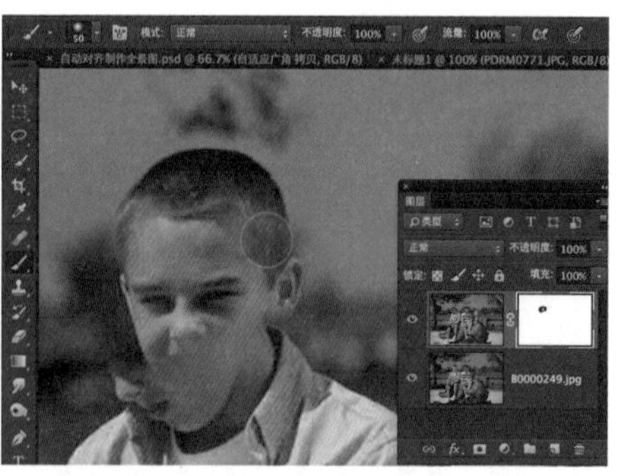

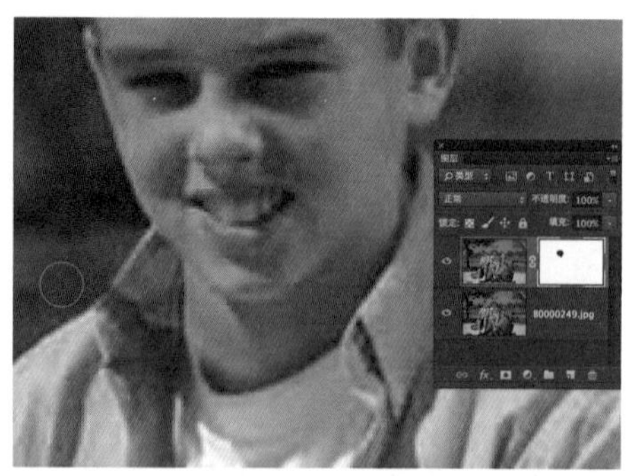

05 对齐后，在图层面板上选中上方图层，单击底部的“添加图层蒙版”按钮。按 <B> 键使用画笔工具，放大视图，按“[”和“]”键调节笔头大小，设置前景色为黑色，画笔不透明度为 100%，擦除左侧小孩的头部区域。继续放大视图，小心处理衣领区域。

TIPS

综合使用自动对齐、自动混合和智能填充（内容识别）来制作照片拼贴。

使用自动对齐、自动混合功能；合并图层，再使用智能填充（填充 / 内容识别）完成制作。

06 最终合成效果。

01 在 Bridge 中按 <Ctrl> 键同时选中两张古罗马斗兽场的图片，执行菜单：工具 / Photoshop / 将多个文件载入 Photoshop 图层。通常要实现拼贴图片，最好两张或多张图片间要有重叠部分，尽量不要有透视视角上的变化。这两张斗兽场照片，相互间重叠部分并不明显，且有透视上的变化，因此制作时不光要使用自动对齐与自动混合，还要使用智能填充来修补。

02 两张图片自动以图层的方式载入 Photoshop 的同一个文件中。按 <Ctrl> 键同时选中两个图层。

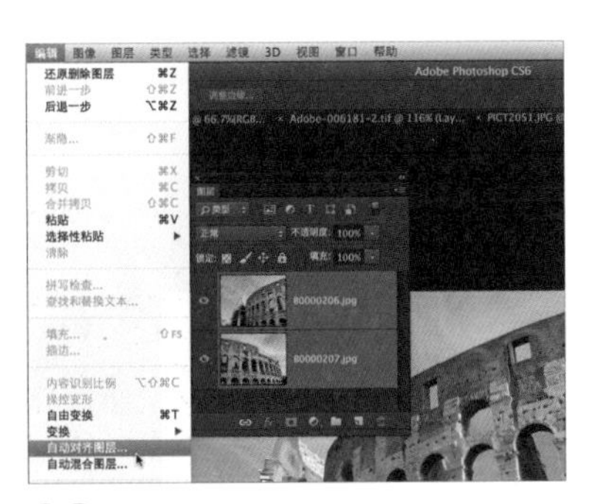

03 执行菜单：编辑 / 自动对齐，在“自动对齐图层”对话框中，选择“自动”方式。Photoshop 自动对齐两个图层。

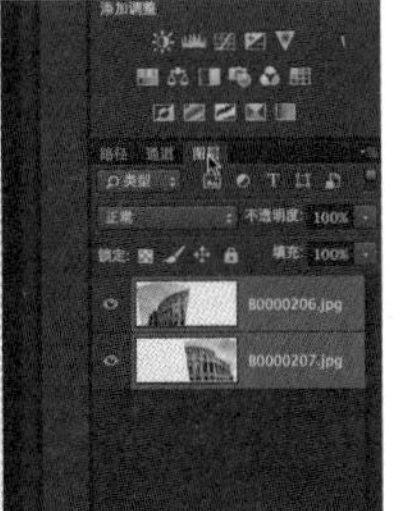

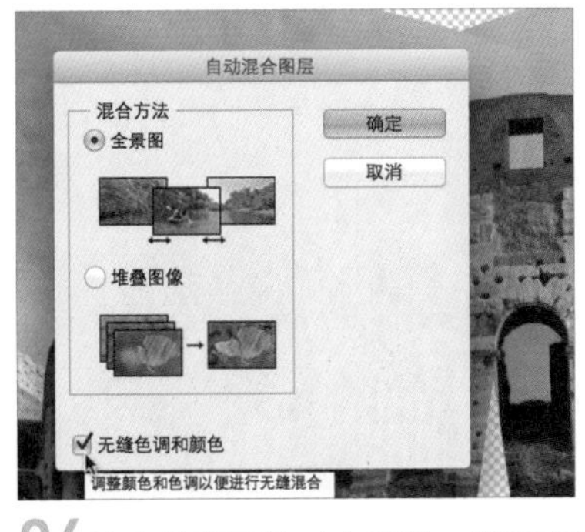

04 放大检查图片对齐情况，发现两张图片拼接处有明显的分界线，此时可使用“自动混合”功能来消除分界线。保持同时选中两个图层，执行菜单“编辑 / 自动混合图层”，在“自动混合图层”对话框中，选择“混合”方式为：全景图，并勾选下方的“无缝色调和颜色”来去除分界线。

05 选中两个图层，按 <Ctrl+E> 组合键合并图层或在图层面板上点开面板菜单执行“合并图层”命令，将两个图层合并成一个图层，为下面使用智能填充命令做准备。

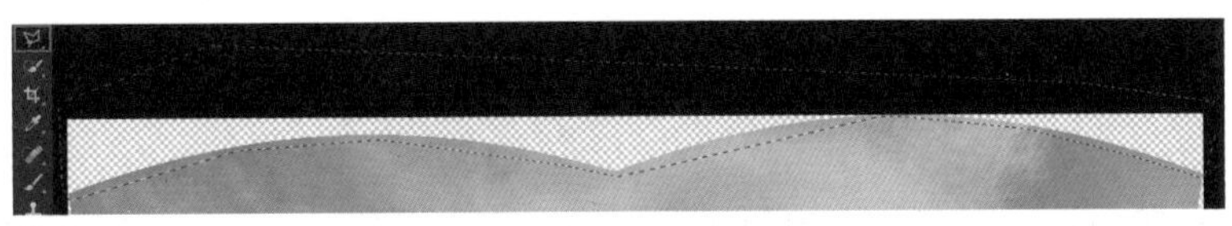

06 在工具箱内选中“多边形套索工具”，在天空处根据透明镂空区域的形状，单击鼠标然后再拖曳鼠标来创建选区。确保创建的选区要包含部分图层内容即天空。

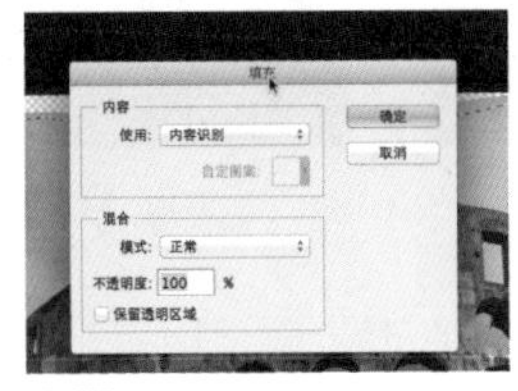

07 执行菜单：编辑 / 填充或按 <Shift+F5> 组合键，打开填充对话框，选择“内容识别”，修补天空。

08 接下来修补画面下方镂空的区域。使用多边形套索工具，根据镂空区域形状，创建选区，同样要确保选区包含原有图层内容，不要只选择空白区域。要注意放大看细节，来查看哪些地方还需要修复。

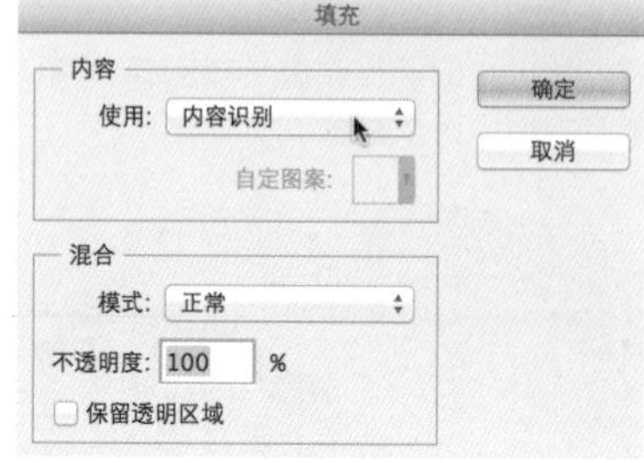

09 执行菜单：编辑 / 填充，设置填充为：内容识别。

10 填充完毕后，要对填充后还有瑕疵的画面进行修复。使用多边形套索工具，根据墙体的形状，创建多边形选区，来约束修复内容不超出选区。按 <S> 键或在工具箱中选择“仿制图章工具”，按 <Alt> 键取样，然后松开 <Alt> 键，对画面进行修复。

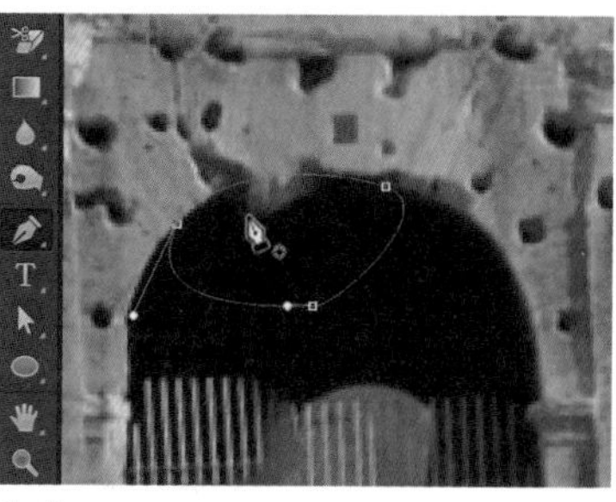

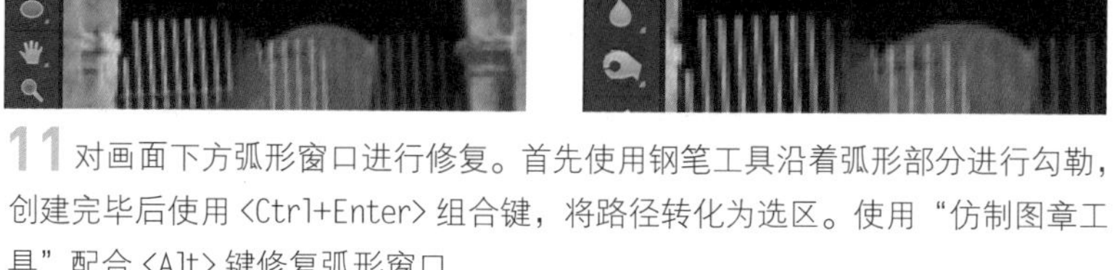

11 对画面下方弧形窗口进行修复。首先使用钢笔工具沿着弧形部分进行勾勒，创建完毕后使用 <Ctrl+Enter> 组合键，将路径转化为选区。使用“仿制图章工具”配合 <Alt> 键修复弧形窗口。

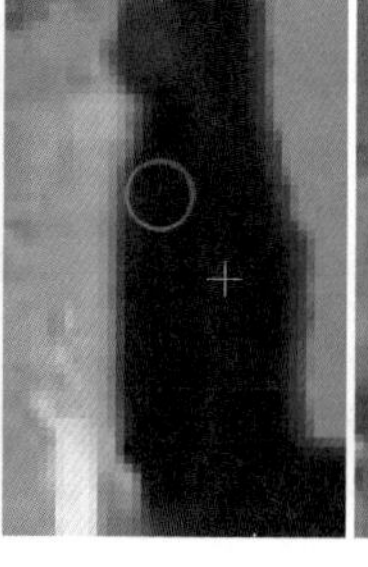

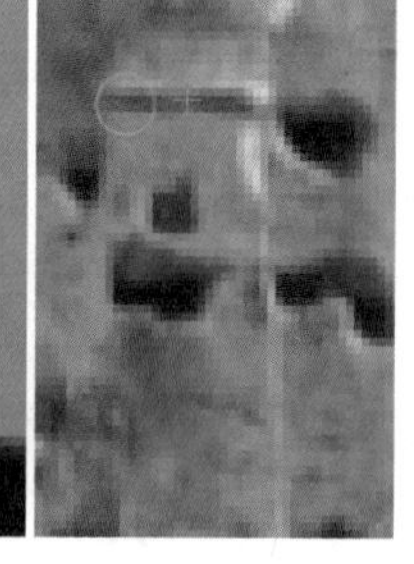

12 使用同样的方法，修复其他区域。

13 最终效果。

6.7 “镜头校正”滤镜

在拍摄的过程中，由于一些镜头会在特定的焦距、光圈大小和对焦距离下呈现出不同的缺陷，如桶形失真和枕形失真、晕影、色差等。

桶形失真（左图）和枕形失真（右图）。

桶形失真是一种镜头缺陷，它会导致直线向外弯曲到图像的外缘。枕形失真的效果相反，直线会向内弯曲。

晕影是一种由于镜头周围的光线衰减而使图像的拐角变暗的缺陷。色差显示为对象边缘的一圈色边，它是由于镜头对不同平面中不同颜色的光进行对焦而导致的。

校正镜头扭曲并调整透视

“镜头校正”滤镜（执行菜单：滤镜 / 镜头校正）可修复常见的镜头瑕疵，如桶形和枕形失真、晕影和色差。该滤镜在 RGB 模式或灰度模式下只能用于 8 位 / 通道和 16 位 / 通道的图像。

也可以使用该滤镜来旋转图像，或修复由于相机垂直或水平倾斜而导致的图像透视现象。相对于使用“变换”命令，此滤镜的图像网格使得这些调整可以更为轻松精确地进行。

“镜头校正”滤镜分两种工作方式：一种是自动校正，另一种是手动校正。

自动校正图像透视和镜头缺陷

使用镜头配置文件，默认“自动校正”选项可快速而准确地修复失真问题。为了正确地进行自动校正，Photoshop 需要 Exif 元数据，此数据可确定在您的系统上创建图像和匹配的镜头配置文件的相机和镜头。

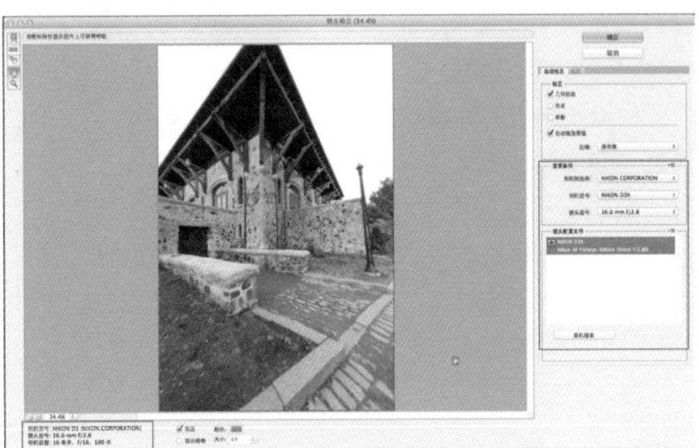

手动校正图像透视和镜头缺陷

可以单独应用手动校正，或将它用于调整自动镜头校正。

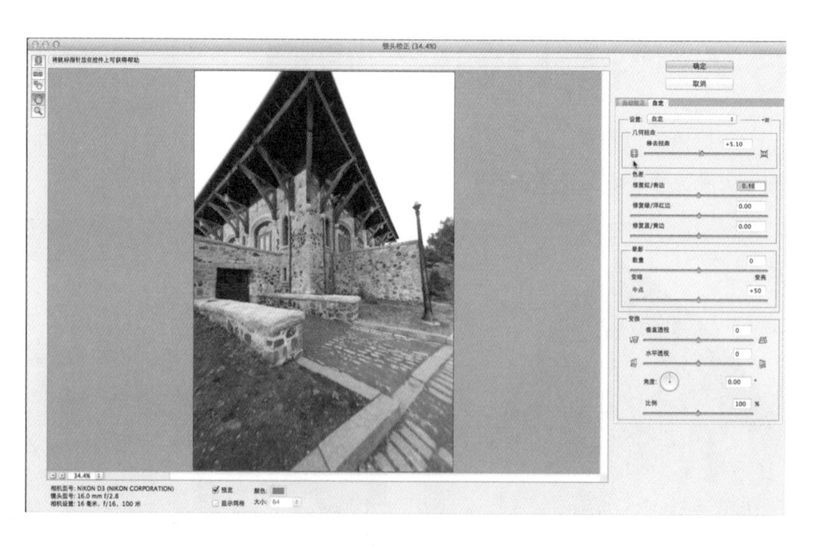

6.8 “自适应广角”滤镜

在 CS6 版本中新增“自适应广角”滤镜，可以用来自定义矫正照片或图片中的透视、鱼眼等变形。

使用自适应广角滤镜校正由于使用广角镜头而造成的镜头扭曲。您可以快速拉直在全景图或采用鱼眼镜头和广角镜头拍摄的照片中看起来弯曲的线条。例如，建筑物在使用广角镜头拍摄时会看起来向内倾斜。

滤镜可以检测相机和镜头型号，并使用镜头特性拉直图像。您可以添加多个约束，以指示图片的不同部分中的直线。使用有关自适应广角滤镜的信息，移去扭曲。

也可以对不包含相机和镜头信息的图像使用此滤镜，但需要手动去校正“透视”效果。

如果想稍后继续编辑滤镜设置，请将图层转换为智能对象。选择图层，然后执行菜单：图层 / 智能对象 / 转换为智能对象。

01 首先将图层转换为智能对象。在图层面板上单击右键，执行“菜单：转换为智能对象。再执行菜单：滤镜 / 自适应广角，打开自适应广角对话框。

02 在对话框中，使用左上方工具栏中的约束工具，在右侧控制栏内，设置校正：鱼眼。在画面中，在天花板中的斜线两端单击创建直线。此时画面根据直线进行了校正，但是由于有鱼眼变形，还不能完全正确校正天花板。

03 将鼠标移至约束工具创建的直线中间，待鼠标变成移动工具图标，拖曳中间的点，使直线变成曲线，贴合画面中天花板的线段。从而校正天花板上的鱼眼变形。

04 使用同样的方法，用约束工具来校正墙面上的变形。

TIPS

在校正设置里，根据画面内容可选择：鱼眼、透视、自动和完整球面不同的校正模式。

05 接下来要校正垂直方向上的旋转变形。将鼠标移至约束工具创建的线段上，待鼠标变成旋转图标，按住 <Shift> 键旋转线段到垂直方向。可根据旁边的数值提醒来确定旋转操作，90 度的倍数即可，如 - 90 度或 0 度。

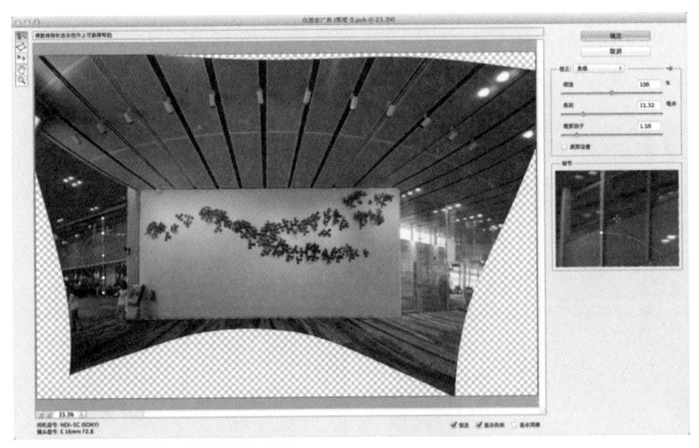

06 处理完毕后，按“确定”按钮退出对话框。按 <C> 键使用裁剪工具，裁剪得到最终校正后的画面。

6.9 消失点

消失点滤镜可通过创建透视网格来约束网格内的变形，主要针对因为拍摄时的视角所产生的透视变形，如带有建筑的照片。通过消失点滤镜，可修复透视网格内的瑕疵，也可将新的内容放置到透视网格内。消失点滤镜可将照片内的透视信息通过手动的方式重新找回，并应用到新的变形上。

6.9.1 如何创建透视网格

消失点滤镜可以在空白的图层上进行工作，这对于后期的合成很有帮助。

01 执行菜单：滤镜 / 消失点，即可打开消失点对话框。

02 使用“创建平面工具”沿着画面中建筑物的边缘创建透视网格。网格为蓝色代表该透视网格为正确，如果网格显示红色，则代表该透视网格不正确，需要重新调整控制点的位置。

03 鼠标移至控制点上，可以单独调整控制点的位置。

04 鼠标移至中间的控制点上，可以拉伸透视网格。

05 按住 <Ctrl> 键拖曳中间的控制点可以根据当前透视网格创建出新的网格。两个网格为同一透视下的网格，在后面的修复、合成中会经常用到。

6.9.2 如何在透视网格内进行修复

01 在消失点对话框中，使用“选框工具”选中窗洞区域。

02 按 <Alt> 键待鼠标变成复制图标，再按住 <Shift> 键向下拖曳窗洞，复制出新的窗洞。

03 保持选区激活状态，在上方选项栏“修复”设置为：开。将选区边缘的像素与背景融合。

04 在左侧工具栏处使用“图章工具”，使用方式与“仿制图章工具”类似，按住 <Alt> 键设置仿制源，按“[”和“]”键缩小或放大笔头大小，将左侧人物修复掉。注意在透视网格内，图章工具会根据网格来调整笔头的透视形状，便于修复。

05 在左侧工具栏处选择“画笔工具”可在透视网格上进行绘画。笔头形状会根据所在透视网格进行变化。

6.9.3 如何通过透视网格进行合成

01 按 <Ctrl> 键单击文字图层的缩略图，加载文字图层到选区，按 <Ctrl+C> 组合键复制文字。

02 打开一张石凳照片，执行菜单：滤镜 / 消失点，使用平面工具根据石凳创建透视网格。

03 按 <Ctrl+V> 组合键将文字内容粘贴进消失点对话框。按 <Ctrl+T> 组合键进行自由变换，按 <Shift> 键将文字旋转 90 度。

04 拖曳文字放置到透视网格中，文字自动按照透视网格进行透视变形。

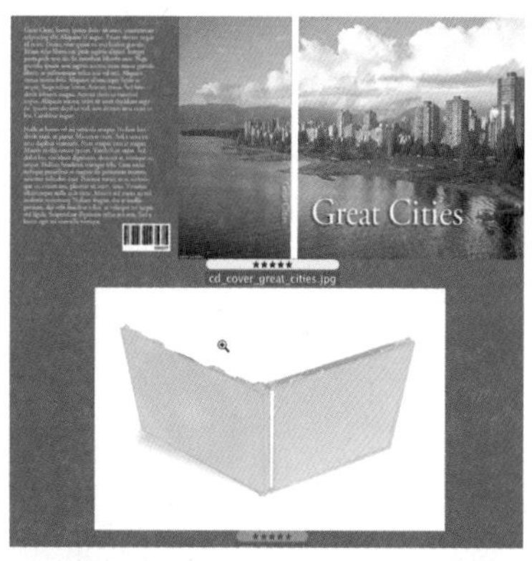

05 使用同样方式，可以进行更多合成。要注意透视网格的创建，如需要内容跨越两个透视网格，则这两个透视网格在创建时要根据一个透视网格，按 <Ctrl> 键再创建关联的另外一个透视网格，这样才可实现内容跨越两个网格。

6.9.4 输出透视网格

在“消失点”对话框中，创建的透视网格，可以输出到其他软件（如 3ds Max、AfterEffects）中，也可以“3D 图层”的方式返回 Photoshop，创建成 3D 图层。

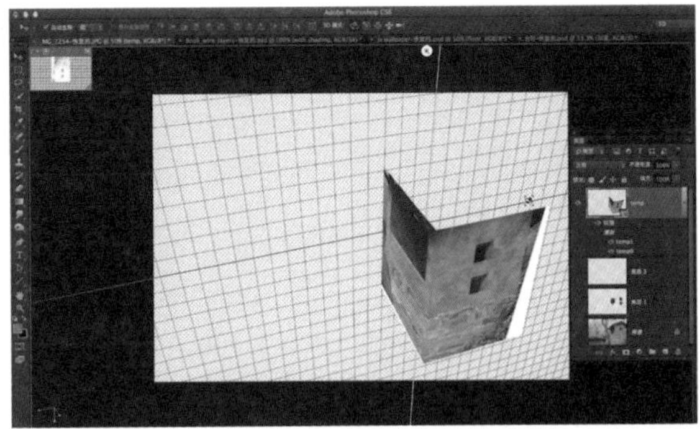

案例：修复台阶

01 原图与修复后的对比。

02 按 <Ctrl+Shift+N> 组合键创建新图层，命名为：消失点 1。执行菜单：滤镜 / 消失点，在“消失点”对话框中使用“平面工具”根据台阶的形状创建透视网格。

03 使用选框工具，框选左侧的台阶，按住 <Alt+Shift> 组合键向右复制并拖曳以覆盖台阶上的水池区域。更改修复为：开，融合画面。按“确定”按钮退出“消失点”对话框。

04 按 <Ctrl+Shift+N> 组合键创建新图层，命名为：消失点 2。处理台阶上残留的不需要的内容。

05 执行菜单：滤镜 / 消失点，在“消失点”对话框中使用前面创建的透视网格，借助选框工具或者图章工具，来修复墙面和台阶上的瑕疵。修复完成，按“确定”按钮退出对话框。

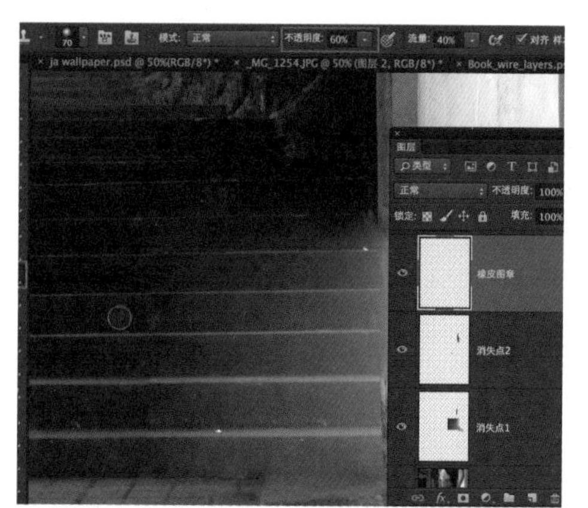

06 按 <Ctrl+Shift+N> 组合键创建新图层，命名为：橡皮图章。按 <S> 键切换到仿制图章工具，按数字键“6”设置工具不透明度为 60%，样本：所有图层。按 <Alt> 键取样，然后对台阶进行合成处理，修复应用消失点所产生的边缘。

07 按 <Ctrl+Shift+N> 组合键创建新图层，命名为：加重。设置图层混合模式为：柔光，使用画笔工具（<B>键），前景色设置为黑色，加重画面。还可添加“曲线”调整图层，再次整体调整画面的明暗，得到最终效果。

TIPS

使用消失点工具；综合使用其他工具（仿制图章工具）来修复细节。

6.10 扭曲滤镜组

“扭曲”滤镜（执行菜单：滤镜 / 扭曲，相对应子菜单下的滤镜选项）将图像进行几何扭曲，创建 3D 或其他整形效果。

“扭曲”滤镜组下的各个滤镜的作用

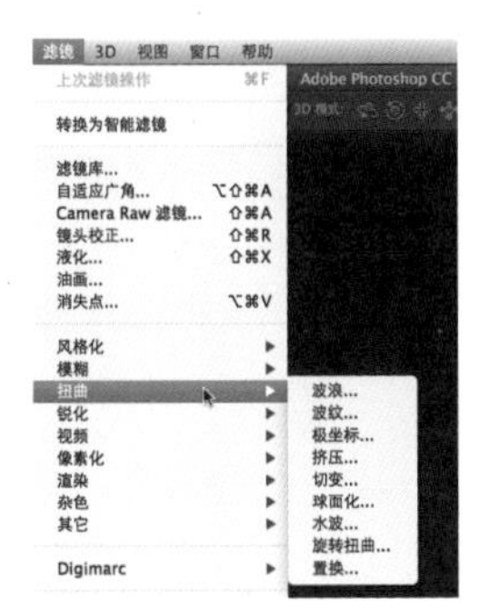

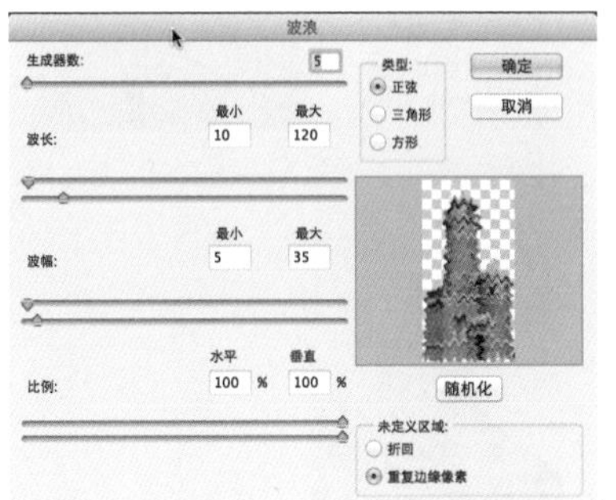

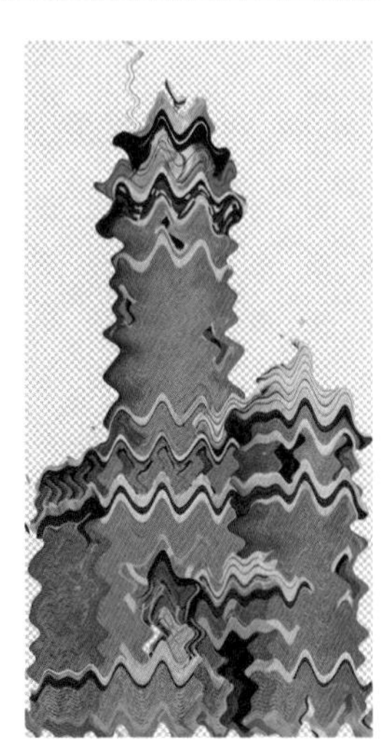

01 波浪：选项包括波浪生成器的数量、波长（从一个波峰到下一个波峰的距离）、波浪高度和波浪类型。波浪类型有正弦（滚动）、三角形或方形。“随机化”选项应用随机值。也可以定义未扭曲的区域，让图像内容产生波浪变形。

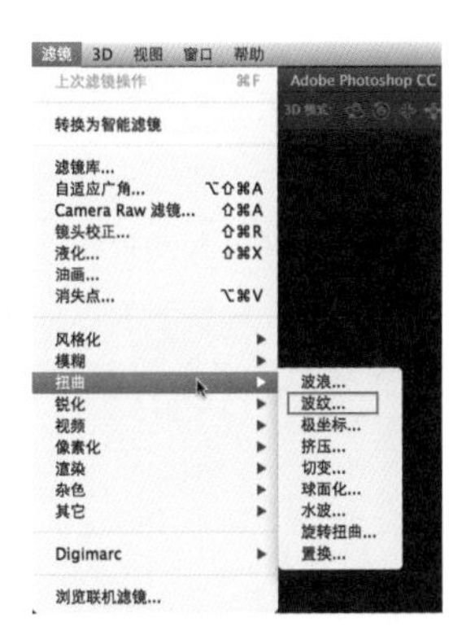

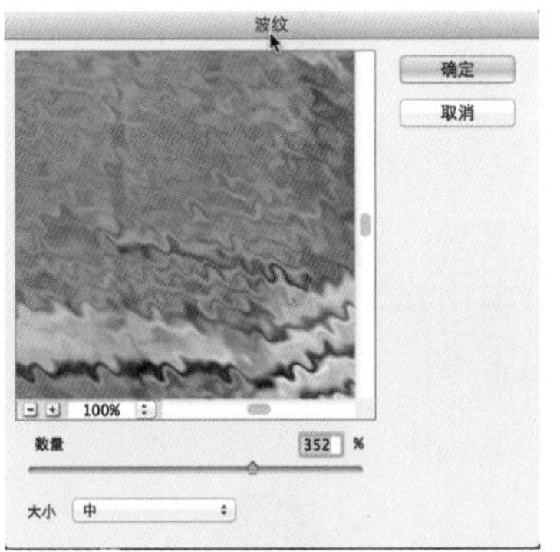

02 波纹：在选区上创建波状起伏的图案，像水池表面的波纹。要进一步进行控制，请使用“波浪”滤镜。选项包括波纹的数量和大小。可模拟水面上的波纹变形效果。

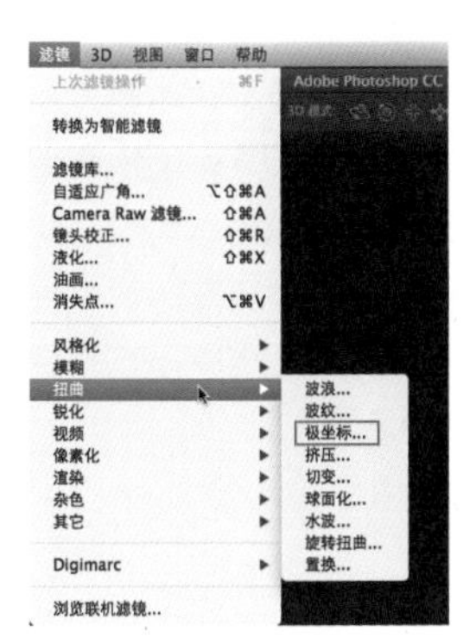

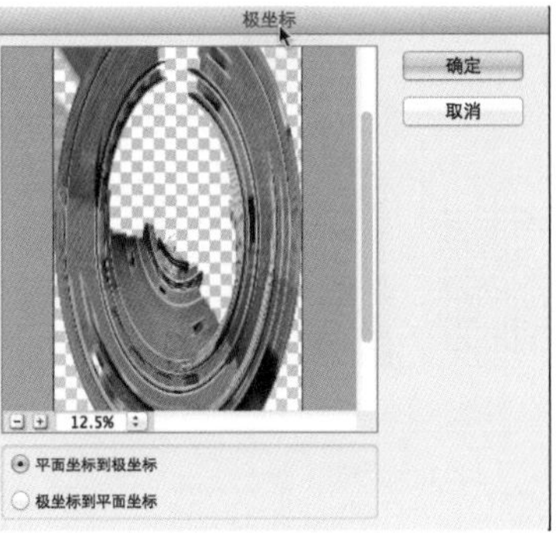

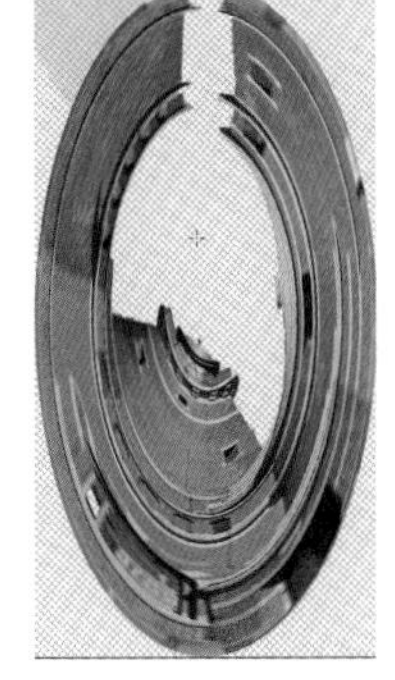

03 极坐标：根据选中的选项，将选区从平面坐标转换到极坐标，或将选区从极坐标转换到平面坐标。可以使用此滤镜创建圆柱变体（18 世纪流行的一种艺术形式），当在镜面圆柱中观看圆柱变体中扭曲的图像时，图像是正常的。

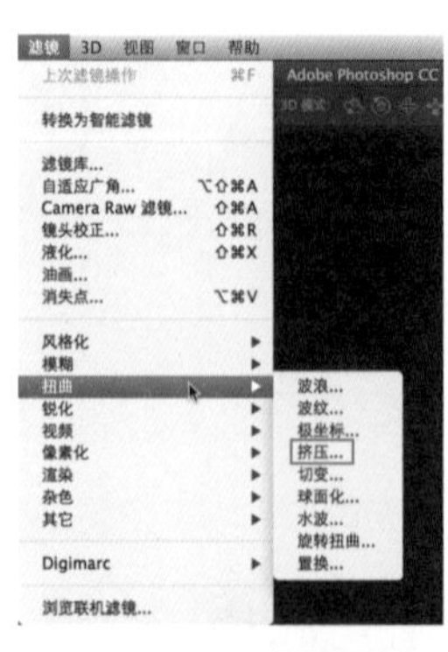

04 挤压：挤压选区。正值（最大值是 100%）将选区向中心移动；负值（最小值是 -100%）将选区向外移动。

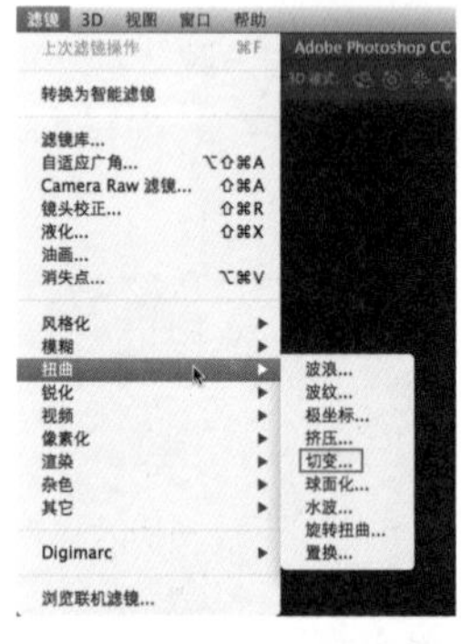

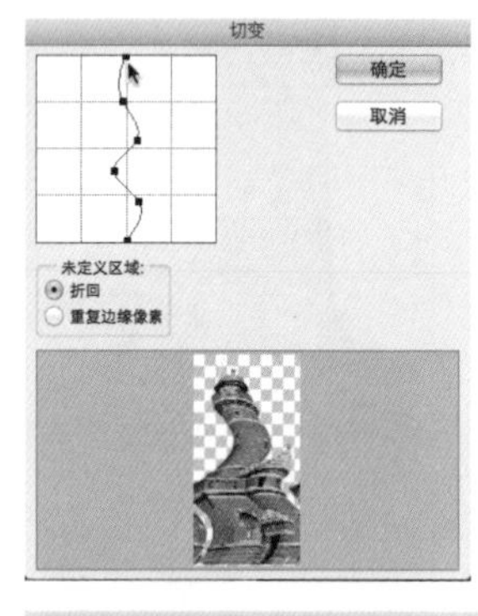

05 切变：沿一条曲线扭曲图像。通过拖曳框中的线条来指定曲线。可以调整曲线上的任何一点。单击“默认”可将曲线恢复为直线。

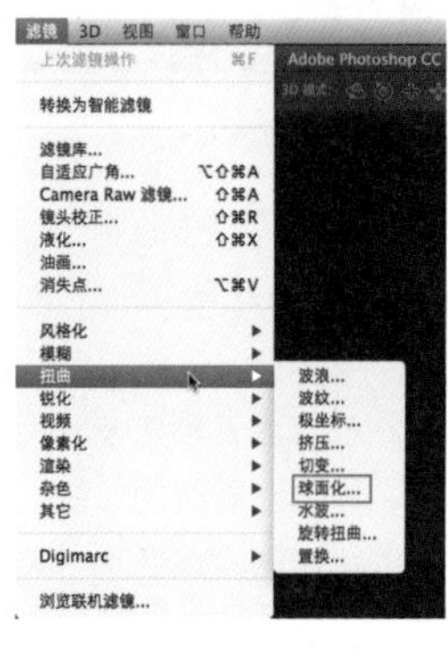

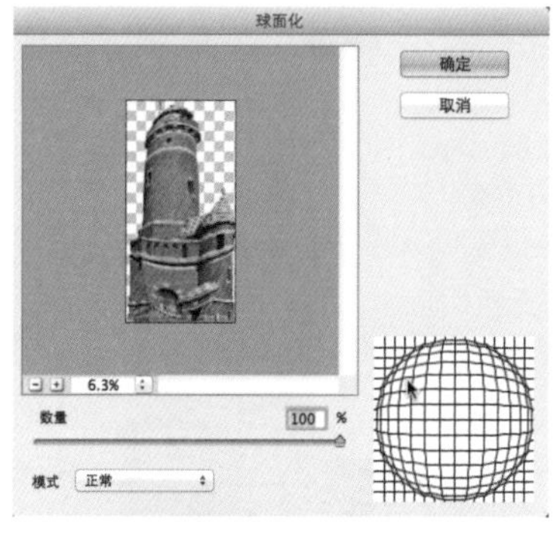

06 球面化：通过将选区折成球形、扭曲图像以及伸展图像以适合选中的曲线，使对象具有 3D 效果。

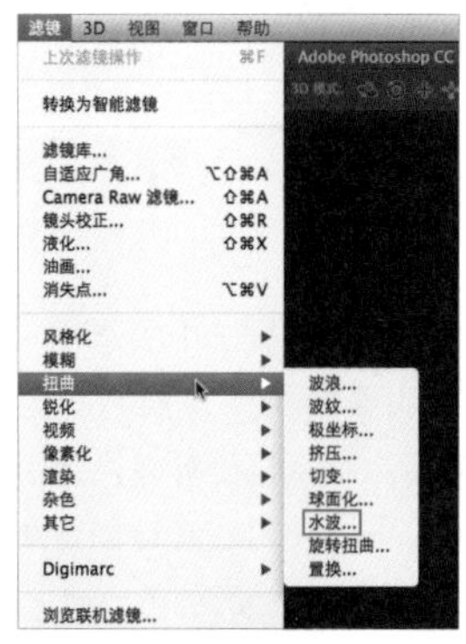

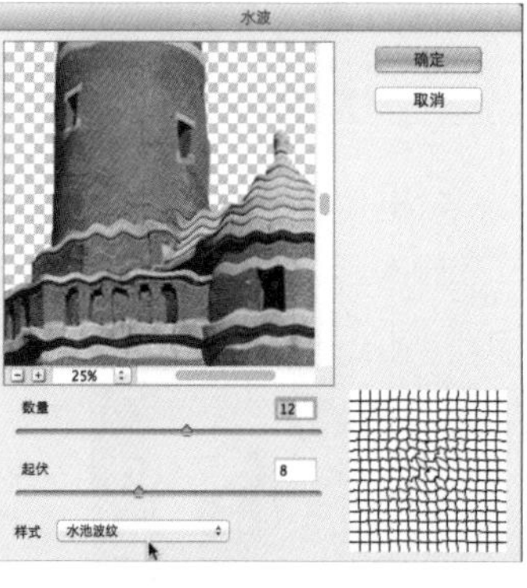

07 水波：根据选区中像素的半径将选区径向扭曲。“起伏”选项设置水波方向从选区的中心到其边缘的反转次数。还要指定如何置换像素。“水池波纹”将像素置换到左上方或右下方，“从中心向外”向着或远离选区中心置换像素，而“围绕中心”围绕中心旋转像素。

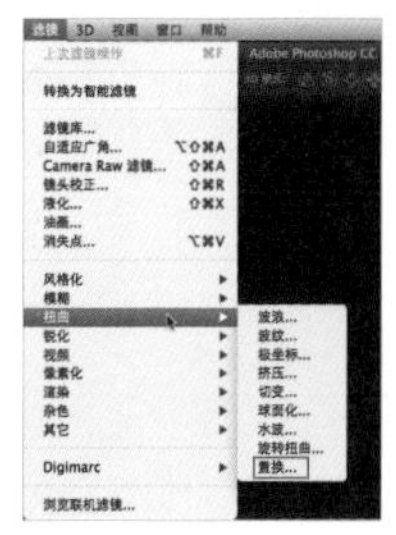

1 设置置换参数。

2 选取置换贴图。

08 置换：使用名为置换图的图像确定如何扭曲选区。例如，使用抛物线形的置换图创建的图像看上去像是印在一块两角固定悬垂的布上。

3 黑白置换贴图（PSD 文件格式）。 4 应用置换滤镜后的变形。

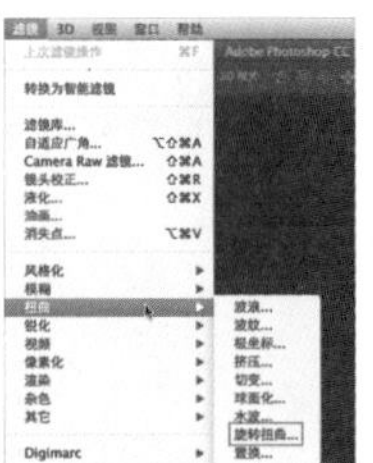

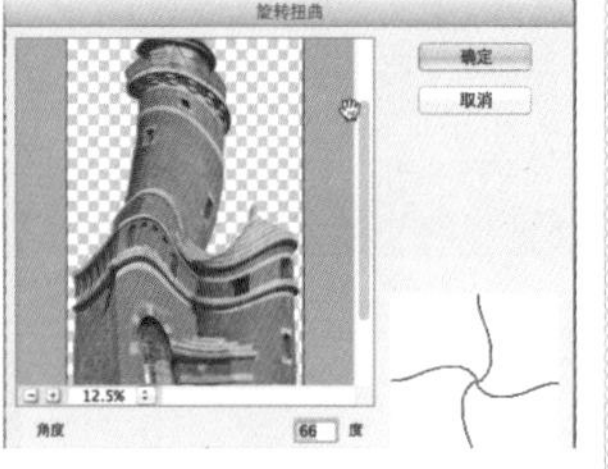

09 旋转扭曲：旋转选区，中心的旋转程度比边缘的旋转程度大。指定角度时可生成旋转扭曲图案。

案例 01：置换滤镜制作文身

TIPS

制作黑白位图；使用置换滤镜；后期合成处理。

01 首先要制作黑白图，用于置换贴图。打开图像文件，只选中“模特”和“背景”图层，在图层面板上执行菜单：复制图层，设置：新建。将“模特”和“背景”图层复制到新建文件中，这样做确保新建文件和原始文件大小完全一致，且人物位置完全一致。

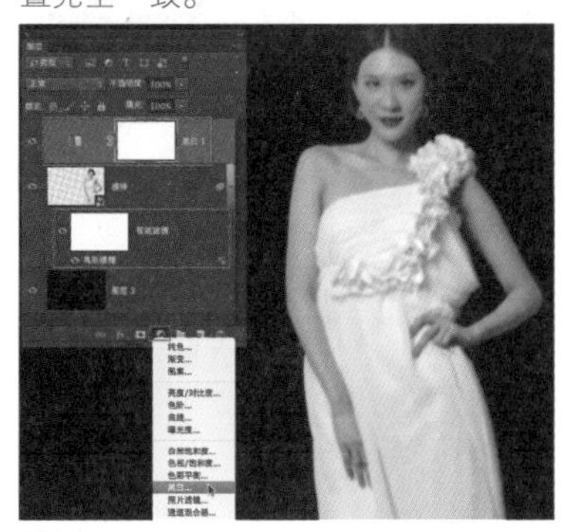

02 在新建文件中，将“模特”图层转为智能对象，并添加智能滤镜：滤镜 / 模糊 / 高斯模糊，对人物进行模糊处理。图层面板上添加“黑白”调整图层，转换当前文件为黑白位图。

03 按 <Ctrl+Shift+N> 组合键新建图层，设置图层混合模式为：柔光，使用画笔工具（<B> 键），设置前景色为黑色，对模特的细节进行加重处理。如果效果不够明显，可以再新建一个图层，使用柔光混合模式，继续加重。对于画面上模特人物反差较大的区域，要加重，以便后面执行置换贴图时，该处的变形明显，符合人物形状。制作完成后，保存为 PSD 文件。

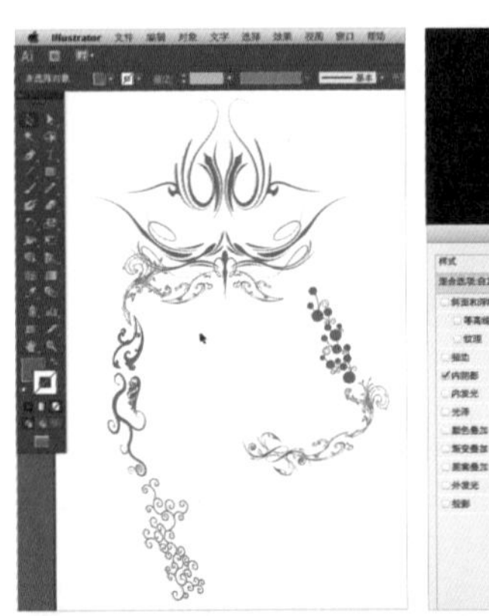

04打开一张矢量插画，此处使用Illustrator软件制作了一张矢量插图。将其复制并以智能对象的方式粘贴进Photoshop。对该智能对象执行菜单：滤镜 / 扭曲 / 置换，选择前面制作的PSD黑白位图文件。矢量插图根据置换贴图进行了扭曲变形。双击图层，打开图层样式对话框，设置混合颜色带，使插图有斑驳的效果。

05添加图层蒙版，使用画笔工具，设置前景色为黑色，对矢量插图进行绘制，让插图与模特融合在一起，产生类似纹身的效果。

案例 02：制作球面变形

01按 <Ctrl+N> 组合键新建文件。按 <G> 键切换到渐变工具，设置前景色为蓝色，背景色为白色，使用径向渐变，创建从中心到四边，从白色到蓝色的径向渐变，作为背景使用。

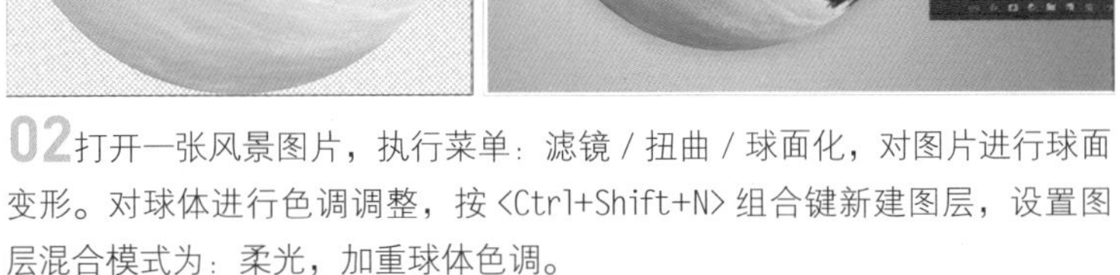

02打开一张风景图片，执行菜单：滤镜 / 扭曲 / 球面化，对图片进行球面变形。对球体进行色调调整，按 <Ctrl+Shift+N> 组合键新建图层，设置图层混合模式为：柔光，加重球体色调。

TIPS

使用“扭曲滤镜+变形变换”功能来创建球形变形；借助智能对象来实现变形。

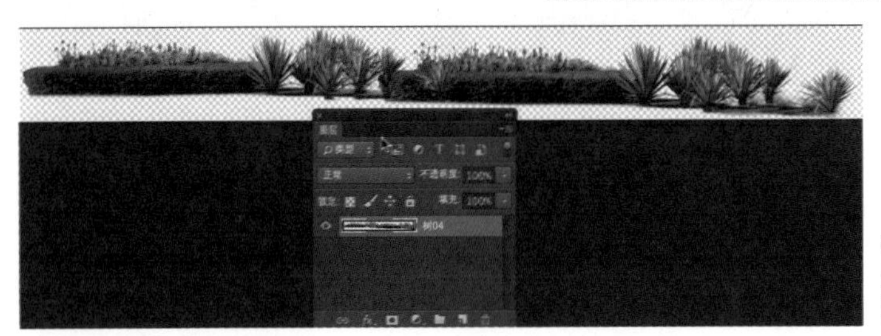

TIPS

需要使用选择工具和选择命令，将植被区域选出。

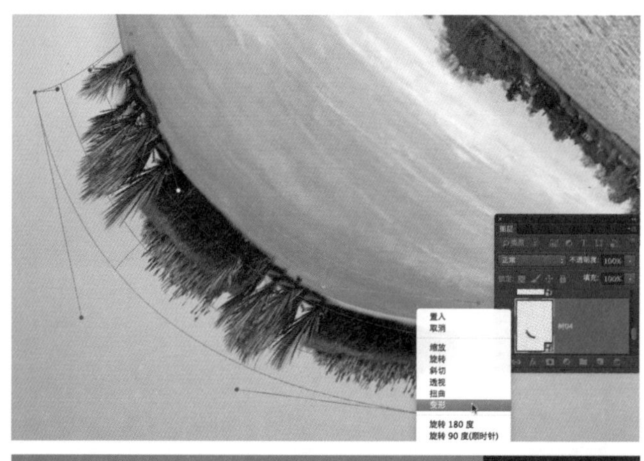

03打开一张植被图片，将其转换为智能对象。按<Ctrl+T>组合键执行自由变换，单击右键选择“变形”，沿着球体边缘对植被进行变形。

04以此类推，使用同样的方法在球体上添加植被、建筑等图片。

6.11 液化滤镜

液化滤镜提供了更自由、更多功能的方式去变形。可以使用涂抹、旋转、膨胀、收缩等方式去变形。

执行菜单：滤镜 / 液化，打开液化对话框。左侧是工具栏，右侧是相对应的参数设置。

01打开“液化”滤镜对话框。左侧工具栏，右侧参数设置。

02使用“向前变形工具”，按“[”和“]”键调整笔头大小，调整脸部形状。使用方法类似涂抹工具。

03 使用“重建工具”，可恢复调整过的区域。

04 使用“顺时针旋转扭曲工具”，按“[”和“]”键调整笔头大小，按住鼠标即可顺时针方向旋转画面内容。

05 使用“顺时针旋转扭曲工具”，按“[”和“]”键调整笔头大小，按住 <Alt> 键同时按住鼠标即可逆时针方向旋转画面内容。

06 使用“褶皱工具”，按“[”和“]”键调整笔头大小，可收缩画面内容。

07 使用“膨胀工具”，按“[”和“]”键调整笔头大小，可膨胀画面内容。

08 使用“左推工具”，按“[”和“]”键调整笔头大小，可根据鼠标单击位置来对画面内容进行变形。

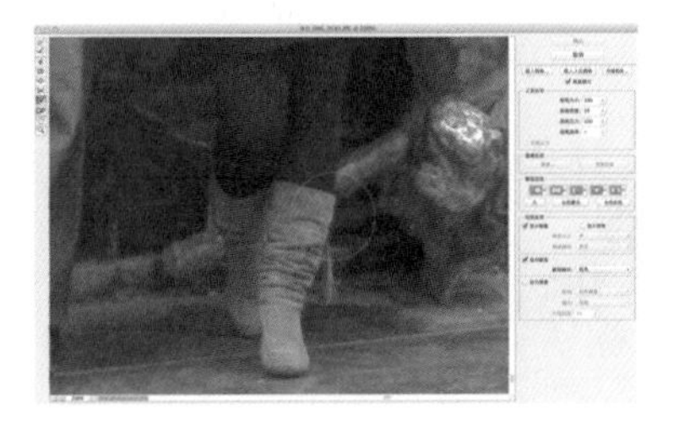

TIPS

液化滤镜常用于人物形体上的校正，如可以让腿更瘦一些。通过设置笔头，对局部进行变形，以达到“整形”效果。

还可以借助左侧工具栏上“冻结蒙版工具”和“解冻蒙版工具”来屏蔽某些区域，以确保该区域不会产生变形。

案例 01：使用液化制作烟雾效果

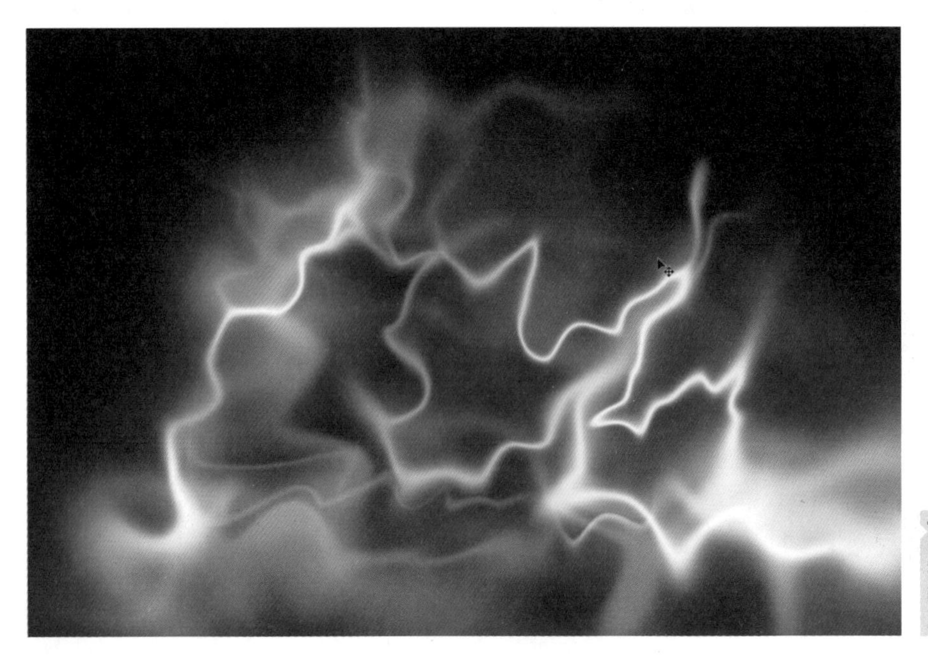

TIPS

利用渐变叠加制作背景；使用液化配合高斯模糊来创建烟雾效果；使用色相饱和度来控制色调。

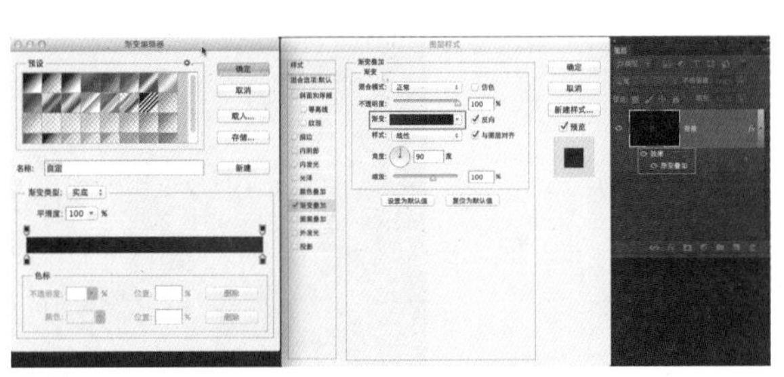

01 按 <Ctrl+N> 组合键新建文件，按住 <Alt> 键双击背景图层，将背景图层转换为普通图层。在图层面板底部添加“渐变叠加”样式效果。设置渐变为从黑色到深蓝色的线性渐变。

TIPS

使用“渐变叠加”样式效果相比直接使用渐变工具创建的渐变具有更加灵活的修改和调整上的优势。

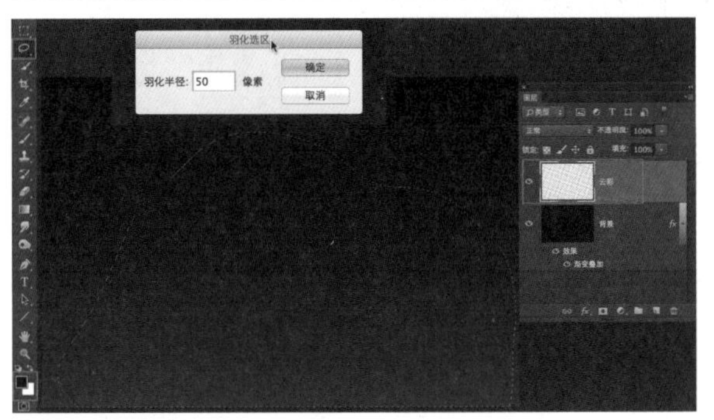

02 按 <Ctrl+Shift+N> 组合键创建新图层，命名为：云彩。按 <Shift+L> 组合键切换到套索工具，在画面中创建选区。按 <Shift+F6> 组合键对选区进行羽化。按 <D> 键切换到默认颜色，前景色为黑色，背景色为白色。

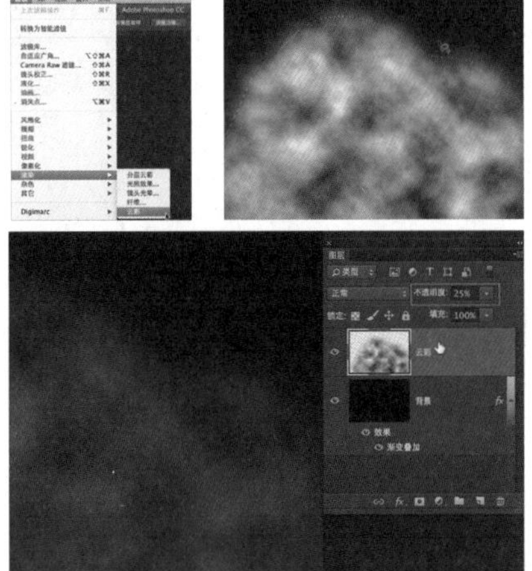

03 执行菜单：滤镜 / 渲染 / 云彩，在选区内添加云彩滤镜。在图层面板降低“云彩”图层的不透明度为 25%。可快速连续按数字键：2 和 5。

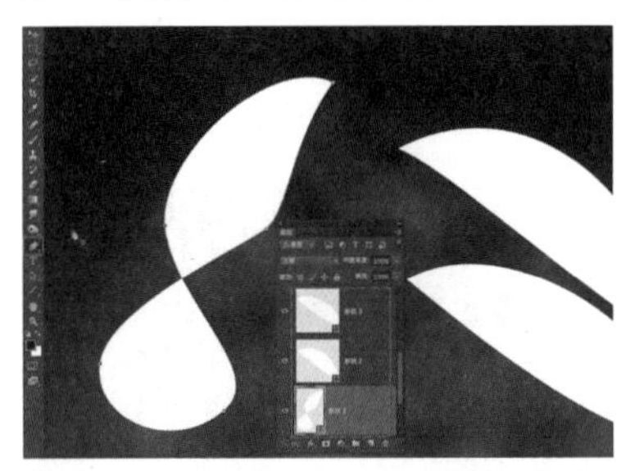

04 按 <P> 键使用钢笔工具，在选项栏处设置为：形状，按 <X> 键切换前景色为白色，在画面中绘制出三个矢量形状。

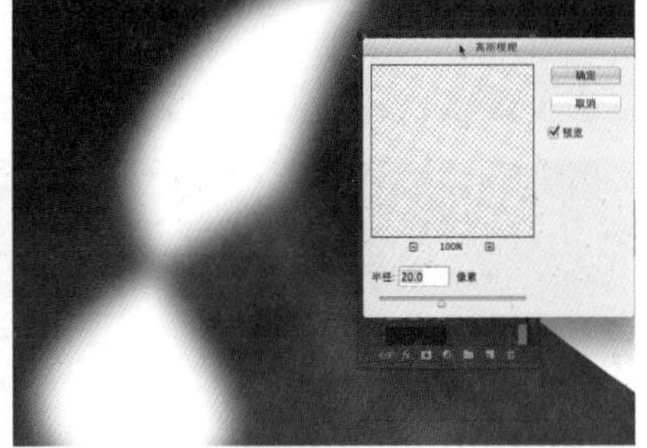

05 选中“形状 1”图层，执行菜单：滤镜 / 模糊 / 高斯模糊。Photoshop 会自动将矢量图层栅格化。设置高斯模糊为：20。

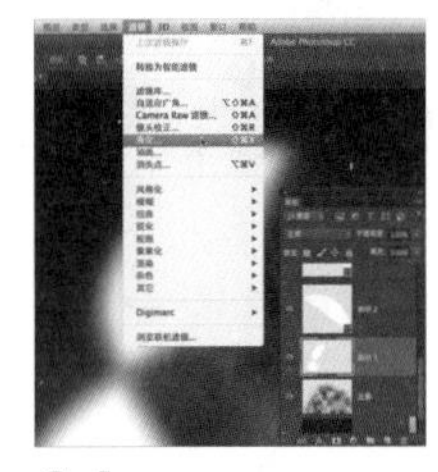
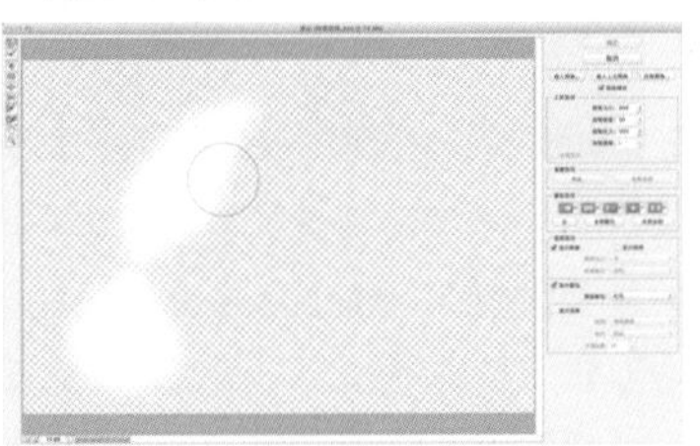

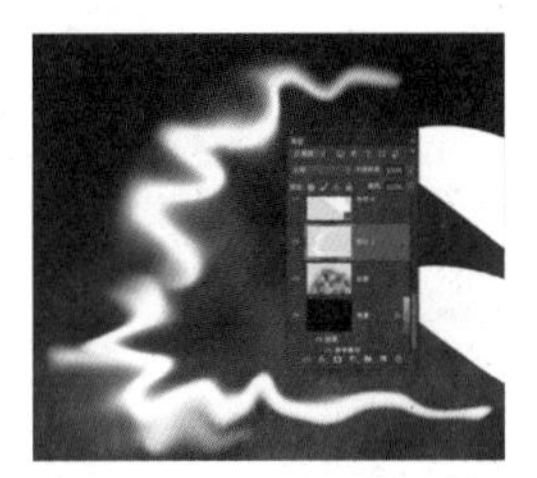

06 执行菜单：滤镜 / 液化，使用“向前变形工具”对形状进行自由变形，模拟烟雾的形状。注意按“[”和“]”键调节笔头大小。液化处理后，单击“确定”按钮退出对话框。

TIPS

液化处理的过程中，有不满意的地方可以按 <Ctrl+Z> 组合键后退一步或 <Ctrl+Alt+Z> 组合键后退多步；也可以按 <Alt> 键，此时“取消”按钮自动变为“复位”按钮，单击“复位”按钮进行复位。

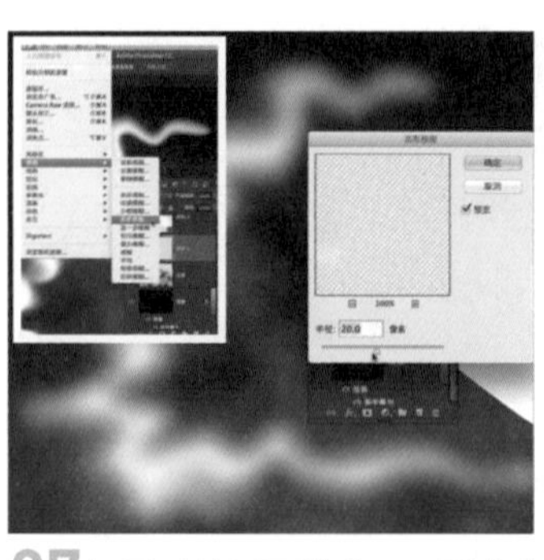

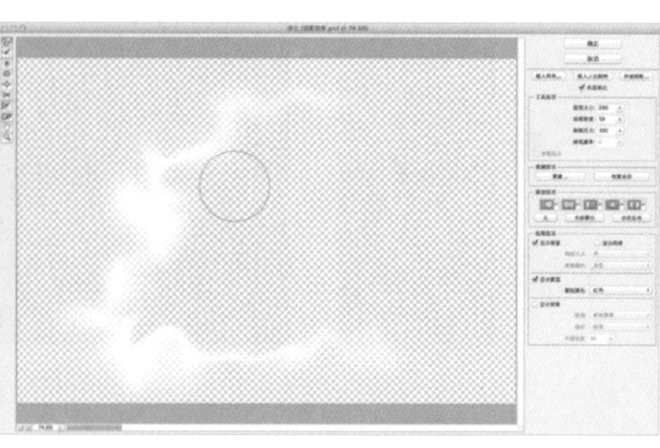

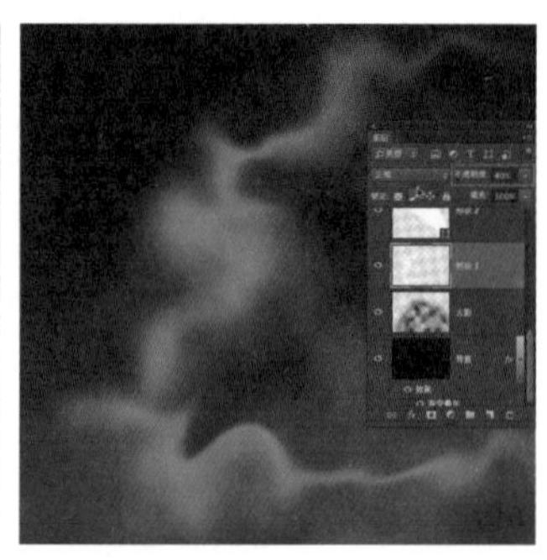

07 如果对效果不满意，可再次执行“高斯模糊”和“液化”，直到满意为止。还可根据实际需要，更改图层不透明度来让合成更加自然。

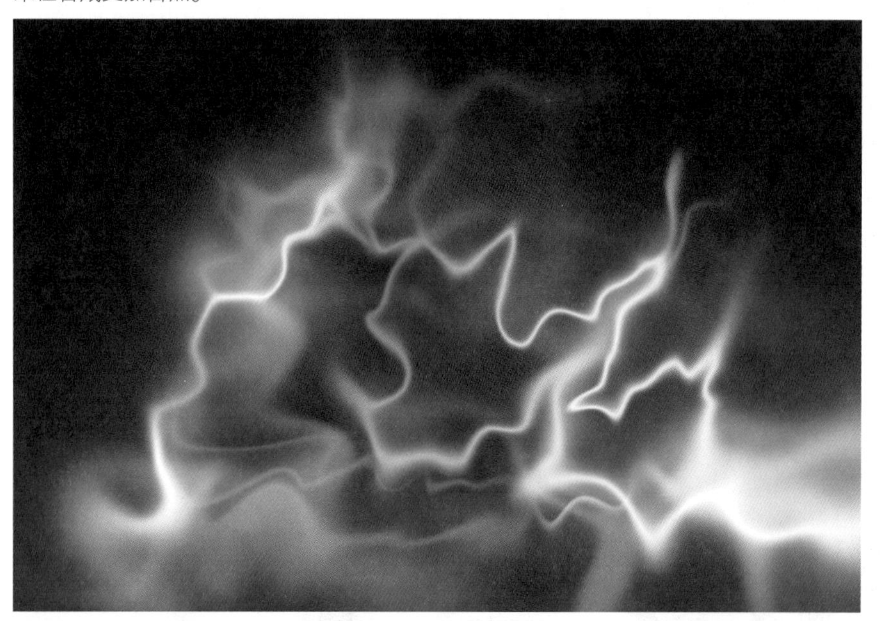

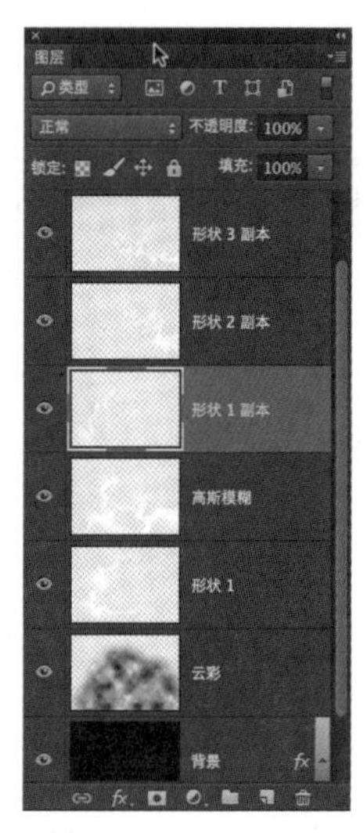

08 使用同样的方法，创建多个烟雾效果。

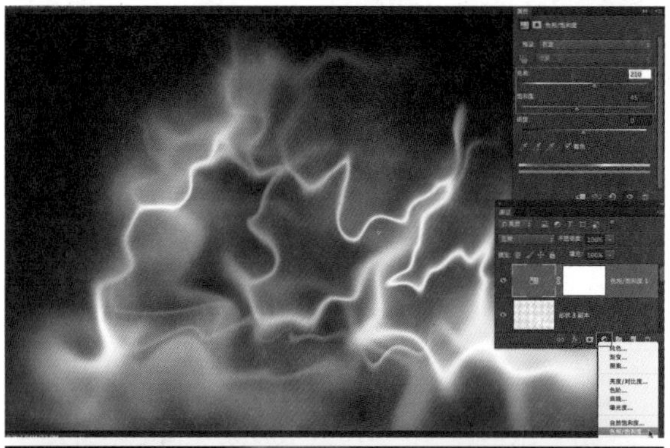

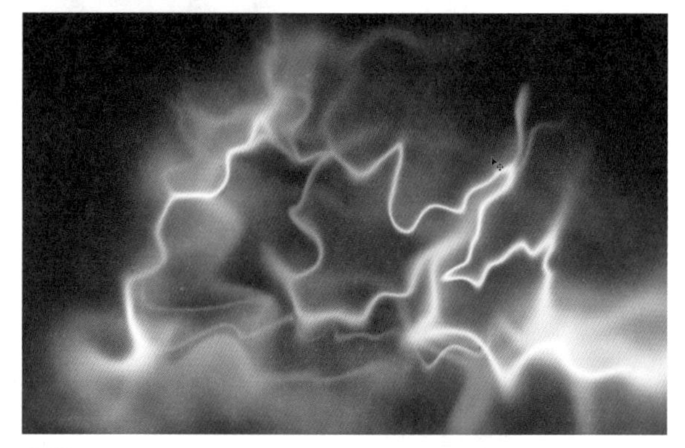

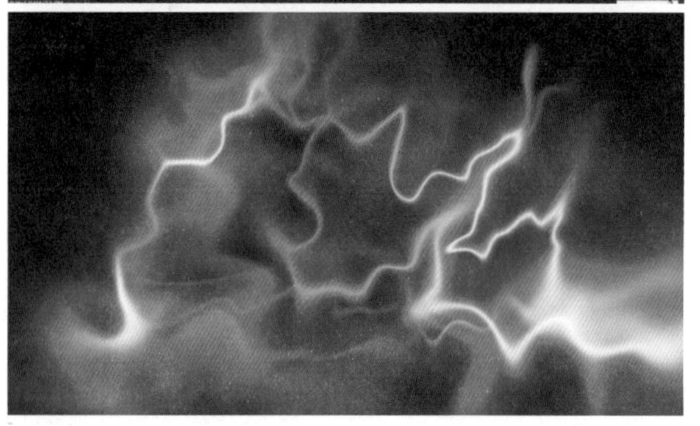

09 在图层面板添加“色相饱和度”调整图层，并将该调整图层置于图层面板的最上方（可按 <Ctrl+Shift+]>）。双击“色相饱和度”调整图层的图层缩略图，打开“属性”面板，调整色相和饱和度，整体上调整烟雾效果的色调。通过调整图层，可快速调节出不同色调的烟雾效果。

案例 02：舞者

01 原图与制作完成后的效果对比。

TIPS

综合使用各种变形手段完成特效；复杂形状（头发）的抠像处理；操控变形与智能对象结合；使用液化来变形；借助钢笔工具来创建形状；整体色调上的后期合成处理。

02 按 <W> 键切换到快速选择工具，按“[”和“]”键调节笔头大小，沿着人物拖曳鼠标快速创建选区。在头发边缘尽量让选区与头发形状大体相似，便于后面调整。

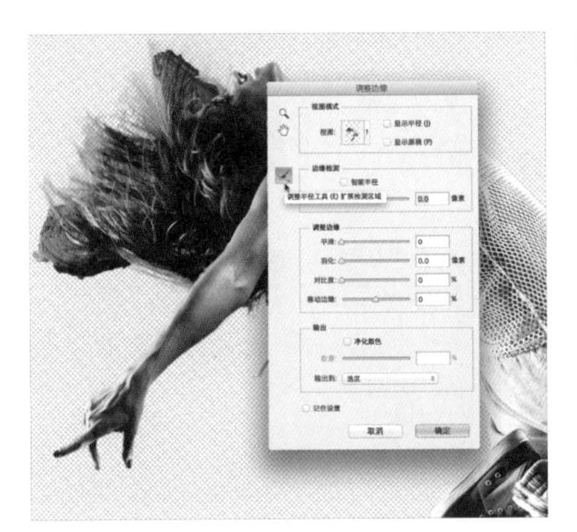

03 按 <Ctrl+Alt+R> 组合键打开调整边缘对话框。使用调整半径工具，按“[”和“]”键调节笔头大小，在头发边缘进行涂抹。按照头发的形状来向外添加，将头发丝添加进选区。对“调整边缘”下的各项参数“平滑”、“羽化”、“对比度”进行调整，调整过程中要对照预览效果。调整完成后，设置“输出到：新建带有图层蒙板的图层”。

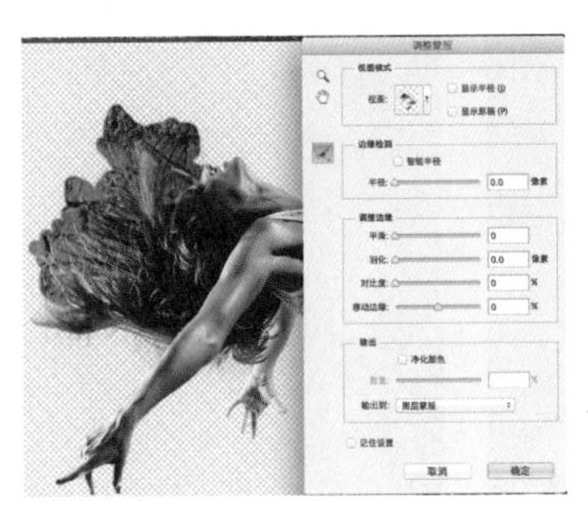

04 在图层面板，双击新建图层的图层蒙版，在蒙版属性对话框中，单击“蒙版边缘”按钮，在“调整蒙版”对话框中，继续对蒙版进行微调。

TIPS

“调整边缘”与“调整蒙版”对话框在使用上相同，只是针对对象不同。要记得可以通过“调整边缘”和“调整蒙版”来反复调整选区。

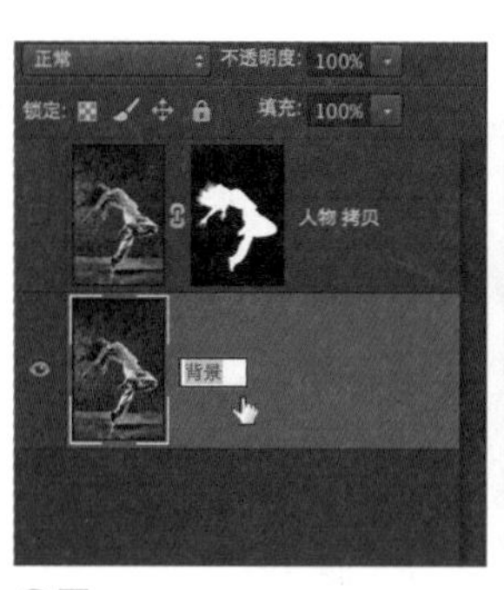

05 将最初的素材图层更名为“背景”。下面要将原图中的人物去掉，制作一张完整的背景。可以按 <J> 键使用污点修复工具，对人物部分进行涂抹修复。但是会占用较长时间，需要一点点去修复，在这里使用“内容识别填充 + 污点修复工具”的方式来快速修复。

06 按住 <Ctrl> 键单击图层蒙版，加载人物选区。

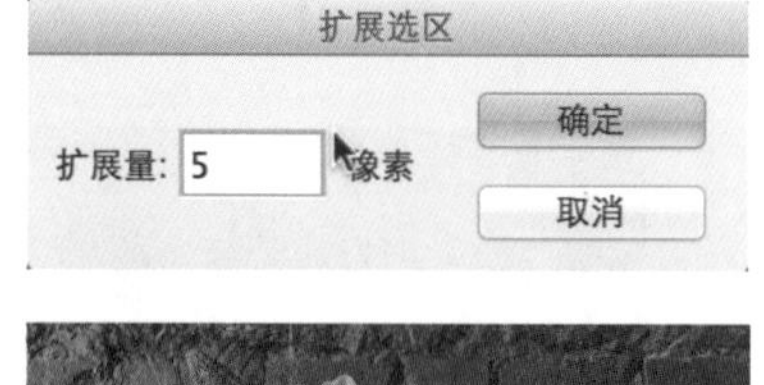

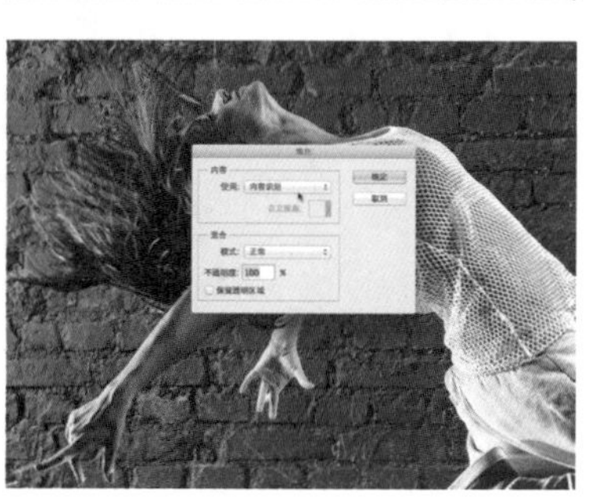

07 执行菜单：选择 / 修改 / 扩展，设置扩展像素为：5。按 <Shift+F5> 组合键打开填充对话框，设置“内容识别”，对人物区域进行内容识别填充。

08 按 <J> 键切换到污点修复工具，对画面中残留的未修复的部分进行修复，得到完整的背景图层。

09 在图层面板，选中“背景”图层，单击右键执行“转换为智能对象”命令，将背景图层转换为智能对象。

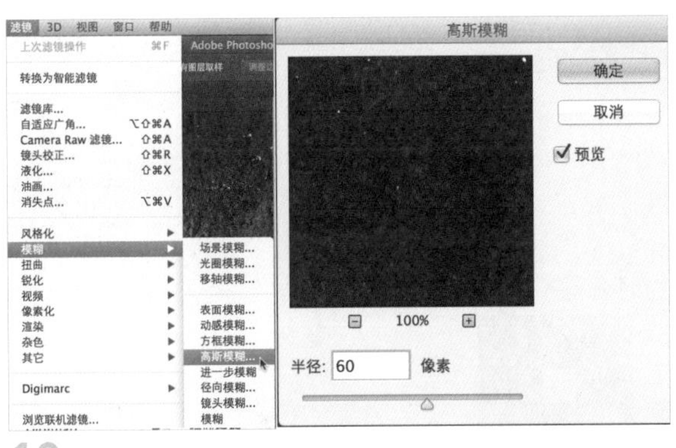

10 执行菜单：滤镜 / 模糊 / 高斯模糊，设置模糊半径为 60。

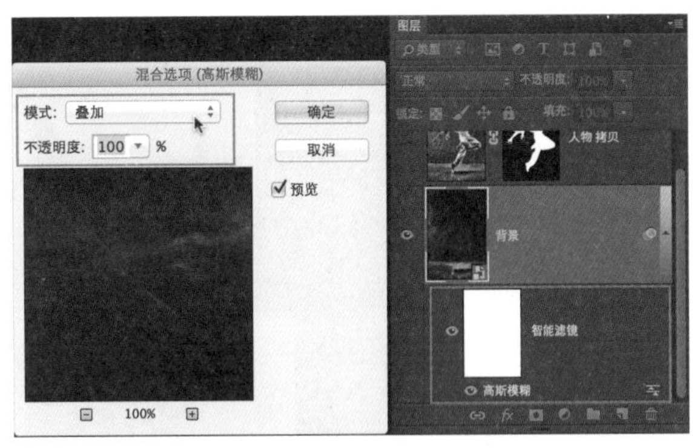

11 在图层面板上，双击智能滤镜下的“编辑滤镜混合选项”，设置混合选项模式为“叠加”，创建柔和的背景效果。

12 在图层面板上，单击“新建调整图层”按钮，添加“黑白”调整图层，对参数进行调整设置，将背景转换为高对比度的黑白图。

13 继续添加“色相饱和度”调整图层，并将其放置到人物图层的上方。将色调调整为鲜艳的红色调。

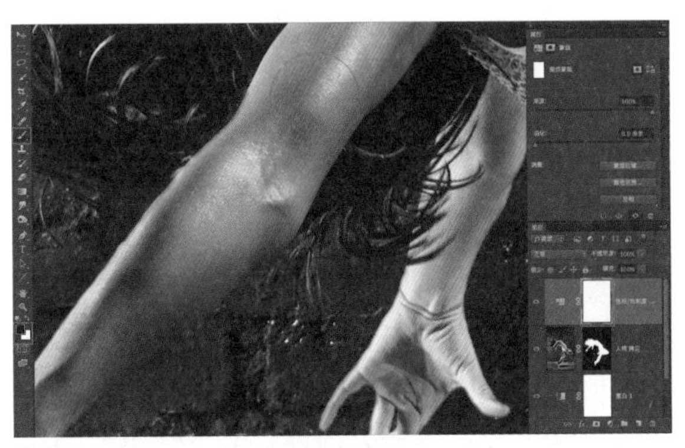

14 在“色相饱和度”调整图层上，单击图层蒙版。按 <B> 键切换到画笔工具，设置前景色为黑色，按“[”和“]”键调节笔头大小，在人物区域内除去头发部分进行涂抹，创建蒙版只保留头发区域，只让头发变成红色调。

01 原始素材。

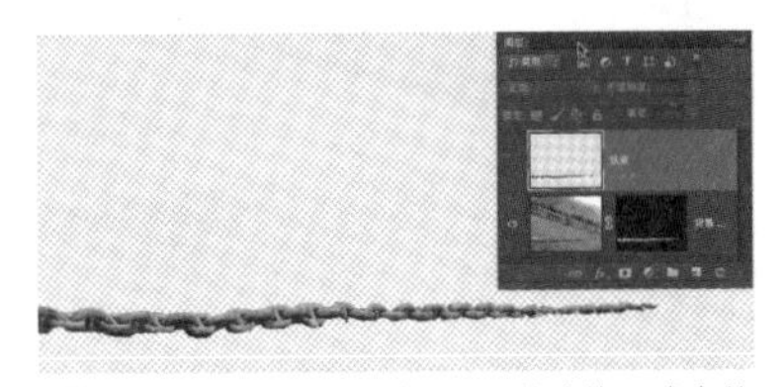

02 快速选择工具（W 键）+ 调整边缘；或者使用钢笔工具将铁链选出，并复制到新的图层中。

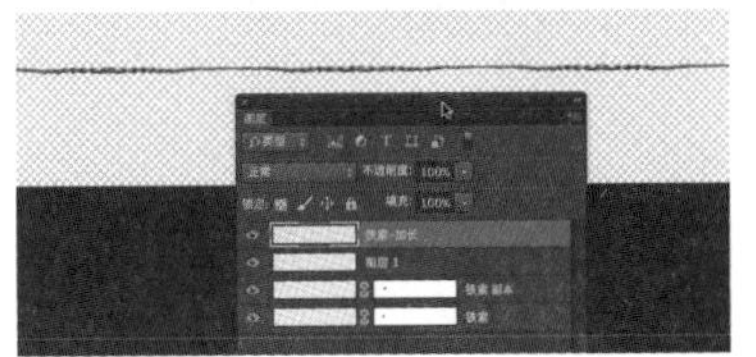

03 按 <Ctrl+J> 组合键复制多个锁链，并使用移动工具将铁链加长。

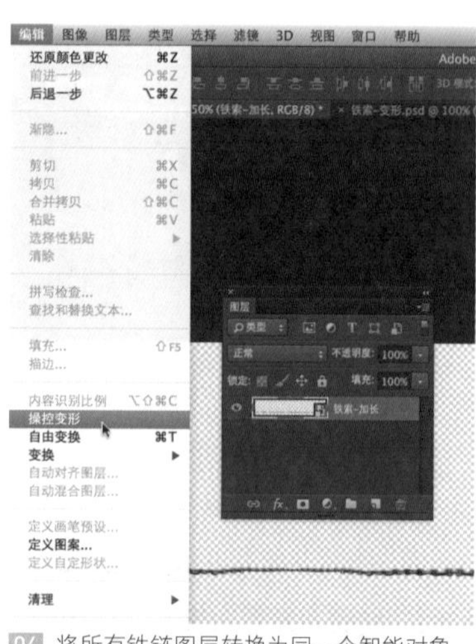

04 将所有铁链图层转换为同一个智能对象，执行菜单：编辑 / 操控变形。

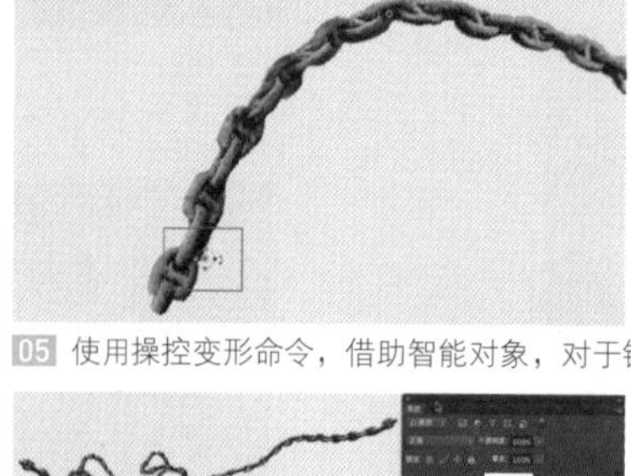

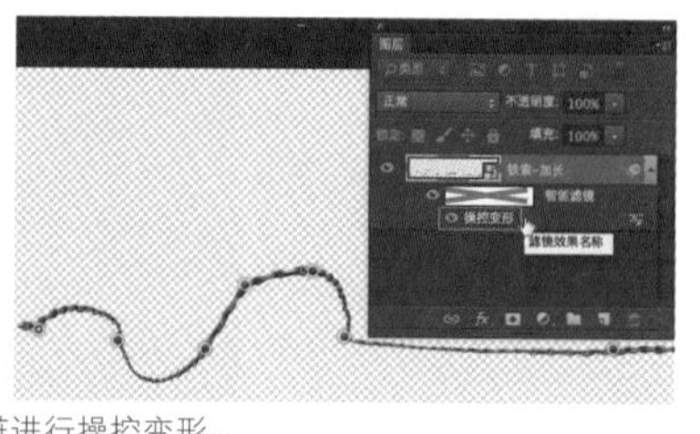

05 使用操控变形命令，借助智能对象，对于铁链进行操控变形。

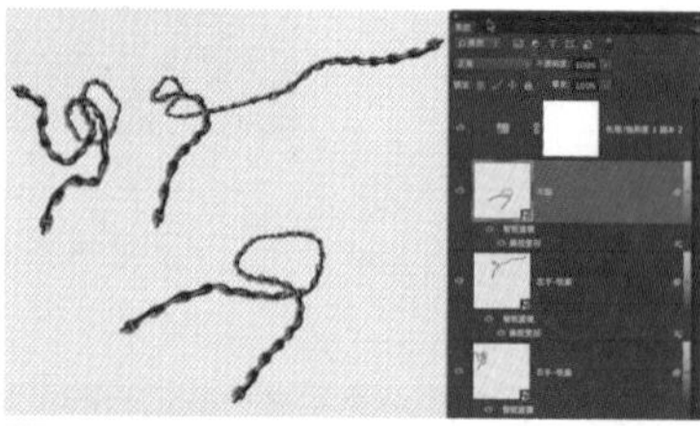

06 反复调整，得到变形的铁链。

15 接下来制作铁链的效果。制作方法在前面“图层”章节上有介绍，具体步骤可参照前面章节。

16 在图层面板上添加“色相饱和度”调整图层，并将色调调成鲜艳的红色。

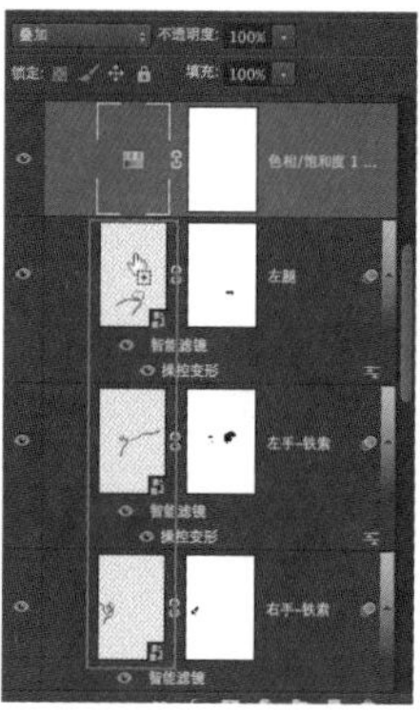

17 按住 <Ctrl+Shift> 组合键，单击各个铁链图层，加载所有铁链图层不透明区域到选区。选中“色相饱和度”调整图层，在蒙版上，填充白色到选区。让色相饱和度的调整只针对铁链区域。

18 接下来，要制作人物皮肤处的变形。首先将前面选出的人物图层再次复制，并命名为：人物单独，并删除掉蒙版。

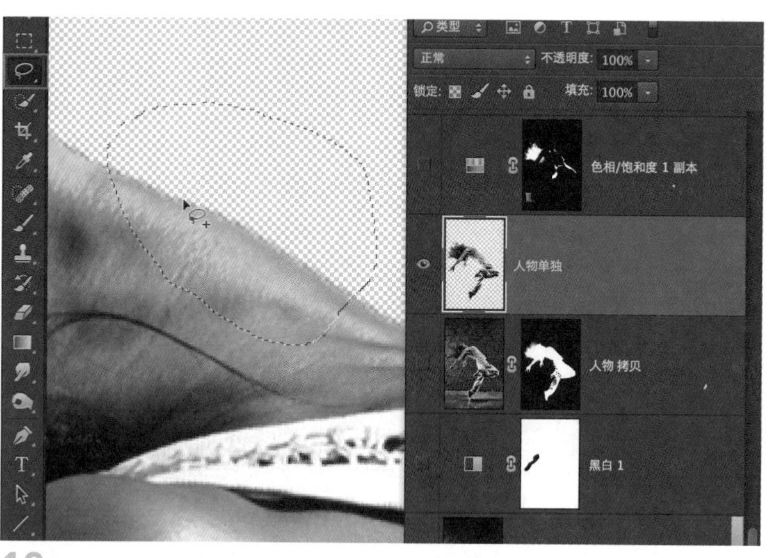

19 按 <L> 键切换到套索工具，在人物脖子处勾勒出选区。选区不必十分精确，只需要一个大概的选区即可。按 <Ctrl+J> 组合键将选区内容复制到新的图层中。

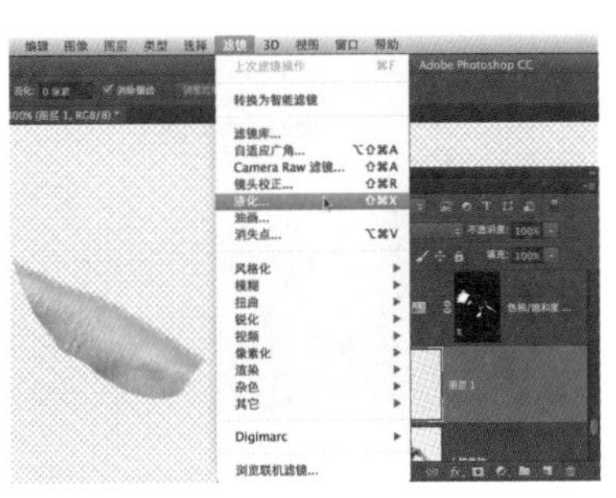

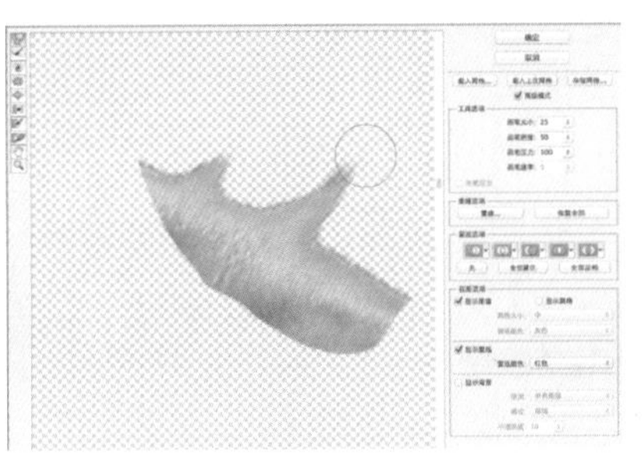

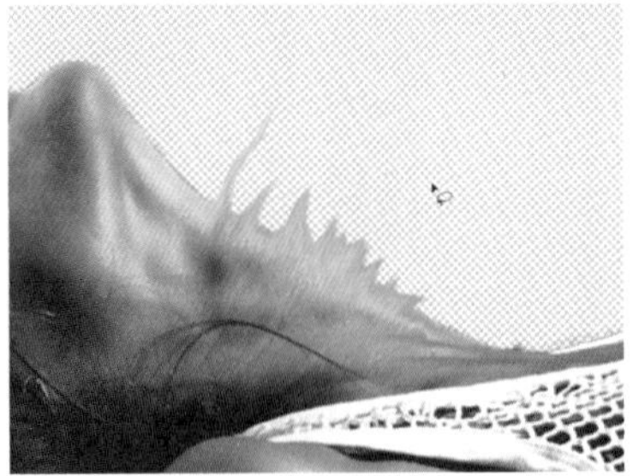

20 执行菜单：滤镜 / 液化，在液化对话框中，使用“向前变形工具”对图层内容进行变形。注意按“［”和“］”键调节笔头大小。

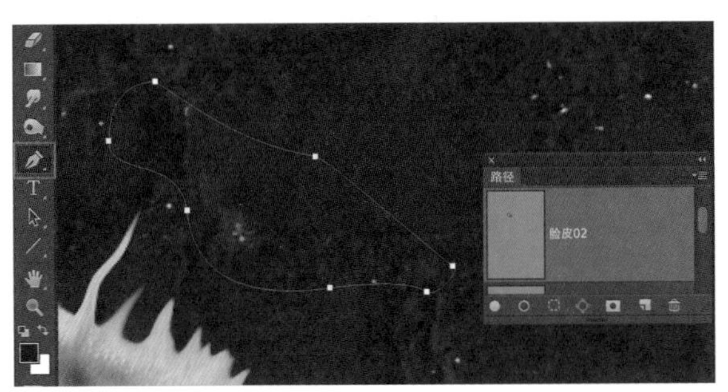

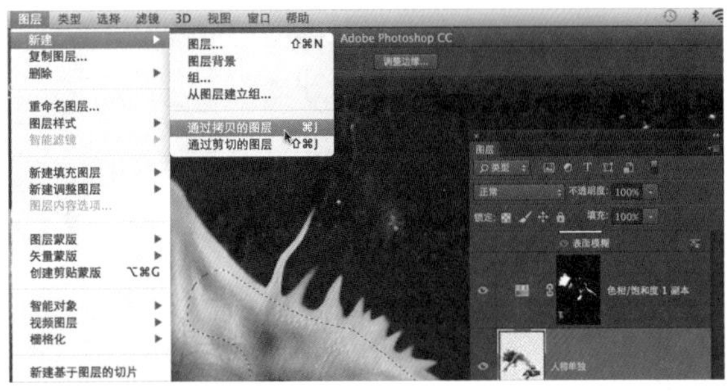

21 按 <P> 键切换到钢笔工具，绘制一条闭合的曲线路径。按 <A> 键使用“路径选择工具”将路径移至人物脖子处，按 <Ctrl + Enter> 组合键将路径转为选区。选中“人物单独”图层，按 <Ctrl+J> 组合键复制选区内容到新图层。

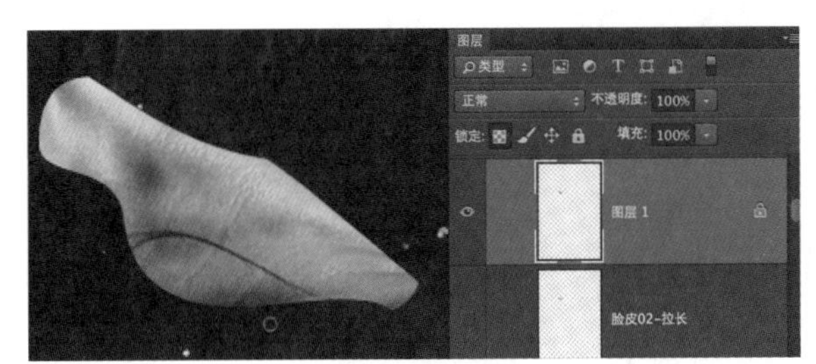

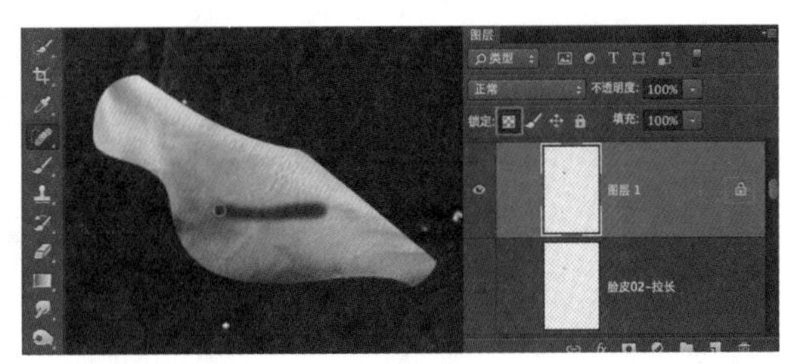

22 按“/”键锁定新复制的图层不透明区域。按 <J> 键切换到污点修复工具，对图层内容进行修复，去除一些不需要的内容，如头发丝等。

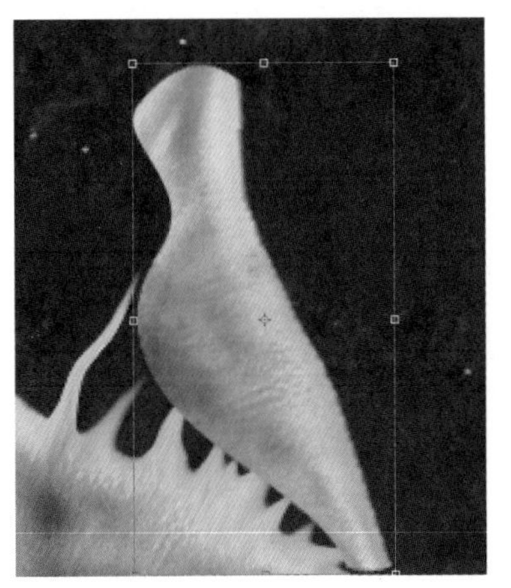

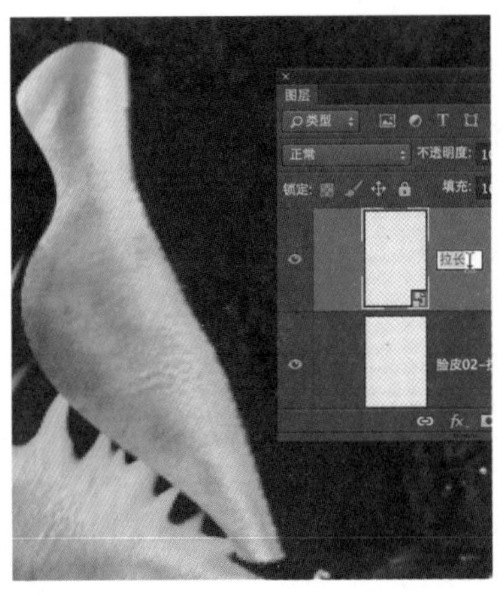

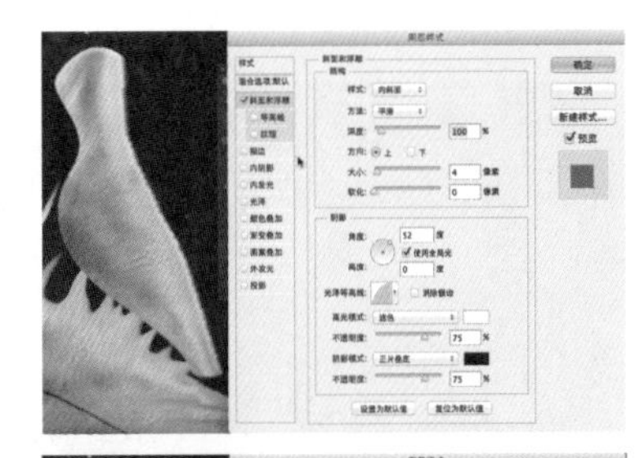

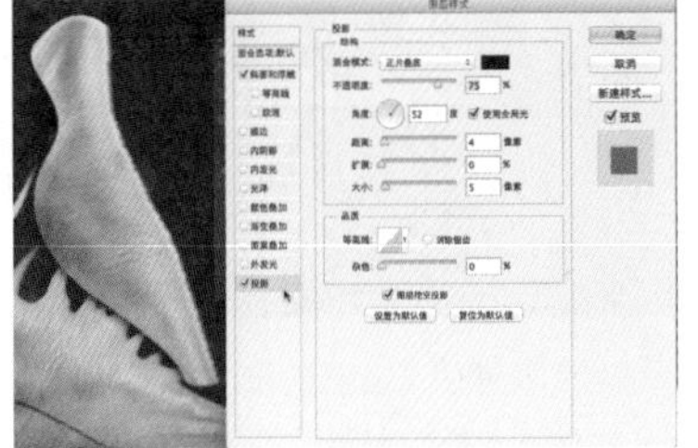

23 按 <Ctrl+T> 组合键进行自由变换。将图层转换为智能对象，并更名为：拉长。为图层添加“斜面和浮雕”、“投影”样式效果。

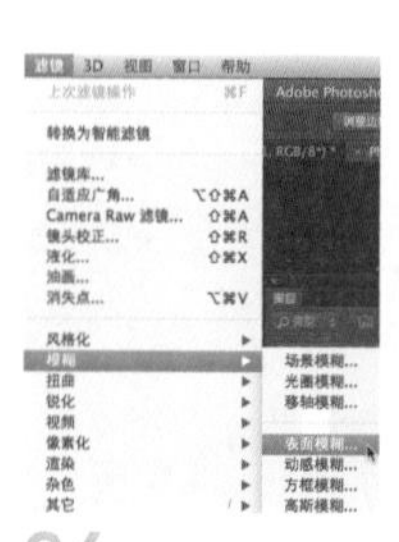
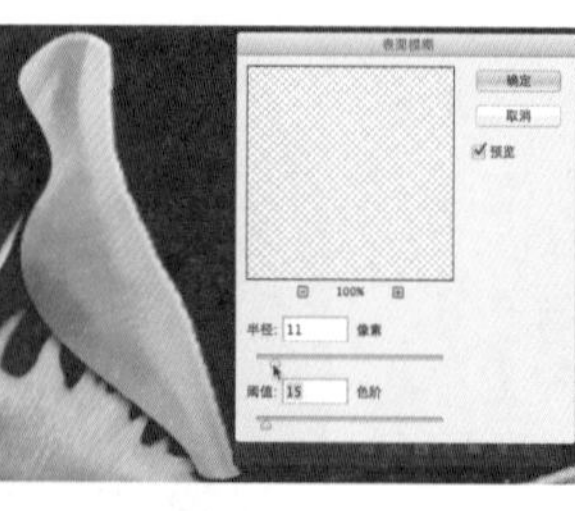
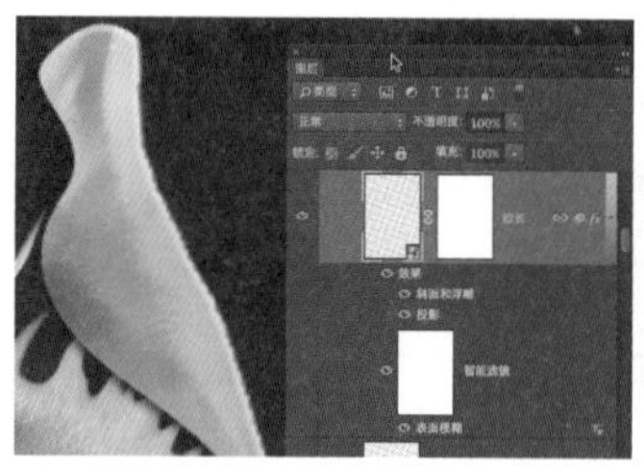
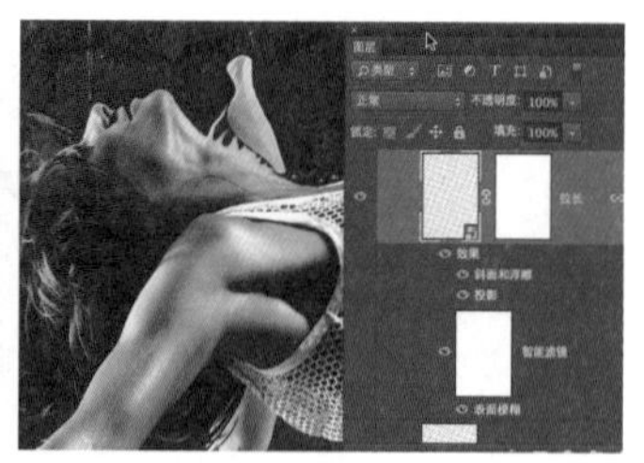

24 执行菜单：滤镜 / 模糊 / 表面模糊，设置表面模糊参数。

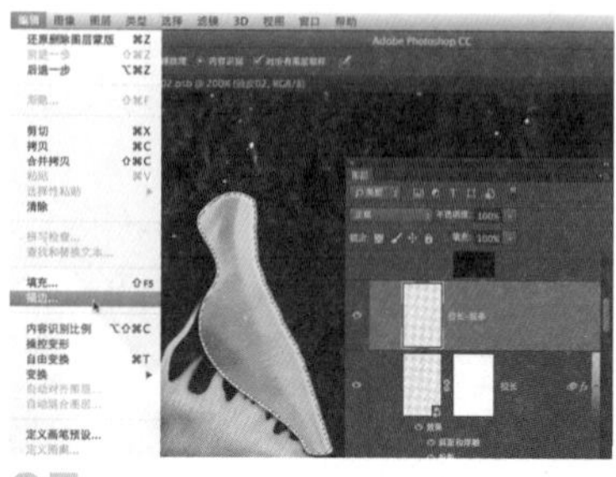

25 按 <Ctrl> 键单击“拉长”图层缩略图，加载图层不透明区域到选区。按 <Ctrl+Shift+N> 组合键新建图层，执行菜单：编辑 / 描边，使用白色，向外进行描边。

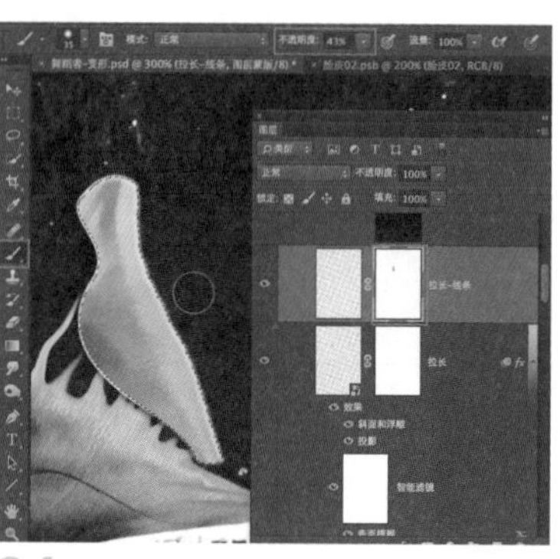

26 添加图层蒙版，按 <B> 键切换到画笔工具，使用黑色，在蒙版内对描边进行屏蔽处理。

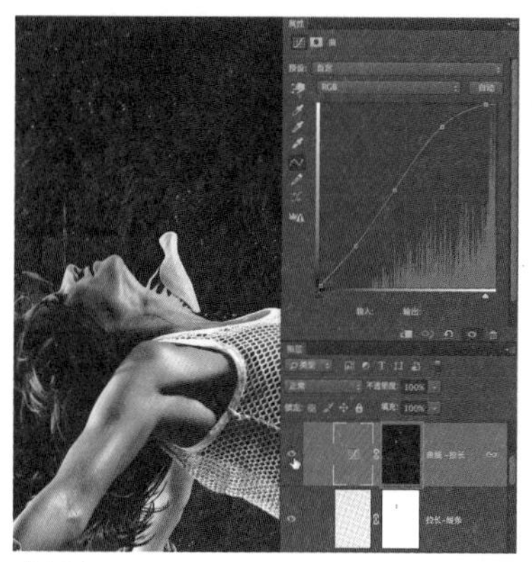

27 添加“曲线”调整图层，借助图层蒙版只针对“拉长”图层进行调整。

28 使用同样的方法，创建脸部和胳膊处的变形。

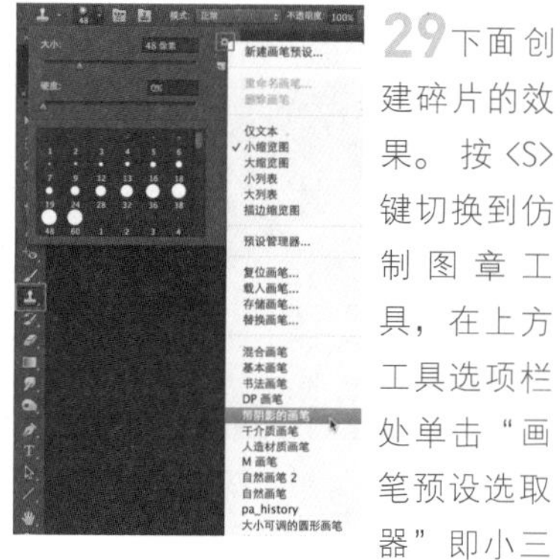

29 下面创建碎片的效果。按 <S> 键切换到仿制图章工具，在上方工具选项栏处单击“画笔预设选取器”即小三角处的按钮，单击面板菜单，选择“带阴影的画笔”，加载该组画笔。

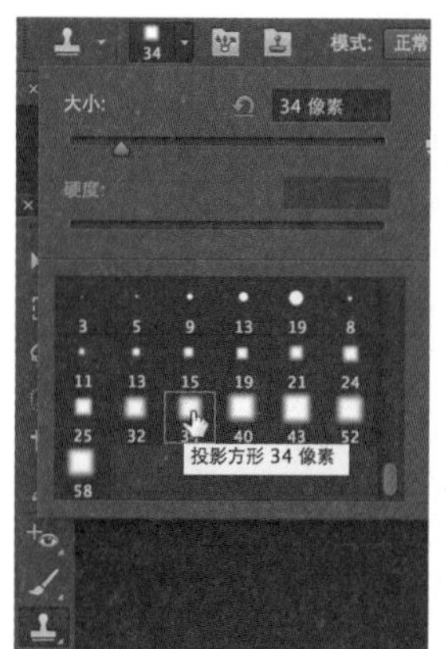

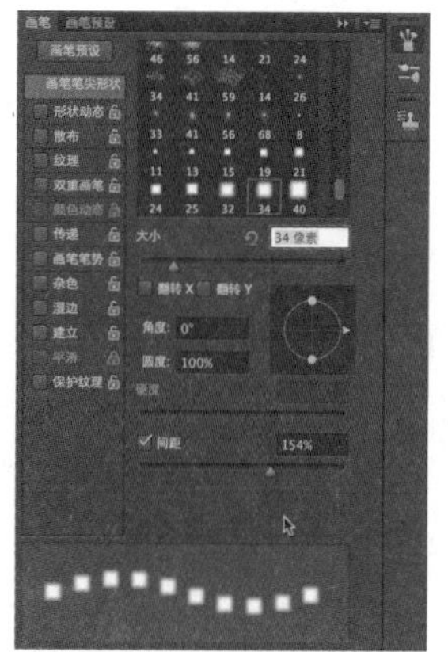
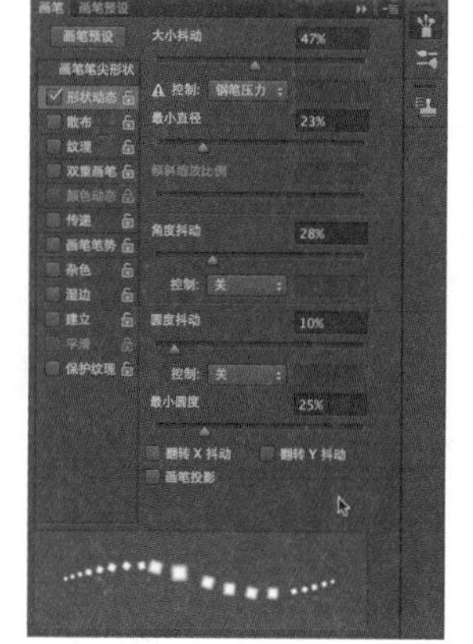
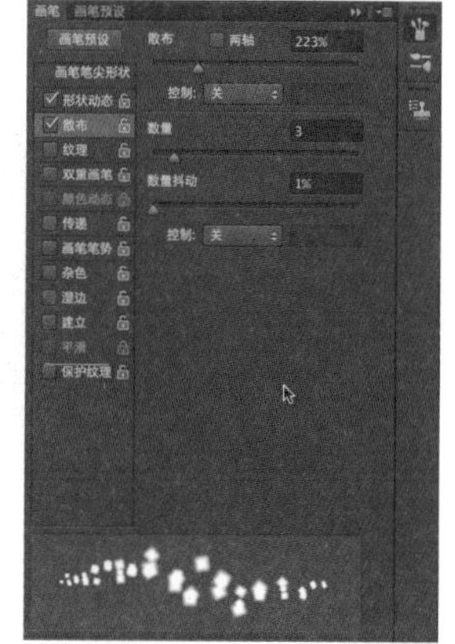

30 选取笔头“投影方形 34 像素”。按 <F5> 键打开“画笔”对话框，设置“间距”为 154；“形状动态”内的“大小抖动”为 47%，“最小直径”23%，“角度抖动”28%；“散布”为 223%，数量为 3。

31 按 <Ctrl+Shift+N> 组合键创建新图层，命名为：碎片。设置对齐“所有图层”。按 <Alt> 键在鞋子处单击取样，松开 <Alt> 键在旁边进行复制。要注意复制过程中，随时调节笔头大小（按“［”和“］”键），并随时按 <Alt> 键设置不同的取样点。复制绘制出随机的碎片效果。

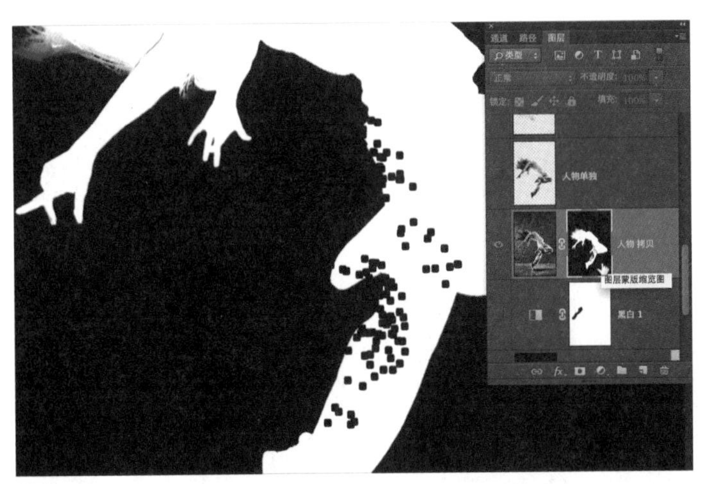

32 关闭“人物单独”图层或直接删除该图层。选中“人物拷贝”图层即带有蒙版的人物图层，按 <Alt> 键单击图层蒙版，切换到蒙版状态下。继续使用仿制图章工具，取样点设置在黑色区域，在人物腿部区域绘制出碎片式的蒙版效果。绘制完成后，按 <Alt> 键再次单击蒙版，退出蒙版状态，返回正常的图层状态下。

33 按 <Ctrl+Shift+N> 组合键创建新图层，设置图层混合模式为：柔光。按 <B> 键切换到画笔工具，按“］”键加大笔头大小，前景色设为黑色，降低画笔不透明度到 50%。加重整体色调。

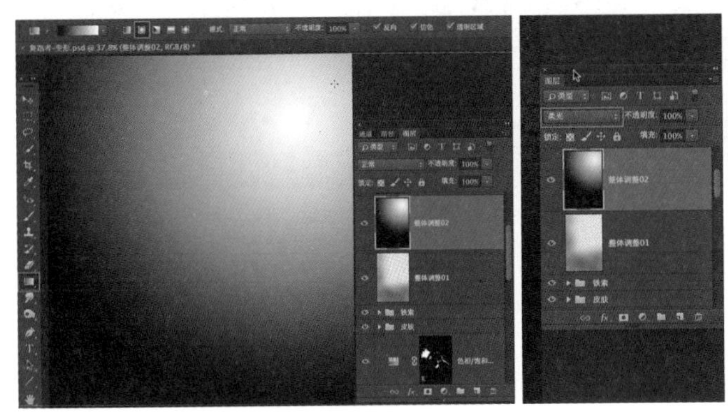

34 按 <Ctrl+Shift+N> 组合键创建新图层，命名为：整体调整 02。按 <G> 键切换到渐变工具，设置从黑色到白色渐变，使用径向渐变，从右上角拉出圆形渐变。更改图层混合模式为：柔光。

35 按 <Ctrl+Shift+N> 组合键创建新图层，命名为：光照效果。按 <Shift+F5> 组合键打开填充对话框，设置填充“50% 灰色”。

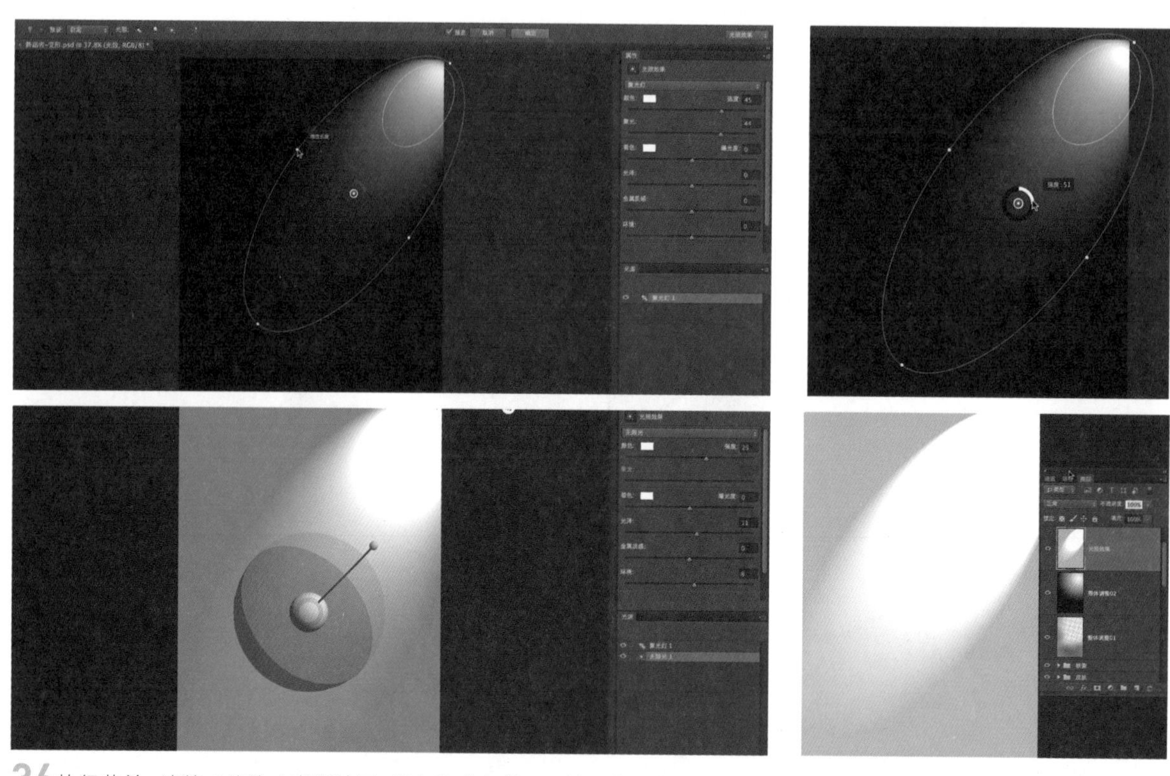

36 执行菜单：滤镜 / 渲染 / 光照效果，添加聚光灯效果，并调整聚光灯的位置和强度。再添加“无限光”，照亮整个区域。设置完成后，确定并退出光照效果对话框。

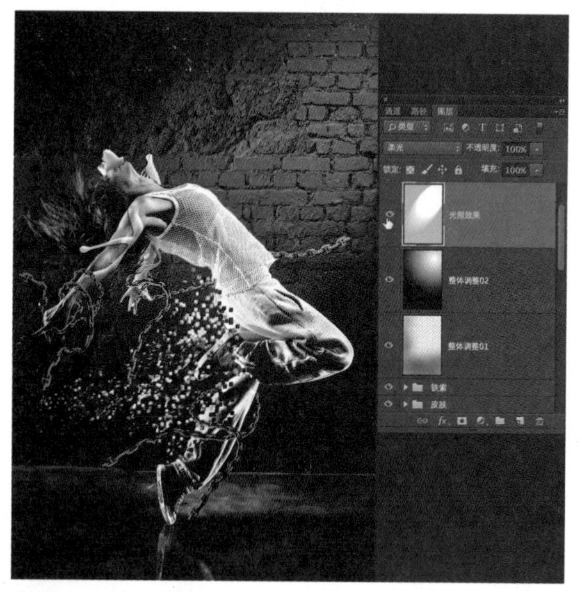

37 更改图层混合模式为：柔光，将光照效果与背景融合。

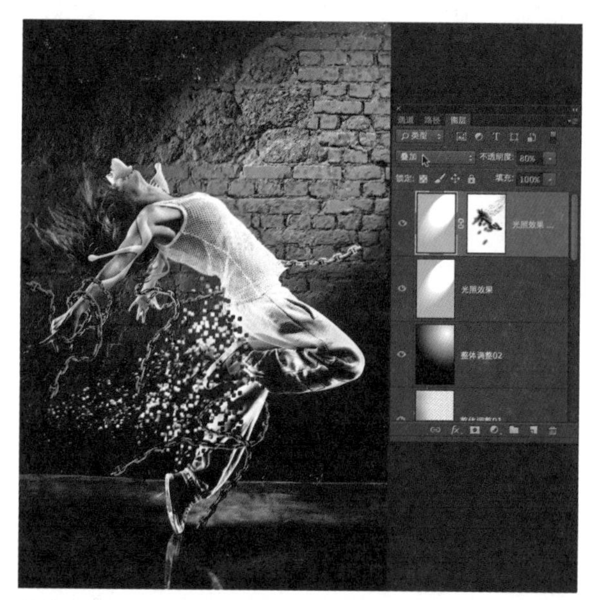

38 按 <Ctrl+J> 组合键复制“光照效果”图层，将模式更改为：叠加，降低图层不透明度为 80%。提高光照的效果。完成最终合成效果。

本书第 7 章～第 9 章的
相关内容见随书光盘